Neue Ausgabe Nordrhein-Westfalen

Natur und Technik

Chemie
für Gesamtschulen

Cornelsen

Einige Grundregeln zum Experimentieren

Damit es beim Experimentieren nicht *so* in eurer Klasse zugeht, …

… müsst ihr die folgenden Experimentierregeln und Hinweise genau beachten:

Dies sind die Gefahrensymbole, die auf Gefäßen mit Chemikalien stehen können.

- T+: sehr giftig
- T: giftig
- Xn: gesundheitsschädlich
- Xi: reizend
- E: explosionsgefährlich
- F+: hochentzündlich
- F: leicht entzündlich
- C: ätzend
- O: brandfördernd
- N: umweltgefährlich

(Symbole nach DIN 58 126 Teil 2 und Gefahrstoffverordnung)

Nicht so, …

1. Vor dem Experimentieren die Versuchsanleitung genau lesen oder besprechen. Die Code-Buchstaben, z. B. Xn, sowie Gefahrensymbole und Sicherheitsratschläge beachten! Den Versuchsaufbau immer vom Lehrer bzw. von der Lehrerin kontrollieren lassen!

sondern so!

Nicht so, …

2. Trage beim Experimentieren immer eine Schutzbrille!

sondern so!

Nicht so, …

3. Vorsicht beim Umgang mit dem Brenner! Wenn du lange Haare hast, müssen diese geschützt werden. Halte den Brenner nur so lange in Betrieb, wie er benötigt wird!

sondern so!

Stoffe verändern sich und werden verändert

Wissenswertes über einige Metalle S. 74
1 Die besonderen Eigenschaften der Metalle
2 Einige Metalle unter die Lupe genommen

Wissenswertes über einige Nichtmetalle S. 82
1 In deiner Umgebung kommen auch Nichtmetalle vor
2 Einige Nichtmetalle unter die Lupe genommen

Chemische Reaktionen S. 86
1 Stoffveränderungen im Alltag
2 Ändern Stoffe *nur* ihre Eigenschaften?

Luft und Verbrennung S. 88
1 Wir experimentieren mit Kerzenwachs und Holz
2 Wenn dem Feuer die Luft ausgeht
3 Wenn Flüssigkeiten Feuer fangen
4 Die Bedingungen für die Verbrennung – zusammengefasst
5 Über die Verhütung und Bekämpfung von Bränden

Metalle reagieren mit Sauerstoff S. 94
1 Sogar Eisen ist brennbar
2 Weitere Metalle reagieren mit Sauerstoff
3 Metalle verändern sich an der Luft

Nichtmetalle reagieren mit Sauerstoff S. 102
1 Kohlenstoff wird verbrannt
2 Die Eigenschaften von Kohlenstoffdioxid
3 Kohlenstoffmonooxid – ein gefährliches Verbrennungsprodukt
4 Schwefel und Schwefeldioxid
5 Wie Stickstoffoxide entstehen

Luftverschmutzung durch gasförmige Verbrennungsprodukte S. 112
1 Ist die Luft unser Abfalleimer?
2 Einige Folgen der Luftverschmutzung

Chemische Symbole S. 120
Zeichen und Symbole

Moleküle und ihre Formeln S. 122
1 Bekannte Gase
2 Das Ozon

Chemische Reaktionen genauer betrachtet S. 124
1 Wenn Oxide entstehen und zerlegt werden …
2 Elemente und chemische Verbindungen
3 Chemische Reaktionen und Energie
4 Das Gesetz von der Erhaltung der Masse
5 Wie wir Formeln von Oxiden aufstellen können

Reaktionsgleichungen S. 132
Stoffe und Reaktionen im Modell

Reduktionen und Redoxreaktionen S. 134
Oxide werden reduziert

Rohstoff Eisenerz S. 138
Allgemeines von Eisenerz und Eisen

Eisen und Stahl S. 140
1 Stahl – ein unentbehrlicher Werkstoff unserer Zeit
2 Die Gewinnung von Roheisen
3 Aus Roheisen wird Stahl
4 Eisenschrott für neuen Stahl

Vom Atombau zum Periodensystem der Elemente S. 146
1 Elektrische Eigenschaften von Stoffen
2 Die Entwicklung der Modellvorstellungen zum Atombau
3 Heutige Vorstellungen vom Atombau
4 Das Periodensystem der Elemente

Ionen und Ionenbindung S. 154
1 Die Leitfähigkeit von Salzlösungen und Salzschmelzen
2 Die Ionenbindung

Vom Bau der Moleküle S. 160
1 Wie sich Moleküle bilden
2 Moleküle als Dipole

Nichtmetalloxide reagieren mit Wasser S. 166
Ursachen und Auswirkungen des sauren Regens

Säuren und ihre Eigenschaften S. 170
1 Salzsäure – eine Lösung von Chlorwasserstoffgas in Wasser
2 Eigenschaften und Verwendung der Schwefelsäure
3 Einige Eigenschaften der Kohlensäure
4 Reaktionen von Säuren mit Metallen

Laugen und ihre Eigenschaften S. 180
1 Einige Metalle und Metalloxide reagieren mit Wasser
2 Laugen im täglichen Leben

Die Neutralisation S. 186
Säurelösungen reagieren mit Hydroxidlösungen

Reaktionen zur Bildung von Salzen S. 188
Wie Salze entstehen

Kalk und seine Erscheinungsformen in der Natur S. 190
1 Carbonate und Hydrogencarbonate
2 Kalkstein und Wasser – ein chemisches Wechselspiel
3 Die Wasserhärte

Die Baustoffe S. 196
1 Mörtel ist nicht gleich Mörtel
2 Vom Kalkstein zum Kalkmörtel
3 Der Kalkkreislauf in der Natur

Gips – vielseitig verwendbar S. 202
Ein Sulfat als Baustoff?

Das Glas S. 204
1 Was haben Sand und Glas gemeinsam?
2 Glas – ein Werkstoff mit ungewöhnlichen Eigenschaften

Elektrizität in Natur und Alltag

Elektrochemische Vorgänge S. 210
1 Metalle reagieren mit verschiedenen Salzlösungen
2 Die Umwandlung chemischer Energie in elektrische Energie
3 Das Zink-Brom-Element – ein wieder aufladbares galvanisches Element
4 Der Blei-Akkumulator

Anhang

Sicherheit im Chemieunterricht S. 220
1 Vom richtigen Umgang mit Gasflaschen
2 Vom richtigen Umgang mit dem Brenner
3 Verhaltensregeln und Hinweise zur Entsorgung

Zum Nachschlagen S. 222
Tabellen, Übersichten, Verzeichnisse

Nicht so,... / **sondern so!**

4. Wenn du eine kleine Flüssigkeitsmenge im Reagenzglas erhitzt, halte das Glas schräg und nur kurz über die Flamme! Schüttle den Inhalt vorsichtig hin und her! Die Glasöffnung nie auf Personen richten!

5. Willst du eine Geruchsprobe durchführen? Dann fächle dir die aufsteigenden Dämpfe vorsichtig mit der Hand zu. Halte niemals deine Nase direkt über das Gefäß!

6. Entferne verspritzte oder verstreute Chemikalien niemals selbst. Melde jede Panne sofort deiner Lehrerin bzw. deinem Lehrer! So bekommst du ganz sicher eine sachgerechte Hilfe.

7. Arbeite stets nur mit kleinen Mengen! Gieße gebrauchte Stoffe nie in die Gefäße zurück! Fasse Chemikalien nicht mit den Fingern an; benutze dafür immer einen sauberen Spatel oder Löffel! Koste keine Chemikalien!

8. Hast du vor, mit einer Säure zu experimentieren? Dann gib beim Verdünnen immer die Säure in das Wasser – und niemals umgekehrt! („Erst das Wasser, dann die Säure – sonst geschieht das Ungeheure!")

Chemie – was ist das?

1 Chemie ist überall …

um uns,
für uns,
in uns,
durch uns

- Was hat unser tägliches Leben mit Chemie zu tun?
- Erläutere anhand der Bilder die Aussage „Chemie ist überall".
- Suche weitere Beispiele für diese Aussage.
- Was wäre, wenn es …
  … die Wissenschaft Chemie nicht gäbe,
  … keine chemische Industrie gäbe,
  … keine chemische Forschung gäbe?

In Bild 19 geht es um „Physik", in Bild 20 dagegen um „Chemie" …

V 1 Zerschlage ein Stück Kalkstein (Marmor) auf einer festen Unterlage (Schutzbrille!). Versuche ein Stückchen davon zu Pulver zu zerreiben (Bild 19).

a) Prüfe, ob sich kleine Marmorstückchen wie Kochsalz in Wasser lösen.

b) Ein anderes Stück Marmor wird in etwas Essig (oder Zitronensaft) gegeben (Bild 20).

c) Wenn es im Glas nicht mehr schäumt (aber noch Marmorstückchen zu sehen sind), gießen wir einen Teil der Flüssigkeit ab und teilen sie in drei Portionen.
 In eine davon geben wir erneut ein Marmorstückchen. Wirkt die Flüssigkeit immer noch wie frischer Essig?

d) Eine zweite Portion lassen wir auf einem Uhrgläschen verdunsten. Löst sich der Rückstand in Wasser?

e) In den Rest von V 1 c (mit Marmorstückchen) geben wir frischen Essig (Zitronensaft). Bleibt Marmor übrig?

V 2 „Zauberei" mit Rotkohlsaft (in Süddeutschland oft auch *Blaukrautsaft* genannt): Koche in einem kleinen Topf einige zerkleinerte Rotkohlblätter (Blaukrautblätter) mit etwas Wasser (die Blätter sollen gerade bedeckt sein). Dabei entsteht eine blauviolette Flüssigkeit.
 Lass die Flüssigkeit abkühlen und gieße sie durch ein Filterpapier für Kaffee.

a) Gib jeweils in ein Reagenzglas etwas Essig, Seifenwasser (Kernseife) bzw. in Wasser aufgelöstes Natron (Backpulver). Tropfe dann Rotkohlsaft hinzu.

b) Beschreibe, was dir an der Farbe des Rotkohlsaftes auffällt. (Wenn die Flüssigkeiten zu dunkel gefärbt sind, musst du sie mit Wasser verdünnen; dann kannst du die Farben besser unterscheiden.)

c) Was stellst du fest, wenn du in die dritte Flüssigkeitsportion von Versuch 1 c etwas Rotkohlsaft gibst? Halte eine Probe mit frischem Essig und Rotkohlsaft daneben.

Chemie, Chemie, Chemie …

Wenn von „Chemie" die Rede ist, dann denkst du vielleicht an Chemiefabriken und Labors. Oder du hast Kunststoffe, Pflanzenschutzmittel und Medikamente im Sinn – alles Dinge, die „künstlich" von Menschen entwickelt wurden.

Doch nicht das allein hat mit Chemie zu tun. Wir begegnen ihr auch in der Natur – ja sie ist *überall um uns herum* und sogar *in uns selbst* zu beobachten!

Chemische Vorgänge laufen zu Tausenden in unserer Umwelt ab. Doch merken wir oft nur wenig davon, weil sie sehr langsam vor sich gehen.

So scheint z. B. Marmor – ein sehr harter Kalkstein, den wir in Versuch 1 bearbeitet haben – „für die Ewigkeit" geschaffen zu sein: Das Zerkleinern kann ihm nichts anhaben, er bleibt immer noch Kalkstein. Auch Wasser beeinflusst ihn nicht. In Essig jedoch löst er sich unter Aufbrausen auf.

In unserem Versuch ist aber der Kalkstein nicht spurlos verschwunden: Nach dem Verdunsten der entstandenen Flüssigkeit erhielten wir einen salzartigen Rückstand, der sich nicht mehr wie Kalkstein verhielt. Der harte, in Wasser unlösliche Kalkstein hat sich unter dem Einfluss von Essig in einen *anderen* (in Wasser löslichen) Stoff *umgewandelt*.

Aber auch der Essig hat sich verändert; das zeigte der Versuchsteil 2 c.

Mit *Stoffumwandlungen* dieser Art beschäftigt sich die Chemie. Ja, wir können sagen: **Chemie ist die Wissenschaft von den Stoffen und ihren Umwandlungen zu anderen Stoffen.**

Was wir im Kleinen durchgeführt haben, findet in der Natur in großem Umfang und ohne unser Zutun statt. So scheiden z. B. die Wurzeln von Pflanzen eine saure Flüssigkeit aus und diese kann z. B. den Kalkstein im Boden auflösen. (Das kannst du in einem *Langzeitversuch* überprüfen: Du legst junge Pflänzchen samt ihren kleinen Wurzeln auf ein Stück polierten Marmor und bedeckst die Wurzeln mit Filterpapier; dieses wird laufend feucht gehalten. Nach einigen Tagen wirst du auf dem Marmor raue Stellen entdecken; hier hat offensichtlich die saure Flüssigkeit auf den Marmor eingewirkt.)

Diese Stoffumwandlung ist nur eine von Tausenden, die in der Natur ablaufen: Denke nur an die Pflanzen, an diese „chemischen Fabriken" im Kleinen: Sie arbeiten mit Sonnenlicht und benötigen keine anderen Rohstoffe als Wasser, Luft und geringe Mengen an Mineralsalzen. Daraus erzeugen sie z. B. Zucker, Stärke, Cellulosefasern, Öle, Fette, Riech- und Geschmacksstoffe. Bei der Erzeugung von Zucker geben die Pflanzen als „Abfall" Sauerstoff ab, der für uns lebensnotwendig ist.

Auch Menschen und Tiere wirken bei solchen Stoffumwandlungen mit. Wir leben ja von pflanzlichen Substanzen. Durch Atmungs- und Verdauungsvorgänge zersetzen wir sie, bevor wir sie an Luft und Boden zurückgeben. Dann können die Pflanzen wieder mit ihren Stoffumwandlungen beginnen.

2 Chemie früher – eine „schwarze Kunst"

Aus der Geschichte: **Von den Anfängen der Chemie**

Forscht man nach den Anfängen der Chemie, so stößt man auf Ägypten. Vor 4000–5000 Jahren, als noch die Pharaonen herrschten, entstanden dort die berühmten Pyramiden und die Kultur war hoch entwickelt.

Schon zu jener Zeit befassten sich die Ägypter mit chemischen Vorgängen. Sie konnten nämlich die Körper der Toten so einbalsamieren, dass diese nicht verwesten (Bild 1). Solche Mumien kannst du noch heute in bestimmten Museen besichtigen.

Die Ägypter konnten auch schon Salben, Öle und Parfüme herstellen.

Außerdem gelang es den Ägyptern, Kalk und Ton zu brennen und Metalle aus ihren Erzen zu gewinnen.

Jedes Jahr überschwemmte der Nil weite Teile des Landes und ließ fruchtbaren Schlamm zurück. Die Ägypter nannten diese schwarze, vom Nilschlamm gefärbte Erde ihres Landes *chemia*. Es ist durchaus möglich, dass der Name *Chemie* davon abgeleitet ist.

Der Begriff *chemia* hatte in ihrer Sprache noch eine ganz andere Bedeutung: Er bezeichnete das geheimnisvolle Schwarze im Auge eines Menschen. Und vor gar nicht allzu langer Zeit galt die Chemie als eine geheimnisvolle „schwarze" oder „ägyptische" Kunst.

Fragen und Aufgaben zum Text

1 Welche Tätigkeiten der Ägypter werden in diesem Text mit chemischen Vorgängen in Verbindung gebracht?

2 Was erreichten die Ägypter dadurch, dass sie ihre Toten einbalsamierten?
Erkundige dich auch danach, warum sie das taten.

◄ Einbalsamierung eines Toten.
Oben: Der Tote auf dem Balsamierungsbett.
Unten: Konservierung des Toten mit einer Salzlösung.

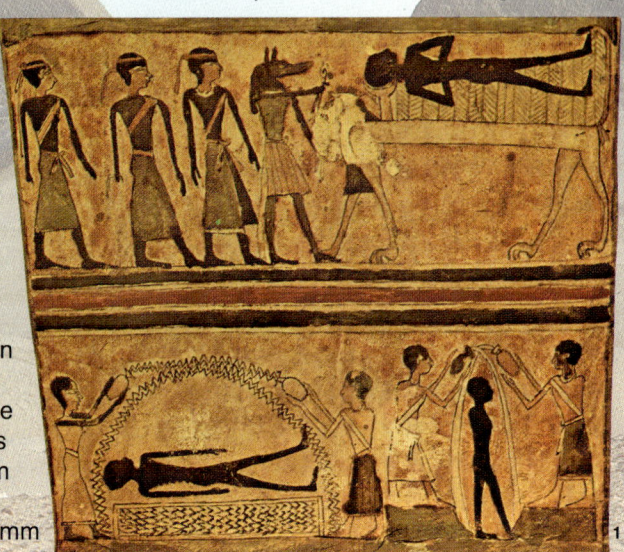

Aus der Geschichte: **Laboratorien und Geräte**

Ein Labor um 1600 (Bild 2) und eine moderne Forschungsstätte der heutigen Chemie (Bild 3) scheinen auf den ersten Blick nichts miteinander zu tun zu haben.

Und doch haben die Alchemisten und frühen Chemiker fast alle Laborgeräte erfunden, die du im Chemieunterricht kennen lernen wirst. Sie entwickelten Geräte z. B. bei vergeblichen Versuchen „künstliches" Gold herzustellen (→ Nachbarseite).

In jedem Experiment, das wir mit Laborgeräten durchführen werden, steckt auch der Erfindergeist der oft verspotteten Alchemisten.

Aus der Geschichte: **Die Alchemisten – nicht nur betrügerische „Goldmacher"**

Die Alchemie (arab. *al-kimyia:* die Chemie) entstand schon vor der Zeitenwende als *Geheimlehre* zur Herstellung von „künstlichem" Gold aus billigeren Materialien. Sie hatte zwischen 1200 und 1500 ihre Blütezeit.

Die Alchemisten waren überzeugt, dass man Stoffe in beliebig andere umwandeln könne, vielleicht sogar in Silber oder Gold.

Meist arbeiteten die Alchemisten für Fürsten. Diese hofften nämlich durch die Künste der Alchemisten leicht zu Gold zu kommen. Bild 4 zeigt z. B. den Alchemisten *Leonhard Thurneysser* bei einer Vorführung vor seinem Kurfürsten *Johann Georg von Brandenburg*.

Die Fürsten waren oft ungeduldig, sie wollten Erfolge sehen. Deshalb führten ihnen die Alchemisten häufig Versuche vor, bei denen nur scheinbar Gold neu entstand: Heimlich lösten sie z. B. Gold in Quecksilber auf; dann verdampften sie dieses und zurück blieb das Gold, das sie dem Publikum präsentieren konnten.

Solche Tricks waren aber nicht ungefährlich. Noch aus dem Jahr 1709 ist bekannt, dass ein Alchemist namens *Caetano* seine betrügerischen Experimente am Galgen büßte.

Viele Versuche, die die Alchemisten durchführten, waren sehr gefährlich. Man wusste ja noch zu wenig über die Stoffe, mit denen sie beim Experimentieren umgingen:

Quecksilber z. B. ist sehr giftig. Da die Alchemisten ihre Versuche mit Quecksilber ohne Vorsichtsmaßnahmen durchführten, wurden einige Alchemisten – und einige Zuschauer – vergiftet. Andere kamen bei Explosionen um, die sich bei den Versuchen ereigneten.

Bei ihren vergeblichen Bemühungen, Gold herzustellen, machten die Alchemisten wertvolle Entdeckungen. So verdanken wir z. B. *Johann Friedrich Böttger* (s. u.) das weiße Porzellan, *Johann Kunckel von Löwenstern* das prächtige Rubinglas und dem Alchemisten *Dippel* die von Malern sehr geschätzte Aquarellfarbe „Berliner Blau"; er erhielt sie übrigens zufällig bei Versuchen mit Knochenöl.

Um 1520 gab der Arzt *Paracelsus* (s. u.) der Alchemie eine neue Aufgabe: die der Heilung von Kranken.

Die Alchemisten entdeckten wichtige neue Stoffe, z. B. den Phosphor und das Ammoniak.

Auch entwickelten sie Geräte und Arbeitsmethoden, die noch heute von Bedeutung sind. Dazu zählen das Eindampfen, Filtrieren, Kristallisieren und Destillieren.

Ihre Arbeit war also eine *wichtige Grundlage* dafür, dass sich aus der Alchemie die heutige Chemie als Wissenschaft entwickelte.

Vieles konnten sich die Alchemisten nicht erklären. So versuchten sie geheimnisvolle Kräfte z. B. durch Beschwörungsformeln zu beeinflussen. Doch was ihnen damals noch geheimnisvoll erschien, wurde inzwischen aufgeklärt. Heute wissen wir: **Die Chemie ist keine Zauberei!**

Theophrastus Paracelsus – Gesundheit statt Gold

Der aus einer Hohenheimer Familie stammende *Paracelsus* (1493–1541) war Arzt mit Leib und Seele. Durch seinen Vater war er gründlich in den Wissensstand der Alchemie eingeweiht worden.

Paracelsus war wohl einer der Ersten, der erahnte, dass das Leben physikalische und chemische Grundlagen hat. „Verwandlung ist alles", war einer seiner Wahlsprüche.

Für ihn bestand der ausschließliche Zweck der Alchemie in der Heilung von Kranken – und nicht darin, „Gold zu machen". Die Chemie, so lehrte er, müsse „Kunde von Stoffen und Prozessen" geben, mit denen Menschen geheilt werden können. Da die Natur nichts Vollendetes böte, müsse man die Stoffe mit Hilfe der Chemie von Schädlichem reinigen. Dabei scheute Paracelsus nicht vor gewagten Kuren mit Giften, wie z. B. Arsen, zurück. Von ihm stammt das Wort: „Allein die Dosis macht das Gift."

Paracelsus hinterließ der Nachwelt über 200 Schriften, in denen er seine Erkenntnisse festgehalten hat. Sie werden noch heute von Gelehrten ausgewertet. Dennoch war er völlig verarmt, als er 1541 in Salzburg starb.

Johann Friedrich Böttger – Porzellan statt Gold

Der Thüringer *Johann Friedrich Böttger* (1682–1719) erwarb sich bei einem Berliner Apotheker sein chemisches Wissen. Er versuchte ebenfalls Gold herzustellen.

Daraufhin befahl der Preußenkönig Friedrich I. Böttger zu sich, doch dieser floh nach Sachsen. Aber auch hier sollte er Gold herstellen – nun für August den Starken.

Dort traf Böttger auf den Gelehrten *Walther Graf von Tschirnhaus*. Der hatte im Jahr 1699 mit einem riesigen Brennglas Kiesel und Kreide im Sonnenlicht zu einer porzellanartigen Masse verschmolzen. Beiden Männern gelang 1706 die Herstellung von braunem Porzellan aus eisenhaltigem Ton. Als sie statt des Tons weiße Kaolinerde nahmen, entstand im Januar 1708 weißes Porzellan.

Tschirnhaus starb im Herbst desselben Jahres. Erst im März 1709 teilte Böttger den Erfolg dem sächsischen Hof mit und ließ sich als Erfinder des weißen Porzellans feiern. Er wurde Leiter der neu gegründeten und später weltberühmten *Meißener Porzellanmanufaktur*.

Doch der König bestand weiter auf der Goldmacherei. Und so blieb Böttger zeitlebens ein Gefangener.

Aus Rohsalz wird Kochsalz

1 Wie man Rohsalz reinigen kann

Diese Salzbrocken (Bild 1) sehen gar nicht so schön weiß aus wie das Kochsalz aus der Küche. Sie sind durch verschiedene Beimischungen gefärbt.

Aber so, wie du es in Bild 1 siehst, kommt **Rohsalz** im Erdboden vor. Weil es „hart wie Stein" ist, nennt man das Rohsalz auch *Steinsalz*.

Hast du einen Vorschlag, wie man aus dem Rohsalz sauberes **Kochsalz** machen könnte?

V 1 Wir stellen uns selber „Rohsalz" her. Dazu mischen wir in einer Schale 3 Teelöffel Kochsalz mit 1 Teelöffel feinem Sand (Maurersand).
Vergleiche das Aussehen dieses *Gemisches* mit dem von Kochsalz (Bild 1).

V 2 Nun untersuchen wir, ob wir das Gemisch aus Sand und Salz wieder trennen können.

a) Schütte einen Teelöffel davon in ein Teesieb. Lässt sich das Gemisch trennen, wenn du das Sieb vorsichtig schüttelst?

b) Gib 1 Teelöffel des Gemisches in ein kleines Glasgefäß. Fülle das Glas dann etwa halb voll Wasser; rühre das Gemisch gut um und lass es eine Woche lang ruhig stehen.

V 3 Diesmal zerkleinern wir ein Stück eines Rohsalzbrockens zuerst vorsichtig mit einem Hammer (den Salzbrocken dazu lose in ein Tuch wickeln). Dann zerstoßen wir das Rohsalz weiter in einem Mörser.
Anschließend füllen wir ein Becherglas etwa drei Viertel voll Wasser und *lösen* 1 Teelöffel des Pulvers aus dem Mörser darin auf.

a) Beschreibe das Aussehen der Rohsalz*lösung*. Vergleiche auch mit der Flüssigkeit von Versuch 2.

b) Gieße mit der Rohsalzlösung ein kleines Becherglas etwa halb voll und lass es ebenfalls eine Woche lang ruhig stehen.

V 4 Gelingt es, die in dem Wasser gelösten Bestandteile der Rohsalzlösung (Salz und Verunreinigungen) wieder voneinander zu trennen?

a) Gieße die Rohsalzlösung durch verschiedene *Siebe* (Bild 2).

b) Gieße sie durch einige *Filter*, z. B. auch durch einen Sandfilter (Bild 3).

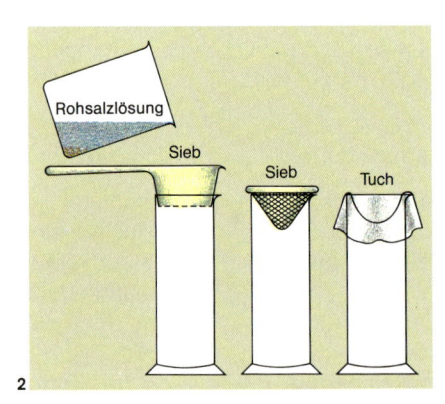

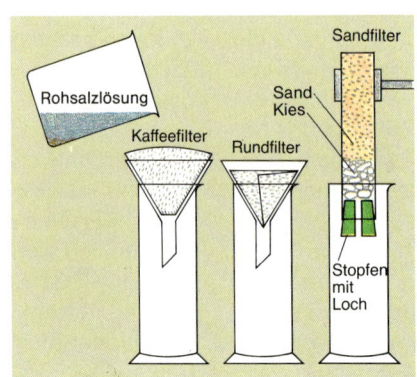

c) Wenn das filtrierte Wasser *(Filtrat)* noch farbig ist, kann es durch einen *Aktivkohlefilter* gegossen werden.

V 5 Jetzt vergleichen wir, wie lange es dauert, bis eine bestimmte Menge Rohsalzlösung durch verschiedene Filter gelaufen ist.

a) Dazu brauchen wir unterschiedliche Filterpapiere, die wir nach ihrer *Porengröße* ordnen. (Nimm dir dazu eine Lupe. Drücke die Filterpapiere gegen eine Fensterscheibe, damit sie von hinten Licht bekommen.)

b) Wir bereiten nun die Filterapparaturen vor. Außerdem schütten wir in genauso viele Bechergläser jeweils gleich viel Rohsalzlösung.

c) Nun wird diese Rohsalzlösung gleichzeitig in die Filter gegossen. Dabei läuft eine Stoppuhr.
Durch welches Filterpapier läuft das Wasser am schnellsten, durch welches am langsamsten?

d) Sieh dir die Filtrate an. Weshalb sind sie unterschiedlich gereinigt?

V 6 Gieße nun das sauberste Filtrat aus Versuch 5 in eine Porzellanschale. *Dampfe* es vorsichtig *ein*.
Dabei musst du *Sicherheitsmaßnahmen* beachten: Um das Spritzen beim Eindampfen zu vermeiden, Siedesteinchen in die Flüssigkeit geben! Schutzbrille tragen! Vorsicht beim Umgang mit dem Brenner!

Aufgaben

1 Die Bilder 4 u. 5 zeigen Gemische aus festen Stoffen in Wasser. Die festen Stoffe haben sich zum Teil schon am Boden der Gefäße abgesetzt; sie bilden dort den Bodensatz (Sediment). Der Vorgang heißt *Sedimentieren*.

Wenn man die Flüssigkeit „über die Kante des Gefäßes" abgießt (der Chemiker sagt dazu *Dekantieren*), kann man feste Stoffe zum Teil von der Flüssigkeit trennen.

Ordne die Begriffe *Sedimentieren* und *Dekantieren* Bild 4 (Fruchtsaft) und Bild 5 (getriebene Kartoffeln) zu.

2 Bei welchen Versuchen wurde auch *sedimentiert*?

3 Kann man durch Sedimentieren und Dekantieren Rohsalz reinigen? Begründe deine Antwort.

4 Auf welche Weise kann man aus Rohsalz Kochsalz herstellen? Beschreibe dazu einen Versuch.

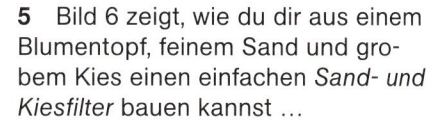

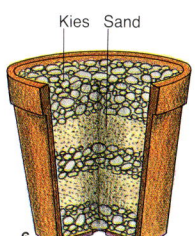

5 Bild 6 zeigt, wie du dir aus einem Blumentopf, feinem Sand und grobem Kies einen einfachen *Sand- und Kiesfilter* bauen kannst …

Vom richtigen Umgang mit dem Brenner

Es gibt verschiedene Brenner zum Experimentieren. (Vorsicht beim Umgang damit!) Bei den meisten kann man **zwei Flammen** einstellen:

a) Die leuchtende Flamme
Das **Luftloch** am Brennerrohr bleibt zunächst **geschlossen**. Der Gashahn wird geöffnet und das ausströmende Gas am oberen Brennerrand entzündet.

Das Gas verbrennt mit gelber, leuchtender Flamme. Daher nennt man diese Flamme auch **Leuchtflamme**. Sie hat eine Temperatur von etwa 1000 °C. Wenn man eine Porzellanschale in die Flamme hält, schlägt sich Ruß daran nieder.

b) Die nichtleuchtende Flamme
Während die Leuchtflamme brennt, wird das **Luftloch** unten am Brenner langsam **geöffnet**. Durch die kleine Öffnung strömt Luft von außen in das Brennerrohr ein. Dadurch entsteht das deutlich hörbare Rauschen.

Die Luft vermischt sich mit dem Gas, das aus der Düse austritt. Je weiter das Luftloch geöffnet wird, desto mehr Luft vermischt sich mit dem Gas. Das Gas verbrennt immer heftiger und die Flamme wird heißer. Aus der Leuchtflamme wird eine schwachblaue **Heizflamme**. Diese Flamme rußt nicht.

c) Wir vergleichen Heizflamme und Kerzenflamme
An der Heizflamme sind deutlich **zwei Zonen** zu unterscheiden: Es gibt einen inneren **Kern** und einen äußeren **Mantel**. Im Mantel kann eine Temperatur von über 1500 °C erzeugt werden; dabei ist der obere Teil der Flamme am heißesten.

Auch an der **Kerzenflamme** können wir Kern und Mantel deutlich unterscheiden. Der Kern ist nicht so heiß wie der Mantel, weil sich im Kern unverbrannte Wachsdämpfe befinden. Erst in der äußeren Zone kommt so viel Luft an die Dämpfe heran, das sie verbrennen können.

Beim **Gasbrenner** (das Gas kommt aus dem städtischen Gasnetz oder einer großen Stahlflasche) musst du Folgendes beachten:

○ Der Schlauch darf nicht porös oder brüchig sein.
○ Er muss fest auf dem Anschlussstutzen des Brenners sitzen.
○ Die Flamme so einstellen, dass sie nicht ausgeht!
○ Zum Flammenlöschen das Ventil der Gasleitung zudrehen!
○ Bei Gasgeruch im Zimmer sofort die Fenster öffnen!

Beim **Kartuschenbrenner** (das Gas kommt aus einer kleinen, auswechselbaren Kartusche) musst du Folgendes beachten:
○ Kartuschen dürfen nur vom Lehrer ausgetauscht werden.
○ Kartuschen nie in der Nähe offener Flammen auswechseln!
○ Zwischen dem Oberteil des Brenners und der Kartusche muss unbedingt eine Dichtung liegen.
○ Die Klammern an der Kartusche dürfen nicht geöffnet werden, solange noch Gas in der Kartusche ist.
○ Der Brenner muss stets aufrecht und fest stehen. Nicht kippen! Beim Experimentieren nicht schräg halten!
○ Zum Löschen der Flamme muss der Gashahn zugedreht werden.

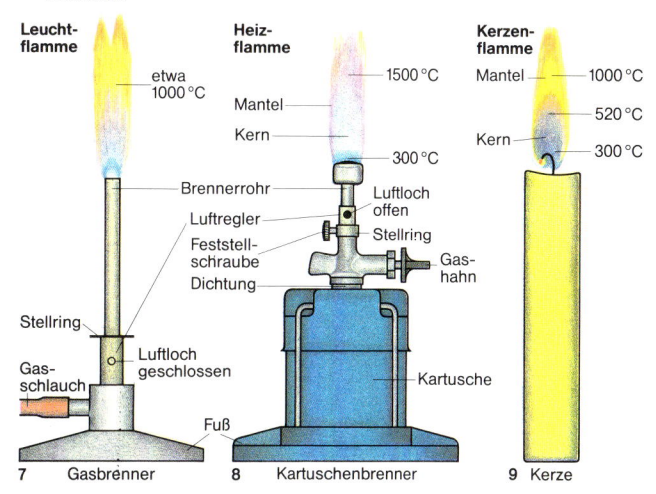

Das Filtrieren

Wenn feste Stoffe (z. B. Sand, Lehm) von flüssigen Stoffen (z. B. Wasser) getrennt werden sollen, ist ein einfaches Verfahren geeignet: das **Filtrieren**.

Dazu verwendet man am besten ein rundes Filterpapier, das gefaltet und in einen passenden Glastrichter eingelegt wird (Bild 1). Das Filterpapier soll nicht über den Rand des Trichters hinausragen. Damit es an der Glaswand festsitzt, wird es mit etwas Wasser angefeuchtet.

Die Flüssigkeit, die filtriert werden soll, wird nur so weit in den Filter gegossen, dass sie noch etwa 1 cm unter dem Rand des Filterpapiers steht. Auf diese Weise können keine festen Bestandteile zwischen Filterpapier und Glaswand hindurchrutschen.

Die gereinigte Flüssigkeit im Becherglas heißt **Filtrat**. Der im Filter zurückgebliebene Rest ist der **Rückstand**.

In unseren Versuchen konnten wir beobachten, dass einige Stoffe im Filter zurückgehalten wurden, andere aber nicht. Woran liegt das?

Bei der Herstellung des Filterpapiers werden die Papierfasern fest zusammengepresst, sodass sie dabei verfilzen. Zwischen den Fasern bleiben jedoch winzige Kanäle frei: die **Poren**.

Diese Poren lassen Wasser oder aufgelöste Stoffe (z. B. Kochsalz) hindurch. Alle festen Bestandteile, die größer als die Poren sind, werden dagegen vom Filter zurückgehalten (Bild 2).

Es gibt Filter mit unterschiedlichen Porengrößen. Die Poren des runden Filterpapiers sind etwa $\frac{1}{2000}$ mm groß. Wenn du dir nun bei einem Versuch das Filtrat und den Rückstand im Filterpapier anschaust, kannst du sogar etwas über die Größe der Bestandteile sagen, die sich im Wasser befunden haben.

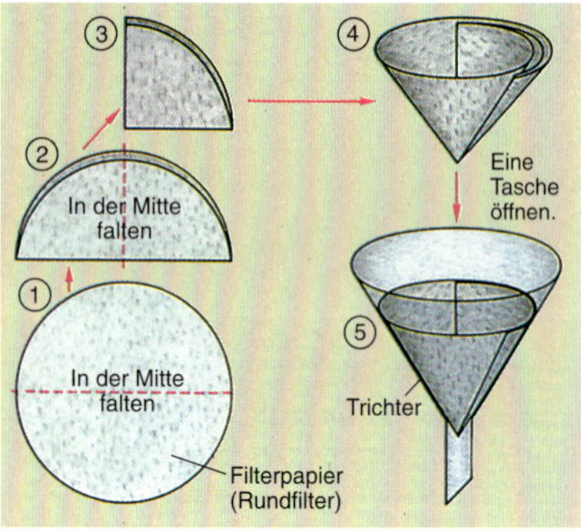

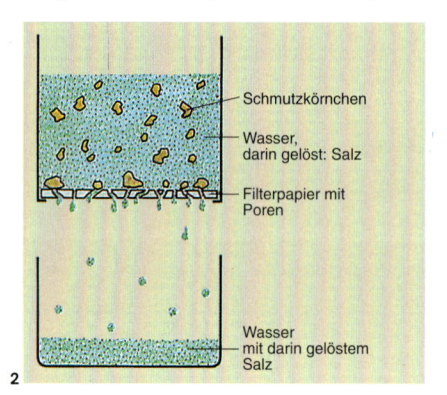

Fragen und Aufgaben zum Text

1 Ein Filter hat eine Porengröße von drei tausendstel Millimeter. Welche Größe haben feste Bestandteile, die dadurch zurückgehalten werden?

2 Prüfe in einem **Versuch**, ob Zuckerwasser durch das Papier eines Kaffeefilters hindurchgeht. Was kannst du über die Größe der Zuckerteilchen sagen?

3 Beim Filtrieren kann man oft beobachten, dass die Flüssigkeit anfangs schnell durch den Filter läuft; dann geht es immer langsamer. Woran kann das liegen?

4 Beim Automotor gibt es einen Ölfilter. Welche Aufgabe könnte er haben?

Auch Aktivkohle kann als Filter dienen

Aktivkohle gibt es als feines schwarzes **Pulver** oder in Form kleiner **Körnchen**, die höchstens ein paar Millimeter dick sind. Sie wird z. B. aus Holzkohle hergestellt, die besonders behandelt wird: Man erhitzt die Holzkohle zusammen mit Wasserdampf oder mit chemischen Zusätzen. Dadurch bekommt sie eine sehr **große Oberfläche**:

Die Aktivkohlekörnchen in Bild 3 sehen ziemlich glatt aus. Betrachtet man aber ein Körnchen unter einem Mikroskop mit starker Vergrößerung, dann sieht es aus wie auf Bild 4.

Die Aktivkohle hat, ähnlich wie ein Schwamm, viele **Poren** in den unterschiedlichsten Formen. Die Wände dieser Poren ergeben zusammen die große Oberfläche.

Das kannst du dir vielleicht schlecht vorstellen. Bild 5 zeigt, wie es zu verstehen ist: Dort sind vier Papierstreifen gezeichnet. Je enger und schmaler du einen Papierstreifen faltest, desto mehr Papier kannst du auf 2,5 cm unterbringen. Stell dir vor, du ziehst den vierten Papierstreifen auseinander und legst ihn neben den ersten: Du siehst dann deutlich, dass die *Oberfläche* des vierten Streifens viel größer ist als die des ersten.

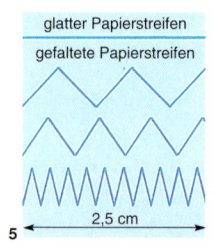

Bei der Aktivkohle ist es ähnlich: Je mehr Poren ein Korn hat, desto größer ist seine gesamte Oberfläche. Die Aktivkohle in dem Fingerhut von Bild 3 wiegt nur 1 g, hat aber eine Oberfläche von etwa 1000 m^2! Das entspricht einer Fläche von etwa 20 Klassenzimmern!

Je größer die Oberfläche der Aktivkohle ist (je mehr Poren sie hat), **desto mehr Schmutzteilchen** können an der Oberfläche haften. Das zeigt dir Bild 6: Die Schmutzteilchen bleiben an den Wänden der Poren hängen, wie kleine Wassertropfen an einer Fensterscheibe.

Aktivkohlefilter werden eingesetzt um **feine Verunreinigungen** aus Flüssigkeiten und Gasen zu entfernen, die durch die kleinen Öffnungen normaler Filter hindurchgehen.

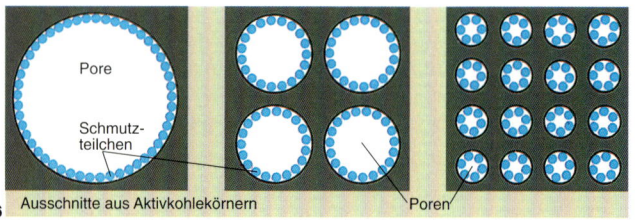

2 Wasser löst viele Stoffe

Jetzt siehst du, weshalb manche Heißwassergeräte „entkalkt" werden müssen ...

V 7 Du benötigst zwei Gläser voll Wasser. In das erste kommen zwei Teelöffelspitzen Kochsalz und in das zweite ein Stück Würfelzucker. Beobachte die Gläser 5 Minuten lang.

a) Was geschieht, wenn du die Flüssigkeiten anschließend umrührst?

b) Was wird wohl geschehen, wenn du in ein Glas Wasser etwas Himbeersirup gießt und alles eine Unterrichtsstunde (einen Tag, eine Woche) lang ruhig stehen lässt?

V 8 Besorge dir vier flache Schalen (möglichst aus Glas, z. B. Deckel von Einmachgläsern). Gieße jeweils eine Flüssigkeit hinein, sodass der Boden gerade bedeckt ist: Leitungswasser, Mineralwasser, klare Salzlösung und klare Zuckerlösung.

Um die Salzlösung herzustellen, löst du eine Teelöffelspitze Kochsalz in einer halben Tasse Wasser auf. Wenn die Lösung trübe ist, muss sie filtriert werden – unter Umständen sogar mehrmals.

Für die Zuckerlösung nimmst du die gleiche Menge Wasser, aber einen halben Teelöffel Zucker.

Anschließend stellst du die Schalen auf die Fensterbank. Beobachte die Flüssigkeiten mehrere Tage lang.

V 9 Jetzt brauchst du drei möglichst gleich große Trinkgläser (Bechergläser). Fülle jedes Glas mit einer etwas anderen Flüssigkeit – und zwar mit Leitungswasser, Mineralwasser und abgekochtem Wasser. Stelle sie dann auf die Fensterbank, wenn möglich in die Sonne. Betrachte nach 5 Minuten die Glaswände.

Koste ein wenig von jedem Wasser. Welches schmeckt am besten?

V 10 Nimm zwei Bechergläser mit je 200 ml Wasser. Gib in das eine Glas einen Teelöffel Kochsalz und in das andere die gleiche Menge Zucker; rühre gut um.

Wiederhole den Vorgang so oft, bis sich jeweils ein Bodensatz bildet. (Man sagt dann dazu: Die Lösung ist *gesättigt*. Vorher war sie *ungesättigt*.) Was stellst du fest?

Kannst du in der gesättigten Salzlösung noch etwas Zucker lösen?

V 11 Für diesen Versuch brauchen wir drei gesättigte, klare Lösungen von Kochsalz, Zucker und Kaliumnitrat O.

Die Bechergläser mit den Lösungen werden zusammen in ein Gefäß (möglichst ein Glasgefäß) mit heißem Wasser (ca. 80 °C) gestellt.

a) Versuche, jeweils noch mehr von dem betreffenden Stoff zu lösen.

b) Die noch warmen, gesättigten Lösungen werden in ein Gefäß mit zerkleinerten Eiswürfeln gestellt. Beobachte die Flüssigkeiten genau!

V 12 Wir benötigen noch einmal Leitungswasser und Mineralwasser sowie drei klare, gesättigte Lösungen von Kochsalz, Zucker und Kaliumnitrat O oder Kaliumpermanganat O, Xn.

a) Erhitze ca. 40 ml der gesättigten Salzlösung in einem Porzellanschälchen. Nimm dafür einen Dreifuß mit Drahtnetz und einen Gasbrenner.

b) Gib ein paar Tropfen von jeder der einzelnen Flüssigkeiten auf je ein Uhrglas.

Erhitze sie vorsichtig (Bild 11), bis keine Flüssigkeit mehr da ist. (Die Uhrgläser dürfen dabei nicht zu heiß werden.)

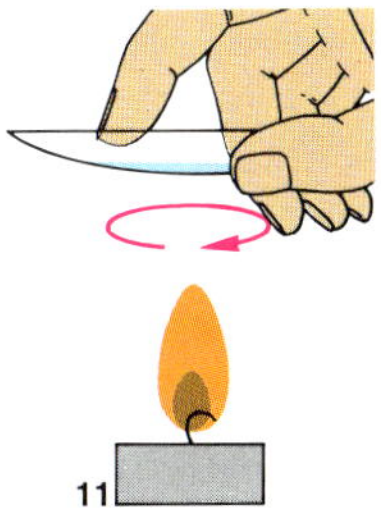

c) Untersuche mit einer Lupe, was im Schälchen und Uhrgläschen zurückgeblieben ist. Vergleiche.

Was geschieht, wenn sich Stoffe in Wasser lösen?

Etwas Zucker **löst sich** in Wasser auf: Er zerfällt und ist bald nicht mehr zu sehen. Man könnte ihn nur noch durch eine Geschmacksprobe feststellen. Es ist eine **Lösung** von Zucker in Wasser entstanden, eine Zuckerlösung. Beim Verdunsten oder Verdampfen des Wassers wird der Zucker wieder sichtbar.

Man stellt sich vor, dass Zucker, Salz und auch Wasser jeweils aus winzig kleinen **Teilchen** bestehen. Diese sind so klein, dass man sie mit einem Mikroskop nicht sichtbar machen kann; es ist auch unmöglich, sie mit einem Papierfilter abzutrennen.

Wird z. B. Zucker in Wasser gegeben, so zerfällt er in seine Teilchen. Diese **verteilen sich** gleichmäßig zwischen den Teilchen des Wassers (Bild 1).

Da sieht man sehr gut, wenn sich ein farbiger Stoff im Wasser löst: Die Lösung nimmt allmählich die Farbe des Stoffes an (Bild 2). Da die Teilchen so winzig sind, kann man sie aber nicht erkennen; die Lösung ist also klar.

Stoffe, die sich nicht in Wasser lösen, zerfallen nicht in kleinste Teilchen. Diese Stoffe können sich am Boden **absetzen** oder im Wasser **schweben**; dann ist das Wasser trübe.

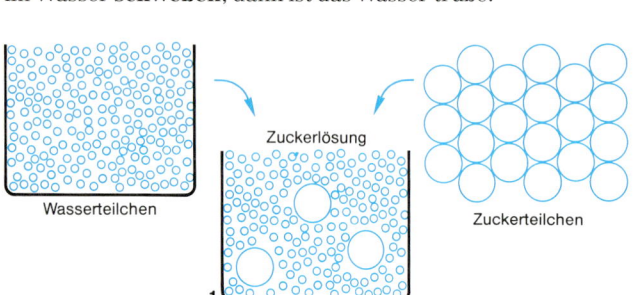

Wenn das Wasser verdunstet oder verdampft, entweichen die Wasserteilchen aus der Lösung. Der feste Stoff bleibt zurück. Die Teilchen des festen Stoffes (z. B. Zucker) lagern sich wieder aneinander an und bilden **Kristalle** (Bild 3). Man sagt, der feste Stoff *kristallisiert aus*.

Wasser ist für viele Stoffe ein gutes **Lösungsmittel** (Fachausdruck: **Lösemittel**); in ihm lösen sich aber nicht alle Stoffe gleich gut. Man sagt auch: Die **Löslichkeit** von Stoffen in Wasser ist unterschiedlich.

Die Löslichkeit eines Stoffes kann meist durch Erwärmen der Flüssigkeit erhöht werden. Wenn eine Lösung nichts mehr von ein und demselben Stoff aufnehmen kann, ist sie **gesättigt**. Der ungelöste Stoff bleibt dann als *Bodensatz* (gelegentlich auch *Bodenkörper* genannt) im Gefäß liegen.

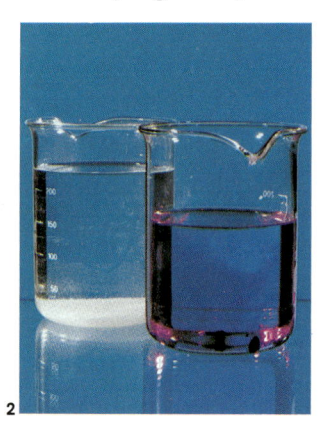

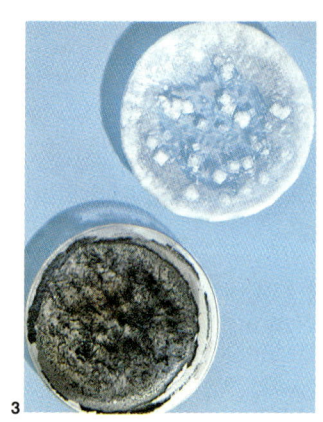

Aufgaben

1 Versuche zu erklären, woher der *Kesselstein* kommt, der sich an der Heizschlange z. B. von Tauchsiedern absetzt (Bilder 7 u. 8 der Vorseite).

2 Bei euch zu Hause gibt es wahrscheinlich ein Heißwassergerät oder eine Kaffeemaschine. Du findest in der Gebrauchsanleitung zu diesen Geräten Angaben über deren Pflege. Sieh dort nach, wie oft euer Gerät entkalkt werden muss.

3 Eine *Hydrokultur* (Bild 4) ist eine Anpflanzung, bei der man die Erde durch Tonkugeln ersetzt. Sie wird alle paar Monate mit Salzen gedüngt. Sonst wird nur regelmäßig Wasser nachgefüllt.
Beschreibe, wie die Salznahrung in die Pflanzen gelangt.

4 Was bedeutet der Begriff *gesättigte Lösung*?

5 Was kannst du tun um die Löslichkeit eines Stoffes zu erhöhen?

6 Wenn du einen Becher mit flüssiger Sahne öffnest, stellst du meistens fest, dass sich unter dem Deckel eine feste, weiße Schicht abgesetzt hat. Was könnte das sein? (Sieh auf einer Milchtüte nach, welche Bestandteile Milch enthält.)

7 Im Wasser ist auch Luft gelöst (Bild 5). Was weißt du schon (z. B. aus dem Biologieunterricht) über die Bedeutung der Luft im Wasser?

8 Martin möchte sein Aquarium mit abgekochtem Wasser auffüllen. Was meinst du dazu?

9 Überlege einmal, ob auch das Schmutzwasser aus einem Fluss eine Lösung ist. Gib auch eine Begründung für deine Antwort.

Aus Umwelt und Technik: **Viel Spaß beim Kristallezüchten!**

Die Kristalle der Bilder 6 u. 7 haben ihre Form nicht durch Schleifen erhalten – sie sind so „gewachsen".

Große Kristalle werden im Labor gezüchtet. Das dauert mehrere Wochen oder sogar Monate. Aber kleinere Kristalle können auch dir schon in viel kürzerer Zeit gelingen. Versuche es doch mal.

So kannst du Zuckerkristalle züchten

Fülle 150 ml Wasser in ein Glasgefäß (z. B. Einweckglas), und erhitze es in einem Topf mit Wasser. Löse in dem sehr heißen Wasser nach und nach so viel Zucker auf wie möglich. Rühre dabei ständig um, bis die Lösung gesättigt ist.

Nun hängst du 1–3 kurze Woll- oder Baumwollfäden in das Glas, das unbedingt auf einer dicken Unterlage (z. B. Zeitung, Tuch, Bastuntersatz) stehen muss. Lass alles einige Tage lang ruhig stehen.

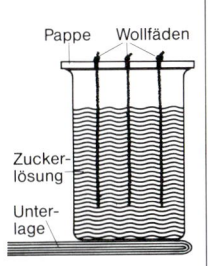

So kann man viele Kristalle einer Sorte züchten

Wir schütten in 300 ml siedendes Wasser 400 g Magnesiumsulfat. Dabei rühren wir gut um, bis sich alles gelöst hat.

Die klare Lösung wird in ein sauberes Becherglas gegossen. Das Glas bleibt einige Stunden lang ruhig stehen. Wenn sich bis dahin noch keine Kristalle gebildet haben, wirft man ein paar kleine Körnchen Magnesiumsulfat in die Lösung.

So kann man schöne Einzelkristalle züchten

Dabei geht man in zwei Schritten vor: Zuerst werden Kristallkeime gezüchtet, dann folgt das Wachsen eines Kristalls.

1. Züchten der Kristallkeime

Wir lösen eine bestimmte Menge eines Salzes (→ Tabelle rechts unten) unter Rühren in der angegebenen Menge heißem Wasser auf. Die Lösung wird filtriert und zum Abkühlen in eine Glasschale (Petrischale) gegossen. Sie bleibt nun für einige Stunden ruhig stehen.

In dieser Zeit bilden sich am Boden des Gefäßes kleine Kristalle. Der schönste davon wird mit einer Pinzette aus der Lösung herausgenommen und an einen dünnen Perlon- oder Gummifaden geknotet. (Erst das Fadenende verknoten, dann Schlinge bilden, um den Kristall legen und festziehen.)

2. Züchten des Einzelkristalls

Zunächst wird die sogenannte Wachstumslösung nach den Angaben der nebenstehenden Tabelle hergestellt. Dann gießen wir die heiße und filtrierte Lösung in ein größeres Becherglas (400 bis 600 ml).

Nun wird der Perlonfaden mit dem Kristallkeim an einem Pappdeckel oder Holzstäbchen befestigt und mitten in die Lösung gehängt. Das Becherglas muss für ein paar Tage erschütterungsfrei bei möglichst gleich bleibender Temperatur stehen bleiben.

Will man den Kristall noch weiter wachsen lassen, muss man ihn erneut in eine frisch hergestellte Wachstumslösung hängen.

Der fertige Kristall darf nicht mit den bloßen Fingern oder mit Feuchtigkeit in Berührung kommen. Man kann ihn zum Schutz mit farblosem Nagellack überziehen.

Stoffmengen zur Züchtung von Einzelkristallen

Keimlösung	benötigte Stoffe	Wachstumslösung
50 g 100 ml	Kupfer(II)-sulfat [Xn] Wasser	75 g 150 ml
15 g 100 ml	Kaliumalaun Wasser	30 g 200 ml
40 g 100 ml	Chromalaun Wasser	80 g 200 ml
150 g 100 ml	Seignettesalz Wasser	450 g 300 ml
70 g 100 ml	Kaliumnitrat [O] Wasser	210 g 300 ml

Aus Umwelt und Technik: **Wasser transportiert gelöste Stoffe**

Mit dem Wasser von Bächen und Flüssen werden die unterschiedlichsten Stoffe transportiert – viele sichtbare, aber auch unsichtbare, im Wasser gelöste. Darunter sind leider auch Stoffe, die für die Pflanzen und Tiere im Wasser schädlich sind.

Überhaupt hat das Wasser als Transportmittel für gelöste Stoffe seine größte Bedeutung – und zwar dort, wo man es gar nicht sieht; es ist ein wichtiger Bestandteil aller tierischen und pflanzlichen Lebewesen.

Das *menschliche Blut* zum Beispiel enthält sehr viel Wasser. Eine seiner Aufgaben ist es, gelöste Stoffe im Körper zu transportieren: Sauerstoff, das ist ein gasförmiger, lebensnotwendiger Stoff, den die Lunge aus der eingeatmeten Luft aufnimmt; Nährstoffe, die bei der Verdauung in Magen und Darm aufgenommen werden; Abfallstoffe aus den Gewebezellen des Körpers; Abwehrstoffe gegen Krankheitserreger usw.

Der *Harn* (Urin) besteht ebenfalls überwiegend aus Wasser. Er transportiert die Abfallstoffe des Körpers, die über die Nieren ausgeschieden werden.

Die Aufgabe des Wassers *in Bäumen und Pflanzen* ist ganz ähnlich: Ein Baum nimmt z. B. aus dem Boden durch seine feinen Wurzeln Nährstoffe auf; diese sind in Wasser gelöst. Die Nährstoffe werden dann durch lange, haarfeine „Kanäle" bis in die kleinsten Zweige und Blattspitzen transportiert.

Den umgekehrten Weg nehmen in vielen Pflanzen z. B. Nährstoffe wie Zucker und Stärke. Sie werden in den grünen Blättern und Pflanzenteilen gebildet.

Im Frühjahr, wenn sich neue Blätter entfalten und frische Triebe wachsen, ist der Transport von Nährstoffen besonders groß. Das erkennt man deutlich, wenn z. B. ein Baum verletzt ist: Aus einer frischen „Wunde" läuft im Frühjahr meist viel Flüssigkeit aus.

3 Eigenschaften und Verwendungsmöglichkeiten von Kochsalz

Salz macht haltbar

Ohne die konservierende Wirkung von Salz wäre Europa in allen Jahrhunderten seiner Geschichte von Hungersnöten heimgesucht worden. Salz macht Fisch, Fleisch und Gemüse haltbar. Ohne Salz hätte kein Seefahrer zur See fahren, Columbus nicht Amerika entdecken können. Salz ist heute noch das wichtigste Naturprodukt, wenn man Nahrungsmittel länger aufbewahren will.

1

Salz macht krank

In der Bundesrepublik Deutschland werden jedes Jahr über 1,5 Millionen Tonnen Salz auf Straßen, Wege und öffentliche Plätze gestreut!

Durch Streusalz werden Baumalleen zum Absterben gebracht und an Straßen gelegene Grundstücke schwer geschädigt. Allein in Stuttgart sind von den 21 500 Bäumen 8500 krank und jährlich werden 500 sterben.

2

Zwei Eigenschaften von Kochsalz

V 13 Dieser Versuch zeigt die Wirkung von Kochsalz auf Pflanzen: Wir lösen 1 gestrichenen Teelöffel Kochsalz in 1/4 l Wasser auf. 2 Esslöffel dieser Salzlösung gießen wir in eine Glasschale und lassen darin Kressesamen keimen und wachsen.

Zum Vergleich streuen wir die gleiche Menge Kressesamen in eine Glasschale, die 2 Esslöffel Leitungswasser enthält (Bild 3). Beobachte eine Woche lang.

V 14 Stelle eine gesättigte Kochsalzlösung her und gieße sie (ohne Bodensatz) in einen Plastikbecher. In einen zweiten Plastikbecher füllst du die gleiche Menge Wasser.

Nun stellst du beide Gefäße ins Tiefkühlfach eines Kühlschranks oder in die Tiefkühltruhe. Sieh jede

3

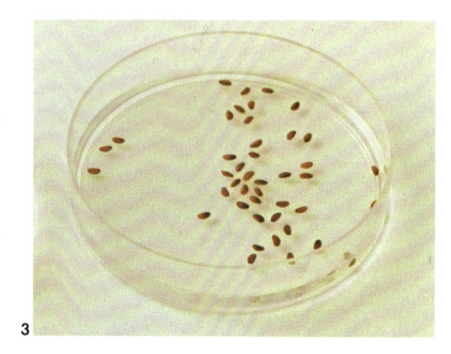

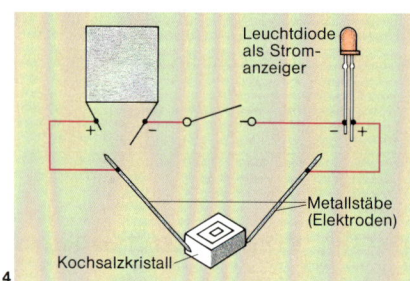

4 — Leuchtdiode als Stromanzeiger / Metallstäbe (Elektroden) / Kochsalzkristall

halbe Stunde nach, ob die Flüssigkeiten schon gefroren sind.

V 15 In diesem Versuch prüfen wir, ob Kochsalz den elektrischen Strom leitet.

Zunächst nehmen wir einen möglichst großen *Kochsalzkristall.* Er wird nach Bild 4 in einen Stromkreis eingebaut.

Achtung, die Metallstäbe *(Elektroden)* dürfen sich nicht berühren!

V 16 Das Kochsalz erzeugt eine ganz bestimmte Flammenfärbung.

Um diese Farbe herauszubekommen, wird ein angefeuchtetes Magnesiastäbchen in etwas Kochsalz getaucht und anschließend in die nichtleuchtende Flamme eines Gasbrenners gehalten.

Aufgaben

1 Wozu wird bei euch zu Hause Kochsalz verwendet?

2 Erkundige dich (z. B. bei älteren Leuten), auf welche Weise Kochsalz früher einmal zum Haltbarmachen von Lebensmitteln verwendet wurde.

3 Hast du schon einmal Wasser probiert, in dem geschälte Kartoffeln gekocht werden?
Wie schmeckt es? Welcher Stoff ist enthalten? Kann man ihn sehen?

4 Weißt du noch, wie man eine *Kältemischung* herstellt? Du brauchst dazu die Dinge aus Bild 5. Beschreibe den **Versuch**.

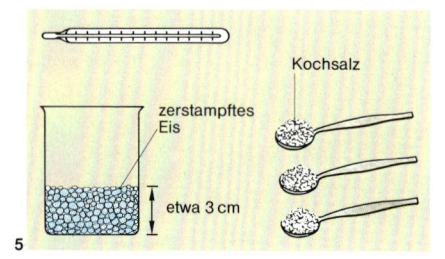

5 — zerstampftes Eis / Kochsalz / etwa 3 cm

5 Diese Tabelle zeigt, wie die Löslichkeit des Kochsalzes von der Wassertemperatur abhängt. Was kannst du aus ihr ablesen?

Löslichkeit in 100 g Wasser	
Temperatur	Kochsalz
0 °C	35,6 g
20 °C	35,9 g
40 °C	36,4 g
60 °C	37,1 g
80 °C	38,5 g
100 °C	39,2 g

Aus Umwelt und Technik: **Kochsalz in Haushalt und Industrie**

Kochsalz, das zum Würzen von Speisen geeignet ist, wird **Speisesalz** genannt. Das bedeutet: Dieses Salz ist so rein, dass es verzehrt werden kann. Je nach dem Herstellungsverfahren unterscheidet man *Meersalz* und *Siedesalz* (Salinensalz; Bild 6).

In vielen Industriebetrieben wird sogenanntes **Gewerbesalz** verwendet. Es ist ebenfalls reines Kochsalz, das jedoch aus steuerlichen Gründen ungenießbar gemacht wurde. Um Verwechslungen mit Speisesalz auszuschließen, ist das Gewerbesalz meistens eingefärbt (Bild 7).

Es gibt viele Verwendungsmöglichkeiten für Gewerbesalz. Hier sind nur einige Beispiele aufgeführt:
○ in Gerbereien zum Konservieren von Tierhäuten,
○ in der Textilindustrie zum Färben von Stoffen,
○ zum Einsalzen von Fischen in der Fischerei,
○ zur Herstellung von Kraftfutter und Lecksteinen für die Vieh- und Wildfütterung,
○ in der keramischen Industrie für Glasuren,
○ zur Badesalzherstellung in der kosmetischen Industrie.

Kochsalz ist als **Industriesalz** ein wichtiger Ausgangsstoff für die chemische Industrie. Es wird zur Herstellung neuer Stoffe verwendet, aus denen wiederum andere Stoffe entwickelt werden (→ rechte Spalte).

Kochsalz dient zur Herstellung von	Der neue Stoff dient zur Herstellung von
Natrium (ein Metall)	chemischen Verbindungen
Chlor [T] (ein Gas)	Kunststoffen
Natronlauge	Seife, Farbstoffen
Salzsäure [C]	Farbstoffen, Reinigungsmitteln
Soda	Glas, Waschmitteln

6
7

Aus Umwelt und Technik: **Streusalz – ja oder nein?**

Aus einer Werbung für Streusalz:

… Sieht denn keiner den immensen volkswirtschaftlichen Verlust durch die entstehenden Blechschäden, den Smog durch die bei Glätte dahinkriechenden und sich stauenden Autos, die verlorenen Arbeitsstunden durch unkalkulierbare Wegezeiten zum Arbeitsplatz? Ist denn die Ökologie einiger Stadtbäume wichtiger als die Verhinderung zahlreicher Oberschenkelhals- und sonstiger Knochenbrüche, besonders bei alten Leuten? …

8

So wirkt Streusalz auf einen Baum:

9

● Das Salz gelangt im Winter in den Boden.

● Das Natrium verursacht eine Verkrustung und Verdichtung des Bodens. Die Wasser- und Nährstoffaufnahme wird behindert.

● Der Baum nimmt mit dem Wasser das Salz auf und transportiert es zu den Blättern.

● Durch das Salz sterben die Blätter von Rand her ab. Das Salz zieht sich in die Zweige zurück und wird dort gespeichert. Im Frühjahr steigt es wieder in die Blätter. So wächst der Salzgehalt der Bäume allmählich von Jahr zu Jahr.

Glatteisunfälle: 9 Tote
Traurige Bilanz vom Wochenende

Tipps zum Salzstreuen
● Maximale Menge:
1 Esslöffel oder 2 Teelöffel pro m² genügen vollauf!
● Salzstreuen in Schnee unbedingt vermeiden!
● Salzhaltigen Schnee nicht auf Grünflächen oder Baumscheiben ablagern!

§ 6 der Polizeiverordnung Stuttgart:

Bestreuung

Bei Schnee- oder Eisglätte müssen die Gehwege und Gehbahnen mit Sand, Asche oder anderen geeigneten Stoffen lückenlos werktags bis 8 Uhr, sonn- und feiertags bis 9 Uhr betreut sein.
Wenn Schnee- oder Eisglätte tagsüber (bis 21 Uhr) entsteht, ist unverzüglich, bei Bedarf auch wiederholt, zu streuen.

Schädigungen durch Streusalz

● verwundet Hundepfoten durch ätzende Wirkung;

● bildet auf Schuhen, Kleidern und Teppichen weiße Ränder, die nur schwer zu entfernen sind;

● Salzwasser fördert die Korrosion von Metallen; mehr Rost am Auto;

● schädigt Beton und Stahlbeton an Bauwerken;

● beeinträchtigt die Funktion von Kläranlagen (Korrosion, zerstört Bakterienkulturen);

● abfließendes Salzwasser belastet Bäche, Flüsse und Grundwasser.

Aus Umwelt und Technik: **Ohne Kochsalz könnten wir nicht leben!**

Kochsalz ist nicht nur ein Gewürz, mit dem wir Speisen schmackhafter machen. Es ist vielmehr ein lebenswichtiger Zusatz zu unserer Nahrung.

Die Körperflüssigkeiten eines Erwachsenen enthalten etwa 50 g Kochsalz. Das ist eine beachtliche Menge.

Welch wichtige Rolle das Kochsalz z. B. im **Blut** innehat, zeigt Folgendes: Wenn jemand z. B. bei einer Darmerkrankung mit heftigem Durchfall sehr viel Flüssigkeit verloren hat, lässt man ihm ganz langsam eine **physiologische Kochsalzlösung** (Bild 1) in die Venen tropfen. Sie enthält auf 1 Liter Wasser 9 g Kochsalz. Das entspricht etwa dem Gehalt des Blutes an Salzen. Auf diese Weise werden die wichtigsten Lebensvorgänge des Körpers aufrechterhalten.

Der **Magensaft** spielt bei der Verdauung der Nahrung eine wichtige Rolle. Unser Körper stellt pro Tag etwa 1,5 Liter davon her. Dazu braucht er Kochsalz, das er dem Blut entnimmt. Wenn nun (z. B. nach starkem Schwitzen) zu wenig Salz im Blut vorhanden ist, kann der Körper nur wenig Magensaft herstellen. Das kann unangenehme Folgen haben: Die Bakterien, die wir mit der Nahrung aufnehmen, werden nicht mehr abgetötet. Sie können im Darm Erkrankungen hervorrufen (z. B. Durchfall).

Du verstehst jetzt sicher, dass wir unserem Körper täglich Kochsalz zuführen müssen. Beim Erwachsenen sind es etwa 5 g. Da wir im Urin, im Schweiß und auch manchmal in den Tränen Kochsalz ausscheiden, müssen wir es mit der Nahrung wieder aufnehmen – vor allem, wenn wir z. B. durch Schwitzen viel Salz verloren haben.

Dazu reicht schon die tierische Nahrung, die wir täglich essen, denn auch der Tierkörper enthält Kochsalz.

Doch auch beim Kochsalz gilt die Regel: „Allzu viel ist ungesund!" (→ den Zeitungsausschnitt.) Deshalb verwenden viele Menschen immer weniger Kochsalz zum Würzen, dafür aber umso mehr Küchenkräuter.

Kochsalz für Säuglinge lebensgefährlich

Salz ist für Säuglinge so gefährlich wie Alkohol. Bereits ein Gramm Salz pro Kilogramm Körpergewicht kann tödlich wirken.

Auf diese Gefahr wiesen Ärzte der Beratungsstelle für Vergiftungen an der Universitätsklinik in Berlin hin, nachdem ein Säugling an fünf Gramm Kochsalz in der Flaschennahrung gestorben war. Die Mutter hatte das Salz mit Zucker verwechselt.

Aber auch für Schulkinder kann ständig zu hohe Salzzufuhr in der Nahrung schädliche Auswirkungen haben. Sie kann zu überhöhtem Blutdruck führen, verbunden mit bleibenden Gefäßveränderungen.

1

Aus Rohsalz wird Kochsalz

Alles klar?

1 Rohsalz ist ein verschmutzter, wasserlöslicher Stoff. Um daraus sauberes Kochsalz zu gewinnen, reichen Sieben und Filtrieren nicht aus. Erkläre!

2 Suche nach Beispielen für die Verwendung von Sieben und Filtern (Haushalt, Autowerkstatt, Kanalisation). Notiere jeweils, welche Stoffe so voneinander getrennt werden.

3 Du hast sicher gehört, dass man aus Kiesgruben ein Gemisch aus Sand und Kies herausholt. Der feine Sand wird z. B. beim Hausbau verwendet, der grobe Sand sowie feiner Kies als Streugut und grober Kies beim Straßenbau.
Wie müsste deiner Meinung nach eine Anlage aussehen, in der man das Gemisch in Bestandteile aus unterschiedlichen Korngrößen trennen kann?

4 Nach einem Regenguss sind Pfützen trübe, später werden sie klar. Warum?

5 Warum sollte man eine Kakaoflasche erst schütteln, bevor man die Flasche öffnet, um den Kakao zu trinken?

6 Woran ist eine *ungesättigte* Lösung von einer *gesättigten* zu unterscheiden?

7 Wenn ein Autofahrer seinen Wagen wäscht, ledert er ihn anschließend gründlich ab. Er könnte den Wagen doch auch einfach an der Luft trocknen lassen. Warum macht er sich so viel Arbeit?

8 Zur Düngung von Feldern verwendet man auch Salze. Sie werden einfach auf den Acker gestreut. Wie gelangen sie zu den Wurzeln der Pflanzen?

9 Kein Löwe oder Wolf würde Salz an einem Leckstein lecken. Dagegen ist der Leckstein für Rotwild, Schafe und Kühe unentbehrlich (Bild 2). Wie kommt das?

10 Wenn man den Urlaub in heißen Ländern verbringt, sollte man die Speisen etwas mehr salzen als zu Hause. Das wird manchmal von Ärzten empfohlen. Warum haben sie Recht?

2

Aus Rohsalz wird Kochsalz

Auf einen Blick

Aus Rohsalz wird Kochsalz

Salz kommt in der Natur nur selten ganz rein vor.
In der Erde findet man es meist als **Gemisch** mit Sand und anderen Verunreinigungen.
Aus diesem **Rohsalz** kann man reines **Kochsalz** gewinnen.

Im Versuch gelingt das in mehreren Schritten:

1. Das Rohsalz wird zerkleinert und in Wasser *gelöst*.

2. Die unlöslichen Stoffe werden *abfiltriert*.

3. Das salzige Filtrat wird *eingedampft*; dabei entstehen *Kristalle*.

Wasser löst viele Stoffe

Wenn man bestimmte Stoffe (z. B. Salz oder Zucker) in Wasser gibt,
verteilen sie sich darin so fein, dass sie nicht mehr zu erkennen sind; die Flüssigkeit bleibt klar.
Auf diese Weise entsteht eine **Lösung**. Das Wasser ist hierbei das **Lösemittel**.

Das Lösemittel kann aber nicht beliebige Mengen eines Stoffes aufnehmen. Von einer bestimmten Grenze an löst sich der Stoff nicht mehr: Dann ist die Lösung **gesättigt**.

Wenn die gesättigte Lösung erwärmt wird, lässt sich meistens noch mehr von dem Stoff darin auflösen.

Beim Abkühlen wird wieder eine bestimmte Menge des vorher gelösten Stoffes abgeschieden. Dabei bilden sich **Kristalle.**

Ein einziges Lösemittel kann oft mehrere Stoffe gleichzeitig lösen (z. B. Kochsalz und Zucker).

Lösungen lassen sich durch Filtrieren *nicht* in ihre Bestandteile zerlegen.

Wenn man z. B. eine Salzlösung filtriert, schmeckt das entstehende Filtrat immer noch salzig. Die Salzteilchen sind nämlich so klein, dass sie durch die Poren des Filterpapiers hindurchpassen. Deshalb kann der Filter sie nicht zurückhalten.

Durch **Verdunsten** oder **Eindampfen** einer Lösung kann man den gelösten Stoff (z. B. das Salz) zurückgewinnen. Das Lösemittel (meistens Wasser) geht dabei jedoch verloren.

Salzgewinnung in der Technik

1 Kulturgeschichte des Salzes

Aus der Geschichte: Salz – das „weiße Gold"

Kannst du dir vorstellen, dass Salz viele Jahrhunderte lang sehr kostbar war? Das liegt daran, dass es für den Menschen **lebensnotwendig** ist.

Wir müssen Salz mit der Nahrung zu uns nehmen. Das ist heute ganz einfach: Wir kaufen das Salz im Geschäft und würzen zu Hause die Speisen damit. Aber früher …

Zu Beginn der Steinzeit waren die Menschen nicht sesshaft. Sie zogen durch das Land und ernährten sich vom Fleisch der erlegten Tiere. Außerdem sammelten sie Beeren, Früchte und Wurzeln wild wachsender Pflanzen.

Das Fleisch wurde über der Glut des offenen Feuers gebraten oder oft auch roh gegessen. So gelangte das Salz, das im Fleisch der Tiere enthalten war, in den menschlichen Körper.

Als die Menschen allmählich sesshaft wurden, änderten sich auch ihre Ernährungsgewohnheiten: Zum Beispiel wurde das Fleisch nun gekocht. Aber beim Kochen löst sich das Salz aus dem Fleisch. Man musste es also den Speisen wieder zufügen.

Salz gab es jedoch nicht überall. Deshalb hielten sich die Menschen hauptsächlich in den Gegenden auf, in denen z. B. salzhaltige Quellen aus der Erde sprudelten. Darum entstanden auch in der Nähe von Salzvorkommen die ersten größeren menschlichen Siedlungen.

Weil das Salz für den Menschen so kostbar war, wurde es verehrt wie das Wasser oder das Sonnenlicht. Wenn die Menschen früher ihren Göttern Opfer brachten, gehörte auch das Salz als *Opfergabe* dazu.

Freundschaften besiegelte man mit Salz. Und noch heute werden in einigen Ländern Gäste begrüßt, indem man ihnen Brot und Salz anbietet.

Das Salz wurde jedoch nicht nur den Speisen zugesetzt: Man konnte damit auch z. B. Fleisch und Fisch *haltbar machen*. Sie wurden „gepökelt", das heißt in Salz eingelegt (Bild 1). So konnte man diese Nahrungsmittel z. B. für den Winter aufheben. Noch heute kann man beim Schlachter „Pökelfleisch" kaufen. Das wird aber nicht mehr genauso zubereitet wie vor Jahrhunderten.

Da es an einigen Stellen auf der Erde Salz gab und an anderen nicht, wurde Salz bald zu einer wichtigen **Handelsware**. Es war in manchen Teilen der Erde so kostbar wie Gold. Man konnte dafür Dinge wie Gewürze, Tücher, Schmuckstücke, Waffen oder Werkzeuge eintauschen.

Salz wurde sogar direkt wie Geld verwendet. Vor rund 2000 Jahren gehörte ein Teil des heutigen Deutschlands noch zum Römischen Reich. Damals erhielten die römischen Soldaten als „salarium" eine Portion Salz, wenn sie „in die Provinzen" reisten. Später wurde das „salarium" dann in Münzen gezahlt.

In Niger (Afrika) findet noch heute ein *Salzmarkt* statt (Bild 2): Salzkegel und -kuchen werden gegen Getreide, Zucker, Textilien oder Werkzeuge getauscht.

Es gab sogar richtige *Salzmünzen*. Du hast vielleicht schon von *Marco Polo* gehört. Er lebte im Mittelalter (1254–1324) und unternahm weite Reisen nach China und in den Fernen Osten. In einem seiner interessantesten Reiseberichte beschreibt er das Salzgeld, das damals in Tibet in Gebrauch war.

Aus eingedampfter Salzsole stellte man kleine Salzkuchen her, die zum Trocknen an ein Feuer auf heiße Ziegel gelegt wurden. Danach wurde auf diese Münzen der Stempel des Kaisers gedrückt. Die Münzen durften nur von Beamten des Kaisers hergestellt werden. 80 Salzmünzen hatten den Wert von etwa 15 g Gold. (Diese Menge Gold ist heute etwa 350 bis 400 DM wert.)

Du weißt wahrscheinlich, dass der Staat auf viele Dinge Steuern erhebt (z. B. auf Benzin, Alkohol und Tabak). Das war früher ganz ähnlich. So ist es auch nicht verwunderlich, dass die Landesherren bzw. die Staaten schon sehr früh eine **Salzsteuer** erhoben; Salz war ja eine bedeutende Handelsware.

Auch heute noch wird beim Hersteller eine Steuer von etwa 12 DM je 100 kg Salz erhoben. Nur das in der Landwirtschaft und im Gewerbe verwendete Salz ist steuerfrei. Dazu gehört z. B. das Streusalz. Es ist gefärbt und für uns ungenießbar gemacht worden.

Aus der Geschichte: **Salzstraßen – die ältesten Handelswege**

Du weißt bereits, dass die ersten größeren Siedlungen der Menschen dort entstanden, wo es Salzvorkommen gab. Das war besonders an den Küsten des Mittelmeeres der Fall.

Dort hatten die Menschen schon sehr früh Salz aus Meerwasser gewonnen. Eine solche *Meerwassersaline* lag in der Nähe von Rom. Von dort aus führte die wohl erste Salzstraße – die *via salaria* – bis weit in den Norden des Landes.

Bei uns gab es ebenfalls bedeutende Salzstraßen. *Lüneburg* war ein wichtiges Zentrum, in dem *Siedesalz* hergestellt wurde. Die Strecke Lüneburg – Lauenburg – Mölln – Lübeck heißt heute noch *Salzstraße*.

Eine andere Salzstraße liegt in Nordrhein-Westfalen: der **Hellweg**.

Der Hellweg ist die wohl älteste Verbindung zwischen Rhein und Weser und besteht heute noch (Bild 4).

Schon als sich die Römer im damaligen Germanien aufhielten, benutzten sie den Hellweg als Handelsstraße. *Karl der Große* errichtete Stützpunkte entlang des Hellwegs um sein Reich zu sichern. Daraus haben sich dann die Städte entwickelt (z. B. Dortmund, Soest, Erwitte, Paderborn, Höxter). Am Hellweg liegen viele Orte, in denen früher ebenfalls Salz gewonnen wurde.

Wie weit die Händler damals reisten, zeigt Folgendes:

In Süddeutschland hat man Gräber gefunden, die etwa 2000 Jahre alt sind. Darin lagen auch Dinge, die wahrscheinlich gegen Salz eingetauscht worden sind: Bernstein von der Ostsee, Bronze aus Oberitalien und sogar Elfenbein aus Afrika.

Du kannst dir sicher denken, dass es nicht ungefährlich war, das kostbare Salz über so weite Strecken zu transportieren.

Das Salz wurde auf bepackten Pferden und mit Pferdefuhrwerken befördert. Bewaffnete Reiter sorgten für Geleitschutz (Bild 3) – so begehrt war diese Ware. Häufige Kämpfe um Salzquellen und Salzstraßen blieben damals nicht aus.

Der Transport musste sich an genau vorgeschriebene Wege halten. An die jeweiligen Grundherren wurde Zoll gezahlt – ein einträgliches Geschäft.

Auch *Heinrich der Löwe* wollte an diesem Geschäft teilhaben. Deshalb erzwang er im Jahr 1156, dass das gesamte Salz aus der Saline von *Bad Reichenhall* über eine von ihm erbaute Isarbrücke geleitet wurde. An dieser Stelle entstand daraufhin eine Siedlung: die Stadt München.

Die Strecke Bad Reichenhall – München – Augsburg wurde zur wichtigsten Salzstraße: Jährlich rollten 9500 Fuhrwerke mit 250 000 Salzplatten über diese Straße. Jede Salzplatte war 60 cm lang, 30 cm breit und 37,5 cm dick; sie wog 75 bis 100 kg. Die Salzhändler und die Stadt München wurden dadurch reich.

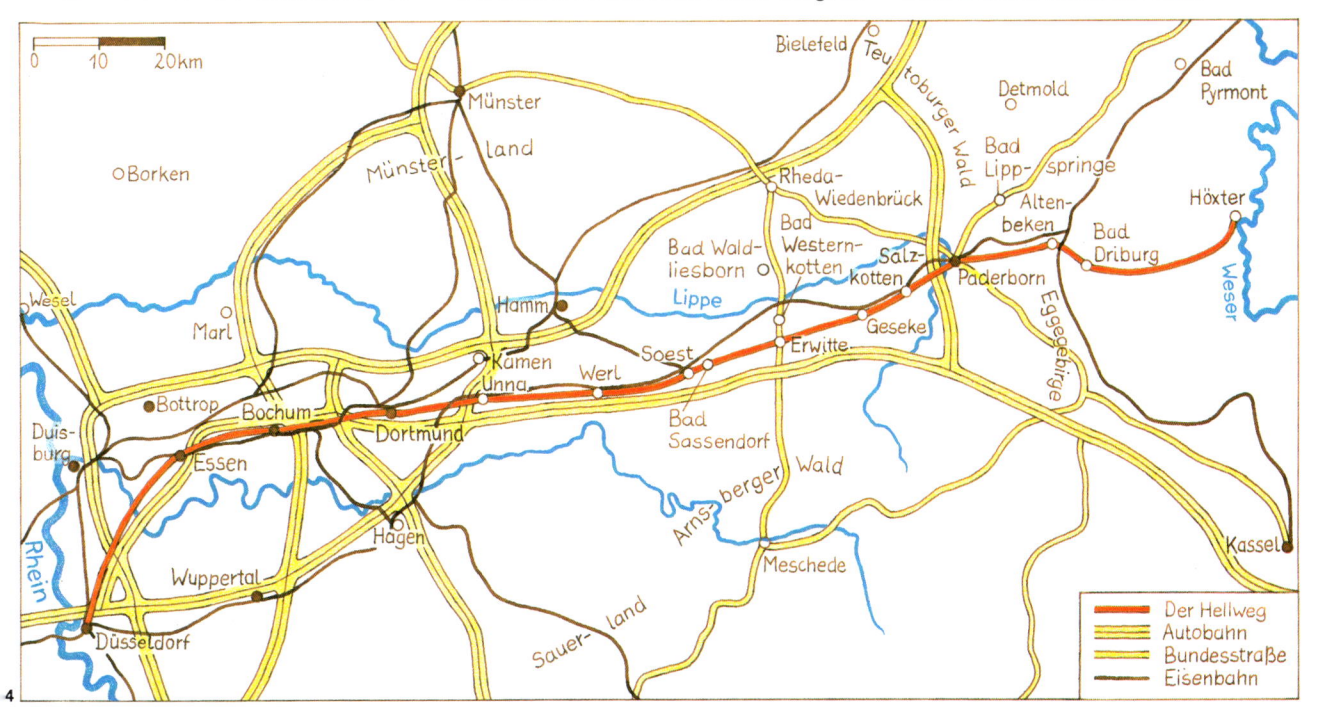

Aus der Geschichte: Wie am Hellweg Salz gewonnen wurde

Der frühere **Hellweg** ist heute die Bundesstraße 1. Wenn man darauf entlangfährt, sieht man rechts und links der Straße ausgedehnte Ackerflächen.

Dieses Land war schon immer besonders fruchtbar. Und weil es dort auch salzhaltige Quellen (die „Solequellen") gab, siedelten sich die Menschen hier schon sehr früh an.

Den Bauern in früherer Zeit fiel auf, dass direkt in der Umgebung der Solequellen wenig wuchs. Aber sie fanden schnell heraus, dass sie mit dem Salz aus den Solequellen gute Geschäfte machen konnten: Die Kaufleute in den benachbarten Siedlungen (z. B. Soest oder Werl) zahlten ihnen gutes Geld für einen Sack Salz.

So waren am Hellweg eigentlich die Bauern die ersten „Sälzer" und sie blieben es auch mehrere Jahrhunderte lang.

Es gibt einen Bericht eines arabischen Reisenden aus dem 10. Jahrhundert. Darin beschreibt er, wie damals das Salz gewonnen wurde:

Die Leute nahmen, wenn sie Salz brauchten, von dem Wasser der salzhaltigen Quellen. Sie füllten damit ihre Kessel, stellten diese auf einen Steinofen und machten darunter ein großes Feuer an. Die Sole wurde beim Versieden dick und trübe und es kristallisierte sich mit der Zeit festes, weißes Salz heraus. (Na, kommt dir das bekannt vor?)

Später entwickelte sich der Beruf des Sälzers zu einem hoch geachteten Handwerk. An den Solequellen (den „Salzpützen") wurden Siedehäuser (die „Koten") errichtet. In ihnen konnte man die Sole in großen, eisernen Pfannen langsam einkochen („versotten").

Außerhalb des Siedehauses befand sich das „Feuerloch". Darin wurde das Feuer geschürt, das unter den Siedepfannen brannte (Bild 1).

Durch die Hitze kam die Sole in den Siedepfannen allmählich zum Sieden. Dann folgte das langsame Einkochen (das „Soggen"). Dabei verdunstete das Wasser und es entstanden Salzkristalle.

Mit einem ganz einfachen Holzgerät (dem „Hampelmann") wurde das Salz schließlich an den Rand der Pfanne gezogen.

Wenn alles Wasser verdunstet war, verteilten die Sieder (die „Salzknechte") das noch feuchte Salz wieder in der Pfanne und trockneten es. Dabei mussten sie aufpassen, dass das Salz nicht anbrannte.

Das getrocknete Salz schaufelten die Sieder dann in spitze Körbe (die „Kiepen"). Darin wurde es auf eine „Bühne" getragen und durch eine Öffnung im Boden in das direkt darunter liegende Lager (das „Magazin") geschüttet (Bild 2).

Dort kam das Salz in Jutesäcke. Mit einer Sackkarre (dem „Knölleken") wurden die Säcke anschließend in einen trockenen Lagerraum gefahren, der mit Stroh ausgelegt war.

Bevor das Salz die Siederei verließ, wurde es auf einer Balkenwaage gewogen (Bild 3). Jeder Sack musste mit 50 kg (einem „Zentner") Salz gefüllt sein. Ein Zollbeamter überwachte das Wiegen und versiegelte („plombierte") die Säcke. Für jeden Sack war dann eine Steuer an den Landesherrn fällig.

Zu Beginn dieses Jahrhunderts wurden die Siedehäuser am Hellweg geschlossen.

Die Kohle, die man zum Heizen der Pfannen brauchte, war inzwischen so teuer geworden, dass sich das Salzsieden nicht mehr lohnte. Außerdem gab es bereits andere Möglichkeiten, Salz kostengünstiger als durch Sieden herzustellen.

Aus Umwelt und Technik: **Gradierwerke gibt es seit Jahrhunderten**

Warst du schon einmal in einem Kurort? Vielleicht bist du dort im Kurpark an einem **Gradierwerk** (Bild 4) entlanggegangen. Solche Gradierwerke gibt es nämlich in mehreren Kurorten in Nordrhein-Westfalen. Oft findet man sie in Orten, in denen früher Salz gesiedet wurde.

Die Kurgäste gehen langsam an der hohen, langen Dornenhecke vorbei, über die von oben her Sole herunterrieselt. Sie bleiben stehen und atmen die salzig schmeckende Luft ein. Probiere es einmal selbst aus; du wirst feststellen, dass die salzhaltige Luft erfrischend wirkt.

Menschen, die an einer Erkrankung der Atemwege (z. B. der Bronchien) leiden und hier eine Kur durchführen, halten sich täglich längere Zeit in der Nähe des Gradierwerks auf. Die salzhaltige Luft erleichtert ihnen das Atmen. Sie spüren die Wirkung dieser „Heilatmung" noch, wenn sie etwa 500 m vom Gradierwerk entfernt sind.

Vielleicht hast du dich auch schon gefragt, wie das Gradierwerk wohl zu seinem merkwürdigen Namen gekommen ist. Du wirst staunen, aber der Name hat etwas mit der *Salzgewinnung* zu tun.

Sieh dir das Gradierwerk auf dem Bild einmal etwas genauer an: Es ist etwa 100 m lang und 10 m hoch. Das stabile Balkengerüst ist mit Dornenbüschen von Schlehensträuchern (Schwarzdorn) gefüllt. Über diese Dornenhecke rieselt langsam die Sole.

Wenn die Sole unten aufgefangen wird, ist ihr Salzgehalt höher als vorher: Ein Teil des Wassers ist ja verdunstet und dadurch ist der „Grad" des Salzgehalts gestiegen (daher also das Wort „gradieren"). Außerdem ist die Sole nun reiner, denn viele Beimischungen sind in der Dornenhecke zurückgeblieben.

Diese Beobachtungen haben die Sälzer vor mehreren hundert Jahren auch schon gemacht. Sie setzten daraufhin die Gradierwerke bei der Salzgewinnung ein.

Meist leiteten sie die Sole über zwei oder drei hintereinander stehende Gradierwerke (oder bei einem langen Gradierwerk über mehrere „Abschnitte"); die Sole wurde also mehrmals gradiert. Auf diese Weise konnte der Salzgehalt erheblich erhöht werden.

Wenn die Sole anschließend in den Siedehäusern eingedampft wurde, setzte die Salzbildung viel schneller ein. Außerdem konnte man aus einer Pfannenfüllung dieser Sole mehr Salz gewinnen als aus nichtgradierter Sole.

Nach mehreren Jahren sieht die Dornenhecke so aus, als ob sie „versteinert" ist. An den Dornen sind beim Verdunsten des Wassers gelöste Bestandteile und Schmutzteilchen zurückgeblieben; sie haben sich abgesetzt und bilden eine dicke Kruste. Das war früher natürlich genauso. Deshalb musste ein Gradierwerk alle 30 bis 40 Jahre ausgebessert oder sogar erneuert werden.

Die Erneuerung der Gradierwerke wurde mit der Zeit immer schwieriger. Man benötigte nämlich für eine einzige Wand von 100 m Länge etwa 2000 Dornenbüsche! So viele Schlehensträucher konnten jedoch in der Umgebung gar nicht wachsen, denn es gab damals sehr viele Gradierwerke. Man musste die Dornenbüsche also aus größerer Entfernung heranschaffen und das wurde immer teurer …

Als man die Salzsiederei einstellte, wurden die meisten Gradierwerke abgerissen. Nur wenige blieben in den Kurorten erhalten und dienen heute unserer Gesundheit.

Aufgaben

1 Die ersten größeren Siedlungen der Menschen entstanden in der Nähe von Salzvorkommen. Versuche das zu erklären.

2 Warum war das Salz früher in vielen Gegenden so kostbar wie Gold?

3 Salz war viele Jahrhunderte lang eine begehrte Handelsware. Welche Folgen hatte das?

4 Den Landesherren war es früher sehr wichtig, dass eine Salzstraße durch ihr Land führte (denke z. B. an *Heinrich den Löwen*). Welchen Vorteil hatten sie dadurch?

5 Wie wurde früher am Hellweg Salz gewonnen?

6 Beschreibe, wie ein Gradierwerk funktioniert. (Skizze!)

7 Versuche zu erklären, warum die Salzgewinnung am Hellweg zu Beginn dieses Jahrhunderts eingestellt werden musste.

8 Welche Bedeutung haben die Gradierwerke heute noch?

9 In einem Versuch kann man – ganz ähnlich wie früher – aus Sole Salz gewinnen. Beschreibe ihn.

2 Salzgewinnung heute

Aus der Geschichte: Wie die Salzlager in der Erde entstanden sind

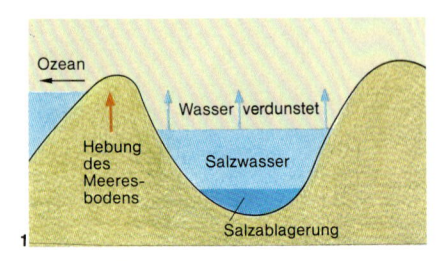

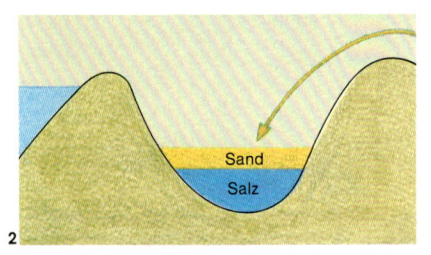

Wenn du schon einmal an der Nordsee oder Ostsee warst, weißt du aus eigener Erfahrung, dass Meerwasser salzig schmeckt.

Alle Ozeane und Meere enthalten Kochsalz; es ist im Wasser gelöst. Könnte man das gesamte Salz herausholen und damit alles Festland auf der Erde bedecken, wäre die Salzschicht über 134 m hoch!

Das im Meerwasser gelöste Salz ist auch der Ursprung der Salzlager im Innern der Erde: Vor Millionen von Jahren waren die Ozeane ebenfalls salzhaltig; sie bedeckten weite Teile des heutigen Europas.

Durch Bodenverschiebungen hob sich an einigen Stellen der Meeresboden und teilte dadurch zum Beispiel eine Bucht vom Ozean ab. Auf diese Weise entstand ein Binnenmeer ohne Abfluss. (Auch die Bundesrepublik Deutschland liegt auf einem Gebiet, das früher von einem Binnenmeer bedeckt war.)

Durch die Sonneneinstrahlung verdunstete das Wasser allmählich. Der Salzgehalt stieg dabei ständig an, bis die Lösung gesättigt war. Es bildeten sich Salzkristalle im Wasser, die sich am Boden absetzten (Bild 1).

Schließlich verdunstete auch das restliche Wasser und das Salz blieb zurück.

Im Laufe der Jahrtausende wurde die entstandene Salzschicht viele Male von Meerwasser überspült. Immer wieder verdunstete das Wasser und ließ das Salz zurück. So konnten dicke Salzschichten entstehen. Der Wind blies schließlich Staub, Sand und Ton über die Salzschicht und deckte sie zu (Bild 2).

Unter Schichten, die wasserdurchlässig waren, wurde das Salz später wieder aufgelöst. Unter wasserundurchlässigen Schichten blieb es dagegen als fester Stoff erhalten.

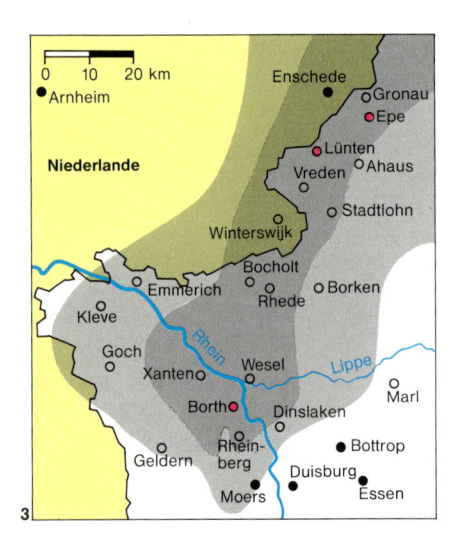

Ein solches Gebiet ist z. B. das *niederrheinische Salzbecken* (Bild 3). In der Nähe von Wesel liegt das *Steinsalzbergwerk* Borth. Dort wird das Salz in der Erde abgebaut.

Die Salzschicht ist hier etwa 200 m dick und liegt 500–1000 m tief in der Erde. Das ganze Salzlager ist etwa 50 km lang! Sieh dir einmal auf der Karte an, wie viele Städte über diesem Salzlager gebaut worden sind.

Aus Umwelt und Technik: Eine Fahrt ins Salzbergwerk

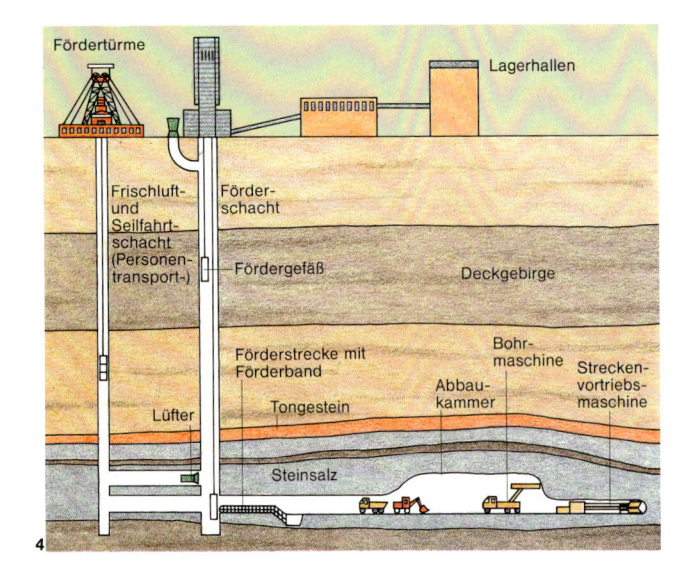

Anjas Vater ist Bergmann im Steinsalzbergwerk Borth. Sie will schon lange wissen, wie es unten im Bergwerk (man sagt dazu auch *unter Tage*) aussieht. Nun hat ihr Vater endlich einmal Zeit, ihr alles zu zeigen.

Aber bevor sie zum Werk fahren, zeigt der Vater ihr eine Zeichnung des Bergwerks (Bild 4). Links erkennt Anja die beiden Schächte, die unter den Fördertürmen etwa 750 m tief in die Erde reichen.

In dem einen Schacht, dem *Förderschacht*, wird das Salz an die Erdoberfläche transportiert. Der andere Schacht ist dazu da, um z. B. die Bergleute und das Arbeitsgerät nach unten zu befördern. Außerdem gelangt durch ihn *Frischluft* nach unter Tage.

Die dicke, weiße Schicht ist das Steinsalz, das unter Tage abgebaut wird. Darüber lagert eine wasserundurchlässige Schicht aus Tongestein und darüber dann das sogenannte Deckgestein. Über Tage befinden sich z. B. die Lager- und Versandhallen.

Endlich fahren Anja und ihr Vater los. Schon von weitem sehen sie die großen *Fördertürme*. Zusammen mit anderen Bergleuten fahren die beiden hinunter bis zur *Förderstrecke* in etwa 700 m Tiefe. Dort stehen sie in einer großen Halle: Die Wände, die Decke, der Fußboden – alles ist aus Salz! Die Salzkristalle glitzern im Licht der elektrischen Beleuchtung wie Edelsteine.

„Da staunst du wohl", lacht der Vater. „Das wird dir hier unten noch öfter passieren."

Und die nächste Überraschung folgt sofort: Um die Ecke biegt ein richtiges Auto – es hält an und die beiden steigen ein.

Während der Fahrt erzählt der Vater: „Hier unten gibt es ein kilometerlanges Straßennetz. Das verbindet alle Abbaustrecken miteinander. Wir haben hier unten über 70 Dieselfahrzeuge."

Neben der Straße verläuft eine *Bandanlage* (Bild 5). Darauf wird das Steinsalz zum Schacht transportiert. „Wo kommt denn das Salz her?", möchte Anja wissen. „Das wird in den *Abbaukammern* gewonnen. Dahin fahren wir jetzt", antwortet der Vater.

Sie biegen ab und befinden sich in einem hohen, langen Gewölbe. „Das ist dreimal so hoch wie das Fünfmeterbrett im Schwimmbad!", staunt Anja. „Das stimmt ungefähr", meint ihr Vater.

„Hier ist das Salz schon fertig abgebaut. Das Salz rechts und links der Kammer und auch oben darüber bleibt stehen. Das muss das Gebirge über dem Salzlager tragen, damit es nicht einstürzt. Wir können das Salz immer nur in langen Gängen abbauen, den sogenannten *Strecken*."

Anja schaut nun noch einmal zur Decke. Dort erkennt sie lauter schwarze Punkte. „Das sind die sogenannten *Firstanker*. Die verhindern, dass Salzbrocken von der Decke herunterfallen. In Kohlenbergwerken muss man die abgebauten Stollen zum Beispiel mit Holz- und Stahlträgern absichern; das brauchen wir hier nicht", erklärt der Vater.

Nun gehen sie ein Stück weit in die Abbaukammer hinein. Mit einem riesigen Bagger werden gerade abgesprengte Salzbrocken in eine Mulde geschüttet (Bild 6). Diese wird dann zum Förderband gefahren.

Ein Stück weiter hinten bohrt eine andere Maschine Löcher in das Salz. „Sieh mal, dort werden *Bohrlöcher* angelegt", hört Anja. „Da hinein kommt eine ganz bestimmte Menge Sprengstoff und dann sprengen wir wieder ein großes Stück vom Steinsalzlager ab. Du kannst dir vorstellen, dass der Sprengmeister dabei genau aufpassen muss: Die Bohrlöcher müssen in den richtigen Abständen sitzen und er darf nicht zu viel oder zu wenig Sprengstoff hineinfüllen."

„Und jetzt zeige ich dir noch eine Riesenmaschine; das ist die *Streckenvortriebsmaschine* (Bild 7). Damit wird ganz am Ende der Gang in das Salzlager gebohrt."

Plötzlich ertönt ein Signal. „Wir müssen zurück", sagt der Vater, „gleich wird gesprengt!" Sie kommen noch einmal an den einzelnen Stationen der Salzgewinnung vorbei, dann fahren sie mit dem Aufzug wieder nach oben.

„Und wo bleibt jetzt das Steinsalz?", möchte Anja noch wissen. „Das zermahlen wir noch unter Tage in kleinere Stücke. Hier oben wird es dann ganz fein gemahlen und gesiebt. Dann kommt es in die großen Lagerhallen, wird verpackt und schließlich verschickt. Für Spezialsalz, das besonders rein sein muss, gibt es noch besondere Reinigungsverfahren. Aber die sehen wir uns jetzt nicht mehr an. Da drüben fährt gerade wieder ein Lkw vom Gelände. Bei uns verlassen jeden Tag 20 000 Tonnen Salz das Werk. Damit könnte man mehr als 700 Lkws füllen. Das meiste davon geht in die chemische Industrie."

Für heute hat Anja genug vom Salz. Aber irgendwann will sie ihren Vater noch fragen, was denn in der chemischen Industrie mit dem Salz passiert.

Aus Umwelt und Technik: Salzgewinnung aus Sole

Steinsalzbergwerke kann man nicht überall dort einrichten, wo es Salzvorkommen gibt. Es kommt nämlich sehr darauf an, auf welche Weise das Salz in der Erde vorkommt.

Man hat auch noch ein anderes Verfahren zur Salzgewinnung entwickelt. Dabei werden die Salzlagerstätten in der Erde abgebaut, ohne dass dort unten Menschen arbeiten. Dieses Verfahren heißt **Bohrlochsolung** (Bild 1). Vielleicht sagt dir der Name schon, wie es funktioniert:

Zunächst wird das unterirdische Salzlager von der Erdoberfläche her angebohrt. In das Innere eines Rohres mit großem Durchmesser hängt man dann ein zweites Rohr mit kleinerem Durchmesser, das *Zentralrohr*.

Nun wird Wasser mit Hilfe von Pumpen durch das äußere Rohr in das Salzlager gedrückt. Das Salz löst sich im Wasser auf und es entsteht **Sole**. Sie enthält so viel gelöstes Salz, dass sie gesättigt ist.

Von über Tage her pumpt man ständig weiteres Wasser in das Bohrloch. Dadurch wird die gesättigte Sole im Zentralrohr nach oben gedrückt. Ein Vorteil dabei ist, dass die Sole kaum Verunreinigungen enthält. Diese bleiben im Salzlager zurück.

Damit Wasser und Sole nicht nach oben in andere Erdschichten eindringen können, spritzt man auch eine „Schutzflüssigkeit" ein. Sie ist leichter als Wasser und Sole und schwimmt deshalb darauf.

Bei diesem Verfahren der Salzgewinnung braucht man viel weniger Mitarbeiter als im Steinsalzbergbau. Alle Vorgänge werden hier nämlich durch Computer gesteuert und überwacht.

Durch das Ausspülen des Salzlagers bildet sich mit der Zeit ein *Hohlraum*, eine sogenannte **Kaverne**. Diese kann einen Durchmesser von 80 m haben und 300 m hoch sein.

Stell dir zum Vergleich ein Fußballfeld vor: Der Durchmesser der Kaverne ist so groß wie das Fußballfeld breit ist. Und die Höhe: Wenn man drei Fußballfelder hintereinander legen und anschließend hochklappen könnte, würden sie in der Kaverne gerade vom Boden bis zur Decke reichen!

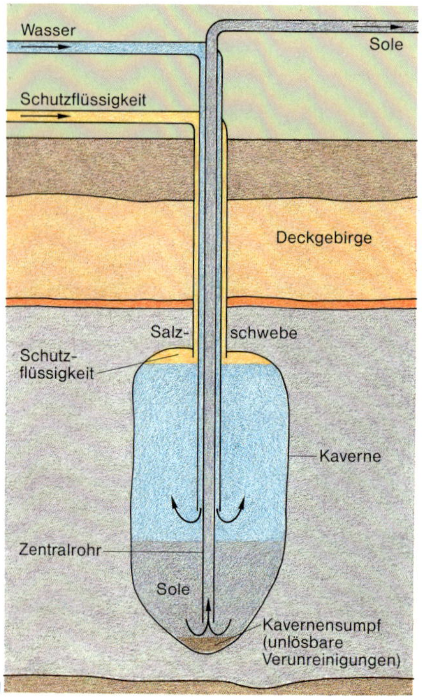

Auf dieser riesigen Kaverne lastet das mehrere hundert Meter dicke Deckgebirge. Damit sie nicht zusammenfällt, lässt man oberhalb der Kaverne eine Salzschicht von etwa 80 m Dicke stehen, die sogenannte *Salzschwebe*.

Wie beim Salzbergbau muss auch bei der Bohrlochsolung zwischen den Abbaustellen ein Sicherheitspfeiler aus Salz erhalten bleiben. So ist der Abstand zur nächsten Kaverne mindestens doppelt so groß wie der Durchmesser, also mehr als 160 m.

Du wirst dich vielleicht fragen, was denn nach der Aussolung mit den Kavernen geschieht. Sie können z. B. als *Vorratsspeicher* für Erdöl und Erdgas verwendet werden.

Du kannst dir sicher denken, dass man die Bohrlochsolung nicht überall einsetzen kann. Es muss vor allem eine sehr dicke Salzschicht in der Erde vorhanden sein. Das ist z. B. am nördlichen Ende des „niederrheinischen Salzbeckens" der Fall: Bei Epe und Lünten (in der Nähe von Gronau) ist die Salzschicht über 400 m dick. Sie liegt aber mehr als 1000 m tief. Hier ist die Bohrlochsolung besser geeignet als der Salzbergbau.

Die gewonnene Sole wird nicht sofort an Ort und Stelle verarbeitet. Man leitet sie vielmehr durch mehr als 70 km lange Rohrleitungen (sogenannte *Sole-Pipelines*) nach Rheinberg und Marl (Bild 2). Dort wird sie in Chemiewerken verbraucht.

Aus einem Teil der Sole gewinnt man das Metall *Natrium* sowie einen gasförmigen Stoff, das *Chlor*. (Du kennst den Geruch von Chlor aus dem Schwimmbad. Dort wird dem Wasser häufig Chlor zugesetzt um Krankheitserreger abzutöten.)

Ein anderer Teil der Sole wird in riesigen Kesseln eingedampft (Bild 3). Das ist wie bei der *Destillation*: Man kann auf diese Weise Kochsalz und Wasser gewinnen.

Aus Umwelt und Technik: **Kochsalz aus Meerwasser**

Etwa die Hälfte des Kochsalzes, das auf der Erde verbraucht wird, stammt aus Meerwasser. Es wird z. B. in vielen Ländern am Mittelmeer gewonnen. Dort scheint die Sonne viel stärker als bei uns und das nutzt man bei der Salzgewinnung aus.

Das Meerwasser wird zunächst in große Becken geleitet (Bild 4). Man nennt sie *Salzgärten* oder *Meerwassersalinen.* Dort verdunstet ein Teil des Wassers. Außerdem setzen sich Verunreinigungen aus dem Meerwasser am Boden der Becken ab.

Durch das Verdunsten des Wassers entsteht allmählich eine gesättigte Sole. Diese pumpt man in sogenannte *Kristallisierteiche* Dort bildet das Kochsalz Kristalle und setzt sich am Boden fest.

Im Abstand von einigen Tagen wird weitere Sole in die Kristallteiche eingeleitet, bis sich dort schließlich eine 15–20 cm dicke Kochsalzschicht gebildet hat. Das dauert meist mehrere Monate.

Nun beginnt die *Salzernte*. Zunächst lässt man die restliche Sole, die noch über der Salzschicht steht, abfließen. Dann wird das Salz aus den Becken geholt. Das geschieht in kleineren Anlagen oft noch mit Schaufeln und Rechen (Bild 5). Meist werden heute jedoch Spezialmaschinen eingesetzt.

Weil auf der Oberfläche der Salzkristalle noch Verunreinigungen hängen geblieben sind, schüttet man das Salz zu großen Bergen auf. Wenn es dann regnet, werden die Verunreinigungen vom Regenwasser abgespült. Dabei löst sich natürlich auch ein Teil des Salzes wieder auf. Deshalb wird das Salz in modernen Anlagen kurz mit sauberer, gesättigter Sole gewaschen. Nach dem Trocknen kann es dann verpackt werden.

Alles klar?

1 Salz gewann erst an Bedeutung, als der Mensch vom Jäger und Sammler zum sesshaften Bauern wurde. Dieser ernährte sich dann hauptsächlich von den Früchten seiner Felder. Versuche diesen Zusammenhang zu erklären.

2 Warum wurden in früheren Zeiten sogar Kriege um das Salz geführt?

3 Erkläre, was man unter *Steinsalz, Salzsole* und *Meersalz* versteht.

4 Salz gibt es nicht überall auf der Erde. Wo kann man es gewinnen?

5 Beschreibe, wie nach den folgenden Verfahren Salz gewonnen wird: beim Abbau im *Steinsalzbergwerk*, bei der *Bohrlochsolung* und bei der Gewinnung in *Meerwassersalinen*.

6 Städtenamen, die etwas mit Salz zu tun haben, erkennst du an den Silben Salz-, -hall, -sol, -sal oder -sud.
Fallen dir solche Städtenamen ein? Sieh auch im Atlas nach.

7 Die Bilder 6 u. 7 zeigen Versuche, bei denen Salz gewonnen werden kann. Beschreibe jeweils den Versuchsablauf. Ordne dann Bild 6 ein technisches Verfahren der Salzgewinnung zu.

8 Es gibt viele Sprichwörter und Redensarten, die mit dem Salz zu tun haben. Versuche bei den folgenden die Bedeutung anzugeben: Salz ins Meer tragen; mit Salz und Brot zufrieden sein; nicht das Salz in der Suppe verdienen.

Stoffe und Stofferkennung

1 Methoden zur Untersuchung von Stoffen

In deiner Umgebung findest du die unterschiedlichsten Materialien.

Um sie richtig verwenden zu können, musst du einige ihrer Eigenschaften kennen.

Stoffe erkennt man an ihren Eigenschaften

Bild 1 zeigt verschiedene Gegenstände, die **Körper**. Die Materialien, aus denen diese Körper hergestellt worden sind, bezeichnet der Chemiker als **Stoffe**.
Jeder Stoff hat ganz bestimmte Eigenschaften, die ihn kennzeichnen. Diese Eigenschaften helfen uns, die Stoffe zu erkennen und voneinander zu unterscheiden. Außerdem geben sie uns Hinweise darauf, wie man mit den Stoffen richtig umgeht.

Von einigen Stoffen aus unserer Umgebung kann man die Eigenschaften recht gut untersuchen. Manche dieser Stoffe sehen jedoch fast gleich aus, z. B. Zucker und Kochsalz, Mehl und Gips.

Eine Unterscheidung der Stoffe ist also nicht immer ganz einfach, zumal wir einen Stoff *niemals kosten* dürfen! Das gilt *im Chemieraum* sogar für Stoffe, die wir gut kennen und die ungefährlich sind (z. B. Lebensmittel).

Die typischen Eigenschaften eines Stoffes sind *unabhängig von Form und Größe* eines Körpers, der aus diesem Stoff besteht. Das gilt auch für Chemikalien aus der Schulsammlung.

Die Größe einer Stoffportion wird durch ihre Masse oder ihr Volumen bestimmt. **Die kennzeichnenden Eigenschaften findet man aber sowohl bei großen als auch bei kleinen Portionen des Stoffes.**

Steckbrief
Gesucht wird
ein Stoff mit folgenden Eigenschaften:

Farbe	weiß
Zustand bei Raumtemperatur	fest
Oberfläche	glatt
Härte	gering
Verhalten gegenüber Wasser	löst sich nicht
Verhalten beim Erhitzen	schmilzt schnell
Brennbarkeit	brennbar
Leitung des elektrischen Stroms	leitet nicht

Mit Hilfe unserer *Sinnesorgane* erfahren wir schon eine ganze Menge über die Eigenschaften der Stoffe.

Das Auge lässt uns die *Farbe* und den *Glanz* der Stoffe erkennen. Die folgenden Beurteilungskriterien sollen uns hier weiterhelfen: So kann z. B. ein Stoff schwarz, weiß oder farbig sein. Außerdem gibt es farblose Stoffe.

Oberflächen können matt sein oder spiegelnd (z. B. bei Glas) oder auch metallisch glänzend.

Mit der Nase prüfen wir den Geruch der Stoffe. Die Stoffe riechen jedoch nur dann, wenn sie kleinste Teilchen an die Luft abgeben, die unsere Geruchsnerven reizen. Die Eigenschaft der Stoffe, solche Teilchen abzugeben, nennen wir *Flüchtigkeit*.

Durch Berühren der festen Stoffe mit den Fingern oder „wiegen" in der Hand gewinnen wir einen Eindruck von Oberflächenbeschaffenheit und Gewicht.

Für das Erkennen weiterer Stoffeigenschaften benötigen wir *Hilfsmittel*. Um z. B. die Härte eines Stoffes zu untersuchen, benötigen wir einen Nagel. Ein Stoff wird als sehr hart bezeichnet, wenn er nicht mit einem Stahlnagel geritzt werden kann. Lässt er sich bereits mit dem Fingernagel ritzen, wird er als weich bezeichnet.

Mit weiteren Hilfsmitteln können Eigenschaften wie z. B. die Löslichkeit, die Schmelztemperatur, die Brennbarkeit und die elektrische Leitfähigkeit der Stoffe untersucht werden.

Eigenschaften, die mit Hilfe von *Messungen* bestimmt werden können (z. B. Dichte, Schmelz- und Siedetemperatur), sind besonders gut zur Unterscheidung von Stoffen geeignet.

Wir können die Stoffeigenschaften in Form eines Steckbriefes (Bild 3) oder in einer Tabelle notieren.

Lies die **Grundregeln zum Experimentieren**, bevor du die Versuche durchführst.
Arbeite außerdem den Abschnitt **Vom richtigen Umgang mit dem Brenner** im Anhang durch.

Die folgenden Stoffe aus unserer Umwelt sollen auf ihre Eigenschaften hin untersucht werden, um sie später in *Stoffklassen* einteilen zu können: *Alaun, Aluminium, Brennspiritus* F, *Campher* F,Xn, *Eisen, Glas, Gummi, Kalisalpeter* O, *Kerzenwachs, Kochsalz, Kohlenstoff (Bleistiftmine), Kupfer, Kupfervitriol* Xn, *Naphthalin* Xn, *Plexiglas®, Polyethylen, Reinigungsbenzin* F, *Schwefel* F, *Speiseessig, Styropor®, Wolle, Zellstoff, Zink, Zinn, Zucker.*

Unsere **Sinnesorgane** helfen uns einige Eigenschaften von Stoffen zu erkennen.

V 1 Mit den Augen bestimmen wir *Farbe* und *Glanz* der Stoffe.
Auch sehen wir, in welchem Zustand (fest, flüssig) der Stoff bei Raumtemperatur vorliegt.

V 2 Wie riechen die Stoffe? Führe eine *Geruchsprobe* bei den Stoffen durch.
Lies vorher das Info auf der nächsten Seite.

V 3 Wie fühlen sich die Stoffe an? Untersuche zunächst die *Härte* fester Körper.
Prüfe auch, wie ihre Oberflächen beschaffen sind.

Zum Feststellen weiterer Stoffeigenschaften benötigen wir **Hilfsmittel**:

V 4 Mit dem Fingernagel und einem Stahlnagel kannst du eine Ritzprobe vornehmen (Bild 4).
So kannst du die *Härte* verschiedener fester Stoffe vergleichen.

V 5 Wir beobachten das Verhalten von Stoffen beim *Erwärmen* z. B. über der Brennerflamme (Bild 5; nicht Schwefel, Campher, Gummi, Naphthalin und Kunststoffe nehmen).

V 6 Auch einen Magneten kannst du zur Untersuchung fester Stoffe einsetzen.
Du weißt sicher, was man mit seiner Hilfe herausbekommt.

Beispiele für das Sammeln einiger Eigenschaften von Stoffen

Eigenschaften	Eisennagel	Campher	Polyethylen	Kochsalz
Aussehen/Oberfläche	*grau, Metallglanz*	Kristall: *weiß, spiegelnd* Pulver: *weiß, matt*	*weiß, matt*	Kristall: *spiegelnd* Pulver: *weiß, matt*
Zustand bei 20 °C	*fest*	*fest*	*fest*	*fest*
Flüchtigkeit	*nicht flüchtig*	*flüchtig*	*nicht flüchtig*	*nicht flüchtig*
Löslichkeit in Wasser	*nicht löslich*	*nicht löslich*	*nicht löslich*	*gut löslich*
Löslichkeit in Heptan	*nicht löslich*	*löslich*	*nicht löslich*	*nicht löslich*
Härte	*mittelhart*	*weich*	*weich*	*mittelhart und spröde*
Verhalten beim Erhitzen	*wird schnell heiß*	(wird nicht geprüft)	(wird nicht geprüft)	*schmilzt bei ca. 800 °C*
Verhalten gegenüber Magneten	*wird angezogen*	*wird nicht angezogen*	*wird nicht angezogen*	*wird nicht angezogen*
Brennbarkeit	*brennt nicht, glüht nur*	(wird nicht geprüft)	(wird nicht geprüft)	*brennt nicht, schmilzt*
Leitung des elektrischen Stroms: im festen Zustand	*leitet*	*leitet nicht*	*leitet nicht*	*leitet nicht*
in Lösung	–	*leitet nicht*	–	*leitet*
Stoffklasse	**Metall**	**flüchtiger Stoff**	**plastischer Stoff**	**salzartiger Stoff**

V 7 Wir prüfen feste Stoffe, ob sie *löslich* sind. Dazu werden die Stoffe in ein Becherglas mit Wasser gegeben. Anschließend versuchen wir eine Probe des gleichen Stoffes in Heptan zu lösen. Wenn die untersuchten Stoffe sich in Wasser oder Heptan F lösen, spricht man von der *Löslichkeit* des Stoffes.

V 8 Wir halten feste Stoffe (nicht Schwefel, Gummi, Campher, Naphthalin, Kunststoffe) mit der Tiegelzange direkt in die Brennerflamme; so prüfen wir ihre *Brennbarkeit* (feuerfeste Unterlage!). Dann ordnen wir die Stoffe: Brennen sie nur in der Flamme, brennen sie auch außerhalb der Flamme oder gar nicht?

V 9 Betrachte mit der Lupe (oder unter dem Mikroskop) Kochsalz (Natriumchlorid) und Chromalaun. Beschreibe und zeichne, was du siehst.

V 10 Wie steht es um die *elektrische Leitfähigkeit* der Stoffe?

Daraufhin können wir verschiedene feste Stoffe und Flüssigkeiten untersuchen (Bilder 1 u. 2).

Wir prüfen auch, ob die wässrigen Lösungen und die Schmelzen einiger fester Stoffe den elektrischen Strom leiten.

V 11 Wenn man mehr Kochsalz in ein halbes Glas Wasser gibt, als sich darin auflösen kann, bleibt ein Teil des Salzes als Bodensatz darin liegen (Bild 3). Man sagt dann, *die Lösung ist gesättigt*.

Wir stellen uns eine solche gesättigte Lösung von Kochsalz her.

Einen Teil dieser Lösung gießen wir in eine flache Glasschale. Die Flüssigkeit soll an einem ruhigen Platz langsam verdunsten.

Von dem Rest geben wir einige Tropfen auf ein Uhrglas und dampfen die Flüssigkeit ein. Betrachte den Rückstand mit einer Lupe. Beschreibe dann die *Kristallform*.

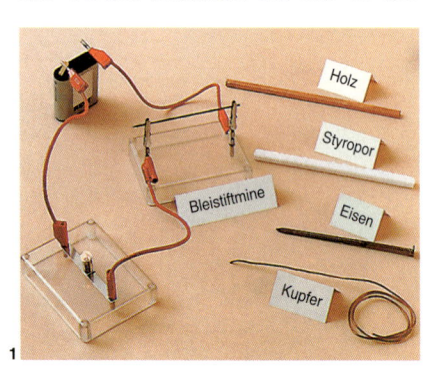

Aufgaben

1 Wir haben bisher verschiedene Stoffe untersucht, z. B. Wolle, Glas, Aluminium, Eisen, Kupfer, Styropor®, Bleistiftmine (aus Kohlenstoff), Essig, Kochsalz, Kerzenwachs, Zinn, Blei, Zucker.

Welche dieser Stoffe sind Metalle? Welche gemeinsamen Eigenschaften haben sie? Schreibe beides auf.

2 Viele Stoffe haben eine charakteristische Kristallform. Man kann diese Stoffe also daran erkennen.

Der Begriff *Kristallform* besagt, dass die unbearbeiteten Teilchen eines Stoffes glatte, ebene Flächen mit geraden Kanten und (mehr oder weniger) spitzen Ecken besitzen. Welche der Kristallformen von Bild 4 konntest du auch bei den Stoffen von Versuch 9 beobachten?

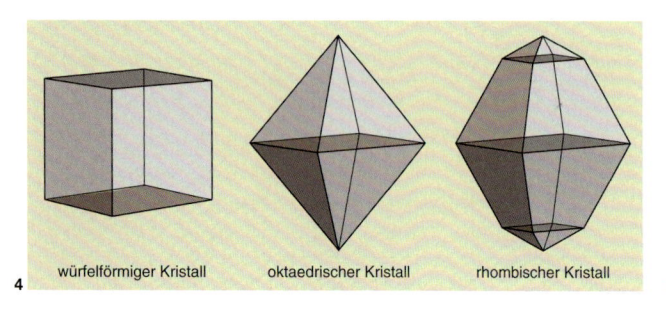

3 Welche Methoden würdest du wählen um die Eigenschaften von Zucker und Mehl zu bestimmen?

4 Kohlenstoff, aus dem heute Bleistiftminen hergestellt werden, ist kein Metall. Trotzdem hat er eine Eigenschaft mit den Metallen gemeinsam. Welche ist das?

5 Die Fahrradteile in Bild 5 sind nummeriert. Schreibe auf, aus welchen Stoffen sie bestehen. Versuche einige Eigenschaften dieser Stoffe zu beschreiben.

Die Geruchsprobe

Ein wichtiges Erkennungsmerkmal einiger Stoffe ist ihr Geruch.

Eine **Geruchsprobe** darf nur durch vorsichtiges *Zufächeln* vorgenommen werden (→ *Einige Grundregeln zum Experimentieren* und Bild 6). Auf diese Weise können nur sehr kleine Portionen des Stoffes in die Nase gelangen. Das ist wichtig, weil die Stoffe z. B. in höheren Konzentrationen ätzend oder auch Allergien auslösend sein können.

Es kann notwendig sein, einen Stoff am Geruch zu erkennen – wenn man dadurch z. B. einen Hinweis auf eine drohende Gefahr erhält. (Du brauchst nur an den Gasgeruch in einem Haus mit Gasherd oder -heizung zu denken.)

6

In diesem Fall kann man sofort Sicherheitsmaßnahmen einleiten (z. B. Gashaupthahn schließen, Fenster öffnen, Zündquellen löschen oder entfernen).

Manche Stoffe riechen bereits in kleinsten Portionen sehr intensiv. Bei einer Geruchsbelästigung durch solche Stoffe denkt man auch leicht an eine Gefahr; diese muss es aber gar nicht geben.

Von Schwefelwasserstoff, einem sehr giftigen Gas, geht z. B. ein „Geruch nach faulen Eiern" aus. Er tritt bereits auf, wenn nur 0,025 ml des Gases in 1 m^3 Luft enthalten sind. Zu einer gesundheitlichen Gefährdung kommt es aber erst, wenn sich 10 ml des Stoffes in 1 m^3 Luft befinden (also 400-mal mehr).

Stoffe können nach ihren Eigenschaften in Stoffklassen geordnet werden

Um einen *Überblick* über die große Vielfalt der Stoffe in unserer Lebenswelt zu erhalten, müssen wir versuchen sie nach bestimmten Gesichtspunkten zu ordnen. Dazu werden die Stoffe auf ihre Eigenschaften hin untersucht.

Zeigt sich bei solchen Untersuchungen, dass ein Stoff im festen und flüssigen Zustand einen Metallglanz besitzt, ein guter Wärmeleiter ist und den elektrischen Strom leitet, gehört er zur Stoffklasse der **Metalle**. Beispiele dafür sind Kupfer und Eisen.

Bis auf Quecksilber sind alle Metalle bei Raumtemperatur fest.

Feste Stoffe, die Kristalle bilden, wie z. B. unser Kochsalz, das Kupfersulfat (Bild 7) oder Chromalaun (Bild 8), und als Schmelze oder in der wässrigen Lösung den elektrischen Strom leiten, werden als **salzartige Stoffe** bezeichnet. Diese Stoffklasse hat ihren Namen nach dem Kochsalz erhalten.

Zu den salzartigen Stoffen zählt der Chemiker außerdem z. B. die Soda, den ätzend wirkenden Löschkalk, Düngesalze, das Natron aus der Hausapotheke oder aus dem Backpulver sowie Marmor und Gips.

Viele salzartige Stoffe lösen sich gut in Wasser, manche – wie der Marmor – nur sehr schlecht; aber kein salzartiger Stoff ist völlig unlöslich.

Salzartige Stoffe sind bei Raumtemperatur fest, sie schmelzen erst bei höheren Temperaturen (ab ca. 300 °C).

Viele Stoffe schmelzen und verdampfen schon bei niedrigen Temperaturen. Sie gehören zur Stoffklasse der **flüchtigen Stoffe**. Beispiele dafür sind Stoffe, die bei Raumtemperatur *gasförmig* sind

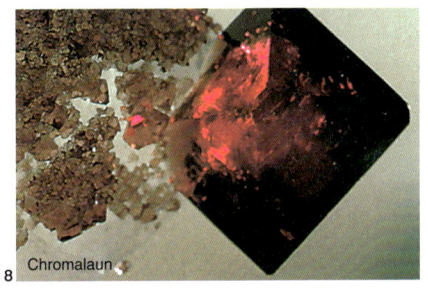

7 Kupfersulfat

8 Chromalaun

(z. B. Sauerstoff und Stickstoff als Bestandteile der Luft und Methan als Bestandteil von Erdgas), verschiedene *flüssige Stoffe* (z. B. Wasser, Alkohol, Glycerin) und auch einige *feste Stoffe* (z. B. Campher, Naphthalin, Iod).

Einige flüchtige Stoffe machen sich durch ihren **Geruch** bemerkbar. Daher kommt der Duft der Blüten, des Parfüms oder vieler Früchte. Manche riechen auch sehr unangenehm.

Zellstoff (z. B. Watte), Wolle, Polyethylen, Plexiglas® und Gummi sind feste Stoffe, die keine Kristalle bilden. Sie sind unlöslich in Wasser und elektrische Nichtleiter. Diese Stoffe zersetzen sich schon bei Temperaturen von höchstens 300 °C. Man bezeichnet z. B. Plexiglas und Polyethylen als **plastische Stoffe**.

Eine weitere Stoffklasse der festen Stoffe, die wir jedoch nicht untersucht haben, sind **diamantartige Stoffe**. Zu ihnen gehören z. B. Quarz, Feldspat und Diamant. Diese Stoffe sind in der Regel sehr hart. Sie schmelzen erst bei sehr hohen Temperaturen und sind in keinem Lösemittel löslich.

Flüssige Stoffe lassen sich in zwei Gruppen einteilen: in Flüssigkeiten, die sich mit Wasser mischen (darin lösen), und in solche, die sich mit Heptan mischen.

Die Flüssigkeiten einer Gruppe sind im Allgemeinen untereinander mischbar. Sie mischen sich aber nicht mit denen der anderen Gruppe. So ist z. B. Benzin nur in Heptan löslich, aber nicht in Wasser. Es gibt Ausnahmen: Alkohol ist in Wasser *und* in Heptan löslich.

Fragen und Aufgaben zum Text

1 Ordne folgende Stoffe in die Stoffklassen ein: Aluminium, Soda, Alkohol.

2 Naphthalin und Campher zeigen einen typischen Geruch. Um welche Eigenschaft handelt es sich hierbei? Zu welcher Stoffgruppe gehören sie?

3 Iod liegt meist schuppenförmig vor und zeigt metallischen Glanz. In einem Lehrerversuch soll überprüft werden, ob Iod ein Metall ist. Was ist zu tun?

4 Auch im Haushalt, im Supermarkt oder im Baumarkt hat alles seine Ordnung. Beschreibe, wonach dort jeweils geordnet wird. Spielen dabei die Stoffklassen eine Rolle?

2 Messbare Eigenschaften von Stoffen

Eigenschaften, die *messbar* sind, eignen sich besonders gut zur Stofferkennung.
Sie sind auch am besten zur Untersuchung von Stoffen geeignet.
Zu diesen Eigenschaften gehören auch
die Siedetemperatur, die Schmelztemperatur und die Dichte der Stoffe.

V 12 In diesem Versuch bestimmen wir die **Siedetemperaturen** von *Wasser* und von *Brennspiritus* F.

a) Wir bauen den Versuch nach Bild 1 auf. Das Reagenzglas enthält 5 ml *Brennspiritus* und einen Siedestein.
Alle 30 s lesen wir die Temperatur von Brennspiritus ab.
Notiere die Beobachtungen und Werte und fertige ein Diagramm an.

b) Nach Beendigung von Versuchsteil a nehmen wir das Reagenzglas aus dem Wasserbad. Dann halten wir das Thermometer ins Wasser (festklemmen, nicht auf den Boden des Becherglases stellen!) und erhitzen bis zum Sieden. Dabei lesen wir wieder alle 30 s die Temperatur ab.

c) Vergleiche die Siedetemperaturen von Wasser und Brennspiritus.

V 13 Diesmal bestimmen wir die **Schmelztemperaturen** von *Wasser (Eis)* und *Stearinsäure* Xi.

a) Mit den Geräten von Bild 2 können wir die Schmelztemperatur des *Wassers* bestimmen (kleine Flamme!).
Rühre das zerkleinerte Eis und das sich bildende Wasser mit einem Stab ständig um. Beobachte das Thermometer, solange das Eis schmilzt.

b) Mit der Apparatur von Bild 1 lässt sich auch die Schmelztemperatur von *Stearinsäure* feststellen.
Lies die Temperatur ab, bis die Stearinsäure ganz geschmolzen ist. Entferne dann das Wasserbad und lies weiter ab.

V 14 Wir „verunreinigen" im Reagenzglas ca. 5 ml Wasser mit einer Spatelspitze *Kochsalz* (Siedestein zufügen!). Dann erhitzen wir das Glas im Wasserbad (wie in Bild 1), bis das Wasser siedet. Was beobachtest du?
Nun nehmen wir das Reagenzglas aus dem Wasserbad und erhitzen es vorsichtig mit der schwachen, nicht leuchtenden Brennerflamme (Bild 3). Ermittle dann die Siedetemperatur.

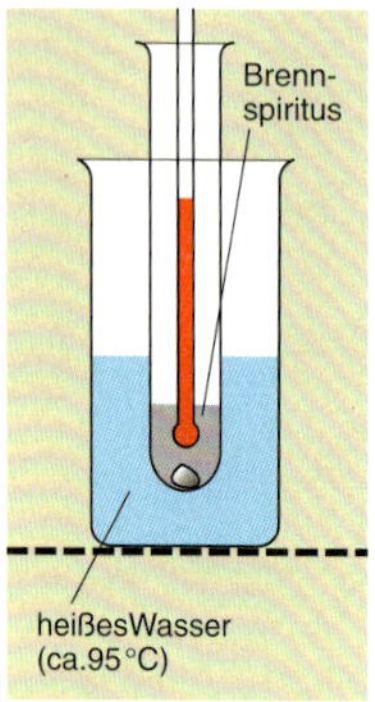

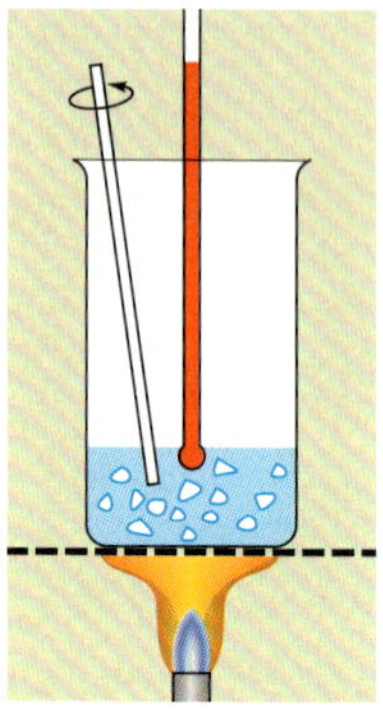

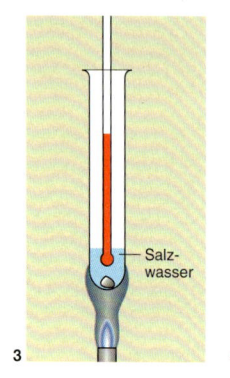

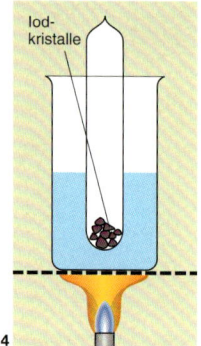

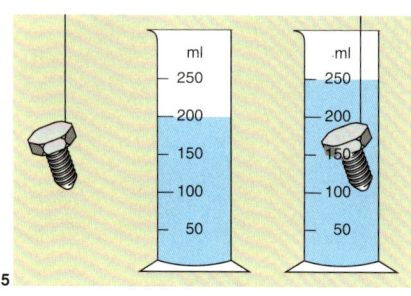

V 15 Hier geht es um **Erstarrungstemperaturen** von Stoffen.
Dazu brauchen wir eine *Kältemischung*: In ein schmales Becherglas füllen wir ca. 6 cm hoch zerstoßenes Eis und vermischen es mit 5 Spatellöffeln Kochsalz.

a) Ein Reagenzglas wird mit ca. 5 ml Wasser gefüllt und ein Thermometer (möglichst mit einer 1/10-°C-Einteilung) hineingestellt. Wir drücken nun das Reagenzglas tief in die Kältemischung. Sobald das Wasser gefriert, wird die Temperatur abgelesen.

b) Nun geben wir in ein zweites Reagenzglas die gleiche Menge Salzwasser (→ V 14) und bestimmen genauso die Erstarrungstemperatur.

V 16 Wir erhitzen etwas Kerzenwachs (oder Zinn), bis es flüssig wird. Dann gießen wir es zum Abkühlen in kaltes Wasser.
Hat sich der Stoff durch das Erhitzen und Abkühlen verändert?

V 17 Das *Iod* Xn verhält sich beim Erwärmen und Abkühlen anders als die bisher untersuchten Stoffe.
Wir geben einige Körnchen Iod in ein Reagenzglas und schmelzen das Glas oben zu. Dann erwärmen wir das Iod (Bild 4). Beobachte genau!
Sieh dir auch den Bereich unterhalb der zugeschmolzenen Öffnung des Glases genau an. Beschreibe!

V 18 Wir bestimmen die **Dichte** eines Stoffes. Dazu müssen wir die *Masse* und das *Volumen* des jeweiligen Körpers feststellen. Als unregelmäßiger Körper eignet sich z. B. eine große Schraube aus Eisen (Stahl).
Wir stellen die Masse der Schraube mit einer Balkenwaage fest. Dann ermitteln wir ihr Volumen (Bild 5).
Bilde nun aus den ermittelten Werten für die Masse (in g) und für das Volumen (in cm^3) den Quotienten.

V 19 Nun untersuchen wir den Zusammenhang zwischen Masse und Volumen bei *Flüssigkeiten* (z. B. bei Wasser, Brennspiritus F, Glycerin).

V 20 Mit einem *Aräometer* stellt man die Dichte von Flüssigkeiten *direkt* fest. Bestimme die Dichte von Brennspiritus F mit diesem Gerät.

Wie man ein Versuchsprotokoll anlegt

Zu einem chemischen Experiment oder Versuch gehört in der Regel ein **Versuchsprotokoll**. Solche Protokolle sind bei naturwissenschaftlicher Arbeit üblich. Sie ermöglichen Durchführungen und Ergebnisse von Versuchen exakt zu erfassen und auch später noch auszuwerten oder zu überprüfen.

Für Versuchsprotokolle verabreden wir die nebenstehende Gliederung.

1. Überschrift (Aufgabenstellung)
2. Benötigte Geräte und Stoffe (Chemikalien)
3. Versuchsaufbau (Zeichnung, Skizze)
4. Versuchsdurchführung (kurze Beschreibung)
5. Beobachtung (auch Messergebnisse)
6. Versuchsauswertung/Ergebnis
7. Eventuell Sicherheits- und Entsorgungshinweise

Beispiel: Versuchsanleitung mit dazugehörigem Versuchsprotokoll

Versuchsanleitung:

Wir bestimmen die Schmelztemperatur von Stearinsäure ⚠Xi. Dazu brauchen wir einen Brenner mit Ceranplatte, ein Schmelzpunkt-Bestimmungsröhrchen, ein Stativ, ein Wasserbad, ein Thermometer, eine Laboruhr, ein Gummiband und Stearinsäure. Den Versuchsaufbau zeigt Bild 6.

Gib Stearinsäure in das Röhrchen; befestige es mit dem Gummiband so am Thermometer, dass sich die Stearinsäure direkt neben der Thermometerkugel befindet.

Tauche das Thermometer mit dem Röhrchen in das Wasserbad. Erwärme das Wasser samt seinem Inhalt vorsichtig. Lies die Temperatur ab, bei der die Stearinsäure flüssig wird.

Versuchsprotokoll:

Bestimmung der Schmelztemperatur von Stearinsäure:

Geräte und Chemikalien:
Schmelzpunkt-Bestimmungsröhrchen, Brenner mit Ceranplatte, Stativ, Wasserbad, Thermometer, Uhr, Gummiband, Stearinsäure.

Versuchsaufbau:
Siehe die nebenstehende Skizze.

Versuchsdurchführung:
In das Röhrchen wurde eine kleine Menge Stearinsäure gegeben. Dann befestigten wir das Röhrchen so an einem Thermometer, dass sich die Stearinsäure genau neben der Thermometerkugel befand. Darauf stellten wir das Thermometer mit dem Röhrchen in ein Wasserbad. Das Wasser wurde erwärmt.

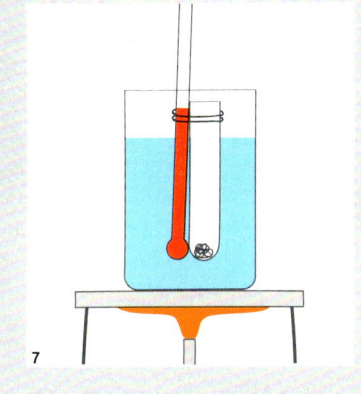

Beobachtung:
Bei etwa 71 °C wurde die Stearinsäure durchsichtig; sie ging vom festen in den flüssigen Zustand über. Beim Abkühlen des Wassers ging die Stearinsäure bei etwa 71 °C wieder vom flüssigen in den festen Zustand über.

Versuchsauswertung/Ergebnis:
Die Schmelztemperatur (und gleichzeitig auch die Erstarrungstemperatur) von Stearinsäure beträgt ungefähr 71 °C.

Messwertbestimmung und Messwertverarbeitung mit dem Computer

Die Schmelz- und Erstarrungstemperatur der Stearinsäure wird im Unterricht in der Regel *experimentell* bestimmt.

Statt eines Thermometers kann man auch einen *Computer* mit Messfühler und elektronischer Schaltung für die Messwertaufnahme und -verarbeitung einsetzen. Das gesamte Gerät wird als *elektronisches Thermometer* genutzt.

Der Temperaturfühler sollte einen Messbereich von ca. −50 °C bis +200 °C aufweisen. Die elektronische Schaltung sorgt für den Datentransport vom Messfühler zum Computer. Die Messwertaufnahme und -auswertung werden über ein Messprogramm gesteuert.

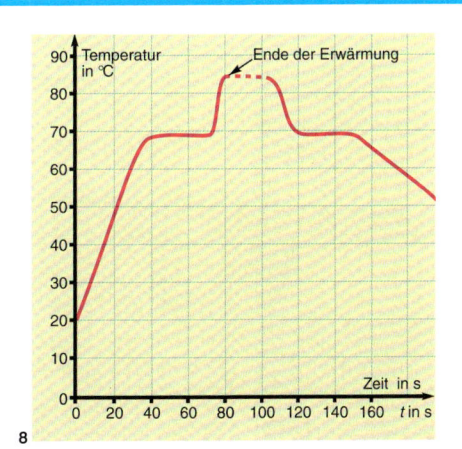

Ein Reagenzglas wird etwa 3 cm hoch mit Stearinsäure gefüllt und in ein halb mit Wasser gefülltes Becherglas gegeben. Der Temperaturfühler wird in die Stearinsäure eingesetzt. Man erwärmt auf einer Heizplatte mit Magnetrührer.

Die Messwerte werden in einer Zeit-Temperatur-Tabelle aufgenommen und dann als Temperatur-Zeit-Diagramm auf dem Bildschirm ausgegeben.

Wenn die *Schmelzkurve* auf diese Weise registriert ist, lässt man die geschmolzene Stearinsäure an der Luft abkühlen. Dabei nimmt man dann die *Erstarrungskurve* auf. Die Grafik könnte so aussehen wie die in Bild 8.

Die Dichte – eine unverwechselbare Eigenschaft eines jeden Stoffes

Zu den *messbaren* Eigenschaften von Stoffen gehört auch die **Dichte**. Du weißt wahrscheinlich aus der Physik, was man darunter versteht. Die Dichte gehört zu den Stoffeigenschaften, die bei der Unterscheidung von Stoffen besonders wichtig sind. Weißt du auch noch, wie man sie ermittelt?

Die *Masse* des Stoffes wird in der Einheit Gramm (g) mit einer Balkenwaage gemessen (Bild 1).

Das *Volumen* ermittelt man in Kubikzentimetern (cm³) z. B. mit einem Messzylinder (Bild 2); dabei ergibt die Differenz der beiden Wasserspiegel das Volumen des eingetauchten Körpers.

Du weißt sicher auch noch, dass die Masse eines Stoffes mit seinem Volumen wächst. Daraus folgt:

Für ein und denselben Stoff ist der Quotient aus Masse und Volumen stets gleich; dieser Quotient ist die Dichte (ϱ; griech. *rho*).

Die Dichte ist ein *charakteristisches Merkmal* eines jeden Stoffes (→ Tabelle im Anhang). Sie ist daher ein wichtiges Unterscheidungsmerkmal von Stoffen.

Dichte = $\dfrac{\text{Masse}}{\text{Volumen}}$ $\varrho = \dfrac{m}{V}$

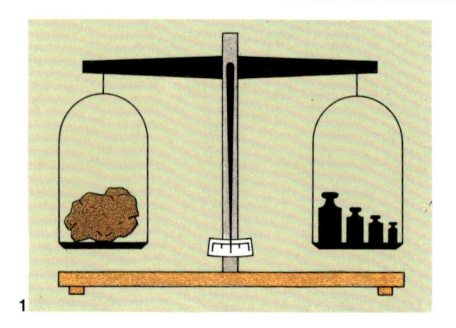

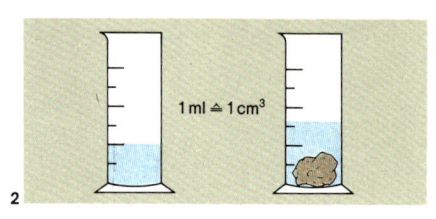

Die **Einheit** der Dichte ist $1\,\dfrac{\text{kg}}{\text{m}^3}$.

Außerdem ist gebräuchlich: $1\,\dfrac{\text{g}}{\text{cm}^3}$ sowie $1\,\dfrac{\text{g}}{\text{l}}$ bei Gasen.

Die Dichte ist von den Bedingungen abhängig, unter denen sie gemessen wird. Zur vollständigen Beschreibung dieser Stoffeigenschaft gehört also auch die Angabe der *Messbedingungen*:

Die Dichte wird bei einer Temperatur von 20 °C und bei einem Luftdruck von 1013 hPa angegeben.

Rechenbeispiel für die Ermittlung der Dichte eines Steins:
Masse: 175 g; Volumen: 70 cm³

$$\varrho = \frac{m}{V} = \frac{175\,\text{g}}{70\,\text{cm}^3} = 2{,}5\,\frac{\text{g}}{\text{cm}^3}$$

Fragen und Aufgaben zum Text

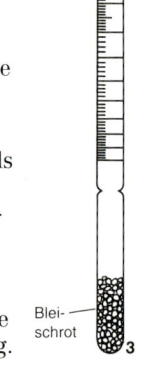

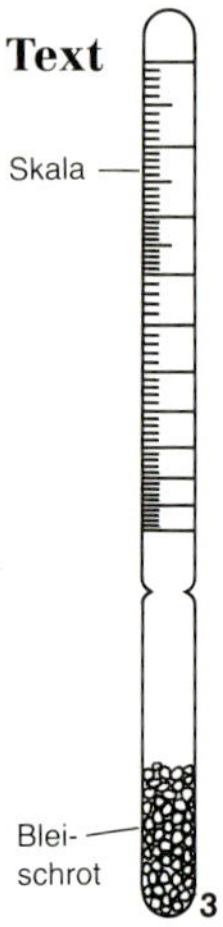

1 Mit einem *Aräometer* (Bild 3) kann man die Dichte von Flüssigkeiten bestimmen. Beschreibe, wie man dabei vorgeht und wie das Gerät funktioniert.

2 Bei den Metallen wird die Dichte von 5,0 g/cm³ als sog. *Scheidewert* bezeichnet: Metalle mit einer kleineren Dichte werden **Leichtmetalle** genannt, die übrigen sind **Schwermetalle**. Ordne die Metalle aus der Tabelle im Anhang.

Aus Umwelt und Technik: **Flüssiggas = flüssiges Gas?**

Propan und **Butan** gehören zu den sog. **Flüssiggasen**. Das ist ein *Sammelbegriff*, der in der Technik und in der Umgangssprache verwendet wird. Die Stoffe, die darunter erfasst werden, sind bei Raumtemperatur gasförmig und lassen sich unter geringem Druck in den flüssigen Aggregatzustand überführen. Ihr Volumen beträgt dann nur noch 1/260stel des Volumens im Gaszustand.

In Flaschen und Kartuschen sind Flüssiggase besonders „mobile" Energiequellen (Bild 4). Für Heizungsanlagen gibt es Tanks in fast allen Größen; sie können ober- oder unterirdisch gelagert werden (Bild 5). Flüssiggas in kleinen Mengen dient z. B. zum Füllen von Feuerzeugen.

Wenn Flüssiggas dem Behälter entnommen wird, geht es sofort wieder in den gasförmigen Zustand über.

Da sich solch ein Gas sehr gut mit Luft vermischt, verbrennt es auch vollständig (bei richtiger Einstellung des Brenners). Ruß oder schädliche Abgase entstehen dabei nicht. Feuerungsanlagen, die mit Propan oder Butan betrieben werden, brauchen deshalb selbst bei sog. Smog-Wetterlagen nicht gedrosselt zu werden.

Die Flüssiggase Propan und Butan erhält man als Nebenprodukte bei der Förderung von Erdgas und Erdöl sowie bei der Rohölverarbeitung. Beide Gase tragen zu einer umweltfreundlichen Energieversorgung bei.

Fragen und Aufgaben zum Text

1 Propan siedet bei –42 °C, Butan bei –0,5 °C. Beide Gase werden in Reagenzgläser geleitet (nicht verschließen!). Dann kommen sie in eine Kältemischung; so kann man Temperaturen um –20 °C erreichen. Welches Ergebnis erwartest du?

2 Im Begriff Flüssiggas steckt ein Widerspruch. Erkläre!

3 520 Liter gasförmiges Butan werden unter Druck verflüssigt. Welches Volumen hat das Butan?

4 Erkläre, warum das Flüssiggas eines Gasfeuerzeugs beim Entzünden *gasförmig* wird.

5 In flüssigem Zustand wiegt 1 Liter Propan 510 g und ein Liter Butan 580 g. Vergleiche mit Wasser!

Siede- und Schmelztemperaturen – Übergänge zwischen den Aggregatzuständen

Wenn *beim Erwärmen* ein fester Stoff in den flüssigen Zustand übergeht, sagt man: Der Stoff **schmilzt** (z. B. wird Eis zu Wasser). Geht er aus dem flüssigen in den gasförmigen Zustand über, sagt man: Der Stoff **verdampft** oder **siedet** (Wasser wird zu Wasserdampf).

Viele Stoffe können in allen drei Zustandsformen, nämlich **fest**, **flüssig** und **gasförmig**, vorkommen. **Man bezeichnet die Zustandsformen auch als** *Aggregatzustände*.

Wenn Stoffe ihren Aggregatzustand verändern, ändert sich nicht der Stoff selbst, sondern nur seine Zustandsform. Bei Wasser treten diese Änderungen bei der **Schmelztemperatur** 0 °C (fest → flüssig) und bei der **Siedetemperatur** 100 °C (flüssig → gasförmig) ein.

Andere Stoffe haben andere Schmelz- und Siedetemperaturen als das Wasser. Deshalb sind dies wichtige *Unterscheidungsmerkmale* der Stoffe.

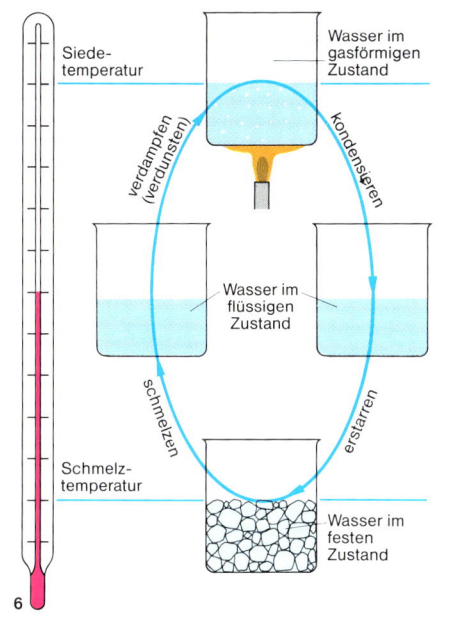

Beim Abkühlen wird aus einem gasförmigen Stoff ein flüssiger und schließlich ein fester Stoff. Beim Übergang vom gasförmigen in den flüssigen Zustand sagt man: Der Stoff **kondensiert** (Wasserdampf wird zu Wasser). Beim Übergang in den festen Zustand sagt man: Der Stoff **erstarrt** (Wasser wird zu Eis).

Manche festen Stoffe (z. B. Iod) werden beim Erhitzen sofort gasförmig: Sie **sublimieren**. Auch beim Abkühlen überspringen sie den flüssigen Zustand: Sie **resublimieren**.

Flüssigkeiten gehen auch vom flüssigen in den gasförmigen Zustand über ohne die Siedetemperatur zu erreichen (z. B. Regenwasser auf der Straße). Man sagt dann: Die Flüssigkeit **verdunstet**.

Wenn Flüssigkeiten mit anderen Stoffen „verunreinigt" sind (z. B. Wasser mit Kochsalz), sieden und schmelzen sie bei anderen Temperaturen als die reinen Flüssigkeiten.

6

Aufgaben

1 Im Anhang findest du ein Säulendiagramm mit den Schmelz- und Siedetemperaturen einiger Stoffe.

In welchem Aggregatzustand befinden sich die Stoffe bei Raumtemperatur (20 °C), bei 200 °C und bei 1500 °C? Entwirf dazu eine Tabelle und ordne die Stoffe ein.

2 Wenn man z. B. Wasser, Brennspiritus oder Essig verschüttet, ist die Flüssigkeit nach einiger Zeit „verschwunden", ohne dass sie weggewischt wurde. Wie kommt das?

3 Die Bilder 7–9 zeigen dreimal Wasser, das seinen Zustand gerade ändert oder ändern wird. Beschreibe diese Zustandsänderungen.

4 Zeichne Bild 10 ab und beschrifte die Pfeile. Erkläre dann, warum die Pfeile von fest nach flüssig oder von flüssig nach gasförmig nicht waagerecht gezeichnet worden sind.

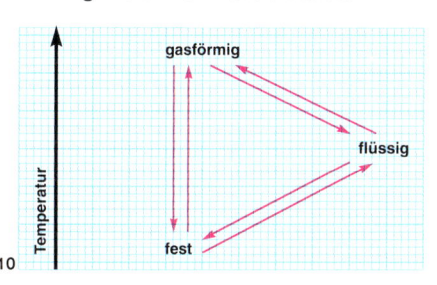

10

5 Petra meint: „Die *Erstarrungstemperatur* eines Stoffes entspricht seiner Schmelztemperatur. Die *Kondensationstemperatur* entspricht der Siedetemperatur." Erkläre!

6 Kaltes Glas in Wasserdampf gehalten – was geschieht? Begründe!

7 Thermometer enthalten oft Alkohol. Für welchen Temperaturbereich kann man sie einsetzen (→ Anhang)?

8 Vergleiche die Schmelz- und Siedetemperaturen von Blei, Zinn und Quecksilber. Inwiefern ist Quecksilber ein besonderes Metall?

7 8 9

Stoffe und Stofferkennung

Alles klar?

1 Stoffe lassen sich erst sicher voneinander unterscheiden, wenn man mehrere ihrer Eigenschaften vergleicht. Welche Eigenschaften eignen sich besonders gut zur Unterscheidung von Stoffen?

2 Jens hat im Vorratsschrank eine Tüte mit einem weißen Stoff gefunden – ohne Beschriftung. Er vermutet, dass es sich um Salz oder Zucker handelt.
Er könnte einfach kosten, aber er weiß aus dem Chemieunterricht, dass das gefährlich sein kann. Wie stellt er – ohne zu kosten – fest, welcher Stoff es ist?

3 Autobatterien bestehen hauptsächlich aus einer Kunststoffhülle, aus Bleiplatten und einer Füllung von verdünnter Schwefelsäure. Woran liegt es vor allem, dass diese Autobatterien so schwer sind?

4 Du weißt vielleicht, dass man aus Metallen Figuren gießen kann. Welche Metalle sind dafür geeignet? Warum?

5 Warum kann man im Winter oft seinen Atem sehen, im Sommer aber nicht?

6 Ein Stoff, der bei Raumtemperatur fest ist, wird abgekühlt. Welchen Aggregatzustand nimmt er dann ein?

7 Im Winter wird bei vereisten Straßen oft noch Salz gestreut. Nach kurzer Zeit wird – trotz gleich bleibender Kälte – die Straße nass. Wie kommt das?

8 Ein Stück Marmor fällt herunter und zerbricht in viele Stücke. Ändert sich dadurch die Dichte des Marmors?

9 Warum ist bei den Dichtewerten im Anhang die Dichte von Holz nicht mit einem genauen Zahlenwert angegeben?

10 200 cm^3 eines Stoffes wiegen 1428 g. Welcher Stoff ist es?

11 In dem Märchen „Hans im Glück" bekommt Hans einen Goldklumpen geschenkt, der so groß wie sein Kopf ist (Volumen: ca. 2000 cm^3). Dann heißt es weiter, dass er den Goldklumpen in ein Tuch wickelt und davonträgt.
Ob er wirklich so stark ist?

Auf einen Blick

Körper und Stoff

In der Chemie beschäftigen wir uns mit **Stoffen** (Materialien, aus denen Körper bestehen), ihren Eigenschaften und ihren Umwandlungen.

Körper können aus unterschiedlichen Stoffen bestehen. Umgekehrt können aus ein und demselben Stoff die verschiedensten Körper hergestellt werden.

Eigenschaften von Stoffen

Die vielen Stoffe, die es gibt, haben ganz unterschiedliche **Eigenschaftskombinationen**. Dadurch kann man sie voneinander unterscheiden.

Für jeden Stoff lassen sich mit Hilfe verschiedener **Untersuchungsmethoden** mehrere Eigenschaften bestimmen. Sie lassen sich dann zu einem „Steckbrief" des Stoffes zusammenstellen.

Aufgrund ihrer **Eigenschaften** lassen sich die **festen Reinstoffe** in folgende Stoffgruppen einordnen:
- **Metalle** (z. B. Aluminium, Eisen, Kupfer),
- **salzartige Stoffe** (z. B. Kochsalz, Marmor, Alaun),
- **flüchtige Stoffe** (z. B. Alkohol, Campher, Schwefel),
- **plastische Stoffe** (z. B. Polyethylen, Plexiglas®),
- **diamantartige Stoffe** (z. B. Quarz, Diamant).

Viele Stoffe können in allen drei **Aggregatzuständen** vorkommen: **fest**, **flüssig** und **gasförmig**. Bei bestimmten Temperaturen – der *Schmelztemperatur* und der *Siedetemperatur* – gehen sie von einem in den anderen Aggregatzustand über.

Da reine Stoffe ganz bestimmte Schmelz- und Siedetemperaturen haben, sind dies *wichtige Unterscheidungsmerkmale* der Stoffe.

Manche festen Stoffe werden beim Erhitzen sofort gasförmig, sie *sublimieren*. Gasförmige Stoffe können beim Abkühlen sofort fest werden, sie *resublimieren*.

Eigenschaften des Stoffes Glas:	
Farbe	farblos oder gefärbt
Geruch	geruchlos
Form	verschieden
Härte	sehr hart, aber brüchig
Verhalten beim Erwärmen	wird weich
Leitung des elektrischen Stroms	leitet nicht

Stoffe und Stofferkennung

Drei messbare Eigenschaften von Stoffen

Viele Stoffe können wir mit unseren Sinnesorganen nicht eindeutig bestimmen. Die wichtigsten Eigenschaften zur Bestimmung und Unterscheidung von Stoffen lassen sich nur durch Experimente ermitteln, die genaue Messwerte liefern.

Zu den *messbaren* Eigenschaften von Stoffen gehören die **Schmelztemperatur** und die **Siedetemperatur**.

Außerdem hat jeder Stoff eine ganz bestimmte **Dichte**. Auch diese kann man durch Messen ermitteln: Die Dichte ist der *Quotient* aus Masse und Volumen eines Stoffes.

Diese Größen hängen zusammen: Sie wachsen in gleichem Maße; das heißt, sie sind einander *proportional*.

$$\text{Dichte} = \frac{\text{Masse}}{\text{Volumen}} \qquad \varrho = \frac{m}{V}$$

Der Zahlenwert der Dichte gibt gleichzeitig an, wie viel Gramm ein Kubikzentimeter des Stoffes wiegt.

Die Metalle lassen sich nach ihrer Dichte in zwei Gruppen einteilen: Metalle, deren Dichte größer als 5 g/cm³ ist, sind *Schwermetalle*, die übrigen sind *Leichtmetalle*.

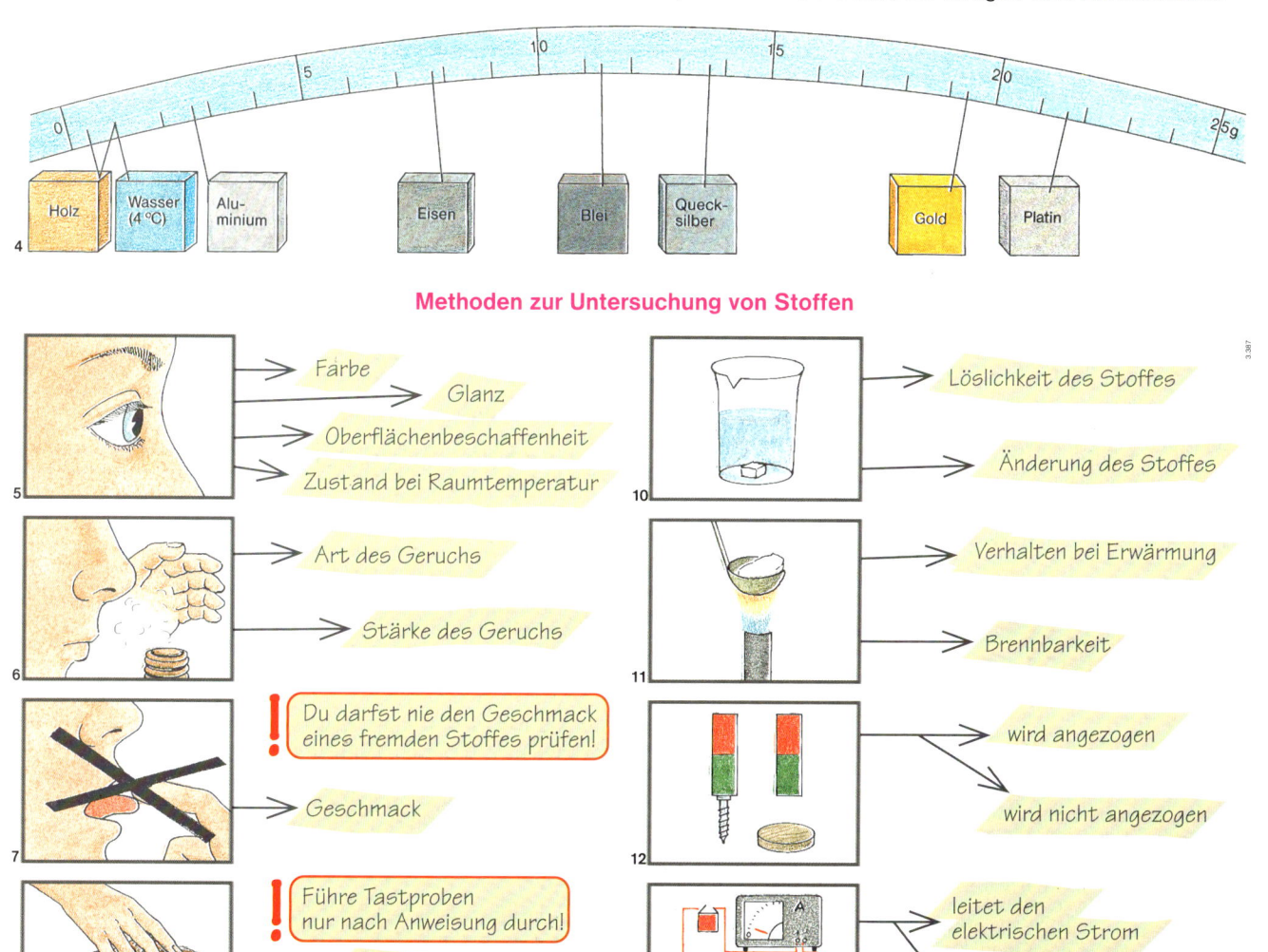

Methoden zur Untersuchung von Stoffen

- Farbe
- Glanz
- Oberflächenbeschaffenheit
- Zustand bei Raumtemperatur

- Art des Geruchs
- Stärke des Geruchs

! Du darfst nie den Geschmack eines fremden Stoffes prüfen!
- Geschmack

! Führe Tastproben nur nach Anweisung durch!
- Festigkeit
- Oberflächenbeschaffenheit

- Härte

- Löslichkeit des Stoffes
- Änderung des Stoffes

- Verhalten bei Erwärmung
- Brennbarkeit

- wird angezogen
- wird nicht angezogen

- leitet den elektrischen Strom
- leitet nicht den elektrischen Strom

- Aussagen zur Schmelztemperatur
- Aussagen zur Siedetemperatur

Teilchenmodell und Zustandsarten

1 Die brownsche Bewegung

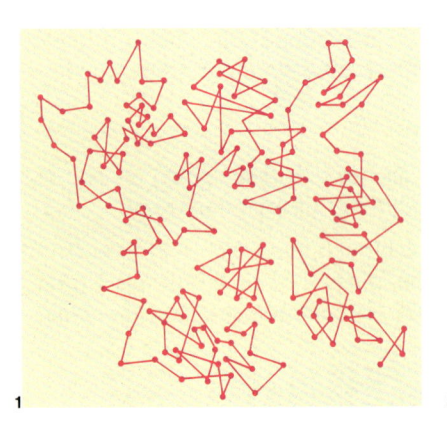

Ein winziger fester Körper unter dem Mikroskop. Alle 30 s wurde seine Position durch einen Punkt markiert (Bild 1).

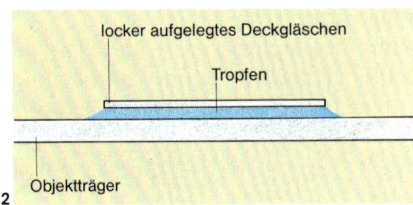

V 1 Wir geben einen kleinen Tropfen weiße Tusche (mit dem Farbbestandteil Titandioxid) oder weiße Wandfarbe in einige Milliliter destilliertes Wasser. Dann fügen wir einen kleinen Tropfen Spülmittel hinzu. Mit einem Glasstab rühren wir gut um.

Von dieser Flüssigkeit bringen wir einen einzelnen Tropfen auf einen Objektträger. Darauf legen wir ganz lose ein Deckgläschen (Bild 2).

Was beobachtest du bei mindestens 400facher Vergrößerung?

Wie wir die brownsche Bewegung erklären können

Wenn man winzige feste Körper (z. B. Farbstoffkörnchen, Rußteilchen, Metallsplitter) in Wasser gibt und unter dem Mikroskop betrachtet, sieht man, dass diese Körper **in ständiger Bewegung** sind. Das kannst du auch bei Ruß- und Staubteilchen in der Luft beobachten.

Wenn man eines davon längere Zeit verfolgt, erkennt man eine unregelmäßige Zickzackbewegung (Bild 1).

Sie wird nach ihrem Entdecker *Robert Brown* **brownsche Bewegung** genannt.

Woher rührt diese Bewegung? Hier hilft uns ein **Modell**. Nimm einmal an:
○ **Alle Stoffe (z. B. Wasser) sind aus kleinsten unsichtbaren Teilchen aufgebaut.** Wir stellen sie uns als Kugeln vor (*Kugelteilchenmodell*).
○ **Diese Teilchen sind in ständiger Bewegung** (*Eigenbewegung*), und zwar mit hoher Geschwindigkeit.
○ **Die Teilchen stoßen immer wieder zusammen.** Die Anzahl der Zusammenstöße pro Sekunde beträgt für jedes Teilchen mehr als 1 000 000 000!

Mit Hilfe dieses Modells können wir die brownsche Bewegung erklären:

Ein in Wasser schwebender winziger Körper ist größer als die Teilchen, aus denen das Wasser besteht. Dieser Körper wird ständig von allen Seiten her von den Wasserteilchen angestoßen.

Dabei kann es vorkommen, dass er gerade von einer Seite mehr Stöße als von anderen Seiten erhält. Er bewegt sich dann in Richtung der überwiegenden Stöße eine kleine Strecke geradlinig fort – bis er von einer anderen Seite eine neue Überzahl von Stößen empfängt.

Den benachbarten Körpern geht es genauso. Dadurch stellt der Beobachter fest, dass sich alle winzigen Körper im Wasser in einer ständigen Zickzackbewegung befinden. Aus dieser tatsächlich zu sehenden Bewegung können wir *schließen*, dass sich auch benachbarte Wasserteilchen bewegen.

Wenn man Wasser **erwärmt**, lässt sich eine noch heftigere Bewegung der darin schwebenden Körper beobachten. Das liegt offenbar daran, dass sich bei höherer Temperatur auch die unsichtbaren Wasserteilchen schneller bewegen.

Im Jahre 1905 ist es dem Physiker *Albert Einstein* sogar gelungen, diese ständige Eigenbewegung der kleinsten Teilchen zu berechnen.

Fragen und Aufgaben zum Text

1 Ein *Gedankenversuch* zur Erklärung der brownschen Bewegung:

Wir werfen ein Wattekügelchen auf einen Ameisenhaufen und treten etwas zurück. Die Watte erkennen wir noch, die Ameisen aber nicht mehr. Wir sehen, dass die Watte ruckartige Bewegungen ausführt. Sie muss also von den Ameisen angestoßen werden.

Was wird hier durch Ameisen bzw. Watte dargestellt?

2 Farbstoffteilchen, die viel größer als Wasserteilchen sind, zeigen die brownsche Bewegung nicht. Woran liegt das?

3 Wodurch kann man erreichen, dass die Bewegung der Wasserteilchen mal stärker und mal schwächer wird?

4 Andreas behauptet: „Man kann die Heftigkeit der Teilchenbewegung fühlen." Und Petra meint: „Düfte breiten sich im Sommer schneller aus als im Winter." Wie kommen sie darauf?

5 Wieso wird die Eigenbewegung von Wasser- und Gasteilchen auch *Wärmebewegung* genannt?

Was ist ein Modell?

Wenn etwas in Wirklichkeit so groß, so klein oder so unübersichtlich ist, dass man es durch Anschauen nicht begreift, nimmt man ein **Modell** zu Hilfe (lat. *modulus:* Maß, Maßstab). Es dient z. B. dazu bestimmte Beobachtungen zu erklären; mit ihm kann man auch wichtige Eigenschaften des Originals vereinfacht darstellen oder auch hervorheben.

So ist z. B. der *Globus* ein Modell der Erde. Und *kleine Kugeln* dienen uns dazu, die kleinsten Teilchen z. B. von Flüssigkeiten oder Gasen darzustellen. (Daher heißt es auch *Kugelteilchenmodell*.)

Ein Modell stimmt niemals vollständig mit der Wirklichkeit überein.

Der Globus zeigt nicht alle Merkmale der Erde. Zwar erkennt man auf ihm z. B. die Form der Kontinente und die Verteilung von Land und Wasser – Veränderungen während der Jahreszeiten kann man aber nicht darstellen.

Ähnlich ist es mit unserem Kugelteilchenmodell. Wir können zwar mit den Kugeln darstellen, wie sich die kleinsten Teilchen bewegen – wir können so aber nicht zeigen, wie die kleinsten Teilchen in Wirklichkeit aussehen, welche Form, Größe oder Masse sie besitzen.

Ein Modell ist nur ein praktisches Hilfsmittel um bestimmte Sachverhalte besser verständlich zu machen.

Wir können mit *einem* Modell jedoch nicht sämtliche Beobachtungen der Chemie erklären. Deshalb werden wir unser Modell immer dann verfeinern müssen, wenn es zur Erklärung von Beobachtungen nicht mehr ausreicht.

Fragen und Aufgaben zum Text

1 Was ist ein Modell? Wozu dient es?

2 Gib an, was man mit dem Einsatz von Modellen *nicht* erreichen kann.

2 Diffusionsvorgänge

… und niemand hat geschüttelt!

V 2 (Lehrerversuch) Wir prüfen, ob man zwei Gase mischen kann ohne sie zu schütteln. Dazu werden je zwei Standzylinder mit Luft bzw. Bromdampf [C,T+] mit ihren Öffnungen aufeinander gestellt.

a) Einmal steht der Zylinder mit Luft unten und der mit Bromdampf oben. Beschreibe nach fünf Minuten und nach einer Stunde, was du siehst.

b) Im zweiten Fall steht der Zylinder mit Bromdampf unten und der mit Luft oben. Notiere deine Beobachtungen wieder nach fünf Minuten und nach einer Stunde.
Vergleiche dann die Ergebnisse und versuche eine Erklärung dafür zu finden.

V 3 Stelle ein Uhrgläschen auf die Fensterbank und tropfe etwas Parfüm darauf.
Kannst du das Parfüm noch riechen, wenn du so weit wie möglich vom Fenster weggehst?
Erkläre das Versuchsergebnis mit dem Begriff *Teilchen*.

V 4 Fülle ein Becherglas mit Wasser und stelle es an einen Platz, an dem es längere Zeit stehen bleiben kann. Dann lässt du mit einer Pinzette einen einzigen Kristall Kaliumpermanganat [O,Xn] ins Wasser fallen.

a) Was kannst du sofort im Glas beobachten?

b) Wie sieht das Wasser nach einer halben Stunde und nach einer Woche aus? Notiere und vergleiche deine Beobachtungen. Wie kannst du das Versuchsergebnis erklären?

Wie sich die kleinsten Teilchen von Gasen und Flüssigkeiten ausbreiten

Zwei **Gase** vermischen sich ohne geschüttelt zu werden. **Diese selbstständige Ausbreitung eines Stoffes in einem anderen nennt man *Diffusion*** (lat. *diffundere:* ausgießen, ausbreiten).

Unsere Versuche zeigen, dass die Diffusion auch gegen die Gewichtskraft der Teilchen erfolgt:
Die kleinsten Teilchen von Brom haben eine größere Masse als die kleinsten Teilchen der Luft. Trotzdem gelangen sie *nach oben* in die Zwischenräume zwischen den Luftteilchen.

Das ist so zu erklären: Die kleinsten Teilchen beider Gase befinden sich in ständiger Bewegung. Da die Teilchen verhältnismäßig große Abstände zueinander haben, können sie leicht in die Zwischenräume zwischen den jeweils anderen Teilchen eindringen (Bild 4).

Auch in **Flüssigkeiten** breiten sich Teilchen gelöster Stoffe durch Diffusion aus. Dies geschieht jedoch viel langsamer als bei Gasen.

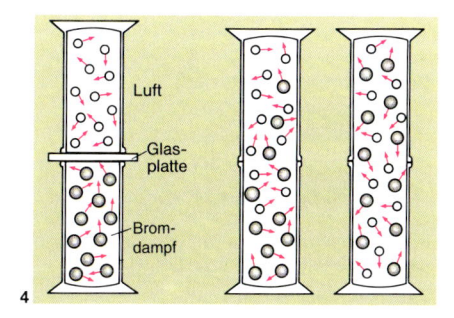

Fragen und Aufgaben zum Text

1 Petra hat sich einen Löffel Zucker in den Tee getan, sie hat aber das Umrühren vergessen. Was kann sie nach etwa zehn Minuten feststellen?
Beschreibe und zeichne, wie du dir diesen Vorgang vorstellst.

2 Martin hat das Rasierwasser seines Vaters benutzt. Bald merken das alle in der Klasse. Erkläre!

3 Wie ist es zu erklären, dass die Diffusion auch entgegen der Gewichtskraft der Teilchen erfolgt?

4 In Flüssigkeiten geht die Diffusion viel langsamer vor sich als in Gasen. Woran kann das liegen?

3 Wir erklären die Aggregatzustände mit dem Teilchenmodell

Wie die kleinsten Teilchen in den Stoffen angeordnet sind

Bei Versuchen mit Eis, Spiritus und anderen Stoffen haben wir festgestellt, dass ein Stoff in verschiedenen Aggregatzuständen auftreten kann. Dabei ist die *Temperatur* entscheidend, welchen Zustand der Stoff einnimmt.

Du weißt, dass z. B. Flüssigkeiten in den gasförmigen Zustand übergehen können. Als Gase nehmen die Stoffe dann den ganzen Raum ein, der ihnen zur Verfügung steht.

Wie sich feste, flüssige und gasförmige Stoffe verhalten, wenn eine Kraft einwirkt, weißt du wahrscheinlich auch. In der Übersicht unten findest du dazu eine Zusammenfassung.

Dieses Verhalten ist auf den **Aufbau der Stoffe** zurückzuführen.

Schon vor etwa 2500 Jahren wurde zum Aufbau der Stoffe (der *Materie*) eine **Theorie** entwickelt. Sie beruht auf folgenden **Grundgedanken**: *Die Materie ist nicht bis ins Unendliche teilbar. Sie besteht letzten Endes aus winzigen Teilchen, die nicht mehr teilbar sind.*

Diese Vorstellung vom Aufbau der Materie nennen wir **Teilchenmodell**.

Am einfachsten lässt sich dieses Modell am **Beispiel Metalle** erklären. Ihre kleinsten Teilchen sind **Atome** (griech. *atomos*: unteilbar). Die Atome können wir uns als kleine Kugeln vorstellen.

Wie sie in einem *Metall im festen Zustand* angeordnet sind, können wir uns mit dem folgenden Modell klarmachen:

Stell dir vor, eine Handvoll Kugeln (Murmeln) liegt auf einem kleinen Tablett; das könnte so aussehen wie in Bild 1. Nun werden die Kugeln an einer Kante dicht aneinander gereiht (Bild 2). Darauf folgt eine zweite Reihe – so dicht wie möglich an die erste gelegt (Bild 3). Legt man alle Kugeln ganz dicht zusammen, bildet sich das Muster von Bild 4.

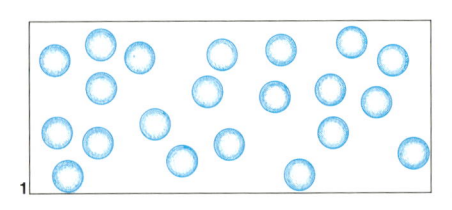

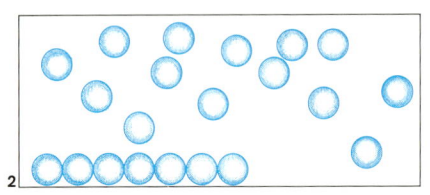

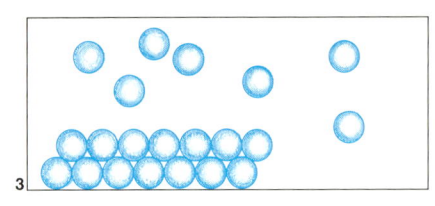

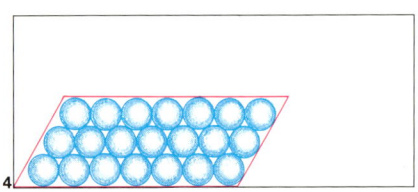

Auf diese Schicht legt man eine zweite: In ihr ordnen sich die Kugeln nach dem gleichen Muster an, liegen aber in den Lücken der ersten Schicht. Die dritte Schicht ordnet sich entsprechend an.

Insgesamt bilden die Kugeln eine in alle drei Raumrichtungen *regelmäßige Anordnung*, ein sog. **Gitter**. Darin liegen die Kugeln so dicht wie möglich aneinander. Man spricht deshalb von der *dichtesten Kugelpackung*.

Wenn ein Metall erhitzt wurde, sodass es sich im *flüssigen Zustand* befindet, ist die Anordnung der Teilchen anders. Sie ist auch anders, wenn ein Metall im *gasförmigen Zustand* vorliegt. Wir können uns die Anordnungen so vorstellen:

Metall im festen Zustand:
Regelmäßige dichte Anordnung der Atome. Die Atome berühren sich, ein weiteres Zusammenrücken ist nicht möglich.

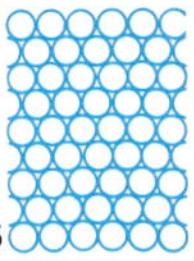

Metall im flüssigen Zustand:
Ebenfalls dichte Anordnung der Atome; es liegt jedoch keine regelmäßige Anordnung vor. Die Atome sind beweglich.

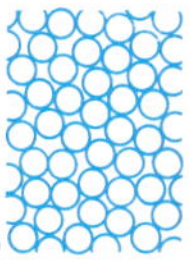

Metall im gasförmigen Zustand:
Die Atome bewegen sich mit hoher Geschwindigkeit in dem ganzen Raum, der ihnen zur Verfügung steht. Sie sind weit voneinander entfernt.

Stoffe im festen Zustand	Stoffe im flüssigen Zustand	Stoffe im gasförmigen Zustand
Form unveränderlich	**Form** veränderlich	**Form** veränderlich
Unabhängig von Gefäßen behält ein Stoff im festen Zustand seine Form.	Ein Stoff im flüssigen Zustand passt sich der Form des Gefäßes an.	Ein Stoff im gasförmigen Zustand füllt ein Gefäß – gleich welcher Form – aus.
Volumen unveränderlich	**Volumen** unveränderlich	**Volumen** veränderlich
An Stoffen im festen Zustand ist keine Volumenänderung festzustellen.	Flüssigkeiten haben ein (fast) unveränderliches Volumen. Sie lassen sich kaum zusammendrücken.	Gase haben ein veränderliches Volumen. Sie lassen sich zusammendrücken.

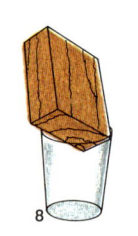

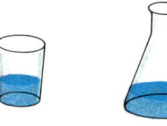

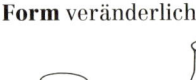

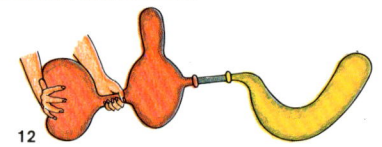

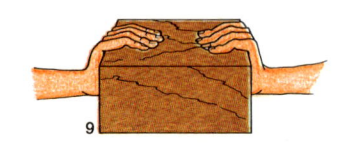

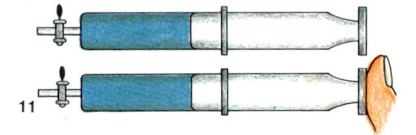

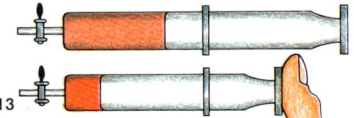

Wie können wir uns die Änderung der Aggregatzustände vorstellen?

Bei einem **Metall im festen Zustand** haben die Atome eine ganz bestimmte Ordnung – das weißt du ja schon.

Die Atome üben große *Anziehungskräfte* aufeinander aus. Sie halten sich dadurch gegenseitig auf ganz bestimmten Plätzen (Bild 14). Die Abstände zwischen den Atomen sind sehr gering.

Die Atome können ihre Plätze zwar nicht verlassen, sie sind aber nicht ganz unbeweglich: Sie schwingen um einen gleichbleibenden *Schwingungsmittelpunkt*. So ist auch im festen Metall eine *Eigenbewegung der Atome möglich*.

Wenn *Energie* zugeführt wird, findet eine Erhöhung der Temperatur des Metalls statt. Die Schwingungen der Atome werden verstärkt. Dabei behalten die Schwingungsmittelpunkte zwar ihre regelmäßige Anordnung, sie rücken aber etwas auseinander: Das Metall dehnt sich ein wenig aus (Bild 15, stark vereinfachte Darstellung).

Bei einer bestimmten Temperatur – der *Schmelztemperatur* – bricht die regelmäßige Anordnung auseinander; das Metall wird flüssig. Dabei wird zusätzliche Energie benötigt.

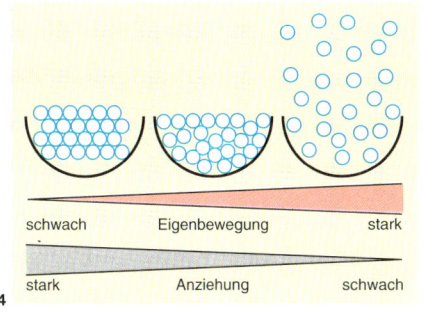

Bei einem **Metall im flüssigen Zustand** haben die Atome keine bestimmte Ordnung mehr.

Die Anziehungskräfte zwischen den Atomen sind nun geringer als im festen Zustand des Metalls. Sie sind aber immer noch so groß, dass die Atome eng zusammenbleiben. Dabei können die Atome aneinander entlanggleiten und sie können gegeneinander verschoben werden. Deshalb passt sich das flüssige Metall unter dem Einfluss der Schwerkraft jedem Gefäß an (Bild 14).

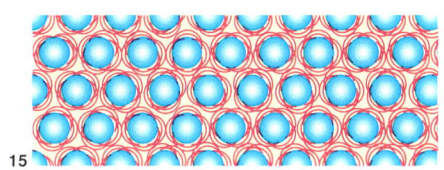

Die *Eigenbewegung* der Atome besteht in einem fortwährenden, unregelmäßigen Platzwechsel.

Wenn dem flüssigen Metall weitere *Energie* zugeführt wird, bekommen zunächst einige Atome einen höheren Energiegehalt. Sie verlassen den flüssigen Bereich und entweichen in die Luft (Verdunstung).

Bei weiterer Energiezufuhr (Temperaturerhöhung) nimmt die Zahl der energiereichen Atome zu; die Verdunstung wird stärker. Bei einer bestimmten Temperatur – der *Siedetemperatur* – gehen alle Atome in die Luft über. Das Metall wird gasförmig. Auch dieser Vorgang erfordert zusätzliche Energie.

Bei einem **Metall im gasförmigen Zustand** wirken zwischen den Atomen praktisch keine *Anziehungskräfte* mehr. Die Abstände zwischen ihnen sind – im Vergleich zu den Atomen fester und flüssiger Metalle – ziemlich groß (Bild 14). Die Atome bewegen sich mit hoher Geschwindigkeit in dem ganzen Raum, der ihnen zur Verfügung steht. Sie haben eine große *Eigenbewegung*.

Die **Anziehungskräfte**, die zwischen den Atomen wirken, sind *von Metall zu Metall unterschiedlich groß*.

Wenn sie **schwach** sind, braucht nur wenig Energie zugeführt zu werden, damit die regelmäßige Anordnung der Atome im Gitter zerbricht. Auch die Energie, die nötig ist, damit die Atome das flüssige Metall verlassen, ist gering. Diese Metalle haben dann **niedrige Schmelz- und Siedetemperaturen**.

Sind die **Anziehungskräfte** zwischen den Atomen sehr **stark**, haben die Metalle jeweils eine **hohe Schmelz- und Siedetemperatur**.

Diese Teilchenvorstellung gilt nicht nur für Metalle, sondern auch für andere Stoffe. Nur sind deren kleinste Teilchen Gruppierungen von Atomen oder ganz andere Teilchen.

Aufgaben

1 Die meisten Metalle müssen erst erhitzt werden, bevor man sie verformen kann. Wie erklärst du das?

2 Gase lassen sich zusammenpressen, Flüssigkeiten und Festkörper dagegen nicht. Erkläre!

3 Warum werden die meisten festen Stoffe beim Erwärmen erst flüssig, dann gasförmig?

4 Einige Stoffe haben hohe, andere sehr niedrige Schmelz- und Siedetemperaturen. Woran liegt das?

5 Feuchte Wäsche kann auch im Winter draußen getrocknet werden. Was geschieht dabei?

6 Der obere Kolbenprober von Bild 13 wird in heißes Wasser gelegt. Welche Beobachtung erwartest du? Erkläre sie mit dem Teilchenmodell.

7 Du kennst vielleicht den Versuch von Bild 16 aus dem Physikunterricht. Thomas erklärt ihn so: „Beim Erhitzen dehnen sich die Eisenatome aus. Dadurch wird die Kugel größer und passt nicht mehr durch das Loch." Was meinst du dazu?

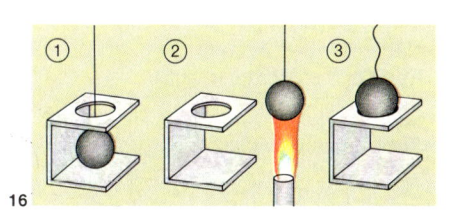

8 Obwohl die Atome unvorstellbar klein sind, haben Wissenschaftler ihre Größe ermittelt. Die Frage ist: Wie klein sind z. B. Eisenatome wirklich?

In einem Stecknadelkopf (Volumen: 1 mm^3) sind rund 84 Trillionen Eisenatome enthalten. Stell dir nun vor diese Eisenatome würden zu einer „Perlenkette" aufgereiht. Schätze zuerst, wie lang die Kette würde: 10 cm, 10 m, 10 km oder mehr?

Mit folgenden Angaben kannst du den Durchmesser eines Atoms selber ausrechnen: Die „Perlenkette aus Eisenatomen" könnte fünfundfünfzigmal zwischen Erde und Mond „aufgespannt" werden! Der mittlere Abstand von der Erde zum Mond beträgt etwa 380 000 km.

Stoffgemische und Reinstoffe

Wir lernen zwei wichtige Stoffgruppen kennen

Die Lösung von Traubenzucker (Glucose) in destilliertem Wasser (Bild 1) dient Kranken zur künstlichen Ernährung. Schon die geringste Verunreinigung der Lösung würde für den Patienten Lebensgefahr bedeuten.

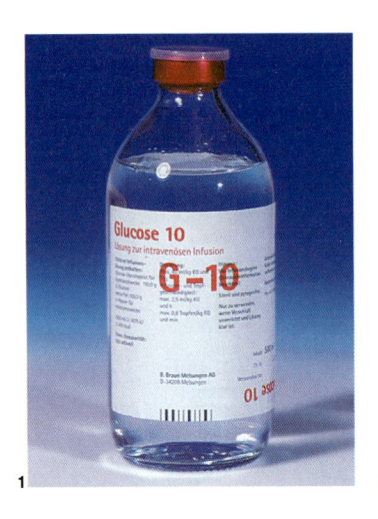

Deshalb dürfen die Bestandteile der Lösung (Bild 2) keinerlei Fremdstoffe enthalten; sie müssen vollkommen „rein" sein.

V 1 Wir mischen feinen Quarzsand mit Eisenfeilspänen oder mit Sand aus Magneteisenstein. Damit haben wir ein *Stoffgemisch* hergestellt.

V 2 Wir geben 2–3 Teelöffel Kochsalz in 100 ml destilliertes Wasser und rühren das Gemisch gut um.
Mit einem empfindlichen Thermometer messen wir die Temperatur vor und nach der Zugabe von Salz.

V 3 (Lehrversuch) Wir geben zu genau 50 ml Wasser (Temperatur messen!) genau 50 ml Alkohol (Ethanol F). Dann messen wir die Temperatur erneut.
Bestimme das Volumen des Gemisches, wenn es abgekühlt ist.
Lässt sich dieses Gemisch entzünden? Und wie sieht das bei anderen Mischungsverhältnissen aus?

V 4 Dieser Versuch ist schon bekannt: Wir stellen ein Reagenzglas mit einer Kochsalzlösung (10 g Kochsalz in 100 ml Wasser gelöst) in eine frisch zubereitete Kältemischung.
Dazu vermischen wir 100 g zerstoßenes Eis (oder Schnee) mit ca. 20 g Ammoniumchlorid Xn und etwa 40 g Kochsalz.
Wir rühren die Kochsalzlösung ständig um und messen die Erstarrungstemperatur.

V 5 Wir bestimmen die Siedetemperaturen von destilliertem Wasser und von einer Traubenzuckerlösung.
Für die Traubenzuckerlösung geben wir 40 g Traubenzucker in ein Becherglas mit 60 ml destilliertem Wasser.
Stelle dein Versuchsergebnis grafisch dar.

V 6 Im Eisentiegel verschmelzen wir Zinn mit Blei T. Ob sich auch Zink und Blei verschmelzen lassen?

V 7 Drei Reagenzgläser werden je zu einem Viertel mit Wasser, mit einer Seifenlösung und mit einem klaren Spülmittel gefüllt. Dann geben wir jeweils einige Tropfen Speiseöl hinzu und schütteln kräftig.
Beobachte die Veränderungen innerhalb der nächsten Minuten.

V 8 Diesmal füllen wir ein Reagenzglas zu einem Viertel mit Heptan F. Dann geben wir einige Tropfen Speiseöl hinzu und schütteln. Vergleiche mit dem Ergebnis von V 7.
Wir versuchen außerdem in einem weiteren Reagenzglas eine Spatelspitze Kochsalz in Heptan (oder Reinigungsbenzin F) zu lösen.

Übersicht über die Stoffgemische

Zustandsformen der Bestandteile	Heterogene Gemische	Homogene Gemische
fest in fest fest in flüssig fest in gasförmig	*Gemisch:* Hausmüll, Granit *Suspension:* Schmutzwasser *Aufschlämmung:* Mörtel, Suppe Rauch, Staubluft	*Legierung:* Messing *Lösung:* Salzwasser –
flüssig in fest flüssig in flüssig flüssig in gasförmig	feuchter Sand *Flüssigkeitsschichten:* Benzin auf Wasser *Emulsion:* Milch Nebel (Wasser in Luft) Aerosol (Lösemittel in Luft)	– *Lösung:* Alkohol in Wasser –
gasförmig in fest gasförmig in flüssig gasförmig in gasförmig	*poröser Stoff:* Schaumstoff, Bimsstein *Schaum:* Seifenschaum –	– *Lösung:* Luft oder Kohlenstoffdioxid in Wasser *Gasgemisch:* Luft, Autoabgase

Reinstoffe können unterschiedliche Stoffgemische bilden

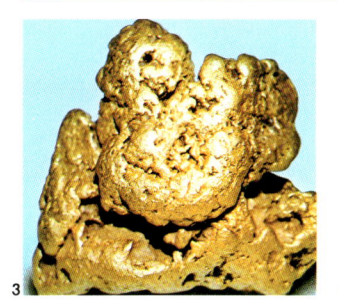

Reinstoffe sind einheitliche Stoffe, die frei von Fremdstoffen sind. Sie haben typische Eigenschaften. Diese Eigenschaften verlieren sie auch nicht, wenn man sie miteinander vermischt.

Beispiele für Reinstoffe sind die *Metalle,* z. B. Gold (Bild 3) und Quecksilber; dazu gehören auch die *Nichtmetalle* (z. B. Schwefel, Iod und Kohlenstoff), aber ebenso Kochsalz, Traubenzucker, Wasser und Heptan.

Stoffgemische bestehen aus mindestens zwei verschiedenen Reinstoffen. Sie werden auch *Gemische* oder *Gemenge* genannt. Je nachdem, wie die Gemische beschaffen sind, unterscheidet man *homogene* und *heterogene* Gemische:

○ **Homogene Gemische** (griech. *homos:* gleich; *genos:* Art) sind Gemische mit sehr fein und gleichmäßig verteilten Bestandteilen; diese kann man nicht voneinander unterscheiden. Beispiele dafür sind das Meerwasser, Messing sowie ein Gemisch aus Luft und Brom.

Zu den homogenen Gemischen gehören auch **Lösungen**. Sie entstehen, wenn sich ein fester, flüssiger oder gasförmiger Stoff in einem *Lösemittel* löst.

Lösemittel können nicht alle Stoffe in gleichem Maße lösen. So löst sich z. B. Öl besonders gut in Benzin (aber nicht in Wasser) und Salz in Wasser (aber nicht in Benzin). Nicht alle Stoffe lassen sich also miteinander zu Lösungen vermischen.

○ **Heterogene Gemische** (griech. *heteros:* verschieden) sind Gemische, deren Bestandteile man deutlich erkennen und unterscheiden kann. Beispiele dafür sind Granit (Bild 4), Schmutzwasser und Staub in der Luft.

Zu den heterogenen Gemischen gehören auch *Emulsionen* und *Suspensionen*:

Emulsionen sind Mischungen zweier Flüssigkeiten, bei denen winzige Tröpfchen der einen Flüssigkeit (z. B. Öl) in der anderen (z. B. Wasser) verteilt sind. Daher rührt das oft „milchige" Aussehen von Emulsionen (z. B. Milch, Butter, Lotionen und Hautcremes). Emulsionen sind in der Regel nur wenig haltbar. Wenn man sie eine Zeit lang stehen lässt, trennen sich ihre Bestandteile wieder.

Suspensionen sind Gemische aus Flüssigkeiten und festen Stoffen. Auch ihre Bestandteile trennen sich wieder.

Ein wichtiges **Unterscheidungsmerkmal** zwischen Reinstoffen und homogenen Gemischen ist ihr Verhalten beim Sieden:

Ein Reinstoff hat eine ganz bestimmte, stets gleichbleibende (konstante) Siedetemperatur („Siedepunkt").

Dagegen siedet ein homogenes Gemisch innerhalb eines Temperatur*bereiches*. Die Temperatur steigt auch während des Siedens weiter an.

Wenn Stoffe ein homogenes Gemisch bilden, kann die *Temperatur steigen oder sinken*: Wasser und Alkohol mischen sich unter starkem Erwärmen, Kochsalz mit Wasser unter mäßiger Abkühlung und Kochsalz mit Eis unter starker Abkühlung.

Fragen und Aufgaben zum Text

1 Was ist ein Reinstoff? Was ist ein Stoffgemisch? Gehe auch auf die unterschiedlichen Gemischarten ein.

Ordne die in den Versuchen vorkommenden Gemische den Gemischarten in der Tabelle (→ linke Seite) zu.

2 Welches wichtige Unterscheidungsmerkmal zwischen Reinstoffen und Stoffgemischen kennst du?

Deute auch den Verlauf der Kurven von Bild 5. Ordne sie den Begriffen *Reinstoff* und *Stoffgemisch* richtig zu.

3 Zwei Schüler streiten sich darüber, ob destilliertes Wasser mit darin schwimmenden Eisstücken ein heterogenes Gemisch oder ein Reinstoff ist. Was meinst du dazu?

4 „Garantiert reiner Bienenhonig" steht auf einem Honigglas. Ist Honig ein Reinstoff? Lies im Lexikon über Bienenhonig nach.

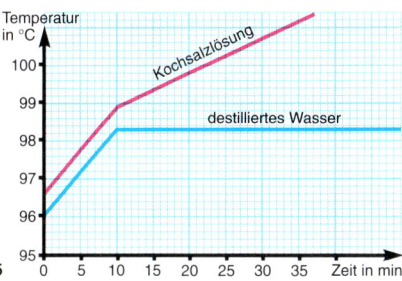

Ein heterogenes Stoffgemisch – gemessen in Massenprozenten und Volumenprozenten

Hausmüll ist ein heterogenes Gemisch. Aber je nachdem, welcher Mülltonne er entstammt, hat er eine unterschiedliche Zusammensetzung – er ist ein Gemisch aus vielerlei Stoffen mit oft sehr unterschiedlichen Eigenschaften.

Wie kann man solch ein Gemisch „Müll" mit anderen Müll-Gemischen vergleichen? Das heißt: Wie kann man es messen?

Zunächst muss man die *Mengenanteile* der im Müll enthaltenen Stoffe herausbekommen. Nach dem Zufallsprinzip wählt man dazu mehrere Mülltonnen aus und hält in Listen fest, wie groß der Anteil der jeweils enthaltenen Abfälle ist.

Nehmen wir z. B. an, der Müll kommt von einer Baustelle. Dabei ergibt sich: 1000 kg dieser Müllportion setzen sich aus 400 kg Kunststoffen und 600 kg Bauschutt zusammen.

Wenn man nun diese Massenangaben auf die Gesamtmasse des Mülls bezieht und mit 100 multipliziert, erhält man eine Angabe in **Massenprozenten** *(w)*. In unserem Beispiel: $w = 40\,\%$ für die Kunststoffe und $w = 60\,\%$ für den Bauschutt.

Nun gibt es aber „leichte" und „schwere" Stoffe. Da man die Dichte der Stoffe kennt, kann man mit Hilfe der Masse auch noch ein Maß für das Volumen, das die Inhaltsstoffe des Mülls einnehmen, erhalten (Dichte = Masse : Volumen). Man spricht dann von **Volumenprozenten**, abgekürzt mit dem griechischen Buchstaben φ (phi).

Diese Angabe in Volumenprozenten ist z. B. für Müllfahrer oder Deponiebetreiber interessant. Es kann ja sein, dass Letzterer auf seiner Mülldeponie z. B. nur leichte, aber großvolumige Kunststoffreste mit einer Dichte von $1\,\text{g/cm}^3$ lagern soll; dann wird seine Müllhalde bald überfüllt sein. Bekommt er aber vor allem Bauschutt mit einer Dichte um $4{,}5\,\text{g/cm}^3$, so kann er seine Halde länger betreiben – sogar 4,5-mal so lang.

Die Luft – ein wichtiges Gasgemisch

1 Bedeutung und Zusammensetzung der Luft

Nur eine dünne Luftschicht umgibt die Erde –
doch wie sehr wird sie gebraucht
und wie stark ist sie gefährdet! …

- Welcher Bestandteil der Luft ist für den Menschen lebensnotwendig?
- Kein Feuer ohne Luft! Hat diese Aussage wirklich ihre Berechtigung?
- Auch wenn die Luft rein ist, ist sie kein Reinstoff. Was ist damit gemeint?
- Wodurch ist unsere Luft besonders gefährdet?
- Wer sind die größten Luftverschmutzer?
- Wie könnte man die Luftverschmutzung verringern?
- Haben Pflanzen (Wälder) Einfluss auf die Qualität der Luft?
- Du hauchst einen Apfel an und er „beschlägt" – damit kannst du dir klarmachen, wie dünn die Lufthülle unserer Erde ist … Auch anhand von Bild 1 ist das zu erkennen.

Wie die Luft zusammengesetzt ist

Die Luft ist kein Reinstoff, sondern ein *Stoffgemisch* – auch wenn sie ganz sauber ist und keinerlei Schadstoffe enthält. Genauere Untersuchungen haben nämlich gezeigt, dass **die Luft aus mehreren Gasen zusammengesetzt ist**.

In Bild 10 sind die Bestandteile der Luft hintereinander gezeichnet. Wir dürfen uns aber von dieser schematischen Darstellung nicht täuschen lassen; in Wirklichkeit sind alle Gase der Luft miteinander *vermischt* (Bild 11).

Aus dem Streifendiagramm (Bild 10) können wir ablesen, dass 100 Liter trockene und saubere Luft außer dem **Sauerstoff** und dem **Stickstoff** noch 1 Liter andere Bestandteile enthalten: Das sind vor allem die sog. **Edelgase** und **Kohlenstoffdioxid** (auch *Kohlendioxid* genannt). Hinzu kommen bei feuchter Luft wechselnde Mengen Wasserdampf.

Die Edelgase heißen *Argon*, *Neon*, *Helium*, *Krypton* und *Xenon*. Sie wurden erst im vorigen Jahrhundert entdeckt. Damals war es gelungen, genauere Geräte und verfeinerte Methoden zur Untersuchung der Zusammensetzung der Luft zu entwickeln.

Das Kohlenstoffdioxid ist zwar bekannter als die anderen Gase, es kommt aber in der Luft nur in geringen Mengen vor. Deshalb wurde es in Bild 10 nicht eingezeichnet.

Die genauen Anteile der verschiedenen Gase an der Zusammensetzung der Luft findest du in einer Tabelle im Anhang.

100 Liter Luft		
etwa 21 Liter Sauerstoff	etwa 78 Liter Stickstoff	etwa 1 Liter andere Bestandteile

10

100 Liter Luft

11

2   Wir untersuchen die Bestandteile der Luft

V 1 Normalerweise wird *Sauerstoff* $\boxed{O}$ in blauen Stahlflaschen aufbewahrt, *Stickstoff* in grünen. Durch ein Ventil kann man das jeweilige Gas in kleinen Portionen entnehmen. Beide Gase werden über Wasser aufgefangen, z. B. wie in Bild 12.

Wie sehen die Gase aus und wie riechen sie?

V 2 Eine brennende Kerze wird zunächst in ein mit Sauerstoff $\boxed{O}$ gefülltes Glasgefäß (z. B. einen Standzylinder) gehalten, dann in ein mit Stickstoff gefülltes Gefäß (Bild 13).

Vergleiche das Verhalten der Flamme in den beiden Gasen. Stelle dann „Steckbriefe" für Sauerstoff und Stickstoff auf.

V 3 Fülle nun ein Reagenzglas wie in Bild 12 mit Sauerstoff $\boxed{O}$. Entzünde dann einen langen, dünnen Holzspan. Wenn er richtig brennt, bläst du die Flamme aus, sodass das Holz gerade noch glimmt. Führe dann den Holzspan in den Sauerstoff ein.

Diese sog. *Glimmspanprobe* ist der **Nachweis für Sauerstoff**.

V 4 Kleine Mengen Sauerstoff lassen sich aus *Kaliumpermanganat* $\boxed{O, Xn}$ erzeugen. Dazu wird ein halber Spatel reines Kaliumpermanganat in einem Reagenzglas langsam erhitzt. (Das Glas dabei schräg halten!)

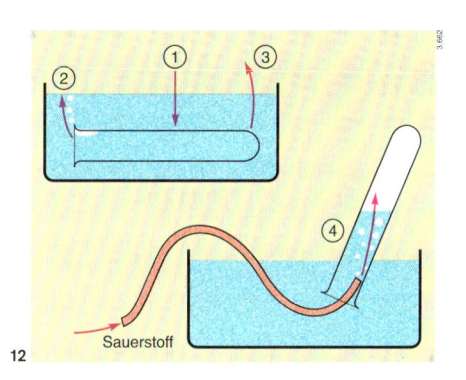

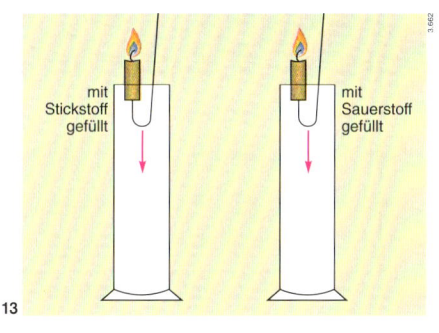

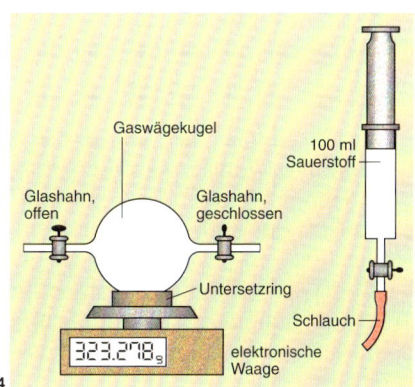

Sobald das Kaliumpermanganat zu knistern beginnt, wird die Glimmspanprobe durchgeführt.

V 5 Zwei Reagenzgläser werden mit Sauerstoff $\boxed{O}$ gefüllt. Das erste wird mit der Öffnung nach oben aufgestellt, das andere mit der Öffnung nach unten in ein Stativ gespannt.

Nach etwa einer Minute tauchst du in jedes Glas einen glimmenden Holzspan ein. Erkläre anschließend das Versuchsergebnis.

V 6 Diesmal soll die Dichte bestimmt werden. Dazu brauchen wir eine Gaswägekugel (1000 ml) sowie eine empfindliche Waage (z. B. eine Analysenwaage).

a) Die Gaswägekugel wird zunächst gewogen (Bild 14). Dabei muss ein Hahn geschlossen sein, der andere geöffnet.

Anschließend füllen wir einen Kolbenprober mit genau 100 ml Sauerstoff $\boxed{O}$. Das Gas wird über einen möglichst kurzen Schlauch vorsichtig in die Gaswägekugel gedrückt. Dann schließen wir sofort den zweiten Hahn.

Lies die Massezunahme der Kugel möglichst genau ab.

b) Wiederhole diesen Versuch mit 100 ml Luft. Vergleiche dann die beiden Messwerte.

Sauerstoff und Stickstoff – die Hauptbestandteile der Luft

Sauerstoff ist in der Natur sehr weit verbreitet. Rund 63 % aller am Aufbau der Erdkruste beteiligten Atome sind Sauerstoffatome. Etwa die Hälfte der festen Erdrinde, neun Zehntel des Wassers und gut ein Fünftel der Luft bestehen aus Sauerstoff. So besteht z. B. auch Sand (Seesand) zu 53 % daraus.

Sauerstoff ist ein farbloses und geruchloses Gas. Es hat eine etwas größere Dichte als Luft; sie beträgt unter Normalbedingungen (0 °C und 1013 hPa) 1,429 g/l. Durch starkes Abkühlen lässt sich Sauerstoff bei −183 °C kondensieren (Siedetemperatur). Er liegt dann als bläuliche Flüssigkeit vor. Wenn man ihn noch weiter abkühlt, erstarrt er bei −219 °C zu hellblauen Kristallen.

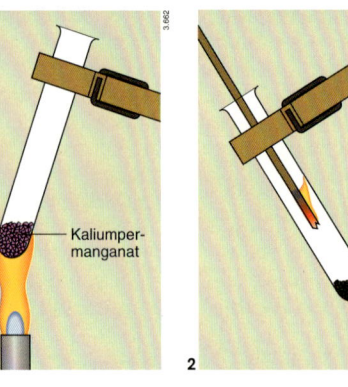

Der Sauerstoff brennt nicht selbst, er unterhält (oder unterstützt) aber die Verbrennung. Sauerstoff ist sehr reaktionsfreudig, d. h., das Gas reagiert leicht mit anderen Stoffen. Deshalb verläuft jede Verbrennung in reinem Sauerstoff heftiger und mit hellerem Licht als an der Luft.

Sauerstoff löst sich etwas in Wasser. Deshalb können Fische und andere Wasserlebewesen unter Wasser atmen. Bei einer Temperatur von 0 °C lösen sich 49,1 ml Sauerstoff in 1 l Wasser. Wenn die Wassertemperatur ansteigt, löst sich weniger.

Menschen und Tiere führen dem Körper bei der Atmung Sauerstoff zu. Täglich braucht ein Erwachsener etwa 0,6 m³ davon. Er ist für viele Vorgänge im Körper unentbehrlich.

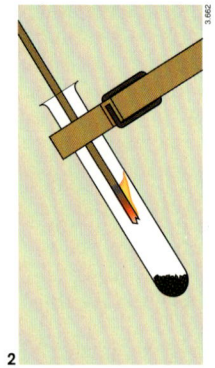

Durch Erhitzen von reinem Kaliumpermanganat kann man im Schulversuch *Sauerstoff herstellen* (Bild 1).

Sauerstoff wird mit der *Glimmspanprobe* nachgewiesen: Ein Holzspan, der gerade noch glimmt, wird in ein Gefäß mit Sauerstoff eingeführt; dabei fängt der Span wieder zu brennen an (Bild 2).

Die Luft enthält außer Sauerstoff noch 78 % **Stickstoff**, ein ebenfalls farbloses und geruchloses Gas. Dieses Gas hat eine etwas geringere Dichte als Luft; sie beträgt unter Normalbedingungen 1,25 g/l. Stickstoff ist in Wasser nur etwa halb so gut löslich wie Sauerstoff: Bei 0 °C lösen sich 23,2 ml Stickstoff in 1 l Wasser.

Der Stickstoff ist zwar ungiftig, er unterstützt aber nicht die Atmung: Lebewesen ersticken darin. Außerdem ist Stickstoff nicht brennbar; er unterhält (unterstützt) auch nicht die Verbrennung. Wenn man eine brennende Kerze oder einen Holzspan in ein Gefäß mit Stickstoff einführt, verlöschen sie sofort.

Stickstoff kondensiert unter Normalbedingungen bei −196 °C zu einer wasserklaren, farb- und geruchlosen Flüssigkeit. Wenn man den Stickstoff noch weiter abkühlt, bildet er bei −210 °C farblose Kristalle.

Stickstoff ist ein sehr reaktionsträges Gas. Das bedeutet, dass er (bei Raumtemperatur) keine anderen Stoffe „angreift" und auch nicht mit ihnen reagiert.

Aufgaben

1 Gase haben eine viel geringere Dichte als Festkörper. Deshalb ist es sinnvoll, zur Berechnung nicht das Volumen von 1 cm³ zugrunde zu legen, sondern von 1000 cm³ (= 1 l).

a) Berechne aus den Messwerten von Versuch 6 die Dichte von Sauerstoff und von Luft in der Einheit g/l.

b) Vergleiche die errechneten Werte mit den Dichtewerten einiger Feststoffe und Flüssigkeiten (→ die Tabelle im Anhang).

2 Wenn man die Dichte von Gasen selbst ermittelt und die Werte mit denen in Fachbüchern vergleicht, stellt man Abweichungen fest. Woran kann das liegen?

3 Mit steigender Temperatur dehnen sich die Gase aus. Wird dabei ihre Dichte größer oder kleiner?

4 Bild 3 zeigt, wie sich die Werte der Dichte von Gasen bei steigender Temperatur verändern. Lies für jedes Gas ab, welche Dichte es bei 0 °C, bei 20 °C und bei 60 °C hat.

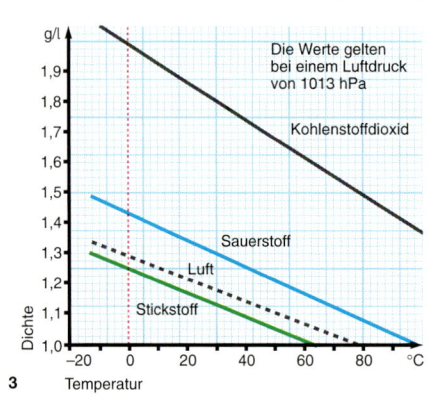

5 Zwei Reagenzgläser wurden mit Sauerstoff bzw. mit Stickstoff gefüllt. Wie bekommst du heraus, in welchem Glas der Sauerstoff ist?

6 Carl Wilhelm Scheele entdeckte 1772 den Sauerstoff. Er nannte ihn „Feuerluft". Wie kam er wohl auf diesen Namen?

7 Erkläre folgende Aussage: Luft unterhält die Verbrennung.

8 Nenne Eigenschaften von Stickstoff und Verwendungsbeispiele.

9 Im Januar 1967 ereignete sich beim Probestart einer amerikanischen Rakete ein schreckliches Unglück: In der Raumkapsel an der Spitze der Rakete verbrannten drei Astronauten.

Der Brand war wahrscheinlich durch einen Kurzschluss entstanden und hatte sich mit rasender Geschwindigkeit in der Raumkapsel ausgebreitet. Diese war nämlich mit reinem Sauerstoff gefüllt.

Heute wird in den Raumkapseln ein Gemisch aus Sauerstoff und Stickstoff verwendet. Während des Fluges wird dieses Gemisch allmählich durch reinen Sauerstoff ersetzt.

Warum hätte sich in einer mit Luft gefüllten Raumkapsel das Feuer nicht so schnell ausgebreitet?

Aus Umwelt und Technik: **Sauerstoff und Stickstoff aus flüssiger Luft**

Reiner Sauerstoff und Stickstoff werden heute in großen Mengen aus flüssiger Luft gewonnen. Sie werden nach dem *Linde-Verfahren* hergestellt.

Dabei wird eine besondere Eigenschaft von Gasen genutzt: Wenn sich ein zusammengepresstes Gas plötzlich *entspannt* – d. h., wenn der Druck nachlässt –, kühlt es sich ab. Die Temperatur sinkt umso mehr, je größer der Druckunterschied ist und je kühler das Gas vorher ist.

Das kannst du z. B. beobachten, wenn du eine Mineralwasser- oder Bierflasche öffnest, die einen *Patentverschluss* (Bild 4) hat: Über der Flaschenöffnung siehst du für kurze Zeit einen weißen Nebel. An dieser Stelle kondensiert das entweichende, abgekühlte Gas; es bilden sich winzige Tröpfchen.

In der Anlage (Bild 5), die *Carl von Linde* entwickelt hat, wird die Luft im Kompressor zunächst stark zusammengepresst. Dabei erwärmt sie sich und muss deshalb wieder bis zur Ausgangstemperatur gekühlt werden.

Die Hochdruckluft wird anschließend durch das innere Rohr des Gegenströmers gepresst. In dem weiten Gefäß hinter dem Drosselventil entspannt sie sich wieder und kühlt sich dabei ab.

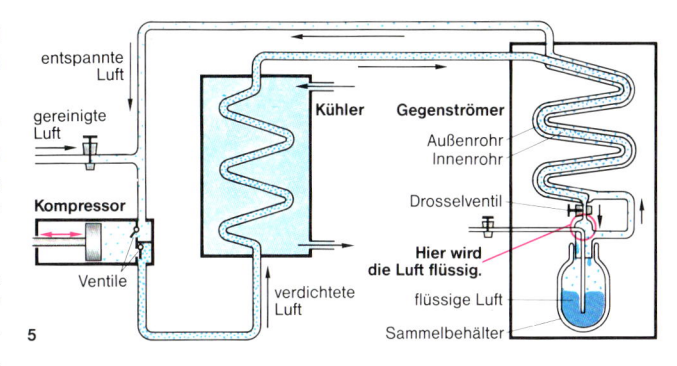

Nun strömt sie durch das Außenrohr des Gegenströmers zum Kompressor zurück. Dabei kühlt sie die entgegenkommende Hochdruckluft ab.

Wenn der Kreislauf erneut beginnt, ist die Luft schon *vorgekühlt*. Deshalb sinkt die Temperatur beim Entspannen noch tiefer ab. Das wiederholt sich mehrmals, bis die Luft bei etwa −200 °C flüssig wird.

Um aus der flüssigen Luft nun Sauerstoff und Stickstoff zu gewinnen, wird sie in eine andere Anlage umgefüllt. Wenn man sie vorsichtig erwärmt, siedet bei −196 °C der Stickstoff. Der Sauerstoff bleibt jedoch noch flüssig; er siedet erst bei −183 °C.

Beide Gase werden getrennt aufgefangen. Der Sauerstoff wird dann in blaue Stahlflaschen gepresst.

Aus Umwelt und Technik: **Sauerstoff zum Schneiden und Schweißen**

Beim **Brennschneiden** und **Schweißen** spielt der Sauerstoff eine wichtige Rolle. Außer dem Sauerstoff braucht man dazu ein brennbares Gas. (Der Sauerstoff brennt ja nicht selbst, er *unterhält* die Verbrennung.)

Meist verwendet man als Brenngas das *Acetylen*. Es wird einer gelben Stahlflasche entnommen und strömt durch einen Schlauch in den Schneidbrenner. An der Öffnung des Brenners wird das Gas entzündet.

Die Temperatur der Flamme reicht noch nicht aus um damit Metall zu schweißen oder zu schneiden. Deshalb leitet man zusätzlich Sauerstoff in die Flamme (Bild 6).

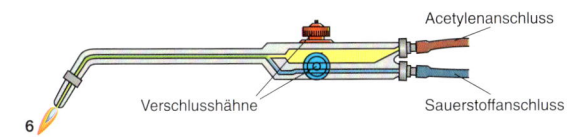

Das Acetylen verbrennt dadurch viel heftiger und die Temperatur der Flamme steigt auf etwa 3000 °C an. Wenn man jetzt mehr Sauerstoff als Acetylen in die Flamme leitet, schmilzt das Metall nicht nur, sondern es *verbrennt*.

Die Brennerflamme kann so genau eingestellt werden, dass nur ein schmaler „Metallstreifen" verbrennt. Man kann bei diesem Vorgang tatsächlich von **Schneiden** (Brennschneiden) sprechen, denn dabei entsteht ein Spalt, der schließlich das Metallstück teilt.

Beim **Schweißen** wird gleichzeitig mit dem Metall ein Stück Schweißdraht erhitzt (Bild 7). Das Metall des Drahtes schmilzt und läuft in die Fuge zwischen den Metallstücken, die man zusammenschweißen will. Wenn sich dann das Metall wieder abkühlt, entsteht eine Schweißnaht, die die Metallstücke fest zusammenhält.

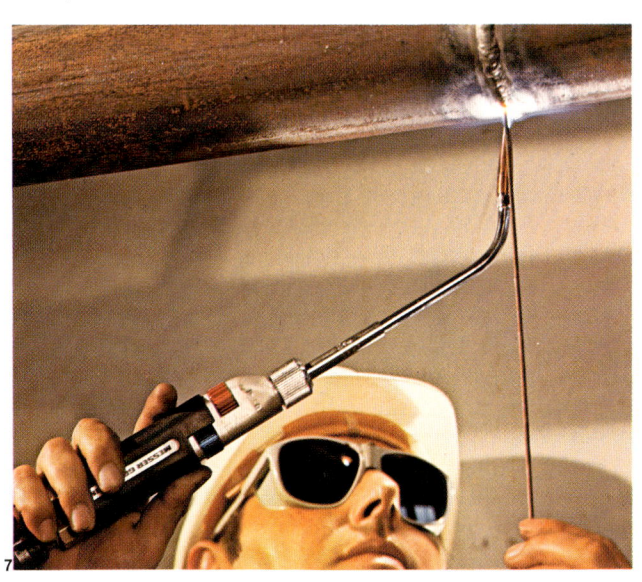

Aus Umwelt und Technik: **Sauerstoff kann Leben retten und schützen**

Unfall im Schwimmbad – eine Frau hat einen Herzanfall erlitten. Zwar konnte die Frau vor dem Ertrinken gerettet werden, nun liegt sie aber bewusstlos am Beckenrand …

Ein Glück, wenn in solchen Situationen rechtzeitig ein Unfallwagen kommt; er ist mit einem **Sauerstoffgerät zur künstlichen Beatmung** ausgerüstet (Bild 1). Dieses Gerät hat schon manch einem das Leben gerettet.

Ein Sauerstoffgerät kann sogar dann noch helfen, wenn die verunglückte Person überhaupt nicht mehr atmet.

Das Gerät muss dann aber sehr schnell eingesetzt werden, denn der menschliche Körper kann nur wenige Minuten lang ohne Sauerstoff auskommen.

Wenn ein Verunglückter 4–6 Minuten lang gar nicht atmet, bleiben bei ihm Hirnschäden zurück – falls er überhaupt noch ins Leben zurückgerufen werden kann.

Feuerwehrleute sind mit tragbaren **Atemschutzgeräten** ausgerüstet.

Diese Geräte benutzen sie, wenn sie Räume betreten, in denen Rauch oder giftige Gase ein normales Atmen unmöglich machen.

Die Atemschutzgeräte sind so gebaut, dass jeder Feuerwehrmann unabhängig von der Umgebungsluft ist. Der zum Atmen nötige Sauerstoff wird ihm aus einer Pressluftflasche, die er auf dem Rücken trägt, zugeführt (Bild 2). So kann er 30–60 Minuten lang im Einsatz sein.

Ein weiteres Sauerstoffgerät ist der **Höhenatmer**. Ob man hohe Berggipfel besteigt, in Freiluftballons oder Sportflugzeugen ohne Druckkabine mitreist – ab 4000 m Höhe ist man auf dieses Gerät, mit dem man der Atemluft Sauerstoff zusetzen kann, angewiesen.

Das liegt daran, dass die Luft in Höhen, in denen sie „dünn" wird, nicht genügend Sauerstoff enthält.

Aus Umwelt und Technik: **Verwendungsmöglichkeiten des Stickstoffs**

Stickstoff wird wegen seiner günstigen Eigenschaften in verschiedenen Bereichen verwendet:

In der **Lebensmitteltechnik** wird reiner Stickstoff (oder ein Gemisch aus 80 % Stickstoff und 20 % Kohlenstoffdioxid) als „Schutzgas" eingesetzt (Bild 3). Stickstoff ist nämlich geruchlos, geschmacksneutral und unschädlich.

Außerdem wird in der Lebensmitteltechnik mit flüssigem Stickstoff gekühlt und eingefroren (z. B. Fisch, Fleisch, Gemüse, Eiskrem, Torten). Der große Vorteil ist, dass dabei nur kurze Gefrierzeiten erforderlich sind.

Stickstoff ist sehr reaktionsträge. Das bedeutet, dass er keine anderen Stoffe „angreift" und sich auch nicht mit ihnen verbindet (außer bei sehr hohen Temperaturen).

In der **Sicherheitstechnik** werden z. B. Rohrleitungen für brennbare Chemikalien vor ihrer Inbetriebnahme mit flüssigem oder gasförmigem Stickstoff gespült. Stickstoff ist nämlich nicht brennbar; er unterstützt auch nicht die Verbrennung.

Andere Beispiele aus diesem Bereich sind der vorbeugende Brand- und Explosionsschutz, das Löschen von Glimmbränden sowie die Erschließung von Erdgaslagerstätten.

In der **Bauindustrie** nutzt man ebenfalls die Kühlmöglichkeiten mit Hilfe von Stickstoff. Das Gas wird nämlich bei −196 °C flüssig.

So lassen sich z. B. Wassereinbrüche in tiefen Baugruben und beim U-Bahn-Bau verhindern bzw. stoppen:

Dazu wird flüssiger Stickstoff ins Erdreich gepresst (Bild 4). Dort verdampft er und das Gas wird ins Freie abgeleitet. Die zum Verdampfen benötigte Wärme entzieht der Stickstoff dem Erdreich. Dadurch gefriert das dort vorhandene Wasser.

Innerhalb von drei Tagen kann auf diese Weise ein Eismantel von etwa 1 m Dicke erzeugt werden.

3 Auch Gase bestehen aus Teilchen

Von den Teilchen der Luft

Alle Stoffe sind aus kleinsten Teilchen aufgebaut – das weißt du bereits.

Auch die kleinsten Teilchen der Metalle – die Atome – sind schon bekannt. Sie liegen im festen Metall regelmäßig angeordnet dicht beieinander und bilden riesige Atomverbände.

Auch die **Luft** besteht aus Teilchen. Da Luft gasförmig ist, bewegen sich ihre Teilchen sehr schnell und bilden keine großen Teilchenverbände.

Die Luft ist bekanntlich ein Gemisch aus Sauerstoff, Stickstoff und anderen Gasen. Vielleicht stellst du sie dir als eine Mischung von verschiedenen Atomen vor. So einfach ist das aber nicht.

Chemiker haben herausgefunden, dass sich z. B. immer *zwei* Sauerstoffatome zu einem Teilchen verbinden. Solche Teilchen heißen **Moleküle** (lat. *molecula:* kleine Masse; Bilder 5 u. 6).

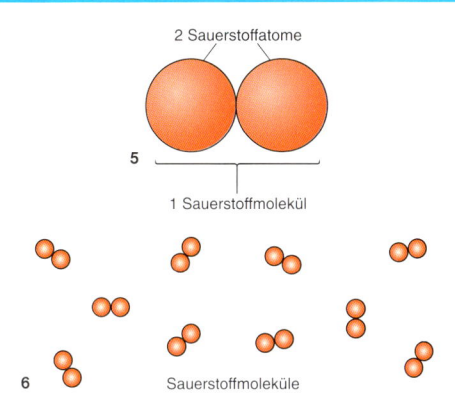

5 2 Sauerstoffatome / 1 Sauerstoffmolekül

6 Sauerstoffmoleküle

In einem Molekül sind die Atome fest aneinander gebunden. Zwischen den Molekülen eines Gases bestehen aber nur geringe Anziehungskräfte.

In der Luft gibt es also nur Sauerstoffmoleküle und keine Sauerstoffatome.

Auch der Stickstoff in der Luft bildet zweiatomige Moleküle; die Edelgase kommen dagegen nur als Atome vor. **Die Luft ist also ein Gemisch von verschiedenen Atomen und Molekülen.**

Bild 7 erinnert noch einmal an die Zusammensetzung der Luft aus Sauerstoff- und Stickstoffmolekülen. Die beiden dunkleren Punkte sollen Edelgasatome darstellen.

Vielleicht fragst du jetzt, was sich eigentlich *zwischen* den Teilchen der Luft befindet. Die Antwort ist: **Nichts!** Der Raum zwischen den Teilchen ist leer.

Fragen und Aufgaben zum Text

1 Beschreibe am Beispiel Stickstoff, aus welchen Teilchen Gase bestehen.

2 Welcher Unterschied besteht zwischen Atomen und Molekülen?

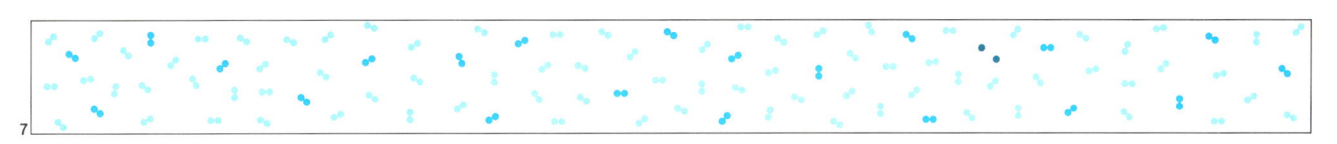

7

Die Luft – ein wichtiges Gasgemisch

Auf einen Blick

Die Bestandteile der Luft

Die Luft ist ein **Gemisch** aus mehreren gasförmigen Stoffen.

Die Hauptbestandteile trockener Luft sind **Stickstoff** und **Sauerstoff**. Den Rest bilden **Kohlenstoffdioxid** und **Edelgase**. (Feuchte Luft enthält noch Wasserdampf.)

Diese Gase sind miteinander vermischt. Sie haben mehrere *gemeinsame Eigenschaften*: Alle sind farblos, geruchlos und geschmacklos.

Die Eigenschaften von Sauerstoff und Stickstoff

Sauerstoff ist der lebenswichtige Bestandteil der Luft. Er ist für die Atmung fast aller Lebewesen auf der Erde unentbehrlich. Das Gas hat eine etwas größere Dichte als die Luft.

Sauerstoff ist in Wasser ein wenig löslich. Daher können Fische und Meereslebewesen im Wasser atmen.

Sauerstoff brennt nicht selbst, unterstützt aber die Verbrennung.

In reinem Sauerstoff verläuft eine Verbrennung heftiger als in Luft. Aus dieser Eigenschaft ergibt sich als

Nachweis für Sauerstoff die *Glimmspanprobe*: Ein glimmender Holzspan flammt in reinem Sauerstoff auf.

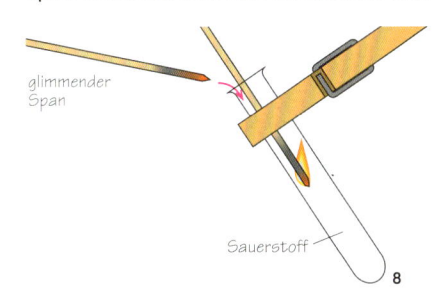

glimmender Span

Sauerstoff

8

Stickstoff ist der Hauptbestandteil der Luft. Das Gas hat eine etwas geringere Dichte als die Luft.

Stickstoff ist weder brennbar, noch unterhält er die Verbrennung. Wenn man z. B. einen brennenden Holzspan oder eine brennende Kerze in ein Gefäß mit Stickstoff eintaucht, verlöscht ihre Flamme sofort.

Lebewesen ersticken in Stickstoff, obwohl das Gas nicht giftig ist.

Stickstoff ist sehr reaktionsträge und deshalb als Schutzgas geeignet.

47

Stoffgemische und ihre Trennung

1 Bekannte und neue Trennverfahren

1

2

3

4

5

6

Diese Experimente kennst du wahrscheinlich schon. Erinnerst du dich noch?
Wie heißen die dargestellten Trennverfahren?
Was kann man jeweils damit erreichen?

V 1 Wie würdest du vorgehen, wenn du ein Gemisch aus Sand und Salz trennen solltest?

Ein Tipp: Durch **Kristallisieren** lassen sich manche *gelösten Stoffe* wieder vom Lösemittel trennen bzw. aus der Flüssigkeit zurückgewinnen.

Lege eine Skizze an, aus der hervorgeht, wie du verfahren würdest; beschrifte sie fachgerecht.

(Zur Versuchsdurchführung: Wenn Salzkristalle zu stark erhitzt werden, spritzen sie umher. Deshalb solltest du gegen Ende des Versuches ein Dampfbad wie in Bild 7 nehmen.)

V 2 Ein weiteres Trennverfahren ist das **Extrahieren** (lat. *extrahere:* herausziehen).

Wir zerkleinern möglichst fein einige Sonnenblumenkerne, Erdnüsse oder Haselnüsse in einer Porzellanschale. Dann übergießen wir sie mit 3–4 ml Reinigungsbenzin F. (Achtung, kein offenes Feuer in der Nähe!)

Nach einigen Minuten filtrieren wir das Benzin ab und lassen ein paar Tropfen des Filtrats auf einem Blatt Papier verdunsten. Was kannst du beobachten?

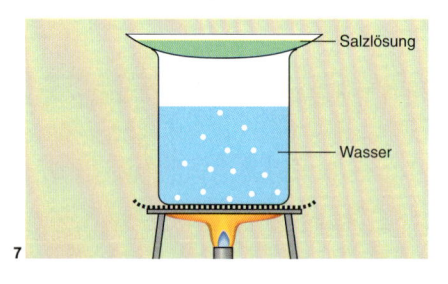

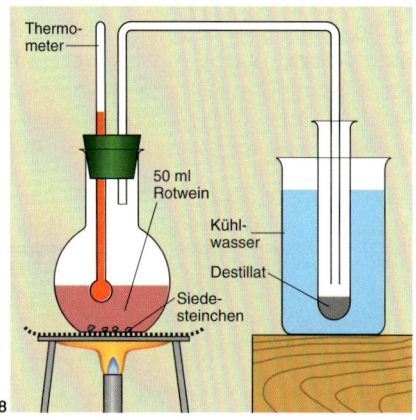

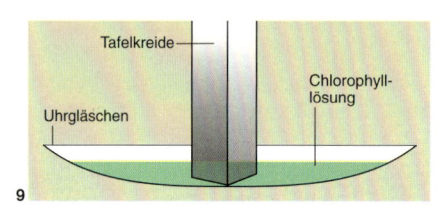

7 Salzlösung / Wasser

8 Thermometer / 50 ml Rotwein / Kühlwasser / Destillat / Siedesteinchen

9 Tafelkreide / Uhrgläschen / Chlorophylllösung

V 3 Durch **Destillieren** können wir z. B. einen Teil des Alkohols F, der im *Rotwein* enthalten ist, von anderen Bestandteilen des Rotweins trennen.

a) Der Versuch wird nach Bild 8 aufgebaut. (Mit Siedesteinchen siedet die Flüssigkeit gleichmäßiger.)

b) Welcher Stoff sammelt sich als Destillat in dem gekühlten Glas?

c) Aufgrund welcher Eigenschaft werden die Stoffe hier getrennt?

d) Beobachte während des ganzen Versuchs die Siedetemperatur.

V 4 Wir zerschneiden eine Hand voll frisches Gras oder Spinat in ca. 1 cm lange Stückchen; diese Schnitzel werden dann weiter in einer Reibschale zerkleinert. Wenn wir nun 10 ml Alkohol (oder Brennspiritus) F unter weiterem Reiben hinzufügen, entsteht eine Lösung von Blattgrün (Chlorophyll) in Alkohol.

Die grüne Lösung wird in ein Uhrgläschen abfiltriert; in die Flüssigkeit stellen wir ein frisches Stück helle Tafelkreide (Bild 9). Was kannst du nach einiger Zeit beobachten?

Aufgaben

1 Suche nach Beispielen für die Verwendung von Sieben und Filtern (in Haushalt, Autowerkstatt, Kanalisation). Notiere jeweils, welche Stoffe so voneinander getrennt werden.

2 Wie könnte man ein Gemisch aus Zucker und Sand trennen?

3 Stell dir vor, dass Eisenfeilspäne und Schwefelpulver miteinander vermischt sind. Wie könntest du die Stoffe trennen?

4 Welche Stoffgemische lassen sich durch Dekantieren trennen?

5 Um bei Obst oder Gemüse den Saft vom Fruchtfleisch zu trennen, verwendet man *Entsafter*.

Beschreibe die Funktionsweise eines Entsafters. Worum handelt es sich – technisch gesehen – bei diesem Gerät?

6 Die Destillation ist ein Trennverfahren, das häufig angewendet wird. Welche Stoffgemische lassen sich grundsätzlich durch dieses Verfahren trennen? Nenne mehrere Beispiele.

7 Gib an, warum das Auskristallisieren auch ein Trennverfahren ist.

8 Welches Trennverfahren wendet man beim Zubereiten von schwarzem Tee oder Kräutertee an (Bild 10)?

9 Die Extraktion ist ein besonderes Trennverfahren. Worin unterscheidet sie sich von anderen Verfahren, z. B. vom Filtrieren oder Destillieren?

10 Beim Extrahieren wird oft Reinigungsbenzin als Lösemittel verwendet. Wie kann man es wieder vom extrahierten Stoff trennen?

10

Aus Umwelt und Technik: **Drei Trennverfahren aus dem Haushalt**

Solch eine Flasche mit Fruchtsaft, wie die von Bild 11, hast du bei euch zu Hause sicherlich auch schon mal gesehen: Die Flasche hat eine Weile gestanden und das Fruchtfleisch hat sich unten abgesetzt.

In der Chemie nennt man einen solchen Vorgang **Sedimentieren**. Feste Stoffe, die zunächst in einer Flüssigkeit schweben, setzen sich nach einiger Zeit darin ab. Was sich dann am Boden des Gefäßes sammelt, wird *Bodensatz* oder *Sediment* genannt. Wenn man das Gefäß schüttelt, kommt es zu einer *Aufschlämmung* des Sediments in der Flüssigkeit.

Manchmal macht man sich das Sedimentieren in der Küche zunutze. Wenn man z. B. Kartoffeln reibt um Reibekuchen (Kartoffelpuffer) zu machen, setzen sich die festeren Bestandteile im Gefäß unten ab. Ein Teil der Flüssigkeit sammelt sich über dem Bodensatz.

Da man ja nur die geriebenen Kartoffeln weiterverarbeiten will, gießt man die Flüssigkeit ab. Der Bodensatz bleibt im Gefäß zurück (Bild 12). In der Chemie heißt das Trennen von festen und flüssigen Bestandteilen durch Abgießen **Dekantieren** (franz. *décanter*: abgießen).

Vielleicht habt ihr zu Hause auch einen Entsafter (Bild 13). Damit kann man bei Obst oder Gemüse den Saft vom Fruchtfleisch trennen.

Dieses Gerät ist – technisch gesehen – eine *Zentrifuge*: Unter dem Gehäuse befindet sich eine Trommel, die durch einen Motor in schnelle Drehung versetzt wird. Dabei werden die zerriebenen Früchte gegen die durchlöcherte Wand (das Sieb) der Trommel gepresst. Das Sieb hält das Fruchtfleisch zurück, der Saft läuft hindurch.

In der Chemie wird eine solche Trennung von festen und flüssigen Stoffen **Zentrifugieren** genannt.

11    12 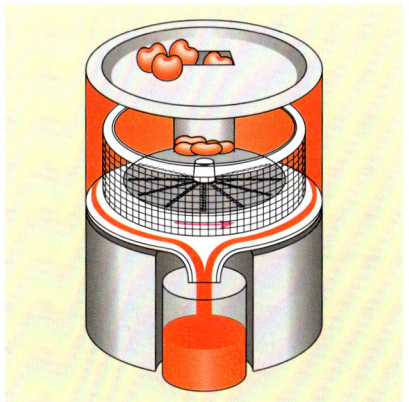   13

2 Wir trennen Stoffgemische durch Chromatographie

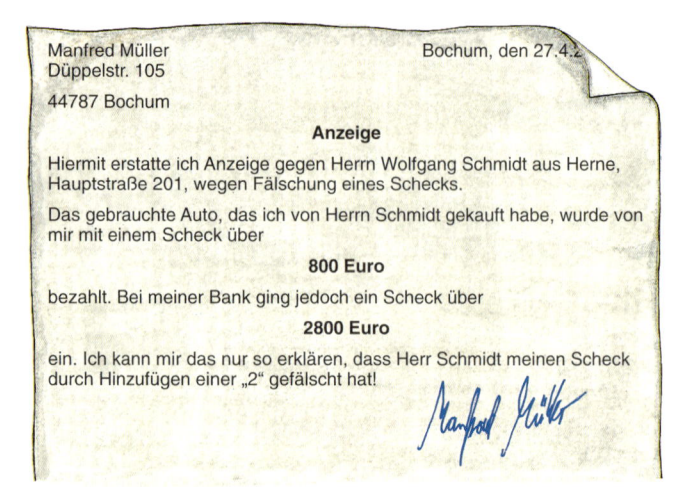

Kriminalkommissar Schröder macht sich mit dem angeblich gefälschten Scheck auf den Weg zum Labor: „Kein Problem, unsere Spezialisten haben im Nu heraus, ob da mit zwei verschiedenen Filzstiften geschrieben wurde!"…

V 5 Nimm zwei schwarze Filzstifte von verschiedenen Firmen, dazu drei runde Filterpapiere (Rundfilter).

Male mit einem Stift einen dicken Punkt mitten auf den einen Rundfilter, mit dem anderen Stift einen Punkt auf den zweiten Rundfilter.

Dann schneidest du den dritten Rundfilter in der Mitte durch und rollst jede Hälfte zu einem „Docht" zusammen. Die „Dochte" steckst du mitten durch die schwarzen Punkte.

Nun legst du die Rundfilter auf zwei flache Gefäße mit Wasser. Dabei sollen die „Dochte" ins Wasser tauchen (Bild 2). Was kannst du nach kurzer Zeit beobachten?

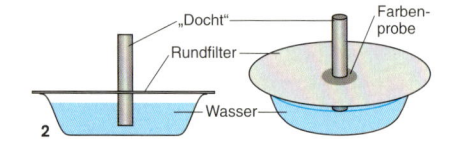

V 6 Untersuche auf gleiche Weise andere Filzstiftfarben, außerdem Tinte, Zeichentusche, Kugelschreiberpaste und Wasserfarben.

Erhältst du andere Versuchsergebnisse, wenn du statt Wasser z. B. Brennspiritus F oder Mundwasser in die Gefäße schüttest? (Vorsicht!)

V 7 Diesmal untersuchen wir den grünen Pflanzenfarbstoff, den wir in Versuch 4 hergestellt haben.

Den Versuchsaufbau zeigt wieder Bild 2. Dabei tauchen wir den „Docht" einmal in Brennspiritus F und einmal in Wasser. Entstehen verschiedene Ergebnisse? Beschreibe!

V 8 Nun wählen wir einen anderen Versuchsaufbau: Der grüne Pflanzenfarbstoff wird in ein Uhrgläschen gegeben. In die Flüssigkeit stellen wir senkrecht ein frisches Stück weiße Tafelkreide (echte Kreide).

Was beobachtest du? Vergleiche mit dem Ergebnis von Versuch 8.

V 9 Wir beschneiden weißes Küchenpapier so, dass es in ein großes Becherglas passt (Bild 3; Lösemittel: 1. Wasser, 2. Brennspiritus F).

Eine schmale Seite kleben wir um den Bleistift. An der anderen schmalen Seite ziehen wir 1 cm vom Rand entfernt eine dünne Linie. Auf diese Linie setzen wir 4–5 verschiedene Farbpunkte.

Das Papier wird nun ins Glas gehängt. Es soll nur eben ins Lösemittel eintauchen.

Beschreibe deine Beobachtungen.

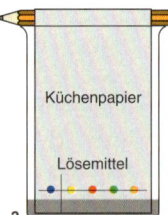

Aufgaben

1 Woran könnte Kriminalkommissar Schröder erkennen, dass der Scheck über 2800 DM tatsächlich gefälscht wurde?

2 Rechts oben siehst du sechs Bilder von Chromatogrammen. Welche davon gehören zu Farben mit gleicher Zusammensetzung?

3 Mit Hilfe der Papierchromatographie kann man auch feststellen, ob eine Farbe aus einem einzigen Farbstoff oder aus einem Farbstoffgemisch besteht. Woran ist das zu erkennen?

4 Sind Farbstoffe nun reine Stoffe oder Stoffgemische? Erkläre!

5 Wie würdest du einen unbekannten Stoff mit Hilfe der Chromatographie bestimmen? Beschreibe kurz, wie du vorgehen könntest.

6 Überlege, ob man durch das Verfahren der Papierchromatographie *ganz sicher* nachweisen kann, ob ein Scheck gefälscht wurde.

Wie entstehen Chromatogramme auf Papier?

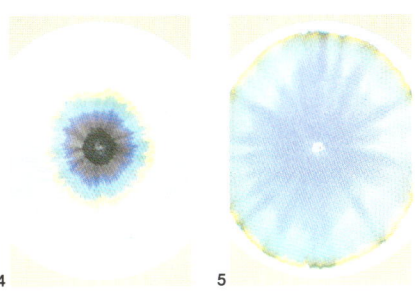

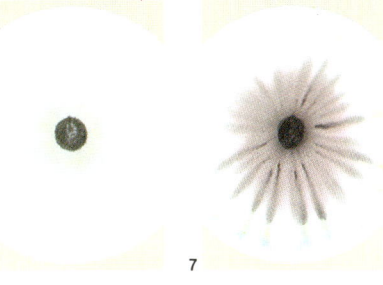

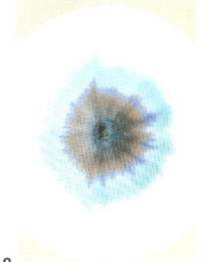

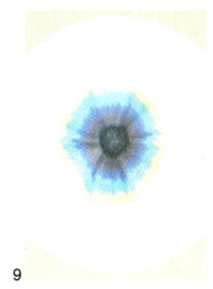

4 5 6 7 8 9

In Versuch 11 haben wir ein besonderes Verfahren zur Stofftrennung kennengelernt: die **Papierchromatografie**.

Die Bezeichnung ist von den beiden griechischen Wörtern *chroma* (Farbe) und *graphein* (schreiben) abgeleitet.

Das Wasser dient bei diesem Verfahren als Fließmittel (Laufmittel). Es steigt zunächst durch den „Docht" in das Filterpapier auf; dann breitet es sich von der Mitte her nach allen Seiten ziemlich gleichmäßig aus.

Auf seinem Weg durch das Filterpapier nimmt das Wasser die einzelnen Farbstoffe unterschiedlich weit mit. So entstehen schließlich die einzelnen Farbringe (Bilder 4–9).

Mehrfarbige Ringe entstehen nur, wenn der Farbstoff ein Gemisch ist. Die Farbbilder heißen **Chromatogramme**.

Mit Hilfe dieses Verfahrens kann man nicht nur die unterschiedlichsten Farbstoffgemische **zerlegen**. Vielmehr kann man auf diese Weise Stoffe **erkennen und bestimmen**.

Dabei wird das Chromatogramm des unbekannten Stoffes mit denen bekannter Stoffe verglichen.

Das Verfahren eignet sich auch zur Untersuchung von Pflanzenfarbstoffen.

Aus Umwelt und Technik: **Chromatografie im Dienst der Kriminalpolizei**

Es kommt gelegentlich vor, dass Pässe, Testamente oder Zeugnisse gefälscht werden. Nehmen wir einmal an, ein Erbe wird beschuldigt in einem Testament handschriftlich etwas hinzugefügt zu haben. Es sieht so aus, als seien Schriftbild und Farbe der Tinte im gesamten Testament einheitlich. Also muss die Zusammensetzung der Tinte geprüft werden.

In der Kriminaltechnik arbeitet man jedoch nicht mit der Papierchromatografie. Man wendet aber ein ähnliches Verfahren an, mit dem man genauere Ergebnisse bekommt: die **Dünnschicht-Chromatografie** (in der Technik DC genannt).

Bei diesem Verfahren verwendet man Glasplatten, die auf einer Seite mit einer dünnen Schicht überzogen sind; sie besteht aus einem saugfähigen Pulver. Die zu untersuchenden Proben werden längs einer Linie aufgetragen (Bild 10). Dann wird jede Platte senkrecht in ein Gefäß gestellt, in dem sich das Fließmittel befindet. Meist ist das Fließmittel nicht Wasser, sondern ein Gemisch verschiedener Chemikalien.

Die Trennung der Farbstoffe erfolgt ganz ähnlich wie bei der Papierchromatografie, die du ja bereits kennst: Das Fließmittel steigt in der saugfähigen Schicht nach oben und nimmt die Farbstoffe unterschiedlich weit mit (Bilder 11–14).

In der Kriminaltechnik wird mit diesem Verfahren nicht nur die Echtheit von Dokumenten geprüft; man untersucht so auch die Körperflüssigkeit von Verunglückten auf Gifte, Betäubungsmittel oder Drogen.

Dieser Bereich ist aber ein untergeordnetes Anwendungsgebiet der Dünnschicht-Chromatografie.

Wichtiger ist ihr Einsatz bei medizinischen Untersuchungen und Forschungsaufgaben sowie zur Feststellung der Zusammensetzung von Lebensmitteln, Arzneimitteln und Körperpflegemitteln.

10 11 12 13 14

Aus Umwelt und Technik: **Extrahieren – beinahe alltäglich**

Kaffeekochen – eine fast alltägliche Sache: Kaffeepulver kommt in einen Filter und kochendes Wasser obendrauf. Der fertige Kaffee sammelt sich am Boden der Kanne.

Noch einfacher ist das *Teekochen*: Du brauchst nur einen Teebeutel in heißes Wasser zu tauchen.

Was haben diese Vorgänge mit „Chemie" zu tun? Nun, auch hierbei handelt es sich um *Trennverfahren*: Verschiedene Stoffe werden durch **Extrahieren** getrennt – etwa so, wie du es im Versuch kennen gelernt hast. Nur ist das Lösemittel hier ganz normales heißes Wasser.

Dabei werden aus dem Kaffeepulver bzw. den Teeblättern Wirkstoffe, Aromastoffe und Farbstoffe extrahiert. Die so gewonnenen Stoffe heißen **Extrakte**.

Solche Extrakte kannst du in vielen Bereichen des *Haushalts* finden: Lies z. B. nach, was auf Behältern von löslichem Kaffee oder von Fleischbrühe steht. Auch Essig, Haarwasser und Badezusätze enthalten Extrakte.

Eine große Rolle spielt das *Extrahieren von Öl* aus den Samen bestimmter Pflanzen. Dazu werden die Pflanzenteile zunächst gemahlen; anschließend gewinnt man das Öl durch Auspressen oder Extrahieren.

Wenn das Öl extrahiert werden soll, setzt man dem „Brei" zunächst Lösemittel zu um das Öl „herauszulösen". Danach müssen Öl und Lösemittel wieder sorgfältig getrennt werden, z. B. durch Destillation. Dabei bleiben jedoch oftmals Spuren des Lösemittels im Öl zurück.

Auch bei der *Reinigung von verschmutzter Kleidung* spielt das Extrahieren eine Rolle. Dabei können ganz unterschiedliche Stoffe als Lösemittel dienen (→ die folgende Tabelle).

Wie man Flecken entfernen kann

Flecken	Lösemittel	Hinweise zum Gebrauch	Flecken	Lösemittel	Hinweise zum Gebrauch
Altöl	Wund- oder Reinigungsbenzin	mit Wattebausch betupfen (Vorsicht, feuergefährlich!)	Kaffee Kakao	Feinwaschmittellösung	Waschen nach Vorschrift
Bier	lauwarmes Wasser	vorsichtig ausbürsten	Kugelschreiber	Alkohol	mit Wattebausch betupfen
Grasflecken	Alkohol/Spiritus	mit Wattebausch betupfen	Marmelade	lauwarmes Wasser	vorsichtig ausreiben
Blut	Wasser	in kaltem Wasser reiben	Öl, Salatsoße	Fleckenwasser	→ Gebrauchsanweisung
Fett, Butter, Margarine	Wund- oder Reinigungsbenzin	mit Wattebausch betupfen (Vorsicht, feuergefährlich!)	Schweiß	lauwarmes Wasser	vorsichtig ausbürsten
Cola, Saft	Feinwaschmittellösung	Waschen nach Vorschrift	Tinte	Feinwaschmittellösung	anfeuchten und betupfen

Stoffgemische und ihre Trennung

Alles klar?

1 Auch der Erdboden ist ein Stoffgemisch. Durch welche Verfahren könntest du möglichst viele seiner Bestandteile voneinander trennen? Erhältst du dabei Reinstoffe oder Stoffgemische?

2 Im Schmutzwasser schweben unterschiedlich große Schmutzteilchen. Auf welche Weise könnte man sie entfernen?

3 Milch ist ein Gemisch (genauer: eine Emulsion). Überlege, ob man sie den homogenen oder den heterogenen Gemischen zuordnen muss. Begründe deine Antwort.

4 Kurz nach einem Regenguss ist das Wasser in Pfützen trübe, nach einiger Zeit wird es aber klar. Wie kommt das?

5 „Vor Gebrauch schütteln!" steht oft auf Flaschen mit Kakao oder Fruchtsaft. Warum sollte man dieser Empfehlung Folge leisten?

6 Im Scheidetrichter (Bild 1) kann man einige Flüssigkeiten trennen. Beschreibe, wie er funktioniert. Welche Eigenschaften der Flüssigkeiten nutzt man dabei?

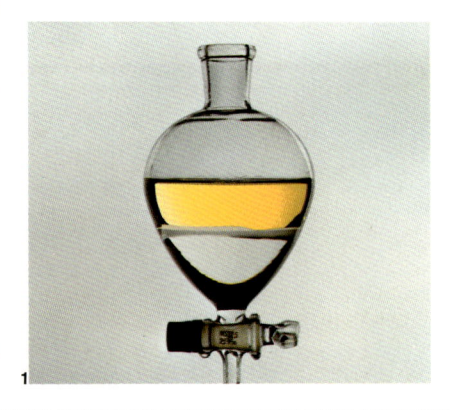

1

7 In vielen Geldinstituten gibt es ein Gerät, mit dem verschiedene Münzen nach ihrer Größe sortiert werden können.

Wie funktioniert ein solches Gerät deiner Meinung nach?

8 Bei Magen- und Darmerkrankungen (Durchfall) werden dem Patienten Kohletabletten verabreicht. Diese bestehen aus besonders reiner Aktivkohle.

Worauf könnte die heilende Wirkung dieser Tabletten beruhen?

9 Die Dämpfe von Lösemitteln können nicht durch Destillation aus der Abluft entfernt werden. Das gelingt jedoch mit Aktivkohle. Warum kann Aktivkohle derartige Stoffe aufnehmen?

10 In einer Tabelle über Siedetemperaturen findet man bei Benzin die Angabe 60…95 °C. Was bedeutet das?

Stoffgemische und ihre Trennung

11 Bild 2 zeigt, wie heute noch in einigen Entwicklungsländern das reife Korn von Spelzen und Strohhalmstücken getrennt wird. Dieses Trennverfahren wird *Windsichten* genannt. Welche unterschiedliche Eigenschaft von Spreu und Korn macht man sich beim Windsichten zunutze?

12 Beschreibe, was beim Destillieren geschieht. Worauf beruht dieses Trennverfahren?
Nenne Stoffgemische, die sich durch Destillation voneinander trennen lassen.

13 Ein Teppich soll mit Teppichschaum gereinigt werden: Der Schaum wird aufgesprüht, muss einige Zeit einwirken und wird dann abgesaugt. Welches Trennverfahren ordnest du diesem Vorgang zu?

14 Zur Ölgewinnung z. B. aus Samen von Raps und Sonnenblumen werden die Samen zerkleinert und das Öl herausgepresst. Es bleibt ein sog. Ölkuchen zurück.
Welches Lösemittel wäre geeignet um daraus das restliche Öl zu extrahieren?

15 In manchen Kurorten gibt es sog. *Gradierwerke* (Bild 3). Früher wurde dort meist Salz gesiedet. Heute lässt man das Salzwasser (die *Sole*) von oben her über die Dornenhecken rieseln. Was will man wohl damit erreichen?

Auf einen Blick

Methoden zur Trennung heterogener Gemische

Heterogene Gemische aus *festen* Stoffen, deren Bestandteile unterschiedlich groß sind, lassen sich durch **Auslesen** (Bild 4) oder **Sieben** (Bild 5) trennen.

Heterogene Gemische aus *festen und flüssigen* Stoffen kann man durch **Aufschlämmen**, **Sedimentieren** (Bild 6) und anschließendes **Dekantieren** trennen. Dazu müssen die Bestandteile unterschiedliche Dichten haben. Das Trennen gelingt auch durch **Filtrieren** (Bild 7).

Heterogene Gemische aus *flüssigen* Stoffen mit jeweils *unterschiedlicher Dichte* lassen sich mit Hilfe eines **Scheidetrichters** oder durch **Zentrifugieren** trennen.

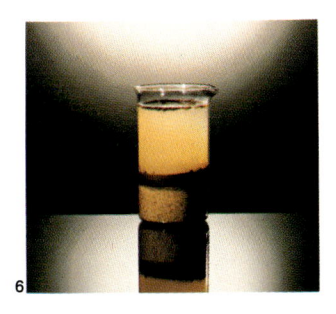

Methoden zur Trennung homogener Gemische

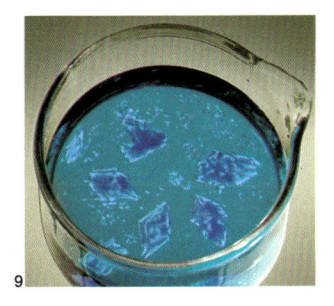

Auch *homogene Gemische* (Lösungen) lassen sich aufgrund der unterschiedlichen Eigenschaften ihrer Bestandteile trennen.

Durch Verdunsten oder **Eindampfen** (Bild 8) sowie durch **Kristallisieren** (Bild 9) kann man gelöste *feste* Bestandteile von *flüssigen* Bestandteilen trennen.

Flüssige Stoffe mit unterschiedlichen Siedetemperaturen lassen sich durch **Destillieren** trennen (Bild 10).

Durch **Chromatografieren** werden Stoffe getrennt, die unterschiedliche Laufgeschwindigkeiten in dem jeweiligen Fließmittel haben.

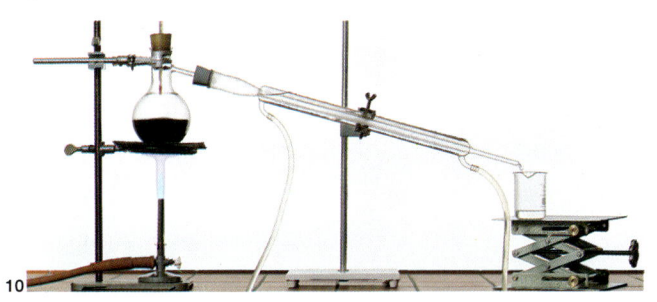

Wasser – ein unentbehrlicher Stoff

1 Ohne Wasser kein Leben!

Wasser gibt es auf der Erde im Überfluss! Der Mensch kann aber nur einen verschwindend kleinen Teil davon nutzen. Und der ist gefährdet! …

○ Manche vermuten, Wasser sei der „Stoff, aus dem das Leben ist". Was meinen sie damit?

○ Welche Bedeutung hat Wasser für die Lebewesen?

○ Ein Fluss entspringt einer Quelle. Aber wie kommt das Wasser in die Quelle?

○ Jeder Bundesbürger verbraucht pro Tag etwa 140 l Wasser. Wozu?

○ Wodurch sind unsere Gewässer besonders gefährdet?

○ Wer sind die größten Wasserverschmutzer in eurer Umgebung?

○ Welche Maßnahmen werden ergriffen um die Gewässer zu schützen?

○ Wie kannst *du persönlich* dazu beitragen, dass unsere Gewässer nicht so sehr verschmutzt werden?

○ Man sagt, Wasser besitze die Fähigkeit sich selbst zu reinigen. Was ist mit dieser Aussage gemeint? Wodurch kann diese Fähigkeit des Wassers eingeschränkt werden?

V 1 Schneide eine Kartoffel in dünne Scheiben und erhitze sie z. B. auf einem Metalldeckel. Halte eine Glasschale oder einen Teller schräg darüber. Was beobachtest du?

Kannst du das Gleiche beobachten, wenn du dünne Scheiben von Zwiebeln, Möhren oder Obst erhitzt?

V 2 Wiege genau 100 g Kartoffeln ab. Schneide sie in Scheiben und lass sie im Backofen völlig trocknen. Wenn du sie noch einmal wiegst, kannst du feststellen, wie viel Wasser in den Kartoffeln enthalten war.

V 3 Weißes Kupfersulfat [Xn] dient als **Nachweis für Wasser**: Es färbt sich blau, wenn es mit Wasser in Berührung kommt (Bild 9).

Wie wird sich das Kupfersulfat verhalten, wenn wir eine kleine Menge davon zunächst auf frische und dann auf getrocknete Kartoffelscheiben streuen?

Auch Milch, Speiseöl sowie Reinigungsbenzin [F] prüfen wir nach Bild 9 mit weißem Kupfersulfat.

Wasser in Lebewesen und Nahrungsmitteln

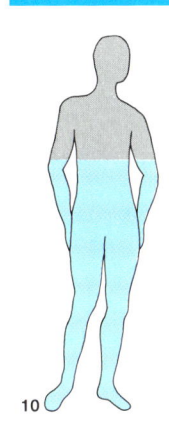

Menschen, Tiere und Pflanzen enthalten viel Wasser. Der Mensch z. B. besteht etwa zu zwei Dritteln aus Wasser. Ein Mensch von 75 kg Körpergewicht trägt also 50 kg Wasser (Bild 10).

Wir Menschen scheiden ständig Wasser aus, z. B. mit dem Schweiß und dem Urin. Diesen Wasserverlust müssen wir wieder ausgleichen: **Ein Körper benötigt täglich etwa 3 Liter Flüssigkeit.**

Allerdings müssen wir nicht 3 Liter *trinken*. Wir nehmen auch beim *Essen* Flüssigkeit auf. Wie viel Wasser die verschiedenen Nahrungsmittel enthalten, kannst du aus der Tabelle ablesen.

Nahrungsmittel	Wassergehalt
100 g Gemüse (z. B. Möhren)	etwa 90 g Wasser
100 g Obst (z. B. 1 Apfel)	etwa 90 g Wasser
100 g Milch (1 große Tasse voll)	etwa 88 g Wasser
100 g Kartoffeln (1 Kartoffel)	etwa 80 g Wasser
100 g Fisch ohne Kopf und Schwanz	etwa 80 g Wasser
100 g Ei (etwa 2 Eier)	etwa 70 g Wasser
100 g Fleisch (1 kleines Schnitzel)	etwa 70 g Wasser
100 g Brot (2 Scheiben)	etwa 40 g Wasser
100 g Käse am Stück	etwa 40 g Wasser
100 g Butter	etwa 15 g Wasser
100 g Nüsse, geknackt	etwa 6 g Wasser
100 g Zucker	kein Wasser
100 g Öl	kein Wasser

Aufgaben

1 Ein Bild der Erdkugel vermittelt den Eindruck, als gäbe es Wasser im Überfluss. Das Salzwasser der Ozeane kann aber kaum genutzt werden.

Bild 11 zeigt die Verteilung des gesamten Wassers auf der Erde. Vergleiche die Mengen an Salzwasser und Süßwasser. Gib auch an, wo auf der Erde Süßwasser zu finden ist.

2 Die Luft, die uns umgibt, enthält Feuchtigkeit. Wie könntest du das nachweisen?

Auch ausgeatmete Luft enthält Wasser. Beschreibe zwei Möglichkeiten um das nachzuweisen.

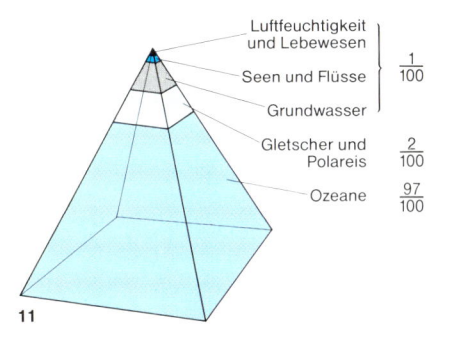

Luftfeuchtigkeit und Lebewesen — 1/100
Seen und Flüsse
Grundwasser
Gletscher und Polareis — 2/100
Ozeane — 97/100

3 Du hast sicherlich schon einmal Milch in einem Topf erhitzt. Was kannst du an einem kalten Deckel beobachten, den du schräg über den Topf hältst? Erkläre!

4 Du hast Durst, wenn dein Körper Wasser braucht. Wann bist du besonders durstig? Begründe!

5 Erkläre, wie der folgende Satz gemeint ist: „Wenn du isst, gibst du deinem Körper auch zu trinken."

6 Notiere einen Tag lang, was und wie viel du isst. Errechne dann, wie viel Wasser du beim Essen zu dir nimmst (→ Tabelle oben).

7 Das Wasser auf der Erde befindet sich in einem *Kreislauf* (Bild 12). Beschreibe ihn.

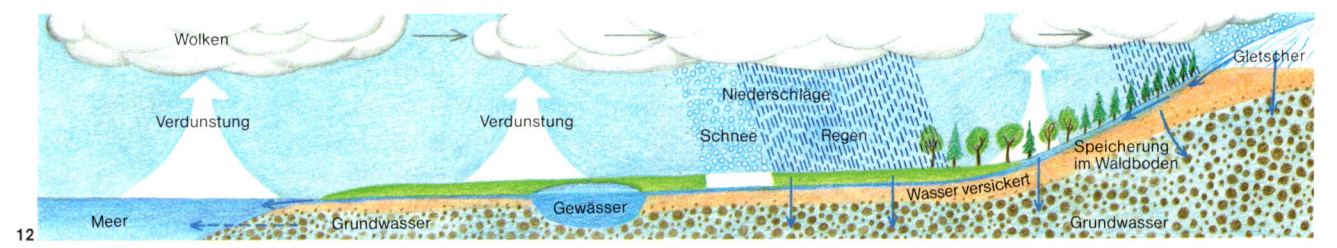

2 Wasser zum Kochen und Gefrieren

Ohne Wasser keine Lebensmittelzubereitung.

Überlege dir einmal, wo überall in der Küche Wasser gebraucht wird.

Aus Umwelt und Technik: **Wasser in der Küche**

Wir müssen pro Tag mindestens einen bis zwei Liter Wasser zu uns nehmen. Deshalb denkst du vielleicht: Wasser braucht man in der Küche vor allem zum Herstellen von Getränken – und natürlich zum Abwaschen. Für die Verwendung von Wasser in der Küche gibt es aber viel mehr Möglichkeiten.

Wasser ist nicht nur in der Küche das **Lösemittel** überhaupt. Damit kann man Zucker und Salz lösen. Du kannst aber auch Essigsäure oder Citronensäure *verdünnen*. Haushaltsessig ist z. B. eine 5%ige Essigsäurelösung.

Weiter wird Wasser zum *Extrahieren* von Genussmitteln wie z. B. von Coffein aus Kaffeepulver sowie von Wirkstoffen aus Tee verwendet. Aber auch zum *Quellen* von trockenen Lebensmitteln wie Stärke, Mehl, Nudeln oder Gelatine ist es unerlässlich.

Wasser spielt eine große Rolle bei der **Küchenhygiene**. Mit Wasser *reinigt* man Lebensmittel und Küchengeräte.

Wichtiger ist aber Folgendes: Die Speisen und Getränke, die wir zu uns nehmen, treffen auf unseren Körper in äußerst empfindlichen Bereichen: Gut durchblutete und empfindliche Schleimhäute im Mund sind die ersten Kontaktflächen für Speis und Trank. Schleimhäute sind aber leider auch bevorzugt Angriffspunkte für Mikroorganismen wie Bakterien, Pilze und Viren.

Mit Wasser können Krankheitserreger oder giftige Stoffe abgewaschen werden. Da sich diese auch durch Reste in den Töpfen und auf anderen Küchengeräten bilden können, muss man auch an deren gründliche Reinigung denken. Zur Unterstützung gibt es Reinigungsmittel, die auch fette Schmutzteilchen abspülbar machen.

Das **Kochen** von Lebensmitteln ist ein chemischer Prozess. Dieser ist in vielen Fällen unbedingt notwendig. Dadurch werden z. B. giftige Stoffe in rohen Bohnen und Kartoffeln zerstört. Eiweißstoffe können nur richtig verdaut werden, wenn sie vorher erhitzt worden sind.

Erhitzen bedeutet aber, dass die Speisen anbrennen können. Das weißt du, wenn du Fleisch auf dem Grill oder in der Bratpfanne erhitzt. Dort wird die Speise nur an den Stellen erhitzt, wo es Kontakt zur heißen Fläche gibt. Anders beim Erhitzen in Wasser: Hier wird die Energie gleichmäßig auf die ganze Speise übertragen.

Wasser dient beim Kochen aber auch als Schutz vor Überhitzung, denn Wasser siedet konstant bei 100 °C.

Siedet das Wasser in einem geschlossenen Behälter, kann die Siedetemperatur gesteigert werden, da sie mit dem Luftdruck zunimmt. Das passiert z. B. in einem Dampfdruck-Kochtopf. Hier siedet das Wasser unter einem Überdruck von 0,8 bar bei 116 °C. Durch das Hocherhitzen wird die Garzeit gekürzt, außerdem wird die Luft durch den Dampf ausgetrieben und fern gehalten. Dadurch werden die Speisen schonender zubereitet, die Lebensmittel behalten ihre wertvollen Inhaltsstoffe wie die Vitamine. Sie sehen außerdem schöner aus, da die Farbstoffe kaum zerstört werden.

Gebratenes schmeckt jedoch meistens besser. Erst durch starkes Erhitzen bilden sich nämlich Geschmacks- und Geruchsstoffe. Gekochte Speisen schmecken dagegen eher fad und müssen zusätzlich gewürzt werden.

Lebensmittel können durch **Kühlen** und **Gefrieren** konserviert werden. Der Grund: Das Verderben von Lebensmitteln beruht auf chemischen Reaktionen. Bei tiefen Temperaturen laufen sie nur langsam oder gar nicht ab.

Das Einfrieren muss aber rasch geschehen, denn beim langsamen Abkühlen bilden sich spitze Eiskristalle. Die zerstören (wegen der Volumenzunahme) die Zellwände der Lebensmittel. Nach dem Auftauen sehen solche Lebensmittel unappetitlich aus und sind meist matschig.

Anders ist es beim *Schockgefrieren* mit flüssigem Stickstoff. Dessen Temperatur beträgt −196 °C. Das in den Lebensmitteln enthaltene Wasser gefriert schlagartig ohne Volumenzunahme. Das Eis bildet keine scharfen Kristalle. Die Zellen der Lebensmittel bleiben erhalten und sie sehen nach dem Auftauen appetitlich frisch aus.

Aber auch **Eis** selbst ist – entsprechend zubereitet – eine leckere Speise.

3 Wasser als Transportmittel

Aus Umwelt und Technik: Das Wasser und die Lebensvorgänge im Menschen

Die Körperflüssigkeiten des Menschen bestehen größtenteils aus Wasser. Sie dienen vor allem als *Transportmittel* zur Aufrechterhaltung wichtiger Lebensvorgänge:

Das **Blut** z. B. nimmt die Nährstoffe auf, die bei der Verdauung frei werden. Es transportiert diese Nährstoffe zusammen mit dem Sauerstoff, den die Lunge aus der Luft aufgenommen hat, zu den Körperzellen. Hier werden die Nährstoffe entweder für die Lebenstätigkeit des Körpers verbraucht oder eingelagert.

Gleichzeitig transportiert das Blut Abfallstoffe aus den Zellen ab. Es verhindert so, dass sich die Zellen nach und nach selbst vergiften.

Erwachsene Menschen verfügen über eine Blutmenge von 5–6 Litern. Blutverluste von über einem Liter sind lebensgefährlich. Patienten, die bei einer Operation größere Mengen Blut verloren haben, wird dieses fehlende Blut oft über eine *Bluttransfusion* ersetzt. Unfallopfer erhalten statt des Blutes zunächst eine *physiologische Kochsalzlösung*. Sie besteht hauptsächlich aus Wasser.

Eine weitere lebenswichtige Körperflüssigkeit ist die **Lymphe**. Das Blut dringt zwar bis in die kleinsten Blutgefäße *(Kapillaren)* vor, erreicht aber nicht jede Zelle. Die Lymphe füllt die Räume zwischen den Zellen aus. Du kennst diese gelblich klare Flüssigkeit sicherlich von Hautabschürfungen oder Brandblasen her.

Die Lymphe ist zunächst Bestandteil des Blutes; sie dringt aber auch durch die Wände der Blutkapillaren in das Gewebe ein. Dort umspült sie die Zellen und führt ihnen Nährstoffe zu. Die Lymphe wird dann in eigenen Bahnen wieder abtransportiert.

Zu den lebenswichtigen Körperflüssigkeiten zählt auch der **Harn** (oder **Urin**). Er bildet sich in den Nieren.

Die Nieren entziehen dem Blut das Wasser, das es vorher im Darm (zusammen mit den Nährstoffen) aufgenommen hat.

Insgesamt werden in den Nieren brauchbare Nährstoffe von den unbrauchbaren und teilweise giftigen Stoffwechselschlacken getrennt. Dazu durchströmt das gesamte Blut die Nieren täglich viele Male.

Die Stoffwechselschlacken werden mit dem Urin ausgeschieden. Wenn die Nieren ausfallen, kann eine lebensbedrohliche Vergiftung des Körpers eintreten.

Der Körper sondert ständig eine salzig schmeckende Flüssigkeit über die Haut ab, den **Schweiß**. Dieser wird in den Schweißdrüsen der Haut produziert. Auch er besteht vorwiegend aus Wasser.

Beim Schwitzen treten sichtbare Schweißperlen aus der Haut. Der Körper gibt aber auch Schweiß in Form von Wasserdampf ab – sogar bei völliger Ruhe. Da beim Schwitzen Salze ausgeschieden werden, steuert der Körper so seinen Wasser- und Mineralhaushalt.

Außerdem wird beim Schwitzen die Körpertemperatur reguliert, da beim Verdunsten des Schweißes auf der Haut dem Körper Wärme entzogen wird.

Der Körper gibt über den Schweiß täglich zwischen 0,5 Liter Flüssigkeit bei völliger Ruhe und 15 (!) Liter bei körperlicher Anstrengung z. B. während der Sommerhitze ab.

Aus Umwelt und Technik: Die Bedeutung des Wassers für Pflanzen

Wie alle Lebewesen benötigen auch die **Pflanzen** für ihren komplizierten Stoffwechsel *Wasser*. Eine wichtige Aufgabe des Wassers in einer Pflanze besteht darin, gelöste Stoffe zu *transportieren*.

Ein Baum z. B. nimmt über seine Wurzeln aus dem Boden Mineralsalze auf; sie sind im Wasser gelöst. Diese werden in speziellen Leitungsbahnen bis in die kleinsten Zweige und Blattspitzen transportiert.

Den umgekehrten Weg nehmen in vielen Pflanzen Nährstoffe wie Zucker und Stärke. Diese Stoffe werden in den Blättern gebildet und in Knollen oder Wurzeln gespeichert (z. B. bei Kartoffeln und Zuckerrüben).

Im Frühjahr, wenn sich die neuen Blätter entfalten und frische Triebe wachsen, ist der Nährstoff- und Mineralsalztransport besonders groß. Das erkennt man, wenn aus einer frischen „Wunde" viel Flüssigkeit läuft.

Wie kommt es, dass diese Flüssigkeit im Baum emporsteigt?

Ein Schnitt durch einen Pflanzenstängel zeigt unter dem Mikroskop, dass er aus vielen feinen Röhrchen aufgebaut ist (Bild 4). In diesen Kapillaren *(Haarröhrchen)* steigt die Flüssigkeit nach oben.

Die Kapillarwirkung allein genügt aber nicht um gelöste Nährstoffe vom Boden zu den Blättern zu transportieren. (In Kapillaren steigt Wasser nur bis zu 1,5 m hoch.) Hier spielen auch der sog. *osmotische Druck* der Pflanzenzellen und die Verdunstung durch die Blätter eine Rolle.

4 Querschnitt / Längsschnitt

4 Die Verschmutzung des Wassers

Aus Umwelt und Technik: Gefahren für „unsichtbare Wasserwerker"

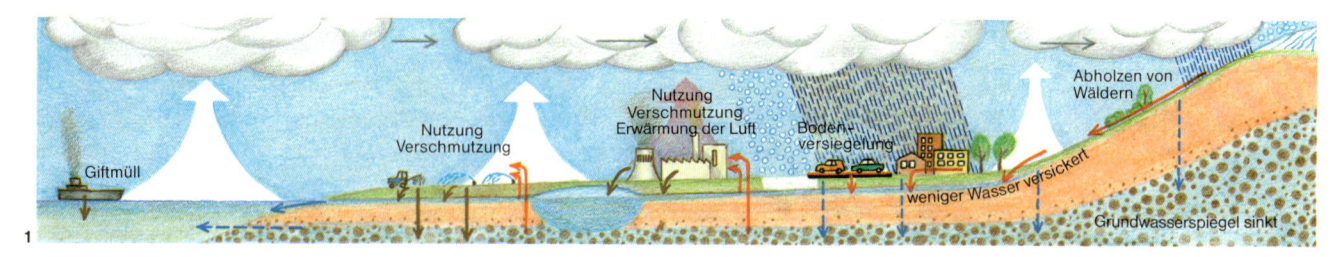

Probleme mit dem Trinkwasser dürfte es auf der Erde gar nicht geben. Zu etwa 71 % besteht nämlich die Oberfläche der Erde aus Wasser! Doch nur einen geringen Teil davon (etwa 0,02 %) kann der Mensch als Trinkwasser nutzen. Eigentlich müsste das trotzdem reichen um alle Menschen mit Wasser zu versorgen.

Leider sind jedoch die nutzbaren Süßwasservorkommen der Erde recht ungleich verteilt: In vielen Gebieten ist frisches Trinkwasser ein außergewöhnlicher Luxus. Deutschland dagegen zählt hinsichtlich der Trinkwasserversorgung zu den bevorzugten Ländern.

Jahr für Jahr fallen etwa 300 Milliarden Kubikmeter *Niederschläge* allein auf Deutschland. Das entspricht der vierfachen Wassermenge des Bodensees.

Trotzdem wird das Grundwasser – unser Reservoir für Trinkwasser – immer knapper. An Rhein und Ruhr reicht es nur noch für ein Drittel der erforderlichen Trinkwassermenge aus. Es muss also überwiegend aus Flüssen, Seen und Talsperren entnommen werden.

In diese Gewässer ist aber teilweise schon Abwasser eingeleitet worden. Deshalb muss man sich fragen, ob denn unser Trinkwasser wirklich genießbar ist; es soll ja – nach unseren Vorschriften – farblos, klar, kühl, geruchlos und geschmacklich einwandfrei sein.

Die Antwort ist: „Ja. Das Trinkwasser aus Flüssen und Seen ist hygienisch einwandfrei." Das liegt daran, dass man das Wasser nicht mehr direkt aus den Gewässern ins Wasserwerk pumpt. Heute lässt man es zunächst in das Grundwasser einsickern, um dieses zu ergänzen.

Während des Versickerns treten „unsichtbare Wasserwerker" in Aktion: In großer Zahl (etwa 5000 je Kubikdezimeter) existieren nämlich Kleinlebewesen in den Hohlräumen des Gesteins. Sie ernähren sich von den Schmutzstoffen des Sickerwassers und wandeln diese dadurch in unschädliche Substanzen um.

Diese „unsichtbaren Wasserwerker" sind aber in Gefahr. Wenn z. B. *Nitrate* ins Sickerwasser gelangt sind, werden die Kleinlebewesen vergiftet. Nitrate sind Pflanzennährstoffe, die für die Pflanzen notwendig sind. Deshalb sind sie auch in Düngemitteln enthalten. Wenn nun ein Landwirt mehr davon düngt, als die Pflanzen aufnehmen, sickern die Nitrate mit dem Regen in den Boden ein – zum Schaden der Kleinlebewesen und des Grundwassers. Daraus entstandenes Trinkwasser ist dann *nitrathaltig* und damit gefährlich für Säuglinge und Kleinkinder.

Auch *Pflanzenschutzmittel* und *Chlorkohlenwasserstoffe* (z. B. aus Löse- und Reinigungsmitteln) sind für die Kleinlebewesen (und damit fürs Trinkwasser) gefährlich.

Noch ist unser Trinkwasser dank guter Aufbereitungstechniken meist einwandfrei. Aber die Belastung nimmt zu. Schadstoffe, die im Boden versickern, kommen erst nach Jahrzehnten im Grundwasser an. Wir müssen deshalb umdenken: Frisches Trinkwasser wird in Zukunft auch für uns keine Selbstverständlichkeit mehr sein!

Fragen und Aufgaben zum Text

1 Über die Hälfte der Erde ist mit Wasser bedeckt.
Warum gibt es trotzdem so große Probleme, alle Menschen mit genug Trinkwasser zu versorgen?

2 Noch vor 200 Jahren konnte man bedenkenlos bei uns Trinkwasser direkt aus den Flüssen schöpfen. Was hat dazu geführt, dass dies heute nicht mehr so ist?

3 Welche Stoffe gefährden das Grundwasser hauptsächlich?
Überlege, was gegen die Gewässerverschmutzung zu tun ist.

4 Welche Bedeutung hat das Verkehrsschild von Bild 2?

5 Jeder Einwohner Deutschlands verbraucht pro Tag ca. 140 l Wasser: 3–6 l zum Trinken und Kochen, 4–7 l zum Geschirrspülen, 2–10 l zur Wohnungsreinigung, 10–30 l zur Körperpflege, 20–50 l zum Baden oder Duschen und 20–50 l für die Toilettenspülung.
Wie viel Liter Trinkwasser müssen täglich für eine Großstadt wie Düsseldorf (ca. 600 000 Einwohner) bereitstehen?
Nenne Möglichkeiten, wie jeder Einzelne von uns Wasser sparen kann.

6 Fange einmal das Wasser, das aus einem undichten Hahn tropft, eine Minute lang auf. Miss die Menge in einem Messzylinder genau aus.
Berechne dann, wie viel Wasser durch den tropfenden Hahn in einer Stunde, an einem Tag und in einem Monat (30 Tage) verschwendet würde.

Aus Umwelt und Technik: **Die Gewässer-Güteklassen**

Genau wie auf dem Land brauchen auch im Wasser fast alle Lebewesen Sauerstoff. Wie du weißt, würden z. B. Fische ohne Sauerstoff ersticken. Sie nehmen – wie auch Bakterien und einige Algen – den Sauerstoff auf, der im Wasser gelöst ist. Sauberes Süßwasser hat normalerweise genug Sauerstoff für alle Wasserlebewesen.

Abwässer enthalten viele Nährstoffe für Pflanzen und Bakterien. Die Bakterien vermehren sich deshalb darin stark und verbrauchen Sauerstoff. Wenn also ein Gewässer sehr stark verschmutzt wird, bleibt bald nicht mehr genug Sauerstoff für die Fische übrig; sie ersticken.

Welches Leben im Wasser möglich ist, hängt also sehr vom Sauerstoffgehalt des Wassers ab. Bei der Beschreibung der vier **Gewässer-Güteklassen** (Bilder 3–6) wird daher auch immer etwas über den Sauerstoffgehalt des Wassers ausgesagt. Auch an der Art der Kleinlebewesen (Bilder 7–10), die in den Gewässern vorkommen, kann man die Güte des Wassers erkennen.

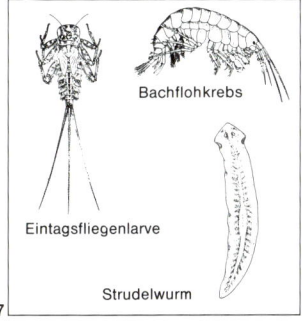

Güteklasse I: nicht verschmutzt

Das Wasser ist rein und klar. Es enthält viel Sauerstoff, aber wenig Nährstoffe. Daher leben hier nur wenige Bakterien, Tier- und Pflanzenarten.

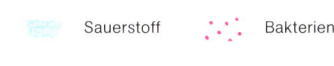

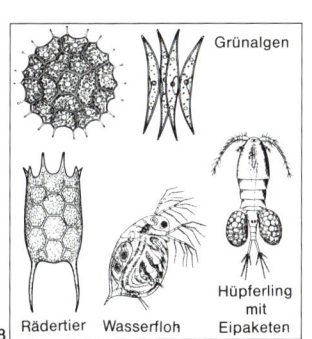

Sauerstoff   Bakterien

Güteklasse II: gering verschmutzt

Das Wasser ist nur wenig verschmutzt. Die eingespülten Abwässer enthalten viele Nährstoffe und lassen die Pflanzen sehr gut wachsen. Auch Bakterien vermehren sich stark. Da das Wasser genügend Sauerstoff enthält, ist es mit vielen Tierarten besiedelt.

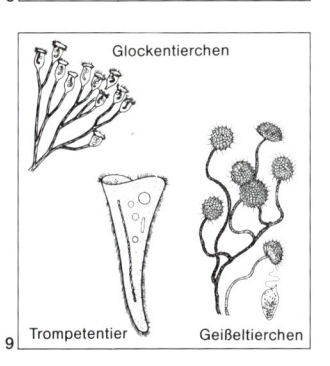

Güteklasse III: sehr stark verschmutzt

Das Wasser ist stark verunreinigt. Es enthält so viele Nährstoffe, dass sich Pflanzen und Bakterien zunächst zu stark vermehren. Der Sauerstoff wird weitgehend von den Bakterien aufgezehrt. Außerdem nehmen die Pflanzen an der Oberfläche den weiter unten wachsenden das Licht weg. Es kommt zum Absterben vieler Pflanzen. Am Grunde des Gewässers setzt sich Schlamm ab. In diesem Wasser können nur noch wenige Tierarten leben.

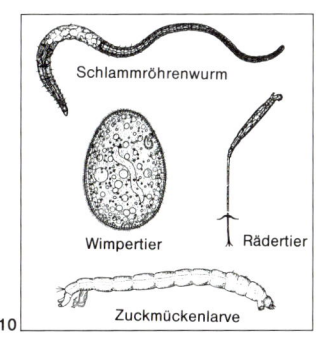

Güteklasse IV: übermäßig verschmutzt

Dieses Wasser enthält fast keinen Sauerstoff mehr; Tiere können kaum noch darin leben. Die wenigen verbliebenen Arten breiten sich stark aus (z. B. Bakterien, die ohne Sauerstoff auskommen). Fische fehlen völlig. Bei der kleinsten zusätzlichen Belastung „kippt" dieses Gewässer um: Es wird zur stinkenden Kloake.

Aus Umwelt und Technik: **Die Selbstreinigungskraft des Wassers**

Wasser wird in allen Bereichen unseres Lebens genutzt: in der Landwirtschaft, in Industriebetrieben und Haushalten. Dabei wird es verunreinigt und es entsteht *Abwasser*. In Deutschland fallen z. B. allein aus den Haushalten etwa 140 l Abwasser pro Person und Tag an.

Die Verunreinigungen im Abwasser bestehen aus verschiedenen Stoffen. Einige dieser Stoffe sind Giftstoffe (z. B. viele Lacke und Lösemittel, bestimmte Holz- und Pflanzenschutzmittel). Wenn sie mit dem Abwasser in die Gewässer gelangen, werden die darin lebenden Tiere und Pflanzen geschädigt oder gar getötet.

Andere Stoffe (z. B. Eiweißstoffe, Zucker oder Salze), die sich im Abwasser befinden, dienen Bakterien, einzelligen Tieren und auch Pilzen als Nahrungsgrundlage. Diese Stoffe werden von den Lebewesen aufgenommen und abgebaut. Dabei wird viel Sauerstoff verbraucht.

Wenn die Gewässer reich an solchen Nährstoffen sind, entwickeln sich Millionen von Bakterien und anderen Kleinlebewesen. Sie bauen diese Stoffe ab – ohne Zutun des Menschen.

Auf diese Weise reinigen die Bakterien und die anderen Kleinlebewesen das Wasser. Man bezeichnet diese Art der Wasserreinigung als **biologische Selbstreinigung** oder auch als **Selbstreinigungskraft** des Wassers.

Solange ein Gewässer nicht zu stark verunreinigt ist, gelingt die biologische Selbstreinigung.

Wenn aber zu viel Abwasser eingeleitet wird, schaffen es die Bakterien und die anderen Kleinlebewesen nicht mehr, alle abbaufähigen Stoffe zu zersetzen. Der im Wasser gelöste Sauerstoff, den sie zum Abbau dieser Stoffe unbedingt benötigen, reicht nicht mehr aus. Es tritt Sauerstoffmangel ein.

Das hat verheerende Folgen: Da fast alle Lebewesen Sauerstoff zum Leben brauchen, kommt es zum massenhaften Sterben, z. B. auch von Fischen.

In einem solchen Gewässer können dann nur noch solche Lebewesen existieren, die *ohne* Sauerstoff auskommen. Sie werden *Anaerobier* genannt (griech. *an-*: ohne, *aer*: Luft, *bios*: Leben). Dazu gehören auch bestimmte Bakterien. Diese bewirken letztendlich, dass die nicht abgebauten Stoffe im Wasser faulen. Das Wasser wird damit zur stinkenden Kloake.

Damit die Selbstreinigungskraft des Wassers erhalten bleibt, müssen die Abwässer vor dem Einleiten in Gewässer so gereinigt werden, dass kein Schaden entstehen kann. Dazu wurden strenge Gesetze erlassen, die für alle Industriebetriebe sowie für Städte und Gemeinden bindend sind.

Aus Umwelt und Technik: **Öl – eine der schlimmsten Umweltgefahren**

Öl kann sich mit Wasser nicht dauerhaft vermischen; es löst sich auch nicht in Wasser. Außer dem Speiseöl hinterlassen alle Ölsorten einen üblen Geschmack und Geruch im Wasser. Schlimmer ist jedoch, dass mit Öl (z. B. Erdöl) verseuchtes Wasser für Lebewesen giftig ist.

Man hat errechnet, dass ein einziger Liter Erdöl eine Million Liter Wasser als Trinkwasser unbrauchbar machen kann. Oder anders ausgedrückt: Ein Fingerhut voll Erdöl kann 20 Badewannen voll Wasser ungenießbar machen!

Die Weltmeere sind stellenweise sehr stark durch Öl verschmutzt. Es gelangt durch Lecks von Tankschiffen oder durch **Tankerunfälle** ins Meer. Heute gibt es schon Tankschiffe, die beinahe eine halbe Million Tonnen Erdöl auf jeder Fahrt mit sich führen.

Wenn ein solcher „Ölriese" ausläuft, ergeben sich verheerende Folgen: Tausende von Quadratkilometern Meeresoberfläche sind dann mit einer Ölschicht bedeckt („Ölpest"). Die Strände werden mit Öl überschwemmt, und es dauert Monate, bis sie wieder gesäubert sind. Vor allem aber vernichtet das Öl Millionen von Seevögeln (Bild 1), Fischen, Muscheln und anderen Lebewesen.

Wenn ein **Tanklastzug** verunglückt (Bild 2), läuft zwar weniger Öl aus, aber die Gefahren sind ebenfalls groß. Fließt das Öl in Bäche oder Flüsse, kann es dort das Wasser verseuchen. Wenn es ins Grundwasser gelangt, kann es das Trinkwasser ungenießbar machen.

Die Feuerwehr ist deshalb mit besonderen Chemikalien ausgerüstet um auslaufendes Öl unschädlich machen zu können. Diese *Ölbindemittel* „saugen" das Öl in großen Mengen auf. (1 g Ölbindemittel kann etwa 700 g Öl aufnehmen.) Bindemittel und Öl werden dann entsorgt.

Es gibt **gesetzliche Vorschriften**, die beim Umgang mit Öl zu beachten sind. So müssen z. B. Heizöltanks in Häusern besonders gesichert sein. Für Öltanks in der Erde sind doppelte Wände vorgeschrieben. In Tankstellen und Autowerkstätten gibt es besondere Einrichtungen (z. B. *Ölabscheider*), damit kein Öl in den Abfluss gelangt.

Wasser – ein unentbehrlicher Stoff

Alles klar?

1 Warum löst sich nicht beliebig viel Zucker in einer Tasse Kaffee?

2 Wie kann man feststellen, ob in einer klaren und farblosen Flüssigkeit ein Stoff gelöst ist? Beschreibe!

3 Warum wird das Wasser in einem Aquarium belüftet?

4 Ist in einem kalten Bergsee viel oder wenig Sauerstoff enthalten? Begründe!

5 In der Landwirtschaft streut man Düngesalze einfach auf den Acker. Wie gelangen sie zu den Wurzeln der Pflanzen?

6 Einen „Weinpanscher" konnte man überführen, indem man Nitrat in seinem Wein nachgewiesen hat. Erkläre!

7 Wenn man z. B. weiße Nelken oder Tulpen in Wasser stellt, das vorher mit Tinte kräftig gefärbt wurde, nehmen die Blüten allmählich die Farbe der Tinte an (Bild 3). Wie ist das möglich? Erkläre!

8 Auf einem See, aus dem Trinkwasser gewonnen wird, dürfen keine Motorboote fahren. Ebenso ist es verboten, in Wasserschutzgebieten Autos zu waschen.
Warum hat man diese Verordnungen erlassen?

9 Beschreibe die Auswirkungen von Wasserverschmutzungen durch Öl.

10 Erkläre, was man unter der *Selbstreinigungskraft* des Wassers versteht.

11 Beschreibe anhand von Beispielen die Bedeutung des Wasses für alle Lebewesen.

3

Auf einen Blick

Wasser als Lösemittel

gesättigte Lösung

Wenn man bestimmte Stoffe (z. B. Salz oder Zucker) in Wasser gibt, verteilen sie sich darin so fein, dass sie nicht mehr zu erkennen sind. Es entsteht eine **Lösung**. Das Wasser ist hierbei das **Lösemittel**.

Kristallbildung

> Die **Löslichkeit** von Stoffen in Wasser
> ist ganz unterschiedlich.
> Sie ist eine *messbare Stoffeigenschaft*.

Ein Lösemittel kann nicht beliebig viel eines Stoffes aufnehmen. Wenn sich nichts mehr von ein und demselben Stoff darin löst, liegt eine **gesättigte Lösung** vor. *Ein Lösemittel kann oft mehrere Stoffe gleichzeitig lösen.*

Bei vielen **Feststoffen** steigt die Löslichkeit mit der Temperatur des Lösemittels an. Beim Abkühlen wird wieder eine bestimmte Menge des vorher gelösten Stoffes ausgeschieden. Dabei bilden sich Kristalle.

4

Luft in Wasser

Im Wasser können auch **Gase** gelöst sein, z. B. Sauerstoff oder Kohlenstoffdioxid. Wenn die *Temperatur* des Wassers steigt, nimmt die Löslichkeit der Gase ab. Wird der *Druck* erhöht, nimmt die Löslichkeit der Gase zu.

Öl auf Wasser

Öl und Benzin lösen sich nicht in Wasser. Sie lassen sich nur für kurze Zeit damit mischen und bilden dabei eine trübe **Emulsion**. Wenn man diese ruhig stehen lässt, setzen sich Öl und Benzin wieder auf dem Wasser ab.

5

7

Wasser als Transportmittel

Wasser hat als **Transportmittel** eine große Bedeutung: In den *menschlichen Körperflüssigkeiten* – Blut, Harn, Schweiß und Lymphe – werden Nährstoffe und Stoffwechselprodukte transportiert und z. B. mit dem Urin ausgeschieden. Wenn dieser Transport gestört ist, können lebensbedrohliche Zustände eintreten.

Auch in *Pflanzen* übernimmt das Wasser wichtige Transportfunktionen: Es transportiert z. B. Mineralsalze, die die Pflanze durch die Wurzeln aus dem Boden aufnimmt, bis in die Zweige und Blattspitzen. Auf umgekehrtem Wege werden von den Blättern bis zu den Wurzeln Nährstoffe transportiert, die die Pflanze selbst gebildet hat.

Wasser und seine Inhaltsstoffe

Wasser ist nicht gleich Wasser

Auf das Gelöste im Wasser kommt es an ...

V 1 Wir untersuchen verschiedene Wasserproben, ob sie gelöste Stoffe enthalten.

a) Dazu lassen wir das Wasser verschiedener Proben (destilliertes Wasser, Leitungswasser, Fluss-, Teich- oder Seewasser, Meerwasser) auf Uhrglasschalen verdunsten.

b) Der Versuch wird mit verdünnter Ammoniaklösung [Xi] und mit Lösungen von je 1 ml Ethanol [F] bzw. Speiseessig in 100 ml Wasser wiederholt.

Gib an, welche Eigenschaft gelöste Stoffe haben müssen, damit sie durch Eindampfen „sichtbar" gemacht werden können.

V 2 Wir erwärmen in einem Erlenmeyerkolben mit Stopfen und Gasableitungsrohr 100 ml Sprudelwasser. Das entweichende Gas leiten wir in kaltes Wasser, dem wir ein wenig Universalindikator zugesetzt haben. Beobachte den Indikator.

Dann leiten wir das Gas auch in Kalkwasser [Xn]. Beschreibe!

V 3 Wir erhitzen in einem Reagenzglas mit Stopfen und Gasableitungsrohr Proben von Natriumhydrogencarbonat, Hirschhornsalz und Emser Salz. Das jeweils entstehende Gas wird in Kalkwasser [Xn] eingeleitet.

V 4 Welche Vorgänge laufen beim Entweichen von Kohlenstoffdioxid aus Mineralwasser ab?

Wir öffnen eine Flasche Mineralwasser (ohne färbenden Zusatz), die gut verschlossen war und vorher auf 0 °C abgekühlt wurde.

Zunächst gießen wir etwa ein Drittel ihres Inhalts aus und versetzen die restliche Flüssigkeit rasch mit 3 Tropfen Bromkresolgrün [F]. Die Flasche wird wieder verschlossen.

Betrachte die Färbung des Indikators und stelle den pH-Wert der Flüssigkeit fest.

Wir lassen die Flasche ca. 10 Minuten lang bei Raumtemperatur verschlossen stehen. Dann öffnen wir den Verschluss vorsichtig. Dies wird so lange wiederholt, bis kein Überdruck mehr zu spüren ist. Stelle erneut die Färbung des Indikators und den pH-Wert der Flüssigkeit fest.

Anschließend erhitzen wir die Flasche einige Minuten lang in einem heißen Wasserbad. Prüfe dann die Farbe des Indikators und den pH-Wert noch einmal.

Aus Umwelt und Technik: Inhaltsstoffe des Meerwassers

97 % des Wassers der Erde befinden sich in den Ozeanen. **Meerwasser** schmeckt salzig und bitter. Im Gegensatz zum meist wohlschmeckenden Quellwasser ist es ungenießbar. Wird es in größeren Mengen genossen, schadet es der Gesundheit.

Dampft man 1 m³ Ozeanwasser ein, so erhält man 35 kg festen Rückstand. Der erweist sich bei einer chemischen Analyse als ein Gemisch aus verschiedenen Salzen.

28 kg davon sind Natriumchlorid (Kochsalz). Die restliche Menge bildet ein Gemisch von Verbindungen aus mehr als 70 Elementen.

Die bitter schmeckenden Bestandteile des Meerwassers sind Magnesiumsalze. Chemiker nennen sie auch *Bittersalze*.

In den Inhaltsstoffen von 1 m³ Meerwasser lassen sich z. B. die folgenden Elemente nachweisen.

Natrium	10,8 kg
Kalium	0,39 kg
Magnesium	1,3 kg
Calcium	0,416 kg
Chlor	19,4 kg

Außerdem enthält 1 m³ Meerwasser noch 0,145 kg so genanntes Hydrogencarbonat.

Im Meerwasser sind auch Gase gelöst. 1 m³ Meerwasser enthält (bei 10 °C) 11,7 l Stickstoff, 6,4 l Sauerstoff und 0,3 l Kohlenstoffdioxid.

Die in Wasser gelöste Luft ist viel sauerstoffreicher als die Luft der Atmosphäre. 1 l Luft aus dem Wasser enthält 0,353 l Sauerstoff (wichtig für die Lebewesen im Wasser). In 1 l Luft aus der Atmosphäre sind etwa 0,200 l Sauerstoff enthalten.

Aus Umwelt und Technik: **Kochsalz aus Meerwasser**

Kochsalz (Natriumchlorid) ist für den Menschen ein sehr wichtiger Stoff. Im Laufe des Jahres nimmt der Körper etwa 6 kg Kochsalz auf. Auch in der Industrie wird das Kochsalz für viele Zwecke verwendet.

Am Mittelmeer, wo die Sonneneinstrahlung viel höher ist als in Mitteleuropa, gewinnt man das **Kochsalz aus Meerwasser** (Bild 4) in sog. Salzgärten. Dort lässt man das Wasser verdunsten, und zurück bleibt das Salz. Zwei Drittel des auf der Erde verbrauchten Kochsalzes werden auf diese Weise gewonnen.

In Deutschland ist diese Methode der Salzgewinnung nicht möglich. Stattdessen gibt es in einigen Gegenden, z. B. im Raum Hannover (Salzgitter), am Niederrhein (Borth) und in den Nordalpen (Bad Reichenhall, Salzkammergut), ausgedehnte **Salzlagerstätten in der Erde**. Dort wird das Kochsalz bergmännisch abgebaut.

Aus Umwelt und Technik: **Gold aus Meerwasser?**

Viele Inhaltsstoffe des Meerwassers kommen nur in geringen Mengen (in Spuren) darin vor. Wenn man sie chemisch zerlegt, erhält man die sog. **Spurenelemente**.

Einige Spurenelemente in 1 m³ Meerwasser

Kupfer	0,0005 g
Silber	0,000 04 g
Quecksilber	0,000 03 g
Gold	0,000 004 g
Iod	0,06 g

Natürlich hat es Chemiker seit jeher gereizt, z. B. **Gold aus Meerwasser** zu gewinnen. Die Ozeane enthalten so viel Gold, dass alle bisher von den Menschen aufgehäuften Schätze dagegen verschwindend gering sind. Doch alle Versuche zu seiner Gewinnung scheiterten bisher. Wie soll man auch 4 g Gold aus 1 000 000 m³ Wasser herauswaschen?

Manche Meeresorganismen speichern jedoch Spurenelemente in größeren Mengen. So sammelt sich in Tangpflanzen so viel Iod an, dass man es aus der Asche dieser Pflanzen gewinnen kann. „Goldsucher" unter den Meeresorganismen sind aber leider noch nicht gefunden worden.

Wenn in der Zukunft noch genauere Messungen möglich sind, wird man wahrscheinlich alle bisher bekannten Elemente im Meerwasser nachweisen können.

Aus Umwelt und Technik: **Kleine Mineralwasser- und Tafelwasserkunde**

Das Beste gegen großen Durst ist ein Glas kühles Wasser. Neben Leitungswasser gibt es eine Vielzahl an Mineralwässern. Dabei gilt: *Wasser ist nicht gleich Wasser.*

Die Mineral- und Tafelwasser-Verordnung beschreibt die möglichen Unterschiede:

Natürliches Mineralwasser ist reines Quellwasser. Es wird direkt aus unterirdischen Quellen abgefüllt. Dabei ist nur erlaubt, Eisen- oder Schwefelverbindungen zu entziehen sowie Kohlenstoffdioxid, das anschließend in bestimmten Mengen wieder zugesetzt wird.

Reinheit und *Mineraliengehalt* werden ständig kontrolliert. Ort, Name und Analysen der Quellen müssen auf dem Etikett angegeben werden.

Ein natürliches Mineralwasser, das aus ein und derselben Quelle stammt, darf nicht unter mehreren Quellnamen in den Handel gebracht werden.

Säuerlinge sind natürliche Mineralwässer, deren Gehalt an natürlichem Kohlenstoffdioxid 250 mg/l überschreitet. Je nach Gehalt an Kohlenstoffdioxid unterscheidet man Sprudel (bis zu 8 g Kohlenstoffdioxid pro Liter) und stille Mineralwässer (von 2 bis 5,5 g Kohlenstoffdioxid pro Liter).

Quellwasser kommt ebenfalls aus unterirdischen Wasservorkommen und darf nur aus dem Quellort abgefüllt werden. Herkunft und Zusammensetzung des Quellwassers müssen nicht angegeben werden.

Heilwasser stammt aus unterirdischen Wasservorkommen. Es muss vorbeugend, lindernd oder heilend wirken. Zusammensetzung, Heilwirkung und Gegenanzeigen müssen auf dem Etikett stehen. Heilwässer unterliegen nicht der Mineral- und Tafelwasser-Verordnung.

Tafelwasser wird industriell aus verschiedenen Wasserarten wie Trinkwasser oder Quellwasser hergestellt. Mineralien und Kohlenstoffdioxid dürfen zugesetzt werden.

„**Sodawasser**" wird aus Trinkwasser mit Hilfe von Kohlenstoffdioxid-Patronen hergestellt.

Aus Umwelt und Technik: **Was nimmt man mit einem Heilwasser zu sich?**

Seit Jahrtausenden geben Heilwässer vielen Menschen ihre Gesundheit zurück oder lindern Schmerzen. Lange Zeit konnte man sich diese Wirkung nicht erklären, weil man die Inhaltsstoffe der Heilwässer nicht untersuchen konnte.

Heute ist die Zusammensetzung von Mineralwässern genau bekannt. So hat z. B. das *Mineralwasser der Ludwigsquelle von Bad Nauheim* – wie die meisten Heilwässer – viele Bestandteile mit dem Meerwasser gemeinsam. Die Anteile sind jedoch unterschiedlich groß (→ Tabelle).

Das zeigt sich schon darin, dass Meerwasser ungenießbar ist, der Ludwigsbrunnen aber ein Heilwasser spendet. Das gelöste Kohlenstoffdioxid gibt diesem Heilwasser den prickelnden und angenehm sauren Geschmack, ebenso wie den Tafelwässern oder Colagetränken.

Kohlenstoffdioxid löst sich zu einem geringen Teil in Wasser zu einer schwachen Säure, der Kohlensäure. Sie wirkt noch schwächer als verdünnter Essig oder saure Milch.

Aus der Analyse von jeweils 1 l Ludwigsbrunnen und Meerwasser

Gehalt an	Ludwigsbrunnen		Meerwasser	Verhältnis
Natrium	237,66 mg	~ 0,24 g	10,8 g	~ 1 : 45
Kalium	13,46 mg	~ 0,01 g	0,39 g	~ 1 : 39
Calcium	147,76 mg	~ 0,15 g	0,42 g	~ 1 : 2,8
Magnesium	47,45 mg	~ 0,47 g	1,3 g	~ 1 : 2,8
Eisen	4,17 mg	~ 0,004 g	0,000 002 g	~ 2000 : 1
Chlor	420,46 mg	~ 0,420 g	19,345 g	~ 1 : 46
Hydrogencarbonat	610,67 mg	~ 0,611 g	0,145 g	~ 4,2 : 1
Kohlenstoffdioxid	1894,0 mg	~ 1,894 g	0,0006 g	> 3000 : 1

Aus Umwelt und Technik: **Trinkwasser – nicht nur ein Durstlöscher**

In Deutschland hat jeder Mensch Zugang zu einwandfreiem, sauberem Trinkwasser.

Gutes Trinkwasser darf aber nicht chemisch rein sein wie z. B. destilliertes Wasser. Es muss einen gewissen Anteil an **Mineralstoffen** enthalten, die für unser Leben notwendig sind. Tag für Tag wird das Trinkwasser in speziellen Labors auf seine Bestandteile hin untersucht. Dabei wird darauf geachtet, dass die Anteile der Bestandteile bestimmte Höchstmengen nicht überschreiten. Sie werden als **Grenzwerte** bezeichnet. Die Übersicht zeigt einen Ausschnitt aus einer **Trinkwasseranalyse** der Stadtwerke Gießen. Die Bestandteile ähneln denen von Heilwasser, sind jedoch in einem viel geringeren Anteil vorhanden.

Trinkwasser enthält in der Regel Calcium und Magnesium in Verbindungen. Sie stören zwar beim Waschen, sodass das Waschwasser entkalkt werden muss. Aber für Genusszwecke sind sie – so wie Kalium – erwünscht, denn sie gehören zu den Grundbausteinen des Lebens.

Zumindest ein Teil des täglichen Bedarfs an Mineralstoffen kann durch Trinkwasser und Mineralwasser gedeckt werden.

Aus der Analyse von jeweils 1 l Trinkwasser und Tafelwasser

Gehalt an	Trinkwasser	Tafelwasser	Grenzwert	täglicher Bedarf
Natrium	5,6 mg/l	6,5 mg/l	150 mg/l	
Calcium	27,9 mg/l	90 mg/l	400 mg/l	800–1200 mg
Magnesium	21,3 mg/l	110 mg/l	50 mg/l	300–400 mg
Kalium	1,1 mg/l	30 mg/l	12 mg/l	2000 mg
Eisen	0,06 mg/l		0,2 mg/l	
Chlorid in anorgan. Verbindungen	12,8 mg/l	100 mg/l	250 mg/l	

Aufgaben

1 Beschreibe anhand von Bild 1, wie Kochsalz aus Meerwasser gewonnen wird.

2 Mit welchem Versuch kannst du die Salzgewinnung aus Meerwasser vergleichen?

3 Werte eine Trinkwasseranalyse von eurem Wasserwerk aus.

4 Vergleiche die Bestandteile eures Trinkwassers mit denen verschiedener Sorten Tafelwasser, die im Handel angeboten werden.

Beachte den Gehalt an Kalium, Natrium, Calcium und Magnesium.

5 Überprüfe, ob die Grenzwerte für Schadstoffe (→ rechte Seite) in eurem Trinkwasser eingehalten werden.

Aus Umwelt und Technik: **Schadstoffe im Trinkwasser**

Wie sicher können wir sein, dass wir mit dem Trinkwasser keine **Schadstoffe** aufnehmen?

Um einen zuverlässigen Schutz vor Schadstoffen zu gewähren, werden strenge Maßstäbe an die **Grenzwerte** angelegt. Sie sind auf folgende Weise bestimmt worden: In Tierversuchen wurden diejenigen Mengen (in mg/kg Körpergewicht pro Tag) bestimmt, die bei täglicher Aufnahme über einen langen Zeitraum zu keinerlei Krankheitserscheinungen führten.

Um ganz sicher zu gehen, wurde ein Hundertstel dieses Anteils als Grenzwert bestimmt.

Die nebenstehende Tabelle zeigt den Gehalt des Wassers an einigen Schadstoffen aus einem Berliner Wasserwerk. Daneben zum Vergleich die geltenden Grenzwerte.

Für die besonders giftigen *polycyclischen aromatischen Kohlenwasserstoffe* (PAK) und einige Pflanzenschutzmittel wurde ein Höchstgehalt von 0,0001 mg (das sind 0,1 µg je Liter Wasser) festgelegt. Das bedeutet: Diese Schadstoffe haben im Wasser nichts zu suchen.

Solche geringen Mengen können überhaupt erst seit wenigen Jahren ermittelt werden. Ein zehntel Mikrogramm in einem Liter Wasser heißt: 1 g in 10 Millionen Liter Wasser.

In unserer Wasserprobe sind weniger als 0,000 05 mg PAK je Liter enthalten. Wir können also getrost auf unsere Gesundheit anstoßen – mit Trinkwasser.

Einige Schadstoffe in 1 l Trinkwasser aus einem Berliner Wasserwerk

Schadstoffe	Analysenwerte	Grenzwert
Blei	< 0,02 mg/l	0,04 mg/l
Quecksilber	< 0,0005 mg/l	0,001 mg/l
organische Chlorverbindungen	< 0,01 mg/l	0,01 mg/l
polycyclische aromatische Kohlenwasserstoffe (PAK)	< 0,000 05 mg/l	0,0001 mg/l
bestimmte Pflanzenschutzmittel	< 0,000 01 mg/l	0,0001 mg/l

Aus Umwelt und Technik: **Einem ganz alltäglichen Stoff auf der Spur**
experimentell

Man kann sich eine Heilquelle auch ins Haus holen. So gibt es in der Apotheke z. B. *Emser Salz*. Es wird durch vorsichtiges Eindampfen des Heilwassers von Bad Ems gewonnen. Mit Lösungen dieses Salzes kann man gurgeln, die Zähne putzen, Trinkkuren durchführen oder sie als „zerstäubtes Salz" inhalieren.

Weil dieses Heilwasser jedoch nicht gut schmeckt, bietet man Emser Salz auch mit Zusatz von Zucker als sog. *Emser Pastillen*® an.

1 kg Emser Salz enthält 500 g Hydrogencarbonat. Wasserstoff, Kohlenstoff und Sauerstoff sind darin chemisch gebunden.

Reines Natriumhydrogencarbonat findest du unter dem Namen „Natron" in der Hausapotheke. Dieser Name sagt bereits etwas über die Zusammensetzung des Salzes aus.

Wenn Magensäure in die Speiseröhre gelangt, kommt es zu Sodbrennen. Ein Schluck gelöstes Natron neutralisiert die Säure.

Auch in Brausetabletten ist Natriumhydrogencarbonat im Gemisch mit Citronen- oder Weinsäure enthalten. Wenn man eine Tablette in Wasser gibt, zersetzt sich das Hydrogencarbonat, Kohlenstoffdioxid wird frei.

Dies geschieht auch beim Erhitzen. So ist Natriumhydrogencarbonat der Hauptbestandteil des Backpulvers. Beim Backen wird das Kohlenstoffdioxid aus dem Backpulver ausgetrieben und bildet kleine Bläschen im Teig, die ihn lockern.

Versuchsvorschriften:

1. Wir kurieren Sodbrennen (Modellversuch)

Sodbrennen wird durch Magensäure hervorgerufen, die in die Speiseröhre gelangt ist. Sie muss neutralisiert werden um die Beschwerden zu beseitigen.

Zu etwa 3 ml Salzsäure C (pH-Wert 1) wird eine wässrige Lösung von Natriumhydrogencarbonat gegeben. Wenn die Gasentwicklung beendet ist, prüfen wir den pH-Wert der Flüssigkeit.

2. Die „Pharaoschlange"

Der Chemiker *Friedrich Wöhler* (1800–1882) hat ein zu seiner Zeit sehr beliebtes Jahrmarktsvergnügen erfunden: Er entzündete eine Kugel, die aus einer giftigen Quecksilberverbindung bestand, und sofort wanden sich schlangenförmige Gebilde im Schein einer bläulichen Flamme aus diesem „Teufels-Ei" heraus – eine geheimnisvolle Angelegenheit.

Die Quecksilberverbindung wird im Versuch durch *Emser Pastillen*® ersetzt. Sie enthalten hauptsächlich Natriumhydrogencarbonat und gepulverten Zucker.

Drei Pastillen werden dicht nebeneinander in ein Häufchen Holzkohlenasche gesteckt, mit ca. 5 ml Ethanol F getränkt und dann entzündet (Bild 2; feuerfeste Unterlage!). Bei der hohen Temperatur zersetzt sich das Natriumhydrogencarbonat. Der Zucker schmilzt und bildet mit dem entstehenden Kohlenstoffdioxid einen voluminösen Schaum.

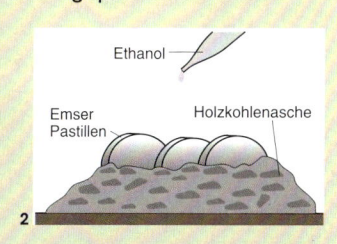

Abwasserreinigung und Trinkwassergewinnung

Der lange Weg vom Abwasser zum Trinkwasser

Aus Umwelt und Technik: **Teamwork im Klärwerk**

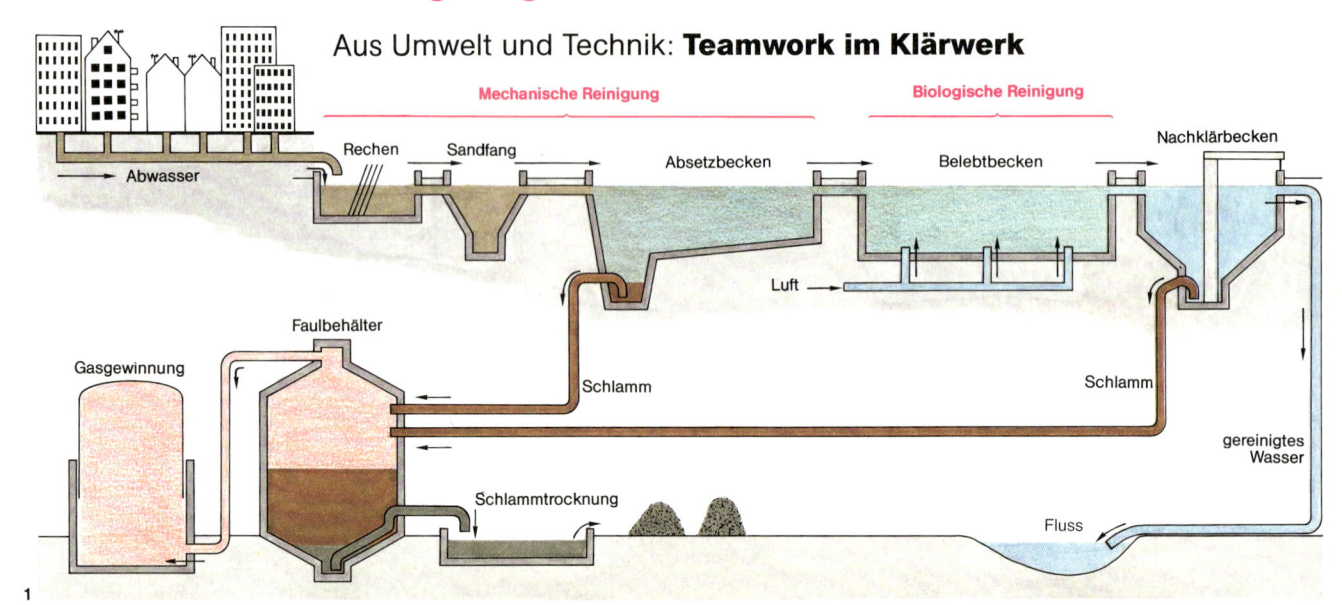

Ein Klärwerk (Bild 1) ist eine Anlage, in der schmutzige Abwässer gereinigt werden. Das geschieht dort „im Teamwork", denn physikalische, biologische und chemische Vorgänge spielen dabei eine Rolle.

Die Reinigung im Klärwerk erfolgt in drei Stufen:

Zunächst ist die Physik an der Reihe. Es erfolgt nämlich (als erste Stufe) die **mechanische Reinigung**:

Das unappetitliche, übel riechende Abwasser fließt zunächst durch den großen *Rechen* (Bild 2). Der hält Gegenstände zurück, die sowieso nicht ins Abwasser gehört hätten: nämlich Stoffreste, Flaschen, Bierdosen, Holzteile usw.

Im *Sandfang* (Bild 3) wird der Abwasserstrom gebremst. Hier setzen sich Sand, Kies und Steine wie in einem ruhig strömenden Fluss ab.

Im *Absetzbecken* (Bild 4) geht es zu wie in einem stehenden Gewässer, das völlig verschmutzt ist. Allmählich sinkt hier der Kot zu Boden. Auch für Gemüsereste und z. B. Fasern ist hier Endstation. Aus all dem entsteht ein feiner Schlamm, der in einen Trichter geschoben wird.

Jetzt helfen Verfahren aus der Physik nicht mehr weiter. Durch Sieben, Absetzen oder auch Abscheiden können weder gelöste noch sehr fein verteilte andere Bestandteile entfernt werden.

Nun setzt die **biologische Reinigung** (die zweite Reinigungsstufe) ein:

Sie beginnt im *Belebtbecken* (Bild 5). Hier warten unzählige Bakterien auf den Schmutz. Aus vielen Düsen am Boden strömt Druckluft durch das Abwasser, sodass sich Sauerstoff, Bakterien und Schmutz innig miteinander vermischen.

Für die Bakterien und für andere Kleinstlebewesen ist der Schmutz eine willkommene Nahrung. Im Abwasser sind nämlich unter anderem auch Zucker und Eiweißstoffe enthalten – also Stoffe, die die Bakterien für ihre Ernährung brauchen. So wachsen die Bakterien prächtig und vermehren sich schnell.

Die Körper der Bakterien bilden einen lebenden Schlamm, der oft auch als *Belebtschlamm* bezeichnet wird.

Doch wohin mit dem Inhalt des Belebtbeckens, wenn die Bakterien ihr Werk getan haben?

Er wird zunächst ins *Nachklärbecken* (Bild 6) geleitet, wo sich der Schlamm allmählich am Boden absetzt.

Während man das geklärte Abwasser von hier aus zu einem Klarwasserpumpwerk leitet, wird der Belebtschlamm zum größten Teil nochmals in das Belebtbecken eingeleitet. Dort brauchen die Bakterien „Verstärkung", wenn sie den Schmutz möglichst vollständig verdauen sollen.

Den restlichen Schlamm kann man nicht einfach auf einer Deponie ablagern – du brauchst nur an den üblen Geruch zu denken, der dabei entstehen würde. Man bringt ihn zunächst in einen *Faulbehälter* (Bild 7), in dem er weiter ausfaulen kann.

Der Schlamm wird anschließend zentrifugiert um ihn dann schneller trocknen zu können.

Doch er enthält z. B. noch giftige Schwermetalle, die durch die bisherigen Verfahren nicht entfernt werden konnten. Der Schlamm wird deshalb mit Heizöl vermischt und in einem besonderen Ofen (Wirbelschichtofen) verbrannt.

6

7

Auf diese Weise sorgen die abgestorbenen Bakterien auch noch für Energie, mit der man aus Wasser Wasserdampf erzeugt. Der Dampf treibt dann Turbinen an, die die Luft ins Belebtbecken drücken.

Das entstehende Abgas ist, nachdem es durch ein besonderes Verfahren „gewaschen" wurde, umweltverträglich. Auch die Asche kann unbedenklich auf einer Deponie gelagert werden.

Mit physikalischen und biologischen Verfahren wurde zwar ein geruchloses, klares Abwasser erzeugt, doch es enthält noch zu viele phosphorhaltige Stoffe (Phosphate). Auch diese müssen noch entfernt werden.

Hier setzt die dritte Reinigungsstufe, die **chemische Reinigung**, an.

In unserem Klärwerk findet sie nicht erst am Schluss, sondern bereits im Belebtbecken statt: Man setzt dort dem Abwasser bestimmte Stoffe zu, die mit den Phosphaten unlösliche Flocken bilden; diese setzen sich dann am Boden ab.

Du siehst: Es muss viel getan werden, bis die Abwässer wieder gründlich gereinigt sind. Und jeder von uns erzeugt täglich rund 140 Liter davon!

Fragen und Aufgaben zum Text

1 Beschreibe, wie die Abwässer in den drei Reinigungsstufen gesäubert werden.

2 Erkundige dich, mit welchen Reinigungsstufen das Klärwerk an deinem Wohnort ausgerüstet ist.

3 Manchmal wird Schmutzwasser (trotz aller Gesetze und Verbote) ungeklärt in Gewässer oder in den Erdboden geleitet. Welche Gefahren ergeben sich daraus?

4 Stelle fest, welche Abwässer bei euch zu Hause anfallen. Errechne ihre ungefähre Menge.

Wie könnte ein Teil dieser Wasserverschmutzung vermieden werden?

Was wird gegen die Wasserverschmutzung getan?

Wir alle verbrauchen täglich viel Wasser. Hinzu kommen gewaltige Wassermengen, die von der Industrie und der Landwirtschaft benötigt werden. Daraus entsteht wieder etwa gleich viel verschmutztes Wasser, also Abwasser.

Durch **Verordnungen und Gesetze** sind Städte und Industriebetriebe verpflichtet, die bei ihnen anfallenden Abwässer von den gröbsten Verunreinigungen zu befreien; das muss geschehen, bevor sie z. B. in einen Fluss geleitet werden. Wer gegen diese Gesetze verstößt, muss mit einer Geldstrafe oder (in schweren Fällen) mit einer Freiheitsstrafe rechnen. Deshalb werden bei uns etwa vier Fünftel des Schmutzwassers durch die Kanalisation zur Reinigung in Klärwerke geleitet.

Nun gibt es aber auch Abwässer, die in einer Kläranlage Schäden hervorrufen können. Wenn z. B. bestimmte Chemikalien in hoher Konzentration ins Abwasser gelangt sind, kann es sein, dass die Bakterien im Belebtbecken absterben.

Für die Reinigung solcher Abwässer wurden z. B. die folgenden **physikalisch-chemischen Verfahren** entwickelt. Sie werden meist direkt an den Stellen eingesetzt, wo die Verunreinigungen entstehen (z. B. in Chemiewerken).

Abwasserverbrennung: Das Abwasser wird in eine Flamme gesprüht, sodass es verdampft. Gleichzeitig wird es mit Luft vermischt und auf 800–1200 °C erhitzt. Bei solch hohen Temperaturen verbrennen alle tierischen und pflanzlichen Bestandteile des Abwassers (man nennt sie *organische Stoffe*).

Da dieses Verfahren recht kostspielig ist, wird es nur bei Abwässern angewandt, die mehr als 10 % organische Stoffe enthalten. Normale Abwässer, z. B. aus einer Großstadt, enthalten davon nur etwa 0,04 %.

Flockung und Fällung: Im Wasser befinden sich oft unlösliche Stoffe, die sich nicht absetzen (Schwebstoffe). Wenn man dem Wasser dann sog. *Flockungsmittel* zusetzt, bilden sie mit den Schwebstoffen „Flocken". Diese setzen sich am Boden ab; man sagt, sie „fallen aus" oder sie „werden gefällt". Anschließend können sie aus dem Wasser entfernt werden.

Extraktion: Dem Abwasser werden flüssige Lösemittel zugesetzt, die jeweils einen bestimmten Stoff lösen. Danach werden sie wieder vom Wasser getrennt und aufbereitet. Oft gewinnt man auch die extrahierten Stoffe zurück.

Aus Umwelt und Technik: **Im Rhein tummeln sich wieder Fische**

„Das ist ja ein Hecht, den du da geangelt hast!" Sebastians Vater kann es kaum fassen: Im Rhein gibt es wieder Fische! Und was für welche! Aale, Flussbarsche, Zander, Brassen, Rotaugen und sogar Lachse sind darunter. Vierzig Arten tummeln sich derzeit im Rhein. So viele Fische gab es zuletzt in den Vierzigerjahren.

Das Staunen von Sebastians Vater ist berechtigt: Vor etwa zwanzig Jahren war der größte Strom Deutschlands nämlich zu einem stinkenden Abwasserkanal verkommen.

Die riesigen Industrieanlagen entlang des Flusses leiteten ihre Abwässer damals noch ungeklärt in den Rhein. Die Städte machten es zum großen Teil nicht anders. Außerdem wurde das Wasser durch Ölrückstände verschmutzt, die von den Schiffen in den Fluss gelangten.

Die Folgen blieben nicht aus: Das Wasser des Rheins enthielt nicht mehr genügend Sauerstoff um sich selbst zu reinigen; Fische konnten nicht mehr atmen und starben allmählich aus. Übrig blieben die Lebewesen, die ohne Sauerstoff leben können. Aber sie beschleunigten die Fäulnis und Gärung im Wasser.

Dieser schlechte Zustand des Wassers wirkte sich nachteilig auf die **Trinkwassergewinnung** aus:

Da das Wasser im 1300 km langen Rhein das ganze Jahr über recht gleichmäßig fließt, wird daraus seit Alters her Trinkwasser gewonnen. Auch bei relativer Trockenheit führt der Fluss noch genügend Wasser um die etwa 20 Millionen Menschen zwischen Basel und Rotterdam mit Wasser zu versorgen.

Aber je verschmutzter das Wasser ist, desto teurer und komplizierter ist die Aufbereitung. Nicht zuletzt deshalb haben sich in den 70er-Jahren Fachleute aus der Industrie, der Politik, den Städten und Gemeinden zusammengetan. Sie alle wollten dem größten Strom Deutschlands wieder „auf die Beine helfen".

Es wurden Kläranlagen entlang des Rheins und seiner Nebenflüsse errichtet. Gelder für den Gewässerschutz wurden zur Verfügung gestellt und die Menschen aufgeklärt.

Heute sind z. B. allein 40 Kläranlagen mit biologischer Reinigungsstufe den chemischen Großbetrieben angeschlossen. Obwohl sich deren Produktion inzwischen verdreifacht hat, konnte die Gewässerbelastung so erheblich verringert werden.

Heute hat der Rhein, bis auf wenige Teilstrecken, bereits wieder die angestrebte Gewässergüteklasse II, d. h., das Wasser ist mäßig belastet (Bild 1). Es ist also deutlich sauberer als vor 20 Jahren. Der Sauerstoffgehalt ist sogar so hoch wie in den 50er-Jahren.

Für die Experten steht fest: Die inzwischen erzielten Verbesserungen an den Ufern des Rheins könnten Vorbild für andere verschmutzte europäische Flüsse sein.

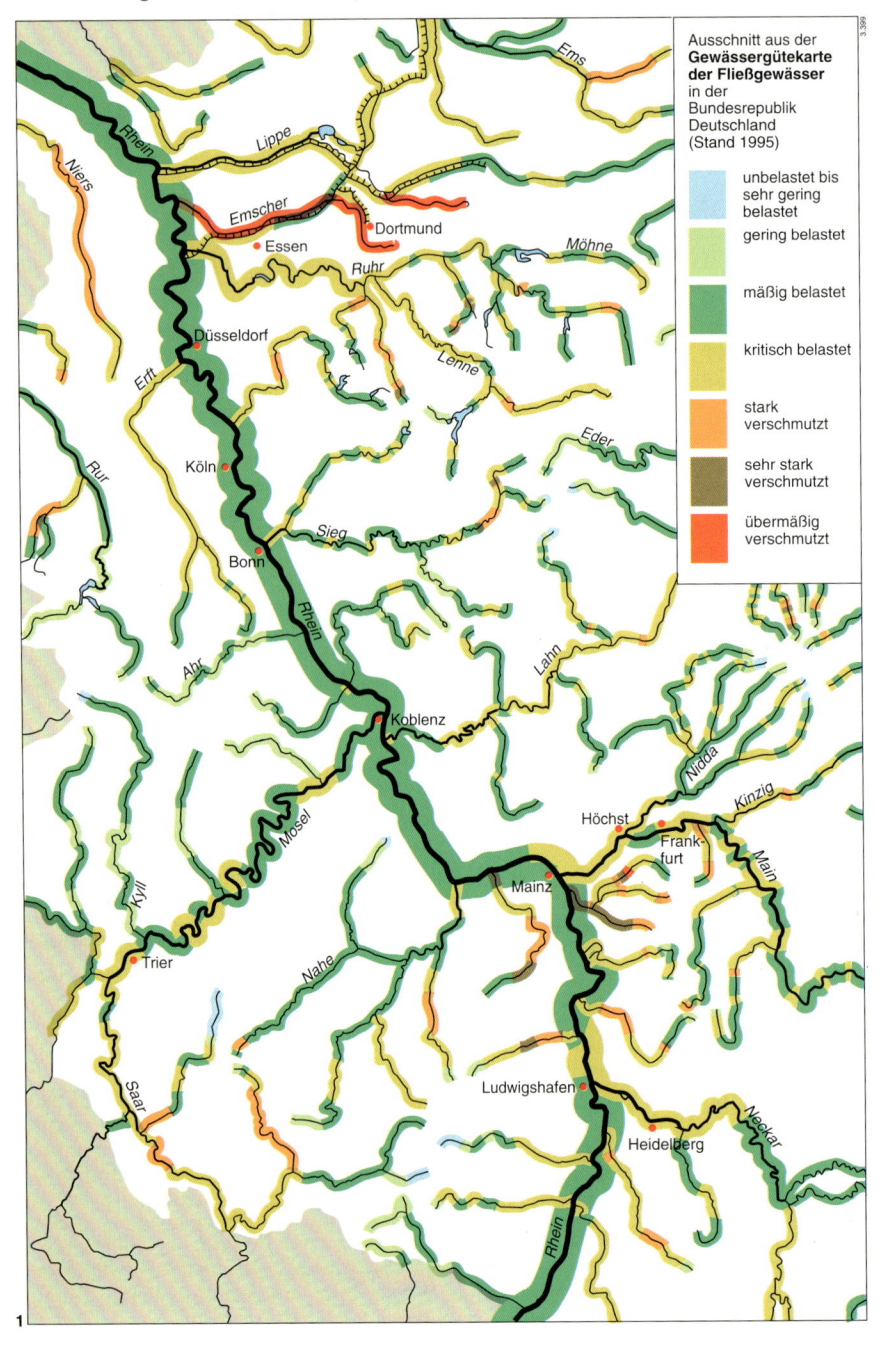

1 Ausschnitt aus der **Gewässergütekarte der Fließgewässer** in der Bundesrepublik Deutschland (Stand 1995)

- unbelastet bis sehr gering belastet
- gering belastet
- mäßig belastet
- kritisch belastet
- stark verschmutzt
- sehr stark verschmutzt
- übermäßig verschmutzt

Aus Umwelt und Technik: **Damit man Wasser mehrmals trinken kann ...**

Wasser, das wir trinken wollen (Bild 2), muss von besonderer Qualität und frei von Krankheitserregern sein.

Du weißt ja, dass unser Trinkwasser größtenteils aus Flüssen, Seen oder Talsperren stammt – in manchen Gegenden sogar bis zu 70 %. Wahrscheinlich ist ein Teil dieses Wassers sogar schon einmal zum Kochen, Waschen, Duschen oder Spülen benutzt worden.

Doch keine Sorge: Unser Trinkwasser ist weder unappetitlich noch gesundheitsschädigend! Das Wasser wird nämlich in **Wasserwerken** sorgfältig *aufbereitet*, bevor es in die Haushalte gelangt (Bilder 3–5).

Oberflächenwasser lässt man, bevor man es entnimmt, erst langsam im Erdboden *versickern*. Das weißt du ja bereits. Das geschieht mit Hilfe großer Sickerbecken, die bis zu 20 m breit und sogar 100 bis 500 m lang sind. Oft werden zu diesem Zweck auch Brunnen an Flüssen und Seen als sogenannte Galerien aneinander gereiht (Bild 5).

Doch selbst bestes Grundwasser muss nicht auch schon appetitlich riechen und gut schmecken. Es enthält ja so gut wie keinen Sauerstoff. Auch ist es nicht völlig frei von unangenehm riechenden Gasen. Außerdem sind z. B. eisen- und manganhaltige Stoffe darin gelöst.

Deshalb wird das Wasser im Wasserwerk zunächst noch durch feine Düsen zerstäubt; man sagt, es wird *verdüst* (Bild 3).

Damit erreicht man mehrere Dinge gleichzeitig:
1. Das Wasser nimmt Sauerstoff aus der Luft auf.
2. Die übel riechenden Gase werden vertrieben.
3. Die gelösten Metallsalze wandeln sich in schwer lösliche Stoffe um.

Diese schwer löslichen Stoffe können mit Hilfe besonderer *Absetzbecken* und *Sandfilter* aus dem Wasser entfernt werden. Bei diesen Anlagen handelt es sich um rechteckige Becken der Größe einer Schwimmhalle. In solch einem Becken muss das Wasser eine zwei Meter dicke Kiesschicht durchlaufen.

Sollte das Wasser danach immer noch schädliche Stoffe (z. B. Chlorkohlenwasserstoffe) enthalten, wird es durch Aktivkohlepulver gepresst. Wie du weißt, gleichen die staubfeinen Teilchen der Aktivkohle winzigen Schwämmen, die Milliarden von Poren haben. In ihnen werden die Schadstoffe festgehalten.

Oft müssen auch noch Bakterien abgetötet werden – sonst könnten Krankheiten durch das Trinkwasser übertragen werden. Man muss also das Wasser *entkeimen*. Dazu verwendete man bisher Chlor, das du vielleicht wegen seines typischen Geruchs und Geschmacks vom Schwimmbad her kennst. Heute nimmt man immer öfter Ozon, das keinen unangenehmen Geschmack hinterlässt. Das Wasser ist nunmehr einwandfrei – wenn nicht, dann muss es die Stationen des Wasserwerks noch einmal durchlaufen.

Wenn du in Zukunft zum Wasserhahn gehst, dann bedenke: Gutes Trinkwasser ist nicht einfach ein Geschenk der Natur.

Und auch dieses: Selbst kleinste Mengen an Lösemitteln, Mineralölen oder anderen Schadstoffen, die du in den Abfluss gießt, gefährden das Trinkwasser – und das Wasser, das du verschmutzt, wird bestimmt wieder einmal getrunken ...

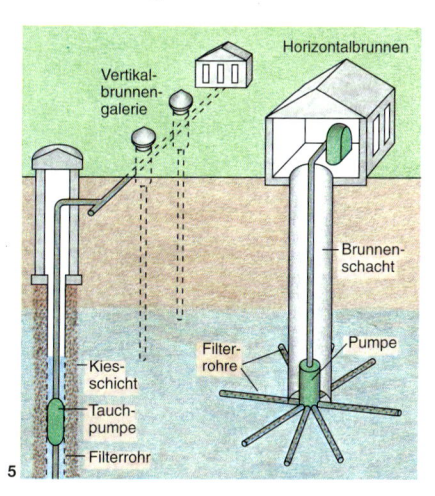

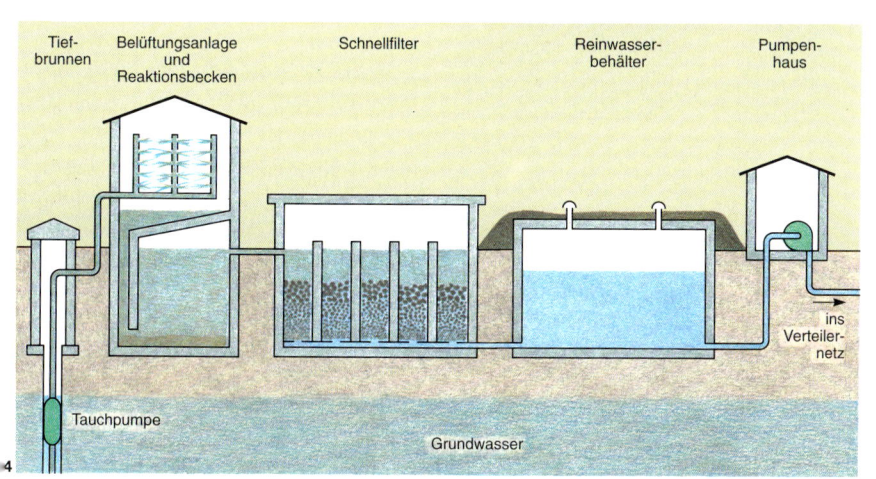

Wasser – chemisch betrachtet

1 Wasser lässt sich zerlegen

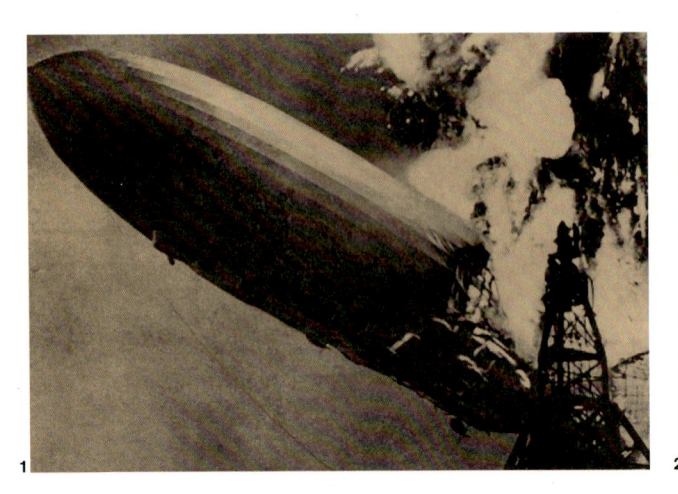

Das *brennende* Luftschiff war mit **Wasserstoff** gefüllt. Der Brand wird mit **Wasser** gelöscht. Ist das nicht ein Widerspruch?!

V 1 Wir lernen zwei **Nachweise für Wasser** kennen.

a) Weißes *Kupfersulfat* [Xn] färbt sich blau, wenn es mit Wasser in Berührung kommt. Zur Bestätigung tropfen wir mit einer Pipette Wasser auf etwas weißes Kupfersulfat.

b) Blaues *Cobaltchloridpapier* färbt sich durch Wasser rötlich.

Wir erhitzen ein Stück Cobaltchloridpapier kurz, bis es sich blau färbt. Dann tropfen wir Wasser darauf.

V 2 In einem Becherglas erhitzen wir eine kleine Menge Wasser bis zum Sieden. Dann stülpen wir ein *kaltes* Becherglas über den aufsteigenden Dampf.

Beobachte die Innenwand des Becherglases. Stelle fest, welcher Stoff sich dort abgesetzt hat.

V 3 (Lehrerversuch) Ein Reagenzglas wird zunächst mit Wasserstoff [F+] gefüllt (Bild 3). Der Wasserstoff wird möglichst einer Stahlflasche oder Druckdose entnommen. Dann wird mit dem Gas die *Knallgasprobe* durchgeführt (→ Info rechts).

V 4 Die Bilder 4 u. 5 zeigen so genannte *Wasserzersetzungsapparate*. Darin kann man elektrischen Strom durch Wasser leiten. (Das Wasser in Bild 4 enthält verdünnte Schwefelsäure, das in Bild 5 etwas Natronlauge, damit es den Strom leitet.)

Beschreibe, was du über den Elektroden beobachten kannst, sobald der elektrische Strom eingeschaltet wird.

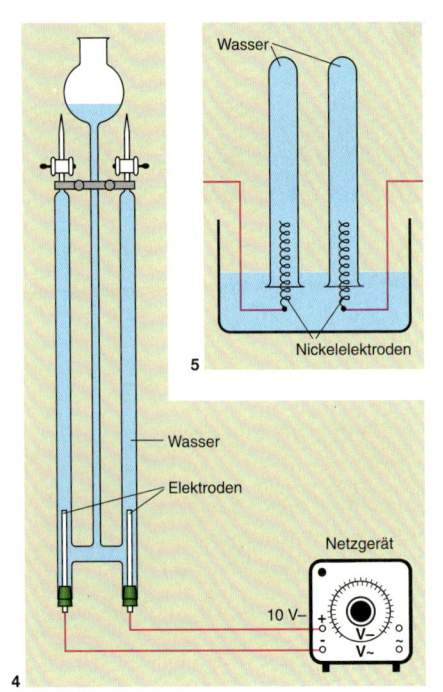

a) Lies in den Glasröhren ab, wie viel Gas sich jeweils über den Elektroden gesammelt hat.

b) Die Gase, die sich in den Glasröhren gebildet haben, werden jeweils über Wasser in einem Reagenzglas aufgefangen. Dann werden sie mit einem glimmenden Holzspan oder so wie in den Bildern 7 u. 8 geprüft.

Welche Gase können nachgewiesen werden?

V 5 (Lehrerversuch) Bild 6 zeigt den Versuchsaufbau. Der Wasserstoff [F+] wird möglichst einer Stahlflasche oder Druckdose entnommen. Beschreibe den Ablauf des Versuchs.

Welcher Stoff entsteht im Glaskolben? Wie kannst du ihn nachweisen?

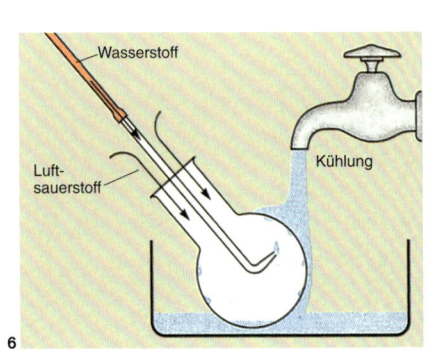

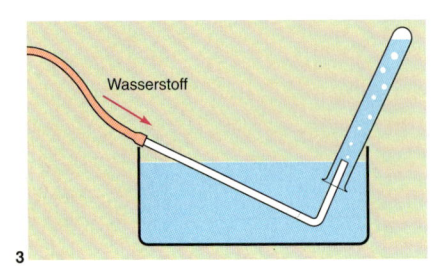

Die Knallgasprobe – eine wichtige Vorsichtsmaßnahme

Wasserstoff unterhält die Verbrennung nicht, er ist aber selbst brennbar: Bei Anwesenheit von Sauerstoff verbrennt reiner Wasserstoff ruhig mit schwach leuchtender, bläulicher Flamme.
Ein Gemisch von Wasserstoff mit Luft oder Sauerstoff explodiert nach dem Entzünden. Deshalb nennt man dieses Gemisch *Knallgas.*

Das Knallgas reagiert am heftigsten, wenn das Volumenverhältnis von Wasserstoff zu Sauerstoff 2 : 1 beträgt.

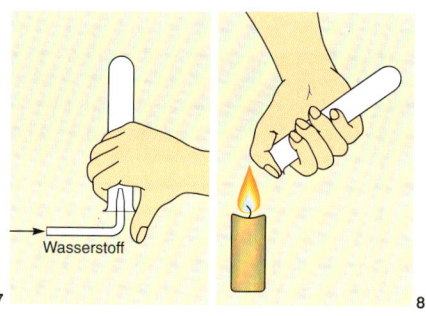

Wasserstoff ist also gefährlich, wenn er mit Luft oder reinem Sauerstoff ver- mischt ist. Wenn man ihn gefahrlos entzünden will, muss man daher unbedingt prüfen, ob er luftfrei ist.

Dazu führt man die **Knallgasprobe** folgendermaßen durch:

In ein mit der Öffnung nach unten gehaltenes Reagenzglas wird einige Sekunden lang das Gas eingeleitet, das man prüfen will (Bild 7). Dann verschließt man das Glas mit dem Daumen, hält es an eine Flamme und gibt die Öffnung des Glases frei (Bild 8).

Wenn man ein leises Pfeifen oder Knallen hört, enthält das Gas noch Luft. Die Probe wird mit frischen Reagenzgläsern so oft wiederholt, bis der Wasserstoff luftfrei ist. Dann erst kann man ihn gefahrlos entzünden.

Elektrischer Strom zerlegt Wasser

Destilliertes Wasser ist ein **Reinstoff**. Es enthält also keine Beimengungen anderer Stoffe, die man durch Filtrieren, Sieben oder ähnliche Trennverfahren abtrennen kann.

Kann man Wasser aber vielleicht in einfachere Stoffe zerlegen? Um diese Frage zu beantworten, wird Wasser zunächst stark erhitzt.

Es beginnt bei etwa 100 °C zu sieden und verdampft. Dabei entsteht Wasserdampf. Sobald der Wasserdampf abkühlt, kondensiert er, und man erhält wieder Wasser.

Das Wasser hat also nur seinen *Aggregatzustand* verändert, aber zerlegt wurde es nicht.

Wenn man jedoch elektrischen Strom auf Wasser einwirken lässt, sieht das Ergebnis ganz anders aus. Das geschieht in einem *Wasserzersetzungsapparat*.

Der ist zunächst mit Wasser gefüllt, das mit etwas Säure elektrisch leitfähig gemacht wurde. Zwei Elektroden aus Platin sorgen für die Stromzuführung. Sobald der elektrische Strom eingeschaltet wird, steigen in den beiden Röhren über den Elektroden Gasblasen auf. In der einen Röhre sammelt sich doppelt so viel Gas wie in der anderen.

Die Nachweise ergeben, dass es sich bei den Gasen um Wasserstoff und Sauerstoff handelt.

Durch elektrischen Strom wird also Wasser in die Gase Wasserstoff und Sauerstoff zerlegt.

Genau wie der Sauerstoff, so tritt auch der Wasserstoff nur als *Molekül* auf. Das heißt, zwei Wasserstoffatome sind zu einem Wasserstoffmolekül miteinander verbunden (Bild 10).

Auch Wasser besteht aus Molekülen. Es ist demnach ebenfalls eine **Molekülsubstanz**. Wie wir uns die Anordnung der Atome in den Molekülen vorstellen können, zeigt Bild 11.

In der chemischen Fachsprache wird die *Bildung eines Stoffes aus seinen Ausgangsstoffen* **Synthese** genannt (griech. *synthesis:* Zusammensetzung). Die Bildung von Wasser aus Wasserstoff und Sauerstoff ist also eine Synthese.

Im Bereich Technik hat dieser Begriff eine weiter gehende Bedeutung. Man versteht dort unter Synthese die *Herstellung von Stoffen auf chemischem Weg* (z. B. von Kunststoffen).

Der umgekehrte Vorgang, die *Zerlegung eines Stoffes in seine Ausgangsstoffe*, heißt in der chemischen Fachsprache **Analyse** (griech. *analysis:* Auflösung, Zergliederung). Auch die Zerlegung von Wasser in Wasserstoff und Sauerstoff ist also eine Analyse. In Bild 12 sind Analyse und Synthese zusammen dargestellt.

Im weiteren Sinne (z. B. in der Technik) versteht man unter Analyse die *Bestimmung von Art und Menge der Bestandteile eines Stoffes* (z. B. die Analyse von Schmutzwasser oder Bodenproben).

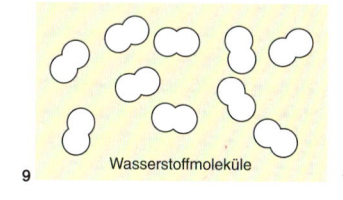

9 Wasserstoffmoleküle 10 Sauerstoffmoleküle 11 Wassermoleküle

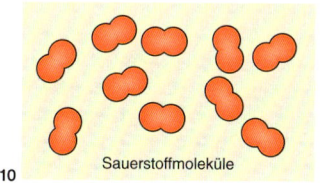

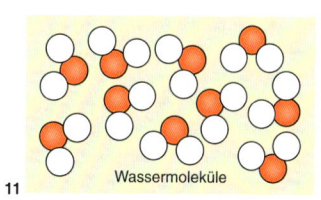

Fragen und Aufgaben zum Text

1 Beschreibe, wie man Wasser nachweisen kann.

2 Wasser und Wasserstoff sind zwei völlig verschiedene Stoffe. Trotzdem haben sie etwas miteinander zu tun. Erkläre den Zusammenhang.

3 Erläutere die Zusammenhänge, die in Bild 12 dargestellt sind.

4 Warum könnte man Wasser, das aus Wasserstoff und Sauerstoff entstanden ist, auch als *synthetisches* Wasser bezeichnen?

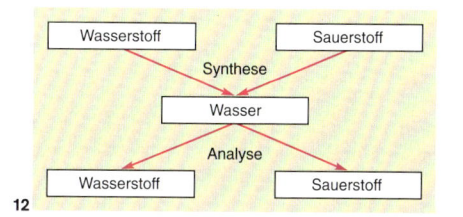

5 Vergleiche die Moleküle von Wasserstoff und Sauerstoff (Bilder 9 u. 10) mit den Wassermolekülen von Bild 11.

6 Zeichne mit dem Kugelteilchenmodell die Bildung von Wassermolekülen aus Wasserstoff- und Sauerstoffmolekülen.

2 Eigenschaften und Verwendung von Wasserstoff

Die Versuche mit Wasserstoff sind als *Lehrerversuche* durchzuführen.

V 6 Zwei Standzylinder werden mit Wasserstoff F+ gefüllt und jeweils mit einer Glasplatte verschlossen.

a) Der erste Standzylinder steht so, dass seine Öffnung nach oben zeigt. 30 s nach dem Öffnen versucht man das Gas mit dem brennenden Holzspan zu entzünden (Bild 1, links).

b) Der zweite Standzylinder wird mit der Öffnung nach unten am Stativ befestigt. Eine Kerze wird von unten eingeführt und langsam wieder herausgezogen (Bild 1, rechts). (Vorgang mehrmals wiederholen!)

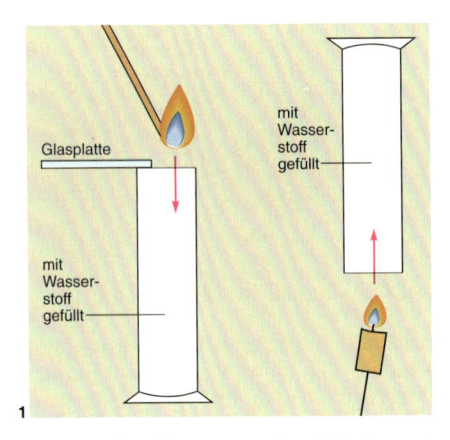

c) Beschreibe, was du siehst und hörst. Nenne Eigenschaften des Gases. Vergleiche beide Versuchsergebnisse. Suche eine Erklärung.

V 7 Drei Reagenzgläser (oder kleine Standzylinder) werden mit Wasserstoff F+ unterschiedlich gefüllt:

1. Das Glas *ganz* mit Wasserstoff füllen und unter Wasser mit einem Stopfen verschließen.
2. Das Glas *zu zwei Dritteln* mit Wasserstoff füllen und aus dem Wasser ziehen. Sobald das restliche Wasser aus dem Glas geflossen ist, dieses ebenfalls verschließen.
3. Das Glas *zu einem Drittel* mit Wasserstoff füllen, dann weiter behandeln wie das zweite.

Die Gläser werden nacheinander geöffnet und an eine Flamme gehalten. Was stellst du fest? (Tabelle!)

Aufgaben

1 Nenne Eigenschaften des Wasserstoffs, wie du sie in den Versuchen kennen gelernt hast. Lege eine Tabelle oder einen „Steckbrief" an.

2 Es soll ein Lagerraum für Stahlflaschen mit Wasserstoff gebaut werden. Wo muss man die Löcher für die Belüftung vorsehen?

3 Inwiefern ist das unten auf dieser Seite beschriebene Projekt nicht nur „viel versprechend", sondern auch „umweltfreundlich"?

Aus Umwelt und Technik: **Ein Forschungsprojekt in der Oberpfalz**

Kohle, Erdöl und Erdgas tragen zu etwa 90 % zu unserer Energieversorgung bei. Die Vorräte an diesen Energieträgern sind aber begrenzt. Außerdem benötigen wir sie als Rohstoffe für die chemische Industrie. Es ist deshalb höchste Zeit, neue **Energiequellen** zu erschließen.

Ein viel versprechendes Beispiel für die Bemühungen auf diesem Gebiet war das **Solar-Wasserstoff-Projekt**.
Es wurde bis vor wenigen Jahren in Bayern betrieben, in Neunburg vorm Wald in der Oberpfalz (Bild 2). Wie schon der Name andeutet, wurde hier mit Hilfe von Sonnenstrahlung (lat. *sol:* die Sonne) Wasserstoff gewonnen. Die für dieses Projekt installierten, großen Solarzellen nahmen allein eine Fläche von rund 5000 m^2 ein. Sie wandelten Strahlungsenergie der Sonne in elektrische Energie um. Diese Energie wurde eingesetzt um Wasser in Wasserstoff und Sauerstoff zu zerlegen.

Diese so gewonnenen Gase wurden gespeichert, so z. B. der Wasserstoff in einem riesigen 500-m^3-Tank. Damit stand der Wasserstoff als *Energieträger* oder *-speicher* zur Verfügung – er gibt ja die zu seiner Gewinnung aufgewendete Energie beim Verbrennen wieder ab. Dabei entsteht als Endprodukt wiederum Wasser.

Noch geht es darum, die Kosten für diese Art der Wasserstoffgewinnung drastisch zu senken. Wenn dies aber eines Tages gelänge, ließe sich ein entsprechendes Projekt zu einem idealen Energieversorgungssystem ausbauen: Aus dem reichlich vorhandenen, *energiearmen* Wasser und der kostenlosen Sonnenstrahlung erhielte man *energiereichen* Wasserstoff. Und *umweltfreundlich* wäre dieses Verfahren allemal!

Den Wasserstoff könnte man problemlos überallhin *transportieren*, wo man ihn nutzen will – sei es für Heizzwecke, für die Gewinnung elektrischer Energie in Kraftwerken, für den Antrieb von Wasserstoff-Gasmotoren oder als Rohstoff für die Industrie.

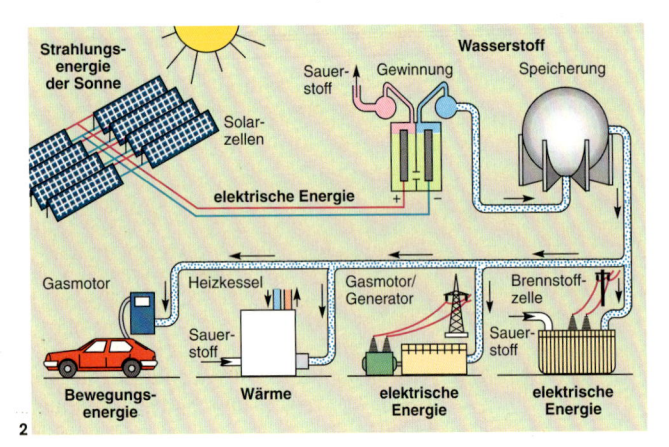

Aus Umwelt und Technik: **Wasserstoff als Treibstoff**

Treibstoffe, die man aus Erdöl herstellt, sollen in Zukunft ersetzt werden. Deshalb werden in der Industrie Versuche z. B. mit Wasserstoff durchgeführt. Die herkömmlichen **Automotoren** können nämlich ohne große Änderungen auch mit einem Wasserstoff-Luft-Gemisch fahren.

Einige Autohersteller bemühen sich darum, die technischen Probleme in den Griff zu bekommen: das *Tanken* von Flüssigwasserstoff und die *Sicherheit* bei Verkehrsunfällen; aufwendig ist auch die *Wärmeisolierung* des Tanks (Bild 3), denn Wasserstoff ist bei Normaldruck erst bei −253 °C flüssig!

Wasserstoff lässt sich auch in einem *Magnesiumhydrid*-Speicher unterbringen. Magnesium bindet unter Druck den Wasserstoff. So ein Speicher ist aber (bei vergleichbarer „Leistung") viermal so schwer wie ein Benzintank.

In beiden Fällen muss man immer wieder Wasserstoff „nachtanken". Er könnte durch Zerlegen von Wasser hergestellt werden, doch dazu braucht man viel Energie …

Trotz aller technischer Probleme scheint der Wasserstoff als Autotreibstoff der Zukunft gute Aussichten zu haben – schließlich hinterlässt er ja keine schädlichen Rückstände, wenn er verbrennt.

Als Treibstoff für **Raketen** ist Wasserstoff schon seit langer Zeit gebräuchlich, z. B. für den *Spaceshuttle*:

Vor dem Start wird jede Rakete mit flüssigem Wasserstoff sowie flüssigem Sauerstoff betankt (Bild 4).

Bei normaler Temperatur sind beide Stoffe gasförmig. Wasserstoff wird ja bei −253 °C flüssig, Sauerstoff bei −183 °C. Unter Druck verflüssigen sich die Gase bei höheren Temperaturen.

Beim Start werden beide Stoffe in die Brennkammer gespritzt. Dabei werden sie gasförmig und vermischen sich. Das Gemisch wird gezündet. Die Verbrennungsgase haben Temperaturen von etwa 3000 °C. Sie strömen mit Geschwindigkeiten von bis zu 12 000 km/h aus der Düse aus und erzeugen so den Rückstoß.

Vor wenigen Jahren begann auch in der **Luftfahrt** das „Wasserstoffzeitalter".

Ein russisches Flugzeug vom Typ *Tupolew* bestand einen Testflug, auf dem es seinen Schub von einem gezündeten Gemisch aus Wasserstoff und Sauerstoff erhielt.

Dadurch deuten sich auch in der Luftfahrt Möglichkeiten für einen größeren Umweltschutz an. Das Gemisch verbrannte nämlich nach der Zündung zu harmlosem Wasserdampf!

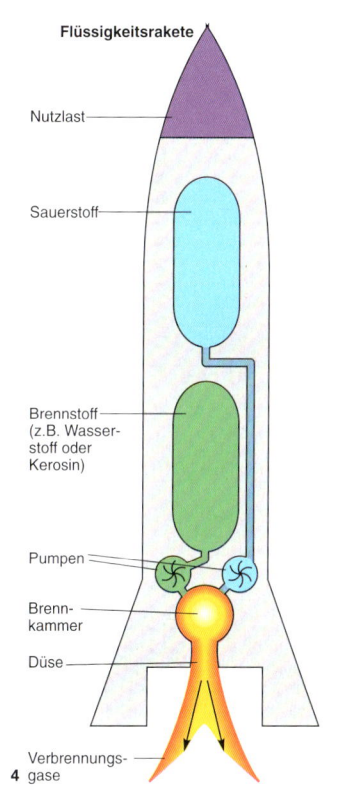

Aus der Geschichte: **Die Katastrophe von Lakehurst**

Früher wurden die Luftschiffe mit **Wasserstoff** gefüllt, weil das Gas eine geringere Dichte als Luft hat. Heute verwendet man dazu Helium. Das Gas brennt nicht und hat auch eine geringere Dichte als Luft.

Die „Hindenburg" war ein riesiges Luftschiff. Es wurde von der Firma *Zeppelin* gebaut. Mit 245 Metern war es doppelt so lang wie ein Fußballfeld! In der Hülle befanden sich 200 000 Kubikmeter Wasserstoff.

Vier Motoren an den Seitenwänden trieben das Luftschiff voran, sodass es eine Geschwindigkeit von 125 km in der Stunde erreichte.

Für die Strecke Frankfurt–New York brauchte es etwa 60 Stunden.

In New York ereignete sich am 6. Mai 1937 ein folgenschweres Unglück: Die „Hindenburg" hatte den Atlantik glücklich überquert. Der Landeplatz *Lakehurst* war in Sicht und das Luftschiff setzte zur Landung an. Die ersten Taue waren schon zu Boden gefallen – da brach Feuer aus … In knapp einer Minute brannte die Hülle des Luftschiffs ab (Bild 5).

Wie durch ein Wunder überlebten 61 von 96 Personen. Aber die Epoche der Luftschifffahrt war damit beendet.

Wissenswertes über einige Metalle

1 Die besonderen Eigenschaften der Metalle

„Verhüllter Reichstag" in Berlin (Sommer 1995)

Der Glanz von Aluminium spielte dabei eine wichtige Rolle.

V 1 Putze Metallstücke (z. B. Aluminium, Zink- und Kupferbleche) mit feinem Schmirgelpapier.
Was fällt dir dabei auf?

V 2 Erhitze den Rand einer Münze mit einer Streichholzflamme.
Was lässt du eher los, die Münze oder das Streichholz? Erkläre!

V 3 Plane einen Versuch, mit dem du verschiedene Metalle auf ihre elektrische Leitfähigkeit hin untersuchen kannst.

V 4 Lege ein Metallstück (Kupfer, Blei oder Zink) auf eine feste und unempfindliche Unterlage. Schlage mehrmals mit dem Hammer darauf (Bild 2). Wie verhält sich das Metall?

V 5 Ein Stück Zinn soll in einem Porzellantiegel mit dem Brenner erhitzt werden (feuerfeste Unterlage!).
Beschreibe, wie sich das Zinn dabei verhält.
Falls eine Gießform vorhanden ist, können wir eine Zinnfigur gießen.

V 6 (Lehrerversuch) In einem Porzellantiegel werden gleiche Mengen von Blei [T] und Zinn zusammengeschmolzen. Was stellst du fest, wenn die Metallmasse abkühlt? (Auf diese Weise entsteht eine *Legierung*.)

Woran man ein Metall erkennt

Es gibt mehr als 80 unterschiedliche Metalle. Du kannst sie aber alle sofort als Metalle erkennen, denn sie haben **gemeinsame für die Metalle typische Eigenschaften**:
○ Metalle zeichnen sich durch einen metallischen Glanz aus.
○ Metalle sind undurchlässig für Licht und undurchsichtig.
○ Metalle (außer Quecksilber) sind bei Raumtemperatur fest.
○ Metalle haben eine gute Wärmeleitfähigkeit.
○ Metalle leiten den elektrischen Strom sehr gut.
○ Metalle sind gut verformbar; d. h., sie sind nicht spröde.

Dennoch ist Metall nicht gleich Metall. Das heißt: Die gemeinsamen Eigenschaften der Metalle sind nicht völlig gleich, es gibt vielmehr **Abstufungen**. So leiten z. B. die Metalle Silber, Kupfer und Aluminium die Wärme und den elektrischen Strom besonders gut.

Du weißt auch, dass sich die Metalle in ihrer *Dichte* unterscheiden. Man teilt sie in *Leichtmetalle* (unter 5 g/cm^3) und *Schwermetalle* (über 5 g/cm^3) ein.

Manche Metalle (z. B. Gold, Silber und Kupfer) zeigen besondere Farben und laufen nicht so leicht an wie die anderen; sie rosten auch nicht so wie Eisen. Gold und Silber werden deshalb als *Edelmetalle* bezeichnet, das Kupfer als ein *Halbedelmetall*. Diese Metalle sind als Schmuck- oder Münzmetalle sehr geschätzt. Sie überdauern Jahrtausende, wovon du dich bei einem Museumsbesuch leicht überzeugen kannst.

Die meisten *metallischen Werkstoffe* sind keine reinen Metalle, sondern **Legierungen**. Reine Metalle wären für die Technik oft zu weich. Legierungen sind „Metallmischungen", die aus mindestens zwei unterschiedlichen Metallen bestehen.

Die Eigenschaften von Legierungen (Härte, Dehnbarkeit, elektrische Leitfähigkeit und Rostfreiheit) lassen sich jedem gewünschten Zweck anpassen. Das erreicht man durch die Art und Menge der beim Legieren verwendeten Metalle.

Die Zahl der gebräuchlichen Legierungen ist heute unübersehbar. Bronze, Messing und Stahl sind Beispiele dafür.

2 Einige Metalle unter die Lupe genommen

Aus Umwelt und Technik: **Silber – ein vielseitiges Metall**

Vielleicht hast du schon von *Alexander dem Großen*, dem griechischen Feldherrn, gehört. Im Jahr 330 v. Chr. begann er einen Feldzug gegen Indien. Dort gibt es jedes Jahr eine mehrwöchige Regenzeit. Gleichzeitig ist es heiß und schwül.

Das machte den Soldaten schwer zu schaffen. Hinzu kam, dass viele an Magen- und Darmbeschwerden erkrankten. Sie wurden schließlich so entkräftet, dass Alexander den Feldzug nicht mehr fortsetzte.

Schon den damaligen Geschichtsschreibern fiel auf, dass nur die Soldaten erkrankten, die Heerführer aber gesund blieben. Später glaubte man den Grund dafür gefunden zu haben: Die Soldaten tranken aus Zinnbechern, die Heerführer dagegen aus Silberbechern. Das Silber löste sich in winzigen Mengen in den Getränken auf und tötete darin die Krankheitserreger (Bakterien) ab. So blieben die Heerführer von Magen- und Darmbeschwerden verschont.

Nachdem man diese Bakterien tötende Wirkung silberhaltiger Stoffe erkannt hatte, verwendete man sie in der **Medizin**. Es gibt noch heute silberhaltige Salben, die bei Hautkrankheiten helfen.

Die Ägypter kannten das Metall Silber schon vor 6000 Jahren. Reines Silber (*gediegenes* Silber, Bild 3) kommt aber in der Natur noch seltener vor als Gold. Deshalb war Silber damals doppelt so teuer wie Gold!

Später fand man Silbererze. Häufig sind diese mit Bleierzen vermischt; man kann daraus also Blei *und* Silber gewinnen.

Aus Silber werden **Schmuckstücke** sowie wertvolle **Gebrauchsgegenstände** (z. B. Bestecke) hergestellt.

3

Besonders wertvoll ist das Silber für die **Elektrotechnik**: Es ist der beste Leiter für elektrischen Strom.

Große Mengen Silber werden auch in der **Fotografie** verwendet: Filme und Fotopapiere haben nämlich eine lichtempfindliche Schicht, die aus einem silberhaltigen Stoff besteht.

Nachdem ein Foto entwickelt wurde, legt man es in ein sog. *Fixierbad* um es „haltbar" zu machen. In dieser Flüssigkeit löst sich die überschüssige silberhaltige Schicht auf. (Das Silber wird später zurückgewonnen.)

Fragen und Aufgaben zum Text

1 Welche Eigenschaft des Silbers wird in Heilmitteln genutzt?

2 Erkundige dich bei einem Juwelier, was die Bezeichnungen *Silberauflage* und *hartversilbert* bedeuten.

3 Noch vor ein paar Jahren enthielt jedes 5-DM-Stück 7 Gramm Silber. Heute prägt man diese Münzen aus einer Mischung von Kupfer und Nickel. Die Silbermünzen wurden damals von den Geldinstituten eingesammelt. Warum?

Aus der Geschichte: **Der Reichtum, den die Sklaven schufen**

Um 525 v. Chr. gab es in der Nähe Athens einen regen **Silberbergbau**. Hier trieb man 2000 Schächte bis zu 125 m tief in den Berg.

Schwer war die Arbeit der Sklaven, von denen bis zu 20 000 in den Bergwerken arbeiteten. Das zeigt eine Tontafel aus Korinth (Bild 4): Ein Hauer schlägt mit einer Keilhaue Erz- oder Gesteinsbrocken los. Sie werden von einem Jungen in eine lederne Tasche gesammelt – auch Kinderarbeit war ja üblich. Ein dritter Sklave reicht das Erz nach oben, ein vierter nimmt es dort in Empfang.

Zur Beleuchtung dienten damals Tonlämpchen. Meist wurde aber im Dunkeln gearbeitet.

Die Gruben waren schlecht belüftet; die Arbeit dort war also gesundheitsschädigend. Nur die kräftigsten und gesündesten Sklaven hielten mehrere Jahre lang durch. Der römische Dichter *Lukrez* schilderte die Lage in den antiken Bergwerken so:

Wie viel Unglück geschieht, wenn die goldreichen Metalle ausdampfen! Was für ein Antlitz geben sie den Menschen und was für eine Farbe! Sieht man nicht und hört man nicht, in welch kurzer Zeit sie gewöhnlich zugrunde gehen und wie denen alle Lebensfülle fehlt, die der große Zwang des Unausweichlichen an solche Arbeit kettet?

Während der Arbeiten wurden die Sklaven mit der Peitsche angetrieben; oft trugen sie auch Fußfesseln. Einen grausigen Beweis dafür gibt es in Form eines Fußgelenkknochens, der noch von einer Eisenkette umschlossen ist.

Das meiste Silber, das so gewonnen wurde, diente der Münzprägung.

Der entstandene Reichtum wurde in der Zeit vor 480 v. Chr. genutzt um eine Kriegsflotte zu bauen. Sie half Athen die Seeschlacht gegen die Perser bei Salamis zu gewinnen. Dieser Sieg leitete eine Blüte von Wirtschaft und Kultur ein.

4

Aus der Geschichte: Der „Goldrausch"

In der Mitte des vorigen Jahrhunderts erlebte Nordamerika den sog. *Goldrausch*. Nach den ersten Goldfunden in Kalifornien versuchten viele Menschen ihr Glück im Goldwaschen (Bild 1). Heute lassen sich jedoch nur noch wenige auf dieses Abenteuer ein.

In seinem Buch „Goldsucher" erzählt der Schriftsteller *Jack London* Abenteuergeschichten aus Nordamerika. In dem Kapitel „Die Goldschlucht" beschreibt er die Erlebnisse eines Goldsuchers. Dieser Mann begibt sich ganz allein irgendwohin in die Wildnis, ebenfalls gepackt vom „Goldrausch". Ob er beim Goldwaschen Erfolg hat? Hier ein kleiner Ausschnitt aus der Geschichte:

Dort, wo der Steilhang das Ufer des Teiches bildete, blieb er stehen, hob eine Schaufel voll Erde aus und schüttete die Erde in die Pfanne. Dann hockte er sich am Bach nieder, tauchte das Gefäß halb unter das Wasser und schwenkte es sachte hin und her. Immer schneller und schneller wurden die kreisenden Bewegungen der Pfanne, kleinere und größere Erd- und Kieselteilchen kamen an die Oberfläche und glitten über den Rand des Gefäßes hinweg. Um den Prozess des Auswaschens zu beschleunigen hielt der Mann manchmal inne und suchte die größeren Steine mit den Fingern heraus. Jetzt befanden sich nur mehr dünner Sand und kleinere Kieselsteine in der Pfanne. Mit unendlicher Vorsicht setzte der Goldgräber seine Arbeit fort; seine Bewegungen wurden langsamer und behutsamer. Ein letztes Mal schwenkte er die Pfanne, die jetzt nur mehr wenig Wasser enthielt. Der Boden des Gefäßes war mit einer dünnen, schwarzen Schicht überzogen, die der Mann einer sorgfältigen Untersuchung unterzog. Da! Ein winziger goldig flimmernder Punkt fesselte seine ganze Aufmerksamkeit. Nochmals spülte eine Flut von Wasser über den Boden des Gefäßes hinweg. Dann kehrte er die Pfanne um, ließ ihren Inhalt auf den Boden gleiten und entdeckte unter den schwarz schimmernden Sandkörnern einen neuen goldenen Punkt.

Der Mann unterzog sich seiner selbst gestellten Aufgabe mit größter Genauigkeit. Immer kleiner wurde die Menge schwarzen Sandes, die er auf den Rand der Pfanne gleiten ließ um sie dort auf ihren Goldgehalt zu prüfen. Kein noch so kleines Sandkörnchen entging seinen forschenden Blicken. Endlich zeigte sich ein Goldkorn in der Größe eines Stecknadelkopfes, aber achtlos spülte er es wieder in die Pfanne hinein. Zwei weitere Goldkörner krönten seine Mühe mit Erfolg, und wie ein guter Hirte, der jeden Verlust seiner Herde beklagt, achtete er auf sie. Schließlich fanden sich nur mehr Goldkörner auf dem Boden des Gefäßes …

Nur seine blauen Augen verrieten die Erregung, in der er sich befand, als er sich nach getaner Arbeit vom Boden aufrichtete. „Sieben", murmelte er beglückt vor sich hin, „sieben." Er konnte sich nicht genug daran tun, die verheißungsvolle Zahl zu wiederholen …

Gold (Bild 2) war schon immer ein begehrtes Metall. Es kommt im Gestein der „Goldminen" oder im Sand mancher Flüsse vor. Daher wird es entweder in Bergwerken unter Tage **abgebaut** oder aus dem Flusssand **herausgewaschen**. Das Gold ist im Gestein oder Sand meist nur als Staub oder in Form von winzigen Körnchen enthalten. Nur selten werden größere Stückchen, nämlich sog. *nuggets*, gefunden.

Mehr als die Hälfte des gewonnenen Goldes wird als Zahlungsmittel verwendet: In Formen gegossenes Gold (Goldbarren) und zu Münzen geprägtes Gold kann überall auf der Erde bei großen Banken gegen die im Lande gültige Währung eingetauscht werden.

Nur drei Zehntel des Goldes werden insgesamt zur Herstellung von Schmuck und Zahngold gebraucht, ein Zehntel in der Industrie.

Fragen und Aufgaben zum Text

1 Gold hat eine sehr viel größere Dichte als Sand. Beschreibe, wie die Goldsucher dies beim Goldwaschen ausnutzen.

2 Häufig wird das Gold in kastenförmigen Sieben und Ablaufrinnen gewaschen (Bild 3). In China gebaute Goldwaschanlagen waren sogar mehrere Kilometer lang. Warum wohl?

3 Manche Goldwäscher legten ihre Ablaufrinnen mit Fellen von Schafen aus. Was erreichten sie damit?

4 Es gelang den Goldsuchern nie, alles Gold aus dem Sand auszuwaschen, da winzige Körnchen mit fortgeschwemmt wurden. Man schätzt, dass beim Goldwaschen nur etwa die Hälfte des im Sand verborgenen Goldes gefunden wird.

Schätze, wie viel Sand man waschen muss um 5 Gramm Gold (Bild 4) zu gewinnen: eine Schaufel, eine Schubkarre oder einen Lastwagen voll Sand?

Goldplättchen in Originalgröße

Aus Umwelt und Technik: **Gold und seine Legierungen**

Vielleicht ist dir schon einmal aufgefallen, dass Schmuckstücke aus Gold, z. B. Eheringe, nicht alle die gleiche Farbe haben (Bild 5). Solltest du darauf noch nicht geachtet haben, sieh dir die Auslagen in einem Juweliergeschäft an.

Reines Gold ist ein ziemlich weiches und deshalb leicht verformbares Metall. Ein Ring, den man täglich trägt, muss jedoch hart sein, damit er nicht so schnell abgenutzt wird. Um das zu erreichen wird das Gold mit anderen Metallen vermischt und dann geschmolzen (z. B. mit Kupfer oder Silber). Auf diese Weise erhält man eine **Legierung**.

Eine Goldlegierung ist härter als reines Gold und hat meist auch eine andere Farbe:

Weißgold ist eine Legierung aus Gold und Nickel (oder Palladium); *Rotgold* enthält neben Gold hauptsächlich noch Kupfer.

Damit man weiß, wie viel Gold eine Legierung enthält, ist in jedem goldenen Schmuckstück eine Zahl eingeprägt. Sie gibt den Anteil an Gold in Tausendstel an.

Ein Ring in Bild 5 hat die Prägung 585. Auf diese Weise wird angegeben, dass 585 Tausendstel seines Gewichts aus Gold bestehen. Anders ausgedrückt: Von 1000 Gewichtsteilen sind 585 Teile reines Gold, also etwas mehr als die Hälfte (Bild 6).

Goldlegierungen werden auch für technische Zwecke verwendet. Da Gold ein guter Leiter des elektrischen Stromes ist, verwendet man es zum Beispiel für Kontakte in wertvollen elektrotechnischen und fototechnischen Geräten (Bild 7).

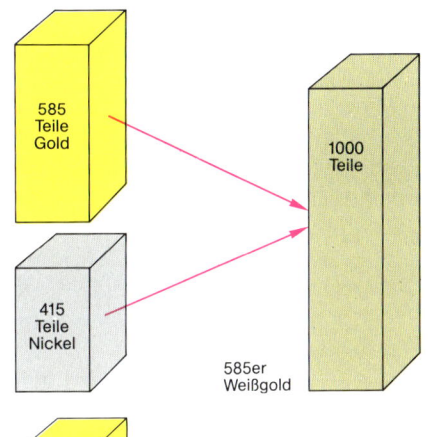

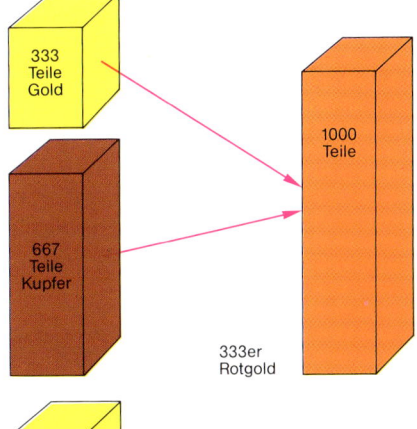

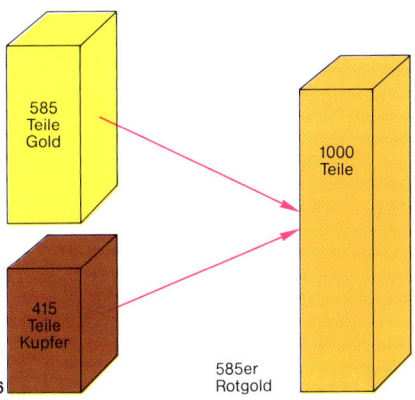

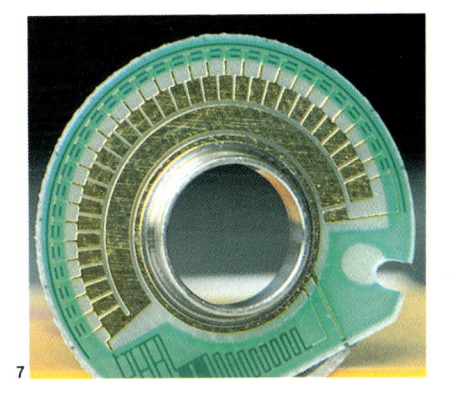

Fragen und Aufgaben zum Text

1 Wie groß ist der Goldanteil von Schmuck mit der Prägung 835 bzw. 925?

2 Aus welchen Metallen sind Rotgold und Weißgold hauptsächlich hergestellt?

3 Erkundige dich, welche Prägungen in Schmuckstücken sonst noch üblich sind.

4 Warum sammeln viele Staaten Gold in Tresoren?

Aus Umwelt und Technik: Kupfer – das Metall für die Elektrotechnik

Das Fernsprechnetz als ergiebige Kupfermine

Niemand zweifelt mehr ernsthaft daran, dass die praktisch abhörsichere Glasfaser künftig die Kupferleitung aus dem Fernmeldenetz der Deutschen Bundespost verdrängen wird. Ein Gramm Glas ersetzt nämlich zehn Kilogramm Kupfer.

Vor allem Fernsprech-Ortsnetze könnten so zu ergiebigen Kupferminen werden.

Wie du in dem Zeitungsartikel lesen kannst, versucht man Kupferleitungen des Fernmeldenetzes durch Glas zu ersetzen. Ein Grund dafür ist, dass man für eine gleich gute Leitung weniger Glas als Kupfer braucht:

Ein 13 km langes Kupferkabel mit einem Durchmesser von 69 mm wiegt 64 000 kg. Ein Glaskabel hätte jedoch nur einen Durchmesser von 9 mm und wiegt bei gleicher Länge nur 1000 kg!

Ein zweiter Grund ist, dass Kupfer, wie alle Metalle, immer knapper wird. Deshalb bemüht man sich auch Kupfer aus gesammeltem Kupferschrott wiederzugewinnen.

Auch Kupfer kommt in der Natur selten rein vor (Bild 1). Häufig findet man verschiedene Kupfererze. In einigen Ländern liegen diese direkt an der Erdoberfläche. Dort werden sie im *Tagebau* abgebaut (Bild 2).

Kupfer wird heute in vielen Bereichen verwendet:

Mehr als die Hälfte des insgesamt gewonnenen Kupfers wird in der Elektrotechnik verbraucht (Bild 3). Das Leitungsnetz „strotzt" geradezu von Kupfer! Nicht nur Leitungsdrähte und -kabel, sondern auch Teile von Generatoren, Transformatoren und Schaltgeräten werden aus diesem Metall hergestellt.

Kupfer wird häufig auch beim Bauen verwendet, so z. B. für Dachrinnen und Verkleidungen von Dächern und Wänden. Auch die Leitungen für Kalt- und Warmwasser (Bild 4) oder für Erdgas und Stadtgas bestehen oft aus Kupferrohren.

Außerdem werden Maschinenteile, Messgeräte, Uhren und Schmuck, Haushaltsgegenstände und hübsche Geschenkartikel häufig aus Kupfer angefertigt.

Fragen und Aufgaben zum Text

1 Kupfer wird in der Elektrotechnik häufiger verwendet als Silber, obwohl Silber den Strom noch besser leitet. Versuche dafür eine Erklärung zu finden.

2 Betrachte die Auslagen in Schaufenstern mit Geschenkartikeln und Haushaltsgeräten. Notiere Gegenstände aus Kupfer. Wer von euch findet die meisten?

3 Bestehen Ein- oder Zweipfennigstücke durch und durch aus Kupfer? Prüfe es nach! (Ein Magnet hilft dir dabei!)

4 Warum werden heute Messer, Äxte und Hacken nicht mehr wie früher aus Kupfer hergestellt?

Aus Umwelt und Technik: **Messing – die „goldene" Legierung**

Vorsicht vor Goldhändlern im Urlaub

Die Juweliere warnen alle Urlauber: Fallt nicht auf die fliegenden Goldhändler im sonnigen Süden herein!

Für 600 Mark kaufte zum Beispiel ein Frankfurter Tourist eine 50 Gramm schwere „Goldkette" (Der Händler äußerte vorher: „Die ist 2000 Mark wert!") – es war aber nur vergoldetes Messing, nicht mehr als etwa 60 Mark wert.

Von Kupfer gibt es – wie von anderen Metallen – **Legierungen**. Sie haben unterschiedliche Eigenschaften und die verschiedensten Farben (Bild 5). Das liegt daran, dass Kupfer mit verschiedenen Metallen legiert wird.

Eine dieser Legierungen ist das Messing. Es besteht meist zu zwei Dritteln aus **Kupfer** und zu einem Drittel aus **Zink**. Wenn du Bild 6 betrachtest, kannst du sicher verstehen, dass man Messing leicht mit Gold verwechselt.

Messing lässt sich wie Kupfer leicht verarbeiten und ist gegen Witterungseinflüsse beständig.

Aus Messing werden z. B. Verschraubungen, Zahnräder, Steuerräder und Schalthebel hergestellt.

Ein besonderer Vorteil ist: Auf Messing können keine Krankheitserreger (Bakterien) leben. Haltegriffe und Türklinken (z. B. in Verkehrsmitteln und öffentlichen Gebäuden) werden täglich von Tausenden von Händen berührt. Wenn diese Gegenstände aus Messing bestehen, sind sie trotzdem frei von Bakterien.

So ist Messing eigentlich geeignet die Übertragung von Bakterien einzuschränken. Doch wird es nur selten für diesen Zweck verwendet.

Fragen und Aufgaben zum Text

1 Wieso konnte der Tourist (→ dazu den oben stehenden Zeitungsausschnitt) ohne weiteres auf den angeblichen Goldhändler hereinfallen?

2 Woran kannst du bei einem Schmuckstück sehr leicht feststellen, dass es nicht aus Gold, sondern wahrscheinlich aus Messing besteht?

3 Nimm drei möglichst gleich dicke Bleche aus Messing, Kupfer und Zink und ritze sie mit einem Stahlnagel. Was stellst du dabei fest?

4 Erkundige dich in einem Eisenwarenladen, woraus Nägel und Schrauben hergestellt werden.

Aus Umwelt und Technik: **Bronze – die „olympische" Legierung**

Eine andere Legierung von Kupfer ist die Bronze. Sie ist eine Legierung aus 80 Teilen **Kupfer** und 20 Teilen **Zinn**. Bronze ist härter und widerstandsfähiger gegen Witterungseinflüsse als Kupfer.

Schon vor etwa 4000 Jahren konnten die damaligen Schmiede Bronze aus Kupfer und Zinn schmelzen. Und da sich Bronze hervorragend zur Herstellung von Gebrauchsgegenständen (Bild 7), Werkzeugen und Waffen (Bild 8) eignete, war diese Legierung sehr begehrt. Sie wurde so viel verwendet, dass ein Zeitalter – die **Bronzezeit** (1800–700 v. Chr.) – nach ihr benannt wurde.

Bronze war jedoch nicht nur als Metall für Gebrauchsgegenstände geeignet. Besonders in den letzten 500 Jahren wurden daraus Denkmäler, Statuen und vor allem auch Glocken gegossen. Noch heute wird für moderne Kunstwerke aus Metall häufig Bronze verwendet (Bild 9). Der Glockenguss erfolgt dabei heute wie vor ein paar hundert Jahren!

Du hast von Bronze bestimmt schon in einem anderen Zusammenhang gehört: Bei den Olympischen Spielen wird der drittbeste Sportler immer mit einer Bronzemedaille ausgezeichnet (Bilder 10 u. 11).

Metalle

Aus Umwelt und Technik: **Eisen – das „Allerweltsmetall"?**

Wenn du das Fragezeichen in der Überschrift beachtet hast, wirst du bestimmt sagen: „Natürlich ist Eisen ein Allerweltsmetall; es wird doch überall und für alles Mögliche verwendet!" Dabei denkst du sicher an Werkzeuge, Nägel und Maschinenteile oder an die schweren T-Träger, die beim Bauen verwendet werden, an Schiffe und Eisenbahnschienen.

Die meisten Gegenstände, von denen wir meinen, sie seien aus Eisen, bestehen jedoch aus **Stahl**. Das ist eine **Legierung von Eisen** mit einer bestimmten Menge **Kohlenstoff**.

Reines Eisen kommt in der Natur sehr selten vor. Nur Meteore, die aus dem Weltall auf die Erde fallen, enthalten reines Eisen (Bild 1). Die verschiedenen Eisenerze (Bild 2) sind dagegen recht häufig.

Im Hochofen gewinnt man aus den Erzen *Roheisen*, das dann, bis auf einen kleinen Teil, zu Stahl weiterverarbeitet wird. Demnach wird nicht Eisen am häufigsten verwendet, sondern seine Legierung *Stahl*. Dieser Werkstoff ist nämlich wesentlich härter als Eisen und lässt sich vor allem auch besser verarbeiten.

Stahl war einmal sehr selten und kostbar. Vor mehr als tausend Jahren wurden deshalb vor allem Waffen und Brustpanzer aus Stahl gefertigt. Im Laufe der Jahrhunderte gelang es dann, immer mehr Stahl von immer besserer Qualität herzustellen. Heute kann man die Eigenschaften von Eisen – je nach Bedarf – durch Legieren so verändern, dass es für fast jeden Zweck verwendet werden kann.

Wenn man Stahl mit den Metallen Chrom oder Nickel legiert, erhält man **Edelstahl** (Bild 3), der nicht rostet.

Aus Umwelt und Technik: **Blei – ein „zwiespältiges" Metall**

Bleigießen kennst du vielleicht als Silvesterspaß. Man braucht dafür eine Bleilegierung, die schon bei niedrigen Temperaturen schmilzt. Wenn man das Metall erhitzt und dann sofort in kaltes Wasser gießt, erstarrt es zu bizarren Gebilden.

Reines, unlegiertes Blei hat eine Schmelztemperatur von 327 °C.

Frisch gewonnen oder geschnitten, glänzt Blei bläulich weiß (Bild 4). An der Luft überzieht es sich aber bald mit einer grauen Schicht.

Mit seiner Dichte von 11,34 g/cm^3 ist das Blei ein **Schwermetall**. Das nutzen z. B. Taucher, indem sie an ihrer Kleidung Bleistücke befestigen.

Blei ist sehr **weich**; man kann es mit bloßen Händen biegen. Deshalb verwendet man es auch, um Glasscheiben einzufassen. Viele Kirchenfenster künden davon.

Auch an dem Schornstein von Bild 5 erkennst du Blei; es verbindet die Ziegelsteine mit dem Dach. Das gut formbare Bleiblech schmiegt sich dabei dicht an die Dachpfannen an.

Wer den Motor eines Autos startet, tut dies mit einem Blei-Akku.

Blei wird auch in der Medizin verwendet: Hier schützen sich Schwestern oder Ärzte gegen die Röntgenstrahlung, die ja auf Dauer schädlich ist: Sie (und ihre Patienten) tragen z. B. Gummischürzen, in die eine bis zu 3 mm dicke Bleischicht eingearbeitet ist.

Doch Blei ist „zwiespältig" – es ist nützlich *und auch* **giftig**. Wer Bleistaub oder -dämpfe einatmet, kann sich eine *Bleivergiftung* zuziehen.

Auch bleihaltiges Wasser zu trinken ist höchst gefährlich. Das kann z. B. vorkommen, wenn in alten Häusern noch Bleirohre als Wasserleitung dienen. Die Folgen sind dann oft Magen- und Darmerkrankungen, womöglich sogar eine Auflösung der Knochensubstanz.

Noch gefährlicher ist bleihaltiger Treibstoff: Bei der Verbrennung im Motor entsteht ein Bleistaub, der eingeatmet wird. Deshalb wird bei uns nur noch *bleifrei* getankt.

Aus Umwelt und Technik: **Aluminium – das „junge" Leichtmetall**

Reines Aluminium kommt in der Natur überhaupt nicht vor, nur Aluminiumerz. Vor allem *Tonerde* und *Bauxit* eignen sich zur Gewinnung von Aluminium. Von diesen Erzen gibt es so große Vorräte im Erdboden wie von keinem anderen Erz! Die Verfahren, mit denen man das Metall daraus gewinnt, sind jedoch sehr aufwendig und kostspielig.

Obwohl Aluminiumerze so reichlich vorkommen, wurde das Metall erst vor knapp 200 Jahren entdeckt. Deswegen wird Aluminium auch als *junges* Metall bezeichnet. Andere Metalle, wie z. B. Kupfer und Eisen, sind dagegen schon seit mehreren tausend Jahren bekannt.

Wahrscheinlich ist das Aluminium so spät entdeckt worden, weil es nur schwer aus den Erzen gewonnen werden konnte. Noch vor 130 Jahren gab es so wenig Aluminium, dass es teurer war als Gold! Die französische Kaiserin hatte Schmuckstücke aus Aluminium, und am Hofe aßen Kaiser *Napoleon III.* und hohe Beamte aus Aluminiumgeschirr. Weniger bevorzugte Gäste mussten sich mit goldenem Geschirr begnügen …

Aluminium ist ein Metall, das sehr vielseitig verwendet wird (Bilder 6–10). Es leitet gut die Wärme und den elektrischen Strom und ist eines der leichtesten Metalle überhaupt.

Außerdem ist Aluminium ausgesprochen widerstandsfähig gegenüber Witterungseinflüssen und vielen Chemikalien.

Wegen dieser Eigenschaften werden Aluminium und seine Legierungen vor allem im Flugzeugbau verwendet. Die äußere Hülle der Flugzeuge besteht fast ausschließlich aus diesem Metall.

Aus Umwelt und Technik: **Quecksilber – das flüssige Metall**

Quecksilber glänzt genauso wie alle Metalle. Aber es ist das einzige Metall, das bei Zimmertemperatur *flüssig* ist (Bild 11). Es wird erst bei −39 °C fest. Am Südpol, wo Temperaturen von −70 °C herrschen, wäre das Quecksilber so hart, dass man damit Nägel einschlagen könnte.

Von allen Flüssigkeiten ist Quecksilber die schwerste. Ein Liter Wasser wiegt 1 kg, ein Liter Quecksilber über 13 kg!

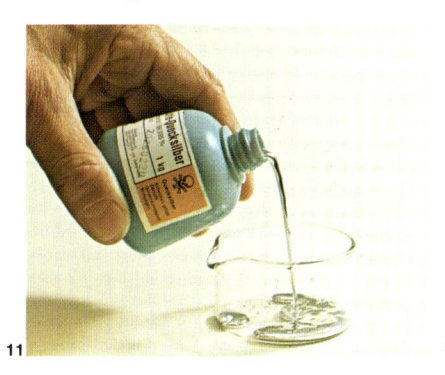

Quecksilber kann schon bei Raumtemperatur verdunsten. Atmet man Quecksilberdämpfe längere Zeit hindurch ein, zeigen sich gefährliche **Vergiftungserscheinungen**. Deshalb ist beim Umgang mit Quecksilber größte **Vorsicht** geboten!

Wenn Quecksilber doch einmal zu Boden fällt, „zerspringt" es zu winzigen Kugeln und verteilt sich. Es lässt sich nicht mit einem Besen zusammenfegen und darf auch nicht mit den Fingern berührt werden. Um das Quecksilber einzusammeln schiebt man es vorsichtig, z. B. mit einem Stück Pappe, zusammen und nimmt es dann mit einer Quecksilberzange (Bild 12) auf.

Weil Quecksilber so gefährlich ist, enthalten die meisten Thermometer heute kein Quecksilber mehr. (Vielfach verwendet man Alkohol.) Das Metall wird hauptsächlich in der chemischen Industrie gebraucht.

Umweltschutz ist Pflicht: Verbrauchte Batterien zurück!

In Deutschland werden pro Jahr Millionen Batterien verschiedener Typen verkauft. Sie enthalten unter anderem 5,5 t giftiges Quecksilber und 615 t ebenfalls giftiges Cadmium.

Bisher sind nur etwa ein Drittel der verbrauchten Batterien zurückgegeben worden. Der größte Teil der Schadstoffe ist also über den Hausmüll in die Umwelt gelangt.

Deshalb verbietet seit 1998 ein Gesetz Batterien jeglicher Art in den Hausmüll zu werfen. Die Händler sind verpflichtet alle verbrauchten Batterien zurückzunehmen und den Sammelstellen zu übergeben.

Die Batteriehersteller haben sich verpflichtet die wertvollen Rohstoffe aus den alten Batterien zurückzugewinnen.

Wissenswertes über einige Nichtmetalle

1 In deiner Umgebung kommen auch Nichtmetalle vor

Außer den Metallen findest du in deiner Umgebung viele andere Stoffe, die keine Metalle sind. Einige von ihnen – z. B. Kunststoffe, Glas, Holz und Keramik – werden in der Technik als *nichtmetallische Werkstoffe* bezeichnet.

In der Chemie gibt es die Bezeichnung **Nichtmetalle** ebenfalls, aber nur für ganz bestimmte Stoffe. Warum das so ist, wirst du bald erfahren.

Es gibt mehrere bei Raumtemperatur feste und gasförmige Nichtmetalle, aber nur eins, das flüssig ist.

Sicherlich hast du schon einmal an einem Lagerfeuer oder vor einem offenen Kamin gesessen und das Feuer beobachtet: Das Holz brennt zunächst mit leuchtender Flamme, schließlich glüht es nur noch und dann erlischt es. Nach dem Abkühlen der Feuerstelle findest du meistens außer der grauen Asche schwarze, „verkohlte" Holzstücke. Dieser schwarze Stoff wird von Chemikern als **Kohlenstoff** bezeichnet.

Für Chemiker ist der Kohlenstoff ein *Nichtmetall*. Dieser Begriff wird jedoch von Chemikern und Technikern mit ganz unterschiedlichen Bedeutungen verwendet. Sie lassen sich am Beispiel des *Holzes* und der *Holzkohle* aufzeigen:

Der Chemiker bezeichnet *nur* den schwarzen Kohlenstoff der Holzkohle (also nur einen *Teil* des verbrannten Holzes) als *Nichtmetall*. Der Techniker bezeichnet dagegen das unverbrannte Holz insgesamt als nichtmetallischen Werkstoff.

Nichtmetalle kann man an ihren Eigenschaften erkennen und dadurch von Metallen und auch voneinander unterscheiden. Sie kommen in der Natur nur selten in reiner Form vor – genau wie die Metalle. *Ein* natürlich vorkommendes Nichtmetall ist besonders kostbar …

Darüber und über weitere feste Nichtmetalle kannst du auf den folgenden Seiten mehr erfahren.

2 Einige Nichtmetalle unter die Lupe genommen

Aus Umwelt und Technik: **Kohlenstoff – das Nichtmetall mit den zwei „Gesichtern"**

Wenn Brennstoffe im Ofen verbrennen, bildet sich leicht **Ruß**. Er setzt sich meist im Ofen und im Kamin ab. Daher muss der Schornsteinfeger ab und zu den Kamin reinigen und dabei den Ruß entfernen. Dieser Ruß ist **fast reiner Kohlenstoff**.

Kohlenstoff ist (mit anderen Stoffen verbunden) in allen Brennstoffen enthalten (→ Tabelle).

Wie du aus der Tabelle ablesen kannst, ist *Holzkohle* (Zeichenkohle, Grillkohle) ziemlich reich an Kohlenstoff. Sie wird deshalb oft bei Experimenten im Unterricht eingesetzt.

Betrachtet man die Rußpartikel bei starker Vergrößerung, kann man winzige Blättchen erkennen. Das deutet darauf hin, dass es sich bei Ruß eigentlich um *Graphit* handelt.

Graphit ist reiner Kohlenstoff. Es gibt ihn in der Natur in Form grauschwarzer Blättchen, die lose aneinander haftende Schichten bilden (Bild 1).

Graphit ist in allen Bleistiftminen enthalten. Vor allem weiche Minen bestehen aus fast reinem Graphit. In harten Minen ist Graphit mit Ton vermischt. Der „Bleistift" schreibt, weil sich die Graphitblättchen leicht von-

Kohlenstoffanteile in Brennstoffen

Brennstoff	Kohlenstoffanteil
100 g Holz	50 g
100 g Braunkohle	65–75 g
100 g Steinkohle	75–90 g
100 g Holzkohle	81–83 g
100 g Heizöl	85–88 g
100 g Anthrazit	über 90 g

einander lösen und nach und nach auf dem Papier ablagern. So kann man mit einer Mine einen mehr als 10 Kilometer langen Strich ziehen.

Obwohl Graphit kein Metall ist, leitet es den elektrischen Strom. Graphit wird deshalb in vielen Bauteilen der Elektrotechnik als elektrischer Leiter verwendet.

Vielleicht kennst du auch das Graphitpulver, das z. B. als Gleitmittel für Türschlösser verwendet wird.

Diamant (Bild 2) ist ebenfalls reiner Kohlenstoff. Seit etwa 1960 kann man den weichen Graphit unter sehr hohem Druck und bei sehr hohen Temperaturen unter Luftabschluss in kleine Diamanten umwandeln.

Die künstlichen Diamanten sind jedoch nicht für Schmuckstücke geeignet. Da Diamanten sehr hart sind, werden sie in verschiedene Werkzeuge eingebaut, mit denen man z. B. harte Metalle schneiden, schleifen oder bohren kann.

Diamanten werden in der Natur nur selten gefunden. Wenn sie „lupenrein" und klar sind, werden sie zu Schmuckstücken verarbeitet. Der geschliffene Diamant heißt *Brillant*.

Aus Umwelt und Technik: **Wie Holzkohle hergestellt wird**

Wie schon der Name sagt, wird Holzkohle aus Holz hergestellt. Früher machten das die Köhler in Kohlenmeilern (Bild 2). Heute schwelen nur noch einzelne Meiler in einigen Wäldern der Pfalz, Oberbayern und des Harzes – als Sehenswürdigkeit für Touristen.

Solch ein Meiler muss fachmännisch aufgebaut und dann auch betreut werden: Zuerst errichtet der Köhler den *Kamin* des Meilers. Dazu steckt er vier lange Stangen in den Boden. Um diese Stangen herum wird das Holz möglichst dicht aufgestellt (Bild 3); anschließend wird es mit Reisig, Laub und Erde luftdicht abgedeckt. Um seinen Meiler anzuzünden, füllt der Köhler Reisig und glühende Holzkohle in den Kamin.

Etwa zehn bis vierzehn Tage lang schwelt nun das Holz bei einer Temperatur von ungefähr 500 °C. Dabei entweichen beißende Rauchschwaden durch die Abdeckung ins Freie. In dieser Zeit muss der Köhler Tag und Nacht Wache halten, damit der Meiler nicht irgendwo Luft bekommt und zu brennen anfängt.

Wenn die Holzkohle „gar" ist, wird der Meiler abgeräumt: Der Köhler trägt die Erdschicht ab und breitet die heiße Holzkohle aus. Dann besprüht er sie mit Wasser, damit sie an der frischen Luft nicht verglüht. Schließlich wird sie in Säcke abgepackt und als *Grillkohle* verkauft.

Die meiste Holzkohle wird heute in der *Industrie* in riesigen Kesseln *(Retorten)* hergestellt. Hier verwendet man Holzabfälle, die aus Möbelfabriken, Sägewerken und anderen Holz verarbeitenden Betrieben angeliefert werden.

Der Köhler braucht 14 Tage um Holzkohle herzustellen; die Retorte schafft es in 15 Stunden! Sie ist dabei „umweltfreundlicher" als der Meiler.

Aus der Geschichte: **Die Diamantenstory**

Das „Feuer" des Diamanten und seine unübertroffene Härte faszinierten die Menschen von Anfang an.

Es begann wohl damit, dass im Jahre 1866 am Ufer des Oranje-Flusses in Südafrika einige Diamanten gefunden wurden. Bald darauf brach das „Diamantfieber" aus: Abenteurer strömten aus der ganzen Welt herbei.

Es entstanden sog. *Schürfstellen* an den Ufern des Oranje sowie im Bergland, in der Nähe der heutigen Stadt Kimberley. Dort entdeckte man diamanthaltige Vulkanschlote. Das blauschwarze Erz dieser „Röhren" wurde als *Kimberlit* bezeichnet.

Zunächst rückten die Diamantenschürfer dem Kimberlit mit Hacke und Schaufel zu Leibe. Sie waren so besessen, dass sie in vierzig Jahren ein 400 m tiefes, rundes Loch buddelten, das *„Big Hole"* (Bild 4).

Heute wird das Erz in den Diamantenminen bergmännisch abgebaut. Dabei werden aus etwa 22 000 Tonnen Erz ca. 8000 Karat Rohdiamanten gewonnen, das sind 1600 g (1 Karat = 0,2 g). Davon eignet sich nur etwa ein Fünftel für Schmuckstücke.

Der größte Rohdiamant, der jemals gefunden wurde, wog 3106 Karat. Es ist der *Cullinan*, der seinen Namen nach dem Besitzer der Diamantenmine bekam. Dieser Rohdiamant wurde im Jahre 1908 in 105 Teile gespalten.

Das war eine aufregende Angelegenheit. Ein Diamant lässt sich nämlich nur sehr schwer spalten. Es kann passieren, dass er dabei in viele relativ wertlose Stücke zerbricht! Der Stress war so groß, dass der *Cutter* (engl. für „Schneidender") nach Abschluss der Arbeiten drei Monate mit einem Nervenzusammenbruch danieder lag.

Die neun größten „Bruchstücke" wurden zu kostbaren Schmuckstücken geschliffen. Das schwerste davon, der *Cullinan I* (530 Karat), ziert das englische Königszepter, der *Cullinan II* (317 Karat) die Königskrone. Auch die übrigen Steine gehören entweder zu den englischen Kronjuwelen oder zum Privatschmuck der Königsfamilie.

1986 wurde wieder ein kostbarer Riesendiamant in Südafrika gefunden. Er hat 599 Karat und ist so groß wie ein Hühnerei. Nach der Bearbeitung soll er der zweitgrößte geschliffene Diamant der Welt werden.

Aus Umwelt und Technik: Schwefel – das leuchtend gelbe Nichtmetall

Reiner Schwefel bildet unterschiedlich geformte, gelbe Kristalle (Bild 1). Diese Kristalle können mehrere Zentimeter groß sein und werden wegen ihrer Schönheit gern gesammelt.

Schwefel kommt in der Natur häufig *gediegen* vor und bildet große Lagerstätten. Er gehört zu den wenigen Stoffen, die in reiner Form direkt an der Erdoberfläche zu finden sind.

Besonders in den Ländern am Mittelmeer ist er recht häufig. Man findet ihn z. B. an den Hängen des Vulkans *Ätna* (auf Sizilien). Dort strömen aus Erdspalten und Löchern stechend riechende Dämpfe und rundherum setzen sich die leuchtend gelben Schwefelkristalle ab (Bild 2).

Früher wurde Schwefel (z. B. auf Sizilien) bergmännisch abgebaut. Er wurde dann aus dem Gestein herausgeschmolzen. Dabei setzte man einen Teil des Schwefels wieder als Brennstoff ein. Das waren gesundheitsschädigende Arbeiten und die Erträge waren nur gering.

Heute wird der Schwefel (z. B. in USA) schon in der Erde durch überhitzten Wasserdampf aus dem Gestein ausgeschmolzen und flüssig an die Erdoberfläche gebracht. Der so gewonnene Schwefel ist sehr rein.

Schwefel gehört zu den wichtigen Rohstoffen für die chemische Industrie. Mehr als zwei Drittel des gewonnenen Schwefels werden zur Herstellung von Schwefelsäure verbraucht.

Außerdem wird Schwefel in der Reifenindustrie verwendet. Dort vermischt man ihn mit dem Kautschuk, aus dem die Reifen gemacht werden. Der Kautschuk wird dadurch in elastischen Gummi umgewandelt.

Auch für Zündhölzer, Farben, bestimmte Sprengstoffe und medizinische Präparate verwendet man den Schwefel. So können z. B. schwefelhaltige Salben einige Hautkrankheiten heilen. In manchen Haarwaschmitteln, die gegen Schuppen helfen sollen, wird er ebenfalls verwendet.

Die Dämpfe, die beim Verbrennen von Schwefel entstehen, sind giftig. Deshalb sollte man sie möglichst nicht einatmen!

Diese Dämpfe können aber auch nützlich sein: Manche Krankheitserreger (Bakterien) und Schimmelpilze werden durch sie getötet. Deshalb wurden früher Vieh- und Geflügelställe mit Schwefel „ausgeräuchert" um sie von Ungeziefer und Bakterien zu befreien.

Aus der Geschichte: Schwefel – der „brennende Stein"

Schon früh war der Schwefel bei den Völkern, die im Mittelmeerraum lebten, bekannt. Sie hatten ihn z. B. an den Hängen der Vulkane gefunden und entdeckt, dass man ihn verbrennen konnte.

Der Schwefel verbrennt schon bei einer Temperatur von 260 °C. Dabei entstehen dann stechend riechende Dämpfe.

Diese Dämpfe regten die Fantasie der Menschen damals ungeheuer an: So glaubten sie zum Beispiel, dass man mit Hilfe des stechenden Geruchs böse Geister vertreiben könne. Deshalb setzten sie den Schwefel als Räuchermittel und zu anderen geheimnisvollen religiösen Bräuchen ein.

Auch in der Medizin wurde Schwefel schon früh eingesetzt. Man konnte damit zwar keine bestimmten Krankheiten heilen, aber man verwendete ihn zum Desinfizieren.

Dabei machte man sich die Erfahrung zunutze, dass die beim Verbrennen entstehenden Dämpfe für Tiere, Pflanzen und Kleinstlebewesen sehr giftig sind.

Wenn dann Seuchen wie Pest und Cholera oder andere ansteckende Krankheiten auftraten, wurden die Wohnungen der Kranken mit Schwefel ausgeräuchert.

Das hatte zwar den Vorteil, dass die Krankheitserreger abgetötet wurden. Nachteilig war jedoch, dass die Dämpfe gleichzeitig die Atmungsorgane der noch gesunden Menschen schädigen konnten. Aber diese Zusammenhänge wurden erst später erkannt.

Im Mittelalter spielte Schwefel auch bei der Herstellung von Schießpulver (Schwarzpulver) eine große Rolle. Dabei wurde er mit anderen Stoffen vermischt.

Man verwendete das Schießpulver aber nicht nur für Kriegswaffen. Schon vor etwa 600 Jahren versuchte man besonders festes Gestein in Bergwerken damit zu sprengen.

Etwa hundert Jahre später wurden erstmals Klippen in Flussbetten gesprengt um den Wasserlauf besser befahrbar zu machen.

Aus Umwelt und Technik: **Phosphor – das „zündende" Nichtmetall**

Den Phosphor gibt es – ähnlich wie den Kohlenstoff – in drei Erscheinungsformen: als *weißen* Phosphor (er ist aufgrund von Beimengungen meist etwas gelb gefärbt), als *roten* und als *schwarzen* Phosphor.

Der Hauptverbraucher von Phosphor ist die Zündholzindustrie.

Zündhölzer kennt man seit Beginn des 19. Jahrhunderts. Sie bestanden damals aus kleinen Holzspänen, bei denen das eine Ende mit einer Mischung aus bestimmten chemischen Stoffen (einer hieß *Kaliumchlorat*) überzogen war. Diese entzündeten sich, wenn man die Spanköpfe in ein Fläschchen mit Asbest tauchte, der mit Schwefelsäure angefeuchtet war – nicht ganz ungefährlich.

Später gab es Zündhölzer, deren Köpfe aus einem Gemisch bestanden, das weißen Phosphor enthielt. Sie entflammten sofort, wenn man sie über eine harte Fläche strich. Man erkannte jedoch bald, dass diese

Reibfläche: roter Phosphor, Glaspulver, Bindemittel.

Zündkopf: Kaliumchlorat, Schwefel, Farbstoff, Bindemittel.

Reiben überträgt roten Phosphor auf den Zündkopf.
Reibungswärme zündet das Gemisch aus Phosphor und Kaliumchlorat.

3

Zündhölzer auch gefährlich waren, denn weißer Phosphor ist sehr giftig.

Im Jahr 1855 wurden in Schweden die sog. *Sicherheitszündhölzer* erfunden. Der Zündholzkopf enthielt nun keinen weißen Phosphor mehr, sondern Schwefel oder einen schwefelhaltigen Stoff als brennbare Substanz. Diese Zündhölzer – oft auch *Schwefelhölzer* genannt – verbreiteten sich auch bei uns sehr schnell.

Noch heute wird Schwefel für unsere Zündhölzer verwendet. Das Gemisch für die *Zündköpfe* enthält nun jedoch etwa 20 verschiedene Chemikalien (Bild 3).

Phosphor wird nicht mehr für die Zündköpfe verwendet. Stattdessen enthält nun die *Reibfläche* der Zündholzschachtel unter anderem Glaspulver und roten Phosphor. Dieser ist ungiftig und weniger leicht entzündlich als weißer Phosphor.

Wenn man das Zündholz auf der Reibfläche anstreicht, wird etwas roter Phosphor losgerissen. Beim Reiben entsteht gleichzeitig Wärme. Beides wirkt auf den Zündkopf ein und bringt ihn zum Entflammen.

Für Phosphor gibt es in der chemischen Industrie noch weitere Verwendungsmöglichkeiten. Man stellt daraus vor allem Düngemittel her.

Aus der Geschichte: **Wie der Phosphor entdeckt wurde**

Der Alchemist *Hennig Brand* lebte im 17. Jahrhundert in Hamburg. Er entdeckte im Jahr 1669 den Phosphor.

Wie alle Alchemisten suchte er damals eigentlich den „Stein der Weisen". Man stellte sich darunter einen Stoff vor, mit dessen Hilfe unedle Metalle in Gold umgewandelt werden konnten. Brand kam auf die Idee diesen „Urstoff" im Urin des Menschen zu suchen.

Dazu beschaffte er sich zunächst von Soldaten aus Kasernen etwa eine Tonne Urin. Diesen destillierte er so lange, bis ein schwarzer Rückstand übrig blieb.

Nach mehrstündigem Erhitzen in einer Retorte entstand daraus ein weißer Staub, der sich am Boden absetzte. Dabei konnte Brand ein deutliches Leuchten des Stoffes feststellen (Bild 4). Dieses Leuchten wurde immer intensiver, je mehr von dem Stoff entstand.

Brand experimentierte weiter mit dem neuen Stoff und stellte einige Eigenschaften fest: Wenn man ihn in kochendes Wasser warf, entstanden Dämpfe. Diese fingen an der Luft Feuer und entwickelten dabei einen dicken, weißen Rauch. Der Rauch bildete mit Wasser eine Säure.

Brand beschloss aus seiner Entdeckung Nutzen zu ziehen: Er verkaufte kleine Portionen Phosphor gegen Gold. Aber reich wurde er dabei nicht. Schließlich verkaufte er sein Herstellungsrezept an einen anderen Alchemisten, der damit an den Fürstenhöfen ein Vermögen erwarb.

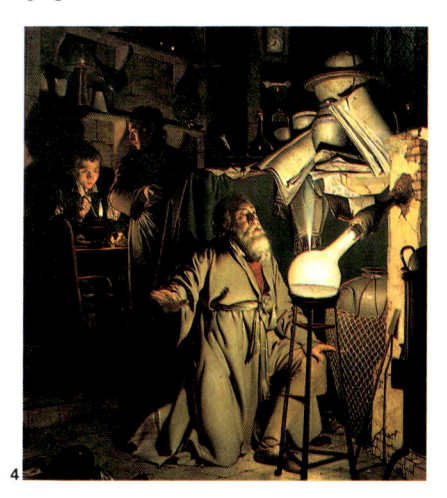

Der Alchemist *Johann Kunkel* hatte vergeblich versucht das Rezept von Brand zu kaufen. Deshalb führte er eigene Versuche mit frischem Urin durch. Es gelang ihm tatsächlich, Phosphor als weiße, wachsähnliche Substanz zu gewinnen.

Da die Herstellung des Phosphors so aufwendig und umständlich war, wurde er sehr kostbar: Man wog ihn mit Gold auf. Dies ist umso erstaunlicher, als man ihn noch gar nicht praktisch verwenden konnte!

Kunkel veröffentlichte einen Aufsatz über seine Versuche mit dem Titel: *„Eine Dauernachtleuchte, die zuweilen funkelt und seit langem gesucht wurde, ist jetzt gefunden."*.

Die Eigenschaft des Phosphors, im Dunkeln zu leuchten, gab ihm auch seinen Namen (griech. *phosphoros*: lichttragend, lichtbringend).

4

Chemische Reaktionen

1 Stoffveränderungen im Alltag

Solche Veränderungen hast du sicherlich auch schon beobachtet …

V 1 Besorge dir drei lange Eisennägel; sie sollen möglichst sauber und blank sein.

Lege davon zwei (wie in Bild 2) in ein offenes Schälchen mit Wasser.

Den dritten legst du in ein Einmachglas oder in ein größeres Marmeladenglas. Füge einen angefeuchteten Wattebausch hinzu (Bild 3). Dann verschließt du das Glas mit dem Deckel.

Lass das zugedeckte Einmachglas und die offene Schale etwa eine Woche lang stehen.

Beobachte die Nägel täglich und vergleiche sie.

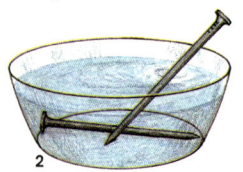

V 2 Erhitze langsam 2 Esslöffel Zucker in einer kleinen Pfanne, bis der Zucker hellbraun ist. Lass die Pfanne dann abkühlen. Vergleiche den hellbraunen Zucker mit nicht erhitztem.

V 3 Vermische einen Esslöffel Mehl, einen halben Teelöffel Zucker und einige Krümel Trockenhefe. Gib dann esslöffelweise lauwarme Milch hinzu. Verrühre alles zu einem dicken Brei.

Stelle diesen Brei für etwa 15 Minuten auf die Heizung. Was kannst du beobachten?

V 4 Bereite dir nun einen starken schwarzen Tee und gieße nach und nach den Saft einer Zitrone hinein. Rühre zwischendurch gut um. Was beobachtest du?

V 5 Bei diesem Versuch darfst du einmal klecksen: Tropfe etwas Tinte auf einen alten Lappen oder ein Papiertaschentuch. Lass dann ein paar Tropfen Zitronensaft auf den Tintenklecks fallen.

V 6 Zitronensaft kann auch andere Veränderungen hervorrufen: Gib einige Tropfen Zitronensaft zu folgenden Proben: etwas Backpulver (auf einer Untertasse), ein wenig Kalk (evtl. vorsichtig vom Wasserhahn abkratzen), ein halbes Glas Mineralwasser. Beschreibe deine Beobachtungen.

V 7 Mit Gips kann man kleine Risse oder Löcher reparieren. Wie geht das eigentlich?

Stelle dir zunächst einen Gipsbrei her: Miss mit einem Messbecher genau 50 ml Wasser ab und gieße es in ein kleines, biegsames Kunststoffgefäß (z. B. von Margarine). Streue nun 5 Teelöffel voll gebrannten Gips über die gesamte Wasserfläche. Rühre dann vorsichtig um, bis ein gleichmäßiger, glatter Brei entstanden ist.

Lass den Gips im Gefäß bis zum nächsten Tag trocknen. Brich dann ein Stück davon ab und zerreibe es zu feinem Pulver (z. B. mit dem Hammer auf einem flachen Stein).

Wie verhält sich dieses Pulver in Wasser? Vergleiche mit neuem Gips.

Aufgaben

1 Eine Mischung aus gebranntem Gips und Wasser wird zu einem festen Stoff.

Vergleiche diesen Vorgang mit dem Gefrieren von Wasser.

2 Was geschieht, wenn du Versuch 7 mit Wasser und Sand durchführst?

3 Bei allen Experimenten dieser Seite haben sich Stoffe verändert. Überlege, ob bei diesen Stoffänderungen auch *ganz neue* Stoffe entstanden sind. Versuche dann das Wesentliche dieser Experimente in einem kurzen Text zu formulieren.

2 Ändern Stoffe *nur* ihre Eigenschaften?

V 8 Wir geben in jeweils ein Reagenzglas einen kleinen Eiswürfel, eine Spatelspitze Kochsalz und die gleiche Menge Zucker.

Die Reagenzgläser werden zuerst vorsichtig erwärmt, dann kräftig erhitzt. (Das Reagenzglas mit dem Eis hin und her schwenken, damit kein Wasser herausspritzt!) Beschreibe das Verhalten der Stoffe.

V 9 Wir vergleichen die Vorgänge beim Schmelzen und Verbrennen.

a) Ein kleines Stück Kerzenwachs wird in einem Porzellantiegel bis zum Schmelzen erhitzt. Dann lassen wir das Wachs wieder abkühlen.

b) Zum Vergleich entzünden wir eine dünne Haushaltskerze und lassen sie einige Minuten lang brennen.

c) Welcher Stoff aus V 8 verhält sich ähnlich wie das Kerzenwachs?

Was geschieht, wenn Stoffe kräftig erhitzt werden?

Wenn Stoffe erhitzt werden, kann das unterschiedliche Folgen haben. Das wird deutlich, wenn wir einige Eigenschaften der Stoffe vor und nach dem Erhitzen vergleichen.

Eis, Kochsalz und Kerzenwachs (Paraffin) schmelzen beim Erhitzen. Wasser siedet und beginnt zu verdampfen. Durch Abkühlen könnten die Vorgänge wieder umgekehrt werden.

In diesen Fällen hat sich der *Aggregatzustand* der Stoffe geändert; die Stoffe an sich sind jedoch unverändert geblieben. Es haben also nur **Zustandsänderungen** stattgefunden.

Auch *Zucker* schmilzt zunächst beim Erhitzen. Wenn man ihn weiter erhitzt, geht er in eine hell- bis dunkelbraune Schmelze über, den *Karamellzucker*. Bei stärkerem Erhitzen entstehen übel riechende, brennbare Dämpfe und schließlich erhält man einen festen, schwarzen Stoff, die *Zuckerkohle*.

Der Zucker hat als Stoff zu bestehen aufgehört; es sind neue Stoffe mit anderen Eigenschaften entstanden. Aus der Zuckerkohle und den aufgestiegenen Dämpfen lässt sich der Zucker auch nicht zurückgewinnen. Hier hat eine **Stoffumwandlung** stattgefunden: eine **chemische Reaktion**.

Bei einer chemischen Reaktion finden stets Stoffumwandlungen statt: Aus den Ausgangsstoffen entstehen Reaktionsprodukte. Die Ausgangsstoffe und die Reaktionsprodukte haben unterschiedliche Eigenschaften.

Für die Beschreibung einer chemischen Reaktion können wir eine *Wortgleichung (Reaktionsschema)* verwenden.

Ausgangsstoffe $\xrightarrow{\text{chemische Reaktion}}$ Reaktionsprodukte

Dabei steht zwischen Ausgangsstoffen und Reaktionsprodukten ein **Reaktionspfeil**. Er bedeutet: „reagieren zu".

Chemische Reaktionen können wir im Alltag oft beobachten. So ist z. B. in dem Toaster (Bild 1) aus dem duftenden Brot eine ungenießbare, schwarze Masse entstanden.

Wenn sich schwarzer Tee durch Zugabe von Zitronensaft aufhellt, eine Kerze brennt oder Milch sauer wird, stecken ebenfalls chemische Reaktionen dahinter.

Nicht immer muss man erhitzen um chemische Reaktionen auszulösen. So wandelt sich z. B. Eisen bereits bei normaler Temperatur allmählich in Rost um. Wasser und gebrannter Gips reagieren zu einer steinharten Masse.

Fragen und Aufgaben zum Text

1 Worin unterscheiden sich chemische Reaktionen und Zustandsänderungen?

2 Chemische Reaktionen, ja oder nein?
a) Verbrennen von Holz oder Abbrennen einer Wunderkerze
b) Die Explosion des Kraftstoff-Luft-Gemisches im Motor
c) Schmelzen von Blei
d) Herstellen einer Zuckerlösung
e) Verdauung von Speisen im Körper
f) Feilen von Eisenblech

3 Beobachte eine brennende Kerze. Wo findet eine Zustandsänderung statt und wo eine chemische Reaktion?

4 Welche der folgenden Aussagen sind richtig? Begründe!
Eine chemische Reaktion erkennt man daran, dass
a) man aus Ausgangsstoffen neue Stoffe erhält;
b) ein Stoff bei Temperaturerhöhung schmilzt;
c) andere Stoffe entstehen.

Was hat eine chemische Reaktion mit Wärme (Energie) zu tun?

Unsere Versuche zeigen, dass chemische Reaktionen etwas mit Wärme zu tun haben: Entweder mussten wir erwärmen, damit eine chemische Reaktion stattfand (Beispiel: Zucker) oder es wurde Wärme an die Umgebung abgegeben (Beispiel: brennende Kerze).

Chemische Reaktionen sind mit Wärmeerscheinungen verbunden.

Manchmal sind auch Lichterscheinungen zu beobachten (Kerzenflamme).

Bei chemischen Reaktionen findet immer ein Wärmeaustausch mit der Umgebung statt (Bild 4).

Wenn bei chemischen Reaktionen Wärme an die Umgebung *abgegeben* wird, spricht man von exothermen Reaktionen (griech. exo: außerhalb; therme: Wärme). Chemische Reaktionen, bei denen ständig Wärme aus der Umgebung aufgenommen oder zugeführt werden muss, nennt man **endotherme Reaktionen** (griech. *endon:* drinnen).

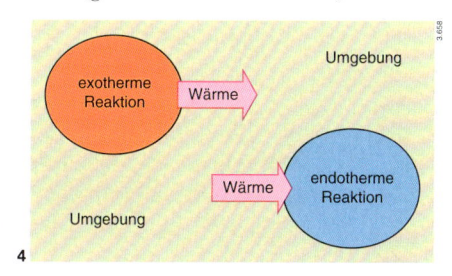

Die Bildung von Zuckerkohle ist also eine endotherme Reaktion. Beim Abbrennen einer Kerze findet dagegen eine exotherme Reaktion statt.

Manche Reaktionen beginnen erst, wenn man die Stoffe „aktiviert" (lat. *activus:* tätig). Ein Beispiel dafür ist das Entzünden einer Kerze.

Luft und Verbrennung

1 Wir experimentieren mit Kerzenwachs und Holz

Mach doch mal die Kerze an!

Das geht nicht! Der Docht ist abgebrochen.

Na und?!

Was brennt eigentlich in einer Flamme?

V 1 Besorge dir eine Kerze, bei der der Docht abgebrochen ist. Stelle sie auf eine feuerfeste Unterlage.

a) Versuche die *Kerze ohne Docht* zu entzünden.

b) Ersetze den Docht durch Holz: Dazu steckst du ein halbes Streichholz ohne Kopf neben den Docht. Das Hölzchen soll nur etwa 1 cm aus dem Wachs herausragen. Lässt sich die Kerze nun anzünden?

V 2 Wir erhitzen nun etwas Kerzenwachs in einem Porzellantiegel.

a) Versuche mehrmals das Wachs zu entzünden: nach 1 Minute, nach 3 und nach 5 Minuten.

b) Beschreibe genau, was mit dem Wachs geschieht. Wann beginnt es zu brennen?

V 3 Zünde eine Kerze an und warte, bis das Wachs rund um den Docht geschmolzen ist. Wenn du nun die Flamme ausbläst, steigt vom Docht weißer *Wachsdampf* auf.

a) Entzünde schnell ein Streichholz, und halte es etwa 2 cm über dem Docht in den Wachsdampf.

b) Halte die Streichholzflamme jetzt 5 cm hoch über dem Docht in den Wachsdampf.

c) Stülpe ein Glasrohr über die brennende Kerze, sodass der obere Glasrand etwa 10 cm vom Docht entfernt ist. Blase nun die Kerze aus und halte die Streichholzflamme am oberen Glasrand in den Wachsdampf.

V 4 Sieh dir eine *Kerzenflamme* einmal genauer an: Du kannst zwei *Zonen* deutlich unterscheiden.

a) Halte für etwa eine Sekunde ein Streichholz quer in die Flamme – und zwar direkt über dem Docht in die dunkle Zone (Bild 2).

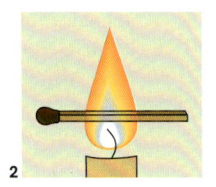

b) Halte einen Streichholzkopf ganz kurz in die dunkle Zone der Flamme (Bild 3). Halte ihn etwa genauso lange in die Spitze der Flamme. Versuche deine Beobachtung zu erklären.

V 5 Wir lassen kleine *Holzstücke* wie in Bild 4 in einem Reagenzglas *verschwelen* (Abzug!).

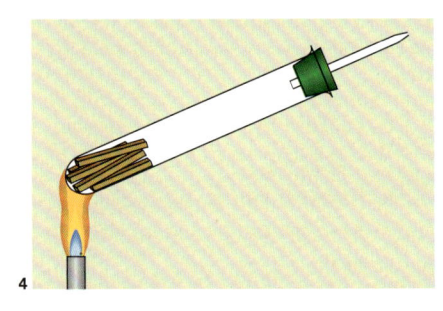

a) Beobachte das Holz: Was verändert sich? Was geschieht, wenn du nach kurzer Zeit eine Streichholzflamme an die Öffnung des Glasröhrchens hältst? (Schutzbrille!)

b) Erhitze auf die gleiche Weise etwas Holzkohle (Zeichenkohle oder Grillkohle). Vergleiche!

Aufgaben

1 Was brennt nun eigentlich in einer Flamme? (Denke auch an das Ergebnis von Versuch 5.)

2 Beschreibe, welche Aufgabe der Docht bei der Kerze hat.

3 Die Sätze a bis e beschreiben, was beim Anzünden einer Kerze geschieht. Aber nur der erste Satz steht richtig. Wie lautet die Reihenfolge?

a) Am Docht befindet sich festes Wachs. Es brennt nicht.
b) Der Wachsdampf entzündet sich bei einer bestimmten Temperatur und beginnt zu brennen.
c) Das flüssige Wachs steigt im Docht nach oben (ähnlich wie Tinte im Löschpapier).
d) Wenn man eine Streichholzflamme an den Docht hält, wird das Wachs erhitzt und schmilzt.
e) Das Wachs beginnt zu sieden und verdampft.

4 Bild 5 zeigt einen Versuch, bei dem eine „Tochterflamme" entzündet wurde.

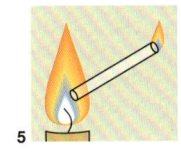

Beschreibe diesen Versuch. Inwiefern beantwortet er die Frage, was eigentlich in einer Flamme brennt?

2 Wenn dem Feuer die Luft ausgeht

Carl Wilhelm Scheele (1742–1786) über die Luft:

Die Untersuchung der Luft ist in unserer Zeit ein wichtiger Gegenstand der Chemie. Die Luft hat so viele besondere Eigenschaften, dass sie demjenigen, der mit ihr Versuche anstellt, genug neue Entdeckungen bietet. Auch das Feuer zeigt uns, dass es nicht ohne Luft erzeugt werden kann.

Ich sah die Notwendigkeit ein das Feuer zu kennen, weil ohne dieses kein Versuch anzustellen ist. Ich machte eine Menge von Versuchen um diese Erscheinung so genau wie möglich zu ergründen. Ich merkte aber bald, dass man ohne Kenntnis der Luft kein wahres Urteil über das Feuer fällen könnte.

Ich lernte also, dass ein Aufsatz vom Feuer, ohne die Luft mit in die Überlegungen einzubeziehen, nicht mit der nötigen Gründlichkeit geschrieben werden kann …

Haben Feuer und Luft tatsächlich etwas miteinander zu tun?
Welche Erfahrungen hast du?

V 6 Stelle eine kleine Kerze (oder ein Teelicht) auf eine glatte Unterlage; entzünde die Kerze. Stülpe ein Glas darüber.

Beschreibe genau, was geschieht. Suche eine Erklärung.

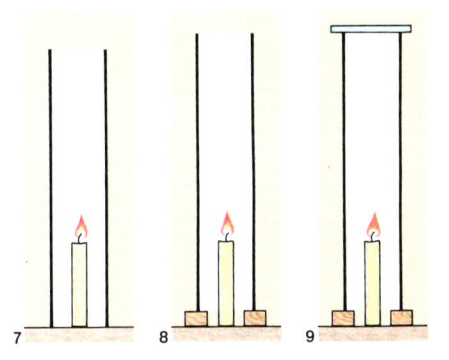

V 7 Über eine brennende Kerze wird ein 20 cm langes Glasrohr gestülpt, und zwar in unterschiedlichen Anordnungen. Beobachte jeweils zwei Minuten lang und beschreibe.

a) Zuerst steht das Glasrohr direkt auf dem Tisch (Bild 7).

b) Dann liegen zwei Holzklötzchen unter dem Rohr (Bild 8).

c) Das Rohr wird oben mit einer Glasplatte verschlossen (Bild 9).

d) Was hat das Versuchsergebnis mit Bild 6 zu tun?

V 8 Die Kerze unter dem Becherglas von Bild 10 ist mit etwas Wachs auf einer Glasplatte befestigt. Nachdem die Flamme erloschen ist, wird das Becherglas zusammen mit der Glasplatte umgedreht. Dann wird eine brennende Kerze in das Glas eingeführt. Erkläre!

Aufgaben

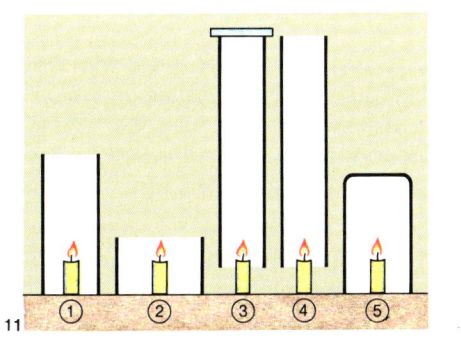

1 Bild 11 zeigt mehrere Versuche mit brennenden Kerzen.

Welche der Kerzen gehen aus, welche brennen weiter?

2 Überlege, was bei dem *Lehrerversuch* von Bild 12 geschehen wird.

3 Vergleiche die Brennerflammen bei geöffnetem und geschlossenem Luftloch mit der Kerzenflamme.

Entzünden und Löschen

3 Wenn Flüssigkeiten Feuer fangen

1

2

Die Etiketten (Bilder 1 u. 2) machen auf eine besondere Gefahr aufmerksam.
Auch bei den folgenden Versuchen musst du unbedingt darauf achten!
Informiere dich dazu über Sicherheitsbestimmungen zum Umgang mit brennbaren Flüssigkeiten.

V 9 In eine Porzellanschale geben wir 2 ml *Reinigungsbenzin* F (feuerfeste Unterlage; Schutzbrille; die Flasche sofort wieder wegstellen!).

a) Wir tauchen kurz ein brennendes Streichholz in das Benzin.

b) Diesmal halten wir die Streichholzflamme nur an die Oberfläche des Benzins. Vergleiche! (Anschließend die Schale abdecken.)

V 10 Verhält sich *Petroleum* Xn genauso wie Reinigungsbenzin F?

a) Wir geben 2 ml Petroleum in eine Porzellanschale. Dann halten wir eine Streichholzflamme an die Oberfläche des Petroleums.

b) Nun wird das Petroleum etwas erwärmt (auf über 55 °C). Dazu füllen wir ein Becherglas zur Hälfte mit heißem Wasser aus der Wasserleitung. (Das Wasser auf keinen Fall mit offener Flamme erhitzen!) Anschließend versuchen wir noch einmal, das Petroleum zu entzünden.

V 11 Wir tauchen einen Pfeifenreiniger in *Petroleum* Xn und ziehen ihn zügig durch die Flamme einer Kerze.
Zum Vergleich machen wir die Probe mit dem Pfeifenreiniger *ohne* Petroleum. Beschreibe!

V 12 (Lehrerversuch) Im seitlichen Lichtschein einer Lampe wird eine geöffnete Flasche mit Reinigungsbenzin F schräg über ein großes Becherglas gehalten. (Bild 3; es darf kein Benzin aus der Flasche fließen!)
Anschließend wird der Inhalt des Becherglases mit einem brennenden Holzspan geprüft.

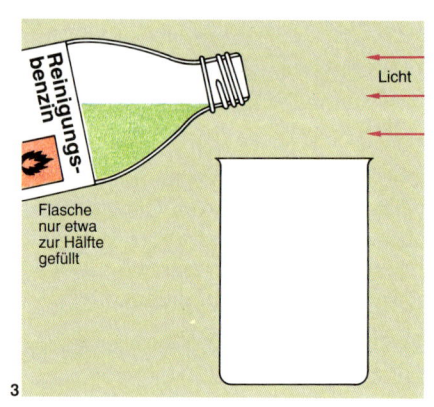

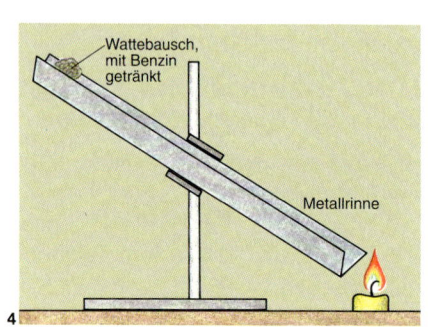

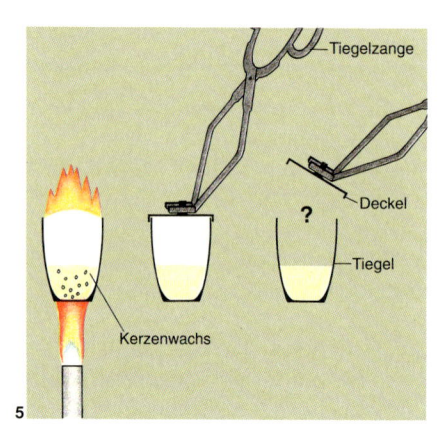

V 13 (Lehrerversuch) Der Versuch wird nach Bild 4 aufgebaut. Etwas Watte wird mit Benzin F angefeuchtet und am oberen Ende in die Rinne gelegt. Beschreibe deine Beobachtungen und versuche sie zu erklären.

V 14 Ob es gelingt, Benzin F auch ohne Flamme zu entzünden?
Wir erhitzen einen Glasstab an einem Ende so lange, bis er beginnt weich zu werden. (Brennerflamme löschen!) Dann geben wir 2 ml Reinigungsbenzin F in eine Porzellanschale und halten den heißen Glasstab an die Benzinoberfläche.

V 15 Diesmal erhitzen wir eine kleine Menge Kerzenwachs in einem Tiegel, bis eine Flamme entsteht.

a) Wir nehmen den Brenner weg und decken den Tiegel mit dem Deckel zu (Bild 5). Nach einigen Sekunden heben wir den Deckel mit der Tiegelzange wieder ab. Beschreibe deine Beobachtungen.

b) Das Öffnen und Schließen des Tiegels kann man mehrere Male wiederholen – mit dem gleichen Ergebnis. Wie erklärst du das?

90

4 Die Bedingungen für die Verbrennung – zusammengefasst

Die Bedeutung der Entzündungstemperatur

Für ein Feuer wird ein **brennbarer Stoff** benötigt, z. B. Papier, Holz, Kohle, Benzin, Spiritus, Heizöl, Erdgas oder auch Kerzenwachs.

Jeder Brennstoff braucht **Luft** (Sauerstoff) und eine bestimmte Temperatur, damit er zu brennen anfängt. Man nennt sie **Entzündungstemperatur**. Jeder Stoff hat eine andere Entzündungstemperatur. Hier die Entzündungstemperaturen einiger Stoffe:

Brennbarer Stoff	Entzündungstemperatur
Streichholzkopf	etwa 60 °C
Papier	etwa 250 °C
Holzkohle	200–250 °C
Benzin	220–300 °C
Heizöl	250 °C
Paraffin (Wachs)	250 °C
trockenes Holz	etwa 300 °C
Butangas	400 °C
Spiritus	425 °C
Propangas	460 °C
Erdgas	etwa 600 °C
Steinkohle	350–600 °C
Koks	700 °C

Bevor sich die meisten Stoffe entzünden, müssen sie so stark erhitzt werden, dass sie *Dämpfe* bilden. Erst diese Dämpfe entzünden sich, sobald die Entzündungstemperatur erreicht ist. Das gilt für feste und für flüssige Stoffe.

Wenn wir z. B. im Ofen **Feuer machen** wollen, spielt die Entzündungstemperatur eine wichtige Rolle (Bild 6):

Zunächst legen wir locker zerknülltes *Papier* in den Ofen. Darauf kommen einige dünne Stücke *trockenes Holz*. Es folgen ein paar dickere *Holzscheite* und zuletzt kommt die *Kohle*.

Dann wird ein *Streichholz* entzündet. Die Flamme greift vom Streichholz auf das *Papier* über. Das brennende Papier liefert so viel Wärme, dass die Entzündungstemperatur des Holzes erreicht wird. Das *fein zerteilte Holz* fängt zuerst Feuer, danach entzünden sich die *Holzscheite*. Auch der **Zerteilungsgrad** der Stoffe spielt also eine Rolle.

Beim Brennen des Holzes wird so viel Wärme frei, dass die Entzündungstemperatur der *Kohle* erreicht wird. Bald ist das Feuer in vollem Gange.

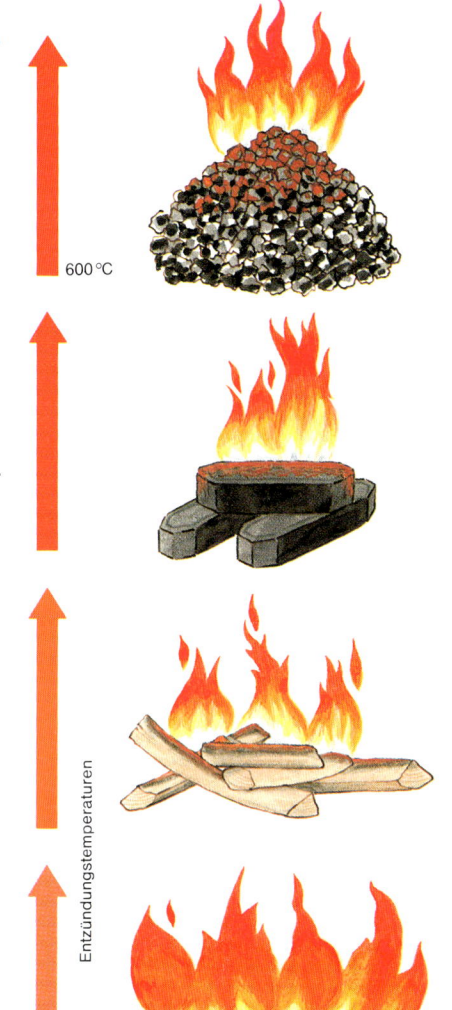

Von Flammenerscheinungen und Flammpunkt

Kerzenwachs ist brennbar. Es lässt sich aber nur im gasförmigen Zustand entzünden. Der Docht begünstigt das Verdampfen des flüssigen Wachses. Er verteilt es auf eine große Oberfläche.

Bei der Kerzenflamme erkennt man zwei *Zonen*: einen Kern und einen Mantel. Im Kern der Flamme entstehen ständig Wachsdämpfe; diese Gase vermischen sich mit Luft und verbrennen im Mantel der Flamme. Daher ist der Mantel heißer als der Kern.

Auch wenn *Holz* verbrennt, beobachten wir Flammen. Beim Erhitzen zersetzt sich das Holz in gasförmige Stoffe und in Holzkohle. Die Gase verbrennen mit einer Flamme.

Allgemein können wir sagen: **Flammen sind brennende Gase.** Verbrennungsvorgänge mit Flammenerscheinungen verlaufen stets exotherm.

Wenn Stoffe erhitzt werden, die bei der erzeugten Temperatur *keine Gase* bilden, sagt man: Der Stoff *verglüht* (z. B. wenn *Holzkohle* erhitzt wird).

Auch wenn **brennbare Flüssigkeiten** verdampfen, entstehen Gase. Diese bilden mit der Luft *entflammbare Gemische*. Die niedrigste Temperatur, bei der ein solches Gemisch entflammt, nennt man **Flammpunkt** (abgekürzt: FP).

Zur Entzündung eines solchen Gemisches ist eine *Zündquelle* erforderlich: eine offene Flamme (z. B. brennende Zigarette), ein Funke (z. B. elektrische Klingel und Lichtschalter) oder ein heißer Gegenstand (z. B. Herdplatte).

Der Vorgang nach dem Zünden kann so heftig sein, dass man von einer *Explosion* spricht. Das ist aber nur der Fall, wenn Gas und Luft in bestimmten Massenverhältnissen miteinander vermischt sind. Dazu ein Beispiel:

Ein Butan-Luft-Gemisch explodiert bei Zündung bereits, wenn sich in 1 Liter Luft nur 15 cm³ Butangas befinden! Steigt der Anteil des Butans in der Luft auf über 85 cm³ an, so explodiert es nicht mehr. Der *Zündbereich* des Butan-Luft-Gemisches liegt zwischen 15 cm³ und 85 cm³ Butan je Liter Gemisch.

Brennbare Flüssigkeiten werden nach ihrem Flammpunkt eingeteilt: in *hoch entzündlich* (FP < 0 °C), *leicht entzündlich* (FP 0–21 °C; z. B. Benzin) sowie *entzündlich* (FP 21–55 °C). Ihre Aufbewahrungsgefäße werden entsprechend gekennzeichnet (→ Gefahrensymbole).

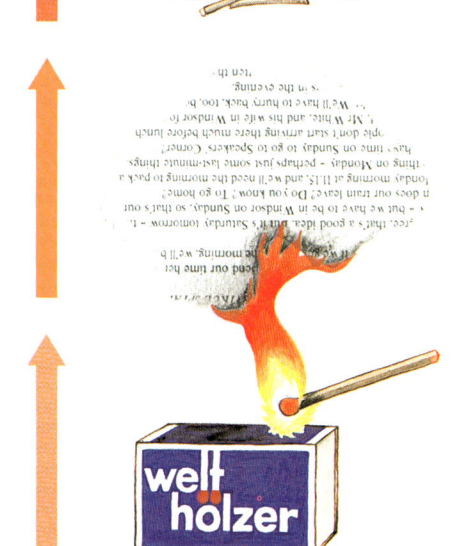

5 Über die Verhütung und Bekämpfung von Bränden

Verschiedene Löschmethoden – eine fehlt ...

V 16 (Lehrerversuch) Auf einer feuerfesten Unterlage steht eine kleine Metallschale (oder ein Blechdeckel). Darin brennt etwas Reinigungsbenzin F.
Überlege dir eine Möglichkeit, wie man das Benzin ganz einfach löschen könnte.

V 17 (Lehrerversuch) In einer kleinen Metallschale wird wenig Bratfett erhitzt. Wenn die Entzündungstemperatur erreicht ist, beginnt es zu brennen.
Wie könnte man es löschen? Man darf dafür *auf gar keinen Fall* Wasser nehmen!

Die Bekämpfung von Bränden

Du kennst bereits die **drei Voraussetzungen**, die erfüllt sein müssen, wenn etwas brennen soll. Unter den gleichen Voraussetzungen entstehen Brände und breiten sich aus.

Beim Löschen versucht die Feuerwehr dem Feuer mindestens eine der drei Voraussetzungen zu entziehen. Es gibt daher **drei Methoden, einen Brand zu bekämpfen**. Wenn möglich werden alle drei Methoden gleichzeitig angewandt.

1 Dem Feuer wird die „Nahrung" entzogen: Alles erreichbare Material wird vom Brandherd weggeschafft.

2 Die brennenden Stoffe werden bis unter ihre Entzündungstemperatur abgekühlt. Dazu wird meist kaltes Wasser in die Flammen gespritzt. Brände von feuergefährlichen Flüssigkeiten oder elektrischen Anlagen dürfen jedoch nicht mit Wasser gelöscht werden!

3 Man verhindert, dass frische Luft an das Feuer herankommt. Oft werden Schaumlöscher eingesetzt. Der Schaum deckt den Brandherd luftdicht ab. Einen kleinen Brand kann man auch mit Decken, Sand oder Erde ersticken.

Aufgaben

1 Es gibt Vorschriften über das Verhalten bei Bränden in der Schule. Was musst *du* bei einem Brand tun?

2 Versuche Beispiele zu den drei Löschmethoden zu finden.

3 Sieh dir die Fotos oben auf dieser Seite noch einmal an. Nach welcher Methode wird jeweils gelöscht?

4 Ordne die folgenden Regeln nach Brand*verhütung* und *-bekämpfung*. Gib bei der Brandbekämpfung an, was jeweils erreicht werden soll:

a) In Hochhäusern muss zwischen Treppenhaus und Fluren eine dicht schließende Tür eingebaut sein.

b) Türen und Fenster von Räumen, in denen es brennt, nicht öffnen.

c) In Garagen, in Autowerkstätten und an Tankstellen sind das Rauchen und der Gebrauch von offenem Feuer verboten.

d) Brennbare Flüssigkeiten niemals als Feueranzünder benutzen.

e) Brände feuergefährlicher Flüssigkeiten nicht mit Wasser bekämpfen.

f) Für Brände in elektrischen Anlagen nur Spezialfeuerlöscher ohne Wasser benutzen.

g) Im Chemieraum außer dem Feuerlöscher einen Kasten mit Sand und eine Löschdecke bereithalten.

h) Personen mit brennenden Kleidern nicht weglaufen lassen! Schnell in etwas einwickeln (Decke).

i) Heiße Bügeleisen in Arbeitspausen auf eine feuerfeste Unterlage stellen.

k) Keine heiße Asche in Mülleimer aus Kunststoff werfen.

Luft und Verbrennung

Alles klar?

1 Wenn du Daumen und Zeigefinger anfeuchtest, kannst du damit eine Kerzenflamme löschen ohne dich zu verbrennen. Wie ist das möglich?

2 Dies ist ein zweckmäßiges Gerät, mit dem man Kerzen löschen kann. Wie funktioniert es?

3 Harry Schlaumeier behauptet: „Ich kann eine Kerzenflamme löschen ohne sie auszublasen oder zu berühren."
Kann er das wirklich schaffen? Begründe deine Meinung.

4 Ein Benzinfeuerzeug hat einen Feuerstein. Damit lässt sich ein Funke erzeugen, der das Benzin entzündet.
Warum ließ sich das Petroleum in den früher gebräuchlichen Petroleumlampen nicht auch so entzünden?

5 Holz kann verschwelen oder verbrennen. Worin besteht der Unterschied? Beschreibe!

6 Das sog. *Feuerdreieck* zeigt die Bedingungen für das Entzünden und das Löschen eines Feuers. Beschreibe, was damit gemeint ist.

7 Oft sagt man: „Das *Feuer* brennt." – Was meinst du dazu?

8 Warum brennt ein Holzstoß mit einer meterhohen Flamme, obwohl das Holz ein fester Stoff ist?

9 Die Feuerversicherung für ein Haus mit Strohdach ist viel teurer als für ein Haus mit Ziegeldach. Warum nimmt die Versicherung eine höhere Brandgefahr beim Strohdach an?

10 Im Kunstunterricht erhitzte die „Batikgruppe" Wachs in einem Gefäß auf einer *elektrischen* Kochplatte. Dabei entstand ein gefährlicher Zimmerbrand. Wie konnte das geschehen?

Auf einen Blick

Was brennt in einer Flamme?

Das **feste Kerzenwachs** brennt nicht. Wenn man es im Tiegel erhitzt, wird es flüssig.

Das **flüssige Wachs** brennt auch nicht. Wenn man es weiter erhitzt, siedet es und wird gasförmig.

Erst der Wachsdampf entzündet sich – und zwar dann, wenn seine Entzündungstemperatur erreicht ist und der Dampf zusätzlich mit Luft in Berührung kommt.

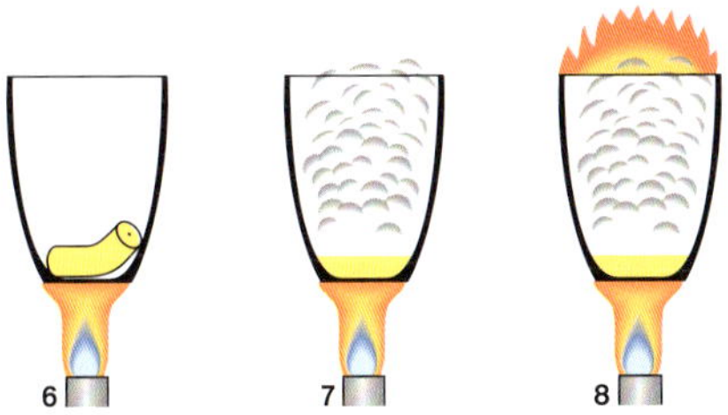

Der **Docht** der Kerze sorgt dafür, dass das flüssige Wachs nach oben steigt und zur Kerzenflamme gelangt. Der Docht allein würde sehr schnell verglühen.

Was für Kerzenwachs gilt, trifft auch für viele andere Brennstoffe zu: Ein brennbarer Stoff (z. B. Holz, Kohle, Heizöl) wird erhitzt und bildet Dämpfe. Bei Erreichen der Entzündungstemperatur beginnen sie zu brennen.

Flammen sind brennende **Gase**.

Wann brennt etwas – wann erlischt ein Feuer?

Drei **Voraussetzungen** müssen erfüllt sein, damit etwas brennt:	Daraus ergeben sich drei **Löschmethoden**:
1. Ein brennbarer Stoff muss vorhanden sein. und 2. Die Entzündungstemperatur des Stoffes muss erreicht sein. und 3. Es muss Luft (Sauerstoff) an das Feuer herankommen.	1. Alle brennbaren Stoffe müssen vom Brandherd entfernt werden. oder 2. Die brennenden Stoffe müssen bis unter die Entzündungstemperatur abgekühlt werden. oder 3. Man muss dafür sorgen, dass keine Luft an das Feuer herankommen kann. Es muss erstickt werden.

Metalle reagieren mit Sauerstoff

1 Wir untersuchen die Brennbarkeit von Eisen

Eisen verbrennt nicht mit einer Flamme – es *verglüht*.
Aber unter welchen Bedingungen? Und was entsteht dabei?

V 1 Wie verhält sich Eisen in der Brennerflamme?

a) Blase vorsichtig etwas Eisen*pulver* durch die Brennerflamme (wie in Bild 1). Benutze dabei Schutzbrille und feuerfeste Unterlage!

b) Halte nun ein Bündel Eisen*wolle* (Stahlwolle) mit der Tiegelzange in die Brennerflamme (Bild 2). (Wieder Schutzbrille und feuerfeste Unterlage benutzen!) Vergleiche das erhitzte Eisen mit nicht erhitztem.

c) Ersetze nun die Eisenwolle durch ein Stück blankes Eisen*blech* (Bild 3). Vergleiche anschließend das Eisen vor und nach dem Erhitzen.

d) Beschreibe insgesamt, wie sich die Eisenproben in der Flamme verhalten und was dabei entsteht.

V 2 Wiederhole den Versuch mit der Eisenwolle. Halte das Bündel aber nur kurz mit seinem Rand in die Flamme. Blase dann vorsichtig mit einem Glasröhrchen Luft in die Eisenwolle. (Unbedingt mit Schutzbrille und feuerfester Unterlage!)

V 3 Nun wird der Versuch nach Bild 4 durchgeführt. Was wird die Waage anzeigen? Überlege dir eine Erklärung für das Versuchsergebnis.

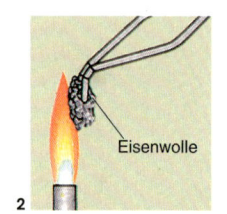

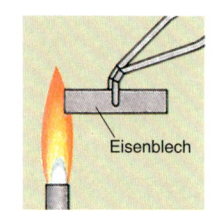

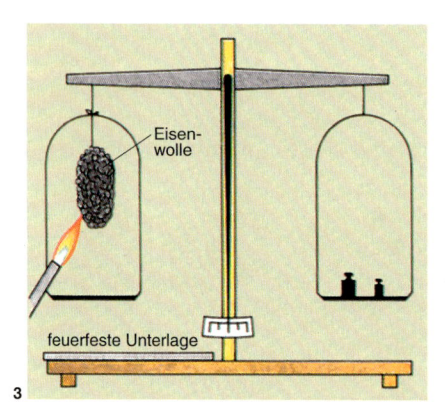

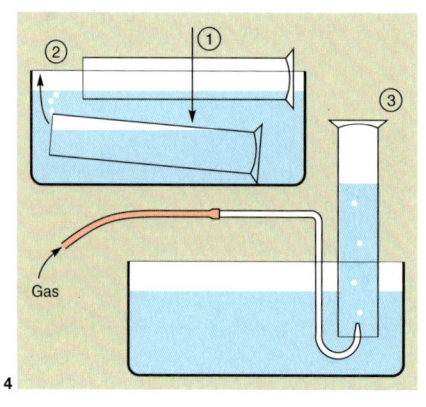

V 4 Wir füllen etwas fettfreie Eisenwolle (in Brennspiritus F oder Aceton F waschen und gut trocknen lassen) in ein Reagenzglas und erhitzen das Glas mit der Brennerflamme.
Vergleiche die erhitzte Eisenwolle mit der von Versuch 2 oder 3.

V 5 Ein schwer schmelzbares Glasrohr wird mit Eisenwolle gefüllt und an zwei Kolbenprober angeschlossen (Bild 6). Der eine Kolbenprober enthält genau 100 ml Luft. Die Eisenwolle wird erhitzt.

V 6 Die Restluft (Restgas) aus dem Kolbenprober von Versuch 5 wird über Wasser in einem Standzylinder aufgefangen (Bild 5; Gefäß unter Wasser mit Glasplatte verschließen). In das Restgas wird ein brennender Holzspan eingeführt.

a) Beschreibe, wie das Auffangen des Restgases vor sich geht. Ginge das nicht auch nur mit Luft im Glas?

b) Was kannst du aus der Beobachtung des Holzspans schließen?

V 7 Fettfreie Eisenwolle soll in reinem Sauerstoff O erhitzt werden.
Welchen Versuchsaufbau hältst du für günstig? Welche Beobachtungen erwartest du?

Wir betrachten den Verbrennungsvorgang genauer

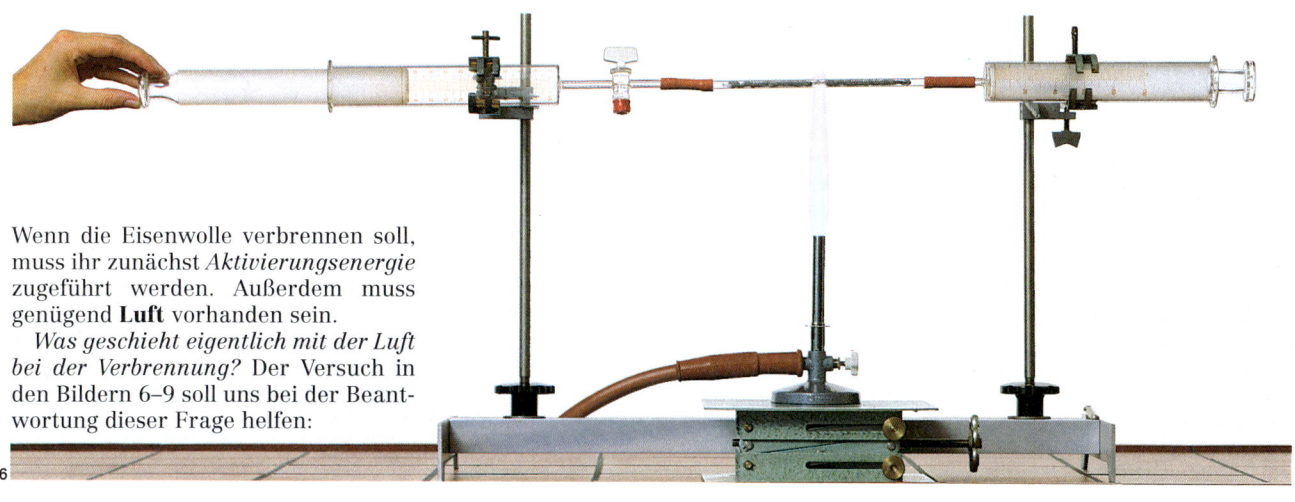

Wenn die Eisenwolle verbrennen soll, muss ihr zunächst *Aktivierungsenergie* zugeführt werden. Außerdem muss genügend **Luft** vorhanden sein.

Was geschieht eigentlich mit der Luft bei der Verbrennung? Der Versuch in den Bildern 6–9 soll uns bei der Beantwortung dieser Frage helfen:

6

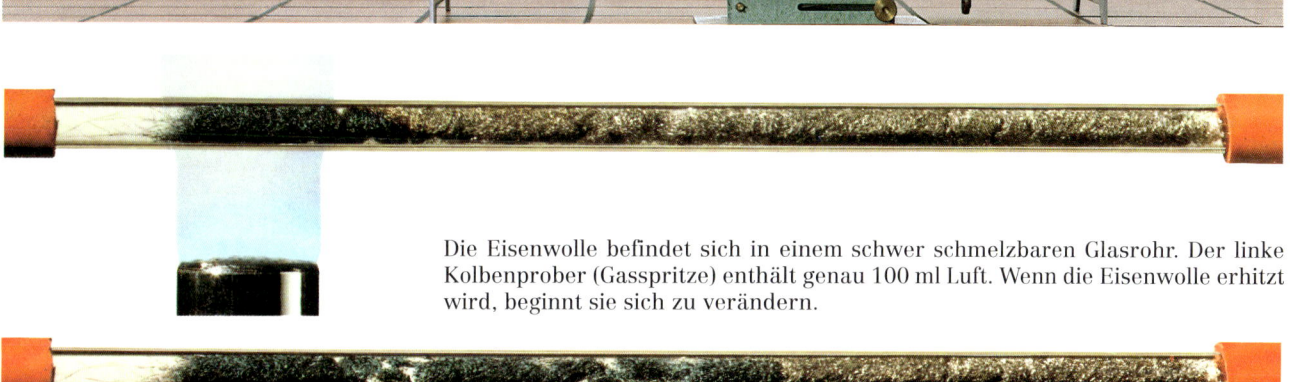

7

Die Eisenwolle befindet sich in einem schwer schmelzbaren Glasrohr. Der linke Kolbenprober (Gasspritze) enthält genau 100 ml Luft. Wenn die Eisenwolle erhitzt wird, beginnt sie sich zu verändern.

8

Die erhitzte Eisenwolle wird langsam dunkler, sobald man Luft aus dem Kolbenprober über die Eisenwolle drückt. Das geschieht auch weiter, wenn man den Brenner zur Seite stellt.

9

Nachdem die Luft mehrmals über der Eisenwolle hin- und hergeschoben wurde, verändert sich die restliche Eisenwolle nicht mehr. Diese noch unverbrannte Eisenwolle lässt sich auch mit dem Brenner nicht zur Verbrennung anregen.

Im Kolbenprober sind nur noch 80 ml Restluft übrig geblieben; 20 ml der Luft sind verbraucht worden. In der *Restluft* ist eine Verbrennung nicht möglich, in ihr „erstickt" die Flamme.

Die Restluft besteht hauptsächlich aus **Stickstoff**. Bei den 20 % der Luft, die verbraucht worden sind, muss es sich also um **Sauerstoff** handeln (chemische Bezeichnung: *Oxygenium;* von griech. *oxys:* scharf, sauer; *gennan:* erzeugen).

Wo ist nun in unserem Versuch der Sauerstoff geblieben?

Zwischen dem Eisen und dem Sauerstoff ist eine chemische Reaktion abgelaufen. Dabei haben sich Eisen und Sauerstoff miteinander *verbunden.* **Die so entstandene Verbindung ist ein neuer Stoff mit anderen Eigenschaften, als sie die Ausgangsstoffe haben; es ist Eisenoxid.**

Diese Reaktion kann man auch in einer Wortgleichung (einem Reaktionsschema) ausdrücken. Sie lautet:

Eisen + Sauerstoff → Eisenoxid | exotherm.

Eine solche Reaktion mit Sauerstoff wird **Verbrennung** genannt. Dabei kommt zum Eisen der Sauerstoff hinzu. Deswegen hat das Eisenoxid eine größere Masse als das eingesetzte Eisen. Das Eisenoxid ist das *Verbrennungsprodukt* des Eisens.

Die *Verbrennung* ist ein chemischer Vorgang, der unter Licht- und Wärmeabgabe erfolgt. Das wird in der Wortgleichung durch den Zusatz „exotherm" berücksichtigt.

Meistens verbindet sich dabei ein Stoff mit Sauerstoff; dann nennt man diesen Vorgang *Oxidation* (abgeleitet von der chemischen Bezeichnung für Sauerstoff). **Dabei entsteht ein Oxid.**

Aufgaben

1 Die Brandschutztür (Bild 1) besteht aus Eisen, damit sich ein Feuer nicht ausbreiten kann.

Eisenwolle lässt sich leicht entzünden; sie brennt sogar heftig, sobald man Luft hineinbläst (Bild 2).

Ist das nicht ein Widerspruch? Begründe deine Antwort.

2 Betrachte noch einmal Bild 6 auf der vorhergehenden Seite.

a) Ob man den Sauerstoffverbrauch auch mit einem einzigen Kolbenprober messen könnte? Schreibe deine Überlegungen auf.

b) Erkläre, warum nicht die gesamte Eisenwolle verbrennt.

c) 100 ml Sauerstoff wiegen 0,13 g. Um wie viel Gramm ist das Eisenoxid schwerer als das Eisen vor dem Verbrennen?

3 Nenne den chemischen Fachausdruck für eine Verbrennung.

Beschreibe dann die wesentlichen Vorgänge, die dabei ablaufen.

4 Erhältst du unterschiedliche Ergebnisse, wenn Eisen einmal in Luft und einmal in Sauerstoff verbrennt? Musst du dazu verschiedene Wortgleichungen aufstellen? Erkläre!

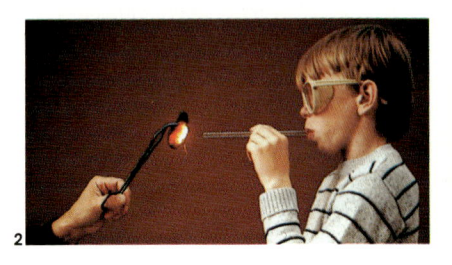

Aus Umwelt und Technik: Schmieden und Schneiden von Eisen

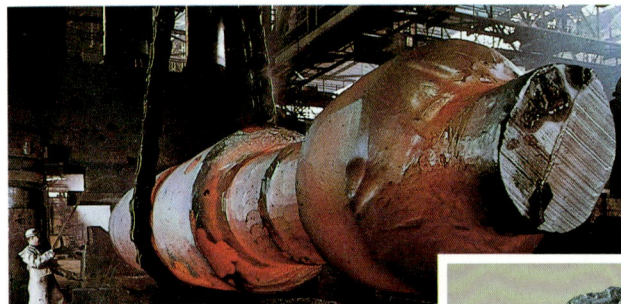

Auf den Bildern 3 u. 4 wird jedes Mal ein Eisenstück geschmiedet. Das Eisen muss rot glühend sein, sonst lässt es sich nicht verformen.

Doch nicht das Eisenstück selbst soll uns hier interessieren, sondern das, was rundherum am Boden liegt: der **Hammerschlag** (Bild 5).

Der Begriff ist dir in dieser Bedeutung noch unbekannt, aber den Stoff selbst kennst du schon: Es ist ein Verbrennungsprodukt des Eisens, also Eisenoxid. Du kannst dir sicher vorstellen, dass das Eisen oxidiert wird, wenn man es bis zur Rotglut erhitzt. Es wird aber nur dort oxidiert, wo der Sauerstoff aus der Luft hinzukommt, also an der Oberfläche.

Der Schmied formt das Eisen auf dem Amboss durch Schläge mit dem Hammer. Dabei platzt das Eisenoxid von der Oberfläche ab und fällt als Hammerschlag zu Boden.

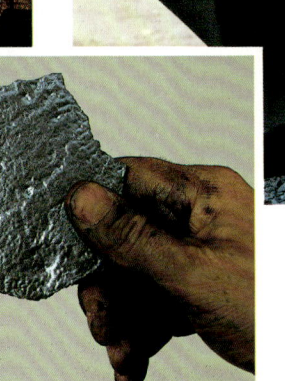

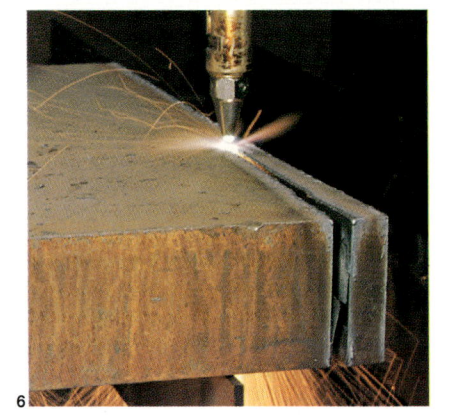

Im Stahlwerk geschieht das Formen des Eisenstückes z. B. in den sogenannten Schmiedepressen.

Eisenoxid spielt eine wichtige Rolle beim Schneiden dicker Eisen- oder Stahlblöcke (Bild 6): Das Eisenstück wird zunächst an der Stelle, an der es geschnitten werden soll, bis zum Glühen erhitzt. Dann bläst man reinen Sauerstoff auf die glühende Stelle.

Die Folge ist: Das Eisen verbrennt und das Eisenoxid wird weggeschleudert. So entsteht ein schmaler Spalt, der schließlich das Eisenstück zerteilt. Auf diese Weise kann man sogar mehrere Meter dicke Eisenblöcke zerschneiden.

2 Weitere Metalle reagieren mit Sauerstoff

V 8 Nun untersuchen wir, ob auch andere Metalle verbrennen oder verglühen. Vergleiche jedes Mal einige Eigenschaften der Stoffe vor und nach dem Verbrennen (z. B. Farbe, Oberflächenbeschaffenheit, elektrisches Leitvermögen, Biegsamkeit).

Fertige zum Eintragen der Ergebnisse eine Tabelle an.

a) Zunächst werden ein paar Stückchen *Zink* (Zinkgranalien) in einem Verbrennungslöffel aus Stahl (oder in einer Metallschale) kräftig erhitzt.

b) Halte nun einen kleinen Streifen *Magnesiumband* mit der Tiegelzange in die Brennerflamme. (Vorsicht, sieh dabei nicht direkt in die Flamme! Das helle Licht ist schädlich für die Augen.)

c) Diesmal hältst du ein Stückchen *Kupferblech* in die Brennerflamme.

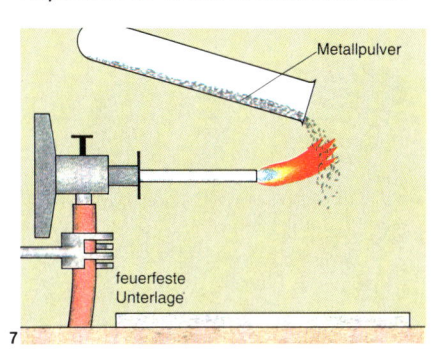

7

V 9 Mit dem Versuchsaufbau von Bild 7 können wir unterschiedliche Metallpulver untersuchen. Dazu wird der Brenner waagerecht am Stativ befestigt und eine rauschende Flamme eingestellt.

a) Wir geben eine Spatelspitze voll *Magnesiumpulver* F in ein Reagenzglas. Dann lassen wir es aus dem Glas langsam durch die Flamme rieseln. (Schutzbrille! Eventuell mit den Fingern gegen das Glas klopfen.)

b) Auf die gleiche Weise lassen wir Pulver z. B. von *Eisen*, *Kupfer*, *Zink* F und *Aluminium* durch die Flamme rieseln. Vergleiche!

Wenn Metalle mit Sauerstoff reagieren

Nicht nur Eisen, sondern auch andere Metalle können mit Sauerstoff reagieren. Dabei entsteht jedes Mal eine **Verbindung** des Metalls mit Sauerstoff, ein **Metalloxid**.

Magnesium + Sauerstoff → Magnesiumoxid
Aluminium + Sauerstoff → Aluminiumoxid
Kupfer + Sauerstoff → Kupferoxid
Zink + Sauerstoff → Zinkoxid

Allgemeine Wortgleichung für die Oxidation der Metalle:
Metall + Sauerstoff → Metalloxid.

Die Metalloxide sind die Oxidationsprodukte der Metalle. Sie haben immer andere Eigenschaften und eine größere Masse als die Metalle, aus denen sie entstanden sind.

Bei der Oxidation der Metalle entstehen nicht nur neue Stoffe, es wird auch Energie (Licht und Wärme) frei.

So wird z. B. bei der Oxidation von Magnesium so viel Wärme frei, dass sich der Stoff stark aufheizt und grell leuchtet. Auch das Aufglühen des Eisens und der anderen Metalle beruht auf dieser frei werdenden Wärme.

Die Reaktionen verlaufen also **exotherm**. Das drücken wir in der Wortgleichung wie bisher aus:
Metall + Sauerstoff → Metalloxid | exotherm.

Allerdings beginnt die Reaktion eines Metalls mit Sauerstoff erst, wenn das Metall an einer Stelle stark erhitzt wird. Das Metall muss also zunächst *aktiviert* werden.

Aufgaben

1 Bei einem Versuch werden 6,5 g Zink verbrannt. Das Verbrennungsprodukt ist um 1,6 g schwerer als das Zink vor dem Verbrennen. Woran liegt das?

2 Zink, Kupfer und Magnesium werden verbrannt. Was haben diese Reaktionen gemeinsam und worin unterscheiden sie sich?

3 Beim Turnen an bestimmten Geräten reibst du dir vielleicht die Hände mit *Magnesia* ein. Das ist ein lockeres, weißes Pulver, das oft zu einem Klumpen gepresst wird.

Magnesia ist ein anderer Name für Magnesiumoxid. Wie könnte man es selbst herstellen?

4 Bei einem Versuch wurde ein blankes Stück Kupferblech zu einem „Briefchen" zusammengefaltet. Anschließend wurde es kräftig in der Brennerflamme erhitzt.

Bild 8 zeigt, wie das „Briefchen" nach dem Abkühlen und Auseinanderfalten aussah. Beschreibe und erkläre das Ergebnis.

8

5 Die Oxidation der Metalle verläuft *exotherm*. Erkläre, was man darunter versteht.

6 Beschreibe die Reaktion von Zink mit Sauerstoff. Verwende dabei auch den Begriff *aktivieren*.

7 Früher gab es Blitzlampen, die aus einem kleinen, geschlossenen Glaskolben bestanden. Darin befanden sich dünne Aluminiumfäden, die von Sauerstoff umgeben waren.

Beschreibe die Reaktion, die ablief, wenn eine solche Blitzlampe gezündet wurde.

Was kannst du über die Massen der beteiligten Ausgangsstoffe und der Reaktionsprodukte sagen?

Aus Umwelt und Technik: **Metalloxide gestalten unsere Umwelt farbig**

Vielleicht hast du schon einmal einen Töpferkurs besucht: Zuerst werden aus Ton die verschiedensten Gefäße und Figuren geformt; dann erhalten einige Stücke eine Glasur. Diese glasierten Gegenstände leuchten nach dem Brennen in den schönsten Farben (Bild 1).

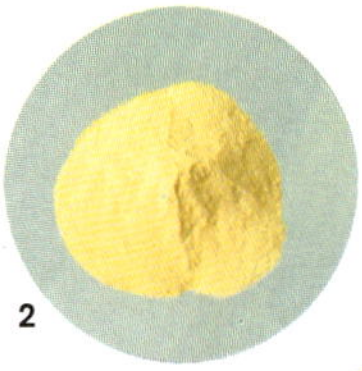

Die Glasuren sind glasähnliche Überzüge, die auf die Gegenstände aufgeschmolzen werden. Das geschieht in Brennöfen bei Temperaturen von über 1000 °C.

Die Bilder 2–5 zeigen **Metalloxide** (B. 2: Bleioxid, B. 3: Magnesiumoxid, B. 4: Quecksilberoxid, B. 5: ein weiteres Bleidioxid). Einige davon halten solche hohen Temperaturen aus und sind als Färbemittel für Glasuren geeignet.

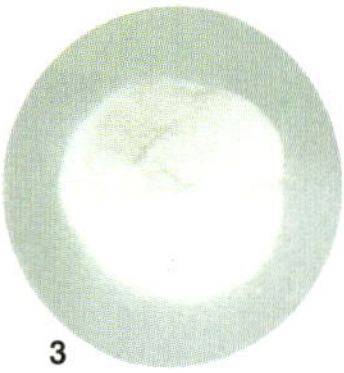

Ein farbiges Metalloxid kennst du vielleicht schon: Es ist die orangerote *Bleimennige* – ein Bleioxid, das zur Herstellung von Rostschutzfarbe verwendet wird.

Die folgende Übersicht zeigt, welche Farben man mit den verschiedenen Metalloxiden beim Glasieren erzeugen kann. Durch Mischen der Metalloxide untereinander kann man verschiedene Farben und Farbtöne erreichen.

Metalloxid	Farbe
Cobaltoxid	cobaltblau
Chromoxid	grün
Kupferoxid	rot
Eisenoxid	rot, braun
Manganoxid	braun

Glasuren mit Metalloxiden werden nicht nur zum Verzieren selbst getöpferter Gegenstände verwendet. In der Industrie stellt man auf ähnliche Weise farbiges Porzellan (Bild 6) her. Auch kunstvolle Gläser, Kacheln und Keramiken werden mit Metalloxiden gefärbt (Bild 7).

Einige Metalloxide sind jedoch giftig. Besondere Vorsicht ist geboten, wenn man Keramikgefäße benutzt, deren Glasuren *Bleioxide* enthalten. Solche Gefäße sollten nicht mit Lebensmitteln in Berührung kommen.

Bei uns werden meist ungiftige Metalloxide zum Glasieren von Gebrauchsgegenständen verwendet. Diese Gefäße tragen einen entsprechenden Hinweis: z. B. *lebensmittelgeeignet*. Bei im Ausland gekauften, billigen Keramikgefäßen ist jedoch die Gefahr groß, dass die Glasuren giftige Metalloxide enthalten.

3 Metalle verändern sich an der Luft

An dem alten Wohnhaus von Bild 8 musste ein Teil des Daches erneuert werden. Konnte man da nicht etwas anderes nehmen als ausgerechnet *Kupfer*?! Das passt ja gar nicht zu den alten, grünen Teilen des Daches! ... So denkst du vielleicht auch. Aber das Kupfer „passt" doch! Auch die grünen Teile waren einst blankes Kupfer!

V 10 Unsere 1-Pf.- und 2-Pf.-Münzen sind mit einer Schicht aus *Kupfer* überzogen. Vergleiche alte und neue Münzen miteinander – und mit dem Kupfer in Bild 8.
 Gelingt es dir, eine alte Münze mit feinem Sandpapier wieder blank zu schmirgeln?

V 11 Reibe ein altes *Aluminium*gefäß oder ein Stück Aluminiumblech an einer Stelle ebenfalls mit feinem Sandpapier ab.
 Kannst du danach einen Unterschied erkennen?

V 12 Von einem Stück *Blei* T wird mit einem scharfen Messer ein kleiner Streifen abgeschnitten. Vergleiche nun die frische Schnittstelle mit der Oberfläche des Bleistückes.

V 13 Baue den Versuch so auf, wie Bild 9 es zeigt. Hat sich die *Eisen*wolle nach ein paar Tagen verändert? Beobachte dabei auch den Wasserspiegel.

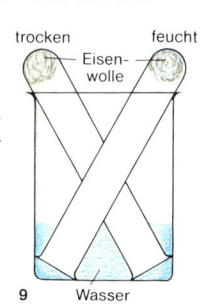

Edle und unedle Metalle

Viele Metalle zeigen ein großes Bestreben sich mit Sauerstoff zu Oxiden zu verbinden. Sie reagieren daher schon mit dem Sauerstoff aus der Luft ohne erhitzt zu werden. Dabei bildet sich eine Oxidschicht.
 Diesen Vorgang nennt man langsame oder stille Oxidation. Sie läuft ohne Flammenerscheinung ab.
 Das Bestreben, sich mit Sauerstoff zu verbinden, ist bei den verschiedenen Metallen unterschiedlich groß. Das kann man gut beobachten, wenn man nacheinander verschiedene Metallpulver (z. B. wie in Versuch 9) durch eine Flamme rieseln lässt. Die Beobachtungen, die man dabei machen kann, sind in der Tabelle rechts zusammengestellt.
 Je heller das Metall bei der Reaktion mit Sauerstoff in der Flamme leuchtet, desto größer ist sein Bestreben, sich mit Sauerstoff zu verbinden; man sagt auch: desto **unedler** ist das Metall.
 Umgekehrt sagt man: **Je *edler* ein Metall ist, desto geringer ist sein Bestreben sich mit Sauerstoff zu verbinden.** Das gilt für die Oxidation in der Brennerflamme und auch für die langsame (stille) Oxidation an der Luft.
 Wenn wir das Verhalten einiger Metalle gegenüber dem Sauerstoff vergleichen, können wir die sog. **Oxidationsreihe der Metalle** aufstellen (Bild 10).
 Als *Edelmetalle* bezeichnet man diejenigen Metalle, die weder in der Brennerflamme noch an der Luft oxidiert werden. Sie behalten immer ihren schönen metallischen Glanz. Deshalb sind sie so begehrt.

Edelmetalle sind die einzigen Metalle, die man in der Natur rein (man sagt auch *gediegen*) finden kann.
 Von den übrigen Metallen gibt es dort nur Verbindungen mit anderen Stoffen. Dabei sind vor allem Verbindungen mit Sauerstoff oder Schwefel sehr häufig zu finden.

Metalle in der Brennerflamme

Metall	Leuchterscheinung
Aluminium	hellweiß
Eisen	rotgelb
Kupfer	dunkelrot, solange das Metall erhitzt wird
Magnesium	grellweiß
Silber	keine, da das Metall nur schmilzt
Zink	gelbblau

Aluminium	Magnesium	Zink	Eisen	Kupfer	Silber	Gold	Platin
unedel			abnehmende Heftigkeit der Reaktion mit Sauerstoff				edel

Aufgaben

1 Lege eine Tabelle mit folgenden Spalten an: Name des Metalls, Aussehen, Umwelteinfluss, Aussehen des Oxids. Trage darin alle Stoffe aus den letzten Versuchen ein.

2 Was geschieht mit dem frisch abgeschnittenen Blei in Versuch 12? Stelle die Wortgleichung zu dieser Reaktion auf.

3 Was haben die Verbrennung der Metalle und die stille Oxidation gemeinsam? Wodurch unterscheiden sich die beiden chemischen Reaktionen voneinander?

4 Erkläre, warum die unedlen Metalle in der Natur nicht rein, sondern nur in Form von Verbindungen vorkommen.

5 Wie würde reines Gold in der Brennerflamme reagieren? Begründe deine Antwort.

Aus Umwelt und Technik: Umwelteinflüsse können Metalle zerstören

Viele Metalle sind gegenüber Umwelteinflüssen äußerst empfindlich. Wasser und Luft können sie nämlich verändern: An der Oberfläche der Metalle bilden sich Oxide. Dies kann sich vorteilhaft auswirken, aber auch sehr unerwünscht sein.

Bei Aluminium, Blei, Kupfer oder Zink ist die Oxidbildung an der Oberfläche im Allgemeinen **vorteilhaft**.

Beim Aluminium zum Beispiel wirkt die Oxidschicht wie eine Schutzhülle. Sie ist schon bei einer Dicke von nur einigen tausendstel Millimetern so fest und dicht, dass keine Luft mehr hindurchdringen kann. Dadurch wird das darunter liegende Metall vor weiterem Oxidieren geschützt.

Die Oxidschicht des Kupfers ist eigentlich schwarz; das konntest du in den Versuchen feststellen. Durch längeres Einwirken von Feuchtigkeit und chemischen Stoffen aus der Luft (z. B. Kohlenstoffdioxid oder Schadstoffe aus Industriebetrieben) entsteht jedoch an der Oberfläche des Kupfers die grüne *Patina*. Sie ist aufgrund ihrer Farbe besonders beliebt.

Bei anderen Metallen wirken sich die Umwelteinflüsse jedoch **nachteilig** aus; Wasser und Luft können sie sogar zerstören.

Eisen (Bild 1) ist davon besonders betroffen: Durch das Rosten entstehen große Schäden. Alljährlich wird etwa ein Drittel des Eisens, das auf der Welt gewonnen wird, durch Rost (Bild 2) wieder vernichtet. Das sind etwa 300 Mio. t Eisen – so viel, wie in 333 Mio. Autos der Mittelklasse enthalten sind – eine unvorstellbar große Menge!

Auch der Rost ist ein Eisenoxid – aber ein anderes, als wir bisher kennen gelernt haben. Nur bei der Oxidation von Eisen in *trockener* Luft entsteht das uns bekannte Eisenoxid, in *feuchter* Luft entsteht Rost. Chemiker bezeichnen den Rost deshalb als *wasserhaltiges Eisenoxid*.

Rost ist porös und bröckelig; Luft und Feuchtigkeit können die Rostschicht an der Oberfläche des Eisens durchdringen und auch das darunter liegende Eisen angreifen. Der Rostvorgang geht dann so lange weiter, bis der Gegenstand durch und durch verrostet ist.

Um das Rosten zu verhindern muss die Oberfläche von Gegenständen aus Eisen und Stahl vor Umwelteinflüssen geschützt werden. In den Bildern 3–6 sind dazu verschiedene Möglichkeiten dargestellt.

Fragen und Aufgaben zum Text

1 Beschreibe, wie in den Bildern 3–6 Eisen vor Umwelteinflüssen geschützt wird.

2 Wieso kann man behaupten, Aluminium schütze sich selbst vor Umwelteinflüssen?

3 Viele Gegenstände (zum Beispiel Laternenpfähle, Zaunpfähle, Schrauben und Nägel) werden verzinkt um so vor dem Rosten geschützt zu sein. Dabei ist Zink doch ein unedleres Metall als Eisen! Versuche für dieses Verfahren eine Erklärung zu finden.

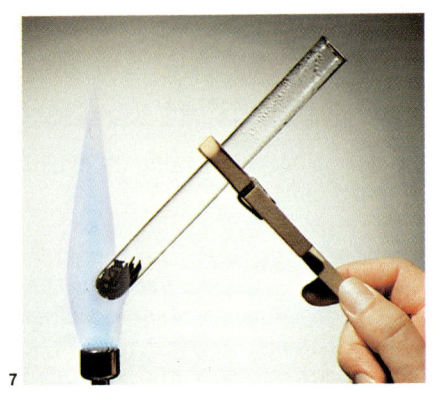

4 Wenn man in einem **Versuch** etwas Rost erhitzt, setzen sich im Reagenzglas Wassertröpfchen ab (Bild 7).
Überlege, woher wohl dieses Wasser kommen könnte.

5 Auch bei der langsamen Oxidation wird Wärme frei. Warum macht sich diese Wärme nicht bemerkbar?

Metalle reagieren mit Sauerstoff

Alles klar?

1 Wenn man Zink verbrennt, entsteht Zinkoxid. Das ist ein anderer Stoff als Zink. Woran kann man das erkennen?

2 Stefan fragt: „Was passiert, wenn man ein Metall in einem luftleeren Raum stark erhitzt?" Was würdest du antworten?

3 Sauerstoff wird als „brandfördernd" bezeichnet, obwohl das Gas selbst nicht brennt. Erkläre!
Überlege dir einen Versuch, mit dem du deine Erklärung unterstützen kannst.

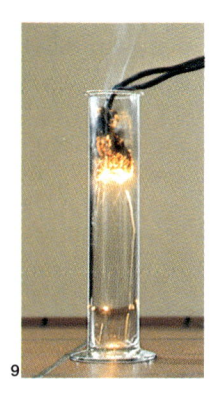

4 In den Bildern 8 u. 9 verbrennt zweimal Eisenwolle. In welchem Fall ist sie von reinem Sauerstoff umgeben? Begründe deine Antwort.

5 Aluminium ist ein unedleres Metall als Eisen. Trotzdem wirkt sich das Oxidieren an der Luft beim Eisen negativer aus als beim Aluminium. Woran liegt das?

6 Versuche zu erklären, warum der Rost von V 13 anders aussieht als das Eisenoxid, das in V 3 oder V 4 entstanden ist.

7 Warum bezeichnet man eine bestimmte Stahlsorte als *Edelstahl*?

8 Wieso rostet der Haken (Bild 10) nur dort, wo er nicht im Holz steckt? Erkläre!

9 Magnesiumoxid ist eine *Verbindung*. Erläutere diesen Begriff. Verwende dabei auch die Begriffe *Ausgangsstoffe*, *Reaktionsprodukt* und *Eigenschaften*.

10 Ordne die Metalle aus der Tabelle *Metalle in der Brennerflamme* nach der Heftigkeit ihrer Reaktion. Beginne mit der heftigsten.

11 Bild 11 zeigt einige Münzen. Welche wurden vermutlich aus einem Edelmetall hergestellt? Begründe deine Annahme.

Auf einen Blick

Metalle reagieren mit Sauerstoff

Viele Metalle lassen sich durch starkes Erhitzen an der Luft entzünden. Auf diese Weise werden die Metalle zunächst aktiviert, damit eine chemische Reaktion überhaupt einsetzen kann.

Die Metalle reagieren dann mit dem Sauerstoff der Luft. Dabei wird nach dem „Starten" der Reaktionen Energie (in Form von Licht und Wärme) frei. Die Reaktionen verlaufen also unter **Abgabe von Energie**; sie sind **exotherm**.

Wenn sich ein Metall mit Sauerstoff verbindet, findet eine **Oxidation** statt.
Das Reaktionsprodukt ist dann ein **Metalloxid**.

Die allgemeine Wortgleichung für die Oxidation von Metallen lautet:
Metall + Sauerstoff → Metalloxid | exotherm.

Auch an der Luft bilden viele Metalle eine Oxidschicht, ohne dass sie dabei erhitzt werden müssen.
Dieser Vorgang wird als *langsame Oxidation* oder als **stille Oxidation** bezeichnet.
Auch die stille Oxidation ist eine exotherme Reaktion.

Die Masse eines Oxids setzt sich zusammen aus der Masse des Metalls und der Masse des Sauerstoffs. Deshalb hat das **Oxid** eine *größere Masse* als das eingesetzte Metall.
Ein Oxid hat auch sonst ganz andere Eigenschaften als seine Ausgangsstoffe.

Die Metalle haben ein unterschiedliches Bestreben sich mit Sauerstoff zu verbinden. Wir unterscheiden daher zwischen unedlen und edlen Metallen:
Je *größer* dieses Bestreben ist, desto **unedler** ist das Metall. Umgekehrt:
Je **edler** ein Metall ist, desto *geringer* ist dieses Bestreben.

Nichtmetalle reagieren mit Sauerstoff

1 Kohlenstoff wird verbrannt

In dem **Wärmekraftwerk** von Bild 1 wird Steinkohle verbrannt um elektrische Energie zu gewinnen. Dabei wird die übrig bleibende Wärme für Heizwecke genutzt.

Der Steinkohlenvorrat auf dem Lagerplatz (1) reicht für ca. vier Monate. In den vier Brennkammern (2) lodern mehr als 20 m hohe Flammen. Die Turbinen und Generatoren zur Erzeugung der elektrischen Energie befinden sich im Maschinenhaus (3).

Überlege einmal: Hier werden täglich etwa 4000 t Kohle verbrannt. (Für deren Transport braucht man rund 100 Güterwagen oder drei bis vier Binnenschiffe.) Welche riesigen Mengen an Verbrennungsprodukten müssen daraus entstehen! Was sind das für Stoffe und wo bleiben sie?

V 1 Holzkohle ist fast reiner *Kohlenstoff*. Etwas davon soll verbrannt werden. Dazu wird ein kleines Stück Holzkohle auf einer Magnesiarinne gewogen, dann in die Brennerflamme gehalten und erneut gewogen.

Welche Beobachtungen erwartest du? Begründe deine Vermutungen.

V 2 Nun soll die Verbrennung von Holzkohle in einem „geschlossenen System" ablaufen (Bild 2) – so wie die Reaktion von Eisen mit Sauerstoff O.

Dazu wird etwas Holzkohle (oder Aktivkohle) zunächst im Verbrennungsrohr erwärmt (damit sie trocknet). Dann wird ein Kolbenprober mit 100 ml Sauerstoff gefüllt, der zweite Kolbenprober bleibt leer.

Nun wird die Holzkohle erhitzt. Dabei schieben wir die Stempel in den Kolbenprobern langsam hin und her. Beschreibe deine Beobachtungen.

V 3 Damit wir das Ergebnis von Versuch 2 besser auswerten können, prüfen wir das Gas im Kolbenprober (Schutzbrille!).

a) Die Hälfte des Gases wird über Wasser aufgefangen (wie das Restgas bei der Reaktion von Eisen mit Sauerstoff). In das Gas wird ebenfalls ein brennender Holzspan eingeführt. Was erwartest du?

b) Wir geben in ein Reagenzglas etwa 2 cm hoch *Kalkwasser* Xn. Dann leiten wir den Rest des Gases aus dem Kolbenprober hindurch.

Zum Vergleich leiten wir etwas *Stickstoff* durch Kalkwasser.

V 4 Wir erhitzen noch einmal Holzkohle im Verbrennungsrohr und blasen ständig *Luft* hindurch (Bild 3). Das Verbrennungsprodukt leiten wir wieder durch Kalkwasser Xn.

Erwartest du ein anderes Ergebnis als in den Versuchen 2 und 3? Begründe deine Antwort.

V 5 Feste *Brennstoffe* enthalten viel Kohlenstoff. Was entsteht bei ihrer Verbrennung?

Wir erhitzen *Holzspäne* wie in Bild 3; das Verbrennungsprodukt leiten wir durch Kalkwasser Xn. Beobachte auch das Verbrennungsrohr.

Der Versuch wird mit einigen *Papierkügelchen* und etwas *Steinkohle* wiederholt (Abzug!). Vergleiche!

V 6 Wir befestigen einen trockenen Standzylinder mit der Öffnung nach unten am Stativ. Unter die Öffnung stellen wir für kurze Zeit eine brennende Kerze und verschließen das Gefäß. Was kannst du beobachten?

Wie würdest du den Inhalt des Standzylinders untersuchen?

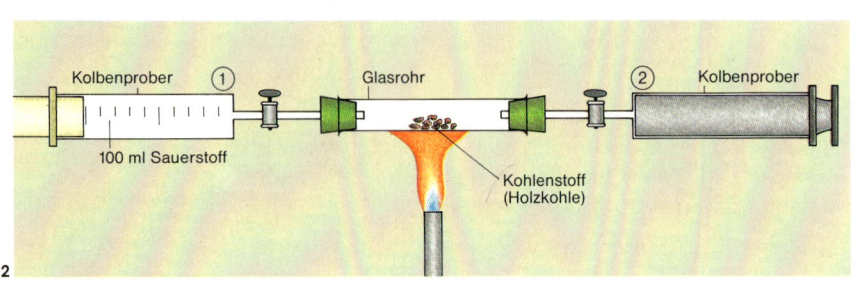

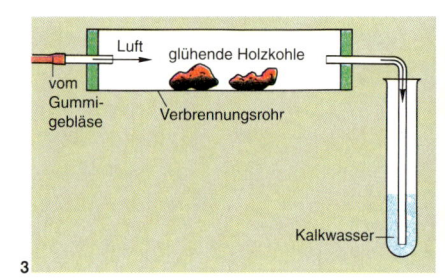

Was geschieht, wenn Kohlenstoff verbrennt?

Das Element Kohlenstoff ist ein **Nichtmetall**. Wenn es verbrennt, geschieht dasselbe wie bei den Metallen: Es **verbindet sich mit Sauerstoff** und bildet ein **Oxid**.

Nach dem Entzünden des Kohlenstoffs (durch Zuführen von Aktivierungsenergie) läuft die Reaktion ab, ohne dass weitere Energie zugeführt werden muss; die Reaktion verläuft also insgesamt exotherm.

Kohlenstoff + Sauerstoff → Kohlenstoffdioxid | exotherm

Wir wissen bereits, dass Metalloxide immer schwerer sind als die Metalle vor dem Verbrennen. Ebenso muss auch das Kohlenstoffdioxid eine größere Masse haben als der Kohlenstoff, der verbrannt wurde.

Allerdings ist es hier etwas schwieriger die Massezunahme nachzuweisen: Kohlenstoffdioxid ist nämlich bei Raumtemperatur ein Gas. Es entweicht beim Verbrennen des Kohlenstoffs in die Luft. Deshalb „verschwindet" reiner Kohlenstoff beim Verbrennen anscheinend.

Wird der Kohlenstoff in einem „geschlossenen System" verbrannt, kann das entstehende Kohlenstoffdioxid nicht entweichen. Wenn man dann die Masse der Ausgangsstoffe bestimmt und mit der Masse der Reaktionsprodukte vergleicht, kann man feststellen:

Kohlenstoffdioxid hat eine größere Masse als der Kohlenstoff vor dem Verbrennen.

Gleichzeitig ist zu beobachten, dass sich das *Volumen* der beteiligten Gase nicht verändert: Wenn bei der Reaktion 100 ml Sauerstoff verbraucht werden, bildet sich wieder genauso viel Kohlenstoffdioxid.

Bei der Verbrennung von reinem Kohlenstoff entsteht nur Kohlenstoffdioxid. Das ist bei der Verbrennung *anderer Brennstoffe* (z. B. Holz, Papier, Kohle) oder einer Kerze aus Stearin (oder Paraffin) anders: Wenn sie verbrennen, entsteht außer dem Kohlenstoffdioxid z. B. noch *Wasser*.

Das ist darauf zurückzuführen, dass die Brennstoffe Verbindungen des Kohlenstoffs mit anderen Elementen sind.

Beim Verbrennen von *festen Brennstoffen* bleibt außerdem meist etwas grauweißes Pulver als Asche zurück. Das sind hauptsächlich nicht brennbare Bestandteile der Brennstoffe.

Aufgaben

1 Wenn reiner Kohlenstoff verbrennt, ist kein Verbrennungsprodukt zu sehen. Woran liegt das? Wie kannst du es trotzdem nachweisen?

2 Bei der Verbrennung der Metalle laufen die gleichen Reaktionen ab wie bei der Verbrennung von Kohlenstoff. Trotzdem gibt es einen Unterschied. Worin besteht der?

3 Vergleiche die Reaktionen bei der Verbrennung von Kohlenstoff an der Luft und in reinem Sauerstoff. Was haben sie gemeinsam und worin unterscheiden sie sich?

Müsstest du für die beiden Reaktionen unterschiedliche Reaktionsgleichungen aufstellen? Begründe deine Antwort.

4 In Kohlenstoffdioxid und Stickstoff wird eine Kerzenflamme jeweils gelöscht.

Wie kann man beide Gase trotzdem unterscheiden?

5 Sieh dir noch einmal Bild 1 an. Was für Verbrennungsprodukte entstehen dort hauptsächlich? Und wo bleiben sie?

6 Was ist deiner Meinung nach vorteilhafter: wenn eine Stadt durch ein Kohlekraftwerk beheizt wird oder wenn sich in jedem Haushalt Kohleöfen befinden?

Begründe deine Meinung. (Denke dabei besonders an die Auswirkungen auf die Umwelt.)

Aus Umwelt und Technik: Verbrennungsvorgänge

Viele Wohnungen werden heute noch mit Kohleöfen beheizt. Dazu werden verschiedene Sorten Kohle verwendet; alle Sorten enthalten jedoch viel **Kohlenstoff**.

Du weißt bereits, dass reiner Kohlenstoff zu gasförmigem Kohlenstoffdioxid verbrennt. Genauso ist es mit dem Kohlenstoff, der in den verschiedenen Brennstoffen enthalten ist. Das Kohlenstoffdioxid entweicht in die Luft.

Brennstoffe enthalten außer Kohlenstoff noch andere Stoffe. Auch sie verbrennen zum größten Teil und bilden gasförmige Verbrennungsprodukte. Feste Stoffe bleiben als **Asche** im Ofen zurück (Bild 4).

Es ist erstaunlich, welche Mengen an Verbrennungsprodukten anfallen. Hier einige Beispiele: Beim Verbrennen einer 100 g schweren Kerze entstehen mehr als 400 g gasförmige Verbrennungsprodukte! Wenn 1 kg Koks verbrennt, entweichen mehr als 3 kg Gase; bei 1 Liter Heizöl sind es sogar fast 4 kg!

Besonders das Kohlenstoffdioxid hat schädigende Wirkungen auf das Klima der Erde (Treibhauseffekt).

Wenn Kohle in *Kraftwerken* verbrannt wird, entsteht natürlich ebenfalls Kohlenstoffdioxid. Die *Wärmeausbeute* ist jedoch höher als im Ofen. Deshalb ist das Heizen mit Fernwärme günstiger für die Umwelt.

2 Die Eigenschaften von Kohlenstoffdioxid

Beim Öffnen einer Flasche mit Mineralwasser steigen dicke Gasblasen auf und es spritzt oft sogar etwas Flüssigkeit aus der Flasche. Auch wenn das Getränk in die Gläser gegossen wird, sprudelt es noch kräftig weiter. Welches Gas entweicht dabei aus dem Mineralwasser?

V 7 Wenn du eine neue Mineralwasserflasche öffnest, solltest du zuerst etwas Mineralwasser abgießen. Das Gas kann dann besser aus der Flüssigkeit entweichen.

Die Flasche wird mit einem Stopfen verschlossen, in dem ein gebogenes Glasrohr steckt (oder ein Winkelröhrchen mit Schlauch). Das Gas aus dem Mineralwasser leiten wir in ein Becherglas, in dem ein Teelicht brennt (Bild 1).

a) Beschreibe deine Beobachtung. Welche Eigenschaften hat das Gas aus der Sprudelflasche? Welches Gas kann es auf keinen Fall sein?

b) Welches Gas könnte es sein? Prüfe es mit der entsprechenden Nachweisreaktion.

V 8 Wir füllen mit dem Gas aus der Sprudelflasche ein Becherglas. Dann stellen wir drei brennende Kerzen unterschiedlicher Länge in ein zweites (breites) Becherglas, und zwar möglichst dicht an den Rand.

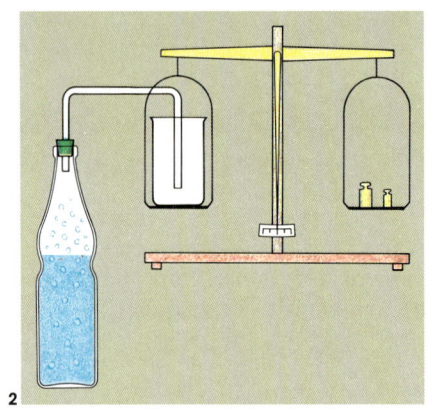

Nun wird das erste Becherglas neben den Kerzen „ausgegossen", also nicht über den Flammen.

V 9 Ein „leeres" Becherglas wird auf eine empfindliche Balkenwaage gestellt und die Waage ins Gleichgewicht gebracht.

Dann leiten wir das Gas aus der Sprudelflasche in das Becherglas (Bild 2). Gib Acht, dass du das Glas nicht berührst und dass auch keine Flüssigkeit mit dem Gas hineingelangt! Beobachte die Waage.

V 10 Diesmal soll die Dichte von Kohlenstoffdioxid bestimmt werden. Dabei verwenden wir den gleichen Versuchsaufbau wie bei der Dichtebestimmung von Sauerstoff (→ einige Seiten weiter vorne):

Auf der elektronischen Waage wird eine Gaswägekugel (1000 ml) gewogen. Dann drücken wir genau 100 ml Kohlenstoffdioxid hinein, verschließen die Kugel und bestimmen die Masse erneut.

Aufgaben

1 In den Versuchen werden mehrere Eigenschaften von Kohlenstoffdioxid gezeigt. Schreibe auf, was du in jedem einzelnen Versuch festgestellt hast.

2 Entwickle einen „Steckbrief" von Kohlenstoffdioxid.

3 Wenn man Vitamin-C-Brausetabletten in ein Glas mit Wasser gibt, fangen sie an zu sprudeln. Das ist genauso bei Brausepulver und bei Tabletten zum Reinigen künstlicher Zähne oder Zahnspangen. Jedes Mal entwickelt sich dabei ein Gas.

Plane einen Versuch, mit dem du prüfen kannst, um welches Gas es sich handelt.

4 Modernes Isoliermaterial verhindert fast jeden Luftzug an Fenstern und Türen. Wenn in einer so gut isolierten Wohnung z. B. mit Kohleöfen geheizt wird, muss mindestens an einer Tür ein Lüftungsschlitz vorhanden sein. Begründe diese Vorschrift.

5 Warum wird Kalkwasser, das längere Zeit offen an der Luft steht, allmählich trübe?

6 „Disko-Nebel" (Bild 3) kennst du bestimmt: Er kriecht über die Bühne und breitet sich langsam von unten nach oben hin aus.

Man kann ihn selbst herstellen, wenn man festes Kohlenstoffdioxid (auch Trockeneis genannt) in ein Gefäß mit siedendem Wasser gibt.

Wie kommt es wohl zu dieser Erscheinung? (*Tipp:* Kohlenstoffdioxid sublimiert bei −79 °C.)

Aus Umwelt und Technik: **Kohlenstoffdioxid bei der Brandbekämpfung**

Immer wieder kommt es zu Bränden, bei denen das Löschen mit Wasser nicht gelingt. Oft werden dabei sogar noch größere Schäden angerichtet als durch das Feuer selbst (→ dazu den nebenstehenden Zeitungsausschnitt).

Wie du aus dem **Brandklassenschema** weiter unten ablesen kannst, ist Wasser zum Löschen nur für Brände der Klasse A geeignet. Da durch die Flüssigkeit oft ein zusätzlicher hoher Schaden entsteht, werden heute für kleinere Brände fast nur noch **Pulverlöscher** (Bild 4) verwendet.

Als Löschmittel dient häufig ein sehr feines Pulver, das die brennenden Stoffe ganz abdeckt. In der Hitze zersetzt es sich außerdem; dabei wird Kohlenstoffdioxid frei, das die Flammen erstickt. Um das Pulver aus einem solchen Löscher herauszutreiben befindet sich innen ein Druckbehälter mit Kohlenstoffdioxid.

Diese Feuerlöscher (man bezeichnet sie auch als *Trockenlöscher*) lassen sich abstellen; man kann also z. B. mit kurzen Pulverstößen löschen. Reste kann man

> ### Explosion in der Fettpfanne
> Zwei Jungen im Alter von elf und fünfzehn Jahren lösten gestern bei der Zubereitung von Pommes frites eine Fettexplosion aus, die erhebliche Schäden anrichtete. Zur Explosion kam es, als die Jungen brennendes Fett mit Wasser löschen wollten. Eine Druckwelle ließ Decken und Wände einreißen. Auch die darüber und darunter liegenden Wohnungen wurden in Mitleidenschaft gezogen. Die Jungen blieben unverletzt.

jedoch nicht aufheben; die Löscher verlieren nämlich innerhalb weniger Stunden den „Druck".

Für Brände der Klasse B werden sog. **Kohlenstoffdioxidlöscher** (Bild 5) verwendet. (Oft findet man noch die alte Bezeichnung *Kohlendioxidlöscher*.)

In den Stahlflaschen befindet sich das Kohlenstoffdioxid unter hohem Druck. Wenn die Feuerlöscher betätigt werden, strömt das Gas aus. Dabei bildet sich zum Teil weißer Kohlenstoffdioxid-Schnee.

Da Kohlenstoffdioxid keine Rückstände hinterlässt und den elektrischen Strom nicht leitet, werden solche Löscher häufig bei Bränden in elektrischen Schaltanlagen oder in Computeranlagen, bei wertvollen Maschinen oder bei Flüssigkeitsbränden eingesetzt.

Bei Bränden der Klasse D darf nur ein **Spezialpulver** zum Löschen verwendet werden. Wasser, Kohlenstoffdioxid und andere Löschpulver können nämlich sehr heftig – zum Teil explosionsartig – mit brennenden Metallen reagieren.

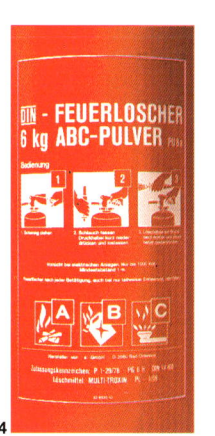

Brandklassen-schema Folgende Löschmittel sind zugelassen:	A Brände fester Stoffe, die normalerweise unter Glutbildung verbrennen; z. B. Holz, Papier, Stroh, Kohle, Textilien, Autoreifen	B Brände von flüssigen (flüssig werdenden) Stoffen; z. B. Benzin, Öle, Fette, Lacke, Harze, Wachse, Teer, Ether, Alkohole, Kunststoffe	C Brände von Gasen; z. B. Methan, Propan, Wasserstoff, Acetylen, Stadtgas	D Brände von Metallen; z. B. Aluminium, Magnesium, Lithium, Natrium, Kalium und deren Legierungen
ABC-Löschpulver	●	●	●	
D-Löschpulver				●
Wasser	●			
Schaum	●	●		
Kohlenstoffdioxid		●		

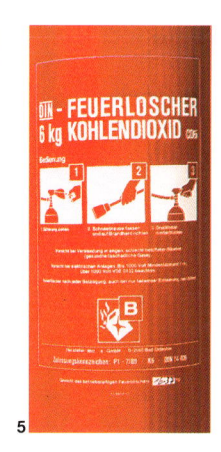

Bauanleitung: **Ein einfacher Schaumlöscher**

Du brauchst:

1 Erlenmeyerkolben (300 ml),
1 doppelt durchbohrten Stopfen,
1 Scheidetrichter,
1 rechtwinklig gebogenes Glasrohr,
3 Spatellöffel Natriumhydrogencarbonat,
2 Spatellöffel Weinsäure (kristallisiert) [Xi],
1 Spatellöffel Saponin (oder Spülmittel),
Schutzbrille.

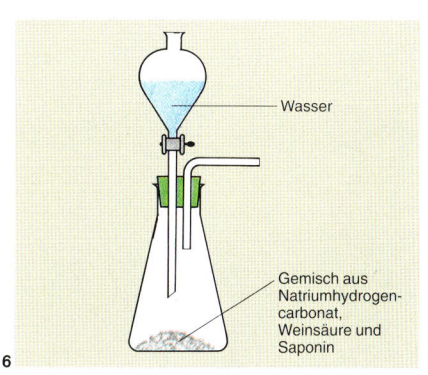

So wird's gemacht:

Zunächst werden die Chemikalien gründlich miteinander vermischt und in den Erlenmeyerkolben gefüllt. Dann bauen wir die Geräte nach Bild 3 zusammen.

Nun schütten wir Wasser in den Scheidetrichter. Der Hahn am Trichter muss dabei geschlossen sein.

Sobald wir Wasser in den Kolben fließen lassen, entwickelt sich Kohlenstoffdioxid. Es bildet mit dem saponinhaltigen Wasser einen dichten Schaum, der aus dem Winkelrohr austritt.

3 Kohlenstoffmonooxid – ein gefährliches Verbrennungsprodukt

Wer Bescheid weiß, kann die Gefahr erkennen!

Tödlicher Grillabend

Auf tragische Weise ist eine 39-jährige Frau, Mutter von drei Kindern, nach einem Grillabend am Wochenende in Hattersheim bei Frankfurt ums Leben gekommen.

Nach den Ermittlungen der Polizei hatte die Frau mit ihrem 37 Jahre alten Ehemann nach dem Grillen auf dem Balkon den Grillofen mit Restglut in das Wohnzimmer gestellt, möglicherweise um die Glut zum Aufwärmen des Raumes zu nutzen, denn die Fenster waren geschlossen.

Die Restglut entwickelte giftiges Kohlenmonoxod, das die Eheleute bewusstlos machte und bei der Frau später zum Tod führte.

Was ist Kohlenstoffmonooxid, und wie wirkt es?

Beim Verbrennen von Kohle und anderen Brennstoffen entsteht nicht nur Kohlenstoffdioxid. Dabei bildet sich auch immer etwas **Kohlenstoffmonooxid**. (Früher wurde es *Kohlenmonoxid* oder nur *Kohlenoxid* genannt.)

Wenn genügend frische Luft vorhanden ist, verbrennt dieses Gas sofort wieder zu Kohlenstoffdioxid.

Kohlenstoffmonooxid bildet sich nur, wenn Sauerstoffmangel herrscht.

Dieses Verbrennungsprodukt des Kohlenstoffs ist ein farbloses, geruchloses Gas. Es hat eine etwas geringere Dichte als Luft.

Im Gegensatz zum Kohlenstoffdioxid ist Kohlenstoffmonooxid brennbar. Es verbrennt mit blauer Flamme (Bild 2).

Kohlenstoffmonooxid ist ein **giftiges Gas**, denn es kann schon in ganz geringen Mengen großen Schaden anrichten. Zum Beispiel würden in einem Raum von 4 m Länge, 4 m Breite und 2,50 m Höhe bereits zwei Eimer voll Kohlenstoffmonooxid tödlich wirken.

Wie kommt es eigentlich zu der Giftwirkung dieses Gases?

Um diese Frage beantworten zu können müssen wir uns zunächst klarmachen, was bei der **Atmung** im menschlichen Körper geschieht:

In der Lunge wird der Sauerstoff aus der Luft vom Blut aufgenommen. Er lagert sich an die roten Blutkörperchen an und wird durch das Blut im ganzen Körper verteilt. Damit steht der Sauerstoff überall für die lebensnotwendigen Verbrennungsvorgänge zur Verfügung, die im Körper ablaufen.

Wenn jemand Luft mit Kohlenstoffmonooxid einatmet, setzt sich das Gas auf den roten Blutkörperchen fest. Es nimmt dort den Platz ein, den eigentlich der Sauerstoff innehaben müßte.

Das Blut dieses Menschen kann dann kaum noch Sauerstoff aufnehmen – die Verbrennungsvorgänge werden unterbrochen. Die Folgen sind Kopfschmerzen und Ohrensausen; auch Schwindelgefühl und sogar Bewusstlosigkeit und Tod können eintreten – je nachdem, wie lange er diesem Gas ausgesetzt war und wie viel er davon eingeatmet hat.

Das Kohlenstoffmonooxid im Blut kann nur schwer wieder durch Sauerstoff ersetzt werden. Bei einer Kohlenstoffmonooxid-Vergiftung wird daher oftmals das Blut des Betroffenen ausgetauscht: Man nimmt dem Verunglückten Blut ab und ersetzt es durch anderes von geeigneten Blutspendern.

Aufgaben

1 Trage die Eigenschaften von Kohlenstoffdioxid und Kohlenstoffmonooxid in eine Tabelle nach folgendem Muster ein.

Worin unterscheiden sich die beiden Gase und was haben sie gemeinsam?

Eigenschaft	Kohlenstoffdioxid	Kohlenstoffmonooxid
Farbe	?	?
?	?	?

2 Wie kann die Bildung von Kohlenstoffmonooxid im Ofen oder beim Grillen verhindert werden?

3 Versuche zu beschreiben, wie es zu dem Unglück gekommen ist, von dem im obigen Zeitungsausschnitt berichtet wird.

4 Wie kann man erreichen, dass Kohlenstoffmonooxid sofort weiter zu Kohlenstoffdioxid verbrennt?

5 Was haben Kohlenstoffdioxid und Kohlenstoffmonooxid gemeinsam?

6 Warum ist Kohlenstoffmonooxid so gefährlich für den Menschen?

7 Auch in Autoabgasen ist Kohlenstoffmonooxid enthalten. Beim TÜV müssen die Abgase regelmäßig daraufhin überprüft werden, ob der Anteil an diesem Gas nicht zu hoch ist. Begründe diese Maßnahme.

Aus der Geschichte: **Als das Kohlenstoffmonooxid noch unbekannt war**

Vor etwa 250 Jahren kannte man das Gas Kohlenstoffmonooxid noch gar nicht. Wohl aber wusste man von der giftigen Wirkung der „Ausdünstungen" schwelender Kohlen.

Damals wurde die folgende Geschichte einer Bäckerfamilie aufgeschrieben, die sich tatsächlich zugetragen haben soll.

Um den Text verstehen zu können, muss man wissen, dass die Backöfen früher mit Holz oder Kohle beheizt wurden. Damit man Heizmaterial sparte, verwendete man die Kohle, die beim Backen nicht vollständig verbrannt war, noch einmal.

Hier nun die Geschichte:

Wie giftige Dünste schwelender Kohlen den Tod etlicher Menschen herbeigeführet

Einst ließ ein Bäcker die Kohlen, so er aus seinem Ofen gezogen, in einen tiefen Keller schütten. Er schickte seinen Sohn, einen jungen starken Menschen, mit noch einem Korb Kohlen in den Keller, welcher sich auch mit einem brennenden Licht hinab begibet.

Als er die Treppen kaum halb hinunter ist, geht ihm schon das Licht aus, daher er ohne Verweilen umkehret und sein Licht wieder anbrennet. Ob es ihm hernach wieder ausgegangen, weiß man nicht: wohl aber, daß man ihn alsobald um Hilfe schreien gehöret.

Sein Bruder läuft ihm eiligst nach, fängt aber nicht lange danach an, um Hilfe zu rufen. Ihre Mutter und gleich nach ihr auch die Magd wollen sehen, was zu tun sei; es gehet ihnen aber wie den beiden ersten, und niemand kommt wieder herauf.

In der Nachbarschaft wird gleich Lärmen laut, es drängt sich aber niemand groß darum, daß er helfen will, außer einem einzigen, der sich wollte sehen lassen, aber auch nach kurzem Geschrei um Hilfe zu den anderen niederfiel.

Endlich fasset ein Mann diesen Rat, daß er mit einem Haken versuchen wolle, ob er nicht die Notleidenden herausziehen könne; es gelinget ihm auch mit der Magd, welche noch einige Lebenszeichen an der freien Luft verspüren ließ, daher man ihr ungesäumt durch Aderlassen helfen wolle, aber die Magd verschied unter ihren Händen.

Es wagt sich des Tages darauf ein Bauer, die entseelten Körper heraus zu holen, lässet sich deswegen ein Seil um den Leib binden und auf einer Leiter herunterlassen, mit der Abrede, man sollte ihn, wenn er schreien würde, alsobald herauf ziehen.

Er ist kaum hinab, da er schon wacker schreiet, allein zum größten Unglück reißt das Seil, und der Bauer bleibet, wo die anderen waren, bis man ihn, weil er nicht weit hinein gelegen, mit dem Haken, aber tot, heraufgezogen.

Die Obrigkeit mußte endlich zutreten. Gab derowegen den Medicis, Chirurgis und Mäurern Befehl, die Sache zu untersuchen. Weil nun niemand anders glaubte, als es müßten die Kohlen etwa nicht recht ausgelöscht gewesen und im Keller wieder angegangen sein, ward Befehl erteilet, eine gute Quantität Wasser in den Keller zu lassen, damit solche ausgetan würden. Welches denn auch so weit glückete, daß man die Entseelten nach etlichen Tagen herauszog, auch konnte man nachdem ohne Gefahr im Keller aus- und eingehen.

Es könnten noch mehr von solchen Exempeln in ziemlicher Menge beigebracht werden, allein es wird wohl durch das schon Angeführte genug erwiesen sein, daß ein solcher schädlicher Dampf in den Kohlen stecke, welcher eine so schlimme Wirkung verrichten kann.

Fragen und Aufgaben zum Text

1 Woran hätte der Sohn des Bäckers unbedingt denken müssen, als ihm beim Hinabsteigen in den Keller die Kerzenflamme ausging?

2 Wie hättest du dich verhalten, wenn du damals bei dem Unglück dabei gewesen wärst?

3 Welche Gase können sich im Keller des Bäckers befunden haben?

4 Was meinst du, warum die Magd an der frischen Luft nicht wieder zu sich gekommen ist?

5 Erkundige dich, was man unter „Aderlassen" versteht.

4 Schwefel und Schwefeldioxid

… Ein ganz alltäglicher Vorgang – aber was passiert da eigentlich?

V 11 (Lehrerversuch) In einem Verbrennungslöffel wird etwas Schwefel [F] entzündet. Er wird zuerst in einen Standzylinder mit Luft, dann in einen mit Sauerstoff [O] getaucht. (Vorsicht, die Dämpfe nicht einatmen! Abzug!)
Beschreibe deine Beobachtungen und vergleiche die Reaktionen.

V 12 (Lehrerversuch) Dies ist ein Nachweismittel für Schwefeldioxid [T]: Man taucht einen Streifen Filterpapier in Stärkelösung und lässt ihn trocknen. Dann wird der Streifen in eine Iod-Kaliumiodidlösung eingetaucht; dabei färbt er sich blau.

a) Noch einmal wird etwas Schwefel [F] entzündet (Bild 2) und der Teststreifen in das Gefäß gehalten. Beschreibe deine Beobachtungen.

b) Ein Standzylinder wird mit der Öffnung nach unten am Stativ befestigt. Dann entzündet man direkt unter der Öffnung drei Streichhölzer und fängt nur den „weißen Rauch" auf (mehrmals wiederholen!). Er wird mit einem Teststreifen geprüft.

V 13 (Lehrerversuch) Manche Trockenfrüchte haben auf ihrer Verpackung den Hinweis „geschwefelt". Mit einem neuen Teststreifen wird untersucht, ob diese Trockenfrüchte wirklich Schwefeldioxid [T] enthalten.

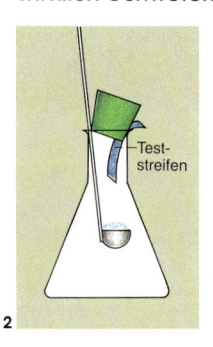

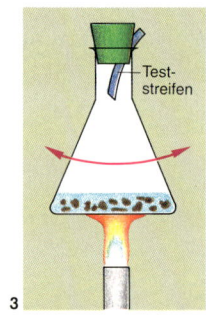

Dazu zerkleinert man einige Trockenfrüchte (z. B. Sultaninen) und füllt sie in einen kleinen Erlenmeyerkolben. Anschließend übergießt man sie mit etwa 50 ml Wasser.
Der Teststreifen wird mit einem Korkstopfen im Kolben festgeklemmt (Bild 3). Dann erwärmt man den Kolben vorsichtig. (Dabei hin und her schwenken!) Zu welchem Ergebnis kommst du?

V 14 (Lehrerversuch) Etwas Schwefel [F], wird wie in Bild 2 verbrannt.
Dann steckt man angefeuchtete farbige Blütenblätter (z. B. von einer roten Nelke oder einem Usambaraveilchen), grüne Apfelschalen oder blaue Tintenschrift in den Kolben und verschließt ihn sofort.
Was geschieht in den nächsten Minuten mit den Farben? Welche Eigenschaft hat Schwefeldioxid [T]?

Entstehung und Eigenschaften von Schwefeldioxid

Außer Kohlenstoff kann auch das Nichtmetall **Schwefel** oxidiert werden: Dabei verbrennt Schwefel mit intensiv blauer Flamme; es entsteht **Schwefeldioxid**.

Schwefel + Sauerstoff → Schwefeldioxid | exotherm

Schwefeldioxid entsteht aber nicht nur, wenn reiner Schwefel verbrennt. Es bildet sich auch bei der Verbrennung bestimmter *Brennstoffe* (z. B. Kohle, Heizöl, Benzin). Diese Stoffe enthalten immer auch geringe Mengen Schwefelverbindungen.

Schwefeldioxid ist ein farbloses, stechend riechendes, giftiges Gas. Es ist nicht brennbar und unterhalb von −10 °C flüssig. Das Gas ist in Wasser löslich; es hat eine Dichte von 2,92 Gramm pro Liter.

Schwefeldioxid bleicht Farbstoffe und wirkt auf Bakterien und Schimmelpilze tödlich. Für den Menschen ist es nicht ungefährlich.

Aufgaben

1 Sieh dir das nebenstehende Reaktionsschema zur Oxidation von Schwefel noch einmal an. Was sagt sie über die *Energie* im Verlauf der Reaktion aus?
Beschreibe den Versuchsablauf. Verwende dabei auch den Begriff *Aktivierungsenergie*.

2 Vergleiche einige Eigenschaften von Schwefeldioxid mit den entsprechenden Eigenschaften von Kohlenstoffdioxid. Lege dazu eine Tabelle an.

3 Schwefeldioxid wird in der chemischen Industrie in verschiedenen Bereichen eingesetzt, z. B. als *Bleichmittel* (für Wolle, Seide, Federn, Stroh) und als *Konservierungsmittel*. Welche Eigenschaften des Gases macht man sich dabei zunutze?

Aus Umwelt und Technik: **Haltbarmachen mit Schwefeldioxid**

Schon immer waren die Menschen darauf angewiesen, sich Vorräte an Lebensmitteln anzulegen.

Das **Trocknen** ist eine der ältesten Methoden Lebensmittel haltbar zu machen. Dabei wird den Lebensmitteln ganz einfach Feuchtigkeit entzogen. Schimmelpilze und Bakterien verlieren so eine wichtige Lebensgrundlage. Sie können sich nicht vermehren und sterben ab. Einen *Nachteil* hat das Trocknen allerdings: Die Früchte verlieren an Farbe und werden dadurch meist unansehnlich.

Hier hat sich die Lebensmittelindustrie die Eigenschaften von Schwefeldioxid zunutze gemacht: Trockenobst aus hellen Früchten (z. B. aus Äpfeln, Aprikosen und Pfirsichen) wird **mit Schwefeldioxid behandelt**; so behält es die helle Farbe. Außerdem verhindert dieses *Schwefeln*, dass die Früchte von Schimmelpilzen befallen werden.

Nach dem Lebensmittelrecht muss das so behandelte Obst gekennzeichnet werden. Die betreffenden Packungen müssen die Aufschrift „geschwefelt" oder „stark geschwefelt" erhalten (bei mehr als 500 mg Schwefeldioxid pro kg Obst). Außerdem dürfen bestimmte Höchstmengen an Schwefeldioxid nicht überschritten werden.

Auch in der Most- und Weinherstellung benutzt man Schwefeldioxid. Die Getränke werden auf diese Weise haltbar gemacht. Man spricht auch hier vom *Schwefeln*.

Das Konservieren durch **Verbrennen von Schwefel** ist seit dem Mittelalter üblich: Man verbrennt Schwefel in einem Weinfass, bevor man den neuen Wein einfüllt. Heute gibt es dafür vorgefertigte *Schwefelschnitten* von 2,5 g; wenn sie verbrennen, entstehen 5 g Schwefeldioxid.

Verflüssigtes Schwefeldioxid und *schweflige Säure* gelten als beste Mittel für das Schwefeln von Most und Wein: Man gibt sie einfach dazu, allerdings nur in gesetzlich festgelegten Mengen. Nach dem Weingesetz dürfen z. B. Rotweine nur 175 mg/l Schwefeldioxid enthalten.

Aus Umwelt und Technik: **Wie ein Stoff zum Gift wird**

Von dem aus Hohenheim kommenden Arzt und Naturforscher *Paracelsus* (1493–1541) stammt der nebenstehende Ausspruch.

In einem Lexikon ist über **Gifte** Folgendes zu lesen:

Gifte sind unbelebte Stoffe, die erfahrungsgemäß bei Zufuhr zu Gesundheitsschäden bei Mensch und Tier führen können.

Für die Giftwirkung sind die Menge des Giftes, die Form, in der es zur Einwirkung gelangt, der Ort der Einwirkung und die Aufnahme in den Körper maßgebend. Neben der Menge ist die Konzentration von Bedeutung.

> Alle Dinge sind Gift. Allein die Dosis macht, daß das Ding kein Gift ist.

4

Hast du alles verstanden? Es ist gar nicht so schwer, wie es scheint:

Bei einem schädlichen Stoff – nehmen wir als Beispiel Schwefeldioxid – kommt es in erster Linie darauf an, in welcher **Konzentration** er vorliegt.

Wenn z. B. eine erbsengroße Menge Schwefel verbrannt wird, entsteht nur wenig Schwefeldioxid. Direkt über dem Verbrennungslöffel ist die *Konzentration* des Gases trotzdem sehr hoch. Wenn sich das Gas jedoch im Klassenraum verteilt, ist die Konzentration in der Raumluft dann nur noch gering.

Je konzentrierter das Schwefeldioxid ist, desto größer ist die Menge, die man in einer bestimmten Zeit einatmet. Man sagt auch: desto höher ist die **Dosis** des eingeatmeten Schwefeldioxids.

Du kannst dir sicher vorstellen, dass es auch eine Rolle spielt, wie und wo das Schwefeldioxid einwirkt: Wenn man das Gas einatmet, hat es eine andere Wirkung, als wenn nur die Haut damit in Berührung kommt. *Verflüssigtes* Schwefeldioxid wirkt im Körper und auf der Haut wieder anders als *gasförmiges*.

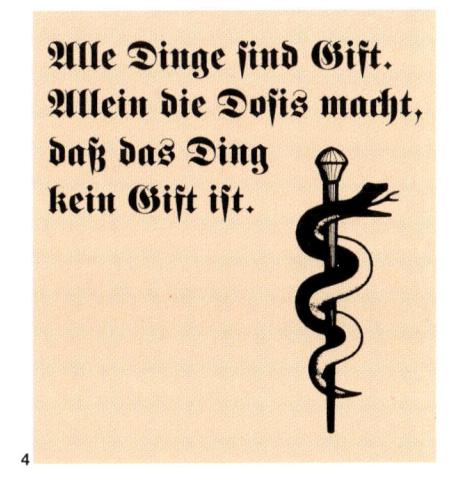

Für uns ist es wichtig zu wissen, wie viel Schwefeldioxid wir zu uns nehmen können ohne dadurch geschädigt zu werden.

Langzeituntersuchungen an Tieren haben Folgendes gezeigt: 70 mg Schwefeldioxid pro Kilogramm Körpergewicht und pro Tag rufen noch keine Schädigungen hervor.

Wissenschaftler gehen jedoch davon aus, dass der Mensch zehnmal empfindlicher reagieren könnte als ein Versuchstier – und Kinder, alte oder kranke Menschen noch zehnmal empfindlicher. Daher teilt man den in Tierversuchen ermittelten Wert durch 100. Das ergibt dann die Menge *(Dosis)*, die ein Mensch täglich, Zeit seines Lebens ohne Wirkung zu sich nehmen kann. Diese Dosis beträgt bei Schwefeldioxid also 0,7 mg pro kg Körpergewicht.

Wenn wir zu viel Schwefeldioxid zu uns nehmen, kann das zu Kopfschmerzen, Übelkeit und Durchfall führen. Es können aber auch Langzeitschäden auftreten.

Es gibt eine große Zahl von Stoffen, die man als Gifte bezeichnet. Viele werden in der Industrie hergestellt, viele kommen aber auch in der Natur vor. (Denke nur an die vielen giftigen Pilze oder wild wachsenden Früchte!)

Die natürlichen Gifte dienen Pflanzen und Tieren zur Abwehr von Bakterien, Insekten und anderen Schädlingen. Sie sind giftig – aber nur in entsprechender Dosis.

5 Wie Stickstoffoxide entstehen

Stickstoff reagiert mit Sauerstoff

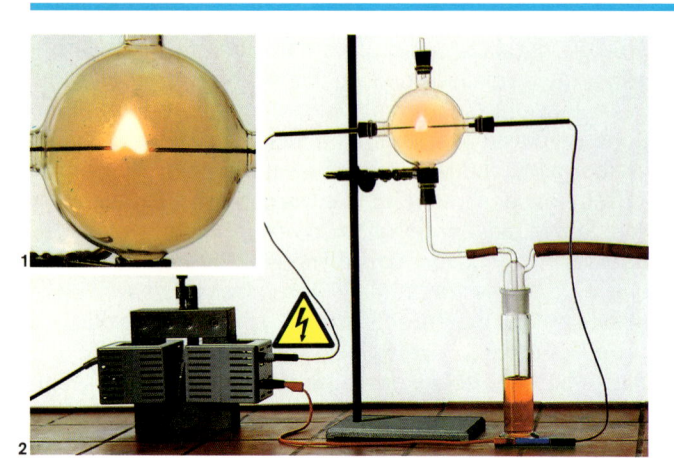

Stickstoff ist so wenig reaktionsfähig, dass er sich nicht ohne weiteres „entzünden" lässt. Um ihn zu verbrennen, muss ihm sehr viel Energie zugeführt werden. Das gelingt z. B. bei der *Luftverbrennung* im elektrischen Lichtbogen (Bilder 1 u. 2).

Es entsteht **Stickstoffdioxid**, ein rotbraunes, sehr giftiges Gas mit einem typischen Geruch. Bei dieser Reaktion muss ständig Energie zugeführt werden; sie verläuft *endotherm*.

Stickstoff + Sauerstoff → Stickstoffdioxid | endotherm

Außer dem Stickstoffdioxid gibt es noch andere Stickstoffoxide. (Sie werden umgangssprachlich oft *Stickoxide* genannt.)

Stickstoffoxide entstehen überall dort, wo Verbrennungen in Gegenwart von Luft bei sehr hohen Temperaturen stattfinden (Stickstoff ist ja der Hauptbestandteil der Luft), z. B. bei Gewitter, in Feuerungsanlagen von Kraftwerken und im Automotor. Dabei bildet sich stets ein Gemisch dieser Oxide.

Was geschieht, wenn Nichtmetalle verbrennen?

Wie die Oxide von Schwefel und Stickstoff entstehen, wissen wir bereits.

Auch Phosphor kann mit Sauerstoff reagieren. Der Versuch dazu (Bild 3) darf jedoch nur vom Lehrer unter dem Abzug durchgeführt werden.

An der Wand des Becherglases setzt sich ein weißes Pulver ab. **Dieses Oxid des Phosphors heißt Phosphorpentaoxid.** Bei der Reaktion wird insgesamt Energie frei; sie verläuft also exotherm.

Bekanntlich gehören Kohlenstoff, Schwefel und Phosphor zu den **Nichtmetallen**. Wenn sie verbrennen, verbinden sie sich mit Sauerstoff; es entstehen **Nichtmetalloxide**. Außerdem wird bei diesen Reaktionen meist Wärme frei.

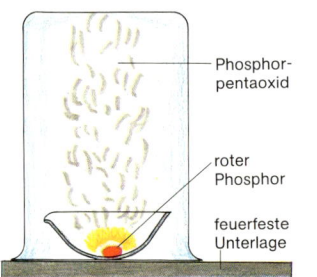

Kohlenstoff + Sauerstoff → Kohlenstoffdioxid | exotherm
Schwefel + Sauerstoff → Schwefeldioxid | exotherm
Phosphor + Sauerstoff → Phosphorpentaoxid | exotherm
Stickstoff + Sauerstoff → Stickstoffdioxid | endotherm

Die meisten Nichtmetalle verbrennen nach dem Entzünden in exothermen Reaktionen. Stickstoff verbrennt dagegen nur bei ständiger Energiezufuhr in einer endothermen Reaktion. Die *allgemeine* Reaktionsgleichung lautet deshalb:

Nichtmetall + Sauerstoff → Nichtmetalloxid

Bei der Oxidation verbinden sich die Nichtmetalle mit Sauerstoff. Wir können also erwarten, dass die Nichtmetalloxide eine größere Masse haben als die Nichtmetalle vor der Reaktion. Das trifft zu; nur ist es schwierig, das nachzuweisen.

Wenn man alle Verbrennungsprodukte auffängt und ihre Masse bestimmt, stellt man fest: **Die Nichtmetalloxide haben eine größere Masse als die entsprechenden Nichtmetalle vor der Verbrennung.**

Nichtmetalle reagieren mit Sauerstoff

Alles klar?

1 Kohlenstoffdioxid ist eine *Verbindung*. Erläutere diesen Begriff. Verwende dabei auch die Begriffe *Ausgangsstoffe*, *Reaktionsprodukt* und *Eigenschaften*.

2 Tina behauptet: „Wenn Kohlenstoff verbrennt, wird er leichter – das zeigt die Waage ganz deutlich. Also verbindet sich der Kohlenstoff nicht mit Sauerstoff."
Wie könntest du Tina davon überzeugen, dass ihre Ansicht falsch ist?

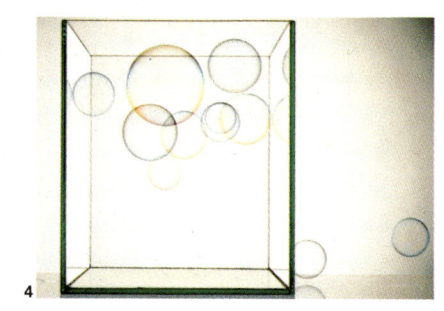

3 Schwebende Seifenblasen (Bild 4)! Wie erklärst du das?

4 Bei der Weinherstellung entsteht Kohlenstoffdioxid. Es sammelt sich im Gärkeller am Boden und zieht meist schlecht ab. Will der Winzer nach seinem Wein sehen, geht er mit einer brennenden Kerze in den Keller, obwohl die elektrische Beleuchtung eingeschaltet ist. Welche Bedeutung hat die Kerze? Beschreibe!

Nichtmetalle reagieren mit Sauerstoff

5 In dem Standzylinder von Bild 5 befindet sich Kohlenstoffdioxid.
Was wird mit der Kerzenflamme geschehen? Begründe deine Antwort.

6 Vergleiche die Verbrennung von Kohlenstoff und Schwefel mit der Verbrennung von Phosphor.
Was haben sie gemeinsam und worin unterscheiden sie sich?

7 Stelle die Verbrennung von Stickstoff der Verbrennung von Kohlenstoff und Schwefel gegenüber. Suche Gemeinsamkeiten und Unterschiede.

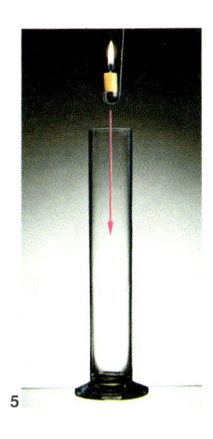

8 Der größte Teil der Luft besteht aus Stickstoff. Trotzdem ist es recht schwierig, ihn zur Herstellung von Stickstoffverbindungen zu nutzen.
Auf welche Eigenschaft des Stickstoffs ist das zurückzuführen?

9 Beschreibe, wo und unter welchen Voraussetzungen Stickstoffoxide entstehen können.

10 Stickstoff kann auch zwei Oxide bilden, die den beiden Oxiden des Kohlenstoffs vom Namen her ähnlich sind. Wie heißen diese Stickstoffoxide?

11 Wenn Brennstoffe verbrennen, entsteht neben Kohlenstoffdioxid oft auch Schwefeldioxid. Woran liegt das?

Auf einen Blick

Die Verbrennungsprodukte des Kohlenstoffs

Wenn **Kohlenstoff** verbrennt, entsteht als Verbrennungsprodukt *Kohlenstoffdioxid*.
Außerdem wird Energie frei.

Das dazugehörige Reaktionsschema lautet:
Kohlenstoff + Sauerstoff → Kohlenstoffdioxid | exotherm

Wenn die Verbrennung von Kohlenstoff bei Sauerstoffmangel stattfindet, entsteht *Kohlenstoffmonooxid*.
Kohlenstoff kann also **zwei Oxide** bilden: Kohlenstoffdioxid und Kohlenstoffmonooxid.
Kohlenstoffmonooxid ist ein giftiges, brennbares Gas; es löst sich kaum in Wasser.

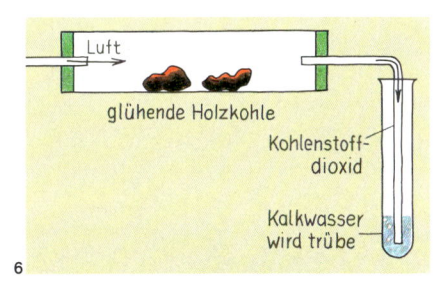

Nachweis:
Kohlenstoffdioxid trübt Kalkwasser.

Kohlenstoffdioxid ist dagegen nicht brennbar; es verhindert sogar die Verbrennung und löscht eine Flamme. Aufgrund dieser Eigenschaft wird es in bestimmten Fällen zur Brandbekämpfung eingesetzt.
Das Gas ist in Wasser löslich. Es hat eine größere Dichte als Luft und lässt sich daher wie Wasser „gießen".

Nichtmetalle verbrennen

Wenn Nichtmetalle verbrennen, entstehen als Verbrennungsprodukte
Nichtmetalloxide, die meist gasförmig sind.
Die Reaktionen verlaufen meist exotherm.

Schwefel verbrennt zu **Schwefeldioxid** (Bild 7). Das ist bei Raumtemperatur ein farbloses, stechend riechendes, giftiges Gas. Es bleicht einige Farbstoffe und wirkt auf Bakterien und Schimmelpilze tödlich.
Schwefeldioxid entsteht auch bei der Verbrennung schwefelhaltiger Verbindungen (z. B. einige Brennstoffe).
Phosphor verbrennt zu **Phosphorpentaoxid** (Bild 8). Dieses Oxid ist ein weißes Pulver.
Auch Stickstoff gehört zu den Nichtmetallen. Es ist der Hauptbestandteil der Luft. Wenn das Gas bei hohen Temperaturen verbrennt, entstehen mehrere **Stickstoffoxide**. Sie bilden ein Gemisch, in dem die einzelnen Oxide in unterschiedlichen Mengen enthalten sind.

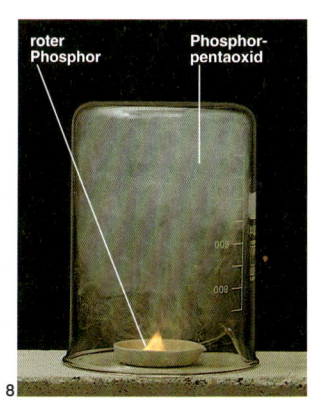

Luftverschmutzung durch gasförmige Verbrennungsprodukte

1 Ist die Luft unser Abfalleimer

Auf dem Schulweg ... Ob es so weit kommt?

Abgasmessungen mit einem Gasspürgerät

Die gasförmigen Nichtmetalloxide, die unsere Luft belasten, sind **Schadstoffe**. Sie können mit **Gasspürgeräten** nachgewiesen und genau gemessen werden. Zum Gasspürgerät gehören Gasspürpumpe und Messröhrchen (Bilder 2 u. 3).

Für jeden Schadstoff gibt es bestimmte Messröhrchen (Bild 4), die unterschiedliche Messbereiche haben können.

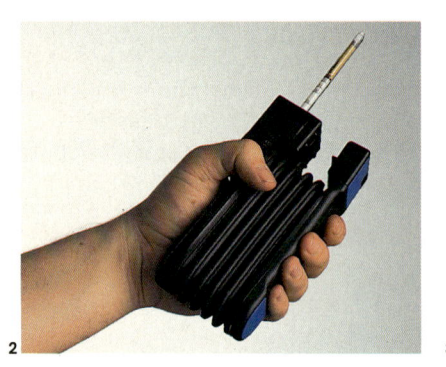

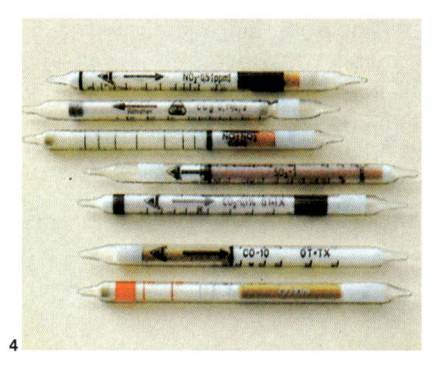

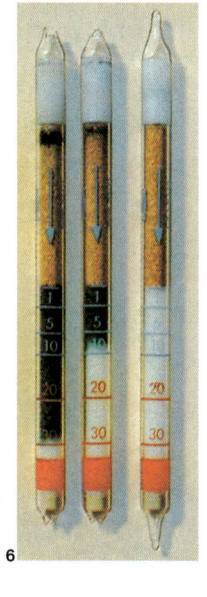

Das **Beispiel** zeigt, wie ein Gasspürgerät arbeitet: Einige Schülerinnen und Schüler prüfen an einer stark befahrenen Kreuzung den Gehalt der Luft an gasförmigen Schadstoffen (Bild 5).

Zuerst wollen sie die Luft auf **Kohlenstoffmonooxid** prüfen. Dazu setzen sie ein geeignetes Messröhrchen in die Gasspürpumpe ein. Dann betätigen sie die Pumpe. Dabei strömt ein bestimmtes Volumen Luft durch das Messröhrchen.

Wenn Kohlenstoffmonooxid in der Luft vorhanden ist, färbt sich der Stoff im Messröhrchen. Auf der Skala des Röhrchens wird an der Stelle, bis zu die Färbung geht, der Gehalt des Gases pro Kubikmeter Luft abgelesen (Bild 6).

Nun wird das Messröhrchen gegen ein anderes (z. B. zur Messung von **Schwefeldioxid**, **Stickstoffdioxid** oder **Kohlenstoffdioxid**) ausgetauscht.

Fragen und Aufgaben zum Text

1 Du kannst selbst in einem **Versuch** feststellen, wie viele Staub- und Rußteilchen sich in der Luft befinden.

Klebe dazu über die Öffnung eines Trinkglases zwei Streifen Tesafilm®; die Klebeflächen sollen nach oben zeigen (Bild 7). Stell das Gefäß draußen an einen ruhigen Platz (z. B. auf den Balkon oder aufs Fensterbrett), aber möglichst nicht auf den Boden. Nach drei Tagen nimmst du den einen Streifen ab und nach sechs Tagen den anderen.

Wenn du die beiden Klebestreifen auf Millimeterpapier klebst und mit einer Lupe betrachtest, kannst du sie miteinander vergleichen.

Wie viele Staub- und Rußteilchen sind jeweils auf einer Fläche von 1 cm²?

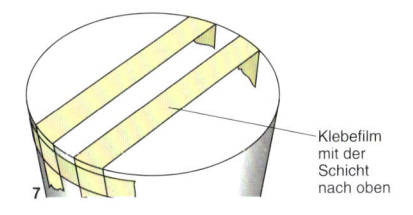

2 Mit einer Gasspürpumpe und einem Messröhrchen (Messbereich 1–25 ppm) lässt sich *Schwefeldioxid* T feststellen: Dazu wird eine erbsengroße Menge Schwefel verbrannt und das Messröhrchen in das aufsteigende Gas gehalten. Beobachte den Farbstoff im Röhrchen.

3 *Stickstoffdioxid* T+ entsteht, wenn sich Stickstoff aus der Luft mit Sauerstoff verbindet. Das geschieht nur bei hohen Temperaturen, z. B. durch den Blitz bei Gewitter. Ein ähnlicher Vorgang vollzieht sich auch in Benzinmotoren durch die Funken der Zündkerzen.

Im **Lehrerversuch** lässt sich Stickstoffdioxid einfacher herstellen: Man dampft etwas Salpetersäure C so lange ein, bis Stickstoffdioxid entweicht. Das aufsteigende Gas wird mit dem Gasspürgerät (Messbereich des Röhrchens: 2–100 ppm) nachgewiesen.

4 Mit einer Gasspürpumpe und Messröhrchen können die Auspuffgase T eines Mofas untersucht werden (Bild 8). Welche der folgenden Gase lassen sich nachweisen: Kohlenstoffdioxid (Messbereich: 5000–100 000 ppm), Kohlenstoffmonooxid (Messbereich: 100 bis 3000 ppm), Schwefeldioxid (Messbereich: 1–25 ppm) oder Stickstoffdioxid (Messbereich: 2–100 ppm)?

5 Auch die Luft (z. B. an einer Kreuzung oder in der Nähe einer Großfeuerungsanlage) kann geprüft werden (Messbereiche: Kohlenstoffdioxid 100 bis 12 000 ppm, Kohlenstoffmonooxid 5–150 ppm, Schwefeldioxid 0,1–3 ppm, Stickstoffdioxid 0,5–25–ppm).

6 Aus Heizungsanlagen von Wohnhäusern entweichen ebenfalls Abgase. Bei einem Kohleofen in der Wohnung oder einer Ölheizung im Keller könnten wir sie mit den Gasspürgeräten nachweisen. Überlege dir einen **Versuch**.

7 Auch die Verbrennungsprodukte von Braunkohle und Holzkohle (Grillkohle) können mit geeigneten Messröhrchen (Messbereiche wie bei Aufgabe 4) geprüft werden (Bild 9).

8 Wenn man eine Zigarette mit den Messröhrchen verbindet (Bild 10), lässt sich auch der Zigarettenrauch untersuchen (Messbereiche: Kohlenstoffdioxid und Stickstoffdioxid → Aufgabe 4, Kohlenstoffmonooxid 5000 bis 70 000 ppm, Schwefeldioxid 20–200 ppm).

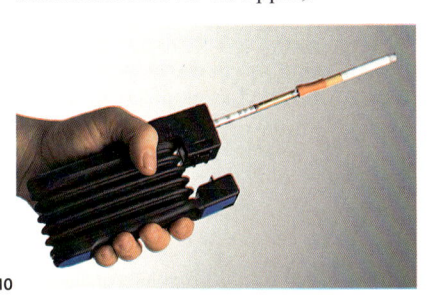

Luftverschmutzung durch gasförmige Verbrennungsprodukte

Was bedeutet „1 ppm"?

Bei Abgasmessungen mit Gasspürgeräten werden Messröhrchen verwendet. Sie sind jeweils für einen bestimmten Messbereich geeignet. Der wird in ml/m³ – auch **ppm** genannt – angegeben.

Hier ein Beispiel: Die Auspuffgase eines Mofas sollen mit einem Messröhrchen des Messbereichs 1–25 ppm auf *Schwefeldioxid* untersucht werden.

Das Messröhrchen zeigt 1 ppm an, wenn 1 m³ (Kubikmeter) Luft genau 1 ml Schwefeldioxid enthält (Bild 1).

1 ml ist der millionste Teil von 1 m³. Man sagt dazu auch:
1 Teil von 1 Million Teilen =
1 **p**art **p**er **m**illion (engl.) = **1 ppm**.

Wenn du dir Bild 1 ansiehst, meinst du vielleicht, dass 1 ppm Schwefeldioxid in der Luft eigentlich sehr wenig ist. Aber schon bei einem Gehalt von 10 ppm Schwefeldioxid – das ist ja auch noch wenig – kann es bei längerem Einatmen zu gesundheitlichen Schäden kommen!

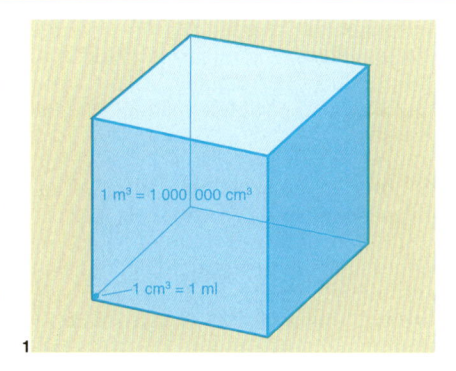

Besonders in Fabriken und Betrieben kann die Luft durch Gase und Dämpfe verunreinigt sein. Wenn der Gehalt der Luft an solchen Schadstoffen zu hoch wird, besteht Gefahr für die Gesundheit der Beschäftigten.

Deshalb wurde durch Gesetze festgelegt, dass an Arbeitsplätzen bestimmte **Grenzwerte** nicht überschritten werden dürfen.

Einige dieser Grenzwerte zeigt die folgende Tabelle.

Einige Schadstoff-Grenzwerte

Schadstoff	ml/m³ (ppm)
Kohlenstoffdioxid	5000
Kohlenstoffmonooxid	30
Ammoniak	20
Stickstoffdioxid	5
Schwefeldioxid	2
Chlor	0,5

1 1 m³ = 1 000 000 cm³ ; 1 cm³ = 1 ml

Von Emissionen und Immissionen

Täglich werden große Mengen Schadstoffe an die Luft abgegeben. Dazu zählen gasförmige Stoffe sowie Staub und Ruß. Man spricht hier von einer **Emission** von Schadstoffen (lat. *emissio:* das Entsenden, Herauslassen).

Ein Teil dieser Schadstoffe steigt hoch in die Luft auf und wird mit dem Wind abtransportiert. Oft gelangen sie erst viele hundert Kilometer weiter wieder zur Erde zurück. Sie machen natürlich auch vor Ländergrenzen nicht Halt.

Ein anderer Teil der Schadstoffe verteilt sich in der Nähe ihrer Emission. Auf diese Weise ist die Luft bei uns sowohl durch „nationale" als auch durch „internationale" Schadstoffe belastet.

Emissionen, die wieder zur Erde zurückgelangen, werden **Immissionen** genannt (lat. *immissio:* das Hineinlassen). Sie wirken in irgendeiner Weise auf Menschen, Tiere und Pflanzen ein.

Die Immissionen werden in Atemhöhe des Menschen gemessen. Dazu dienen ortsfeste und mobile Messstationen.

Man ermittelt Immissionswerte für Langzeit- und Kurzzeitwirkungen. Die Langzeitwerte geben einen Jahresmittelwert an, die Kurzzeitwerte ergeben sich aus monatlichen Messungen.

Um den Menschen vor gesundheitlichen Schäden durch Luftverunreinigungen zu bewahren hat man **Richtwerte** für Immissionen entwickelt.

Man geht davon aus, dass der Mensch nicht gefährdet ist, wenn die Konzentration der Schadstoffe in der Luft unterhalb dieser Richtwerte liegt.

Richtwerte für Immissionen

Gasart	Langzeitwert in mg/m³	ppm	Kurzzeitwert in mg/m³	ppm
Kohlenstoffmonooxid	10,0	8,0	30,0	24,0
Schwefeldioxid	0,14	0,05	0,40	0,14
Stickstoffdioxid	0,08	0,04	0,20	0,1
Chlor	0,10	0,03	0,60	0,19

Aufgaben

1 In einem Labor ist unsachgemäß experimentiert worden. Durch Verbrennung von Schwefel ist der Gehalt an Schwefeldioxid in der Luft auf 45 ppm angestiegen. Wurde der Höchstwert bereits überschritten?

Welche Auswirkungen hat das Schwefeldioxid in diesem Raum (→ nebenstehende Tabelle).

2 In einem Nachschlagewerk heißt es: Als *Emission* bezeichnet man die von einer Anlage oder einem Produkt ausgehenden Luftverunreinigungen, Gerüche, Geräusche, Strahlen, Erschütterungen, Wärme-, Licht- oder ähnliche Erscheinungen.

Wie würdest du demnach den Begriff *Immission* erweitern?

3 Stelle den Zusammenhang Emission – Immission zeichnerisch dar.

4 Vergleiche die Werte von Bild 2 mit den Schadstoff-Grenzwerten.

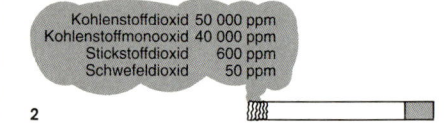

Wirkung von Schwefeldioxid auf den Menschen

Gehalt in der Luft	Wirkung
1–2 ppm	nicht nachgewiesen
10 ppm	bei längerem Einatmen gesundheitsschädigend
20 ppm	Reizung der Augen
50–100 ppm	schon nach 30-minütigem Einatmen gesundheitsschädigend
400–500 ppm	schon bei kurzzeitigem Einatmen gesundheitsschädigend

2 Kohlenstoffdioxid 50 000 ppm
Kohlenstoffmonooxid 40 000 ppm
Stickstoffdioxid 600 ppm
Schwefeldioxid 50 ppm

Aus Umwelt und Technik: **Wer verschmutzt unsere Luft womit?**

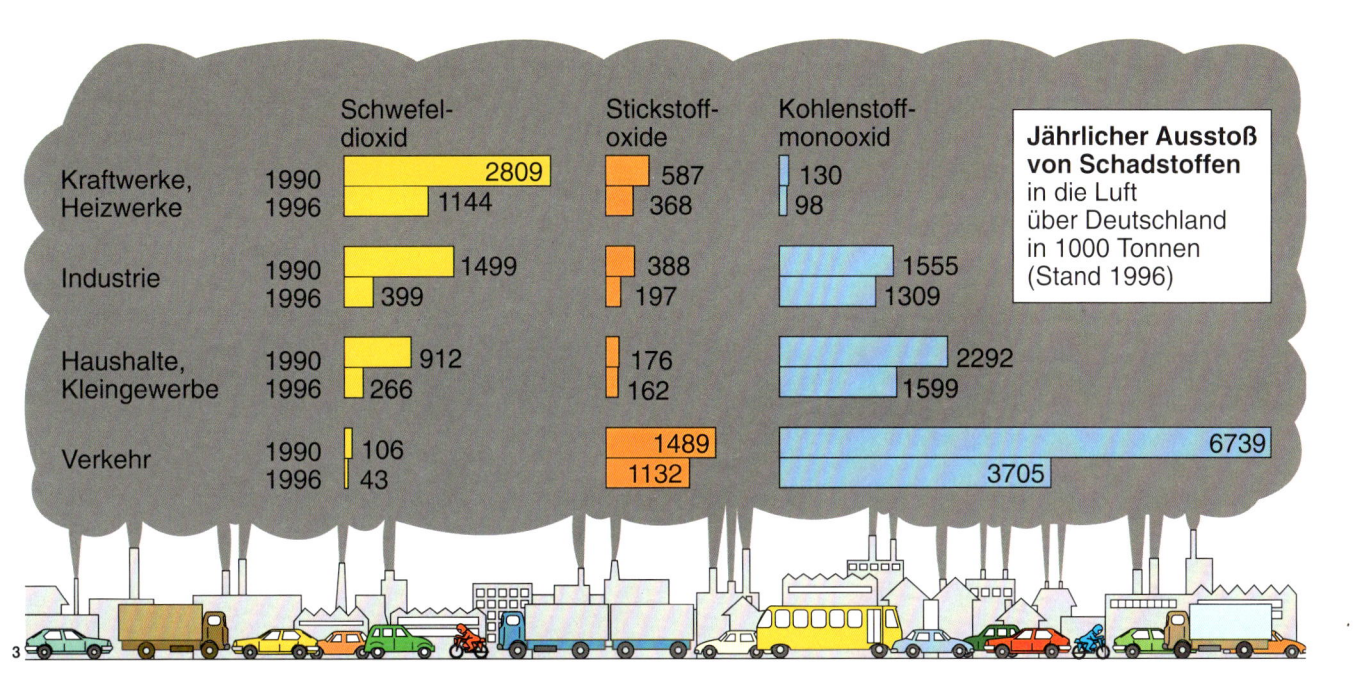

		Schwefeldioxid	Stickstoffoxide	Kohlenstoffmonooxid
Kraftwerke, Heizwerke	1990	2809	587	130
	1996	1144	368	98
Industrie	1990	1499	388	1555
	1996	399	197	1309
Haushalte, Kleingewerbe	1990	912	176	2292
	1996	266	162	1599
Verkehr	1990	106	1489	6739
	1996	43	1132	3705

Jährlicher Ausstoß von Schadstoffen in die Luft über Deutschland in 1000 Tonnen (Stand 1996)

3

In jedem Jahr gelangen große Mengen an **gasförmigen Schadstoffen** wie *Schwefeldioxid*, *Stickstoffoxide* und *Kohlenstoffmonooxid* in die Luft. Wer diese Emissionen verursacht, zeigt Bild 3.

Außer den gasförmigen Schadstoffen verschmutzen noch große Mengen **Staub und Ruß** unsere Luft. Allein mit dem Staub und Ruß, der in einem einzigen Jahr aus der Luft auf die gesamte Fläche Deutschlands fällt, könnte man 100 000 Güterwagen füllen. Wenn man diese Güterwagen aneinander koppeln würde, so reichte der Zug etwa von Hamburg bis zum Bodensee.

Staub und Ruß sind zwar unangenehm, sie haben aber nicht so gefährliche Wirkungen wie die gasförmigen Schadstoffe. Deshalb werden in den Großfeuerungsanlagen der Kraft- und Heizwerke vor allem Schwefeldioxid und Stickstoffoxide aus den Abgasen entfernt.

Dabei sind in den letzten Jahren schon große Fortschritte erzielt worden (→ Zeitungsausschnitt). Außerdem kannst du das auch in Bild 3 erkennen, wenn du die Werte von 1990 und 1996 miteinander vergleichst.

Es ist sehr wichtig, dass die Emissionen verringert werden, denn nur so werden auch die Immissionen geringer.

„Schlote rauchen schon sauberer"

1983 setzte die Bundesregierung die **Verordnung über Großfeuerungsanlagen** in Kraft. Sie schreibt eine Begrenzung der Emission aller Luftschadstoffe vor. Der Schadstoffausstoß wurde seitdem – besonders in den alten Bundesländern – erheblich verringert.

Schon 1988 ist es gelungen, die Emission der Kraftwerke an **Schwefeldioxid** um fast 90 % gegenüber dem Wert von 1982 zu senken.

Anfang der 80er-Jahre war mit 750 000 Tonnen der höchste Stand der Emissionen an **Stickstoffoxiden** aus Kraftwerken ermittelt worden. Im Jahre 1991 wurde ein Wert von unter 200 000 Tonnen erreicht. Das entspricht einer Verminderung der Emission von über 70 % gegenüber dem Wert von 1982.

Insgesamt wurden für den Bau von Anlagen zur Rauchgasreinigung etwa 22 Milliarden DM ausgegeben, davon rund 7 Milliarden für die Verminderung der Stickstoffoxid-Emission.

Fragen und Aufgaben zum Text

1 Sieh dir noch einmal Bild 3 an:
a) Woher stammt das meiste Schwefeldioxid in der Luft?
b) Was bedeutet die Zahl 399?
c) Vergleiche die Angaben über die Schwefeldioxid-Emission von 1996 mit denen von 1990.

2 Wer verursacht die größte Menge an Stickstoffoxiden und an Kohlenstoffmonooxid? Vergleiche die Werte für 1996 mit denen für 1990.

3 In welchen Bereichen konnte der Ausstoß aller drei Schadstoffe von 1990 bis 1996 verringert werden?

4 Lies an Bild 3 ab, wo noch dringend etwas für die Verringerung der Schadstoffe in Abgasen getan werden muss.
Überlege auch, was du selbst dazu tun könntest.

5 Die *chemische Industrie* gilt nach Ansicht vieler Leute als besonders großer Luftverschmutzer. 1990 gelangten von ihr folgende Schadstoffmengen in die Luft:
Schwefeldioxid 43 000 t,
Stickstoffoxide 70 200 t,
Kohlenstoffmonooxid 75 600 t.
Vergleiche diese Werte mit denen, die du in Bild 3 bei *Industrie* findest. Wie beurteilst du anschließend die „Ansicht vieler Leute"?

2 Einige Folgen der Luftverschmutzung

Aus Umwelt und Technik: **Der Treibhauseffekt**

Viele Gärtner nutzen den sog. **Treibhauseffekt** um im Frühjahr mit Hilfe der *Sonnenstrahlung* Blumen und Pflanzenkeimlinge zu ziehen.

Bestimmte Teile der Sonnenstrahlung können nämlich das Glasdach des Treibhauses durchdringen. Wo diese Strahlung auftrifft, kommt es zur Erwärmung. Energie der Sonnenstrahlung wird in Wärme umgewandelt. Erwärmte Gegenstände senden nun ihrerseits *Wärmestrahlung* aus. Diese kann das Glasdach jedoch nicht durchdringen. Auf diese Weise wird das Innere des Treibhauses weiter aufgeheizt.

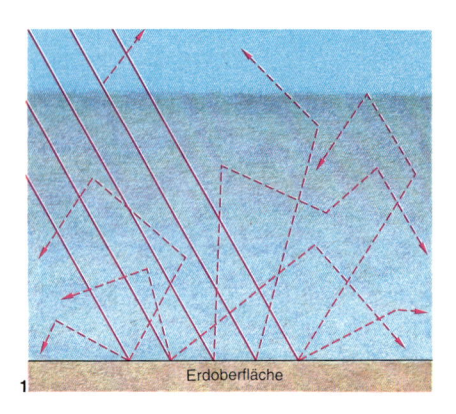

Auch wir auf der Erde sitzen sozusagen in einem „Treibhaus". An die Stelle des Glasdaches treten die sog. *Treibhausgase* in unserer Lufthülle. Dazu gehört auch das *Kohlenstoffdioxid*:

Es lässt die Sonnenstrahlung fast ungehindert zur Erde durch (Bild 1). Dagegen „verschluckt" (absorbiert) es einen Teil der Wärmestrahlung, die von der Erde ausgeht, sodass sich die Lufthülle ebenfalls aufheizt. Ein weiterer Teil der Wärmestrahlung wird zur Erde „zurückgeworfen" (reflektiert), der Rest gelangt in den Weltraum.

Ohne den Treibhauseffekt betrüge die Durchschnittstemperatur auf der Erde statt +15 °C nur −20 °C! Die Folgen davon kannst du dir sicher vorstellen. (Bei der letzten Eiszeit, die vor ca. 13 000 Jahren endete, lag die Durchschnittstemperatur nur um 5 °C niedriger als heute!)

Seit einigen Jahren warnen nun Wissenschaftler vor einer **Verstärkung des Treibhauseffekts**. Schon seit Mitte des 19. Jahrhunderts ist der Anteil des Kohlenstoffdioxids in der Luft ständig gewachsen. Das liegt daran, dass die Verbrennung von Holz, Kohle, Erdölprodukten und Erdgas seit damals ständig zugenommen hat – und dabei entsteht ja bekanntlich Kohlenstoffdioxid.

Gleichzeitig werden die tropischen Regenwälder zum Teil durch Abbrennen zerstört. Die Wälder werden vor allem in Brasilien, Indonesien und Westafrika so rasch gerodet, dass pro Minute eine Waldfläche der Größe von etwa 28 Fußballfeldern verschwindet!

Heute liegt der Wert für Kohlenstoffdioxid in der Luft bereits um etwa ein Viertel höher als Mitte des vorigen Jahrhunderts. Dadurch hat sich die Temperatur auf der Erde seit damals um durchschnittlich 0,6 °C erhöht.

Diese Entwicklung scheint sich zu beschleunigen und das Klima droht sich gewaltig zu verändern (Bild 2). Wenn die Voraussagen zutreffen, wird die Durchschnittstemperatur bis zum Jahr 2030 um 1,5–4,5 °C ansteigen.

Eine der am meisten gefürchteten Folgen des Treibhauseffekts ist der Anstieg des Meeresspiegels. Er wird durch das Abschmelzen der Gletscher und des Eises der Antarktis hervorgerufen sowie durch die Ausdehnung des Wassers bei Erwärmung. Man rechnet bis zum Jahr 2030 mit einem Anstieg um 20–40 cm.

Nach Meinung der Forscher müsste der Energieverbrauch weltweit gesenkt werden. Dem steht aber entgegen, dass sich die Wirtschaft vieler Entwicklungsländer gerade erst entfaltet. Auf jeden Fall müssten die Industriestaaten den Kohlenstoffdioxidausstoß um 50 % senken.

Es bleibt uns also nichts anderes übrig, als andere Möglichkeiten der Energiegewinnung auszubauen.

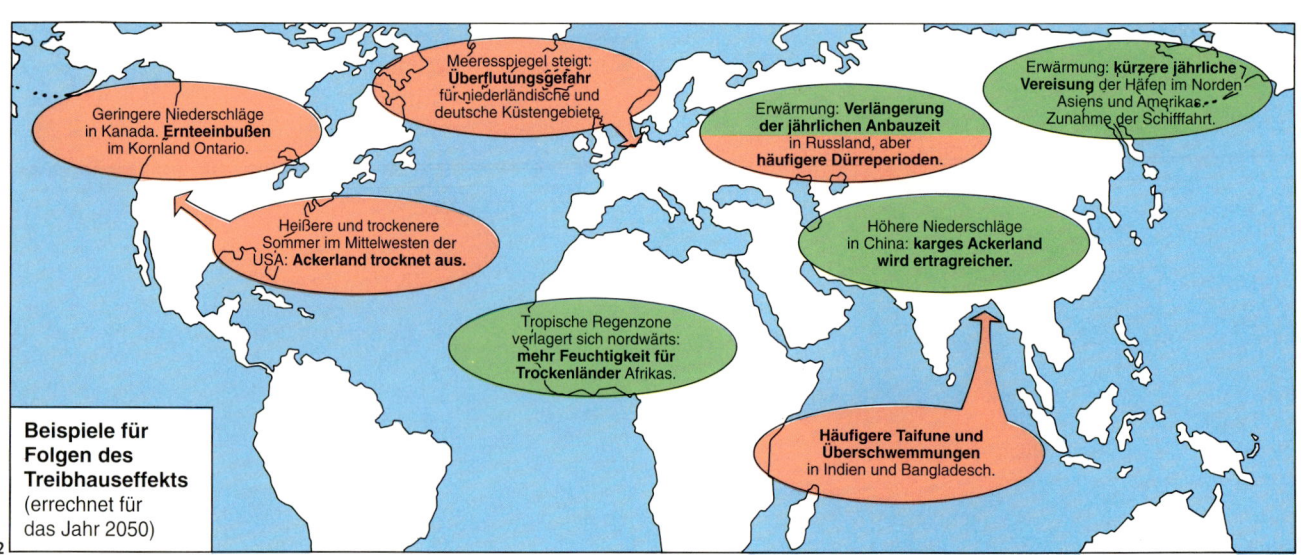

1 Erdoberfläche

2 Beispiele für Folgen des Treibhauseffekts (errechnet für das Jahr 2050)

- Geringere Niederschläge in Kanada. **Ernteeinbußen** im Kornland Ontario.
- Heißere und trockenere Sommer im Mittelwesten der USA: **Ackerland trocknet aus.**
- Meeresspiegel steigt: **Überflutungsgefahr** für niederländische und deutsche Küstengebiete.
- Erwärmung: **Verlängerung der jährlichen Anbauzeit** in Russland, aber **häufigere Dürreperioden.**
- Erwärmung: **kürzere jährliche Vereisung** der Häfen im Norden Asiens und Amerikas. Zunahme der Schifffahrt.
- Höhere Niederschläge in China: **karges Ackerland wird ertragreicher.**
- Tropische Regenzone verlagert sich nordwärts: **mehr Feuchtigkeit für Trockenländer** Afrikas.
- **Häufigere Taifune und Überschwemmungen** in Indien und Bangladesch.

Aus Umwelt und Technik: **Ozonalarm!**

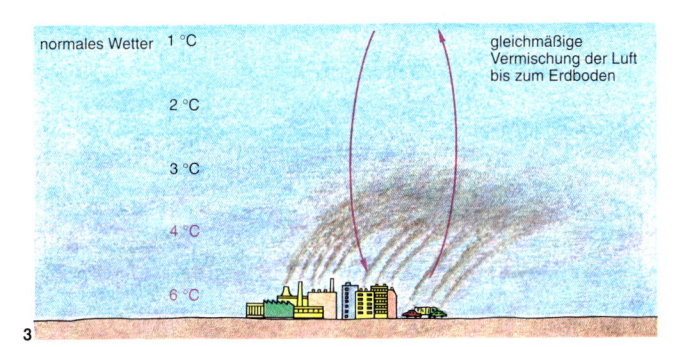

3 *normales Wetter* — gleichmäßige Vermischung der Luft bis zum Erdboden

4 *Inversionswetter* — gleichmäßige Vermischung der Luft nur noch oberhalb der Inversionsschicht

Bei leichtem Wind steigen die Abgase von Autos und bestimmten Fabriken schnell in höhere Luftschichten auf (Bild 3). Bei einer ganz bestimmten Wetterlage – bei *Inversionswetter* (lat. *inversio:* Umkehrung) – kann es jedoch vorkommen, dass diese Abgase nicht nach oben entweichen können.

Eine solche Wetterlage entsteht z. B., wenn an windstillen Tagen eine wärmere Luftschicht über der kühleren Bodenluft liegt (Bild 4). Diese warme Luft wirkt dann ähnlich wie ein Deckel auf einem Topf: Sie verhindert, dass die Abgase in höhere Luftschichten aufsteigen und abziehen können. Die Folge ist, dass sich unter der wärmeren Luftschicht ein giftiges Gemisch aus *Ozon* und anderen *Schadstoffen* bildet – der **Smog** (aus engl. *smoke:* Rauch; *fog:* Nebel). Als „Dunstglocke" kann man ihn dann z. B. besonders gut über großen Städten sehen (Bild 5).

Ozon entsteht dabei durch die Reaktion von Stickstoffoxiden mit Sauerstoff unter Einwirkung von UV-Licht *(Fotoreaktion)*. Als *Katalysatoren* wirken hierbei bestimmte Bestandteile von Autoabgasen mit, z. B. Kohlenstoffmonooxid.

Ozon ist bei direkter Einwirkung gefährlich. Schon eine Konzentration von 160 µg/m^3 (= 0,16 mg/m^3) kann bei Kindern zu Atembeschwerden führen.

Messstationen überwachen laufend den Grad der Luftbelastung durch Schwefeldioxid, Stickstoffoxide, Kohlenstoffmonooxid, Staub und Ozon.

Dabei wurde z. B. im Jahr 1994 in einer süddeutschen Messstation ein Ozon-Spitzenwert von 346 µg/m^3 gemessen, aber nur eine Stunde lang. Solche hohen Werte von über 200 µg/m^3 kommen jedoch recht selten vor.

Um Schäden für Umwelt und Gesundheit durch diesen sog. „Sommersmog" gering zu halten ist am 1. August 1995 das **Ozongesetz** in Kraft getreten. Darin wird der Grenzwert für Fahrverbote bei nicht schadstoffarmen Autos auf 240 µg/m^3 festgesetzt.

Wenn dieser Wert überschritten ist, wird **Ozonalarm** ausgerufen. Dann heißt es für alle nicht schadstoffarmen Fahrzeuge (z. Z. noch ca. 15 Millionen): „Stehen bleiben!" Aber selbst bei Ozonalarm gibt es Ausnahmen, z. B. für Leute, die ihr Fahrzeug dringend benötigen.

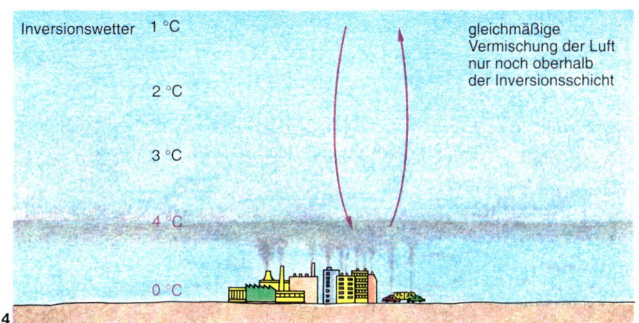

Maßnahmen bei Ozonalarm

Wenn an drei von 50–250 km voneinander entfernten Messstellen der Grenzwert von 240 µg/m^3 gemessen und für den Folgetag keine bessere Wetterlage erwartet wird, gilt Fahrverbot für nicht schadstoffarme Autos. Nur Autos mit einer G-Kat-Plakette (orange, sechseckig) dürfen dann fahren. Das gilt auch für schadstoffarme Dieselfahrzeuge.

Das Fahrverbot wird über Presse, Hörfunk und Fernsehen bekannt gegeben und gilt am folgenden Tag ab 6 Uhr morgens für 24 Stunden.

Ausnahmen:
○ Fahrten zum und vom Arbeitsplatz, wenn nicht anders zumutbar
○ Urlaubsfahrten, wenn nur so zumutbar
○ Taxen, Rettungsfahrzeuge, Hilfs- und Versorgungsfahrzeuge u. a.,
○ Schwerbehinderte

Motorräder haben generell Fahrverbot (Ausnahmen regeln in Einzelfällen die Länderbehörden.)

Lastkraftwagen müssen stehen bleiben, wenn sie älter als 5 Jahre sind (Ausnahmen: verderbliche Ladung, lebende Tiere, Fahrzeuge von öffentlichen Versorgungsunternehmen)

Wohnmobile bis zu 2,8 t gelten als Personenwagen. Über 2,8 t gilt: Fahrverbot, wenn das Wohnmobil älter als 5 Jahre ist. (Ausnahmen: Im Regelfall darf das Wohnmobil benutzt werden, wenn es für Fahrten zum Arbeitsplatz als einziges Fahrzeug zur Verfügung steht. Es ist auch dann zulässig, wenn es gerade zum Urlaub benutzt wird.)

Einige Auswirkungen von bodennahem Ozon

Ozonkonzentration	Auswirkungen
etwa 30 µg/m^3	Geruchsschwellenwert
ab 200 µg/m^3	Reizung der Atemwege, Kopfschmerzen
240 µg/m^3	Grenzwert für Fahrverbote
ab 240–300 µg/m^3	Zunahme der Häufigkeit von Asthmaanfällen
ab 800 µg/m^3	entzündliche Reaktion des Gewebes

5

Aus Umwelt und Technik: **Vom Kampf gegen die Luftverschmutzung**

In den vergangenen Jahren wurden verschiedene Möglichkeiten entwickelt um die Verschmutzung der Luft einzuschränken.

Ein wichtiges Gerät, das dazu beiträgt, findest du wahrscheinlich in deiner näheren Umgebung: Es ist der **Dreiwegekatalysator** für Autos (Bild 1). Damit lassen sich die Schadstoffe aus Autoabgasen verringern. Der Katalysator muss zwischen Motor und Auspuff montiert werden.

Der Katalysator besteht aus einem Keramik- oder Metalleinsatz, der von winzigen Kanälen durchzogen ist. Auf der rauen Oberfläche der Kanäle befinden sich fein verteilt die Metalle *Platin* und *Rhodium*.

Die Metalle bewirken, dass der größte Teil der Schadstoffe in Kohlenstoffdioxid, Wasserdampf und Stickstoff umgewandelt wird. (Genaueres über den Dreiwegekatalysator erfährst du später.)

Auch in Kraftwerken und Großbetrieben der Industrie wurde inzwischen der Ausstoß von Schadstoffen in die Luft verringert.

So baute man z. B. in Braunkohlekraftwerken **Rauchgasentschwefelungsanlagen** (Bild 2) ein. In anderen Kraftwerken modernisierte man die Feuerungsanlagen, indem man z. B. auf **Wirbelschichtfeuerung** (Bild 3) umstellte. Auf diese Weise wird vor allem *Schwefeldioxid* in den Abgasen verringert.

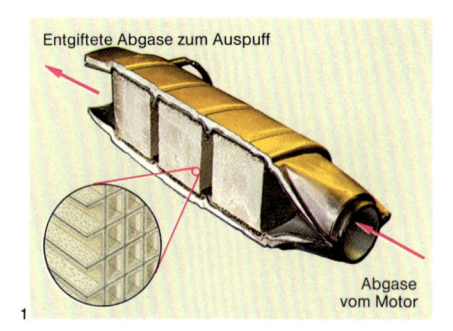

Der Einbau von Anlagen zur Verringerung der *Stickstoffoxide* in den Abgasen ist noch nicht überall abgeschlossen.

Um die Verschmutzung der Luft weiter einzuschränken wird die Schadstoffbelastung vor allem in dicht besiedelten Gebieten überwacht.

In solchen Gebieten gibt es meist eine große Zahl von **Messstationen** oder **Messwagen**, die Tag und Nacht im Einsatz sind. Die Messstationen arbeiten in der Regel automatisch und messen in jeder Minute, wie hoch der Gehalt an Schadstoffen in der Luft ist. Die gemessenen Werte werden an eine zentrale Überwachungsstelle weitergeleitet.

Dort hat man somit zu jeder Zeit einen genauen Überblick über den Schadstoffgehalt der Luft. Wenn er zu groß wird, können sofort Gegenmaßnahmen veranlasst werden (wie z. B. das Auslösen von Smogalarm).

Fragen und Aufgaben zum Text

1 Welche Wirkung hat der Dreiwegekatalysator auf die Abgase der Autos?

2 Bei der Zerlegung der Stickstoffoxide zu Stickstoff im Katalysator entsteht Sauerstoff. Wozu wird er wohl dienen?

3 Durch welche Maßnahmen wird der Anteil an Schadstoffen in den Abgasen von Kraftwerken verringert?

4 Die Kosten für die Abgasreinigung in den Kraftwerken werden auf die Kosten für elektrische Energie „umgelegt". Sie betragen für 1 Kilowattstunde (kWh) ein bis zwei Pfennig.

Ein Haushalt benötigt im Monat etwa 240 kWh elektrische Energie.

Rechne aus, mit welchem Betrag dieser Haushalt monatlich an der Abgasreinigung – und damit am Umweltschutz – beteiligt ist.

5 Die Heizungsanlagen von Wohnhäusern werden regelmäßig vom Schornsteinfeger überprüft, ob sie schädliche Abgase enthalten. Er fertigt darüber einen Prüfbericht an. Erkundige dich, was jedes Mal durch ihn kontrolliert wird.

6 Jeder Einzelne von uns muss im Rahmen seiner Möglichkeiten mithelfen die Luftverschmutzung zu verringern. Mache Vorschläge dazu.

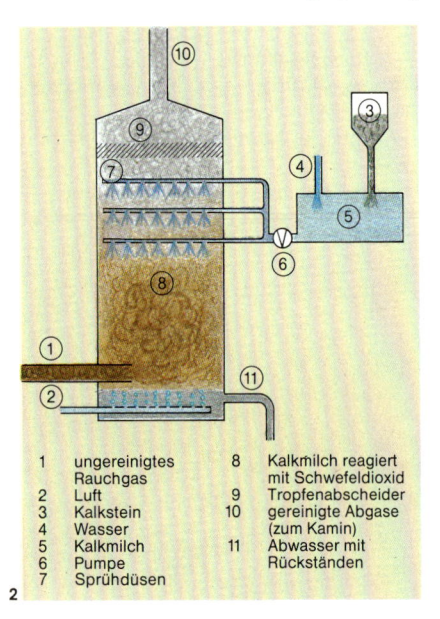

Rauchgasentschwefelung (z. B. in Braunkohlekraftwerken): Bevor der Rauch den Schornstein verlässt, strömt er durch einen Gaswäscher. Dort bindet versprühte Kalkmilch (das ist Löschkalk, gelöst in Wasser) das Schwefeldioxid. Auf diese Weise kann fast das gesamte Schwefeldioxid aus den Abgasen entfernt werden.

Wirbelschichtfeuerung: Gemahlene Kohle wird mit Kalk vermischt und mit Pressluft in die Flammen geblasen. Wenn die Kohle verbrennt, entsteht aus den Schwefelverbindungen, die in der Kohle enthalten sind, Schwefeldioxid. Dieses verbindet sich mit dem beigemischten Kalk zu einem festen Stoff, der sich mit der Asche vermischt. Die Abgase sind fast frei von Schwefeldioxid.

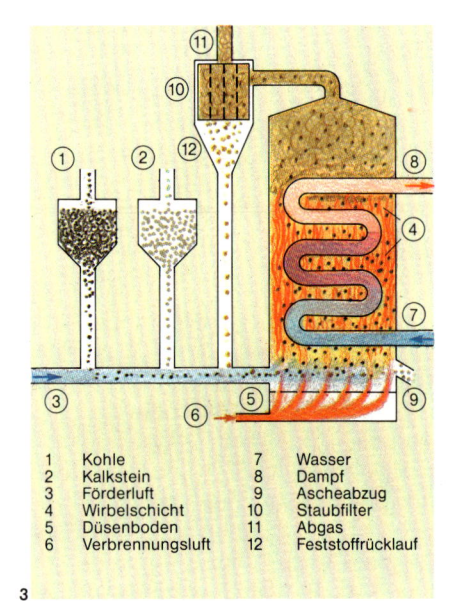

1	ungereinigtes Rauchgas	8	Kalkmilch reagiert mit Schwefeldioxid
2	Luft	9	Tropfenabscheider
3	Kalkstein	10	gereinigte Abgase (zum Kamin)
4	Wasser	11	Abwasser mit Rückständen
5	Kalkmilch		
6	Pumpe		
7	Sprühdüsen		

1	Kohle	7	Wasser
2	Kalkstein	8	Dampf
3	Förderluft	9	Ascheabzug
4	Wirbelschicht	10	Staubfilter
5	Düsenboden	11	Abgas
6	Verbrennungsluft	12	Feststoffrücklauf

Luftverschmutzung durch gasförmige Verbrennungsprodukte

Alles klar?

1 Warum müssen eigentlich Heizungsanlagen, Öfen und Schornsteine regelmäßig gereinigt und geprüft werden?

2 Worauf sollen die Schilder (Bild 4), die an einer Garagenwand angebracht sind, aufmerksam machen? Wie soll man sich in der Garage verhalten?

3 Erkläre, warum bei einem beheizten Wohnwagen die Be- und Entlüftung nicht abgedeckt werden darf.

4 Welche festen und gasförmigen Verunreinigungen der Luft kennst du?

5 Auf Hiddensee und einigen Nordseeinseln dürfen keine Autos mit Benzinmotoren fahren. Was will man auf diese Weise erreichen?

6 Bei welcher Witterung kann es leicht zu einer Smogbildung kommen?

7 Vergleiche die Zahlen aus der Übersicht *Maßnahmen bei Smog* mit den Grenzwerten für die Schadstoffe Schwefeldioxid und Kohlenstoffmonooxid. (Du findest die beiden Tabellen weiter vorne.)

8 In Kanada gibt es teer- und schwefelhaltige Klippen, die seit über 150 Jahren brennen. Auch bei Vulkanausbrüchen werden häufig brennender Schwefel und Schwefeldämpfe ausgestoßen.
Harry meint: „Dann kommt es auf das bisschen Heizung bei uns auch nicht mehr an!" Was meinst du dazu?

9 Tina meint: „Der Zigarettenrauch ist an der Luftverschmutzung kaum beteiligt. Trotzdem sind die *Auswirkungen* auf den einzelnen Menschen viel größer." Sie hat Recht! Doch wie kommt sie darauf?

10 Die EG-Gesundheitsminister haben angeordnet, dass auf jeder Zigarettenpackung und -werbung eine Warnung vor den Folgen des Rauchens stehen muss (Bild 5). Was hältst du davon? Begründe!

Auf einen Blick

Die Luft ist verschmutzt

Alle Brennstoffe bestehen zum größten Teil aus Kohlenstoffverbindungen; sie enthalten auch kleine Mengen an Schwefelverbindungen.

Wenn diese Brennstoffe verbrennen, entstehen außer Asche hauptsächlich gasförmige Verbrennungsprodukte, z. B. Kohlenstoffdioxid, Kohlenstoffmonooxid, Schwefeldioxid und Stickstoffoxide.

Diese Nichtmetalloxide werden auch **Schadstoffe** genannt, weil sie der Gesundheit von Menschen und Tieren sowie der Umwelt schaden können.

Die gasförmigen Schadstoffe sowie große Mengen an Staub und Ruß verschmutzen die Luft.

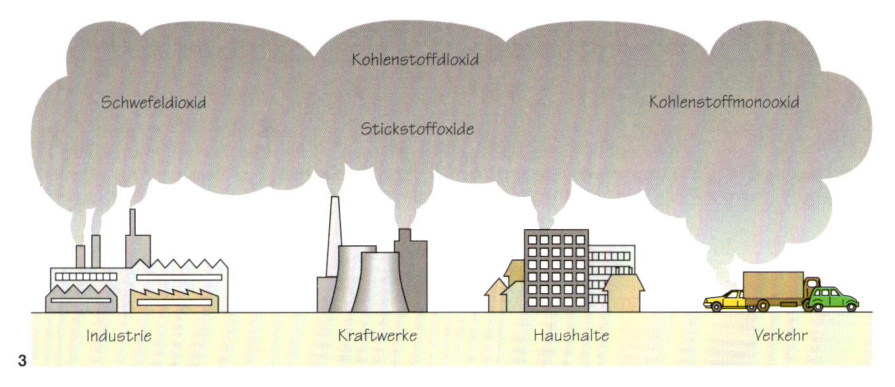

Die Auswirkungen der Luftverschmutzung sind z. B. das Auftreten von **Treibhauseffekt** und **Smog**. Dieser tritt nur bei bestimmten Wetterlagen *(Inversionswetter)* auf.

Um die Luftverschmutzung zu verringern wurden Gesetze und Verordnungen erlassen. Seitdem bemüht man sich in Industriebetrieben und Kraftwerken sowie bei den Autoherstellern, die jeweils entstehenden Abgase besser zu reinigen. Das ist jedoch kostspielig und aufwendig.

Auch jeder Einzelne von uns muss so viel wie möglich zur Verringerung der Luftverschmutzung beitragen.

Chemische Symbole

Zeichen und Symbole

Diese „Erklärung der chemischen Zeichen" stammt aus dem Jahr 1676. Die damals verwendeten Symbole bezeichneten nicht nur Stoffe, sondern auch Geräte und chemische Vorgänge.

Heutige Symbole in der Chemie

Schon lange benutzten die Chemiker bestimmte Symbole zur Beschreibung ihrer Versuche und Ergebnisse (Bild 1).

Die chemischen Symbole, die wir heute verwenden, wurden im Jahr 1814 von dem schwedischen Chemiker *Jöns Jakob Berzelius* vorgeschlagen. Sie galten zunächst als Abkürzungen für die Namen der Elemente.

Berzelius ging von den lateinischen oder griechischen Namen der Elemente aus, da diese Sprachen damals den Gelehrten in vielen Ländern geläufig waren. Dabei benutzte er nur Buchstaben.

Seine Symbole werden von Chemikern in aller Welt verwendet; sie sind international gültig (Bild 2). Dabei gelten sie jedoch nicht mehr nur als Abkürzungen von Elementnamen. Das hat sich als zu ungenau herausgestellt. Heute gilt:

Ein Symbol ist das Kennzeichen für **ein Atom eines chemischen Elements**.

Um die „kleinste Baueinheit" von Verbindungen anzugeben, reichen einzelne Symbole nicht aus. Man fügt daher die Symbole der Atome, aus denen die Verbindung besteht, zu **Formeln** zusammen (Bild 2). Die Beschriftungen zeigen Stoffnamen (Eisensulfid) und Formel für die „kleinste Baueinheit" (FeS).

Symbole für die Atome von Elementen

Name des Elements	Symbol für das Atom
Gold (**Au**rum)	Au
Silber (**Arg**entum)	Ag
Kupfer (**Cu**prum)	Cu
Eisen (**Fe**rrum)	Fe
Zinn (**Sta**nnum)	Sn
Blei (**Pl**um**b**um)	Pb
Cobalt (**Co**baltum)	Co
Kohlenstoff (**C**arboneum)	C
Schwefel (**S**ulfur)	S
Sauerstoff (**O**xygenium)	O
Wasserstoff (**H**ydrogenium)	H
Stickstoff (**N**itrogenium)	N
Phosphor (**P**hosphoros)	P
Calcium	Ca
Helium	He
Magnesium	Mg

Aus der Geschichte: **Von der Geheimniskrämerei zur chemischen Zeichensprache**

Du hast bereits von den Alchemisten, den Chemikern des Mittelalters, gehört. Sie suchten nach dem *Stein des Weisen*, einem Stoff, mit dessen Hilfe sie aus unedlen Metallen Gold herstellen konnten.

Da jeder dieses Ziel als Erster erreichen wollte, entwickelte er für seine Notizen und Versuchsbeschreibungen eine eigene Geheimschrift (Bild 3). Nur er selbst und einige Eingeweihte konnten sie lesen.

Einige *Metalle* wiesen vergleichbare Zeichen auf. Du kennst sie vielleicht aus anderem Zusammenhang:

Im Altertum kannte man sieben Metalle: Gold, Silber, Quecksilber, Kupfer, Eisen, Zinn und Blei. Wichtig waren auch sieben besondere Himmelskörper: Sonne, Mond, Merkur, Venus, Mars, Jupiter und Saturn. Jedes Metall ordnete man nun einem dieser Himmelskörper zu und gab ihm das entsprechende astrologische Symbol.

Je weiter sich aber die Wissenschaft entwickelte, desto mehr bemühten sich auch die Chemiker eine einheitliche, für jedermann *verständliche* Zeichensprache zu finden. Sie sollte auch Hinweise auf die Zusammensetzung der Stoffe geben.

So ordnete z. B. *John Dalton* im Jahre 1803 jedem Element ein eigenes Symbol zu. Seine Symbole waren jedoch immer noch eher Zeichen als Buchstaben (Tabelle unten).

Der schwedische Chemiker *Jöns Jacob Berzelius* half diesem Mangel 1814 ab: Er gab den Elementen keine bildhaften Zeichen mehr, sondern ein abkürzendes Symbol des lateinischen oder griechischen Namens. Dazu schrieb Berzelius:

Die chemischen Zeichen müssen aus Buchstaben bestehen, damit sie leicht geschrieben werden können und beim Druck den Text nicht verunstalten. Wenn auch dieser letzte Umstand nicht wesentlich ist, so muß er gleichwohl so viel als möglich beachtet werden. Ich wähle daher die Anfangsbuchstaben der lateinischen Benennungen der Körper zu chemischen Zeichen, und da mehrere von ihnen einerlei Anfangsbuchstaben haben, so unterscheide ich sie auf folgende Weise:

a) Die einfachen nichtmetalllischen Körper bezeichne ich bloß mit dem Anfangsbuchstaben, wenn er sich auch unter den Metallen wiederfinden sollte.

b) Bei den Metallen aber wird dem Anfangsbuchstaben, wenn er unter den Metallen oder Nichtmetallen ein oder mehrere Male vorkommt, der zweite Buchstabe, oder wenn dieser nicht bezeichnend genug seyn sollte, der nächste Consonant im Worte hinzugefügt: Zum Beispiel: C = Carbonicum; Co = Cobaltum; Cu = Cuprum.

Seine Idee erwies sich als sehr praktisch. Man konnte nämlich auch später entdeckten Elementen entsprechende Symbole zuordnen.

Fragen und Aufgaben zum Text

1 Die chemischen Symbole sind international gültig. Welche Vorteile hat das?

2 Warum lassen sich die Atome der chemischen Elemente meist nicht durch *einen* Buchstaben kennzeichnen? Erläutere!

3 Nenne die Elemente, die folgendermaßen gekennzeichnet werden: Zn, Fe, Al, Au, O, N, Ag.

4 In Bild 1 wird Kochsalz „Gemein Saltz" genannt. Wie wird es gekennzeichnet?

5 Nach der Anleitung von Bild 3 konnte man angeblich den „Stein der Weisen" herstellen. Versuche sie mit Hilfe der folgenden Erläuterungen zu übersetzen.

6 Vergleiche jede Spalte der folgenden Tabelle mit der links daneben stehenden Spalte.

a) In welcher Spalte zeigt sich der größte Zuwachs an chemischen Kenntnissen? Begründe deine Antwort.

b) In der Tabelle findest du auch leere Felder. Woran liegt das?

c) Welches Symbol aus der Tabelle findet man gelegentlich auf der Rückseite von silbernen Gegenständen? Woher kommt es?

Entwicklung der chemischen Symbole

	bis 1770	1787	1803 (Dalton)	ab 1814 (Berzelius)
Gold	⊙	Au	G	Au
Silber	☾	A	S	Ag
Kupfer	♀	C	C	Cu
Wasserstoff		)	·	H
Sauerstoff		—	○	O
Schwefel	△	⌣	⊕	S
Wasser	▽	)	⊙⊙	H_2O

Moleküle und ihre Formeln

1 Bekannte Gase

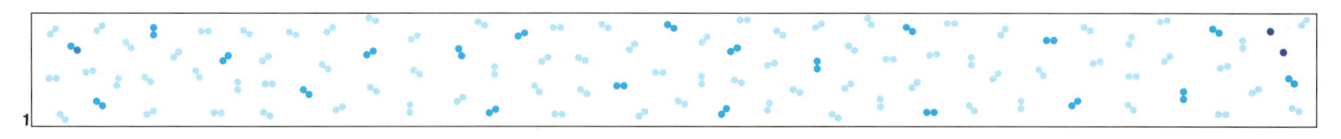

Diese Abbildung kennst du schon. Sie zeigt die Zusammensetzung der Luft.
Fast 99 % der Gase bestehen aus Molekülen.

Moleküle und ihre Formeln

Zur möglichst kurzen und eindeutigen Beschreibung von Versuchen und deren Ergebnissen benutzen Chemiker schon seit langem Symbole, Formeln und Reaktionsgleichungen.

Die *Symbole* haben wir schon kennen gelernt. Ein Symbol steht sowohl für das betreffende Element als auch für *ein Atom* dieses Elements.

So ist z. B. **O** das Symbol für das Element **Sauerstoff** (Oxygenium); es bedeutet auch *1 Atom Sauerstoff* (oder 1 Sauerstoffatom).

Bei den Metallen kennzeichnet das Symbol auch den Stoff (die Substanz). Bei Sauerstoff geht das nicht, weil seine kleinsten Teilchen nicht Atome, sondern zweiatomige **Moleküle** sind (Bild 2).

Um das Molekül zu beschreiben, setzt man hinter das Symbol O eine kleine, tiefgestellte 2: Die **Formel** für ein Sauerstoffmolekül lautet also O_2. Die tiefgestellte 2 (der *Index*) gibt die Zahl der Atome im Molekül an.

Stickstoff besteht auch aus zweiatomigen Molekülen. Er hat die Formel N_2.

Die Formel gibt also die Zusammensetzung eines Moleküls der betreffenden Substanz an (z. B. 1 Sauerstoffmolekül).

Wenn man mehrere Moleküle angeben will, setzt man einfach die Anzahl der Moleküle vor die Formel, z. B. 2 O_2 (= 2 Sauerstoffmoleküle) oder 10 N_2 (= 10 Stickstoffmoleküle). Diese Zahl wird *Faktor* genannt. Index „1" und Faktor „1" werden nicht mitgeschrieben.

Der *Faktor* vor der Formel kann sich ändern, der *Index* dagegen nicht.

Außer von Sauerstoff und Stickstoff sind auch die Moleküle von **Wasserstoff** und von **Chlor** (Bild 3) aus jeweils zwei miteinander verbundenen Atomen aufgebaut. Ihre Formeln sind also H_2 bzw. Cl_2. Die Chlormoleküle gehören nicht zu den Teilchen der Luft.

Die Formel für **Kohlenstoffdioxid** ist CO_2 (Bild 4). Wir können daraus ableiten, dass diese Moleküle aus drei Atomen bestehen, und zwar aus je einem Kohlenstoffatom und je zwei Sauerstoffatomen; sie sind also *dreiatomig*.

Während die bisher betrachteten zweiatomigen Moleküle aus Atomen der *gleichen* Sorte bestehen, sind am Bau der dreiatomigen Moleküle des Kohlenstoffdioxids Atome *verschiedener* Sorten beteiligt.

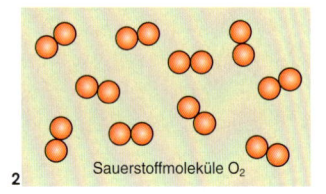

2 Sauerstoffmoleküle O_2
3 Chlormoleküle Cl_2 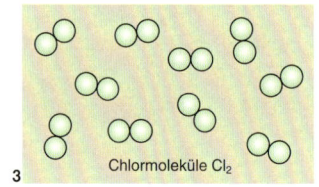
4 Kohlenstoffdioxidmoleküle CO_2 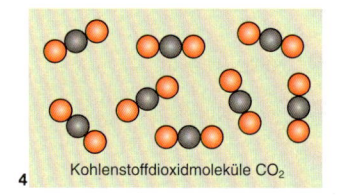

Aufgaben

1 Erläutere, worin der Unterschied zwischen Atomen und Molekülen besteht. Nenne jeweils ein Beispiel.

2 Beschreibe den Bau eines Stickstoffmoleküls.

3 Die kleinsten Teilchen vieler Stoffe sind Moleküle. Nenne als Beispiel drei Stoffe, deren kleinste Teilchen Moleküle sind.

4 Bei den Metallen und Gasen sind die kleinsten Teilchen unterschiedlich „angeordnet". Beschreibe!

5 Erkläre den Unterschied zwischen *Symbol* und *Formel* am Beispiel Sauerstoff.

6 Worin besteht der Unterschied zwischen N, 2 N, N_2 und 2 N_2? Beschreibe!

7 Gib die Bedeutung der folgenden Bezeichnungen an:
4 N, 6 O, O_2, 8 O_2.

8 Gib an, worauf der Index hinter dem Symbol des Sauerstoffs (O_2) hinweisen soll.

9 Begründe, warum man den Faktor vor einer Formel ändern kann, den Index an einem Molekülsymbol aber grundsätzlich nicht.

10 Zeichne jeweils das Modell eines Sauerstoffmoleküls und eines Kohlenstoffdioxidmoleküls.

Gib dazu die Formeln an und beschreibe die Unterschiede.

11 Es sollen 10 Moleküle Kohlenstoffdioxid angegeben werden.

Wie ist das zu „schreiben"? Beachte Faktor und Index.

2 Das Ozon

Ozon und seine Eigenschaften

Du weißt, dass Sauerstoff aus zweiatomigen Molekülen besteht. Das Element kann aber auch Moleküle aus *drei* Sauerstoffatomen bilden: O_3 (Bild 5).

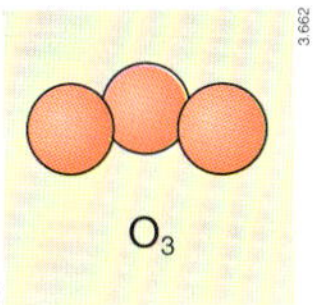

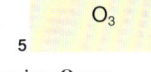

Aus diesen *Ozonmolekülen* besteht eine besondere Form des Sauerstoffs, das gasförmige **Ozon**.

Das Ozon hat ganz andere Eigenschaften als der „normale" Sauerstoff.

Während z. B. Sauerstoff geruchlos ist, machen sich schon geringste Mengen Ozon durch ihren stechenden Geruch bemerkbar. Daher hat das Ozon seinen Namen (griech. *ozon*: das Riechende). Man kann den Geruch z. B. wahrnehmen, wenn man längere Zeit in einem engen Raum an einem Fotokopiergerät arbeitet.

Weiterhin ist Sauerstoff lebensnotwendig, Ozon dagegen giftig.

Ozon bildet sich z. B., wenn das UV-Licht aus der Sonnenstrahlung auf „normalen" Sauerstoff einwirkt. Diese Reaktion läuft in der Stratosphäre (15–50 km über der Erde; Bild 6) ab. Dabei bildet sich die Ozonschicht aus.

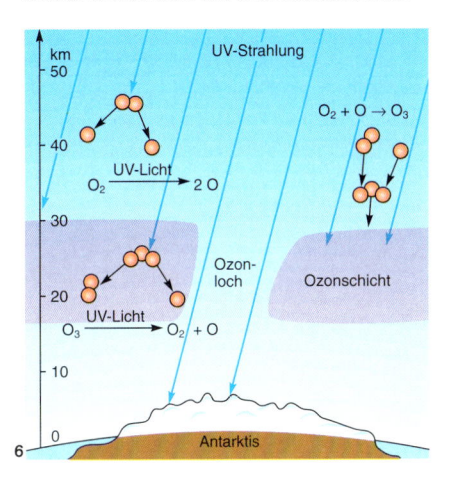

In unteren Luftschichten entsteht Ozon unter anderem, wenn bestimmte Bestandteile der Autoabgase durch Sonnenlicht zerlegt werden und die entstehenden Stoffe dann mit Sauerstoff reagieren (dazu später mehr).

Ozon ist sehr reaktionsfreudig: Es zerstört z. B. Gummischläuche, bleicht Farbstoffe und entzündet Alkohole.

Für Bakterien, Viren und andere Krankheitserreger ist Ozon tödlich. Deshalb verwendet man es zur Desinfektion von Trinkwasser. Die Qualität des Wassers (Geruch und Geschmack) wird dabei nicht verändert.

Ozon ist auch gefährlich für Pflanzen. Es zerstört den grünen Pflanzenfarbstoff; die Pflanzen sterben dann ab.

Beim Menschen werden durch Ozon die Augen und Schleimhäute gereizt sowie die Atemwege stark geschädigt. Die Folgen sind z. B. Husten, Übelkeit oder außergewöhnliche Müdigkeit.

Aus Umwelt und Technik: **Ozon – zu viel ist ungesund, zu wenig ist gefährlich**

In 15–50 km Höhe (in der Stratosphäre) ist unsere Erde von einer ozonhaltigen Luftschicht umgeben. So wie eine Sonnenbrille unsere Augen vor zu grellem Lichteinfall schützt, hält diese Ozonschicht gefährliche Anteile der ultravioletten Sonnenstrahlung von der Erde fern (Bild 6).

Zu viel von dieser Strahlung wäre nämlich schädlich für das Leben auf der Erde: Lichtempfindliche Pflanzen (z. B. Algen und Meeresplankton), die an die jetzigen UV-Lichtverhältnisse angepasst sind, gingen ein – damit verlören Fische und andere Meerestiere ihre wichtigste Nahrungsquelle. Meere und Seen wären bald ohne Leben.

Auch viele Kulturpflanzen (z. B. Spinat, Erbsen, Tomaten) würden dadurch geschädigt. Beim Menschen wäre eine Zunahme von Hautkrebserkrankungen zu erwarten.

Normalerweise bleibt die Ozonkonzentration in der Stratosphäre gleich. In den letzten Jahren beobachten aber Forscher, dass die Ozonschicht vor allem an den Polen der Erde sehr dünn geworden ist. Ein solches Gebiet mit zu geringem Ozonanteil nennt man **Ozonloch**.

Die Entstehung eines Ozonlochs erklärt man sich folgendermaßen: In der Stratosphäre findet unter dem Einfluss des Sonnenlichts ein ständiger Auf- und Abbau von Ozon statt. Dabei wird der größte Teil der schädlichen UV-Strahlung verbraucht.

Man nimmt nun an, dass Fluor-Chlor-Kohlenwasserstoffe (kurz FCKWs genannt; davon später mehr) das Gleichgewicht zwischen Ozonaufbau und -abbau stören: Es wird mehr Ozon zersetzt als sich neu bilden kann.

Die FCKWs sind gasförmig und stammen z. B. aus manchen Spraydosen. Durch Luftbewegungen in der Atmosphäre verteilen sie sich in der gesamten Lufthülle der Erde. Wenn sie in die Stratosphäre gelangen, werden sie durch UV-Strahlung gespalten und können mit dem Ozon reagieren. Dadurch wird die schützende Ozonschicht allmählich zerstört.

Um diesen Vorgang zu stoppen, wurde im Jahr 1991 in Deutschland der Einsatz von FCKWs als Treibgas in Spraydosen verboten.

Ganz anderer Art sind die Probleme, die sich aus der **Anreicherung** von Ozon in den unteren Luftschichten der Atmosphäre ergeben. Ozon entsteht nämlich auch durch die Reaktion von Sauerstoff mit Stoffen, die aus Abgasen von Kraftfahrzeugen und Kraftwerken stammen.

Das Ozon, das sich hier bildet, ist Auslöser für den sog. **Sommersmog**. Dieser Smog entsteht manchmal bei Hochdruckwetterlagen nach längerem Sonnenschein.

In bodennahen Luftschichten ist Ozon höchst unerwünscht: Es schädigt durch seine Giftigkeit unmittelbar die Pflanzen und den Menschen (→ Info oben).

Fragen und Aufgaben zum Text

1 Begründe die Aussage aus der Überschrift.

2 Welche Bedeutung hat das Ozon in der Stratosphäre für das Leben auf der Erde?

3 Was versteht man unter dem *Ozonloch*?

Chemische Reaktionen genauer betrachtet

1 Wenn neue Stoffe entstehen und zerlegt werden ...

Die Verbrennung von Magnesium in Sauerstoff (Bild 1) zu Magnesiumoxid ist schon bekannt.

Hier sollen die Vorgänge, die bei einer solchen chemischen Reaktion ablaufen, zunächst zusammengefasst werden. Anschließend wollen wir sie etwas genauer betrachten.

In der Natur kommen viele Metalloxide in Erzen vor (Bild 2, Eisenoxid). Aus diesen Erzen kann man in großtechnischen Verfahren das jeweilige Metall gewinnen. Überlege, wie man das machen könnte.

Was geschieht, wenn Magnesium mit Sauerstoff reagiert?

Ein Vorgang, bei dem neue Stoffe mit anderen Eigenschaften entstehen, wird *chemische Reaktion* genannt.

Das Wesentliche einer chemischen Reaktion zeigt folgendes Beispiel:

Magnesium verbrennt in Sauerstoff mit grellweißer Flamme. Bei dieser exothermen Reaktion vereinigen sich die Elementsubstanzen Magnesium und Sauerstoff zu der **chemischen Verbindung** Magnesiumoxid (Bild 3).

Es findet also eine Stoffumwandlung statt, denn die Verbindung hat *andere Eigenschaften* als ihre Ausgangsstoffe. Diese chemische Reaktion lässt sich so ausdrücken:

Magnesium + Sauerstoff
  → Magnesiumoxid.

(Lies: „Magnesium und Sauerstoff reagieren zu Magnesiumoxid.")

Magnesium → Sauerstoff ↓ Magnesiumoxid

3

Diese Schreibweise bezeichnet man als *Wortgleichung* (oder Reaktionsschema). Es ist die einfachste Schreibweise einer **Reaktionsgleichung**. Damit lässt sich eine chemische Reaktion kurz und übersichtlich beschreiben.

Auf der linken Seite des Reaktionspfeils stehen die *Ausgangsstoffe* und auf der rechten Seite die neu entstandenen *Reaktionsprodukte*.

Der Reaktionspfeil darf nicht durch ein Gleichheitszeichen ersetzt werden, denn die Stoffe auf der linken Seite sind andere als die auf der rechten Seite.

Magnesium und Sauerstoff reagieren also miteinander zu Magnesiumoxid. So wie Magnesium reagieren bekanntlich auch andere Metalle mit Sauerstoff.

Bei diesen *Oxidationen* entstehen jeweils *Oxide*.

Fragen und Aufgaben zum Text

1 Stelle einen Steckbrief für schwarzes Kupferoxid auf. Vergleiche dann die Eigenschaften von Kupfer, Sauerstoff und Kupferoxid.

2 Woran erkennt man, dass eine chemische Reaktion abläuft?

3 Schreibe die allgemeine Wortgleichung für die Reaktion von Metallen mit Sauerstoff auf.

4 Woher kommt der Begriff *Oxidation*?

Metalloxide können zerlegt werden

Metalloxide sind Verbindungen des betreffenden Metalls mit Sauerstoff. Sie müssten sich eigentlich wieder in ihre Ausgangsstoffe zerlegen lassen.

Diese Überlegung ist im Grunde richtig. Aber nicht alle Metalloxide lassen sich *gleich gut* zerlegen. Es kommt dabei nämlich auf das Reaktionsverhalten der Metalle gegenüber Sauerstoff an:

Die *unedlen* Metalle (z. B. Magnesium, Aluminium) reagieren heftig mit Sauerstoff; dabei wird viel Wärme frei. Bei den *edleren* Metallen (z. B. Kupfer) verläuft die Reaktion weniger heftig; es wird auch weniger Wärme frei.

Je unedler ein Metall ist, desto größer ist sein Bestreben sich mit Sauerstoff zu verbinden und desto fester ist in seinem Oxid der Sauerstoff gebunden. Daher lassen sich Oxide von unedlen Metallen schwerer zerlegen als von edlen – je unedler, desto schwerer.

Silber z. B. ist ein edles Metall; **Silberoxid** zersetzt sich schon bei 300 °C. Dabei entstehen Silber und Sauerstoff (Bild 4). Die Wortgleichung zu dieser chemischen Reaktion lautet:

Silberoxid → Silber + Sauerstoff.

(Lies: „Silberoxid reagiert zu Silber und Sauerstoff.")

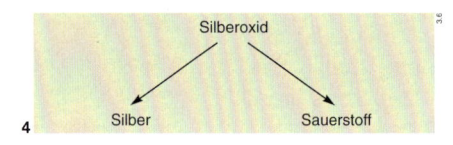

Silberoxid ↓ ↓ Silber   Sauerstoff

4

Die Oxide *unedler* Metalle lassen sich nicht einfach durch Erhitzen zerlegen. Dazu sind Temperaturen von mehr als 2000 °C erforderlich. Man muss zu ihrer Zerlegung andere Verfahren anwenden. (Davon später mehr.)

Fragen und Aufgaben zum Text

1 An welchen Merkmalen kann man erkennen, dass bei der Zerlegung eines Metalloxids eine Reaktion abläuft?

2 Auch Eisenoxid lässt sich in seine Ausgangsstoffe zerlegen. Silber ist edler als Eisen. Vergleiche die Reaktionen.

3 Gib die allgemeine Wortgleichung für die Zerlegung eines Metalloxids an.

Metalle reagieren mit weiteren Nichtmetallen

Metalle können außer mit Sauerstoff auch mit anderen Nichtmetallen reagieren. Dabei entstehen *neue Stoffe*.
Bei der Reaktion von Metallen mit *Chlor* entsteht jeweils ein Metallchlorid. Die Reaktionen verlaufen exotherm. Metallchloride sind ebenfalls *chemische Verbindungen*.

Eisen + Chlor → Eisenchlorid
Kupfer + Chlor → Kupferchlorid

Die allgemeine Wortgleichung für die Chloridbildung lautet:

Metall + Chlor → Metallchlorid.

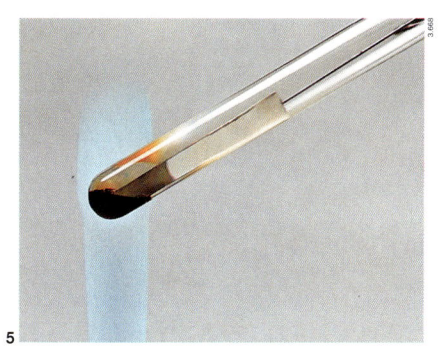

Wenn ein Metall mit *Schwefel* reagiert, bildet sich ein Metall*sulfid* (lat. *sulfur:* Schwefel). Bild 5 zeigt einen Versuch, bei dem Silbersulfid entsteht.

Die Reaktionen zur Bildung von Metallsulfiden verlaufen exotherm.

Metallsulfide sind – wie -oxide und -chloride – *chemische Verbindungen*.

Eisen + Schwefel → Eisensulfid
Silber + Schwefel → Silbersulfid

Die allgemeine Wortgleichung für die Sulfidbildung lautet:

Metall + Schwefel → Metallsulfid.

5

2 Chemische Elemente – chemische Verbindungen

Wir unterscheiden zwei wichtige Stoffgruppen

Metalloxide sind durch Reaktion von Metallen mit Sauerstoff entstanden; es sind **Reinstoffe**. Aus ihnen lassen sich die Ausgangsstoffe durch chemische Reaktionen *wiedergewinnen*.

Die Metalle und der Sauerstoff, die man zurückerhält, sind ebenfalls Reinstoffe. *Diese* kann man jedoch nicht mehr zerlegen (Bild 6). Sie sind jeweils nur aus einer Atomsorte aufgebaut.

Stoffe, die nur aus einer Atomsorte bestehen, sind *Elemente*.

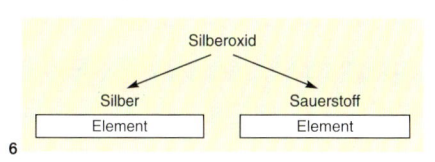

6

Zu den Elementen gehören Metalle und Nichtmetalle.

Es gibt 92 natürlich vorkommende Elemente. Außer ihnen sind noch weitere Elemente künstlich hergestellt und auch benannt worden (→ Anhang); einige davon existierten aber nur für Bruchteile von Sekunden.

98,6 % der Masse der Erdkruste mit den Meeren und der Lufthülle sind aus nur neun Elementen aufgebaut! Du findest sie in der Tabelle. Alle übrigen Elemente machen nur 1,4 % aus.

Häufigkeit der Elemente

Element	Wie häufig?	In welcher Form?
Sauerstoff	49,5 % (Massenanteile)	frei in der Luft, gelöst im Wasser, gebunden in Oxiden
Silicium	25,8 %	in Verbindungen (Sand, Gestein)
Aluminium	7,6 %	in Verbindungen
Eisen	4,7 %	in Verbindungen
Calcium	3,4 %	in Verbindungen
Natrium	2,6 %	in Verbindungen
Kalium	2,1 %	in Verbindungen
Magnesium	2,0 %	in Verbindungen
Wasserstoff	0,9 %	in Verbindungen

Viele Elemente lassen sich untereinander *mischen*; so entstehen *Gemische*. Sie können aber auch miteinander reagieren. **Wenn Elemente miteinander reagieren, entstehen *chemische Verbindungen*.**

Eine Verbindung kann aus zwei oder mehreren Elementen (Stoffen) entstehen (Bild 7). Die Verbindung kann also aus zwei oder mehreren Atomsorten aufgebaut sein.

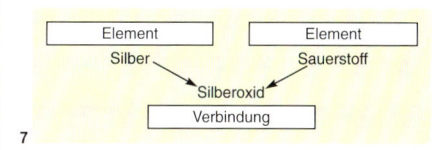

7

Wie viele chemische Verbindungen mag es geben? Überlege einmal, wie vielfältig die Natur ist! Denke dabei an Tiere, Pflanzen, Gesteine, Gerüche und Aromastoffe, an künstlich hergestellte Farben, Medikamente und Werkstoffe.

So wie wir aus den wenigen Buchstaben des Alphabets viele tausend Wörter bilden können, so können auch aus der begrenzten Zahl von Elementen die verschiedensten Verbindungen entstehen.

Vor etwa 50 Jahren kannte man „nur" etwa 400 000 Verbindungen. Im Jahr 1995 waren es über 12 Millionen!

Noch immer werden weitere Verbindungen in der Natur entdeckt und neue künstliche Verbindungen hergestellt.

Fragen und Aufgaben zum Text

1 Wie nennt man Reinstoffe, die sich nicht in andere Stoffe zerlegen lassen? Nenne Beispiele.

2 Worin unterscheiden sich Stoffgemische und chemische Verbindungen?

3 In der Übersicht rechts sind einige Stoffgruppen zusammengestellt. Ordne die folgenden Stoffe den richtigen Gruppen zu: Eisen, Eisenoxid, Eisensulfid, Schwefel, Kohlenstoff, Aluminium, Aluminiumoxid, Sauerstoff, Silber, Silberoxid, Messing, Phosphor, Salzwasser, Hautcreme, Blei, Bleisulfid, Zuckerwasser, Argon, Kupfer, Kupferoxid, Kupferchlorid.

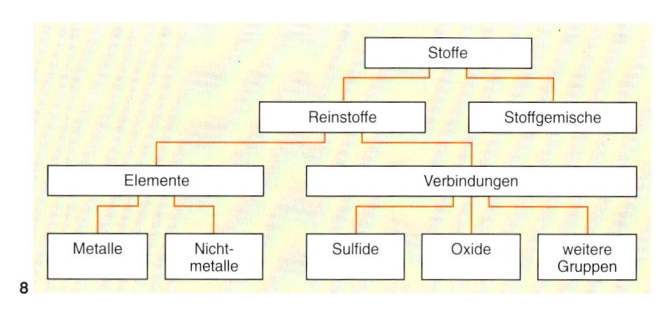

8

3 Chemische Reaktionen und Energie

Hier reagieren Zink und Schwefel miteinander.
Welche Rolle spielt die Energie bei einer chemischen Reaktion?

V 1 Wir mischen 2 g Zinkpulver F und 1 g Schwefelpulver sorgfältig miteinander. Anschließend entzünden wir einen Spatellöffel des Gemisches auf einem Eisenblech; dazu benutzen wir einen glühenden Metallstab (Schutzbrille! Abzug!).

Reagiert das Gemisch nach dem Entzünden weiter, wenn der glühende Metallstab entfernt wird? Beobachte und beschreibe genau.

V 2 Diesmal soll Silberblech mit Schwefelpulver reagieren.

Der Versuch kann wie in Bild 5 auf der vorherigen Doppelseite durchgeführt werden. Dabei sollte der Chemieraum abgedunkelt sein.

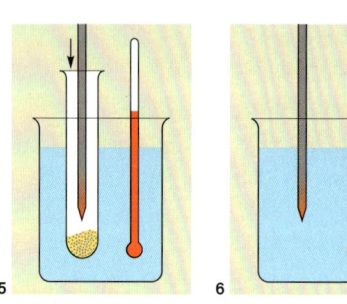

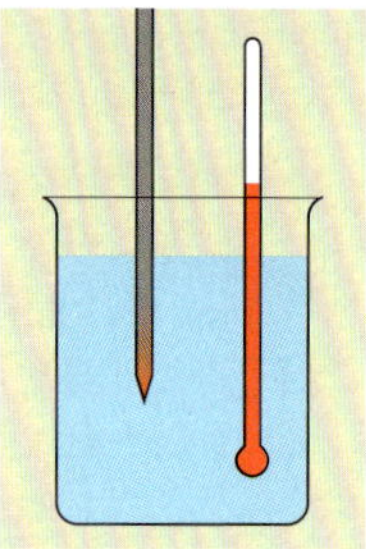

V 3 Wir geben ein Gemisch aus 2 g Schwefelpulver und 3,5 g Eisenpulver in ein schwer schmelzbares Reagenzglas. Der Versuch wird nach Bild 5 aufgebaut. Lies die Wassertemperatur ab.

Das Gemisch wird dann mit einem glühenden Metallstab gezündet. Lies die Wassertemperatur nach Ablauf der Reaktion noch einmal ab. Was kannst du daraus schließen?

Tauche zum Vergleich den glühenden Metallstab „nur so" ins Wasser (Bild 6). Erkläre!

Keine chemische Reaktion ohne Aufnahme oder Abgabe von Energie!

Wenn man einem Stoffgemisch z. B. aus Eisen- und Schwefelpulver an einer Stelle Wärme zuführt, glüht das Gemisch an dieser Stelle auf.

Die Wärmequelle kann danach entfernt werden. Trotzdem glüht das gesamte Stoffgemisch nach und nach durch.

Das Reaktionsprodukt *Eisensulfid* ist zunächst sehr heiß. Es kühlt langsam ab und passt sich der Umgebungstemperatur an. Dabei wird Wärme an die Umgebung abgegeben. Das konnten wir an der Temperaturerhöhung in V 3 feststellen.

Wie kommt es, dass das Stoffgemisch weiterglühte, obwohl nicht ständig Wärme zugeführt wurde?

Aus dem Physikunterricht weißt du, dass Wärme eine *Energieform* ist. Jeder Stoff besitzt eine bestimmte Energie, und auch in dem Gemisch aus Eisen und Schwefel ist Energie vorhanden („gespeichert"). Man sagt auch: Das Gemisch hat einen bestimmten *Energieinhalt*.

Wenn man nun das Gemisch an einer Stelle entzündet und Eisen und Schwefel miteinander reagieren, wird ein Teil der gespeicherten Energie als Wärme frei. Diese Wärme kann nicht sofort vollständig an die Umgebung abgegeben werden. Deshalb steigt die Temperatur des restlichen Stoffgemisches an: Die Bestandteile reagieren ebenfalls miteinander. So wird weitere Wärme frei. Die Reaktion verläuft also *exotherm*.

Da man Energie weder vernichten noch erzeugen kann, ist bei einer exothermen Reaktion das Reaktionsprodukt *energieärmer* als die Ausgangsstoffe – es wurde ja Energie (Wärme) an die Umgebung abgegeben. Das kannst du auch der Darstellung von Bild 7 entnehmen: Das Eisensulfid hat einen geringeren Energieinhalt als die Ausgangsstoffe Eisen und Schwefel.

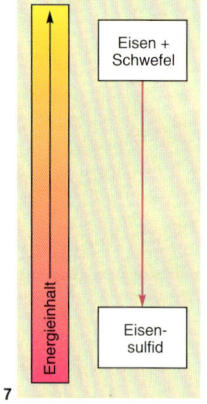

Die wichtigsten exothermen Reaktionen sind die Verbrennung von Kohle, Erdöl, Erdgas oder Biomasse. Sie helfen den überwiegenden Teil des Energiebedarfs der Menschheit zu decken. Davon später mehr.

Bei endothermen Reaktionen sind die Reaktionsprodukte *energiereicher* als die Ausgangsstoffe. Daher laufen sie nur ab, wenn ständig Energie zugeführt wird. Ein Beispiel dafür ist die Zerlegung von Silberoxid in Silber und Sauerstoff. Die Elemente sind energiereicher als die Verbindung.

Die Energie wird auch in der Reaktionsgleichung berücksichtigt – das ist schon bekannt. Dazu setzt man die Begriffe *exotherm* oder *endotherm* hinter die Gleichung und trennt sie durch einen senkrechten Strich ab.

Eisen + Schwefel → Eisensulfid | *exotherm*
Zink + Schwefel → Zinksulfid | *exotherm*
Silberoxid → Silber + Sauerstoff | *endotherm*

Die Aktivierungsenergie

Eine chemische Reaktion kann erst einsetzen, wenn die Ausgangsstoffe eine bestimmte *Mindestenergie* haben. Damit sie diese erreichen, müssen sie meist „aktiviert" werden (lat. *activus:* tätig). Das heißt: Man muss die Stoffe in einen reaktionsbereiten Zustand versetzen.

Um das zu erreichen, führt man ihnen z. B. Wärme zu. Das kann – wie in unseren Versuchen – durch die Brennerflamme oder durch einen glühenden Metallstab geschehen.

Die zum „Start" der Reaktion erforderliche Energie wird **Aktivierungsenergie** genannt.

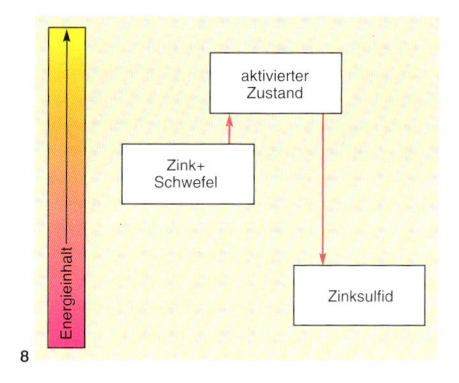

Dazu ein Beispiel: Ein Gemisch aus Zinkpulver und Schwefelpulver kann man bei Raumtemperatur lange aufbewahren, ohne dass es sich merklich verändert. Erst wenn man das Gemisch erhitzt – ihm also Aktivierungsenergie zuführt –, erreichen die Bestandteile die notwendige Mindestenergie. Nun erst setzt die chemische Reaktion ein.

Wie wir uns diesen Sachverhalt vorstellen können, zeigt Bild 8.

Sobald das Gemisch an einer Stelle entzündet ist, läuft die Reaktion ab, ohne dass weiter erwärmt werden muss. Es wird ja ständig Energie frei und diese aktiviert die Stoffe im Stoffgemisch in benachbarten Bereichen.

Stoffe können nicht nur durch zugeführte Wärme aktiviert werden, sondern auch durch andere Energieformen. Dazu gehört z. B. natürliches und künstliches Licht oder elektrische Energie.

Wir vergleichen die Energie bei verschiedenen Reaktionen

Zink, Eisen, Kupfer und Silber (sowie andere Metalle) reagieren jeweils mit Schwefel. Vergleicht man die Reaktionen, stellt man fest: Die frei werdende Energie ist unterschiedlich groß.

Wir konnten beobachten, dass Energie sowohl in Form von *Wärme* als auch in Form von *Licht* an die Umgebung abgegeben wurde: Zink reagierte mit Schwefel sehr heftig, fast explosionsartig, wobei helles Licht abgestrahlt wurde.

Die Reaktion von Silber mit Schwefel verlief dagegen nur langsam; das dabei frei werdende Licht konnte nur im abgedunkelten Raum wahrgenommen werden.

In Bild 9 sind die Stoffgemische aus Metall und Schwefel so angeordnet, dass die bei der Reaktion frei werdende Energie von links nach rechts abnimmt. Je länger also der Pfeil ist, desto mehr Energie wird bei der Reaktion frei.

Das bedeutet aber auch: Je länger der Pfeil ist, desto größer ist die *Differenz* des Energieinhalts zwischen Stoffgemisch und Reaktionsprodukt.

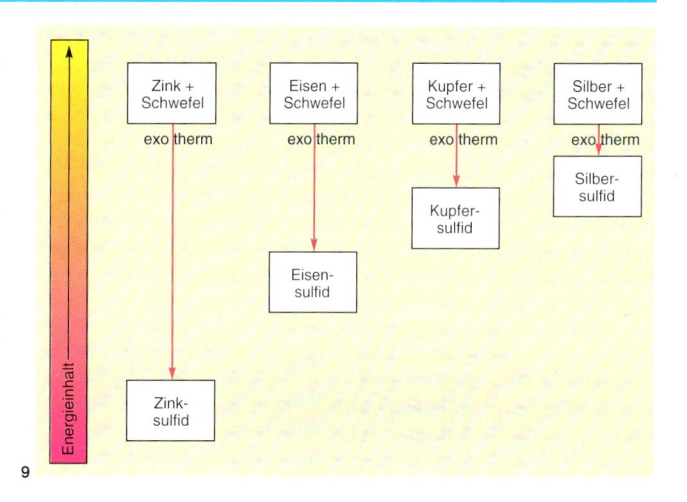

Aufgaben

1 Was versteht man unter *Aktivierungsenergie*?

2 Erkläre, warum eine angezündete Kerze „von selbst" weiterbrennt.

3 Warum muss man in ein Gemisch aus Eisen und Schwefel erst einen glühenden Metallstab halten, damit beide Stoffe miteinander reagieren? Verwende bei deiner Erklärung den Begriff *Mindestenergie*.

4 Eine Reaktion von Schwefel mit Eisen verläuft *exotherm*. Was bedeutet das? Wann bezeichnet man eine Reaktion als *endotherm*?

5 Was für eine Reaktion ist in Bild 10 dargestellt? Verwende den Begriff *Energieinhalt*.

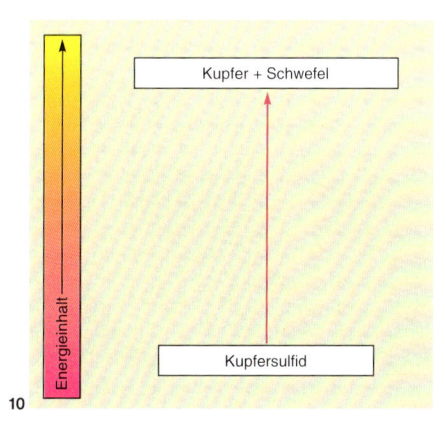

6 Man kann ein Metallstück durch Zufuhr von Wärme bis zur Rotglut, Gelbglut oder Weißglut erhitzen.

Wozu braucht man die meiste Wärme? (Sieh dir dazu auch in Bild 10 den Pfeil „Energieinhalt" an).

7 Was kannst du über den Energieinhalt verschiedener Metall/Schwefel-Gemische sagen?

8 Um eine chemische Verbindung zu zerlegen, braucht man genauso viel Energie, wie bei ihrer Bildung frei geworden ist. Hinter diesem Sachverhalt steht ein chemisches Grundgesetz. Versuche es zu formulieren.

Was ein Katalysator bewirkt

Seit einigen Jahren weiß wohl jeder, dass ein *Katalysator* im Auto hilft den Schadstoffausstoß zu verringern. Aber was bewirkt solch ein Katalysator?

Wenn man ein Stück Würfelzucker anzünden will, stellt man fest, dass das nicht einfach ist: Der Zucker schmilzt, aber er brennt nicht. Erst wenn man das Zuckerstück zuvor in Holzasche taucht, lässt es sich entzünden – die Reaktion beginnt. Das bewirkt allein die Holzasche; sie ist ein **Katalysator**.

Ein Katalysator setzt z. B. die Aktivierungsenergie herab und verkürzt die Reaktionsdauer. Diese Erscheinung nennt man *Katalyse*.

Stoffe, die eine chemische Reaktion beeinflussen, heißen *Katalysatoren*. Ein Katalysator wird durch die Reaktion selbst nicht verändert.

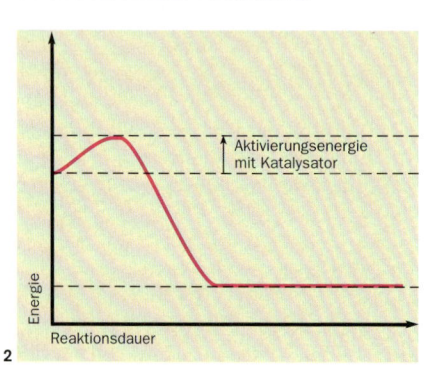

Die Bilder 1 u. 2 erläutern die Wirkung des Katalysators.

Es gibt viele Stoffe, die als Katalysatoren dienen können. Ein vielseitig verwendbarer und sehr wirksamer Katalysator ist z. B. das Metall *Platin*.

Im Katalysator des Autos ist Platin fein verteilt. Es bewirkt, dass aus Benzinresten und giftigen Stoffen der Abgase weniger schädliche Stoffe entstehen. Wenn man in einem Versuch nach Bild 3 eine Platindrahtspirale in etwas Wasserstoffperoxid (3%ig) taucht, zersetzt sich das Wasserstoffperoxid. Dabei wird Sauerstoff frei. Der Platindraht verändert sich nicht; er wirkt als Katalysator.

Aus Umwelt und Technik: Biokatalysatoren steuern Lebensvorgänge

Hast du schon einmal etwas länger auf einem Stück Brot herumgekaut und es nicht gleich heruntergeschluckt? Dann wirst du sicher bemerkt haben, dass es allmählich süß schmeckt.

Hier ist ein **Katalysator** am Werk, der die Stärke aus dem Brot in Zucker umwandelt; er ist im Speichel enthalten. Katalysatoren, die in lebenden Organismen wirken, nennt man **Biokatalysatoren** oder **Enzyme**.

Im Magen leitet ein bestimmtes Enzym den Abbau des mit der Nahrung aufgenommenen Eiweißes ein. Im Dünndarm wirken verschiedene Enzyme: Sie sind z. B. an der Verdauung des Zuckers, dem weiteren Abbau der Eiweißstoffe und der Verdauung der Fette beteiligt.

Das sind jedoch nur wenige Beispiele für die Wirkung von Enzymen. In jeder Zelle unseres Körpers sind etwa 1000 Enzyme wirksam! Sie steuern die Stoffwechselvorgänge im Körper und sorgen dafür, dass die vielen komplizierten chemischen Reaktionen schon bei Körpertemperatur und unter normalem Druck störungsfrei ablaufen. Dabei kann jedes Enzym nur jeweils eine bestimmte Reaktion steuern.

Enzyme sind jedoch nicht nur bei komplizierten Lebensvorgängen beteiligt. Sie wirken auch bei alltäglichen Vorgängen mit:

Geschältes Obst (Äpfel, Birnen, Bananen) wird an der Luft schon nach kurzer Zeit braun und unansehnlich. Es schmeckt dann auch nicht mehr frisch. Die Enzyme aus den Zellen der Früchte katalysieren unter Beteiligung der Luft die chemischen Vorgänge, die zum Braunwerden führen.

Es gibt jedoch einfache Möglichkeiten, dem Wirken dieser Enzyme Einhalt zu gebieten. Schon Luftabschluss kann helfen: Legt man das frisch geschälte Obst in Wasser, dem man etwas Essig zugesetzt hat, oder beträufelt es mit Zitronensaft, bleibt das Braunwerden aus (Bild 4).

Sowohl Essig als auch Zitronensaft setzen die Geschwindigkeit der Reaktion stark herab. Das Enzym kann nun nicht mehr ungehindert wirken. Erfahrene Hausfrauen setzen deshalb dem Obst z. B. bei der Zubereitung eines Obstsalates von vornherein etwas Zitronensaft zu.

Fragen und Aufgaben zum Text

1 Enzyme sind Biokatalysatoren. Was versteht man darunter? Beschreibe ihre Aufgabe im Körper anhand eines Beispiels.

2 Worauf ist das allmähliche Braunwerden von frisch geschältem Obst zurückzuführen?
Und wie lässt sich dieses Braunwerden verhindern?

3 Welche gemeinsame Aufgabe haben Biokatalysatoren und die Katalysatoren in Chemie und Technik?

4 Könnte man die Holzasche, die als Katalysator beim Entzünden von Zucker eine Rolle spielt, als *Biokatalysator* bezeichnen? Begründe!

4 Das Gesetz von der Erhaltung der Masse

Wenn Magnesium mit Sauerstoff reagiert, entsteht Magnesiumoxid; und wenn Eisen und Schwefel miteinander reagieren, bildet sich Eisensulfid.

Die Frage ist nun: Ist die *Masse* des so entstandenen Reaktionsprodukts genauso groß wie jeweils die Masse der beiden Ausgangsstoffe zusammengenommen? Oder ist sie größer oder womöglich sogar kleiner geworden?

V 4 Wir schneiden ein kleines Stück Magnesiumband (etwa 1,5 cm lang) ab und geben es in ein schwer schmelzbares Reagenzglas. In dem Glas befindet sich Luft.

Über die Öffnung des Reagenzglases stülpen wir einen Luftballon (wie in Bild 5). Mit einer empfindlichen Waage wird anschließend die Masse des Reagenzglases bestimmt.

Dann erhitzen wir das Glas, sodass das Magnesium mit dem Sauerstoff der Luft reagieren kann. Nach dem Abkühlen wird die Masse des Reagenzglases erneut bestimmt. Was stellst du fest?

V 5 Nun mischen wir sorgfältig 7 g Eisenpulver und 4 g Schwefelpulver. Dann füllen wir das Gemisch ebenfalls in ein schwer schmelzbares Reagenzglas und verfahren weiter wie in Versuch 4. Vergleiche mit dem Ergebnis von Versuch 4.

Ein chemisches Grundgesetz

Beim Experimentieren stellt man fest: Wenn Stoffe (in einem verschlossenen Gefäß) miteinander reagieren, geht nichts verloren; es kommt aber auch nichts hinzu (wenngleich sich die Stoffe verändern). Mit anderen Worten:

Die Gesamtmasse sämtlicher Stoffe, die an der chemischen Reaktion beteiligt sind, bleibt immer gleich.

Dieses Versuchsergebnis wird in der Chemie als ein wichtiges *Grundgesetz* formuliert. Es heißt **Gesetz von der Erhaltung der Masse** und lautet so:

Bei chemischen Reaktionen ist die Masse der Ausgangsstoffe gleich der Masse der Reaktionsprodukte.

Aufgaben

1 Stelle zu den Reaktionen, die in den Versuchen 4 u. 5 abgelaufen sind, die Wortgleichungen auf.

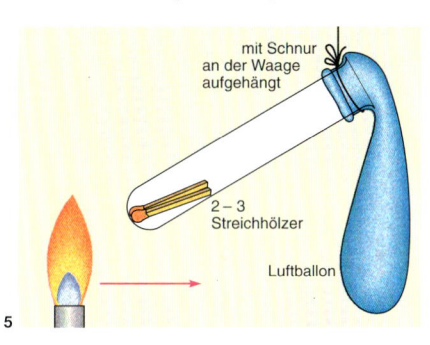

5 *mit Schnur an der Waage aufgehängt / 2–3 Streichhölzer / Luftballon*

2 Was wird die in Bild 5 erwähnte Waage anzeigen, wenn die Streichhölzer im Glas verbrannt sind? Welche Rolle spielt der Luftballon?

3 Wenn eine Kerze brennt, wird sie kleiner und leichter. Widerspricht das nicht dem Gesetz von der Erhaltung der Masse? Begründe!

4 Beschreibe noch einmal die Reaktion von Kupferblech mit Sauerstoff. Wende dabei das Gesetz von der Erhaltung der Masse an.

Aus der Geschichte: **Lomonossow und Landolt wollten es wissen**

Mitte des 18. Jahrhunderts waren bereits viele chemische Reaktionen bekannt – darunter auch Verbrennungsvorgänge. Dabei hatte man auch bereits *Massenveränderungen* der beteiligten Stoffe beobachtet:

So ergab sich z. B. bei der Verbrennung von Holz oder Kohle ein *Verlust* an Masse; bei der Verbrennung von Metallen kam es dagegen zu einer *Massezunahme*.

Auch der russische Gelehrte *Michail Lomonossow* kannte diese Beobachtungen. Im Jahre 1756 kam er auf die Idee Zinn in einem zugeschmolzenen Glasgefäß zu verbrennen. So konnte während der Reaktion nichts verloren gehen, es konnte aber auch nichts hinzukommen.

Vor und nach dem Verbrennen bestimmte er sehr genau die Masse des Gefäßes mit seinem Inhalt. Und tatsächlich: Diesmal stellte er weder eine Zunahme noch eine Abnahme der Masse fest, obwohl aus dem Zinn ein neuer Stoff entstanden war!

Wiederholungen des Experiments ergaben stets das gleiche Ergebnis. Lomonossow hatte das **Gesetz von der Erhaltung der Masse** gefunden.

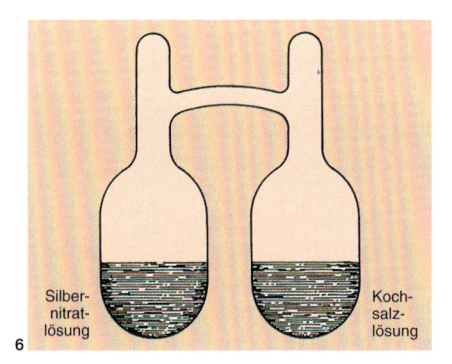

6 *Silbernitratlösung / Kochsalzlösung*

In der Folgezeit prüften Chemiker, ob dieses Gesetz für *alle* chemischen Reaktionen gültig ist.

Sehr genaue Messungen wurden z. B. zu Beginn dieses Jahrhunderts von dem deutschen Chemiker *Hans Heinrich Landolt* durchgeführt:

Er füllte zwei unterschiedliche Lösungen in ein zweiteiliges Glasgefäß und schmolz die Öffnungen des Gefäßes zu (Bild 6). Die Gesamtmasse der beiden Lösungen betrug 300 g.

Dann kippte Landolt das Gefäß um, sodass beide Lösungen miteinander reagieren konnten. Nach der Reaktion konnte er nicht einmal mit seiner sehr empfindlichen Waage (Fehlergrenze: 0,000 003 g) Massenänderungen feststellen. Dadurch bestätigte er die Gültigkeit des Gesetzes von der Erhaltung der Masse.

5 Wie wir Formeln von Oxiden aufstellen können

Die Wertigkeit

Wir wissen bereits, welche Bedeutung die Symbole und einige Formeln haben.
Woher weiß man aber, welche Formel eine chemische Verbindung hat?
Die Antwort erhält man, wenn man die Zusammensetzung und den Bau der Verbindung untersucht.
Wie kann man eine Formel aufstellen ohne erst den Stoff zu untersuchen?
Hier hilft uns die **Wertigkeit** der Elemente. Sie lässt sich aus der Zusammensetzung der Verbindungen errechnen und ist in Tabellen erfasst worden.
Die Wertigkeit ist eine Zahl, die jedem Element zugeordnet wurde. Sie sagt aus, wie viele *Wasserstoffatome* von einem Atom des Elements gebunden oder ersetzt werden können.

Auf das Element Wasserstoff beziehen sich also die Wertigkeiten aller übrigen Elemente. **Wasserstoff ist einwertig.**
Betrachten wir als Beispiel ein Wassermolekül; es hat die Formel H_2O: Ein Sauerstoffatom ist mit *zwei* Wasserstoffatomen verbunden. Ein Sauerstoffatom kann also zwei Wasserstoffatome binden: **Sauerstoff ist zweiwertig.**
In einer chemischen Verbindung müssen die Wertigkeiten der Elemente stets ausgeglichen sein.

Sauerstoffatome können aber nicht nur zwei Wasserstoffatome binden. Sie können auch mit anderen Atomen verbunden sein und dort zwei Wasserstoffatome *ersetzen*.
Das ist z. B. bei den Oxiden der Fall: Hier sind Sauerstoffatome mit Metall- oder Nichtmetallatomen verbunden.

Wir können aus den Formeln der Oxide die Wertigkeiten von Elementen errechnen. *Welche Wertigkeit hat z. B. Kohlenstoff im Kohlenstoffdioxid (CO_2)?*
Ein Kohlenstoffatom ist hier mit zwei zweiwertigen Sauerstoffatomen verbunden. Folglich ist der Kohlenstoff im Kohlenstoffdioxid vierwertig. Im *Kohlenstoffmonooxid (CO)* ist der Kohlenstoff dagegen nur zweiwertig.

Die folgende Übersicht zeigt einige Elemente mit ihren Wertigkeiten.

Element	Symbol	Wertigkeit
Wasserstoff	H	I
Natrium	Na	I
Sauerstoff	O	II
Magnesium	Mg	II
Kupfer	Cu	II (I)
Aluminium	Al	III
Eisen	Fe	III (II)
Kohlenstoff	C	IV (II)
Schwefel	S	IV (II; VI)

Häufig werden in den Namen der *Metalloxide* die Wertigkeiten mit angegeben, und zwar wenn das betreffende Metall mehrere Wertigkeiten hat.
So heißt z. B. das schwarze Kupferoxid Kupfer(II)-oxid; es hat die Formel CuO. Das rote Kupferoxid heißt Kupfer(I)-oxid und hat die Formel Cu_2O.

In jeder chemischen Verbindung sind die Wertigkeiten ausgeglichen. Was damit gemeint ist, können wir uns klarmachen, wenn wir z. B. für die Wertigkeiten Kästchen zeichnen, etwa so wie in Bild 1 dargestellt.

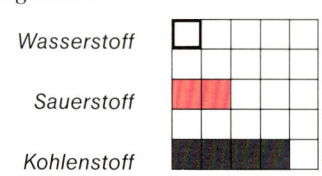

Wasserstoff
Sauerstoff
Kohlenstoff 1

Wenn wir Formeln aufstellen wollen, müssen wir dafür sorgen, dass die Wertigkeiten ausgeglichen sind. Dazu zwei Beispiele:

a) Im Wasser sind Wasserstoff und Sauerstoff miteinander verbunden.
2 Wasserstoffatome, Wertigkeit: je I
1 Sauerstoffatom, Wertigkeit: II 2
Daraus ergibt sich die Formel für Wasser: H_2O (Bild 2).

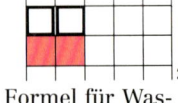

b) Kohlenstoffdioxid (Bild 3):
1 Kohlenstoffatom mit der Wertigkeit IV
2 Sauerstoffatome, Wertigkeit: je II 3
Formel für Kohlenstoffdioxid: CO_2.
Die Wertigkeiten in beiden Beispielen sind ausgeglichen.

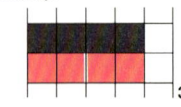

Man kann mit Hilfe der Kästchen auch Formeln für Verbindungen ermitteln, die nicht aus Molekülen aufgebaut sind.
Das ist z. B. bei *Magnesiumoxid* MgO der Fall. Die Formel sagt aus, dass sich hier die kleinsten Teilchen von Sauerstoff und Magnesium im *Zahlenverhältnis* 1 : 1 verbunden haben.

Wenn man für eine Verbindung aus zwei Elementen die Formel aufstellen will, geht man von den Wertigkeiten der beteiligten Atome aus. Die Zahl der Atome ist dann gleich der Anzahl der Kästchen.

Man kann die Formel auch folgendermaßen ermitteln: Man geht wieder von den Wertigkeiten der beiden Elemente aus und bildet das kleinste gemeinsame Vielfache (k.g.V.) der Wertigkeiten.
Dann dividiert man das k.g.V. durch die Wertigkeit des betreffenden Elements und erhält so die Anzahl seiner Atome in der Formeleinheit.

Beispiel: Wir stellen die Formel für Eisen(III)-oxid in 5 Schritten auf:
(1) Symbole: Fe O
(2) Wertigkeiten: III II
(3) k.g.V.: 6
(4) Zahlenverhältnis der Atome: 2 : 3
(5) Formel: Fe_2O_3

Aufgaben

1 Überprüfe mit Hilfe der Wertigkeiten, welche der folgenden Formeln die richtige für Zinkoxid ist: Zn_2O, ZnO oder ZnO_2.

2 Welche der folgenden Formeln ist für eine Verbindung aus Kohlenstoff und Wasserstoff richtig: CH_2, CH_3 oder CH_4?

3 Erkläre mit dem Begriff *Wertigkeit*, warum die Formel für Magnesiumoxid MgO lauten muss.

4 Welche Wertigkeiten haben die Elemente in diesen Verbindungen: Schwefeldioxid SO_2, Stickstoffdioxid NO_2, Aluminiumoxid Al_2O_3, Phosphorpentaoxid P_2O_5?

5 Stelle die Formeln für die folgenden Verbindungen auf: Quecksilberoxid, Zinkoxid, Eisen(II)-oxid und Eisen(III)-oxid.

6 Wie viele Wasserstoff- und Sauerstoffmoleküle reagieren miteinander, wenn 10 Wassermoleküle entstehen?

Chemische Reaktionen genauer betrachtet

Alles klar?

1 Nenne jeweils ein Beispiel für die Bildung und die Zerlegung eines Oxids.

2 Beschreibe folgende Reaktionen; gib auch hier Bildung und Zerlegung an.
Silber + Sauerstoff → Silberoxid
Silberoxid → Silber + Sauerstoff
Silber + Schwefel → Silbersulfid

3 Worin unterscheiden sich Elementsubstanzen und Verbindungen? Nenne für jede Gruppe einige Beispiele.

4 Beschreibe das Entzünden und Brennen einer Kerze. Verwende dabei folgende Begriffe: Zustandsänderung, chemische Reaktion, Aktivierungsenergie, exotherm oder endotherm.
Erläutere daran auch das Gesetz von der Erhaltung der Masse.

5 Bei der Zerlegung von Silberoxid muss ständig erhitzt werden. Auch bei der Reaktion von Zink mit Schwefel muss man zunächst erhitzen.
Vergleiche die Bedeutung des Erhitzens bei den Reaktionen.

6 Bei den Wunderkerzen (Bild 4) verbrennen winzige Eisen- und Aluminiumstückchen. Wenn man die Wunderkerze mit einer Streichholzflamme entzündet hat, brennt sie selbstständig weiter.
Erkläre diesen Vorgang mit Hilfe der Begriffe *Aktivierungsenergie* und *frei werdende Energie*.

7 Für welche Reaktionen gilt das Gesetz von der Erhaltung der Masse?

8 Taucht man ein Stück Platin in Wasserstoffperoxidlösung ein, kommt eine chemische Reaktion in Gang. Welche Rolle spielt dabei das Platin?

9 Welchen Einfluss hat ein *Katalysator* z. B. auf die Aktivierungsenergie bei einer chemischen Reaktion?

4

Auf einen Blick

Neue Stoffe durch chemische Reaktionen

Wenn zwei Stoffe miteinander reagieren, entstehen neue Stoffe. Diese haben andere Eigenschaften als die Ausgangsstoffe.

Alle Vorgänge, bei denen neue Stoffe entstehen, sind **chemische Reaktionen**. Ein Beispiel dafür ist die Reaktion von Metallen mit Sauerstoff; es entstehen *Metalloxide*. Dabei reagieren jeweils zwei **Elemente** miteinander; es entsteht eine **chemische Verbindung**.
Magnesium + Sauerstoff → Magnesiumoxid
Kupfer + Sauerstoff → Kupferoxid
Metall + Sauerstoff → Metalloxid
Metalle können auch mit Schwefel reagieren.
Zink + Schwefel → Zinksulfid
Silber + Schwefel → Silbersulfid
Metall + Schwefel → Metallsulfid

Metalloxide und Metallsulfide sind – wie die Elemente – **Reinstoffe**.

Wenn durch eine chemische Reaktion eine Verbindung *aufgebaut* wird, kann man das so ausdrücken:
Element A + Element B
→ chemische Verbindung AB.
Beispiel: Eisen + Schwefel → Eisensulfid.

Eine Verbindung lässt sich durch eine chemische Reaktion wieder in ihre Ausgangsstoffe *zerlegen*. Das lässt sich folgendermaßen beschreiben:
Chemische Verbindung AB
→ Element A + Element B.
Beispiel: Silberoxid → Silber + Sauerstoff.

Chemische Reaktionen und Energie

Bei chemischen Reaktionen wird auch Energie (meist in Form von Wärme) aufgenommen oder an die Umgebung abgegeben.

Wenn dabei Wärme *abgegeben* wird, ist die Reaktion **exotherm**; wenn ständig Wärme *zugeführt* werden muss, verläuft sie **endotherm**.
Silber + Sauerstoff → Silberoxid | *exotherm*
Silberoxid → Silber + Sauerstoff | *endotherm*
Zink + Schwefel → Zinksulfid | *exotherm*

Um eine Reaktion in Gang zu bringen, ist die Zufuhr von **Aktivierungsenergie** erforderlich. Dadurch werden die Ausgangsstoffe reaktionsbereit.
Einigen Stoffen muss dabei viel Energie zugeführt werden, anderen dagegen nur wenig.

Katalysatoren beeinflussen den Ablauf chemischer Reaktionen. Sie setzen z. B. die Aktivierungsenergie herab und verkürzen die Reaktionsdauer; dabei werden sie selbst nicht verändert. Eine solche Erscheinung wird als *Katalyse* bezeichnet.

Ein wichtiges chemisches Grundgesetz

Bei chemischen Reaktionen in abgeschlossenen Systemen geht nichts verloren, es kommt auch nichts hinzu. Im **Gesetz von der Erhaltung der Masse** heißt das so:

Bei chemischen Reaktionen ist die Masse der Ausgangsstoffe gleich der Masse der Reaktionsprodukte.

Reaktionsgleichungen

Stoffe und Reaktionen im Modell

1 Magnesium + Sauerstoff → Magnesiumoxid

Die chemische Reaktion von Bild 1 kennst du bereits.
Was geschieht aber dabei im Bereich der kleinsten Teilchen?
Wie kann man die Reaktion mit Symbolen beschreiben?

Die Anordnung der Teilchen in Magnesium, Sauerstoff und Magnesiumoxid

Bei der Verbrennung von Magnesium an der Luft reagiert das Magnesium mit dem Sauerstoff der Luft. Da alle Stoffe aus Teilchen aufgebaut sind, reagieren also die Magnesiumteilchen mit den Sauerstoffteilchen.

Magnesium ist ein Metall und wir erinnern uns: **Die Metalle sind aus den betreffenden *Atomen* aufgebaut.**

Beim Magnesium bilden die Magnesiumatome einen *Atomverband*. In ihm sind die Atome zu dichten Kugelpackungen angeordnet (Bild 2).

Die *Luft* ist bekanntlich ein Gemisch aus hauptsächlich Stickstoff und Sauerstoff. Wir wissen: **Die kleinsten Teilchen der Gase der Luft sind *zweiatomige Moleküle*** (Bild 3; Sauerstoffmoleküle).

Magnesiumoxid ist aus *Ionen* aufgebaut. (*Ionen* sind elektrisch geladene Teilchen. Sie entstehen aus Atomen durch Aufnahme oder Abgabe von Elektronen. Dazu später mehr.) Im Magnesiumoxid sind die Magnesium-Ionen positiv geladen und die Sauerstoff-Ionen negativ. Diese entgegengesetzten Ladungen ziehen einander stark an: Die Ionen bilden einen *Ionenverband*.

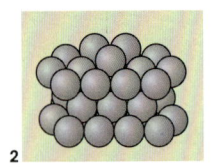

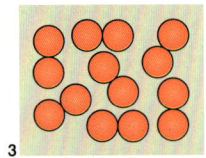

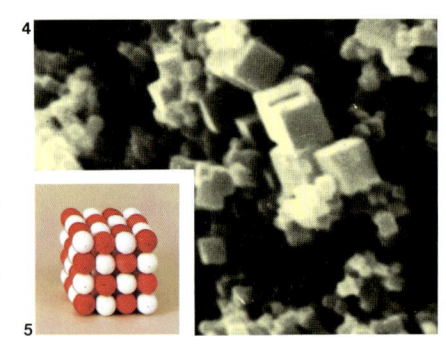

Die Frage ist nun: Wie sind die Ionen im Magnesiumoxidkristall *angeordnet*?

Wenn wir das Magnesiumoxid unter einem stark vergrößernden Mikroskop betrachten, können wir unzählig viele würfelförmige Kristalle erkennen (Bild 4). Die Sauerstoff-Ionen und die Magnesium-Ionen müssen demnach so angeordnet sein, dass Würfel entstehen.

Chemiker haben herausgefunden, dass wir uns die Anordnung der Sauerstoff- und Magnesium-Ionen so vorstellen können, wie sie in Bild 5 dargestellt ist.

Magnesiumoxid besteht aus der gleichen Anzahl Magnesium-Ionen und Sauerstoff-Ionen. Auf der Kante des größten Kristalls von Bild 4 befinden sich jeweils etwa 2500 Magnesium- und Sauerstoff-Ionen.

Für jede chemische Verbindung gibt es eine unverwechselbare Formel. Man kann sie z. B. Tabellen entnehmen.

Für die Verbindung Magnesiumoxid lautet die Formel MgO.

In dieser Formel wird nicht berücksichtigt, dass es sich bei den Teilchen um Ionen handelt. Man kann in der Formel auch nicht alle Magnesium- und Sauerstoff-Ionen angeben, die einen Magnesiumoxidkristall bilden.

Die Formel MgO gibt nur an, dass sich die Magnesium-Ionen und Sauerstoff-Ionen im *Zahlenverhältnis* 1:1 miteinander verbunden haben. Die Formel steht für die kleinste „Baueinheit" eines Magnesiumoxidkristalls und wird deshalb auch als *Formeleinheit* bezeichnet.

Die Oxidation von Magnesium – Reaktion der kleinsten Teilchen

Wenn das Metall Magnesium stark erhitzt wird, verlassen die **Magnesiumatome** den Atomverband.

Auch die **Atome der Sauerstoffmoleküle** lösen sich bei hohen Temperaturen voneinander. Dabei bewegen sich die Atome heftig hin und her.

Wir müssen uns vorstellen, dass sich Sauerstoffatome und die Magnesiumatome gegenseitig sehr stark anziehen. Wenn sie aufeinander prallen und sich miteinander verbinden, wird so viel Energie frei, dass die Temperatur auf fast 2000 °C ansteigt. Dabei wird hellweißes, blendendes Licht ausgesandt.

Wenn das entstehende Magnesiumoxid dann abgekühlt ist, liegen regelmäßig geformte Magnesiumoxidkristalle vor (Bilder 4 u. 5).

Bei einer chemischen Reaktion gehen also keine Atome verloren, es entstehen aber auch keine neuen.

Die Atome der an der Reaktion beteiligten Stoffe lösen sich nur aus ihren „alten" Atomverbänden oder Molekülen und gruppieren sich um. Sie lagern sich zu einem *Ionenverband* zusammen.

Auf diese Weise bleibt auch die Masse der an der Reaktion beteiligen Stoffe erhalten. Diesen Sachverhalt kennen wir bereits: Es ist das *Gesetz von der Erhaltung der Masse*.

Wie stellt man Reaktionsgleichungen auf?

Bisher haben wir chemische Reaktionen mit Hilfe von *Wortgleichungen* beschrieben. Inzwischen kennen wir aber von allen beteiligten Atomen die Symbole und von den Formeleinheiten und Molekülen die Formeln. Deshalb sind wir nun in der Lage **Reaktionsgleichungen** zu entwickeln.

1. Schritt: Wir bilden die *Wortgleichung* zur Reaktion:
Magnesium + Sauerstoff → Magnesiumoxid.

2. Schritt: Wir ersetzen die Wörter durch die *Symbole* der Atome und *Formeln* der kleinsten Baueinheiten. Dabei müssen wir berücksichtigen, dass der Sauerstoff Moleküle bildet:

Mg + O$_2$ ⟶ MgO

3. Schritt: Wir prüfen, ob Art und Anzahl der Atome vor und nach der Reaktion – also rechts und links des Reaktionspfeils – übereinstimmen:
Vor der Reaktion liegt ein *zwei*atomiges Sauerstoffmolekül vor, daher müssen *nach* der Reaktion 2 Sauerstoffatome vorhanden sein. Deshalb schreiben wir auf der rechten Seite der Gleichung „2 MgO":

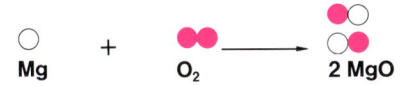

Mg + O$_2$ ⟶ 2 MgO

Aber nun stimmt die Anzahl der Magnesiumatome nicht; rechts steht eins mehr als links. Wir müssen deshalb auf der linken Seite noch ein Magnesiumatom ergänzen:

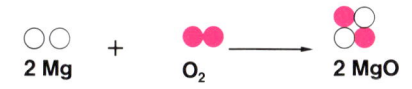

2 Mg + O$_2$ ⟶ 2 MgO

In dieser Reaktionsgleichung stimmen Art und Anzahl der beteiligten Atome rechts und links des Reaktionspfeils überein. Anders ausgedrückt: **Art und Anzahl aller beteiligten Atome sind vor und nach der Reaktion gleich; die Atome wurden nur umgruppiert** (Gesetz von der Erhaltung der Masse).

Beachte: Beim Ausgleichen dürfen nur die *Faktoren* vor den Symbolen und Formeln verändert werden, niemals aber die *Indizes* (die kleinen tiefgestellten Zahlen)!
Du weißt ja: Der *Faktor* gibt die Anzahl der beteiligten Atome, Moleküle oder Formeleinheiten an – und die kann unterschiedlich sein. Der *Index* ist dagegen Bestandteil der Formel eines Stoffes – und die ist insgesamt unveränderlich.

Bei allen chemischen Reaktionen sind große Mengen an Atomen und Molekülen bzw. Formeleinheiten beteiligt.
Da es nicht so einfach ist, ihre Zahl ganz genau anzugeben, berücksichtigt man in der Reaktionsgleichung die jeweils *kleinste Anzahl* an Atomen und Molekülen bzw. Formeleinheiten, die miteinander reagieren können:

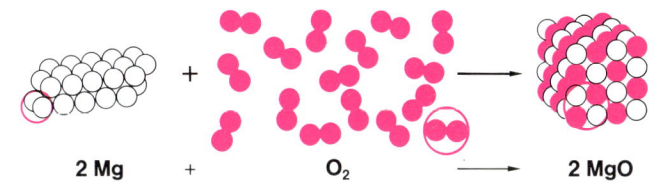

2 Mg + O$_2$ ⟶ 2 MgO

Welche Information steckt nun in dieser Reaktionsgleichung? Der Chemiker drückt damit Folgendes aus:

2 Atome Magnesium reagieren mit 1 Molekül Sauerstoff zu 2 Formeleinheiten Magnesiumoxid.

Aufgaben

1 Vergleiche die kleinsten Teilchen des Sauerstoffgases mit den kleinsten Teilchen fester Metalle.

2 Petra meint: „Bei einer Reaktion bleiben die Atome der beteiligten Elemente erhalten." Jochen hält dagegen: „Wenn ein neuer Stoff entsteht, bilden sich auch ganz neue Atome." Was meinst du dazu? Begründe deine Antwort.

3 Einer der ganz kleinen Magnesiumoxidkristalle in Bild 4 enthält ungefähr 125 Milliarden Ionen. Wie viele Sauerstoff-Ionen und Magnesium-Ionen sind das dann?

4 Aus welchen Atomarten sind die folgenden Verbindungen entstanden: Zinksulfid, Kupferoxid, Natriumchlorid, Eisenoxid, Eisenchlorid und Bleisulfid?

5 Für welche Atomarten stehen die folgenden Symbole und für welche Formeleinheiten oder Moleküle stehen die angegebenen Formeln?
Schreibe ihre Namen auf. Fe, Zn, Mg, S, O$_2$, Cl$_2$, H$_2$O, MgO, ZnS.

6 Worauf soll die kleine 2 am Symbol des Sauerstoffs (O$_2$) hinweisen? Darfst du diese Zahl verändern?

7 Welche Bedeutung hat die Formel N$_2$? Und was wird mit 3 O$_2$ und 6 N$_2$ bezeichnet?

8 In jeder Verbindung lagern sich die Atome nach ganz bestimmten Gesetzmäßigkeiten zusammen. Daher kann *eine* Verbindung immer nur *dieselbe* Formel haben.
Rotes Eisenoxid hat die Formel Fe$_2$O$_3$. Welche Atome sind hier verbunden; wie ist ihr Zahlenverhältnis?

9 Wie lesen wir die folgenden Reaktionsgleichungen?
2 Zn + O$_2$ → 2 ZnO
2 Cu + O$_2$ → 2 CuO

10 Welche Reaktion wird durch die folgende Reaktionsgleichung beschrieben: 2 Ag$_2$O → 4 Ag + O$_2$?

11 Was muss bei einer Reaktionsgleichung rechts und links des Reaktionspfeils immer gleich sein?

12 Entwickle mit Hilfe der Schrittfolge die Reaktionsgleichung für die Reaktion von Kupfer mit Chlor. (Auch Chlor besteht aus zweiatomigen Molekülen.)

13 Heiner ist beim Aufstellen der folgenden Reaktionsgleichung steckengeblieben. Wie geht's weiter?
HgO → Hg + O

Reduktionen und Redoxreaktionen

1 Oxide werden reduziert

1 Kupfererz

2 Bleierz

Die meisten Metalle kommen in der Natur nur selten oder gar nicht rein vor.
Man gewinnt sie aus ihren **Erzen** (Bilder 1 u. 2).
Viele Erze enthalten als Hauptbestandteil das **Oxid** des betreffenden Metalls.

Wie kann man daraus das Metall gewinnen?

V 1 Bild 3 zeigt den Versuchsaufbau. Das Gemisch aus *Kupferoxid* und Holzkohlepulver muss kräftig durchglühen. Beschreibe, was mit dem Gemisch geschieht.

a) Worauf weist die Reaktion mit Kalkwasser [C] hin?

b) Welche Ausgangsstoffe waren an der Reaktion beteiligt und welche Reaktionsprodukte sind dabei entstanden? Stelle die Reaktionsgleichung zu dieser Reaktion auf.

c) Versuche die Vorgänge bei der Reaktion zu erklären.

d) Ob man Kupfer gewinnen kann, wenn man *nur* das Kupferoxid (ohne die Holzkohle) erhitzt?

V 2 Hier wird auf die gleiche Weise *Bleioxid* [Xn] untersucht:

Zunächst stellen wir ein Gemisch aus gleichen Teilen Bleioxid und Holzkohlepulver her. Das Gemisch wird so lange *kräftig* erhitzt, bis es glüht. Entsteht dadurch Blei?

V 3 Auch so ist eine Zerlegung von *Kupferoxid* möglich:

Wir geben in ein schwer schmelzbares Reagenzglas eine Spatelspitze Kupferoxidpulver und darüber ca. 1 cm hoch Zinkpulver [F]. Beide Stoffe werden vermischt und erhitzt, bis sie glühen. Was entsteht?

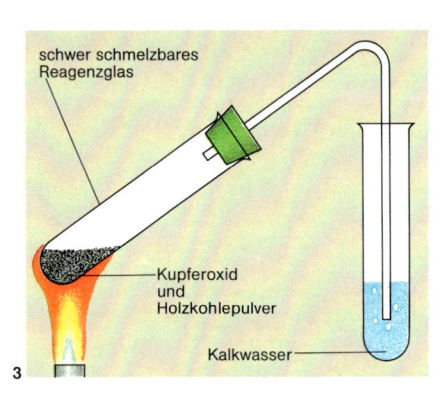

3 schwer schmelzbares Reagenzglas / Kupferoxid und Holzkohlepulver / Kalkwasser

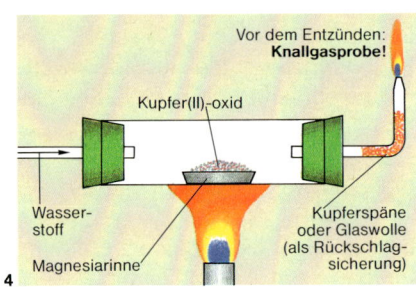

4 Vor dem Entzünden: **Knallgasprobe!** / Kupfer(II)-oxid / Wasserstoff / Magnesiarinne / Kupferspäne oder Glaswolle (als Rückschlagsicherung)

V 4 (Lehrerversuch) So kann Kupferoxid auch durch einen anderen Stoff zerlegt werden (Bild 4).

a) Zuerst lässt man *Wasserstoff* [F] durch das Verbrennungsrohr (und damit über das Kupferoxid) strömen.

Bevor er am Rohrende entzündet wird, muss unbedingt die Knallgasprobe durchgeführt werden!

b) Sobald die Wasserstoffflamme ruhig brennt, wird das Kupferoxid im Verbrennungsrohr erhitzt.

Beobachte die Wasserstoffflamme während des Erhitzens.

c) Welche Veränderungen im Verbrennungsrohr stellst du fest?

d) Das Pulver aus der Rinne wird nach dem Abkühlen auf eine weiße Pappe geschüttet. Was stellst du fest, wenn du es mit einem Messer unter leichtem Druck glatt streichst?

V 5 Diesmal füllen wir einen Glaskolben mit Kohlenstoffdioxid aus der Stahlflasche oder Druckdose.

Dann tauchen wir ein Stück brennendes Magnesiumband mit der Tiegelzange in das Kohlenstoffdioxid.

Wie erklärst du die Beobachtung, die du hierbei machen kannst?

V 6 (Lehrerversuch) Ein Reagenzglas wird etwa 1,5 cm hoch mit *Kaliumnitrat* (KNO_3) [O] gefüllt. Das Kaliumnitrat wird so lange erhitzt, bis eine Schmelze entstanden ist.

a) Was zeigt sich, wenn ein glimmender Holzspan ins Reagenzglas eingeführt wird?

b) Nun lässt der Lehrer ein kleines Stückchen glühende Holzkohle auf die Schmelze fallen (Schutzbrille, Schutzscheibe!). Anschließend wird die Glimmspanprobe wiederholt.

Versuche deine Beobachtung zu erklären.

Wenn Oxide reduziert werden ...

Nur wenige **Metalloxide** können einfach durch Erhitzen in ihre Ausgangsstoffe zerlegt werden.

Für die meisten Zerlegungen braucht man einen Stoff, der sich **leichter mit Sauerstoff verbindet** als das Metall des betreffenden Oxids. Bei der Zerlegung von Kupferoxid (Bild 3) ist dies z. B. der Kohlenstoff.

Während der Reaktion wird das Kupferoxid in Kupfer und Sauerstoff zerlegt. Das Kupfer wird dabei sichtbar. Den Sauerstoff können wir nicht nachweisen, da er sich sofort mit dem Kohlenstoff zu Kohlenstoffdioxid verbindet (Bild 5).

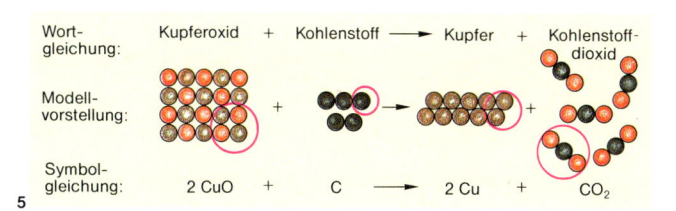

Wort-gleichung:	Kupferoxid	+	Kohlenstoff	→	Kupfer	+	Kohlenstoff-dioxid
Modell-vorstellung:							
Symbol-gleichung:	2 CuO	+	C	→	2 Cu	+	CO_2

5

Deutung: Das Kupferoxid kann durch den Kohlenstoff zu Kupfer **reduziert** werden (lat. *reducere:* zurückführen). Der Kohlenstoff hat nämlich ein größeres Bestreben, sich mit Sauerstoff zu verbinden, als das Kupfer.

Wenn die Atome der beteiligten Stoffe durch Erhitzen aktiviert werden, verlassen sie ihre „alten" Atomverbände. Es lagern sich nun Kohlenstoff- und Sauerstoffatome zusammen.

Beim Zerlegen von Kupferoxid laufen also zwei chemische Reaktionen zugleich ab, nämlich
○ eine **Reduktion**: Dem Kupferoxid wird der Sauerstoff entzogen (d. h., Kupferoxid wird zu Kupfer *reduziert*);
○ eine **Oxidation**: Der Kohlenstoff verbindet sich mit Sauerstoff (der Kohlenstoff wird zu Kohlenstoffdioxid *oxidiert*).
Chemische Reaktionen, bei denen *zugleich eine Reduktion und eine Oxidation* ablaufen, werden **Red**uktions-**Ox**idations-**Reaktionen** genannt oder kurz ***Redoxreaktionen.***

Redoxreaktionen sind chemische Reaktionen, bei denen *Sauerstoff zugleich abgegeben und aufgenommen wird.*

Reaktionspartner, die dabei Sauerstoff *abgeben*, bezeichnet man als **Oxidationsmittel**. Reaktionspartner, die diesen Sauerstoff *aufnehmen*, heißen **Reduktionsmittel**. (In unserem Beispiel ist das Kupferoxid das Oxidationsmittel und der Kohlenstoff das Reduktionsmittel.)

```
            Oxidationsmittel
         ┌─── wird reduziert. ───┐
         ↓                        ↓
Kupferoxid + Kohlenstoff → Kupfer + Kohlenstoffdioxid
  2 CuO    +      C      →  2 Cu  +      CO₂
         ↑                        ↑
         └─── Reduktionsmittel ───┘
              wird oxidiert.
```

Zur Reduktion von Kupferoxid sind auch **Metalle** und **Wasserstoff** geeignet. Die Metalle müssen sich leichter mit Sauerstoff verbinden als Kupfer. Ein Beispiel dafür ist das Zink.

```
         ┌──── Reduktion ────┐
         ↓                    ↓
Kupferoxid + Zink → Kupfer + Zinkoxid
   CuO    +  Zn  →   Cu   +   ZnO
         ↑                    ↑
         └──── Oxidation ────┘
```

Auch **Nichtmetalloxide** können reduziert werden. Ein Beispiel dafür ist die *Reduktion von Kohlenstoffdioxid mit Magnesium.* Dabei entstehen Kohlenstoff und Magnesiumoxid. Auch das ist eine **Redoxreaktion**.

```
           ┌──── Reduktion ────┐
           ↓                    ↓
Kohlenstoff- + Magnesium → Kohlenstoff + Magnesium-
  dioxid                                    oxid
   CO₂      +   2 Mg     →     C       +   2 MgO
           ↑                    ↑
           └──── Oxidation ────┘
```

Aufgaben

1 Welcher Unterschied besteht zwischen einer *Oxidation* und einer *Reduktion*? Welche Reaktionen werden als *Redoxreaktionen* bezeichnet?

2 Stelle zu den Reaktionen in den Versuchen 1–4 die Wortgleichungen und Reaktionsgleichungen auf.
Überlege jeweils, welcher Stoff das *Reduktionsmittel* und welcher das *Oxidationsmittel* ist.

3 Welche Eigenschaften haben alle Reduktionsmittel gemeinsam?

4 Schreibe die Reaktionsgleichung für die Reduktion von Kupferoxid mit Wasserstoff auf.
Kennzeichne außerdem die Reduktion und die Oxidation.

5 Warum wird bei der Reaktion in V 4 die Wasserstoffflamme kleiner?

6 Zur Reaktion in Versuch 3 meint Martina: „Der Sauerstoff hat seinen Reaktionspartner gewechselt." Was meinst du dazu?
Gilt Martinas Überlegung auch für die anderen Versuche?

7 Du kennst schon die *Oxidationsreihe der Metalle* (→ auch in der Zusammenfassung). Welche dieser Metalle sind als Reduktionsmittel zur Reduktion von Kupferoxid geeignet?

8 Bleioxid lässt sich nicht mit Silber, wohl aber mit Zink reduzieren.
An welcher Stelle in der Metallreihe müsste Blei demnach stehen?

9 Was sagen die folgenden Reaktionsgleichungen aus?
$ZnO + Mg → Zn + MgO$
$CO_2 + 2 Mg → C + 2 MgO$

10 Welche Bedeutung hat das Kaliumnitrat (KNO_3) bei Versuch 6?
Welches Reaktionsprodukt muss dabei entstehen?

11 Versuch 6 gelingt auch mit einem kleinen Stück Stangenschwefel anstelle der Holzkohle. Welches Reaktionsprodukt entsteht dabei?

12 Zinkoxid lässt sich mit Holzkohle reduzieren. Kohlenstoffdioxid kann mit Magnesium reduziert werden. An welcher Stelle der Oxidationsreihe könnte man Kohlenstoff einordnen?

Aus Umwelt und Technik: **Wie Eisenbahnschienen verschweißt werden**

Es ist acht Uhr morgens auf dem Hauptbahnhof. Das schadhafte „Herzstück" einer Weiche soll ausgewechselt werden. In zwei Stunden muss die Arbeit getan sein.

Die Reparatur soll mit Hilfe des *Thermitverfahrens* durchgeführt werden. Du wirst gleich sehen, dass auch dabei eine **Redoxreaktion** abläuft.

Zu Beginn schneiden die Männer des Schweißtrupps das alte Schienenstück mit einem Schneidbrenner heraus. Der entstehende Spalt („Stoß") wird noch auf 25 mm verbreitert. Das ist notwendig, damit später beim Thermitschweißen der flüssige Stahl gut hineinfließen kann.

„Was ist eigentlich *Thermit*?" Diese Frage beantwortet der Oberbauschweißer so:

„Thermit ist ein Gemisch aus Eisenoxid und Aluminiumpulver. Wenn man es entzündet, reagieren beide Stoffe zu Eisen und Aluminiumoxid. Aus 1000 g Thermit entstehen dabei 425 g Eisen.

Bei dieser Reaktion wird sehr viel Wärme frei. Es entstehen Temperaturen bis zu 2400 °C. Das ist jedoch zum Schweißen zu heiß. Deshalb mischt man dem Thermitgemisch feinen Stahlschrott ‚zum Kühlen' bei. Außerdem kommen noch Vanadium, Mangan, Titan, Silicium und Kohlenstoff dazu. Der Schweißstahl wird dadurch etwas härter als der Schienenstahl selbst."

Währenddessen füllt der Schweißer eine Portion von 9 kg Thermitgemisch in den Gießofen.

An der Schweißstelle ist inzwischen eine vorgefertigte Gießform aus gepresstem Quarzsand über dem Schienenspalt befestigt worden. Mit einem Propangasbrenner werden nun die Form und die Schienenenden auf 900 °C vorgewärmt. Dann wird der Gießofen aufgesetzt.

„Einige Schritte zurücktreten!", heißt es plötzlich. Mit einer besonderen „Wunderkerze" wird das Thermitgemisch gezündet. Innerhalb weniger Sekunden glüht es im Ofen hellweiß auf. Nach etwa 3–4 Minuten fließt der weiß glühende Stahl in die Form. Dabei füllt er den „Stoß" zwischen den Schienenenden von unten nach oben.

Die Gießform wird schließlich zerschlagen und die Schweißnaht liegt frei. Überstehendes Eisen wird noch rot glühend „abgeschert" und die Schienenoberfläche glatt geschliffen.

Der ganze Schweißvorgang hat nur knapp 20 Minuten gedauert. Eine schnelle und saubere Arbeit! An drei Stellen wiederholt sich dieser Vorgang und kurz vor 10 Uhr rollt der erste Zug über das erneuerte Gleisstück.

Fragen und Aufgaben zum Text

1 Beschreibe, was auf den Bildern 1–6 gerade geschieht.

2 Um die Thermitreaktion in Gang zu bringen musste Aktivierungsenergie zugeführt werden. Wodurch geschah das?

3 Hast du erkannt, welche Redoxreaktion beim Thermitschweißen abläuft? Stelle dazu die Wortgleichung auf. Markiere dabei Reduktion und Oxidation. Gib auch Reduktions- und Oxidationsmittel an.

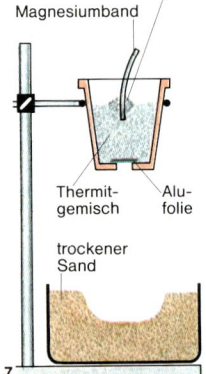

4 Im Freien lässt sich ein **Modellversuch** zum Thermitverfahren als *Lehrerversuch* durchführen (Bild 7):

Das Thermitgemisch besteht aus 40 g trockenem Eisen(III)-oxid und 14 g trockenem, frischem Aluminiumgrieß. Das Loch im Blumentopf wird vorher mit Aluminiumfolie abgedeckt. Das Gemisch lässt sich mit Magnesiumband oder einer Wunderkerze entzünden. Das flüssige Eisen fließt in ein Blechgefäß mit einer *trockenen* Sandschicht. (Vorsicht! Mindestabstand 3 m!) Nach dem Abkühlen kann man das Eisen mit dem Magneten prüfen.

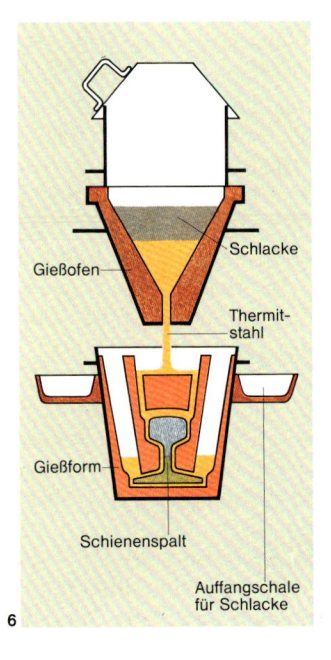

Reduktionen und Redoxreaktionen

Alles klar?

1 Worin unterscheiden sich Oxidation und Reduktion grundsätzlich?

2 Erkläre den Begriff *Redoxreaktion* an einem Beispiel (mit Reaktionsgleichung).

3 Was geschieht bei einer Redoxreaktion mit dem Reduktionsmittel und mit dem Oxidationsmittel?

4 Mit Aluminium können viele Oxide reduziert werden. Was lässt sich daraus für das Reaktionsverhalten des Aluminiums gegenüber Sauerstoff ableiten?

5 Begründe, warum man Eisenoxid mit Aluminium reduzieren kann.

6 Magnesium + Zinkoxid
 → Magnesiumoxid + Zink
Was sagt diese Reaktionsgleichung aus?

7 Gibt es grundsätzliche Unterschiede bei der Reduktion von Metalloxiden und Nichtmetalloxiden? Begründe deine Antwort anhand von Beispielen.

8 Brände von Metallen dürfen nur mit Spezialöschern bekämpft werden. Was würde geschehen, wenn jemand brennendes Magnesium mit einem Kohlenstoffdioxidlöscher bekämpfen würde?

9 Kohlenstoffdioxid lässt sich mit Magnesium reduzieren. Eignen sich dazu noch andere Metalle aus der Reihe?

Auf einen Blick

Metalloxide werden reduziert

Die meisten Metalloxide können nur durch Reaktionen mit Hilfe von **Reduktionsmitteln** in ihre Ausgangsstoffe zerlegt werden.

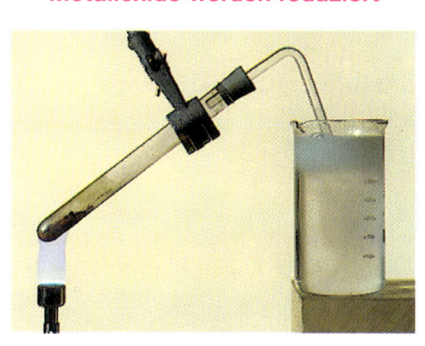

Das Reduktionsmittel muss ein größeres Bestreben haben, sich mit Sauerstoff zu verbinden, als das Metall, das reduziert werden soll.

Zur Reduktion von Metalloxiden sind als *Reduktionsmittel* sowohl andere **Metalle** als auch **Kohlenstoff** und **Wasserstoff** geeignet.

Bei jeder Reduktion (Sauerstoffabgabe) läuft zugleich auch eine Oxidation (Sauerstoffaufnahme) ab.

Solche Vorgänge bezeichnet man oft als **Redoxreaktionen**. Dabei wird das Oxid, das den Sauerstoff abgibt, *Oxidationsmittel* genannt; es ist jeweils der Stoff, der reduziert wird.

Bei jeder Redoxreaktion laufen zugleich eine Reduktion und eine Oxidation ab.

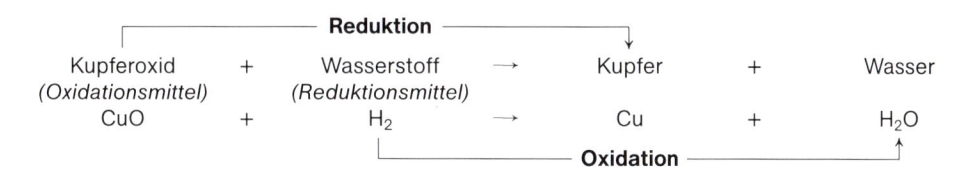

```
                    ┌──────── Reduktion ────────┐
      Kupferoxid    +   Wasserstoff       →    Kupfer    +   Wasser
  (Oxidationsmittel)   (Reduktionsmittel)
         CuO         +        H₂           →      Cu      +    H₂O
                    └──────── Oxidation ────────┘
```

Kupferoxid (Oxidationsmittel) + Wasserstoff (Reduktionsmittel) → Kupfer + Wasser
$CuO + H_2 \rightarrow Cu + H_2O$

Die verschiedenen Reduktionen von Metalloxiden verlaufen unterschiedlich heftig. Daraus kann man auf das Reaktionsverhalten der Metalle gegenüber Sauerstoff schließen und eine **Oxidationsreihe der Metalle** ableiten:

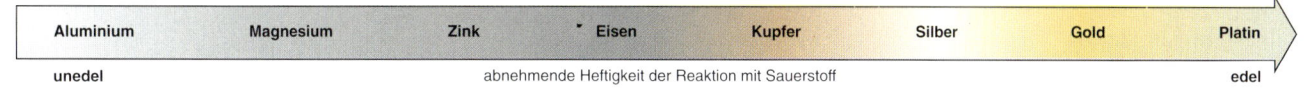

Aluminium	Magnesium	Zink	Eisen	Kupfer	Silber	Gold	Platin
unedel			abnehmende Heftigkeit der Reaktion mit Sauerstoff				edel

Auch Nichtmetalloxide können reduziert werden

Ein Beispiel für die Reduktion von Nichtmetalloxiden ist die Reduktion von Kohlenstoffdioxid mit Hilfe des Reduktionsmittels Magnesium. Dabei entstehen Magnesiumoxid und Kohlenstoff. Auch das ist eine Redoxreaktion.

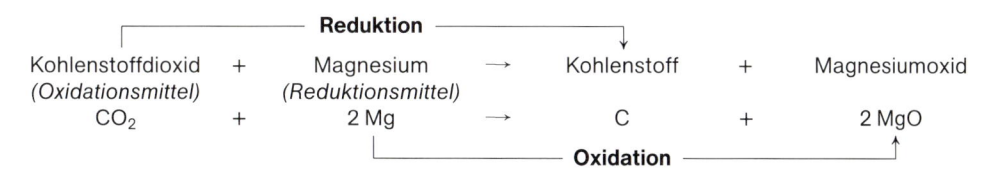

Kohlenstoffdioxid (Oxidationsmittel) + Magnesium (Reduktionsmittel) → Kohlenstoff + Magnesiumoxid
$CO_2 + 2\,Mg \rightarrow C + 2\,MgO$

Rohstoff Eisenerz

Allgemeines von Eisenerz und Eisen

Aus der Geschichte: Eisen – ein Werkstoff erobert die Welt

„Metall des Himmels" nannten es die alten Völker; für sie war es doppelt so teuer wie Gold – und es war doch nichts anderes als einfaches **Eisen**.

Allerdings war dieses Eisen tatsächlich vom Himmel gefallen. Manche Meteoriten, die aus dem Weltall auf die Erde stürzen, bestehen nämlich aus Eisen.

Um 3000 v. Chr. entdeckte man, dass sich solche Brocken durch Schläge verformen lassen und trotzdem hart genug für die Herstellung von Dolchen sind. Waffen aus dem „himmlischen Stoff" konnten sich zunächst nur die Könige leisten.

Auf und unter der Erde gibt es so reines Eisen, wie es in den Meteoriten vorkommt, nie. Es wäre längst verrostet. Hier findet man nur **Eisenerz**.

Um daraus Eisen zu gewinnen, muss man das Erz mit Hilfe von Holzkohle reduzieren. Das ist leichter gesagt als getan, denn dafür braucht man Temperaturen von 1535 °C.

Die hohe Schmelztemperatur von Eisen erreicht man nur in besonderen Öfen mit ständiger Luftzufuhr (Bild 1), z. B. durch Blasebälge.

Aus Eisen wird **Stahl**, wenn ihm Kohlenstoff in geringer Menge zugesetzt wird. Wenn dann ein Schmied solchen Stahl bis auf Rotglut erhitzt und langsam abkühlen lässt, wird der Stahl schließlich weich und formbar.

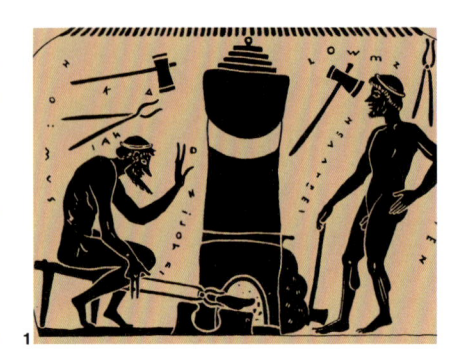

Wenn der Schmied den Stahl aber abschreckt (ihn also noch glühend in kaltes Wasser oder Öl taucht), wird der Stahl hart und spröde.

Manche Schmiede galten früher als wahre Hexenmeister: Sie taten in das Abschreckwasser allerlei geheimnisvolle Zutaten. War es etwa Kot oder Urin von Tieren und Menschen? Man wusste es nicht. Oder sie vergruben neu geschmiedete Schwerter in der Erde, ließen alles „Schlechte herausrosten" und bearbeiteten den Stahl danach neu.

Die *Hethiter* beherrschten schon um 1400 v. Chr. alle Tricks der Eisenbearbeitung. Weit und breit stellten sie die besten Dolche her. Das gelang ihnen, weil sie den Stahl nur kurz abschreckten. Dadurch wurde er außen hart, blieb aber innen weich. Solche Klingen brachen nicht so schnell ab und waren trotzdem scharf.

Mit der Verbreitung eiserner Waffen traten die ersten *Umweltschäden* auf. Um Holzkohle für die Schmelzöfen zu gewinnen, wurden Pinien- und Akazienwälder abgeholzt. Sie erholten sich leider nicht wieder. Wind und Regen trugen die fruchtbare Erdkrume fort und zurück blieb die steinige, unfruchtbare Landschaft, die man rund ums Mittelmeer findet.

Zugleich wuchs die Zahl der *Kriege*: Die Assyrer schlugen die Ägypter und die Perser die Babylonier; die Griechen kämpften gegen die Perser und die Kelten gegen die Germanen; schließlich beherrschten die Römer alle Länder am Mittelmeer – sie überquerten die Alpen und zogen über Gallien bis nach Britannien.

Jede römische Legion bestand aus 6000 Soldaten und jeder Soldat trug eiserne Waffen im Gewicht von 5 kg.

Eisen und Stahl „eroberten" also buchstäblich die Welt.

Fragen und Aufgaben zum Text

1 Wieso galt Eisen als „Himmelsmetall"?

2 Bild 2 zeigt ein Schwert aus Stahl, das die Wikinger in Norddeutschland zurückließen. Warum gibt es nur wenige solcher Fundstücke aus Eisen?

3 Um 5 kg Eisen z. B. für ein Schwert zu erhalten, mussten unsere Vorfahren 40 kg Eisenerz und 40 kg Holzkohle ca. 24 Stunden lang in einem Schmelzofen erhitzen. Und für diese 40 kg Holzkohle mussten vorher Köhler in den Wäldern 150 kg Buchenholz in ihre Kohlenmeiler stecken.

Weshalb war Holzkohle bis zu 8-mal teurer als Eisenerz? Wie viel Buchenholz war nötig um eine römische Legion mit eisernen Waffen auszurüsten?

4 Warum wachsen auf vielen Bergen am Mittelmeer keine Bäume mehr?

5 Du kannst mit einem einfachen Trick weichen Stahl härten: Besorge dir dazu Nägel aus Eisen (5 cm lang; 2,2 mm dick). Fasse sie mit einer Zange an und bringe sie dann in einer Gasflamme zum Glühen (Bild 3). Lass einen glühenden Nagel in kaltes Wasser fallen und einen anderen auf einem Stein langsam abkühlen.

Vergleiche durch Verbiegen die *Härte* und die *Biegsamkeit* der Nägel.

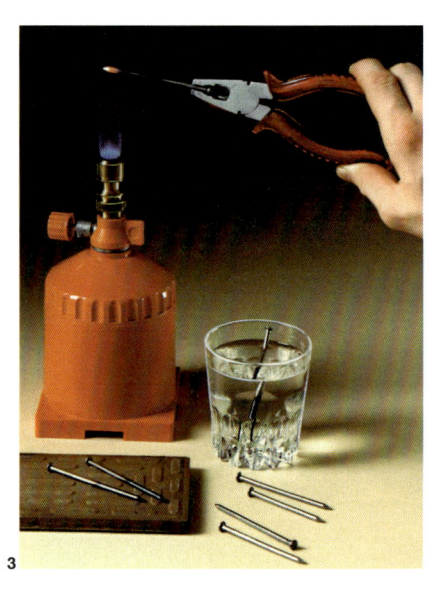

Aus Umwelt und Technik: **Eisenerz – Ausgangsstoff für die Eisen- und Stahlerzeugung**

Eisen kommt in der Natur nur in Form chemischer Verbindungen vor. Am häufigsten und am wichtigsten sind die *Eisenoxide*. Nur selten treten die Eisenverbindungen rein auf, meist sind sie mit Verunreinigungen, der *Gangart*, vermischt. Die Gangart kann Kalk, Verbindungen der Kieselsäure, Tonerden oder Phosphate enthalten.

Das Gemisch aus Eisenverbindungen und Gangart wird als **Eisenerz** bezeichnet, wenn eine wirtschaftliche Verhüttung (Gewinnung des Roheisens) möglich ist.

Die Eisenerzlagerstätten sind über die ganze Erde verteilt. Die Eisenerzvorräte werden gegenwärtig auf mehr als 100 Milliarden Tonnen geschätzt, davon liegen ca. 2,5 Milliarden Tonnen in Deutschland.

Die Eisen- und Stahlindustrie stellt hohe Ansprüche an Qualität und Preis der Eisenerze. Deshalb lohnt sich der Abbau nur, wenn der Eisengehalt des Erzes hoch, der Gehalt an Gangart gering und die Transportkosten niedrig sind. Deshalb liefern nur wenige große Erzlagerzentren ihr Eisenerz in alle Welt. Die wichtigsten *Förderländer* sind VR China, Brasilien, Australien und Russland.

In europäischen Ländern wie Schweden, Frankreich oder Österreich wird der Abbau von Eisenerzen nur noch mit Hilfe staatlicher Unterstützung zur Sicherung von Arbeitsplätzen aufrechterhalten. In Deutschland wurde 1987 die letzte Eisenerzgrube in der Oberpfalz geschlossen. Hochwertiges Eisenerz aus dem Ausland ist trotz der anfallenden Transportkosten auf dem Weltmarkt billiger zu haben, als man es bei uns fördern könnte.

Der **Abbau** der Eisenerze erfolgt teils unter Tage (Bild 4), teils im Tagebau (Bild 5). Einen Abbau *unter Tage* findet man z. B. im schwedischen Kiruna. Von dort aus wird das Erz mit der Bahn zum nächsten Hafen transportiert.

Ein Beispiel für einen *Tagebau* ist die Hammersley-Eisenprovinz in Australien, etwa 160 km von Perth entfernt. Die Vorräte an Erzen betragen dort mehr als 30 Milliarden Tonnen bei einem Eisengehalt von 58–65 %.

Das Eisenerz wird dort durch Sprengung abgebaut. Dafür bohrt man im Abstand von etwa 9 m Sprenglöcher bis zu 16,5 m Tiefe in das Erz. Bei einer Sprengung werden bis zu 500 000 t Gestein gebrochen. Um den Eisengehalt des Erzes zu bestimmen, entnimmt man dem Bohrkern jeder Bohrung Proben, die dann analysiert werden.

Das abgesprengte Erz transportiert man auf Förderbändern oder mit Muldenkippern zur **Aufbereitung**. Dort werden die Brocken auf eine Größe von weniger als 3 cm gebrochen. Außerdem vermischt man Erze aus verschiedenen Gruben miteinander, damit ein einheitliches Ausgangsprodukt für die Verhüttung in den Hochöfen entsteht. Günstig ist ein Eisengehalt von 63 %.

Erze mit einem Eisengehalt unter 60 % werden in speziellen Trennungsanlagen *aufkonzentriert*. Das geschieht durch weiteres Zerkleinern und Abtrennen des größten Teils der Gangart. Dabei nutzt man die unterschiedlichen physikalischen Eigenschaften von Eisenerz und Gangart aus (z. B. Dichte, Benetzbarkeit und Magnetismus).

Wenn die Aufbereitung abgeschlossen ist, gelangt das Erz über Förderbänder zur Eisenbahn-Verladestation. Pro Tag fahren drei bis vier Züge zu je 210 Waggons mit je 105 t Erz zur Hafenanlage. Jeder dieser Züge ist etwa 2 km lang und wiegt voll beladen 25 000 t.

Mit dem so vorbereiteten Erz können die Hochöfen im Empfängerland direkt beschickt werden.

Aufgaben und Fragen zum Text

1 Suche auf einer Karte der Bodenschätze Europas die Lagerstätten von Eisenerzen heraus.

2 Was hat dazu geführt, dass die Hauptförderländer von Eisenerzen heute im außereuropäischen Ausland liegen?

3 Die Weltfördermenge an Eisenerzen unterliegt jährlichen Schwankungen. Welche Gründe könnten für diese Schwankungen verantwortlich sein?

Eisen und Stahl

1 Stahl – ein unentbehrlicher Werkstoff unserer Zeit

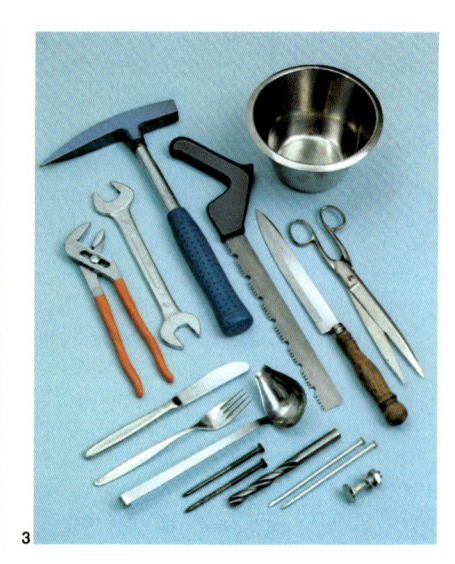

Das sind nur wenige Beispiele für die vielfältigen Verwendungsmöglichkeiten von Stahl.
Gleichzeitig werden schon einige Eigenschaften dieses Werkstoffes deutlich.
Welche Eigenschaften kennst *du* bereits?

V 1 Wir untersuchen Stahl:

a) Zunächst *biegen* wir vorsichtig einen Stahlstab (z. B. Fahrradspeiche, große Stopfnadel).

b) Dann versuchen wir damit eine Glasplatte zu *ritzen*.

c) Nun wird der Stahlstab in der nichtleuchtenden Brennerflamme so stark erhitzt, dass er rotgelb glüht. (Die Temperatur beträgt dabei etwa 900 °C.) Dann wird der Stab schnell in kaltes Wasser getaucht.
Wie verhält sich der Stahlstab nun, wenn du versuchst ihn zu biegen und eine Glasplatte zu ritzen?

d) Ein anderer Stahlstab wird mit Sandpapier blank geschmirgelt und ebenfalls erhitzt. Diesmal soll der Stab jedoch nicht glühen. (Die Temperatur beträgt nun ca. 500 °C.) Der Stab wird langsam abgekühlt.
Verhält er sich beim Biegen und Ritzen anders als der schnell abgekühlte Stab?

V 2 Mit diesem Versuch kann man Eisen in Verbindungen nachweisen:

a) Wir prüfen einige Metallstücke mit einem Magneten. Kannst du auf diese Weise *ganz sicher* feststellen, ob ein Metallstück Eisen enthält?

b) Ein Stück Eisen (oder Stahl) wird mit Sandpapier blank geschmirgelt. Wenn man ein paar Tropfen Salpetersäure (20–70 %) C auf die blanke Stelle gibt, reagieren die Säure und das Eisen miteinander: Es entsteht ein Eisen*salz*.
Nun wird auf das Eisensalz ein Tropfen einer verdünnten Lösung von gelbem Blutlaugensalz gegeben. (Diese Reaktion ist ein **Nachweis für Eisen**.) Was ist zu beobachten?

c) Wir untersuchen noch andere Metallstücke, Nägel oder Drahtstücke nach dem Verfahren von Aufgabenteil b. Enthalten sie Eisen?

Was ist Eisen – was ist Stahl?

Eisen ist ein chemisches Element. In der Natur kommt es nicht als reines Metall vor. (Eine Ausnahme bilden nur die Funde von Meteor-Eisen.) Weil Eisen unedel ist, geht es leicht Verbindungen ein. Chemisch *reines* Eisen kann man nur im Labor herstellen. Es wird nicht als Werkstoff verwendet.

Was wir im Allgemeinen mit dem Wort *Eisen* bezeichnen, ist eigentlich **Stahl**; das ist eine **Legierung** des Eisens.
Eine Legierung entsteht, wenn z. B. zwei oder mehrere Metalle (oder Metalle und Nichtmetalle) miteinander vermischt und dann geschmolzen werden. Die Legierung ist also keine chemische Verbindung, sondern ein **Gemisch**.

Das wichtigste Element, mit dem Eisen legiert wird, ist der **Kohlenstoff**. Durch den Gehalt an Kohlenstoff – er sollte höchstens 2 % betragen – werden die **Eigenschaften** des Stahls weit gehend bestimmt, z. B. seine Härte.
Andere Elemente, mit denen Eisen legiert wird, rufen andere Eigenschaften hervor.

Die Elemente Chrom und Nickel bewirken zum Beispiel, dass der Stahl später nicht rostet. Solche Legierungen kennst du wahrscheinlich schon unter dem Namen *Edelstahl*.

Aufgrund der vielen Legierungsmöglichkeiten gibt es mehr als 400 verschiedene Stahlsorten. Dabei sind die Stoffe so miteinander legiert, dass die Eigenschaften den Verwendungszwecken der jeweiligen Stahlsorte entsprechen. Auf diese Weise wird Stahl zu einem sehr vielseitigen Werkstoff.

Selbst winzige Spuren von Eisen lassen sich nachweisen

Bei Nägeln, Eisenbahnschienen oder Werkzeug kannst du meist sofort sagen, ob sie aus Eisen sind.

Eisen *in Verbindungen*, z. B. als Bestandteil von Gesteinen und Erzen, ist viel schwerer zu erkennen. Aber dafür gibt es eine **Nachweismethode**. Sie wird in der Technik häufig eingesetzt.

Wenn man den Nachweis durchführt, muss man unbedingt eine *Schutzbrille* tragen! Nach folgenden **Schritten** kann man dabei vorgehen:

1. Eine etwa erbsengroße Menge des zu untersuchenden Stoffes in ein Reagenzglas geben.
2. Eine kleine Menge (4–5 ml) verdünnte Salzsäure dazugeben.
3. Eine Spatelspitze Kaliumnitrat oder ein paar Tropfen von einer Wasserstoffperoxidlösung hinzufügen.

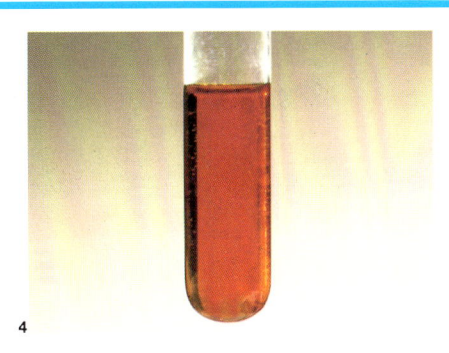

4

4. Die Flüssigkeit vorsichtig bis zum Sieden erhitzen. Das Reagenzglas mit der Flüssigkeit dazu am besten in siedendes Wasser stellen.
5. Die Flüssigkeit abkühlen lassen und anschließend filtrieren.
6. Einige Tropfen 10%ige Kaliumthiocyanatlösung in das Filtrat geben.

Wenn nun eine **Rotfärbung** eintritt, ist das ein Zeichen dafür, dass die Probe Eisen enthält (Bild 4). Die Rotfärbung kann dabei von hellrosa bis schwarzrot reichen: je mehr Eisen, desto dunkler die Rotfärbung der Probe.

Mit diesem Nachweis können sogar Spuren von nur $\frac{1}{1\,000\,000}$ g Eisen sicher erkannt werden.

Man kann damit nun die verschiedensten Stoffproben untersuchen, z. B. eisenhaltiges Mineralwasser, Ackerboden, Sand oder ein Stück Eisenerz.

In der Technik werden solche Nachweisreaktionen häufig auch mit **Teststreifen** durchgeführt. Das ist viel einfacher und wird meist dann gemacht, wenn die Untersuchung schnell gehen soll und der Eisengehalt der Probe nicht ganz genau bestimmt werden muss.

2 Die Gewinnung von Roheisen

Reines Eisen kommt in der Natur nur sehr selten vor. Man gewinnt es deshalb aus *Erzen*.

Es gibt verschiedene Eisenerze. Einige von ihnen enthalten als Hauptbestandteil Eisenoxid.

Die Gewinnung von Eisen aus Eisenerzen erfolgt in *Hochöfen*. Die Vorgänge, die dabei ablaufen, kann man in dem folgenden vereinfachten Versuch nachvollziehen.

V 3 Ein feuerfestes Reagenzglas wird wie in Bild 5 gefüllt. Die drei Schichten dürfen sich dabei nicht vermischen. (Der trockene Sand ist nur zur Trennung der beiden anderen Schichten da.)

a) Überlege, welches Gas entsteht, wenn man das Kaliumpermanganat [O, Xn] erhitzt. (Das hast du schon gemacht um das Gas nachzuweisen.)

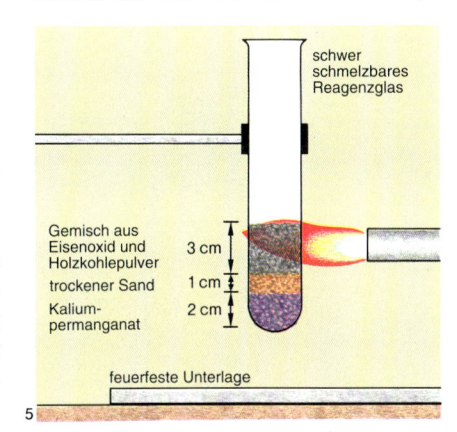

5

b) Was kannst du direkt über der Sandschicht beobachten, wenn das Kaliumpermanganat erhitzt wird?

c) In den Rauch wird ein brennender Holzspan gehalten. Was schließt du aus der Reaktion?

d) Der Inhalt des Reagenzglases wird schließlich auf eine feuerfeste Unterlage geschüttet und mit einem Magneten geprüft.

e) Fasse stichwortartig zusammen.

◀ *Hinweise zu Versuch 3:* Reagenzglas unbedingt *senkrecht* halten. Zunächst nur das Gemisch aus Eisenoxid und Holzkohlepulver erhitzen, bis es rot glüht. Dann erst mit einem zweiten Brenner das Kaliumpermanganat so lange erhitzen, bis die Reaktion beendet ist. (Schutzbrille! Raum gut lüften!)

Kohlenstoffmonooxid – ein weiteres Reduktionsmittel

Wenn Kohlenstoff bei zu geringer Luftzufuhr verbrennt, entsteht als Verbrennungsprodukt **Kohlenstoffmonooxid**:

$$2\,C + O_2 \rightarrow 2\,CO.$$

Dieses kann sich noch mit weiterem Sauerstoff verbinden. Dabei entsteht als zweites Verbrennungsprodukt des Kohlenstoffs das **Kohlenstoffdioxid**:

Kohlenstoffmonooxid + Sauerstoff
→ Kohlenstoffdioxid.

$$2\,CO + O_2 \rightarrow 2\,CO_2$$

Kohlenstoffmonooxid entsteht auch, wenn Kohlenstoffdioxid bei hoher Temperatur (1000 °C) über glühenden Kohlenstoff streicht. Das geschieht z. B. bei der Verbrennung von Braunkohle und Steinkohle in Kohleöfen.

Bei dieser Reaktion ist der *Kohlenstoff* das **Reduktionsmittel**:

Kohlenstoffdioxid + Kohlenstoff
→ Kohlenstoffmonooxid

$$CO_2 + C \rightarrow 2\,CO$$

Kohlenstoffmonooxid ist ebenfalls ein gutes Reduktionsmittel. Es ist z. B. bei der Gewinnung von Eisen aus Eisenoxid im Hochofen beteiligt:

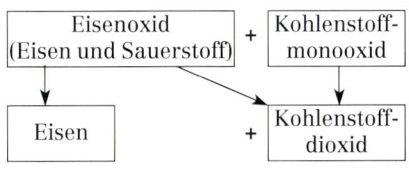

Eisenoxid (Eisen und Sauerstoff) + Kohlenstoffmonooxid → Eisen + Kohlenstoffdioxid

$$FeO + CO \rightarrow Fe + CO_2$$

Eisen und Stahl

Der Hochofenprozess

Es gibt verschiedene **Eisenerze**, aus denen das Eisen gewonnen wird:

	1	2	3	4
Aussehen				
Name	Magneteisenerz Fe_3O_4	Roteisenerz Fe_2O_3	Brauneisenerz $Fe_2O_3 \cdot H_2O$	Spateisenerz $FeCO_3$
Eisengehalt	60–70 %	45–60 %	25–40 %	30–40 %
Fundorte (Beispiele)	Schweden, GUS	USA, Brasilien	Frankreich, Deutschland	Österreich

Bau und Funktionsweise

Über die *Gicht*, den oberen Teil des Hochofens, wird der Hochofen in regelmäßigen Zeitabständen abwechselnd mit *Koks*, *Eisenerz* sowie *Zuschlägen* beschickt. Die Zuschläge (meist Kalkstein) sollen Verunreinigungen (Gesteinsreste) des Erzes binden.

Bei Temperaturen von 200–400 °C werden die festen Stoffe durch aufsteigende heiße Gase getrocknet und vorgewärmt (Gegenstromprinzip).

Bei ca. 900 °C beginnt die Reduktion der Eisenoxide zu festem Roheisen.

Das so entstandene Roheisen schmilzt, wenn 1200–1500 °C erreicht sind; dabei nimmt es Kohlenstoff auf.

Der in den *Windhitzern* auf ca. 1300 °C vorgewärmte *Gebläsewind* wird der ringförmigen *Windleitung* zugeführt; von dort aus wird er durch die *Winddüsen* in den Ofen gedrückt. Der Gebläsewind liefert den Sauerstoff für die Koksverbrennung (1800–2000 °C).

Auf dem Roheisen schwimmt Schlacke. Sie schützt das Roheisen vor dem oxidierenden Gebläsewind. Ein Teil fließt ständig durch die *Schlackenrinne* ab.

Das flüssige Roheisen sammelt sich unten im Hochofen (ca. 1400 °C). Hier wird das Roheisen alle 3–5 Stunden an der *Abstichöffnung* abgelassen (abgestochen).

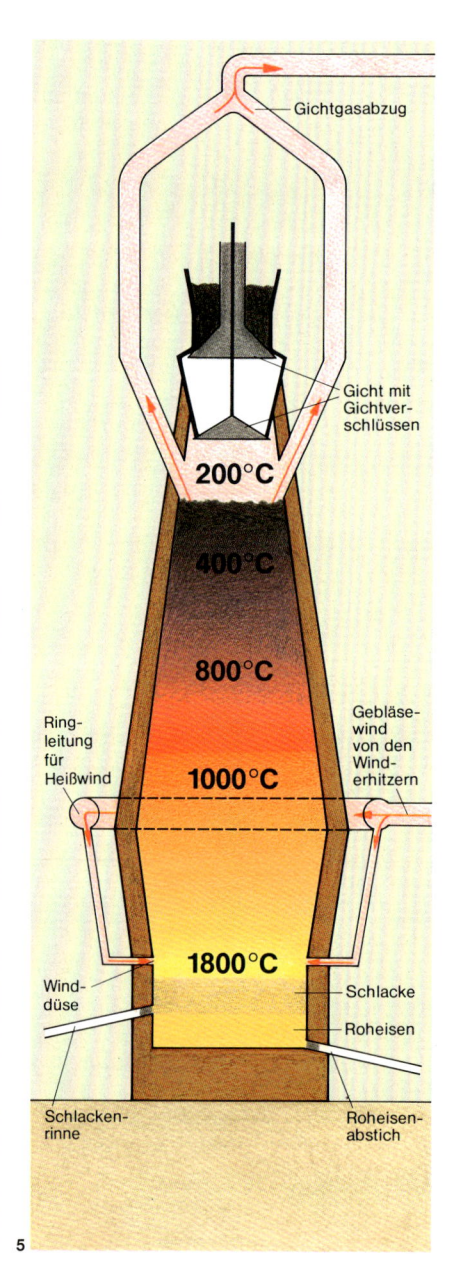

Chemische Vorgänge

Bei der Reduktion von Eisenoxid wird nicht alles Kohlenstoffmonooxid verbraucht. Ein Teil bildet (mit anderen Gasen) das brennbare *Gichtgas*.

Zusammensetzung des Gichtgases:

ca. 21 % Kohlenstoffmonooxid (CO),
ca. 19 % Kohlenstoffdioxid (CO_2),
ca. 5 % Wasserstoff (H_2),
ca. 55 % Stickstoff (N_2).

Das aufsteigende **Kohlenstoffmonooxid** ist ein starkes Reduktionsmittel. **Es reduziert das Eisenerz (Eisenoxid) zu Eisen,** wobei es selbst zu Kohlenstoffdioxid oxidiert wird:

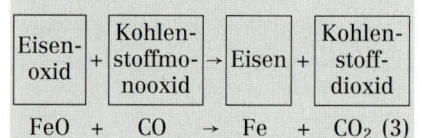

Eisenoxid	+	Kohlenstoffmonooxid	→	Eisen	+	Kohlenstoffdioxid
FeO	+	CO	→	Fe	+	CO_2 (3)

Die Zuschläge bilden mit den Verunreinigungen des Erzes flüssige Schlacke.

Der Koks (Kohlenstoff) verbrennt mit dem Sauerstoff des heißen Gebläsewindes zunächst **zu Kohlenstoffdioxid:**

Kohlenstoff	+	Sauerstoff	→	Kohlenstoffdioxid
C	+	O_2	→	CO_2 (1)

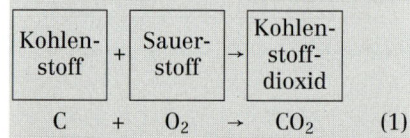

Das Kohlenstoffdioxid wird jedoch durch den glühenden Koks sofort **zu Kohlenstoffmonooxid reduziert:**

Kohlenstoffdioxid	+	Kohlenstoff	→	Kohlenstoffmonooxid
CO_2	+	C	→	2 CO (2)

3 Aus Roheisen wird Stahl

Aus Umwelt und Technik: **Ein wichtiges Frischverfahren**

Das aus dem Hochofen kommende Roheisen ist als Werkstoff noch ungeeignet. Es ist in festem Zustand spröde: Wenn man kräftig draufschlägt, zerspringt es in viele Stücke. Außerdem kann man das Roheisen weder schmieden noch schweißen. Nur ein kleiner Teil davon wird deshalb zu **Gußeisen** verarbeitet.

Aus dem weitaus größten Teil des Roheisens wird **Stahl** hergestellt. Das bedeutet: Man „brennt" die im Roheisen enthaltenen unerwünschten Stoffe (z. B. den Phosphor und den Schwefel) heraus. Auch der Kohlenstoffgehalt des Roheisens wird gesenkt. In der Stahlindustrie bezeichnet man diesen Verbrennungsvorgang als **Frischen**. Chemisch gesehen ist das eine *Oxidation*.

Durch Legieren mit anderen Metallen werden dann ganz bestimmte Eigenschaften des Stahls erzielt.

Es gibt unterschiedliche Frischverfahren. Das **Elektrolichtbogenofen-Verfahren** ist eines davon. Mit ihm können alle gewünschten Stahlsorten erzeugt werden, darunter auch *Spezialstähle*. Dies sind Stahlsorten, die aufgrund ihrer Verwendung eine bestimmte Zusammensetzung oder einen hohen Reinheitsgrad aufweisen müssen.

Bild 6 zeigt die Arbeitsweise eines Elektrolichtbogenofens:

① Der Elektrolichtbogenofen ist kreisrund gebaut und innen feuerfest ausgemauert. Er hat eine *Ausgussschnauze* und eine *Arbeitstür*. Durch seinen abnehmbaren Deckel hindurch führen drei *Kohleelektroden*. Dieser Ofen wird hauptsächlich mit Schrott der verschiedenen Stahlsorten und mit *Eisenschwamm* (poröses Eisen, das nicht im Hochofen gewonnen wird) beschickt.

② Die zum Frischen nötige Wärme wird durch *elektrischen Strom* erzeugt: Die drei Elektroden bilden einen *Lichtbogen* hin zum flüssigen Metall. Bei Temperaturen bis zu 3500 °C werden hier auch schwerschmelzende Legierungen flüssig. Die unerwünschten Beimengungen entweichen als gasförmige Verbindungen oder sie bilden gemeinsam mit Kalk eine Schlacke.

③ Nachdem die Schlacke abgegossen wurde, kommen die *Legierungsmetalle* in den Ofen. Mehrmals werden Stahlproben entnommen und untersucht, bis die gewünschte Zusammensetzung erreicht ist. Nach zwei Stunden kann der fertige Stahl abgegossen werden. Dazu wird der ganze Ofen gekippt; der Stahl fließt dann in eine *Gießpfanne*.

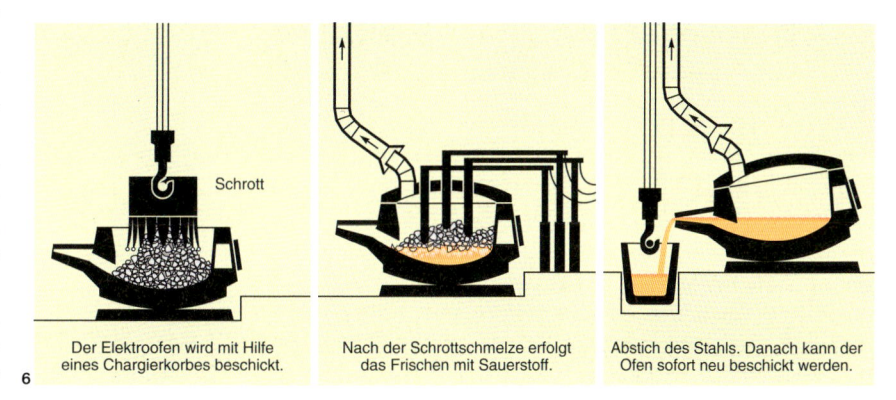

6 Der Elektroofen wird mit Hilfe eines Chargierkorbes beschickt. — Nach der Schrottschmelze erfolgt das Frischen mit Sauerstoff. — Abstich des Stahls. Danach kann der Ofen sofort neu beschickt werden.

Aus Umwelt und Technik: **Der Stahl wird weiterverarbeitet**

Die Spezialstähle aus dem Elektrolichtbogenofen werden zu kleineren Blöcken gegossen. Dabei verwendet man verschiedene Rechteck- und Rundformen.

Aus dem nach anderen Verfahren hergestellten Stahl gießt man große Blöcke oder Stränge. Ungefähr ein Drittel des gewonnenen Stahls wird zu *Blöcken* gegossen (Bild 7).

Diese Blöcke müssen anschließend noch weitere Verarbeitungsverfahren durchlaufen. Das wichtigste ist das Umformen, das meist im *Walzwerk* durchgeführt wird. Dabei können verschiedene Fertigerzeugnisse hergestellt werden (Bild 8).

Der größte Teil des flüssigen Stahls gelangt zu den *Stranggießanlagen* (Bild 9). Dort wird er in wassergekühlte *Kupferformen* gegossen.

Dabei entsteht eine Vielzahl von Rechteck- und Rundformaten, die hauptsächlich an die *Röhrenwerke* geliefert werden. Auch dicke Platten lassen sich auf diese Weise gießen.

7 — 8 Formstahl, Bleche, Stabstahl, Draht, Rohre — 9

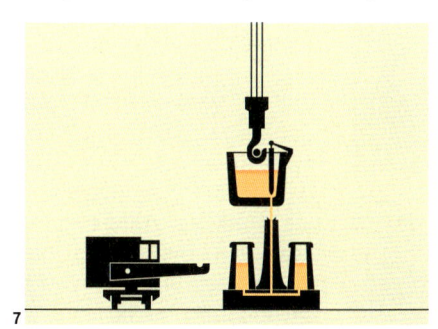

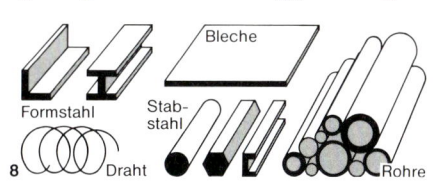

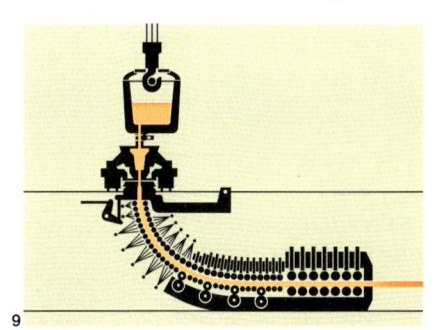

Eisen und Stahl

Aufgaben

1 Die Herstellung von Stahl aus Roheisen wird *Frischen* genannt. Kann das mit dem gebräuchlichen Wort *frisch* zusammenhängen? Begründe deine Antwort.

2 Eisen und Stahl haben unterschiedliche Eigenschaften. Worin bestehen diese Unterschiede?

3 Welche Stoffe verändern die Qualität von Stahl?

4 Was wird beim Frischen oxidiert?

5 Durch welche Reaktion werden unerwünschte Beimischungen aus dem Roheisen entfernt?

6 Autowracks bestehen zum größten Teil aus Eisenteilen. Allein in Deutschland landen jährlich über zwei Millionen Pkws und Kombiwagen auf dem Schrott. Wie kann man die Eisenteile dieser Autowracks *recyceln*?

7 Welche Verfahren der Stahlverarbeitung zeigen die Bilder 1 u. 2?

Aus der Geschichte: **Arbeitsplatz Hölle**

Der Schweiß rinnt wie Tränen in langen Bächen von den gequälten menschlichen Körpern. An zwanzig verschiedenen Stellen öffnen sich die Ofentüren, eine Vielzahl von mit Zangen bewaffneten Händen dringen in die Hölle ein und ziehen sonderbare, raue Batzen heraus, die mit weiß blendenden Körnern bedeckt sind und die an einen Medusenkopf mit brennender Mähne erinnern. Die Puddler gehen einer nach dem anderen zu den Wassertrögen und tauchen ihren Kopf und den Körper bis zum Rücken hinein. Auf den Körperteilen sind Brandflecken zu sehen. Heiser heben sich die Brustkörbe und mit heißen Strahlen dringt der Atem aus ihren ausgetrockneten Mündern.

So, wie ein Schriftsteller es beschrieb, war die Arbeit englischer Stahlwerker (engl.: *puddler*) bis zur Mitte des 19. Jahrhunderts.

Ohne es zu wollen, war der Engländer *Henry Cort* Urheber dieser qualvollen Arbeit gewesen. Er hatte 1784 ein neues Verfahren zur Herstellung von Stahl entwickelt – das Puddeln von Stahl.

Bis dahin wurde Stahl aus Roheisen dadurch gewonnen, dass es zwei oder gar dreimal in glühender Holzkohle erhitzt wurde. Bei diesem Verfahren brauchte man für die Umwandlung von 75 kg Eisen in Stahl über 150 kg beste Holzkohle. Ganze Wälder wurden daher Opfer der Stahlerzeugung.

Bei dem neuen Verfahren konnte statt des Holzes Steinkohle oder sogar die weniger wertvolle Braunkohle verwendet werden. Im Ofen selbst waren nun – im Gegensatz zu den Rennfeuern – Schmelz- und Feuerraum voneinander getrennt.

Das Abholzen der Wälder war damit zwar zu Ende, aber die Arbeit der Stahlwerker wurde zur „Höllenarbeit".

Sobald nämlich das Roheisen im Schmelzraum geschmolzen war, mussten die Puddler das Metallbad mit langen Stangen umrühren. Das allein war schon schwer genug! In dem Maße aber, wie der Kohlenstoff und andere Stoffe aus dem Metallbad herausbrannten, erhöhte sich seine Schmelztemperatur.

Das sich bildende reine Eisen verwandelte die Schmelze außerdem in einen zähen Teig. Das Puddeln erforderte jetzt übermenschliche Anstrengungen und dazu kam die Gluthitze – wirklich ein „Arbeitsplatz Hölle".

4 Eisenschrott für neuen Stahl

Aus Umwelt und Technik: **Vom Autowrack zum Rohstoff Eisenschrott**

Autowracks bestehen zum größten Teil aus Eisenteilen. Da Eisen ein wichtiger Rohstoff für die Industrie ist, gewinnt man es aus den Autos als Eisenschrott zurück.

Im sog. **Shredder** wird die Autokarosserie in kleine Stücke gerissen. Der Schrott läuft dann über eine Magnettrommel, wo die Eisenteile von den nichtmagnetischen Stoffen getrennt werden. Der Eisenschrott wird bereits vollständig wiederverwertet: Er wird bei der Herstellung von Stahl wieder eingeschmolzen.

1990 wurden in Deutschland allein zwei Millionen Pkws und Kombiwagen verschrottet. Nachdem Eisenschrott und Nichteisenmetalle abgetrennt worden waren, blieben 400 000 t nicht verwertbare Shredder-Rückstände (Gummi, Kunststoffe, Glas und Filz) übrig.

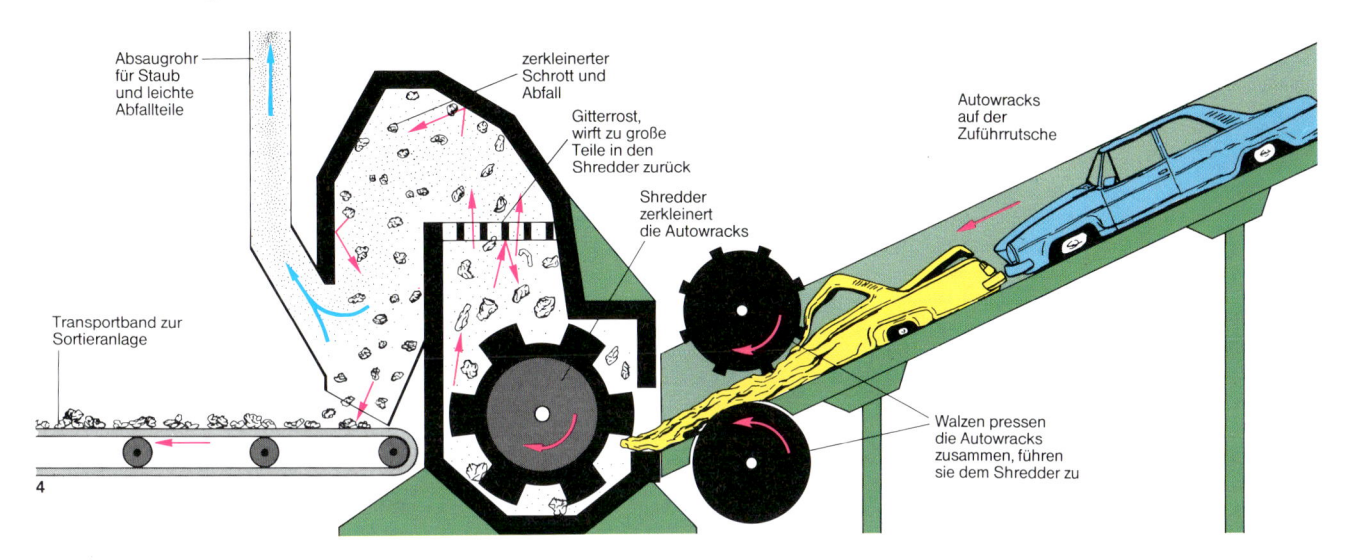

Absaugrohr für Staub und leichte Abfallteile
zerkleinerter Schrott und Abfall
Gitterrost, wirft zu große Teile in den Shredder zurück
Shredder zerkleinert die Autowracks
Autowracks auf der Zuführrutsche
Transportband zur Sortieranlage
Walzen pressen die Autowracks zusammen, führen sie dem Shredder zu

Aus Umwelt und Technik: **Kommt das Recycling-Auto?**

„Das erste Auto, das sich in Wohlgefallen auflöst." So warb ein Automobilhersteller für einen Neuwagen.

Es ist unübersehbar: Autowracks belasten unsere Umwelt ganz erheblich. Deshalb hat die Bundesregierung die Automobilindustrie aufgefordert, so schnell wie möglich Recycling-Verfahren für alte, ausgediente Autos zu entwickeln. Erste Erfolge sind bereits sichtbar – wenn das Auto hält, was die Werbung verspricht ...

Das *vollständig wiederverwertbare* Auto gibt es heute noch nicht. Es kann jedoch schon in wenigen Jahren Wirklichkeit werden. Schritt für Schritt geht die Entwicklung hin zum **Recycling-Auto**. Es soll schließlich einmal zu 100 % wiederverwertbar (*recycelbar*) sein.

Ein Mittelklassewagen ist durchschnittlich aus folgenden Bestandteilen aufgebaut: 73 % Metalle, 9 % Kunststoff, 4 % Gummi, 3 % Glas, 11 % andere Stoffe. Damit man ein Auto vollständig wiederverwerten kann, muss es drei Bedingungen erfüllen:

1. Alle Teile müssen aus wiederverwertbarem Material hergestellt sein. Vor allem die verwendeten Kunststoffe sollen ihrer Zusammensetzung entsprechend gekennzeichnet sein. Auf diese Weise lassen sie sich für das Recycling sauber sortieren und ergeben ein hochwertiges Altmaterial.

2. Die Einzelteile müssen schnell zu demontieren sein. Die Zerlegung eines Autowracks darf nicht zu lange dauern, denn „Zeit ist Geld".

3. Die Rohstoffe, die man aus den Altfahrzeugen gewinnt, müssen wieder in Neuwagen verwendet werden können.

Auf dem Weg zum Recycling-Auto ist man heute schon ein gutes Stück vorangekommen:

Die beim Verschrotten anfallenden Nichteisenmetalle (z. B. Kupfer, Aluminium) werden schon zu 90 % wiederverwertet. Ein kleiner Teil der Rückstände, die bisher auf dem Müll landen, werden bereits versuchsweise demontiert, sortiert und recycelt. Das betrifft vor allem Kunststoffe, Glas und Textilien. So gibt es z. B. schon Stoßstangen, Innenkotflügel und Batterieabdeckungen aus den verschiedensten Recyclingmaterialien.

Autos werden heute in modernen Fabrikhallen am laufenden Band unter Einsatz von Computern montiert. Genauso wird es in Zukunft komplette Demontagehallen und Recyclinganlagen geben.

Die großen Automobilhersteller, viele Zulieferbetriebe und Autoverwertungsfirmen wetteifern inzwischen miteinander, wem es wohl gelingt, das *erste* voll recycelbare Auto auf den Markt zu bringen.

Vom Atombau zum Periodensystem der Elemente

1 Elektrische Eigenschaften von Stoffen

Wie kommt es zu diesen überraschenden Erscheinungen?

V 1 Zerreiße ein Stück Papier in kleine Schnitzel. Reibe dann einen Hartgummistab mit einem Katzenfell (oder einem Wolltuch).
Halte anschließend zunächst das Fell und dann den Stab über die Papierschnitzel. Beschreibe deine Beobachtungen.

V 2 Führe einen Versuch durch, bei dem du mehrere Metalle auf ihre elektrische Leitfähigkeit hin vergleichen kannst.

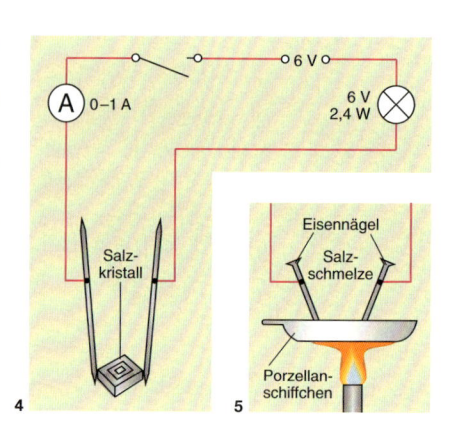

V 3 Es wird geprüft, ob ein Salzkristall (z. B. ein größerer Kristall von Natriumchlorid) elektrischen Strom leitet (Bild 4). Die Elektroden dürfen sich dabei nicht berühren!

V 4 *(Lehrerversuch)* Nun wird eine Bleichloridschmelze untersucht.
Dazu wird Bleichlorid [T] fein zermahlen und dann in einem Porzellanschiffchen erhitzt. Als Elektroden dienen Eisennägel oder Kohlestäbe (Bild 5). Beschreibe!

Worauf die elektrischen Eigenschaften von Stoffen beruhen

In den Versuchen haben wir folgende Beobachtungen machen können:

1. Es gibt Stoffe, die den **elektrischen Strom leiten** (Leiter), z. B. Metalle und Salzschmelzen.

2. Es gibt auch Stoffe, die den **elektrischen Strom nicht leiten** (Nichtleiter), z. B. Salzkristalle.

3. Durch enge Berührung, z. B. durch Reiben, kann man Stoffe **elektrisch aufladen**.

4. Stoffe, die elektrisch geladen sind, stoßen sich gegenseitig ab oder ziehen einander an.

Diese elektrischen Eigenschaften der Stoffe lassen sich mit dem *Kugelmodell*, das wir bisher als Atommodell verwendet haben, nicht mehr erklären. Wir müssen unser Atommodell also verfeinern. In diesem **verfeinerten Atommodell** besteht das Atom aus zwei Bereichen: dem *Atomkern* und der *Atomhülle* (Bild 6).

Der **Atomkern** enthält elektrisch *positiv* geladene Teilchen, die **Protonen**. Die **Atomhülle** setzt sich ausschließlich aus elektrisch *negativ* geladenen Teilchen zusammen, den **Elektronen**.

Jedes Atom weist genauso viele positive wie negative Ladungsträger auf. Deshalb sind Atome als Ganzes elektrisch *neutral*.

Die *Protonen* im Atomkern *sitzen fest* an ihren Plätzen und können sie nicht verlassen.
Die *Elektronen* sind dagegen in der Atomhülle *beweglich*.

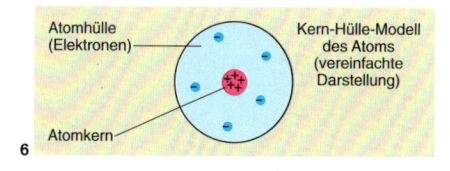

Einzelne Elektronen können sogar von der Atomhülle aufgenommen oder abgegeben werden.

Das geschieht z. B., wenn sich unterschiedliche Körper berühren. Dabei können Elektronen aus den Atomhüllen des einen Körpers in die Atomhüllen des anderen Körpers übergehen.

Wenn die Körper dann voneinander getrennt werden, sind sie an den Übergangsstellen nicht mehr neutral: Die einen sind elektrisch positiv geladen, die anderen elektrisch negativ.

Man sagt auch: Ein Atom wird dann positiv geladen, wenn es negative Ladungen (Elektronen) verliert *(Elektronenmangel)*. Es wird negativ geladen, wenn es Elektronen aufnimmt *(Elektronenüberschuss)*.

Treffen Körper mit gleichnamiger Ladung aufeinander, stoßen sie sich gegenseitig ab. Körper mit ungleichnamiger Ladung ziehen einander an.

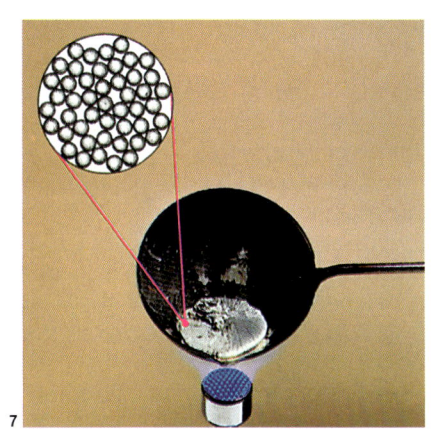

Wie Metalle aufgebaut sind – die Metallbindung

Vieles weißt du schon über den Aufbau der Metalle. Hier soll alles noch einmal zusammengefasst werden:

Die kleinsten Teilchen der Metalle sind die **Atome**.

Wenn ein Metall geschmolzen wird, liegen die Atome im flüssigen Metall völlig ungeordnet nebeneinander. Das können wir uns z. B. so vorstellen, wie es in Bild 7 dargestellt ist.

Lässt man das Metall abkühlen, ordnen sich die Metallatome dicht nebeneinander und übereinander an: Sie lagern sich zu **Atomverbänden** in einem *Gitter* zusammen (Bild 8). Dabei bilden sich *regelmäßige Kristallformen* aus.

Wenn man das abgekühlte Metall zerbricht und die Bruchstelle mit einer Lupe betrachtet, kann man die Kristalle oft deutlich erkennen.

Doch wie sind die Metallatome in den Kristallen miteinander verbunden?

Vom Aufbau der Atome her wissen wir, dass die Metallatome jeweils aus einem **Atomkern** und einer **Atomhülle** aufgebaut sind.

Der Atomkern enthält elektrisch positiv geladene Teilchen, die **Protonen**. Die Ladung aller Protonen eines Atomkerns ist gleich groß. Die Protonen können den Atomkern nicht verlassen.

Die Atomhülle setzt sich nur aus negativ geladenen Teilchen zusammen, den **Elektronen**. Alle Elektronen haben gleich große negative Ladungen. Sie sind in der Atomhülle beweglich.

Allgemein gilt, dass Atome einzelne Elektronen aufnehmen oder abgeben können. Wenn ein Atom eine negative Ladung abgibt, wird es positiv geladen; es wird negativ geladen, wenn es eine negative Ladung aufnimmt.

Bei den **Metallatomen** kann mindestens ein Elektron leicht aus der Hülle „abgespalten" werden. Die übrig bleibenden sog. *Atomrümpfe* sind dann elektrisch positiv geladen.

Die Atomrümpfe sind zu einem Gitter angeordnet. Die abgegebenen Elektronen befinden sich zwischen ihnen. Dabei ziehen sich die Elektronen und die Atomrümpfe aufgrund ihrer unterschiedlichen Ladungen an.

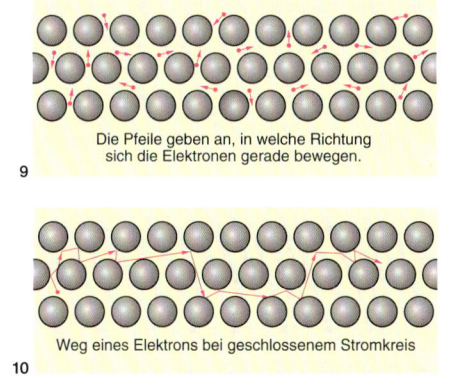

Die Bindung der Metallatome untereinander – die sog. *Metallbindung* **– erfolgt also mit Hilfe der abgegebenen Elektronen.**

Die Elektronen gehören keinem bestimmten Atomrumpf an. Sie sind verschiebbar und damit *beweglich* (Bild 9; vereinfachte Darstellung). Man nennt sie auch *Elektronengas*.

Baut man einen Metalldraht in einen elektrischen Stromkreis ein, so werden die Elektronen „angetrieben": Sie beginnen zu wandern; es fließt elektrischer Strom (Bild 10).

Die Atomrümpfe bleiben dabei fest an ihren Gitterplätzen, sie schwingen jedoch ständig um ihre Ruhelage. Somit fließt der elektrische Strom, ohne dass sich das Metall dabei chemisch verändert.

Aufgaben

1 Wie erklärst du die Erscheinungen, die in den Bildern 1–3 dargestellt sind?

2 Welche Art Ladungsträger müssen transportiert werden, damit geladene Körper entstehen?

3 Wann ist ein Körper positiv geladen und wann negativ? Verwende bei deiner Erklärung die Begriffe *Elektronenmangel* und *-überschuss*.

4 Bild 6 zeigt ein Atom, das als Ganzes elektrisch neutral ist. Beschreibe, woran man das erkennen kann.

5 Was haben Protonen und Elektronen gemeinsam, und worin unterscheiden sie sich?

6 Welche Vorteile hat das Kern-Hülle-Modell des Atoms gegenüber dem Kugelmodell?

7 Beschreibe die Bindung der Atome in den Metallen. Gib dabei an, was man als *Atomrümpfe* und was als *Elektronengas* bezeichnet.

8 Sind die Protonen im Atomkern auch an der Metallbindung beteiligt? Beschreibe!

9 Was geschieht im Bereich der kleinsten Teilchen, wenn man ein Metall in einen elektrischen Stromkreis einbaut?
Beschreibe die Vorgänge anhand der Bilder 9 u. 10.

10 Erläutere, warum die Metalldrähte nicht chemisch verändert werden, wenn ein elektrischer Strom hindurchfließt.

2 Die Entwicklung der Modellvorstellungen zum Atombau

Aus der Geschichte: Vom Kugelmodell zum Kern-Hülle-Modell

Dem einfachen **Kugelmodell** liegen Vorstellungen des englischen Chemikers *John Dalton* zugrunde:
- Jedes Element besteht aus kleinsten, chemisch nicht weiter zerlegbaren Teilchen, den *Atomen*.
- Die Atome *eines* Elements sind untereinander gleich.
- Es gibt so viele *Atomarten*, wie es Elemente gibt. Sie unterscheiden sich vor allem durch ihre Massen.
- Atome können nicht neu geschaffen und nicht zerstört werden.

Mit Hilfe des Kugelmodells konnten zahlreiche chemische Sachverhalte ausreichend erklärt werden.

Das änderte sich, als im Jahr 1896 *Henri Becquerel* die Radioaktivität entdeckte. Es zeigte sich nun, dass die Atome gar nicht so beständig sind, wie man bis dahin angenommen hatte. Bestimmte Atome können sich nämlich verändern, indem sie Strahlung aussenden.

Einer, der Genaueres wissen wollte, war der englische Physiker *Ernest Rutherford* (1871–1937). Er entwickelte das in Bild 1 dargestellte Experiment, das später unter dem Namen **Streuversuch** berühmt wurde. Er versuchte Goldatome mit Teilchen zu „beschießen", die noch kleiner sind als die Goldatome.

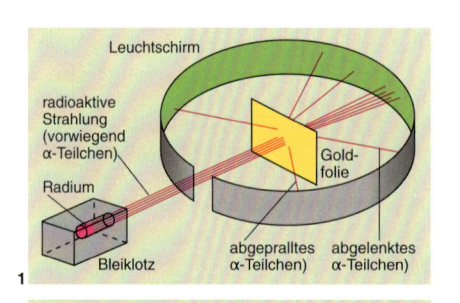

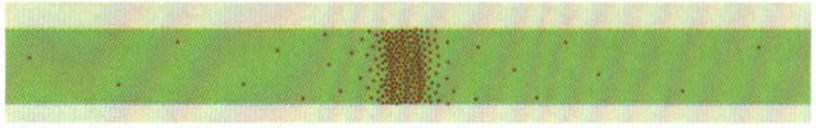

Rutherford verwendete bei seinem Experiment eine hauchdünne Goldfolie. Sie war so dünn, dass in ihr nur etwa 2000 „Atomschichten" in Form der dichtesten Kugelpackung hintereinander lagen.

Diese Folie wurde mit radioaktiver Strahlung – vorwiegend mit α-Teilchen – beschossen. (Unter Alpha-Strahlung versteht man Heliumatomkerne, die mit einer Geschwindigkeit von bis zu 20 000 km/s fliegen. Sie entstehen beim radioaktiven Zerfall bestimmter Atome. Davon wirst du später mehr erfahren.)

Auf dem kreisförmig gebogenen Leuchtschirm (Bild 2) konnte Rutherford mit dem Mikroskop kleine Lichtblitze beobachten, wenn eines der α-Teilchen dort „einschlug".

Nun stellte Rutherford folgende Überlegung an: Wenn die beschossenen Atome *kompakte* Masseteilchen wären, müsste *jedes* α-Teilchen auf Goldatome treffen und abgelenkt werden; dann dürften nur wenige α-Teilchen das Metall durchdringen.

Überrascht stellte er jedoch etwas anderes fest: Die α-Teilchen trafen etwa so auf den Leuchtschirm auf, wie Bild 2 es zeigt. Das heißt, die meisten gingen fast ungehindert durch die Folie hindurch; viele wurden nur geringfügig aus ihrer Bahn abgelenkt, einzelne dagegen stärker. Nur wenige α-Teilchen (von 8000 nur eines) prallten ab und kamen auf derselben Seite der Folie wieder heraus.

Dieser Streuversuch bildete die Grundlage für das neue **Kern-Hülle-Modell**.

Die Aussagen des rutherfordschen Streuversuchs

Rutherford schloss aus dem Ergebnis des Streuversuchs, dass die abgelenkten oder reflektierten Alpha-Teilchen (α-Teilchen) auf massive Zentren mit einer positiven Ladung gestoßen sind.

Zu seiner Zeit war bereits bekannt, dass die Atome negativ geladene *Elektronen* – in der Regel mehr als eines – besitzen.

Auf seine Beobachtungen hin nahm Rutherford nun an, dass die Elektronen das positiv geladene Zentrum des Atoms *in einem größeren Abstand* umgeben (Bild 3). In diesem Bereich, in dem sich nur Elektronen aufhalten, könnten die α-Teilchen ungehindert hindurch.

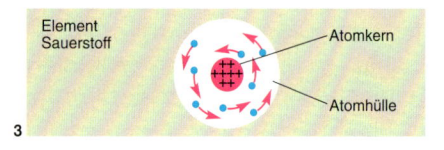

Daraufhin beschrieb er sinngemäß das sog. **Kern-Hülle-Modell** so:

1. **Jedes Atom besteht aus einem Atomkern und einer Atomhülle.**

2. Im Atom*kern* ist fast die ganze Masse eines Atoms konzentriert (ca. 99,9 %). Der Atomkern ist elektrisch positiv geladen. Die Träger dieser positiven Ladungen werden **Protonen** genannt (griech. *proton:* das Erste).

3. Die Atom*hülle* wird durch **Elektronen** (elektrisch negative Ladungen) gebildet. Sie bewegen sich um den Atomkern herum mit hoher Geschwindigkeit.

4. Die Anzahl der Elektronen in der Atomhülle entspricht der Anzahl der Protonen im Atomkern. **Das Atom ist insgesamt elektrisch neutral** (Bild 3).

5. Der weitaus größte Teil eines Atoms ist **leerer Raum**.

Fragen und Aufgaben zum Text

1 Vergleiche das daltonsche *Kugelmodell* mit dem *Kern-Hülle-Modell* von Rutherford.

2 Jede der kiesgefüllten Schachteln von Bild 4 soll einem Goldatom nach dem *Daltonmodell* entsprechen. Stell dir vor, was geschehen würde, wenn diese Schachteln mit einem Luftgewehr beschossen würden.

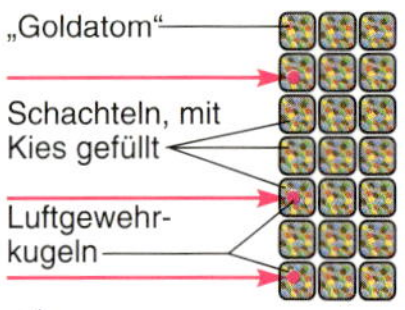

3 In Bild 5 soll jede Schachtel einem Goldatom nach dem *Rutherfordmodell* entsprechen. Die Kieselsteine in den Schachteln stellen die Atomkerne dar, die Schachteln selbst die Atomhüllen. Erkläre Rutherfords Beobachtungen mit diesem Gedankenversuch.

Aus der Geschichte: **Wie Niels Bohr sein Atommodell entwickelte**

Der Däne *Niels Bohr* (1885–1962) war ein Schüler von *Ernest Rutherford* an der Universität Manchester. Hier lernte er auch das Atommodell Rutherfords kennen. Schon bald erkannte er dessen Mängel:

Bohr untersuchte nämlich das Licht, das Atome dann aussenden, wenn sie durch Energiezufuhr angeregt werden. Dabei beschäftigte er sich mit dem Wasserstoffatom, dem einfachsten Atom.

Nach dem damaligen Kenntnisstand galt für Elektronen Folgendes: Bei der Bewegung eines Elektrons um den Atomkern musste es ständig Energie verlieren und Licht abstrahlen. Dabei musste es immer engere Bahnen um den Kern herum ziehen und schließlich in ihn „hineinstürzen".

Bohr konnte jedoch bei nicht angeregten Wasserstoffatomen keine Lichtstrahlung feststellen.

Mit dem Atommodell von Rutherford ließen sich seine Beobachtungen also nicht ausreichend erklären. Bohr schloss daraus, dass die bis dahin gültigen physikalischen Gesetze auf die *Bewegung der Elektronen um den Atomkern* nicht anwendbar sind. Er kam daher zu der Überzeugung, dass die Elektronenhülle der Atome anders aufgebaut sein musste, als man bis dahin vermutete.

Im Jahr 1913 veröffentlichte er folgende Annahmen:

○ Elektronen bewegen sich nicht auf beliebigen, sondern auf ganz bestimmten Kreisbahnen um den Atomkern herum.
○ Auf diesen Kreisbahnen bewegen sich die Elektronen ohne Energieverluste, also ohne Licht auszusenden.
○ Die Elektronen können von einer Bahn auf eine andere „springen". Geht ein Elektron auf eine näher am Kern liegende Bahn über, wird Energie in Form von Licht frei. Der Sprung auf eine weiter außen liegende Bahn erfordert die Aufnahme von Energie.

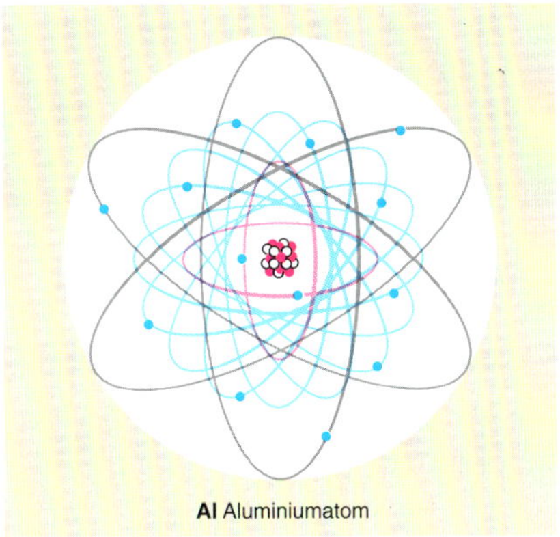

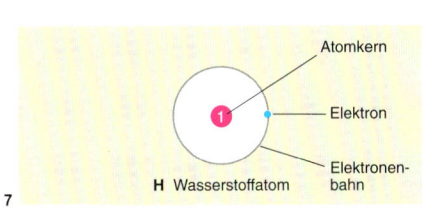

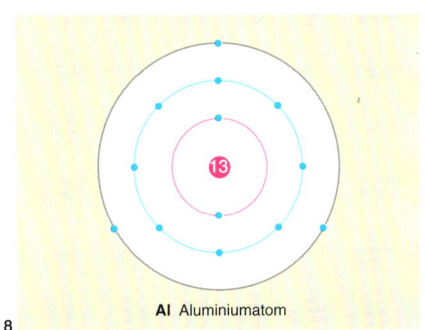

Bild 6 zeigt das Modell eines Aluminiumatoms nach Bohrs Vorstellungen. Da es zu umständlich war, jedes Atom räumlich darzustellen, wurde das Modell vereinfacht: Die Elektronenbahnen mit gleichem Durchmesser stellte man jeweils durch einen konzentrischen Kreis um den Atomkern herum dar. Die Elektronen wurden dann durch Punkte auf den Kreisen markiert (Bilder 7 u. 8).

Diese Art der Darstellung erinnert an Schießscheiben; deshalb wird das Modell oft als *Schießscheibenmodell* bezeichnet. Es vermittelt den Eindruck, die Atome seien flächige Gebilde; das trifft jedoch nicht zu.

Wegen der Anschaulichkeit setzte sich das bohrsche Atommodell rasch durch. Niels Bohr erhielt im Jahr 1922 für seine Leistungen den Nobelpreis für Physik.

Aber schon nach wenigen Jahren zeigte sich, dass auch dieses Modell seine Grenzen hat. So ist z. B. die Annahme falsch, dass sich die Elektronen auf genau festgelegten Bahnen bewegen. Die Vorstellung über den Aufbau der Elektronenhülle musste also erneut verändert werden.

6 Al Aluminiumatom

7 H Wasserstoffatom

8 Al Aluminiumatom

Aufgaben

1 Vergleiche die Atommodelle von Dalton, Rutherford und Bohr anhand eines Beispiels. Worüber macht jedes Modell Aussagen?

2 Zeichne sowohl nach dem Atommodell von Rutherford als auch nach dem Atommodell von Bohr je ein Atom des Sauerstoffs (8 Elektronen) und des Schwefels (16 Elektronen).
Beschreibe anschließend die Unterschiede.

3 Warum musste Rutherford annehmen, dass die negativ geladenen Elektronen den positiv geladenen Atomkern mit hoher Geschwindigkeit umkreisen?

4 Begründe die Notwendigkeit für die neuen Annahmen, die dem bohrschen Atommodell zugrunde liegen.

5 Vergleiche die Atommodelle in den Bildern 6 u. 8.

6 Der Durchmesser eines Atomkerns hat etwa den 10 000sten Teil des Atomdurchmessers. Also verhalten sich Atomkern und Atom in der Größe wie eine Kirsche ($d = 16$ mm) zu einer Riesenkugel ($d = 160$ m), in die sogar die Münchner Frauenkirche hineinpassen würde.

Nimm einmal an, ein Atomkern habe den Durchmesser eines Tischtennisballs ($d = 4$ cm). Wie groß wäre dann der Atomdurchmesser?

3 Heutige Vorstellungen vom Atombau

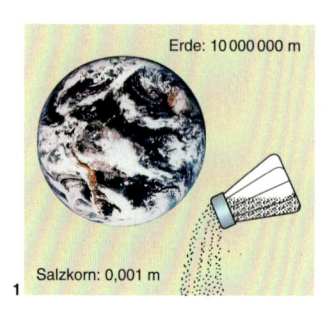

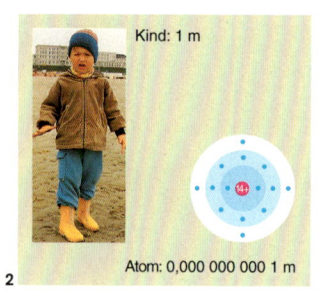

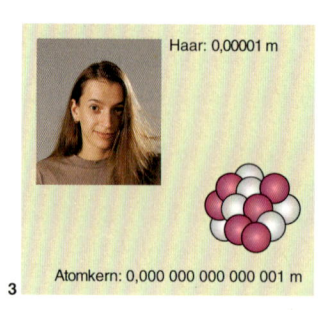

Bild 1: Erde: 10 000 000 m / Salzkorn: 0,001 m
Bild 2: Kind: 1 m / Atom: 0,000 000 000 1 m
Bild 3: Haar: 0,00001 m / Atomkern: 0,000 000 000 000 001 m

Diese Bildfolge liefert dir eine Vorstellung von der „Winzigkeit" von Atom und Atomkern. Du siehst die Verhältnisse der Größenordnungen von Atom und Atomkern zur wahrnehmbaren Welt.

Die Kernladung der Atome

Rutherford führte seinen Streuversuch mit verschiedenen Metallen durch. Auf dieser Grundlage konnte er die Ladung des jeweiligen Atomkerns berechnen. Dabei kam er zu folgenden Ergebnissen, die noch heute gültig sind:

○ Die Kernladung ist bei verschiedenen Atomen unterschiedlich groß.
○ Die Kernladung ergibt sich als ganzzahliges Vielfaches der Ladung eines Protons *(Kernladungszahl)*.
○ Die Atome der verschiedenen Atomsorten (Elemente) unterscheiden sich voneinander durch die Anzahl der Protonen der Atomkerne.

Aufgrund der Kernladungszahl kann man die Atomsorten (Elemente) voneinander unterscheiden.

Goldatome z. B. besitzen 79 Protonen im Kern; man sagt: Ihre Kernladungszahl beträgt 79. Kupferatome haben dagegen 29 Protonen im Kern und damit die Kernladungszahl 29.

1932 entdeckte man, dass der Atomkern außer Protonen noch *Neutronen* enthält; diese Kernbausteine sind elektrisch neutral. Sie spielen daher bei der Kernladungszahl keine Rolle.

Anhand der Kernladungszahl eines bestimmten Atoms lässt sich auch die Anzahl seiner Elektronen angeben. Dabei gilt allgemein:

Die Zahl der Elektronen der Atomhülle ist genauso groß wie die Zahl der Protonen des Atomkerns.

Sowohl im Atomkern als auch in der Atomhülle gibt es eine Anhäufung von jeweils gleichen Ladungen. (Nur beim Wasserstoffatom ist das anders.)

Wie Atomkerne aufgebaut sind

Du weißt, dass die Atomhüllen aus (negativ geladenen) Elektronen gebildet werden. **Die *Atomkerne* bestehen aus zweierlei Kernbausteinen, den positiv geladenen *Protonen* und den neutralen (ungeladenen) *Neutronen*.**

Von der Anzahl der Protonen hängt es ab, zu welchem Element ein Atom gehört.

Wenn z. B. ein Atom nur 1 Proton besitzt, ist es ein *Wasserstoffatom*; besitzt es 6 Protonen, liegt ein *Kohlenstoffatom* vor; bei 92 Protonen ist es ein *Uranatom*. In der Natur kommen nur Atome mit höchstens 92 Protonen vor. Da jedes Element durch die Anzahl seiner Protonen bestimmt ist, gibt es dementsprechend 92 natürliche Elemente.

Man kann die Elemente nach der Zahl der Protonen ordnen. (Die Protonenzahl findet sich in der **Ordnungszahl** wieder.) Die Reihe der natürlichen Elemente beginnt dann beim Wasserstoff (1 Proton) und hört beim Uran (92 Protonen) auf.

Zählt man die Protonen und die Neutronen eines Atoms zusammen, so erhält man die so genannte **Massenzahl** dieses Atoms. Die Massenzahl ist also die Gesamtzahl aller Kernbausteine eines Atoms (Bild 4).

Da die Elektronen der Hülle im Vergleich zu den Protonen und Neutronen sehr leicht sind, haben sie praktisch keinen Einfluss auf die Masse (und so auf die Massenzahl) des Atoms.

Atome ein und desselben Elements können unterschiedlich viele Neutronen haben. Zum Beispiel besitzen die am häufigsten vorkommenden Kohlenstoffatome 6 Protonen und *6 Neutronen*; sie haben also die Massenzahl **12**. Es gibt aber auch Kohlenstoffatome mit der Massenzahl **14**; sie müssen also zwei Neutronen mehr, d. h. *acht Neutronen*, besitzen (Bild 5). Dieser Kohlenstoff sendet radioaktive Strahlung aus.

Atome gleicher Protonenzahl, aber unterschiedlicher Neutronenzahl nennt man *Isotope* des betreffenden Elements (griech. *isos:* derselbe; *topos:* Platz; sie stehen im PSE am selben Platz). Im chemischen Verhalten unterscheiden sich Isotope nicht von den „normalen" Elementen.

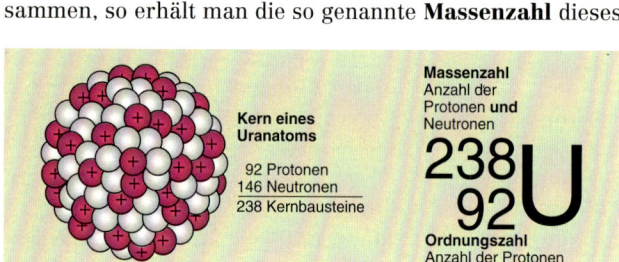

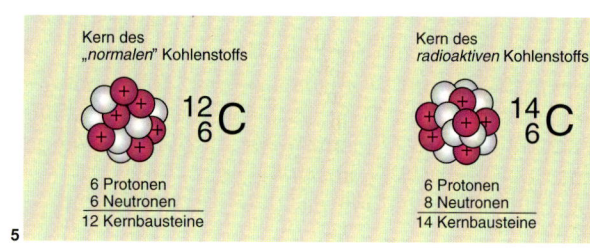

Bild 4: Kern eines Uranatoms — 92 Protonen, 146 Neutronen, 238 Kernbausteine

$${}^{238}_{92}U$$

Massenzahl — Anzahl der Protonen und Neutronen
Ordnungszahl — Anzahl der Protonen

Bild 5: Kern des „normalen" Kohlenstoffs ${}^{12}_{6}C$ — 6 Protonen, 6 Neutronen, 12 Kernbausteine

Kern des radioaktiven Kohlenstoffs ${}^{14}_{6}C$ — 6 Protonen, 8 Neutronen, 14 Kernbausteine

Das Schalenmodell der Elektronenhülle

Das bohrsche Atommodell musste weiterentwickelt werden, weil man z. B. erkannt hatte, dass die Elektronen den Atomkern nicht auf bestimmten Bahnen umkreisen.

Durch mathematische Berechnungen hatte man vielmehr herausgefunden, dass sich die Elektronen innerhalb bestimmter *Räume* bewegen.

Es ließ sich sogar die Wahrscheinlichkeit berechnen, mit der sich ein Elektron in einem bestimmten Bereich eines solchen Raumes aufhält. Daraus entwickelte man das **Schalenmodell der Elektronenhülle** (Bild 6).

Auch dieses Modell ist jedoch nur eine stark vereinfachte Darstellung der Wirklichkeit. Sie beruht auf folgenden Annahmen:
○ Die Elektronen bewegen sich innerhalb eines kugelförmigen Raumes mit dem Atomkern im Zentrum.
○ Dieser kugelförmige Raum kann unterschiedlich groß sein. Die Größe richtet sich nach der Energie der Elektronen: Je größer die Energie eines Elektrons ist, desto größer ist der Durchmesser dieses Raumes.
○ Der Bewegungsraum von Elektronen mit annähernd gleicher Energie wird gedanklich zu einem gemeinsamen Bewegungsraum zusammengefasst. Er hat die Form einer Kugelschale.

Bild 6 zeigt das Modell eines Aluminiumatoms: Die Elektronen bewegen sich in drei kugelförmigen Schalen um den Kern.

Man müsste die Elektronenschalen eigentlich stets räumlich darstellen. Das ist aber auf den Seiten eines Buches nicht so leicht. Deshalb wählt man oft eine vereinfachte Darstellung, z. B. in Form einer Schnittzeichnung (Bild 7). Dabei entsprechen die Ringe den Elektronenschalen.

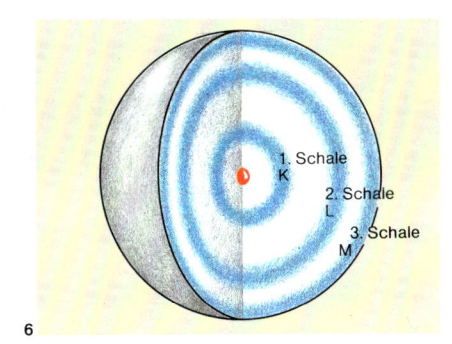

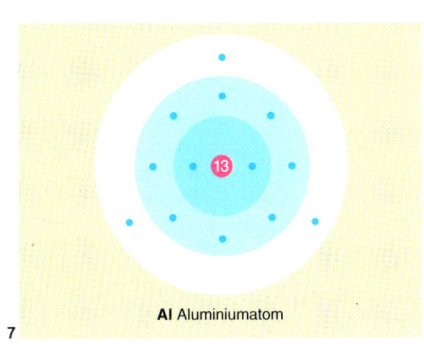

6

Al Aluminiumatom

7

Die Schalen werden von innen nach außen nummeriert oder durch die Buchstaben K bis Q gekennzeichnet.

Das einfachste Atom ist das Wasserstoffatom: Bei ihm umkreist nur ein Elektron den Atomkern (ein Proton) in der ersten Schale, der K-Schale.

Da nun jedes weitere Element ein Proton mehr im Kern hat als das vorherige, muss auch die Zahl der Elektronen in der Hülle um jeweils *eins* steigen.

In der ersten Schale (K-Schale) haben höchstens zwei Elektronen Platz; in der zweiten (L-Schale) höchstens acht.

Auch die folgenden Schalen sind mit 8 Elektronen voll besetzt. Das trifft aber nur dann zu, wenn sie die *Außenschale* der Atomhülle bilden. Liegen sie *im Innern* der Atomhülle, können sie (ab der 3. Schale) auch mehr als 8 Elektronen aufnehmen.

So kann z. B. die 3. Schale schon bis zu 18 Elektronen aufnehmen, die vierte Schale sogar bis zu 32 Elektronen.

Die Elemente Neon, Argon, Krypton, Xenon und Radon gehören zu den *Edelgasen*. Sie stehen im PSE ganz rechts.

In ihren Atomen bilden jeweils acht Elektronen die Außenschale. Deshalb nennt man solche mit acht Elektronen besetzte Schalen **Edelgasschalen**.

Die Elektronenzahl 8 wird als *Oktett* (lat. *octo:* acht) **bezeichnet.**

Elemente mit einer solchen Elektronenanordnung in ihren Atomen sind besonders stabil; sie können keine weiteren Elektronen aufnehmen. Diese Elemente sind *reaktionsträge*.

Fragen und Aufgaben zum Text

1 Wie viele Elektronen kann die 2. Schale eines Atoms höchstens aufnehmen und wie viele die 4. Schale?

2 In der Atomhülle halten sich die Elektronen in Bewegungsräumen auf. In welcher „besonderen Situation" befinden sich die Elektronen in der vereinfachten Darstellung des Schalenmodells von Bild 7?

3 Was alles kannst du aus der folgenden Tabelle über den *Schalenaufbau der Edelgasatome* ablesen?

Element	Symbol	Nummer der Schale
		1 2 3 4 5 6
Helium	He	2
Neon	Ne	2 8
Argon	Ar	2 8 8
Krypton	Kr	2 8 18 8
Xenon	Xe	2 8 18 18 8
Radon	Rn	2 8 18 32 18 8

Wie die Elektronenschalen „aufgefüllt" werden

Wie du weißt, ist die erste Elektronenschale mit zwei Elektronen voll besetzt; das Atom mit dieser Außenschale ist stabil.

Beim Lithium mit 3 Elektronen entdeckte *Bohr*, dass sich ein Elektron leichter abspalten lässt als die beiden anderen. Der Kern schien also dieses eine Elektron weniger stark anzuziehen. Bohr schloss daraus, dass sich 2 Elektronen in der 1. Schale, das dritte aber in einer 2. Schale mit größerem Durchmesser befinden mussten. Das erwies sich als richtig.

Bei den folgenden Elementen (→ das PSE nächste Seite) hat die Außenschale jeweils ein Elektron mehr. Beim Edelgas Neon ist schließlich die 2. Schale mit 8 Elektronen voll besetzt.

Mit dem Natrium und seinen 11 Elektronen (2+8+1) wird der Aufbau der 3. Schale eingeleitet und mit dem Element Kalium (2+8+8+1) der Aufbau der 4. Schale. Allerdings erfolgt schon nach dem zweiten Element, dem Calcium, eine Unterbrechung. Die Elektronen der nächsten Elemente werden nämlich in der 3. Schale „eingebaut".

Nur die jeweilige Außenschale ist mit 8 Elektronen voll besetzt. Wenn diese durch den Aufbau einer neuen Schale zur „Innenschale" wird, besitzt sie ein größeres „Fassungsvermögen": Die dritte Schale kann dann nämlich bis zu 18 Elektronen aufnehmen. Das ist beim Zink der Fall.

Anschließend wird mit dem Element Gallium das Auffüllen der 4. Schale fortgesetzt und mit dem Edelgas Krypton vorläufig abgeschlossen.

3 Das Periodensystem der Elemente

Der Zusammenhang zwischen Atombau und Periodensystem

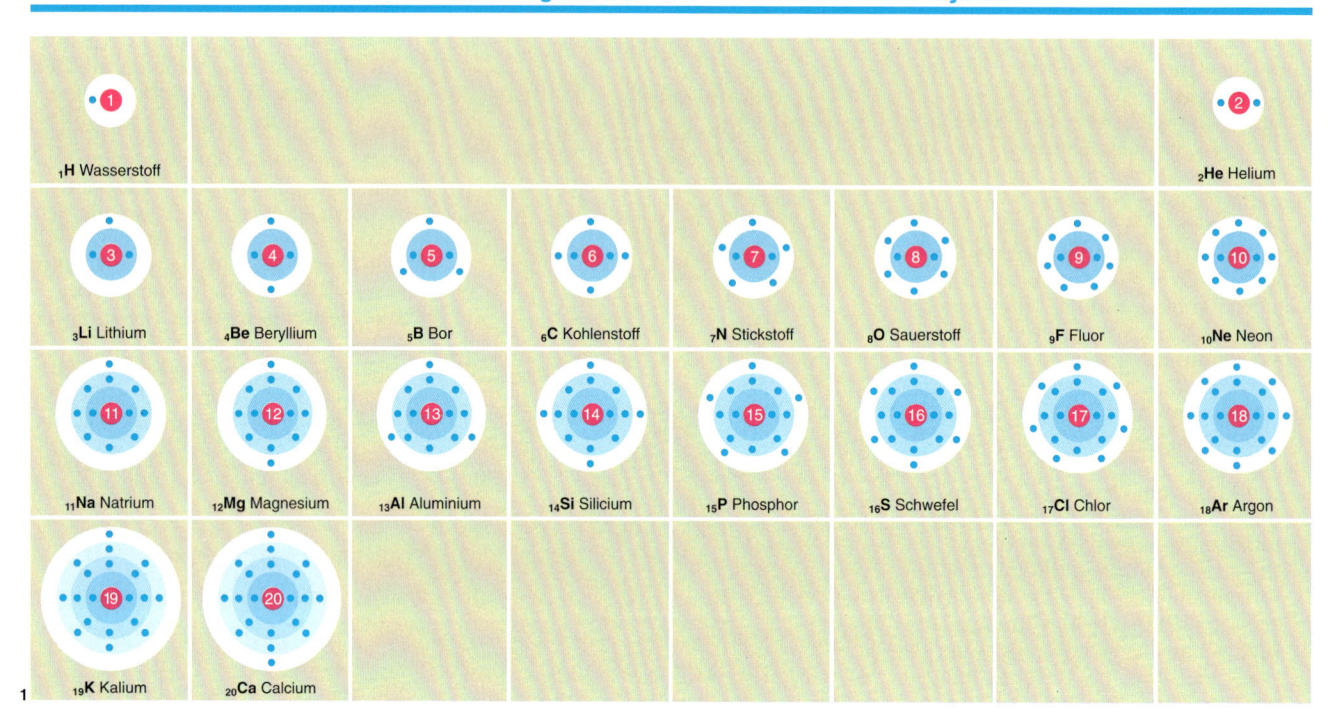

1

Im Periodensystem der Elemente (abgekürzt: PSE) sind die Elemente nach steigender **Ordnungszahl** angeordnet. Du findest diese Zahl jeweils links unten neben dem Symbol.

Die Ordnungszahl (auch *Kernladungszahl* genannt) entspricht der Anzahl der Protonen im Atomkern.

Ausgehend vom Wasserstoff mit der Ordnungszahl 1 steigen die Ordnungszahlen von links nach rechts an: Die Atome des jeweils folgenden Elements haben je ein Proton mehr im Kern (und ein Elektron mehr in der Hülle) als die Atome des davor stehenden Elements.

Die Elemente sind in 8 senkrechten Spalten *(Gruppen)* und 7 waagerechten Reihen *(Perioden)* angeordnet.

In jeder *Gruppe* des PSE stehen die Elemente untereinander, die ähnliche chemische Reaktionen zeigen.

Dass die Elemente in einer Gruppe ähnliche Eigenschaften haben, liegt daran, dass ihre Atome die *gleiche Anzahl Außenelektronen* besitzen. Diese Zahl nimmt von einer Gruppe zur nächsten von links nach rechts zu.

Merke dir: **Die Nummer der *Gruppe* entspricht der Anzahl der Außenelektronen** (Ausnahme: Helium).

Einige Gruppen haben Namen erhalten, die von den Eigenschaften der zugehörigen Elemente abgeleitet wurden. So befinden sich z. B. in der ersten Gruppe unter dem Wasserstoff die *Alkalimetalle* (arab. *alqali:* salzartige Asche aus Pflanzen). In der siebten Gruppe stehen die *Halogene* (Salzbildner; griech. *hals:* Salz; *gennan:* bilden). Schließlich findest du in der achten Gruppe die *Edelgase*.

In den *Perioden* des PSE stehen die Elemente mit der gleichen Anzahl an Elektronenschalen. In der ersten Periode stehen die Elemente, deren Atome nur *eine* Elektronenschale haben, in der zweiten die mit *zwei* Elektronenschalen usw.

Merke dir dazu: **Die Nummer der *Periode* entspricht der Anzahl der Elektronenschalen.**

Eine neue Periode beginnt also immer dann, wenn bei den Atomen mit *einem* Außenelektron eine weitere Elektronenschale hinzukommt.

Das Bild oben zeigt nur einen Ausschnitt aus dem PSE. Alle sieben Perioden sind dagegen in Bild 4 angegeben. In beiden Darstellungen wurden aber nur die acht **Hauptgruppen** des PSE berücksichtigt.

Es gibt auch noch **Nebengruppen**. Sie sind von der vierten Periode an zwischen der II. und III. Gruppe eingefügt. Das kannst du daran ablesen, dass die Reihe der Ordnungszahlen an diesen Stellen jeweils einen Sprung macht (→ die PSE-Darstellungen im Anhang). Die Nebengruppenelemente sind Metalle.

Innerhalb der Perioden und Gruppen ändern sich die Eigenschaften der Elemente regelmäßig: So stehen z. B. links die **Metalle** und rechts die **Nichtmetalle**. Dazwischen sind Elemente, die metallische *und* nichtmetallische Eigenschaften haben (z. B. Bor, Silicium).

Einige Gruppen umfassen sowohl Metalle als auch Nichtmetalle. Dann stehen die Nichtmetalle oben und die Metalle unten in der Gruppe.

Fragen und Aufgaben zum Text

1 Suche im PSE das Element mit der Ordnungszahl 35. Welches ist es? Beschreibe seinen Atombau.

2 Beschreibe die Stellung des Elements Kalium im PSE.

3 Erkläre, warum das Argon vor dem Kalium steht, obwohl Argonatome eine größere Masse als Kaliumatome haben.

4 Bestimme für das Atom des Elements mit der Ordnungszahl 15 die Anzahl der Protonen im Kern und den Aufbau seiner Elektronenhülle.

5 Wie viele Elektronenschalen hat das Atom des Elements Calcium?

6 Nenne die Elemente, deren Atome vier Außenelektronen besitzen.

Vom Atombau zum Periodensystem der Elemente

Auf einen Blick

Das Kern-Hülle-Modell des Atoms

Jedes Atom besteht aus einem Atomkern und einer Atomhülle.

Der **Atomkern** besteht aus zweierlei Kernbausteinen: den (positiv geladenen) *Protonen* sowie den (neutralen) *Neutronen*.

Die **Atomhülle** wird durch die (negativ geladenen) *Elektronen* gebildet; sie bewegen sich innerhalb ganz bestimmter Räume um den Atomkern herum.

Alle Atome eines Elements haben die gleiche Protonenzahl; sie wird auch **Ordnungszahl** genannt.

Zählt man die Protonen und Neutronen eines Atoms zusammen, so ergibt sich die **Massenzahl**.

Atome mit gleicher Anzahl an Protonen, aber unterschiedlich vielen Neutronen, nennt man **Isotope** des betreffenden Elements. Isotope haben also die gleiche Protonenzahl, aber unterschiedliche Massenzahlen.

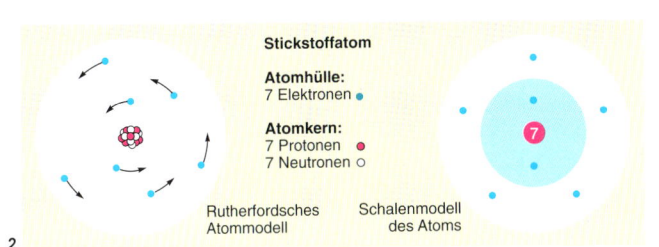

Stickstoffatom
Atomhülle: 7 Elektronen
Atomkern: 7 Protonen, 7 Neutronen

Rutherfordsches Atommodell — *Schalenmodell des Atoms*

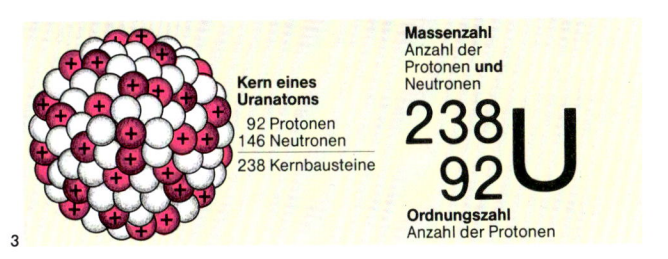

Kern eines Uranatoms
92 Protonen
146 Neutronen
238 Kernbausteine

$^{238}_{92}\text{U}$

Massenzahl – Anzahl der Protonen **und** Neutronen
Ordnungszahl – Anzahl der Protonen

Das Periodensystem der Elemente (kurz PSE)

Das Periodensystem der Elemente entstand im Jahre 1869. Seine äußere Form wurde zwar im Laufe der Zeit verändert; die wesentlichen Ordnungsgesichtspunkte haben jedoch heute noch Gültigkeit.

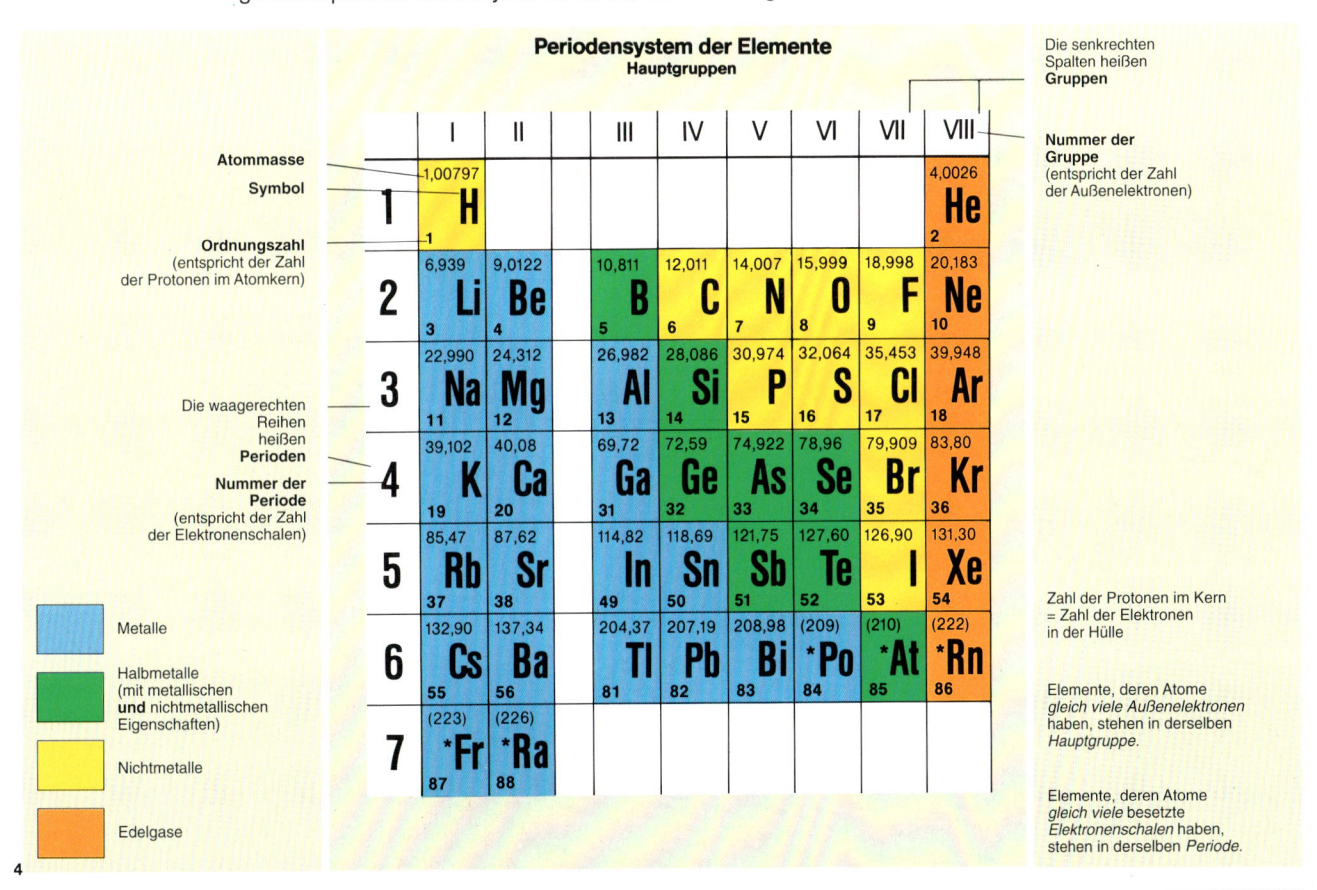

Periodensystem der Elemente
Hauptgruppen

Periode	I	II	III	IV	V	VI	VII	VIII
1	1,00797 **H** 1							4,0026 **He** 2
2	6,939 **Li** 3	9,0122 **Be** 4	10,811 **B** 5	12,011 **C** 6	14,007 **N** 7	15,999 **O** 8	18,998 **F** 9	20,183 **Ne** 10
3	22,990 **Na** 11	24,312 **Mg** 12	26,982 **Al** 13	28,086 **Si** 14	30,974 **P** 15	32,064 **S** 16	35,453 **Cl** 17	39,948 **Ar** 18
4	39,102 **K** 19	40,08 **Ca** 20	69,72 **Ga** 31	72,59 **Ge** 32	74,922 **As** 33	78,96 **Se** 34	79,909 **Br** 35	83,80 **Kr** 36
5	85,47 **Rb** 37	87,62 **Sr** 38	114,82 **In** 49	118,69 **Sn** 50	121,75 **Sb** 51	127,60 **Te** 52	126,90 **I** 53	131,30 **Xe** 54
6	132,90 **Cs** 55	137,34 **Ba** 56	204,37 **Tl** 81	207,19 **Pb** 82	208,98 **Bi** 83	(209) ***Po** 84	(210) ***At** 85	(222) ***Rn** 86
7	(223) ***Fr** 87	(226) ***Ra** 88						

Atommasse — **Symbol** — **Ordnungszahl** (entspricht der Zahl der Protonen im Atomkern)

Die waagerechten Reihen heißen **Perioden**
Nummer der Periode (entspricht der Zahl der Elektronenschalen)

Die senkrechten Spalten heißen **Gruppen**
Nummer der Gruppe (entspricht der Zahl der Außenelektronen)

Zahl der Protonen im Kern = Zahl der Elektronen in der Hülle

Elemente, deren Atome *gleich viele Außenelektronen* haben, stehen in derselben *Hauptgruppe*.

Elemente, deren Atome *gleich viele besetzte Elektronenschalen* haben, stehen in derselben *Periode*.

- Metalle
- Halbmetalle (mit metallischen **und** nichtmetallischen Eigenschaften)
- Nichtmetalle
- Edelgase

Ionen und Ionenbindung

1 Die Leitfähigkeit von Salzlösungen und Salzschmelzen

Steinsalz — Carnallit — Sylvin

Wenn wir von *Salz* sprechen, meinen wir meistens das Kochsalz (Natriumchlorid). Es gibt aber viele Stoffe, die ähnliche Eigenschaften haben wie das Kochsalz. Sie alle gehören zur Stoffklasse der **Salze**.

Die Salze unterscheiden sich z. B. in ihrer Kristallform, der Farbe und der Löslichkeit in Wasser.
Und wie verhalten sie sich dem elektrischen Strom gegenüber? Gibt es auch dabei Unterschiede?

V 1 Sowohl große als auch fein zerriebene *Kristalle* verschiedener Salze (z. B. Natriumchlorid, Kaliumchlorid) untersuchen wir daraufhin, ob sie den elektrischen Strom leiten (Bild 2; Achtung, die Elektroden dürfen sich nicht berühren!).

V 2 (Lehrerversuch) Um die Leitfähigkeit einer Salzschmelze zu überprüfen, wird ein Salz (z. B. Bleichlorid [T], Lithiumchlorid [Xn]) zunächst fein zermahlen und dann erhitzt. Das Schiffchen mit der Schmelze wird in einen Stromkreis eingebaut (Bild 3).

V 3 Die Vorgänge an den Elektroden werden nun genauer untersucht.
In einem Porzellanschiffchen lassen wir etwas Zinkiodid langsam schmelzen und vervollständigen den Versuchsaufbau nach Bild 3. Wir lassen 10–15 Minuten lang einen Strom (etwa 1 A) fließen. Beobachte!
Nach dem Abschalten der Spannungsquelle werden die Stoffe untersucht, die sich an den Elektroden abgeschieden haben. Achte dabei auch auf den Geruch.

V 4 (Lehrerversuch) Die Leitfähigkeit von *Salzlösungen* soll untersucht werden (Versuch nach Bild 3).
Zunächst wird die Leitfähigkeit von destilliertem Wasser überprüft.
Dann löst man nach und nach etwas Natriumchlorid, Kupfer(II)-chlorid [T] oder Zinkiodid in dem Wasser auf. Beobachte das Messgerät.

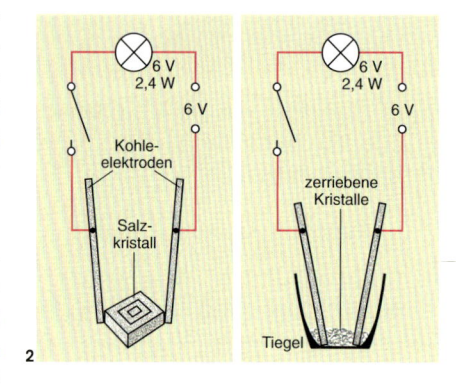

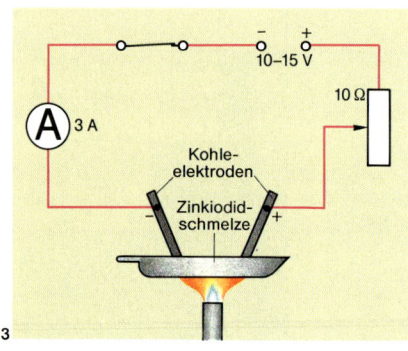

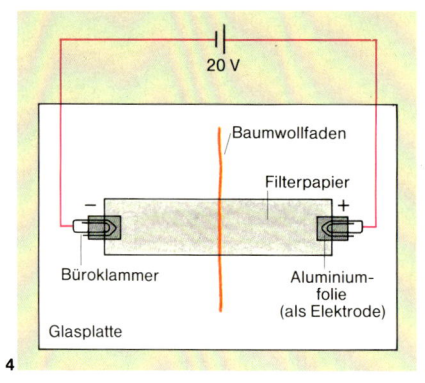

V 5 (Lehrerversuch) Es geht um die Vorgänge, die beim Anlegen einer Spannung an den Elektroden ablaufen (Bild 5; Abzug!).
Es werden 10 g Kupfer(II)-chlorid [T] in 50 ml Wasser gelöst und zwei Kohlestifte in die Lösung getaucht.
Dann lässt man den elektrischen Strom ($I = 0{,}5$ A) etwa 10 min lang fließen und beobachtet die Elektroden. Notiere deine Beobachtungen getrennt nach Kathode und Anode.

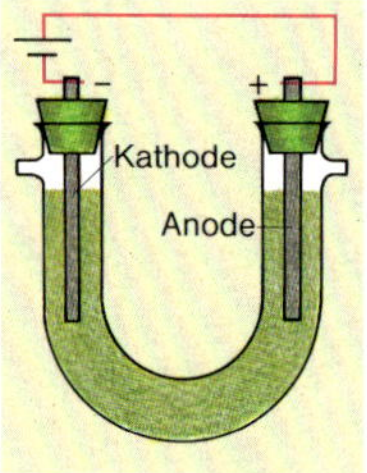

V 6 (Lehrerversuch) Um die Wanderung von Ionen verfolgen zu können brauchen wir zwei Lösungen:
Lösung I: Je 1 Spatelspitze Kupfersulfat [Xn] und Kaliumpermanganat [O, Xn] werden in wenig Ammoniaklösung [Xi] gelöst. (Die Lösung enthält dann positiv geladene Kupfer-Ionen und negativ geladene Permanganationen.) *Lösung II:* In 10 ml verdünnter Ammoniaklösung [Xi] werden etwa 2 g Kaliumnitrat [O] gelöst.
Nun wird ein Streifen Filterpapier (ca. 12 cm · 3 cm) mit Lösung II getränkt und ein dicker Baumwollfaden mit Lösung I. Der Versuch wird dann nach Bild 4 aufgebaut.

Ionen als Ladungsträger

Salze sind im festen Zustand elektrische Nichtleiter. Wenn man ein Salz erhitzt, entsteht eine **Salzschmelze**. Im Gegensatz zu den Salzkristallen leitet die Salzschmelze den elektrischen Strom. In ihr muss es also frei bewegliche, elektrisch geladene Teilchen geben.

Es handelt sich hierbei nicht um Elektronen, die ja bekanntlich den elektrischen Strom in Metalldrähten bilden. In Salzen und Salzschmelzen gibt es ganz *andere elektrisch geladene Teilchen*: die **Ionen** (griech. *ion:* das Wandernde).

Die Ionen sind bereits in den Salzkristallen vorhanden. Dort sitzen sie jedoch fest an ihren Plätzen und können nur um ihre Ruhelage herum schwingen. Erst in Salzschmelzen oder Salzlösungen sind die *Ionen frei beweglich*.

Stoffe, aus denen in der Schmelze oder wässrigen Lösung Ionen freigesetzt werden, heißen **Elektrolyte**.

In der Schmelze oder der Lösung sind sowohl positiv geladene als auch negativ geladene Ionen vorhanden. Die Anzahl der positiven und negativen Ladungen ist gleich groß; deshalb ist die Flüssigkeit elektrisch neutral.

Sobald eine ausreichend große elektrische Spannung angelegt wird, wandern die Ionen zu den Elektroden: Die positiv geladenen Ionen bewegen sich zur Kathode; sie heißen **Kationen**.

Die negativ geladenen Ionen wandern zur Anode; sie heißen **Anionen**.

Kationen und Anionen bewegen sich also in entgegengesetzte Richtungen. Diese *Wanderung der Ionen* ist der elektrische Strom in der Flüssigkeit.

An den Elektroden werden die Ionen entladen (dazu später mehr). Diese Entladung ist mit einer *Stoffabscheidung* verbunden. Der Elektrolyt wird dabei zerlegt – oft in seine Elemente. Ein solcher Vorgang heißt **Elektrolyse**.

Wenn aus Atomen Ionen werden

Die Atome aller Elemente haben das Bestreben die Elektronenanordnung der Edelgase *(Edelgaskonfiguration)* zu erreichen. Das gelingt z. B., wenn aus Atomen Ionen werden.

Betrachten wir als Beispiel die Elektronenverteilung bei den Atomen von Natrium und Chlor:

Das **Natriumatom** besitzt ein Außenelektron. Das kann man folgendermaßen darstellen: **Na·**

Na steht hier für den *Atomrumpf* (den Atomkern und die vollbesetzten Elektronenschalen). Der Punkt dahinter steht für das eine Außenelektron.

Wenn das Natriumatom sein Außenelektron *abgibt* (in den Bildern als e⁻ dargestellt), wird es zum **Natrium-Ion** (Bild 6). Dabei erreicht es die Elektronenkonfiguration des im PSE vorausgehenden Edelgases Neon.

Das Natrium-*Ion* hat also ein Elektron weniger in seiner Hülle als das Natri*umatom*; der Atomkern ist im Atom und im Ion gleich. Das Ion hat demnach eine positive Ladung (ein Proton) mehr im Kern als negative Ladungen (Elektronen) in der Hülle. Deshalb ist das Natrium-Ion *einfach positiv geladen*.

Wir schreiben dafür: **Na⁺**; dabei wird die Ladung des Ions immer rechts oben am Symbol angegeben.

Beim **Chloratom** sieht die Elektronenverteilung folgendermaßen aus:

$$:\ddot{\text{Cl}}\cdot \quad \text{oder} \quad |\overline{\text{Cl}}\cdot$$

(Jedes Elektronenpaar in der äußeren Schale kann auch durch einen Strich dargestellt werden.)

Das Chloratom benötigt ein weiteres Außenelektron um die Edelgaskonfiguration des im PSE benachbarten Argonatoms zu erreichen. Das gelingt durch *Aufnahme* eines Elektrons (Bild 6). Auf diese Weise entsteht ein **Chlorid-Ion**.

Das Chlorid-*Ion* hat ein Elektron mehr in seiner Hülle als das Chlor*atom*. Da die Atomkerne von Atom und Ion gleich sind, hat das Ion insgesamt ein (negatives) Elektron mehr in seiner Hülle als (positive) Protonen im Kern. Deshalb ist das Chlorid-Ion *einfach negativ geladen*. Wir schreiben dafür: **Cl⁻**.

Zur Beschreibung verschiedener chemischer Reaktionen wählen wir eine *vereinfachte Darstellung* des Schalenmodells. Damit wird in Bild 7 die Bildung je eines Natrium- und Chlorid-Ions gezeigt. Die Größenverhältnisse sind dabei nicht berücksichtigt.

Die Atome vieler Elemente können nicht nur *ein* Elektron aufnehmen bzw. abgeben, sondern *mehrere* Elektronen.

Die Ionen sind dann mehrfach positiv oder mehrfach negativ geladen. Beispiele dafür sind: Mg^{2+} (zweifach positiv geladen), Al^{3+} (dreifach positiv geladen), S^{2-} (zweifach negativ geladen).

Wenn man den Namen eines Salzes schreibt, gibt man die Ladung des beteiligten Metall-Ions in einer Klammer mit römischen Ziffern und Bindestrich an, z. B. Kupfer(II)-chlorid. Auf diese Weise wird zweierlei ausgesagt:
1. Das Metall liegt in dieser Verbindung zweiwertig vor.
2. Die Metall-Ionen sind in der Verbindung zweifach geladen.

Diese Schreibweise wendet man immer dann an, wenn ein Element mehrere Wertigkeiten hat oder – anders ausgedrückt – wenn aus den Atomen dieses Elements Ionen mit unterschiedlich vielen Ladungen entstehen können.

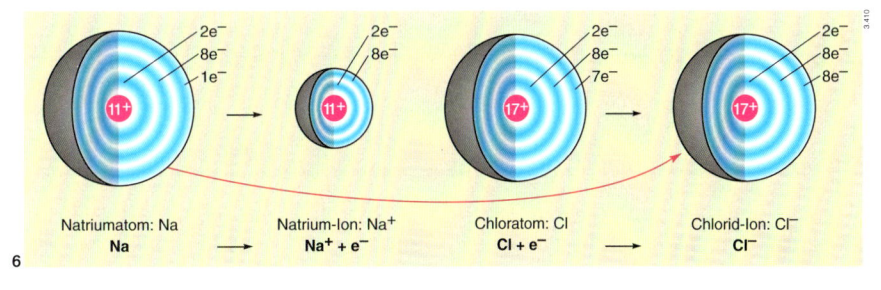

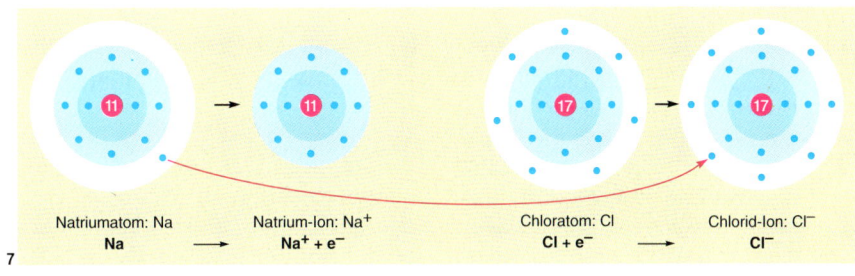

Natriumatom: Na	Natrium-Ion: Na⁺	Chloratom: Cl	Chlorid-Ion: Cl⁻
Na	**Na⁺ + e⁻**	**Cl + e⁻**	**Cl⁻**

6

Natriumatom: Na	Natrium-Ion: Na⁺	Chloratom: Cl	Chlorid-Ion: Cl⁻
Na	**Na⁺ + e⁻**	**Cl + e⁻**	**Cl⁻**

7

Ionen und Ionenbindung

Die chemischen Vorgänge bei Elektrolysen

Betrachten wir zunächst die Vorgänge, die bei der Elektrolyse in einer **Salzschmelze** ablaufen:

Wenn die Spannung z. B. an eine Schmelze von *Zinkiodid* angelegt wird, beginnen die Ionen in der Schmelze zu wandern (Bild 1): Die Kationen (Zn^{2+}) wandern zur Kathode, die Anionen (I^-) zur Anode. Wenn die Ionen auf die Elektroden treffen, spielen sich dort folgende Vorgänge ab:

An der Kathode: $Zn^{2+} + 2\,e^- \rightarrow Zn$

Von der Kathode werden zwei Elektronen auf jedes Zink-Ion übertragen; so werden die Zink-Ionen zu elektrisch neutralen Zinkatomen. Diese setzen sich an der Oberfläche der Kathode ab; es entsteht ein Überzug aus metallischem Zink.

An der Anode: $2\,I^- \rightarrow I_2 + 2\,e^-$

Von der Anode wird jedem Iodid-Ion ein Elektron entzogen; dadurch werden die Iodid-Ionen zu Iodatomen. Jeweils zwei Iodatome verbinden sich sofort zu einem Iodmolekül. An der Anode bildet sich Iod.

Wenn man die **Gesamtreaktion** betrachtet, erkennt man Folgendes: Bei der Elektrolyse einer Zinkiodidschmelze gehen Elektronen von Iodid-Ionen zu Zink-Ionen über; dabei wird die Verbindung in ihre Elemente zerlegt.

$2\,I^- + Zn^{2+} \rightarrow I_2 + Zn$

Diese erzwungene **Elektronenübertragung** von einer Teilchenart zur anderen ist charakteristisch für Elektrolysen.

Betrachten wir nun die Vorgänge, die in einer **Salzlösung** ablaufen: Während in Salzschmelzen die Ionen durch Wärmezufuhr beweglich werden, sind Ionen in Lösungen frei beweglich zwischen den Wassermolekülen verteilt.

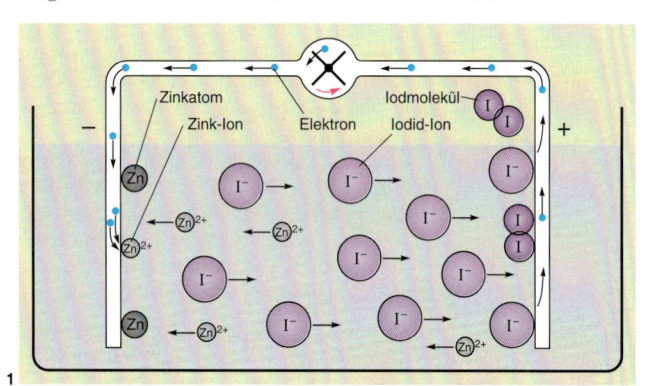

In Versuch 5 wird eine Kupfer(II)-chloridlösung elektrolysiert. Sie enthält neben Wassermolekülen noch Kupfer(II)-Ionen (Cu^{2+}) und Chlorid-Ionen (Cl^-). Sobald der Stromkreis geschlossen ist, beginnen die Ionen zu wandern: die Kupfer(II)-Ionen zur Kathode, die Chlorid-Ionen zur Anode (Bild 2).

An den Elektroden spielen sich ganz ähnliche Vorgänge ab wie in einer Salzschmelze. (Die Moleküle des Wassers sind *in diesem Fall* nicht an den Vorgängen beteiligt.)

An der Kathode: $Cu^{2+} + 2\,e^- \rightarrow Cu$

Von der Kathode werden *zwei Elektronen* auf jedes Kupfer-Ion übertragen; die Kupfer-Ionen werden zu Kupferatomen. Sie bilden auf der Kathode den Kupferüberzug.

An der Anode: $2\,Cl^- \rightarrow Cl_2 + 2\,e^-$

Von der Anode wird jedem Chlorid-Ion ein Elektron entzogen; die Chlorid-Ionen werden dadurch zu Chloratomen. Zwei Chloratome verbinden sich sofort zu einem Chlormolekül. Ein Teil des Chlors löst sich im Wasser, der größere Teil steigt als Gas an der Anode auf. Das Chlor ist an seinem Geruch und an seiner grünen Farbe zu erkennen.

Gesamtreaktion: $Cu^{2+} + 2\,Cl^- \rightarrow Cu + Cl_2$

In der Salzlösung findet also ebenfalls eine Elektronenübertragung statt. Man sagt, die *Ionen werden an den Elektroden entladen*. Dabei wird der Anteil der beiden Ionensorten in der Lösung ständig geringer.

Bei der Elektrolyse fließen die Elektronen im Leitungsdraht und in der Spannungsquelle immer in *einer* Richtung. In der Lösung sind die wandernden Ionen der Strom; sie fließen in *zwei* Richtungen.

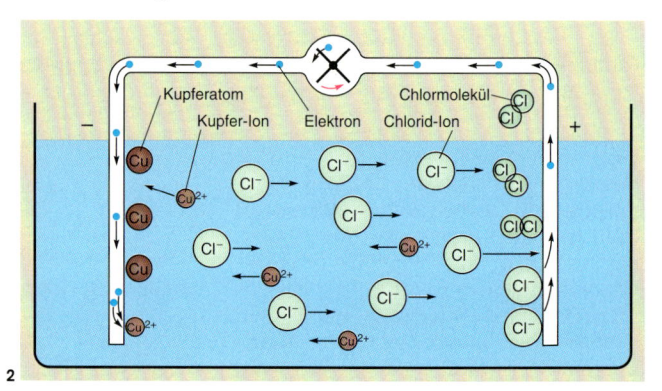

Aufgaben

1 Wie entsteht aus einem Magnesiumatom ein Magnesium-Ion? Zeichne und beschreibe.

2 Stelle die äußere Elektronenschale des Chlorid-Ions dar (Elektronenpaare als Striche am Symbol).

3 Worin unterscheiden sich Ionen und Elektronen? Beschreibe dazu den Stromfluss in einem Metalldraht und in einer Salzschmelze.

4 Warum ist eine Salzschmelze ein elektrischer Leiter, ein Salzkristall dagegen ein Nichtleiter?

5 Erkläre die folgenden Begriffe: Elektrolyse, Anode, Kathode, Anion, Kation.

6 Bei einer Elektrolyse laufen folgende Vorgänge ab:
an der Kathode: $Zn^{2+} + 2\,e^- \rightarrow Zn$
an der Anode: $2\,Cl^- \rightarrow Cl_2 + 2\,e^-$
Welcher Stoff wird elektrolysiert und welche Endprodukte entstehen?

7 Bei der Elektrolyse gehen Elektronen in der Regel von einer Teilchenart zu einer anderen über.
Beschreibe diese Elektronenübertragung am Beispiel der Elektrolyse einer Zinkbromidschmelze.

8 Blei(II)-chloridschmelze ($PbCl_2$) wird elektrolysiert. Beschreibe!

2 Die Ionenbindung

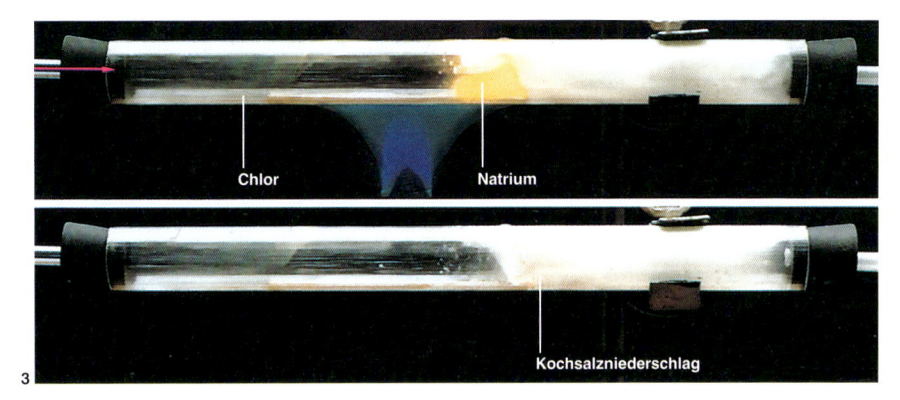

Natrium [C,F] und Chlor [T,N] reagieren heftig miteinander zu Natriumchlorid (Kochsalz). Was spielt sich dabei im Bereich der kleinsten Teilchen ab?

Wir erklären die Reaktion von Natrium mit Chlor

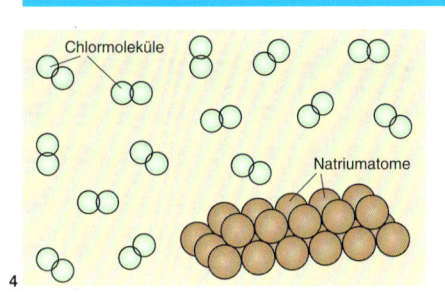

Zu Beginn der Reaktion liegt das Natrium als fester Stoff, das Chlor als gasförmiger Stoff vor. Bild 4 zeigt die entsprechende Darstellung im **Modell**.

Durch Energiezufuhr verdampft ein Teil des Natriums. Vom Natriumkristall lösen sich dabei Einzelatome ab. Auch einige Chlormoleküle werden in Einzelatome gespalten. Nun können Natriumatome mit Chloratomen reagieren.

Jedes Natriumatom hat ein Elektron auf seiner Außenschale, jedes Chloratom dagegen sieben. Trifft nun ein Natriumatom auf ein Chloratom, so geht das Außenelektron des Natriumatoms zum Chloratom über (Bild 5).

Durch den Verlust seines Außenelektrons ist das Natriumatom nun *einfach elektrisch positiv* geladen. Das Chloratom hat ein zusätzliches Elektron in seine Hülle aufgenommen und ist dadurch *einfach elektrisch negativ* geladen.

Aus dem Natriumatom wurde also ein **Natrium-Ion** und aus dem Chloratom ein **Chlorid-Ion**. Natrium- und Chloratome erreichen beim Übergang in den Ionenzustand *Edelgaskonfiguration*.

Da die Natrium-Ionen und die Chlorid-Ionen nun entgegengesetzte Ladungen haben, ziehen sie einander an (Bild 6).

Die Anziehungskräfte wirken nach allen Richtungen. Deshalb können von einem negativ geladenen Ion mehrere benachbarte positiv geladene Ionen angezogen werden – und umgekehrt.

Wenn Natrium und Chlor miteinander reagieren, entstehen viele Natrium- und Chlorid-Ionen. Sie ordnen sich so an, dass sie mit möglichst vielen entgegengesetzt geladenen Ionen umgeben sind. Dadurch bildet sich ein räumlicher Ionenverband, das **Ionengitter** (Bild 7).

Die Bindung zwischen Ionen nennt man **Ionenbindung**. Bei jeder Ionenbindung entstehen Kristalle; diese heißen daher **Ionenkristalle**. Bild 7 zeigt auch, wie wir uns den Aufbau eines Natriumchloridkristalls vorstellen können; er ist würfelförmig. (Dabei ist das Chlorid-Ion größer als das Natrium-Ion.)

Da auf jedes Natrium-Ion ein Chlorid-Ion kommt, ist die **Verhältnisformel** von Natriumchlorid **NaCl**. (Die Verhältnisformel beschreibt nur das Zahlenverhältnis der im Gitter gebundenen Metall- und Nichtmetall-Ionen; hier 1:1.)

Die Elektronenübertragung kann durch folgende **Ionengleichung** zusammenfassend beschrieben werden:

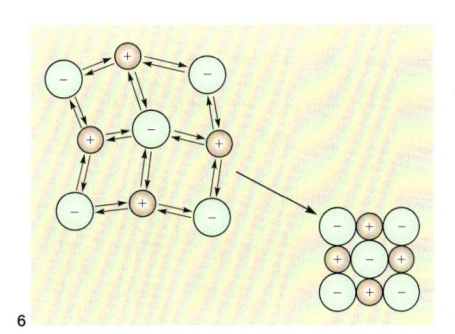

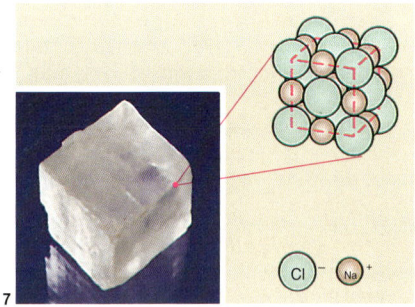

$$2\,Na \rightarrow 2\,Na^+ + 2\,e^-$$
$$Cl_2 + 2\,e^- \rightarrow 2\,Cl^-$$
$$2\,Na + Cl_2 \rightarrow \underbrace{2\,Na^+ + 2\,Cl^-}_{2\,NaCl}$$

Ionen und Ionenbindung

Die Bildung von Natriumchlorid – ein exothermer Vorgang

Die Bildung von Salzen erfolgt stets unter *Energieumsatz*. Das soll am Beispiel der Bildung von Natriumchlorid genauer betrachtet werden. Dabei stellen wir uns folgende *Teilschritte* vor (Bild 1):

Das Verdampfen des Metalls Natrium und die Bildung von Natrium-Ionen aus Natriumatomen sind stark *endotherme* Vorgänge.

Die Spaltung von Chlormolekülen in Atome und die Bildung von Chlorid-Ionen verlaufen insgesamt *exotherm*. Die dabei frei werdende Energie reicht aber nicht aus um die Bildung von Natrium-Ionen zu erreichen.

Für den Ablauf der *Gesamtreaktion* ist der Energiebetrag wesentlich, der frei wird, wenn sich die Ionen zu einem Kristallgitter zusammenlagern. Er ist bei der Gitterbildung des Natriumchloridkristalls sehr hoch.

Dieser Energiebetrag liefert den wesentlichen „Antrieb" für den Ablauf der Reaktion – nicht etwa das „Bestreben" der Atome eine mit Elektronen voll besetzte Außenschale zu erreichen.

Es muss also nur Energie zugeführt werden um die Reaktion in Gang zu bringen. Danach wird so viel Energie frei, dass diese nicht nur zur Ionenbildung ausreicht; es wird auch noch Wärme an die Umgebung abgegeben.

Die gesamte Reaktion verläuft also *exotherm*. Das stimmt auch mit der Beobachtung überein, die man bei dem Versuch von Bild 3 auf der Vorseite machen kann.

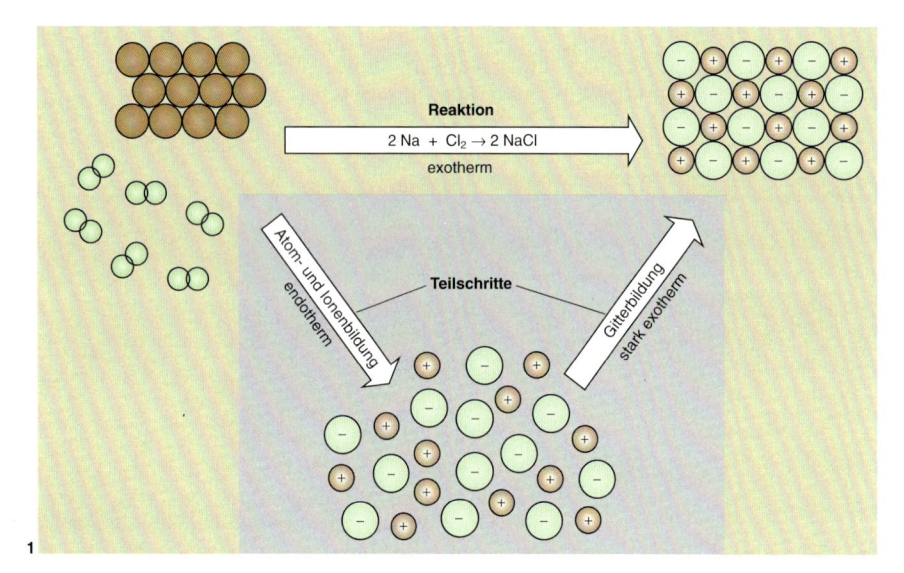

Fragen und Aufgaben zum Text

1 Im Natriumchloridkristall sind die Ionen in einem bestimmten „Muster" angeordnet. Beschreibe!

2 Von wie vielen Chlorid-Ionen ist ein Natrium-Ion im Natriumchloridkristall umgeben?

3 Was sagt die Formel für Natriumchlorid aus?

4 Was bewirkt die Energie, die bei der Synthese von Natriumchlorid anfangs zugeführt wird? Was spielt sich im Bereich der kleinsten Teilchen ab?

5 Woran liegt es, dass die Synthese von Natriumchlorid exotherm verläuft?

6 Natriumchlorid hat mit 801 °C eine hohe Schmelztemperatur. Was bedeutet diese Aussage im Hinblick auf das Ionengitter des Kristalls?

1 Reaktion: $2\,Na + Cl_2 \rightarrow 2\,NaCl$ exotherm. Teilschritte: Atom- und Ionenbildung endotherm; Gitterbildung stark exotherm.

Wir vergleichen das Verhalten von Metallen und Salzen bei Verformung

Viele Metalle lassen sich durch Biegen, Pressen, Walzen oder Hämmern in andere Formen bringen ohne dabei zu zerspringen. Diese **Verformbarkeit der Metalle** lässt sich aus den Eigenschaften der *Metallbindung* erklären:

Bei den Metallatomen kann mindestens ein Elektron leicht aus der Atomhülle „abgespalten" werden. Die übrig bleibenden sog. *Atomrümpfe* sind dann elektrisch positiv geladen.

Die Atomrümpfe sind zu einem Gitter angeordnet; die abgegebenen Elektronen befinden sich zwischen ihnen. Die Elektronen sind frei beweglich und werden als *Elektronengas* bezeichnet.

Elektronen und Atomrümpfe ziehen sich aufgrund ihrer unterschiedlichen Ladungen gegenseitig an; darauf beruht die Bindung.

Wenn die Metalle verformt werden, gleiten die positiv geladenen Atomrümpfe aneinander vorbei (Bild 2). Die freien Elektronen passen sich der neuen Form an und halten die Atomrümpfe zusammen.

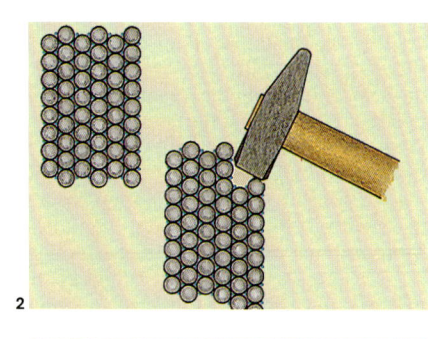

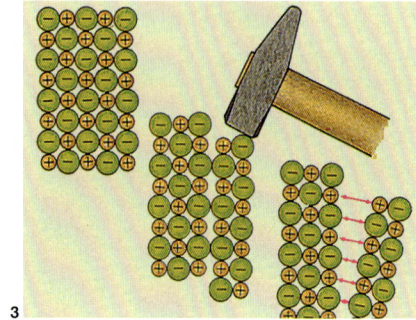

Wie du aus Erfahrung weißt, verhalten sich **Salzkristalle**, die verformt werden, anders. Das liegt an ihrem Aufbau:

Im Salzkristall liegen die Ionen mit ihrer unterschiedlichen elektrischen Ladung nebeneinander.

Bei einer Verformung beginnen auch hier die Ionen aneinander vorbeizugleiten. Dabei treffen dann auch Ionen mit gleicher elektrischer Ladung aufeinander (Bild 3). Solche Ionen stoßen aber einander ab; der Kristall zerspringt. Deshalb sagt man auch: Der Salzkristall ist *spröde*.

Die Anordnung der Ionen im Kristall ist auch die Ursache dafür, dass sich Salzkristalle nur in bestimmten Richtungen spalten lassen.

Wenn man einen würfelförmigen Kristall spaltet, erhält man wiederum Kristalle, die würfelförmig oder quaderförmig sind.

158

Ionen und Ionenbindung

Alles klar?

1 Wie ist das *Ion* zu seinem Namen gekommen?

2 Völlig reines Wasser leitet den elektrischen Strom praktisch nicht, Trinkwasser leitet. Wie erklärst du dir das?

3 Wie kann man aus einem Salz, das aus zwei Elementen entstanden ist, die Elemente zurückgewinnen? Beschreibe anhand eines Beispiels.

4 Was hältst du von der Aussage: „Salze leiten den elektrischen Strom?" Begründe deine Antwort.

5 Welcher Vorgang läuft bei einer Elektrolyse immer an der Kathode ab und welcher immer an der Anode?

6 Was geschieht, wenn ein Chlorid-Ion (Cl^-) an der Anode entladen wird?

7 Was ist bei der Elektrolyse einer Zinkbromid*schmelze* anders als bei der Elektrolyse einer Zinkbromid*lösung*?

8 Die Natriumchloridkristalle sind würfelförmig, obwohl die Natrium-Ionen und die Chlorid-Ionen kugelförmig sind. Wie ist das möglich?

9 Wenn man die würfelförmigen Natriumchloridkristalle spaltet, erhält man wieder würfelförmige Kristalle. Erkläre diese Erscheinung.

10 Man sagt, die Luft am Meer sei salzhaltig, besonders bei starker Brandung. Ist das nicht ein Widerspruch zu der Tatsache, dass Kochsalz erst bei 1440 °C siedet? Begründe deine Meinung.

11 Wie erklärst du, dass alle Salze bei Raumtemperatur fest sind, während manche Stoffe, die aus Molekülen bestehen, gasförmig oder flüssig sind?

Auf einen Blick

Ionen und Ionenbindung

Ionen sind elektrisch geladene Teilchen.
Sie können *positiv* oder *negativ* geladen sein.
Ionen entstehen dadurch, dass Atome
Elektronen abgeben oder aufnehmen.

Metallatome $\xrightarrow{\text{Elektronen-abgabe}}$ positiv geladene Ionen

Nichtmetallatome $\xrightarrow{\text{Elektronen-aufnahme}}$ negativ geladene Ionen

Wenn Natrium und Chlor miteinander reagieren, entsteht Natriumchlorid. Dabei werden durch die *Übertragung von Elektronen* aus den Natriumatomen **Natrium-Ionen** und aus Chloratomen **Chlorid-Ionen**.

Die unterschiedlich geladenen Ionen ziehen einander an. Sie bilden auf diese Weise **Ionenkristalle** mit einem regelmäßigen räumlichen Ionengitter.

*Im Ionenkristall liegt immer **Ionenbindung** vor.*

Viele Metalle und Nichtmetalle können in gleicher Weise solche Ionenverbindungen bilden.

Die Formeln von Ionenverbindungen sind sogenannte **Verhältnisformeln**. Sie geben das Zahlenverhältnis der am Gitter beteiligten Ionen an.

NaCl bedeutet: $Na^+ : Cl^- = 1 : 1$
$MgCl_2$ bedeutet: $Mg^{2+} : Cl^- = 1 : 2$

Die Reaktionen zur Salzbildung verlaufen stets **exotherm**. Entscheidend für ihren Ablauf ist die Energie, die frei wird, wenn sich die Ionen zu einem Kristallgitter anordnen.

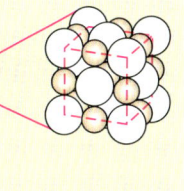

Im **Salzkristall** befinden sich die Ionen an festen Plätzen; Kristalle sind deshalb elektrische Nichtleiter.

Viele Salze lassen sich schmelzen; dabei zerfällt das Ionengitter. In den **Salzschmelzen** sind die Ionen dann frei beweglich. Das gilt auch für **Salzlösungen**. (Die Ionen sind darin zwischen den Wassermolekülen verteilt.) Salzschmelzen und Salzlösungen sind daher elektrische Leiter.

Stoffe, aus denen in der Schmelze oder wässrigen Lösung Ionen freigesetzt werden, heißen **Elektrolyte**.

Ionenwanderung bei Elektrolysen

*Bei einer **Elektrolyse** wird der Elektrolyt mit Hilfe des elektrischen Stroms zerlegt.*

Die positiv geladenen Ionen (Kationen) wandern dabei zur Kathode und die negativ geladenen Ionen (Anionen) zur Anode.

An den Elektroden werden die Ionen entladen; d. h., sie geben Elektronen ab oder nehmen welche auf. Es finden demnach **Reaktionen mit Elektronenübertragung** statt; z. B.:
an der Kathode: $Cu^{2+} + 2\,e^- \rightarrow Cu$
an der Anode: $2\,Cl^- \rightarrow Cl_2 + 2\,e^-$

Vom Bau der Moleküle

1 Wie sich Moleküle bilden

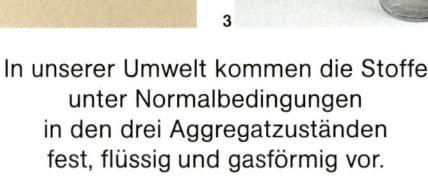

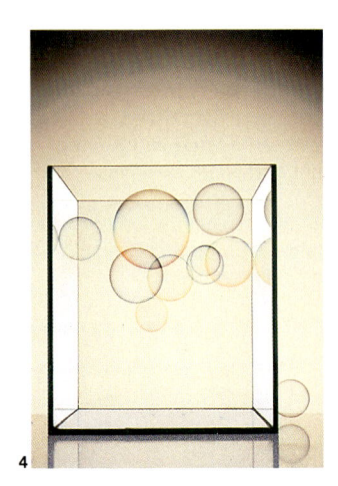

In unserer Umwelt kommen die Stoffe unter Normalbedingungen in den drei Aggregatzuständen fest, flüssig und gasförmig vor.

Das ist natürlich nichts Neues. Aber kannst du erklären, *warum* z. B. Wasserstoff oder Sauerstoff unter diesen Bedingungen gasförmig sind?

Die Elektronenpaarbindung (Atombindung) am Beispiel von Wasserstoff

Du weißt schon, weshalb Metalle und Salze unter Normalbedingungen (Temperatur 0 °C, Luftdruck 1013 hPa) feste Stoffe sind. Das ergibt sich aus der *Art*, dem *Zusammenhalt* und der *Anordnung* der Teilchen (Atome bzw. Ionen), aus denen diese Stoffe aufgebaut sind.

Du weißt auch, dass Wasserstoff, Sauerstoff, Stickstoff und Chlor unter Normalbedingungen Gase sind, die *zweiatomige Moleküle* aufweisen.

Bei diesen **Gasen** müssen wir zwei Arten von Teilchen betrachten: die *Moleküle*, aus denen die gasförmigen Stoffe bestehen, und die *Atome*, aus denen sich diese Moleküle zusammensetzen.

Wie ist hier jeweils der Zusammenhalt und die Anordnung der Teilchen?

Der Zusammenhalt zwischen den *Molekülen* innerhalb jedes Gases muss sehr gering sein. Wäre das nicht so, lägen die Moleküle dichter beieinander, und die Stoffe wären nicht gasförmig.

Aber wie steht es um den Zusammenhalt zwischen den *Atomen* in den Molekülen? Hier kann uns die Modellvorstellung vom Bau der Atome helfen:

Nach der Edelgas- oder Oktettregel sind alle Atome bestrebt die Außenschale ihrer Atomhülle mit der größtmöglichen Zahl an Elektronen zu besetzen.

Bei den *Edelgasen* ist das bereits der Fall. Deshalb sind sie *einatomige* reaktionsträge Gase.

Jedes **Wasserstoffatom** besitzt nur ein Elektron. Die Schale, in der sich dieses Elektron aufhält, ist jedoch erst mit zwei Elektronen (wie beim Heliumatom) voll besetzt.

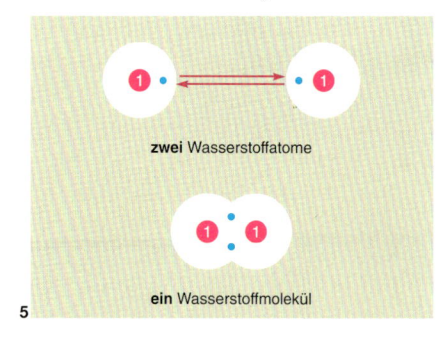

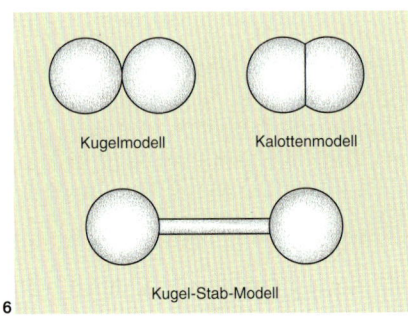

Wir stellen uns nun vor, dass im zweiatomigen Wasserstoffmolekül die Elektronen beider Atome *ein gemeinsames Elektronenpaar* bilden (Bild 5). Auf diese Weise erreichen beide Wasserstoffatome die Elektronenanordnung des Heliumatoms.

Eine solche Bindung heißt **Elektronenpaarbindung**. Da auf diese Weise zwei *Atome* miteinander verbunden sind, wird die Bindung auch einfach **Atombindung** genannt.

Das Wasserstoff*molekül* ist elektrisch neutral: Die positiven Ladungen der beiden Atomkerne werden nämlich durch die negativen Ladungen der beiden Elektronen ausgeglichen.

Mit unseren bisher verwendeten Modellen lässt sich diese Bindung nur wie in den Bildern 5 u. 6 darstellen.

Atommodelle sind Gedankenkonstruktionen. Sie machen es möglich, dass wir uns Teilchen vorstellen können, die man nicht sehen kann.

Es gibt verschiedene Modelle, mit denen sich Moleküle veranschaulichen lassen. In Bild 6 ist das Wasserstoffmolekül mit Modellen aus drei verschiedenen Bausätzen gebaut worden.

Die Elektronenpaarbindung am Beispiel von Chlor, Sauerstoff und Stickstoff

Das **Chloratom** ist zwar – wie das Wasserstoffatom – einwertig, es hat jedoch 7 Außenelektronen. In seiner Außenschale haben 8 Elektronen Platz.

Wenn das Chlor nun zweiatomige Moleküle bildet, erreichen beide beteiligte Atome voll besetzte Achterschalen.

Betrachten wir dazu das Modell von Bild 7: Im *Chlormolekül* bilden wieder zwei Elektronen ein *gemeinsames Elektronenpaar*. Dieses gehört zu beiden Elektronenschalen; dadurch haben beide Schalen 8 Elektronen.

Beim **Sauerstoff** liegen ähnliche Verhältnisse vor wie beim Chlor. Jedem Sauerstoffatom fehlen aber bis zu einer vollen Achterschale *zwei* Elektronen.

Diese erhält es von einem anderen Sauerstoffatom. Jedes Sauerstoffatom benutzt zwei Elektronen des anderen Atoms um seine eigene Außenschale aufzufüllen.

Es verbinden sich hier also zwei Sauerstoffatome durch **zwei Elektronenpaarbindungen** zu einem Sauerstoff-

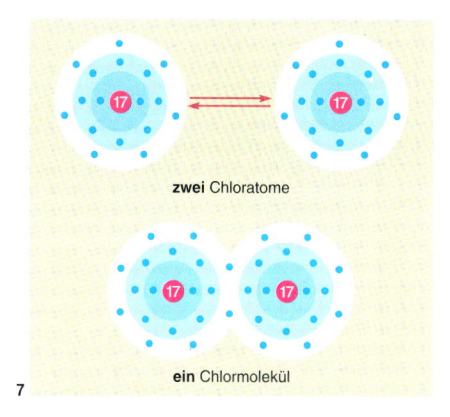

zwei Chloratome

ein Chlormolekül

7

molekül. Diese Bindung wird als *Doppelbindung* bezeichnet. Sie lässt sich mit den bisher verwendeten Modellen nicht mehr zeichnerisch darstellen.

Um zu zeigen, dass in einem Molekül Elektronenpaarbindungen (Atombindungen) vorliegen, setzt der Chemiker für jedes bindende Elektronenpaar einen Strich zwischen die Symbole der Atome – bei unseren Beispielen also:

Wasserstoff: H_2 H–H
Chlor: Cl_2 Cl–Cl
Sauerstoff: O_2 O=O

Die Außenelektronen werden auch als **Valenzelektronen** (von lat. *valentia*: Kraft, Fähigkeit) bezeichnet, der Bindungsstrich auch als Valenzstrich.

Das **Stickstoffmolekül** wird aus zwei Stickstoffatomen gebildet, die durch *drei* bindende Elektronenpaare miteinander verknüpft sind. Man spricht daher hier von einer *Dreifachbindung*.
Stickstoff: N_2 N≡N

Dieses Molekül ist sehr stabil. Stickstoff ist deshalb ein äußerst reaktionsträges Gas; es geht bei Raumtemperatur weder mit Nichtmetallen noch mit Metallen (außer Lithium) Verbindungen ein.

Es trifft nicht grundsätzlich auf alle Moleküle mit Dreifachbindung zu, dass sie besonders stabil sind. Auch darf man nicht denken, die Dreifachbindung sei stets stabiler als die Doppelbindung.

Aufgaben

1 Im Wasserstoffmolekül liegt *eine* Elektronenpaarbindung vor, im Sauerstoffmolekül sind es *zwei*. Was ist damit gemeint? Erkläre!

2 Es gibt unter Normalbedingungen keine Moleküle von Edelgasen. Woran liegt das?
Erkläre den Sachverhalt am Beispiel des Neonatoms.

3 Das Halogen Brom bildet zweiatomige Moleküle. Zeichne die Elektronenverteilung und beschreibe die Bindung.

4 Stickstoffmoleküle werden mit drei Strichen zwischen den Symbolen dargestellt.
Wie sind die beiden Stickstoffatome also aneinander gebunden?

5 Erkläre folgende Schreibweisen für jeweils ein Chlormolekül.
Sieh dir dazu das Info auf der folgenden Seite an.

Cl_2 Cl–Cl |C̄l–C̄l| :C̈l:C̈l:

6 Die nicht an der Bindung beteiligten Valenzelektronen eines Moleküls heißen auch *freie* oder *nicht bindende Elektronen*.
Wie viele freie Elektronenpaare hat ein Chlormolekül?

7 Nicht nur Atome ein und desselben Nichtmetalls können Moleküle bilden, sondern auch die Atome unterschiedlicher Nichtmetalle.
So kann sich z. B. ein Kohlenstoffatom mit Wasserstoffatomen oder Sauerstoffatomen verbinden. Deute dazu folgende Darstellungen.

```
      H
      |
  H – C – H        O=C=O
      |
      H
```

8 Ein Molekül mit zwei Elektronenpaarbindungen hat noch vier freie Elektronenpaare. Wie heißt das betreffende Element?

9 Wenn Stickstoff mit Wasserstoff reagiert, entstehen NH_3-Moleküle. Stelle eins der Moleküle in Lewis-Schreibweise dar (→ Info folgende Seite). Erläutere deine Darstellung.

10 Doppelbindungen und Dreifachbindungen werden auch *Mehrfachbindungen* genannt. Stelle das Wassermolekül H_2O in Lewis-Schreibweise dar (→ Info folgende Seite). Enthält es Mehrfachbindungen?

11 Aus der Anzahl der Elektronenpaarbindungen im Molekül kannst du die Wertigkeit eines Elements in der Verbindung ablesen. Erläutere dies anhand eines Beispiels.

12 Um die beiden Iodatome eines Iodmoleküls voneinander zu trennen, ist viel mehr Energie erforderlich als zum Abtrennen eines Iodmoleküls aus einem Iodkristall. Erkläre dies (→ Info nächste Seite).

13 Vergleiche die Schmelz- und Siedetemperaturen der Halogene (→ Info nächste Seite) mit den molaren Massen ihrer Moleküle. Welcher Zusammenhang besteht?

Vom Bau der Moleküle

Die Bildung eines Wasserstoffmoleküls – energetisch betrachtet

Um die Bildung eines Wasserstoffmoleküls besser zu verstehen, kann man sich Folgendes vorstellen: Zwei einzelne Wasserstoffatome bewegen sich aus größerer Entfernung aufeinander zu. Beim Zusammentreffen werden sie ein Wasserstoffmolekül (H_2) bilden.

Der Abstand der beiden Wasserstoffatome verringert sich allmählich, sodass sich schließlich ihre Elektronenschalen gegenseitig überlappen (Bild 5 der vorhergehenden Doppelseite).

Im Überlappungsgebiet ist damit mehr negative Ladung konzentriert als in der restlichen Elektronenschale. Also werden beide Atomkerne – weg von der Mitte „ihrer" Atome – etwas zum Überlappungsgebiet hingezogen. Die Kerne bewegen sich so lange weiter aufeinander zu, bis die anziehende Wirkung des Überlappungsgebietes durch die wachsende gegenseitige Abstoßung der beiden positiv geladenen Atomkerne ausgeglichen ist. Beide Kerne halten nun einen Abstand von 74 pm ($74 \cdot 10^{-12}$ m) ein; das ist die *Bindungslänge*.

Sowohl zur Verringerung als auch zur Vergrößerung dieses Abstands müsste von außen her *Energie* zugeführt werden. Der oben geschilderte Zustand stellt also für das entstandene Wasserstoffmolekül ein **Energieminimum** dar.

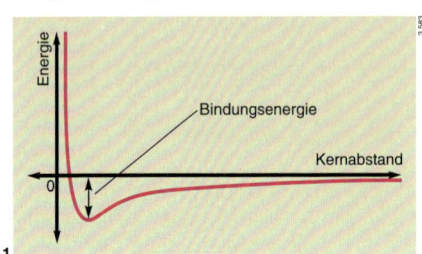

Die grafischen Darstellung (Bild 1) zeigt die Gesamtenergie beider Wasserstoffatome in Abhängigkeit vom Abstand ihrer Atomkerne. (Als Nullpunkt wurde die Gesamtenergie der Wasserstoffatome bei sehr großem Abstand ihrer Atomkerne angenommen.)

Um die im Wasserstoffmolekül gebundenen Wasserstoffatome wieder zu trennen, muss Energie zugeführt werden. Man nennt sie **Bindungsenergie**. Die Bindungsenergie von Wasserstoffmolekülen beträgt 436 kJ/mol.

Der gleiche Energiebetrag würde auch bei der Bildung der Moleküle frei.

Wie man Atome mit ihren Außenelektronen schreiben kann

Um die Anordnung der Außenelektronen der Atome bei chemischen Bindungen und Reaktionen übersichtlich darstellen zu können, verwendet man häufig die **Lewis-Schreibweise**.

Dabei werden nur die *Außenelektronen* (Valenzelektronen) dargestellt (→ Tabelle). Sie ist nach dem amerikanischen Chemiker *Gilbert Newton Lewis* benannt, der sie einführte.

Bei der Lewis-Schreibweise der Atome bezeichnet das Symbol des betreffenden Elements den Atomkern *und* die Elektronenhülle – mit Ausnahme der äußeren Elektronenschale.

Die Anzahl der Außenelektronen wird zusätzlich durch eine entsprechende Anzahl von Punkten um das Symbol herum angegeben.

Bis zu 4 Außenelektronen werden als Einzelpunkte dargestellt. Jedes weitere Außenelektron wird mit einem bereits vorhandenen Punkt zu einem Paar zusammengefasst; es kann auch durch einen Strich dargestellt werden.

An der Lewis-Schreibweise eines Elements erkennt man, zu welcher Hauptgruppe des PSE es gehört: Die Zahl der Außenelektronen gibt die Gruppe an.

Lewis-Schreibweise einiger Atome

Name des Elements	Lithium	Natrium	Calcium	Magnesium	Kohlenstoff	Sauerstoff	Chlor	Neon
Schreibweise mit Punkten	·Li	·Na	·Ca·	·Mg·	·C̈·	:Ö:	:C̈l:	:N̈e:
Schreibweise mit Strichen						|Ö|	|C̈l|	|N̄e|

Molekülgitter und Van-der-Waals-Kräfte

Auch Stoffe, die aus Molekülen aufgebaut sind, können Kristalle bilden. Ein Beispiel dafür ist das Iod.

Im Iodkristall sind zweiatomige Iodmoleküle zu einem Kristallgitter angeordnet. Man spricht deshalb hierbei von einem **Molekülgitter** (Bild 2).

Die Anziehungskräfte zwischen den Molekülen – die sogenannten **Van-der-Waals-Kräfte** – sind aber nur klein. Sie betragen etwa 1/10 der Kräfte, die zwischen Ionen wirken. Deshalb geht das Iod schon bei leichtem Erhitzen in den gasförmigen Zustand über: Man sagt, es *sublimiert*.

Eine geringe Zunahme der Wärmebewegung der Moleküle reicht bereits aus um die Van-der-Waals-Kräfte zu überwinden – und schon trennen sich die Moleküle voneinander.

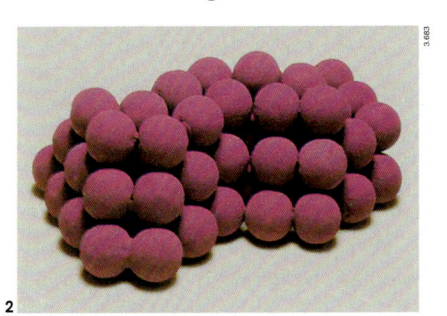

Aus dem gleichen Grund haben auch Molekülverbindungen, zwischen deren Teilchen nur geringe Van-der-Waals-Kräfte wirksam sind, verhältnismäßig niedrige Schmelz- und Siedetemperaturen. Sie sind erheblich niedriger als bei Stoffen mit Ionenkristallen.

Schmelz- und Siedetemperaturen von Stoffen mit Molekülkristallen

Stoff	Schmelztemperatur	Siedetemperatur
Fluor	−219,6 °C	−188,5 °C
Chlor	−101,0 °C	−34,1 °C
Brom	−7,2 °C	+58,8 °C
Iod	+113,6 °C	+185,2 °C

2 Moleküle als Dipole

In Bild 3 läuft ein dünner Wasserstrahl an einem elektrisch geladenen Kunststoffstab vorbei. In Bild 4 besteht der Strahl aus Benzin.

Warum verhalten sich die beiden Flüssigkeiten so unterschiedlich?

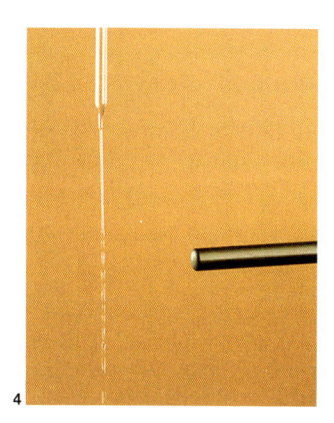

Die polare Elektronenpaarbindung

Wenn man den Bau eines Wasserstoff- und eines Chlorwasserstoffmoleküls vergleicht, sind Unterschiede zu erkennen:

In der gemeinsamen Elektronenwolke des *Wasserstoffmoleküls* hält sich das bindende Elektronenpaar genau in der Mitte zwischen beiden Atomen auf (Bild 5). Die beiden positiv geladenen Kerne sind gleich weit von der Achse entfernt. Beide Atomkerne üben auf das bindende Elektronenpaar gleich große elektrische Anziehungskräfte aus. Deshalb ist die Verteilung der elektrischen Ladung im Molekül symmetrisch.

Das ist beim *Chlorwasserstoffmolekül* anders: Der Kern des Chloratoms zieht das bindende Elektronenpaar stärker zu sich hin (Bild 7). Das bewirkt, dass sich dieses Elektronenpaar nicht in der Mitte des Moleküls aufhält, sondern mehr auf der Seite des Chloratoms. Man könnte somit von einer „teilweisen" Elektronenübertragung vom Wasserstoffatom zum Chloratom sprechen.

Da das bindende Elektronenpaar elektrisch negativ geladen ist, wird so der negative Ladungsschwerpunkt zur Seite des Chloratoms hin verschoben. Das heißt: Im Chlorwasserstoffmolekül befindet sich auf der Seite des Chloratoms ein negativer Pol und auf der Seite des Wasserstoffatoms ein positiver Pol. Man sagt auch, es liegt eine **polare Elektronenpaarbindung** (oder *polare Atombindung*) vor. Das Molekül ist somit ein **Dipol** (lat. *di:* zwei).

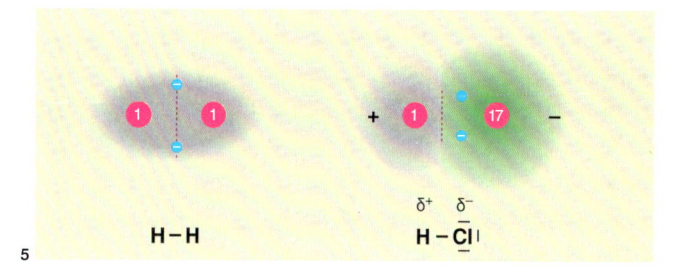

Die beiden Pole berücksichtigt man auch in der Strukturformel – und zwar mit Hilfe des griechischen Buchstabens Delta (δ). Über die entsprechenden Symbole der beteiligten Atome setzt man die Symbole δ^+ und δ^-. Dabei bedeutet δ^-: Das Chloratom hat im Chlorwasserstoffmolekül eine um den Differenzbetrag δ negativere elektrische Ladung als im Chlormolekül.

Zur polaren Elektronenpaarbindung kommt es, wenn Moleküle aus Atomen *unterschiedlicher* Nichtmetalle entstehen. Vor allem die Atome aus Fluor, Sauerstoff und Chlor ziehen bindende Elektronenpaare zu sich hin.

In Molekülen, die aus Atomen *ein und desselben* Nichtmetalls bestehen (z. B. H_2, O_2, Cl_2), liegt eine *unpolare Elektronenpaarbindung* vor. Die Moleküle sind keine Dipole.

So kann man prüfen, ob ein Stoff aus Dipolmolekülen besteht

Du weißt, dass ein Kunststoffstab durch Reiben mit einem Wolltuch elektrisch aufgeladen wird. Aufgrund dieser Ladung bildet sich rund um den Kunststoffstab ein elektrisches Feld aus.

Die Folge davon ist: In der Umgebung des Stabes gibt es Kraftwirkungen auf elektrische Ladungen. Flüssigkeiten, deren Moleküle Dipole sind, werden in das elektrische Feld hineingezogen. Auf Stoffe, deren Moleküle keine Dipole sind, hat das elektrische Feld keine Wirkung.

Das lässt sich in einem einfachen Versuch zeigen. Zunächst lässt man einen dünnen Wasserstrahl langsam aus einem Glasröhrchen laufen (Bild 3). Wenn man einen elektrisch geladenen Kunststoffstab in die Nähe des Wasserstrahls hält, wird er deutlich abgelenkt. Wassermoleküle sind also Dipole.

Wiederholt man den Versuch mit Benzin (Bild 4), passiert dagegen nichts: Die Moleküle im Benzin sind keine Dipole.

Fragen und Aufgaben zum Text

1 Auch die Moleküle des Chlorwasserstoffs sind Dipole. Chlorwasserstoff ist jedoch bei Raumtemperatur ein Gas. Wenn man dieses Gas auf −85 °C abkühlt, wird es flüssig.

Man könnte den flüssigen Chlorwasserstoff ebenfalls in einem dünnen Strahl durch ein elektrisches Feld leiten. Wie würde er sich verteilen?

2 Was muss man beachten, damit man bei dem Versuch nach den Bildern 3 u. 4 vergleichbare Ergebnisse erzielt?

3 Stelle die Ladungsverteilung im Wasserstrahl und im geladenen Kunststoffstab zeichnerisch dar.

Das Dipolmolekül des Wassers und die Wasserstoffbrückenbindung

Wie sich aus dem Experiment (Bilder 3 u. 4 der Vorseite) ergibt, sind Wassermoleküle Dipole. Zwischen dem Sauerstoffatom und jedem Wasserstoffatom besteht eine polare Elektronenpaarbindung.

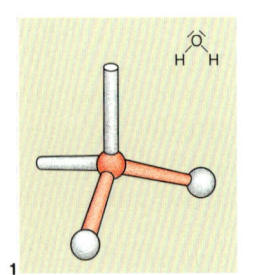

Kohlenstoffdioxidmoleküle sind *keine* Dipole, obwohl zwischen dem Kohlenstoffatom und den Sauerstoffatomen ebenfalls polare Elektronenpaarbindungen bestehen.

Die Bildung von Dipolmolekülen lässt sich nicht allein damit erklären, dass Moleküle polare Elektronenpaarbindungen aufweisen. Dazu muss man auch den räumlichen Bau des Moleküls betrachten. Hier können uns die Modelle der Bilder 1 u. 2 weiterhelfen.

Die Außenelektronen der Atome bilden in Molekülen Elektronenpaare. Jedes Elektronenpaar hält sich überwiegend in einem bestimmten Bereich des Moleküls auf, den man sich als *Elektronenwolke* vorstellen kann. (Die Form einer Elektronenwolke können wir mit einem prall aufgeblasenen Luftballon vergleichen.) Weil die Elektronenwolken gleichartige Ladungen haben, stoßen sie einander ab.

Im Wassermolekül befinden sich am Sauerstoffatom acht Außenelektronen (Oktettregel). Die beiden bindenden und die beiden nicht bindenden Elektronenpaare bilden vier Elektronenwolken, die sich gegenseitig abstoßen. Das Wassermolekül ist dadurch gewinkelt gebaut (Bild 2).

Das Wassermolekül ist ein Dipol, weil am Sauerstoffatom ein negativ geladener Pol und auf der Seite der beiden Wasserstoffatome ein positiv geladener Pol besteht. Der Bindungswinkel, den die beiden Wasserstoffatome und das Sauerstoffatom bilden, beträgt 105°. Das lässt sich damit erklären, dass die nicht bindenden Elektronenpaare größere Elektronenwolken bilden als die bindenden. Dadurch werden die bindenden Elektronenpaare „zusammengedrückt".

Die Dipolmoleküle des Wassers üben anziehende Kräfte aufeinander aus: Die positiven Bereiche des einen Moleküls ziehen die negativen Bereiche anderer Moleküle an.

Die Kräfte wirken dabei im Wesentlichen zwischen der positiven Ladung der Wasserstoffatome und den nicht bindenden Elektronenpaaren. An jedes Wasserstoffatom eines Wassermoleküls kann sich daher ein weiteres Wassermolekül mit einem seiner beiden nicht bindenden Elektronenpaare anlagern (Bild 3).

Durch diese **Wasserstoffbrückenbindung** (in Bild 3 jeweils durch kleine Striche dargestellt) halten die Wassermoleküle stärker zusammen als ohne sie. Deshalb sind Wassermoleküle schon bei Raumtemperatur zu gruppenförmigen Verbänden verknüpft: Das Wasser ist dadurch flüssig.

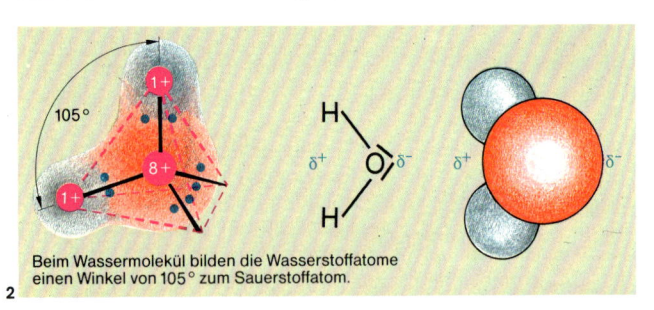

Beim Wassermolekül bilden die Wasserstoffatome einen Winkel von 105° zum Sauerstoffatom.

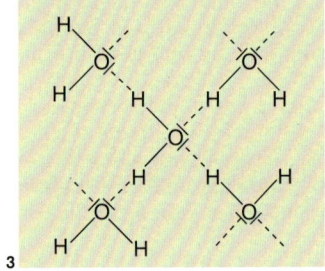

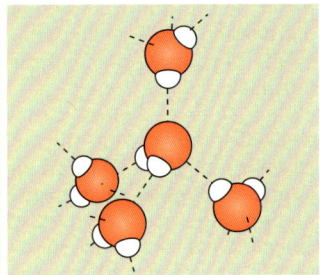

Aufgaben

1 Wie kommt es zur Bildung von Dipolen bei Molekülen? Gib die Antwort anhand eines Beispiels.

2 In Bild 2 wurde das Wassermolekül gewinkelt dargestellt. Versuche dafür eine Erklärung zu finden.

3 In Bild 4 wurde ein Kohlenstoffdioxidmolekül durch zwei Modelle dargestellt.
Ist dieses Molekül ein Dipol? Begründe deine Antwort.

4 Zwischen den Atomen *unterschiedlicher* Nichtmetalle kommt es zur Bildung *polarer* Elektronenpaarbindungen, während es zwischen den Atomen *desselben* Nichtmetalls *unpolare* Elektronenpaarbindungen gibt. Versuche das zu erklären.

5 Ob es dir gelingt, einen dünnen Wasserstrahl mit einem (durch Reibung) elektrisch aufgeladenen Kamm aus Kunststoff aus seiner Richtung zu lenken? Versuche es einmal. Welche Erklärung hast du für das Verhalten des Wassers?

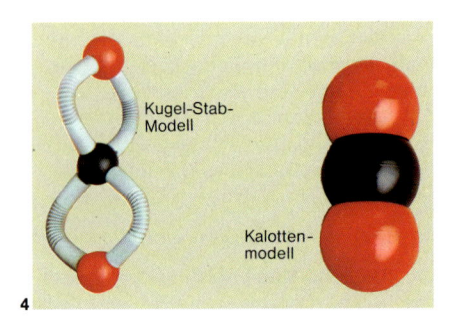

6 In Bild 3 sind Wasserstoffbrückenbindungen zwischen den Wassermolekülen eingezeichnet.
Welche Auswirkungen haben die Wasserstoffbrückenbindungen auf die Eigenschaften des Wassers?

7 Eine bestimmte Menge Wasser nimmt nach dem Gefrieren ein größeres Volumen ein als vorher, sodass das Eis auf dem Wasser schwimmt. Welche Begründung hast du dafür? (Lies dazu auch den Text „Die Besonderheiten des Wassers" auf der Nachbarseite.)

Aus Umwelt und Technik: **Die Besonderheiten des Wassers**

Wasser zeigt **aufgrund des Dipolcharakters** seiner Moleküle wichtige Besonderheiten. Ohne sie wäre auf der Erde kein Leben möglich!

Die *Siedetemperatur* des Wassers ist mit 100 °C außergewöhnlich hoch. Das liegt daran, dass beim Verdampfen von Wasser die Bindungskräfte der Wasserstoffbrücken zusätzlich überwunden werden müssen. Ohne Wasserstoffbrücken läge die Siedetemperatur des Wassers weit unter 0 °C. Bei Raumtemperatur wäre das Wasser also nicht flüssig sondern gasförmig – wie die Wasserstoffverbindungen anderer Nichtmetalle.

In Eiskristallen sind die Wasserstoffbrückenbindungen ganz besonders regelmäßig ausgebildet: Jedes Sauerstoffatom ist von vier Wasserstoffatomen tetraedrisch umgeben. Dadurch entsteht eine sehr weiträumige Gitterstruktur (Bild 5).

Wenn das Eis schmilzt, bricht diese Struktur weitgehend zusammen; die Moleküle können sich dann dichter aneinander lagern. Das Schmelzwasser hat deshalb ein kleineres Volumen als das Eis vorher. Dies hat zur Folge, dass Eis auf Wasser schwimmt.

Aber auch im Wasser lagern sich häufig Moleküle in der gleichen Ordnung wie im Eisgitter aneinander. Es bilden sich immer wieder für kurze Zeit ganze Bereiche mit sperriger, eisähnlicher Struktur.

Mit steigender Temperatur werden diese Bereiche kleiner und seltener. Daher zieht sich Wasser beim Erwärmen zwischen 0 °C und 4 °C zusammen; seine Dichte nimmt also zu. Oberhalb von 4 °C gewinnt dann die übliche Wärmeausdehnung die Oberhand: Die Moleküle brauchen immer mehr Platz, weil ihre Eigenbewegungen heftiger werden.

Die Besonderheiten beim Schmelzen und Erwärmen bezeichnet man als **Anomalie des Wassers**. Auswirkungen zeigen die Bilder 6 u. 7:

Das Gestein wird allmählich „zersprengt"; so entstand auch der Boden, auf dem heute die Vegetation gedeiht. Die Fische überwintern am Grund von Seen bei 4 °C.

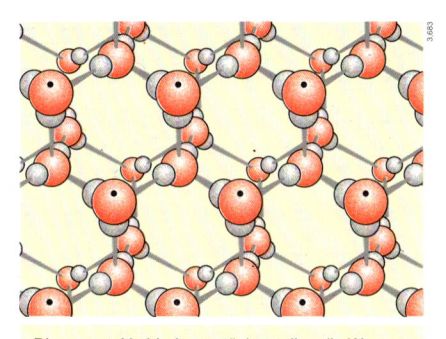

Die grauen Verbindungsstücke stellen die Wasserstoffbrückenbindungen dar.

Aus Umwelt und Technik: **Überleben im zugefrorenen Teich**

In einem Teich, der mindestens 1,20 m tief ist, können Süßwasserfische auch einen sehr harten und langen Winter überleben. Die Wahrscheinlichkeit, dass dieser Teich einmal bis zum Grund zufriert, ist äußerst gering.

Du weißt bereits, dass Wasser bei 4 °C seine größte Dichte hat. Es befindet sich daher am Boden des zugefrorenen Teiches. Dort überwintern die Fische.

Flüssiges Wasser von 0 °C weist eine Dichte von 0,9999 g/cm³ auf, während Eis von 0 °C nur noch eine Dichte von 0,9168 g/cm³ hat. Das Eis schwimmt daher an der Oberfläche.

Wenn der Teich zuzufrieren beginnt, geschieht das an seiner Oberfläche. Dort kommt das Wasser mit der kälteren Luft in Berührung. Wärme geht vom Wasser in die Luft über; dadurch kühlt sich das Wasser ab. Gleichzeitig geht am Boden des Teiches Wärme aus dem umgebenden Erdreich in das Wasser über.

Zu Beginn des Gefrierens wächst die Dicke der Eisschicht proportional zur Zeit. Die Differenz zwischen der Luft- und der Wassertemperatur bestimmt, wie viel Wärme pro Zeiteinheit abgegeben wird.

Bei längeren Kälteperioden nimmt die Eisbildung pro Zeiteinheit ab. Der wärmeisolierende Einfluss der allmählich dicker werdenden Eisschicht wächst. Deshalb wird die Eisschicht kaum über 75 cm dick.

Die Oberflächentemperatur des Eises nähert sich der Lufttemperatur an, während die Temperatur des Wassers an der Unterseite des Eises stets 0 °C beträgt.

Nichtmetalloxide reagieren mit Wasser

Ursachen und Auswirkungen des sauren Regens

Die Bilder 1 u. 2 weisen auf eines der größten Umweltprobleme unserer Zeit hin. In Nordeuropa sind heute schon viele Seen durch *sauren Regen* schwer geschädigt: Fast alles Tier- und Pflanzenleben ist aus ihnen verschwunden.

Der saure Regen wird auch als eine der zahlreichen Ursachen für das gegenwärtige *Waldsterben* angesehen.

Was ist eigentlich saurer Regen und wie entsteht er?
Sind daran vielleicht die Nichtmetalloxide beteiligt, die die Luft verschmutzen?

V 1 Bevor wir erfahren, wie der saure Regen entsteht, müssen wir einen **Nachweis** für saure Lösungen kennen lernen. Dazu sind bestimmte Pflanzenfarbstoffe geeignet, so z. B. die Farbstoffe von Rotkohl, Lackmus und schwarzem Tee.

Wie man Rotkohlsaft mit seinem typischen roten Farbstoff herstellen kann, zeigt Bild 3.

Wir prüfen z. B. Essig oder Zitronensaft (von denen du ja weißt, dass sie sauer sind) mit blauem Lackmuspapier, mit Rotkohlsaft oder mit schwarzem Tee. Beschreibe.

V 2 Wir geben in ein Becherglas etwa 20 ml destilliertes Wasser und tauchen kurz ein Stück blaues Lackmuspapier hinein.

Dann leiten wir etwa 2 Minuten lang Kohlenstoffdioxid durch das destillierte Wasser. Was stellst du fest, wenn du die Flüssigkeit anschließend wieder mit blauem Lackmuspapier prüfst?

V 3 (Lehrerversuch) Es wird noch einmal Schwefeldioxid T hergestellt und mit etwas Wasser ausgeschüttelt (Bild 4). Anschließend prüfen wir die entstandene Lösung mit einem der genannten Pflanzenfarbstoffe.

V 4 Nun soll Regenwasser untersucht werden. Dazu fangen wir zu Beginn eines Regengusses und nach etwa 20 Minuten je eine Probe Regenwasser auf. Die beiden Proben werden mit etwas Lackmusfarbstoff geprüft.

Ist eine Veränderung des Farbstoffes festzustellen? Was kannst du aus dem Ergebnis schließen?

V 5 Autoabgase sollen zur Entstehung des sauren Regens beitragen. Das soll näher untersucht werden.

Zunächst stellen wir eine Prüflösung *(Indikatorlösung)* her: Wir geben zu ca. 100 ml destilliertem Wasser wenig Lackmusfarbstoff. Die Lösung soll nur schwach gefärbt sein. Anschließend verteilen wir sie gleichmäßig auf zwei Erlenmeyerkolben (250 ml).

Nun fangen wir in einer Plastiktüte (Inhalt etwa 5 l) bei laufendem Motor Autoabgase T auf. (Vorsicht! Die Abgase nicht einatmen!)

Drücke die Abgase langsam durch die Prüflösung in einem der beiden Erlenmeyerkolben. Vergleiche dann mit der Lösung im anderen Kolben. Was stellst du fest?

V 6 Feste Brennstoffe enthalten oft Schwefelverbindungen; das ist z. B. auch bei der *Steinkohle* so. Wenn sie verbrannt wird, entsteht unter anderen Stoffen Schwefeldioxid.

Wir leiten die Verbrennungsprodukte einer Portion Steinkohle (oder Fettkohle) durch eine stark verdünnte Lösung von Kaliumpermanganat Xn (Indikatorlösung; Bild 5).

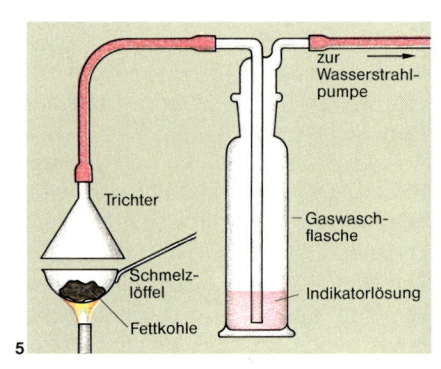

Wir weisen saure Lösungen mit Indikatoren nach

Es gibt viele Stoffe, die einen mehr oder weniger sauren Geschmack haben. Du brauchst nur an Zitronen oder andere Früchte sowie an Fruchtbonbons oder Sauerkraut zu denken. Diese Stoffe enthalten **Säuren** oder **saure Lösungen**.

Den Geschmack unbekannter Stoffe darf man niemals mit der Zunge prüfen! Sie könnten giftig sein! Deshalb verwendet man zum Nachweis saurer Lösungen sogenannte **Indikatoren** (lat. *indicator:* Anzeiger).

Es gibt Stoffe, die bei Zugabe von sauren Lösungen ihre Farbe verändern; sie sind deshalb als Indikatoren geeignet. Dazu gehören auch bestimmte **Pflanzenfarbstoffe**. Einige von ihnen sind schon seit Jahrhunderten bekannt.

Rotkohlfarbstoff erhält man aus zerkleinerten Blättern des Rotkohls. Der blaue Rotkohlfarbstoff, der im Rotkohlsaft enthalten ist, wird durch saure Lösungen rot.

Lackmusfarbstoff wird aus einer bestimmten Flechtenart gewonnen. Daraus werden *Lackmuslösung* und *Lackmuspapier* hergestellt. In sauren Lösungen wird blauer Lackmusfarbstoff rot (Bild 6).

Schwarzer Tee ist als Getränk bekannt. Wenn man eine saure Lösung hinzufügt (z. B. Zitronensaft), wird er aufgehellt.

Bei chemischen Experimenten im Labor benutzt man außer den unterschiedlichsten Indikatoren, auch besondere Messgeräte. Sie werden **pH-Meter** genannt. Damit kann man nicht nur ermitteln, ob eine Flüssigkeit sauer reagiert, sondern auch wie stark oder wie schwach sauer eine saure Lösung wirkt.

Die Geräte zeigen jeweils einen Zahlenwert an, den sog. *pH-Wert*. Am Digital-pH-Meter (Bild 7) kann man den Zahlenwert direkt ablesen, an anderen Geräten liest man ihn an einer Zahlenskala ab (Bild 8).

Eine Lösung mit dem pH-Wert 7 wirkt noch nicht sauer. Man sagt, die Lösung ist *neutral* (z. B. reines Wasser).

Der pH-Wert saurer Lösungen ist stets kleiner als 7. Je saurer eine Lösung wirkt, desto kleiner ist ihr pH-Wert (Bild 9).

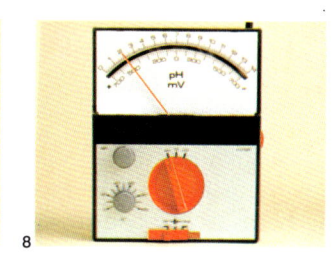

Wie entsteht der saure Regen?

Der Regen war schon immer leicht sauer. Noch bevor erste Fabriken entstanden oder Autos zu fahren begannen, befand sich nämlich **Kohlenstoffdioxid** in der Luft. (Es entsteht bei der Atmung und bei der Verbrennung von Brennstoffen.) Bei der Reaktion von Kohlenstoffdioxid mit Wasser entsteht **Kohlensäure**. Sie wirkt nur schwach sauer und kaum schädigend.

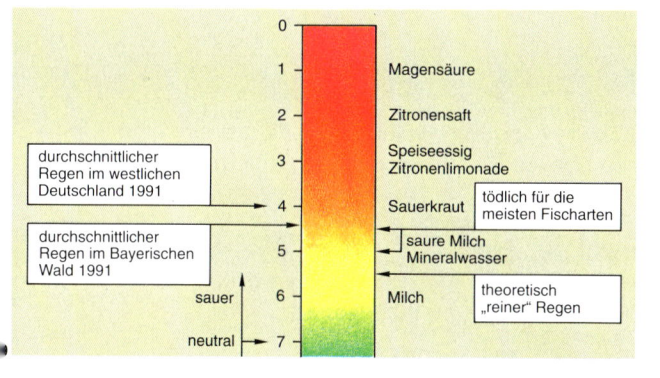

In den Feuerungsanlagen von Kraftwerken, Industrieanlagen und Haushalten werden Kohle oder Heizöl verbrannt. Da die Brennstoffe Schwefelverbindungen enthalten, entsteht **Schwefeldioxid**. Dieses Gas reagiert mit der Luftfeuchtigkeit; es entsteht **schweflige Säure**.

Unter Mitwirkung von Staubteilchen in der Luft bildet sich auch **Schwefeltrioxid** und daraus mit Wasser **Schwefelsäure**.

Der Stickstoff der Luft reagiert normalerweise nicht mit Sauerstoff. Durch einen elektrischen Funken (z. B. einen Blitz) verbinden sich beide Gase aber doch zu **Stickstoffoxiden**. Diese bilden mit Feuchtigkeit **Salpetersäure**.

Die Stickstoffoxide in der Luft stammen zu einem großen Teil aus Autoabgasen. Sie bilden sich in Folge der hohen Verbrennungstemperaturen im Zylinder.

Diese Säuren in der Luft können den Regen ziemlich sauer machen (Bild 9).

Aus Umwelt und Technik: **Kalk gegen sauren Regen**

Bis vor wenigen Jahren trug das Schwefeldioxid wesentlich zur Entstehung des sauren Regens bei. In den Industrieländern ist aber inzwischen der Ausstoß an diesem Gas erheblich verringert worden.

Dafür ist der Anteil an Stickstoffoxiden in der Luft gewachsen. Es fahren nämlich heute viel mehr Autos als früher. So sind nun die Stickstoffoxide die Hauptverursacher des sauren Regens.

Am meisten betroffen sind nach wie vor die Seen und Gewässer in Nordeuropa. Die Folgen davon werden in Schweden besonders radikal bekämpft: Dort kippt man jährlich etwa 100 000 t Kalk in die Gewässer. (Kalk beseitigt die saure Wirkung.) So kann die saure Wirkung des Wassers zumindest verringert werden. Die ersten Erfolge sind bereits festzustellen: Es konnten wieder mehr Lachse gefangen werden.

In Deutschland kalkt man seit einigen Jahren großflächig Waldgebiete, die besonders unter saurem Regen leiden. So werden z. B. im Harz 16 t Kalk pro Jahr und Hektar ausgestreut. – Ob das auf Dauer gut ist?

Aus Umwelt und Technik: **Waldschäden durch sauren Regen**

Luftverschmutzung – Ursache für die Waldschäden

Unsere Wälder sind krank. Besonders betroffen sind die Nadelbäume; aber auch an den Laubbäumen werden zunehmend mehr Schäden beobachtet.

Wissenschaftler vermuten, dass eine der Hauptursachen für die Waldschäden die Luftverschmutzung ist. Kraftwerke, Industrieanlagen, Kraftfahrzeuge und private Heizungsanlagen blasen jährlich Millionen Tonnen Staub und schädliche Abgase in die Luft.

Der Ausstoß von Schwefeldioxid – dem Hauptverursacher des „sauren Regens" – beträgt z. B. jährlich etwa 36 kg pro Kopf der Bevölkerung. Hinzu kommen vor allem Stickstoffoxide und Kohlenwasserstoffe, die für das Entstehen hochgiftiger Stoffe in der Atmosphäre – wie z. B. Ozon – verantwortlich sind.

Erste Untersuchungen haben gezeigt, dass die schädigende Wirkung der Luftverschmutzung vor allem auf einem komplizierten Zusammenwirken verschiedener Stoffe beruht. Die Folge ist eine Schädigung der Blätter und Wurzeln der Bäume und letztlich eine Herabsetzung ihrer natürlichen Widerstandskraft gegenüber tierischen und pflanzlichen Schädlingen.

Die Verantwortlichen bemühen sich um die Durchsetzung schnell wirkender Gegenmaßnahmen, wie z. B. den Einbau von Filteranlagen in Schornsteine von Kraftwerken und Industrieanlagen und die Herabsetzung des Schadstoffausstoßes bei Kraftfahrzeugen durch Katalysatoren.

Luftverschmutzung kennt keine Grenzen. Dauerhafte Abhilfe ist daher nur durch ein Zusammenwirken aller europäischen Industrieländer möglich.

Können wir in 20 Jahren noch einen Waldlauf oder einen Waldspaziergang machen? Diese Frage ist gar nicht so leicht zu beantworten, denn in unseren Wäldern sterben seit ein paar Jahren die Bäume.

Forstarbeiter sind seit langem damit beschäftigt, tote und fast tote Bäume zu fällen. Während sie früher die Baumbestände alle sieben Jahre durchforsteten, müssen sie heutzutage zwei- bis dreimal im Jahr in dieselben Reviere.

Nadelbäume, die schon sehr krank sind, erkennt man z. B. daran, dass ihre Kronen stark gelichtet sind. Das heißt, sie haben den größten Teil ihrer Nadeln verloren. Oft sind nur noch die Nadeln des letzten Triebes vorhanden (Bild 1). Gesunde Fichten tragen dagegen Nadeln von 6–7 Jahrgängen, Tannen von 10–12 Jahren!

Bei den geschädigten Tannen sind deutliche Verfärbungen der Nadeln zu erkennen (Bild 2), bevor diese ebenfalls abfallen. Die Verfärbungen reichen von gelb bis rotbraun.

Wenn eine stark geschädigte Tanne gefällt wird, findet man im Holz häufig einen Nasskern. Du siehst ihn in Bild 3. Dieser Nasskern ist eine braunrot verfärbte, übel riechende Zone; in ihr sammeln sich Fäulnisbakterien an. Daran wird deutlich, dass nicht nur Schadstoffe aus der Luft auf die Bäume einwirken; auch aus dem Erdboden nehmen die Bäume Schadstoffe auf (Bild 4).

Auch bei den *Laubbäumen* weisen die kranken Bäume starke Veränderungen auf: Die Blätter haben z. B. unregelmäßige braune Flecken oder sie rollen sich zusammen. Außerdem färben sich kranke Bäume im Herbst viel früher als gesunde.

Bei einer starken Schädigung des Baumes werden die Astspitzen und die Äste im oberen Bereich der Krone trocken. Die Baumkrone ist gegenüber gesunden Laubbäumen deutlich „verlichtet".

Außerdem zeigt die Rinde häufig tiefe Risse. Oder sie hat im unteren Bereich des Stammes schwarze Flecken, aus denen eine klebrige Flüssigkeit austritt. Es entstehen auch krebsartige Wucherungen.

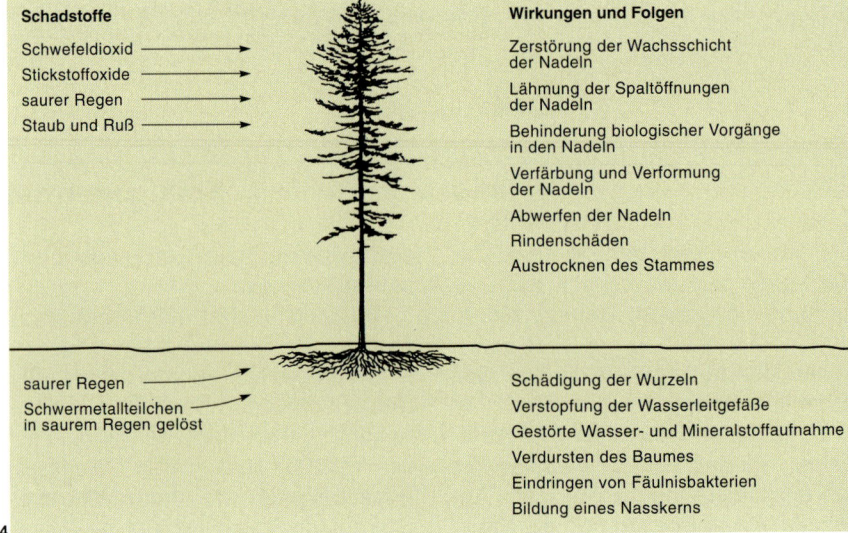

Schadstoffe	Wirkungen und Folgen
Schwefeldioxid	Zerstörung der Wachsschicht der Nadeln
Stickstoffoxide	Lähmung der Spaltöffnungen der Nadeln
saurer Regen	Behinderung biologischer Vorgänge in den Nadeln
Staub und Ruß	Verfärbung und Verformung der Nadeln
	Abwerfen der Nadeln
	Rindenschäden
	Austrocknen des Stammes
saurer Regen	Schädigung der Wurzeln
Schwermetallteilchen in saurem Regen gelöst	Verstopfung der Wasserleitgefäße
	Gestörte Wasser- und Mineralstoffaufnahme
	Verdursten des Baumes
	Eindringen von Fäulnisbakterien
	Bildung eines Nasskerns

168

Aus Umwelt und Technik: Der Anfang vom Ende eines Nadelbaumes

Der in Heilbronn lebende Wissenschaftler *Ricardo Ojeda-Vera* versuchte vor einigen Jahren die Schädigungen an Bäumen mit Hilfe komplizierter Fotoverfahren sichtbar zu machen (Bilder 5–11). So wurde deutlich, wie Nadeln und Blätter von Schadstoffen ausgebleicht und verätzt, anschließend von Pilzen befallen und von Tumoren zerfressen werden. Dabei wirken vermutlich verschiedene Schadstoffe aus Luft und Erdboden zusammen.

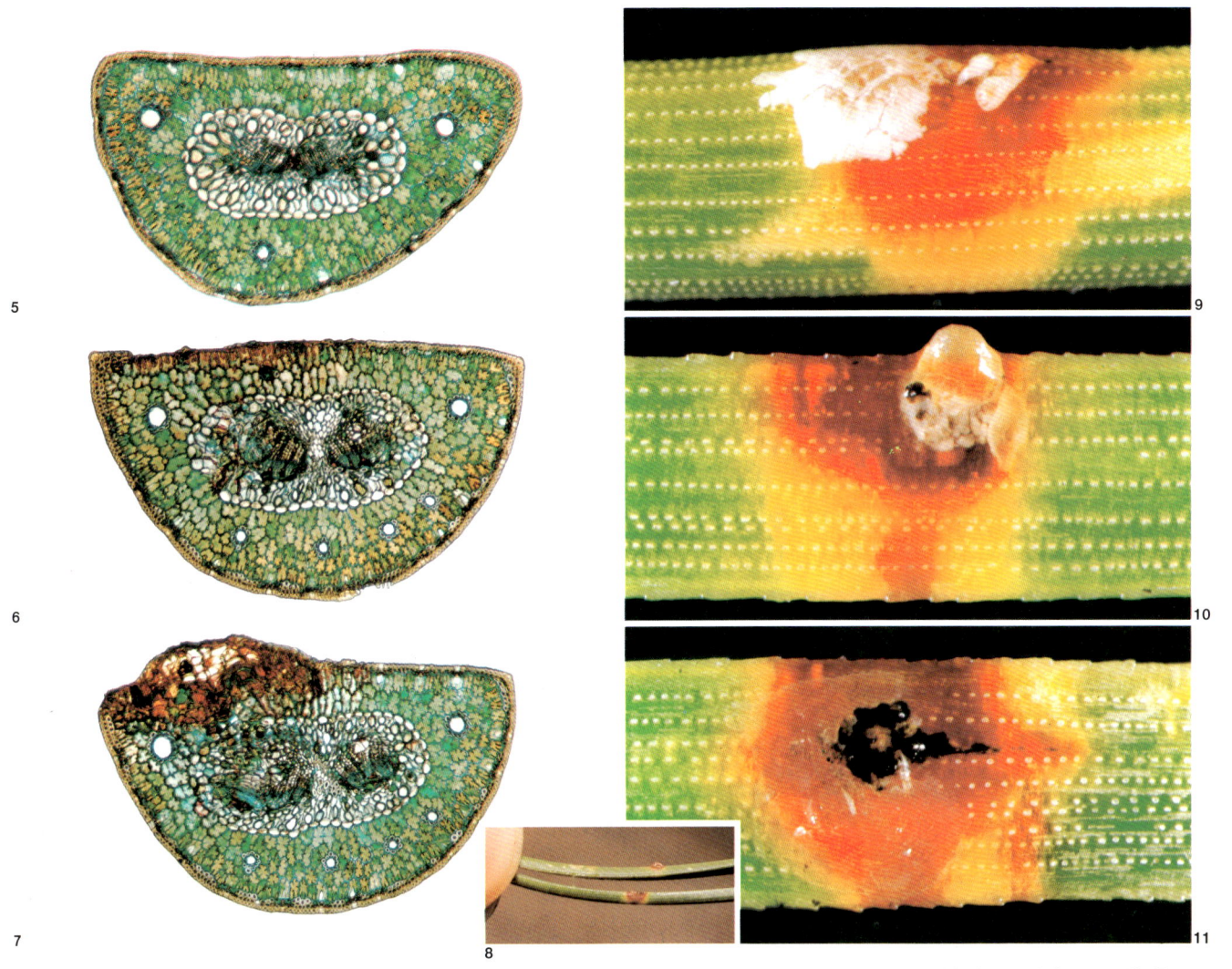

Die Bilder 5–7 zeigen dir Querschnitte durch die Nadel einer Schwarzkiefer (etwa 100fache Vergrößerung).

In Bild 5 ist eine gesunde Nadel dargestellt. Man erkennt mehrere dicke Hautschichten mit zahlreichen Spaltöffnungen. Damit atmet der Baum. Im grünen Gewebe liegen einige Harzkanäle. Das Zentrum der Nadel bildet ein Doppelstrang von Versorgungskanälen. In ihnen werden Wasser und Nährstoffe von den Wurzeln bis zu den Nadelspitzen transportiert.

In Bild 6 haben Schadstoffe die Hautschichten zerstört und einige Spaltöffnungen vernichtet. Die dunkelbraunen Verfärbungen in den Versorgungskanälen weisen darauf hin, dass auch mit dem Saftstrom Schadstoffe in die Nadel eingedrungen sind.

Die Krankheit schreitet fort (Bild 7): Ein Tumor frisst sich in das Gewebe der Nadel. Auf der Oberfläche der Nadel ist er in natürlicher Größe nur als winziger dunkler Fleck zu erkennen (Bild 8).

Die Bilder 9–11 zeigen, wie sich eine Kiefernnadel gegen die Zerstörung ihrer Oberfläche wehrt (etwa 75fache Vergrößerung).

Die kurzen weißen Striche sind die Spaltöffnungen. Eine 10 cm lange Nadel hat etwa 37 000 davon! Durch diese Öffnungen sind giftige Chemikalien in das Gewebe eingedrungen. Andere haben die Hautschicht zerstört. Die Nadel hat dagegen weiße Abwehrstoffe gebildet (Bild 9).

An dieser kranken Stelle ist die Nadel nun geschwächt. Dadurch wird sie besonders anfällig gegen Pilzbefall.

Der schwarze Fleck in Bild 10 ist solch ein Pilz. Die Nadel versucht durch einen Ausstoß von Harz den Pilzbefall abzuwehren.

In Bild 11 ist zu erkennen, wie sich der Pilz vermehrt hat. Die braunen Gewebeteile der Nadel sind bereits abgestorben, die roten und gelben zeigen verschiedene Stadien der Zerstörung. Der Kampf des Baumes gegen die Zerstörung ist also erfolglos.

Säuren und ihre Eigenschaften

1 Salzsäure – eine Lösung von Chlorwasserstoffgas in Wasser

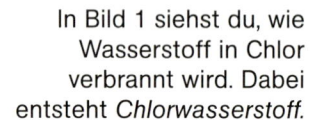

In Bild 1 siehst du, wie Wasserstoff in Chlor verbrannt wird. Dabei entsteht *Chlorwasserstoff*.

Leider lässt sich das Reaktionsprodukt nur schlecht untersuchen. Wie ist z. B. seine *Löslichkeit*?

V 1 (Lehrerversuch) Bild 2 zeigt, wie man größere Mengen an *Chlorwasserstoff* C,T herstellen kann.

Alle Glasgeräte müssen trocken sein. Die Öffnung des Trichters endet *über* der Wasseroberfläche. Dabei darf der Trichter nicht nass werden!

a) Was kann man im Rundkolben und im Becherglas beobachten?

b) Welchen Geruch stellt man nach kurzer Zeit fest?

c) Ein Stück feuchtes Indikatorpapier wird möglichst dicht an die Öffnung des Trichters gehalten.

V 2 Wir prüfen den pH-Wert der Lösung im Becherglas. Wie reagiert sie? Wie ist ihre elektrische Leitfähigkeit (Lämpchen: 4 V/0,04 A) und ihr Verhalten gegenüber Metallen?

V 3 (Lehrerversuch) Zwei Glaskolben werden mit Chlorwasserstoff C,T gefüllt und verschlossen.

a) Der Versuch wird nach Bild 3 aufgebaut. Was geschieht, wenn man das Glasrohr ins Wasser taucht?

b) Es wird eine Lage feuchtes Filterpapier mit einem Gummiring am Flüssigkeitsbehälter eines Thermometers befestigt (Bild 4). Dann führt man das Thermometer in den anderen Kolben ein. An der Skala wird abgelesen.

c) Was sagen die beiden Teilversuche über die Reaktion von Chlorwasserstoff mit Wasser aus?

V 4 In einem Reagenzglas befindet sich nur ca. 1 cm hoch konzentrierte Salzsäure C (Stativ, Schutzbrille!).

a) Wie verändert sich ein angefeuchtetes Stück Indikatorpapier, das direkt über die Reagenzglasöffnung gehalten wird?

b) Der Versuch wird so wie in Bild 5 ergänzt und die Salzsäure etwas erwärmt. Was zeigt der Universalindikator an, wenn er nach 2 Minuten in das Wasser gegeben wird?

V 5 Den Versuch nach Bild 2 bauen wir noch einmal auf, nehmen jetzt aber ein längeres Winkelröhrchen. Anstelle des Wassers füllen wir etwa 2 cm hoch Aceton F aus der Schulsammlung in das Becherglas.

a) Prüfe das Aceton nach kurzer Zeit mit Indikatorpapier. Stelle fest, ob es den elektrischen Strom leitet.

b) Wir schütten nun etwas Wasser in das Aceton. Was beobachtest du?
Versuche deine Beobachtung zu erklären.

c) Was kannst du zur Löslichkeit von Chlorwasserstoff in Aceton sagen?

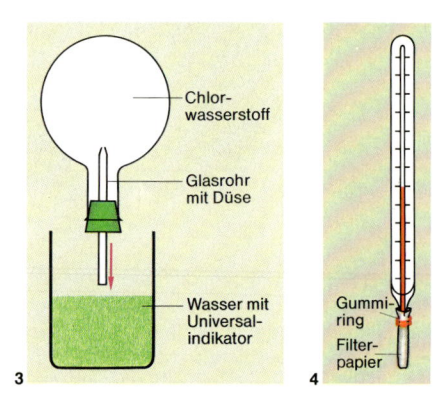

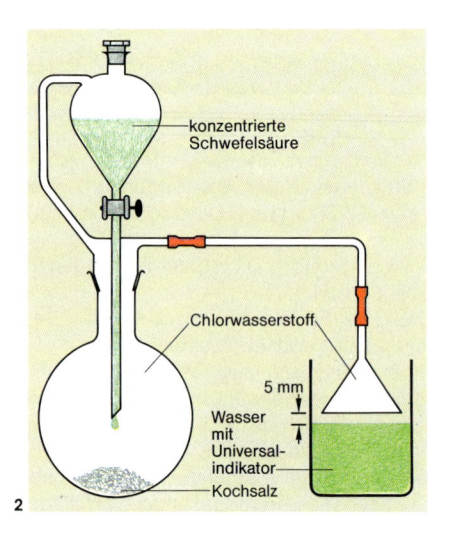

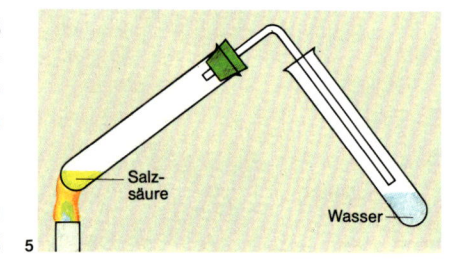

Vom Chlorwasserstoff zur Salzsäure

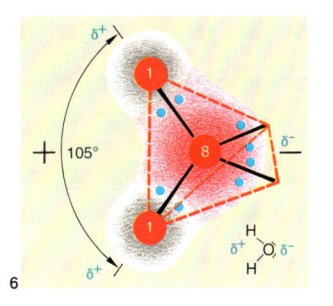

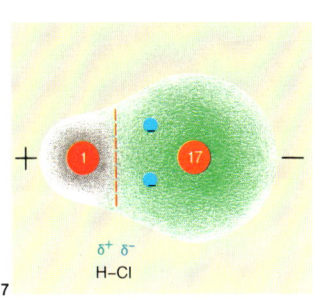

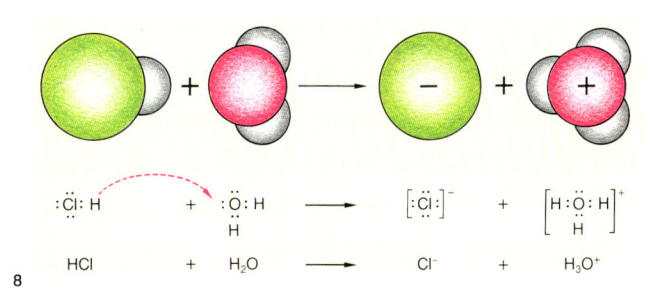

Chlorwasserstoff (Chemiker nennen ihn auch *Hydrogenchlorid*) löst sich gut in Wasser. So lösen sich z. B. bei einer Wassertemperatur von 20 °C in einem Liter Wasser 442 l Chlorwasserstoff.

Die entstehende Lösung zeigt folgende Eigenschaften: Sie färbt Blaukrautsaft, blaues Lackmuspapier und Universalindikator rot, reagiert stark sauer und leitet den elektrischen Strom. Es ist eine Säure entstanden, die **Salzsäure**.

Es kann also nicht sein, dass sich der Chlorwasserstoff im Wasser nur gelöst hat; er muss auch mit dem Wasser reagiert haben. *Wie kommt es zur Bildung von Salzsäure?*

Die kleinsten Teilchen der *Ausgangsstoffe* der Salzsäure sind **Moleküle**. Das gilt für Wasser (H_2O; Bild 6) und auch für Chlorwasserstoff (HCl; Bild 7).

In den Molekülen des Wassers und in denen des Chlorwasserstoffs liegt jeweils **polare Elektronenpaarbindung** vor. Beide Moleküle sind **Dipole**.

Mit Hilfe der Wassermoleküle werden die Chlorwasserstoffmoleküle jeweils in ein einfach positiv geladenes Wasserstoff-Ion und ein einfach negativ geladenes Chlorid-Ion gespalten.

$HCl \rightarrow H^+ + Cl^-$

Die Wasserstoff-Ionen sind Protonen (elektrisch einfach positiv geladen). Sie können nicht frei existieren und lagern sich deshalb an Wassermoleküle an. Die Bildung von Salzsäure ist also eine Reaktion zwischen Wassermolekülen und Chlorwasserstoffmolekülen.

Betrachten wir den Vorgang genauer: Wenn ein Chlorwasserstoffmolekül mit einem Wassermolekül reagiert, zieht der elektrisch negative Pol des Wassermoleküls den elektrisch positiven Pol des Chlorwasserstoffmoleküls an.

Die starke Polarität der Bindungen in den Molekülen bewirkt, dass das Proton des Wasserstoffatoms vom Chlorwasserstoffmolekül zum Wassermolekül übertragen wird. Dort lagert es sich an ein nicht bindendes Elektronenpaar des Sauerstoffatoms an (Bild 8).

Aus dem elektrisch neutralen Chlorwasserstoffmolekül wird durch die Abgabe des Protons ein einfach negativ geladenes Teilchen, ein **Chlorid-Ion** (Cl^-).

Das (bisherige) Wassermolekül hat sich durch die Anlagerung des Protons ebenfalls verändert: Es hat nun eine elektrisch positive Ladung mehr als zuvor, ist also zu einem elektrisch positiv geladenen Teilchen geworden. Dieses Teilchen wird **Oxonium-Ion** (H_3O^+) genannt. (Das Oxonium-Ion wurde früher oft als *Hydronium-Ion* bezeichnet.)

Wassermoleküle, Chlorid-Ionen sowie Oxonium-Ionen bilden also zusammen die Salzsäure.

Die Oxonium-Ionen bewirken die saure Reaktion der Salzsäure. Oxonium-Ionen und Chlorid-Ionen bewirken gemeinsam die elektrische Leitfähigkeit.

Wenn man zwei Elektroden (Kohlestäbe oder Metallstäbe) in verdünnte Salzsäure eintaucht und sie mit einer elektrischen Spannungsquelle (Gleichspannung) verbindet, lässt sich ein elektrischer Strom messen. Die (positiv geladenen) Oxonium-Ionen wandern nämlich zum Minuspol, die (negativ geladenen) Chlorid-Ionen zum Pluspol. Beide Ionenarten wandern in entgegengesetzte Richtungen und bilden so den elektrischen Strom in der Lösung.

Die **Reaktionsgleichung für die Reaktion von Chlorwasserstoff mit Wasser** (Bild 8) kann man *vereinfacht* schreiben: Man lässt auf beiden Seiten des Reaktionspfeils das Wassermolekül weg.

$HCl \rightarrow H^+ + Cl^-$

Für das Oxonium-Ion ergibt sich dadurch eine vereinfachte Schreibweise (H^+). Das ist gleichzeitig die Schreibweise für das **Wasserstoff-Ion**.

Diese Bezeichnung geht auf den schwedischen Chemiker *Svante Arrhenius* (1859–1927) zurück. Er konnte die Vorgänge, die zur Bildung der Salzsäure führen, noch nicht ermitteln. So ging er davon aus, dass das Chlorwasserstoffgas in Wasser in Ionen zerfällt.

Aufgaben

1 Die Moleküle von Chlorwasserstoff und Wasser sind Dipole.
Beschreibe, wie sich das bei der Reaktion zwischen den beiden Stoffen auswirkt.

2 Trockenes Indikatorpapier zeigt weder in reinem Chlorwasserstoffgas noch über konzentrierter Salzsäure eine Reaktion; feuchtes Indikatorpapier wird dagegen sofort rot. Wie erklärst du das?

3 Schreibe zwei Reaktionsgleichungen für die Reaktion von Chlorwasserstoff mit Wasser auf – einmal in ausführlicher Form und einmal in verkürzter Schreibweise. Vergleiche beide Schreibweisen.

4 Welche Teilchen liegen in Chlorwasserstoff vor, welche in Salzsäure?

5 Wenn man Chlorwasserstoff in andere Lösemittel als Wasser einleitet (z. B. Aceton oder Benzin), kann man keine saure Reaktion feststellen (→ Versuch 5). Woran liegt das? Suche nach einer Erklärung dafür.

6 Fertige eine Zeichnung an, mit deren Hilfe du folgende Behauptung erläutern kannst: Chlorid-Ionen und Oxonium-Ionen bilden den elektrischen Strom in der sauren Lösung. Dabei wandern sie in entgegengesetzte Richtungen.

Aus Umwelt und Technik: **Handelsformen und Verwendung der Salzsäure**

Auf den Etiketten von Bild 1 erkennst du, dass es Salzsäure in verschiedenen Konzentrationen gibt. Für Versuche im Unterricht oder im Labor wird die Säure in anderen Konzentrationen verwendet als in der Industrie.

Beim Umgang mit dieser Säure sind die *Gefahrenhinweise* und *Sicherheitsratschläge* auf den Flaschenetiketten (ein Beispiel zeigt Bild 2) besonders zu beachten!

Du weißt, dass Salzsäure durch Reaktion von *Chlorwasserstoff* mit Wasser entsteht. In Deutschland wurden Mitte der 90er Jahre ca. 900 000 t Chlorwasserstoff hergestellt. Der größte Teil wird in der chemischen Industrie verbraucht, der Rest kommt als *Salzsäure* in den Handel.

Die wichtigsten **Handelsformen** sind die „Salzsäure chemisch rein" und die „Salzsäure fast chemisch rein".

Die *chemisch reine* Salzsäure (37–38%ig) wird auch *rauchende* oder *konzentrierte* Salzsäure genannt. Sie wird nur für spezielle Zwecke verwendet (z. B. in der Lebensmittelindustrie, im Labor und in der Elektronik)

Die Verwendung der *fast chemisch reinen* Salzsäure (30–32%ige) ist viel umfangreicher. Einen Überblick über die **Verwendung** der Salzsäure zeigt Bild 3.

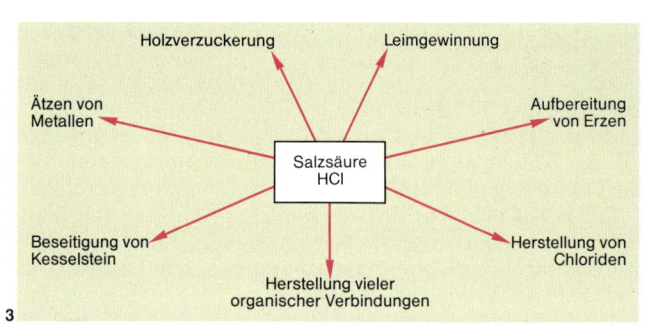

Aus Umwelt und Technik: **Salzsäure im Magen**

Aus einem Polizeibericht: „Die gerichtsmedizinische Untersuchung des Magens hat ergeben, dass der Tod 5–6 Stunden vor Auffinden der Leiche eingetreten sein muss." Wie konnte der Gerichtsmediziner das feststellen?

Der Magensaft enthält 0,5 % Salzsäure, die zwei wichtige Aufgaben im Magen zu erfüllen hat:

Zum einen tötet die Salzsäure die Bakterien ab, die wir ständig mit unserer Nahrung aufnehmen. Deshalb können Nahrungsmittel im Magen nicht gären oder faulen – auch nicht, wenn sie längere Zeit darin liegen.

Zum anderen spielt die Salzsäure eine wichtige Rolle bei der Verdauung: Im Magensaft befindet sich nämlich ein Stoff, der die Verdauung von Eiweißstoffen (z. B. in Fleisch oder Fisch) einleitet. Dieser Stoff wird aber nur in einer sauren Umgebung wirksam. Die Salzsäure im Magen stellt diese saure Umgebung her.

Weshalb wird aber der Magen selbst nicht angegriffen und wie anderes Fleisch verdaut?

Die Magenwand ist durch einen besonderen Schleim geschützt. Wenn dieser Magenschleim an einer Stelle fehlt (z. B. durch ungenügende Durchblutung der Magenwand), wird der Magen tatsächlich an dieser Stelle angegriffen. Es entsteht ein Magengeschwür.

Wenn der Tod eintritt, verliert die Magenwand ihren Schutz und wird nun ebenfalls vom Magensaft verdaut. Daraus, wie weit diese Verdauung fortgeschritten ist, kann der Gerichtsmediziner auf den Zeitpunkt des Todes schließen.

Auch das lästige *Sodbrennen* geht auf die Säure im Magen zurück. Wenn die Salzsäure einmal vom Magen her in die Speiseröhre gelangt, greift sie dort die empfindliche, nicht geschützte Schleimhaut an.

Der brennende Schmerz in der Speiseröhre entsteht also schon durch 0,5%ige Salzsäure. Du kannst dir jetzt sicher vorstellen, welche Auswirkungen ein versehentlicher Schluck einer stärker konzentrierten Säure hat!

Chlorwasserstoff im Vergleich mit anderen Säuren

Außer den Chlorwasserstoffmolekülen gibt es eine große Zahl anderer Moleküle, die in entsprechender Weise reagieren können: Bei der Bildung von *sauren Lösungen* geben diese Moleküle Protonen (Wasserstoff-Ionen) an Wassermoleküle ab. Dadurch entstehen *Oxonium-Ionen* (H_3O^+).

Den Teil der Säure, der nach Abgabe von Protonen übrig bleibt, nennt man **Säurerest**. Die Säurerest-Ionen befinden sich als elektrisch negativ geladene Ionen in der Lösung.

Allgemein wird die Bildung saurer Lösungen folgendermaßen beschrieben (darunter steht als Beispiel die Reaktion von Salpetersäure mit Wasser):

Säuremoleküle + Wassermoleküle → Säurerest-Ionen + Oxonium-Ionen

HNO_3 + H_2O → NO_3^- + H_3O^+
└─ 1 H^+ geht über ─┘

Vereinfacht:
HNO_3 → NO_3^- + H^+

Jede Säure hat ein anderes Säurerest-Ion. Deshalb kann man saure Lösungen an ihren Säurerest-Ionen unterscheiden.

Einige Moleküle bestimmter Säuren können *zwei* Protonen (Wasserstoff-Ionen) abgeben. Die Abgabe der Wasserstoff-Ionen geht dann schrittweise nacheinander vor sich:
Beispiel: Kohlensäure reagiert mit Wasser.
Vereinfacht:
1. Schritt: H_2CO_3 → H^+ + HCO_3^-
(Hydrogencarbonat-Ion)
2. Schritt: HCO_3^- → H^+ + CO_3^{2-}
(Carbonat-Ion)

Ionen in Säurelösungen
(vereinfachte Schreibweise)

Säure	Ionen der Säurelösung	Säurerest-Ion (Anion)
Salzsäure, HCl	H^+ + Cl^-	Chlorid-Ion
Salpetersäure, HNO_3	H^+ + NO_3^-	Nitrat-Ion
Schwefelsäure, H_2SO_4	2 H^+ + SO_4^{2-}	Sulfat-Ion
Schweflige Säure, H_2SO_3	2 H^+ + SO_3^{2-}	Sulfit-Ion
Kohlensäure, H_2CO_3	2 H^+ + CO_3^{2-}	Carbonat-Ion
Phosphorsäure, H_3PO_4	3 H^+ + PO_4^{3-}	Phosphat-Ion

Fragen und Aufgaben zum Text

1 Die Moleküle der in der Tabelle angegebenen Säuren sind nur aus Nichtmetallatomen aufgebaut.

a) Welches Element ist in allen in der Tabelle genannten Säuren chemisch gebunden? Wie kann man das durch einen Versuch nachweisen? Beschreibe ihn stichwortartig.

b) Welche Nichtmetalle sind am Aufbau der Säurerest-Ionen beteiligt?

c) Die Salzsäure macht im Vergleich mit den anderen Säuren in der Tabelle eine Ausnahme. Erläutere!

d) Versuche den Zusammenhang zwischen dem Namen und der Zusammensetzung der Säurerest-Ionen zu erläutern.

Aus der Geschichte: Wie der Säurebegriff entwickelt wurde

Zunächst waren Säuren ganz einfach Flüssigkeiten, die sauer schmecken. Erst im Mittelalter, als man mehrere Säuren in größeren Mengen herstellen konnte, wurden weitere gemeinsame Eigenschaften der Säuren gesucht.

Eine Beschreibung solcher Eigenschaften gab 1663 der Brite *Robert Boyle*: „Säuren schmecken sauer, lösen Marmor und färben bestimmte Pflanzenfarbstoffe rot."

Mehr als hundert Jahre später schrieb der französische Chemiker *Antoine Laurent Lavoisier*: „Alle Säuren enthalten Sauerstoff und entstehen bei der Reaktion von Nichtmetalloxiden mit Wasser."

Dies war – wie du weißt – eine falsche Vermutung, denn Salzsäure enthält keinen Sauerstoff. Das Element Chlor wurde aber viele Jahre lang als ein Nichtmetalloxid angesehen, das mit Wasser die Salzsäure bildet.

Justus von Liebig lieferte eine weitere Beschreibung, die tatsächlich auf alle sauren Lösungen zutrifft. Aus der Beobachtung der Reaktionen von Metallen mit Säuren schloss er im Jahre 1838, dass „Säuren Wasserstoff enthalten" müssen.

Alle diese Beschreibungen bezogen sich auf die Eigenschaften von Flüssigkeiten mit sauren Reaktionen. Man wollte eine allgemeine Erklärung und Begründung für diese Eigenschaften finden.

Knapp 50 Jahre später wurde der Säurebegriff deutlich verändert:

Untersuchungen zur elektrischen Leitfähigkeit von trockenen Stoffen, wässrigen Lösungen sowie Mischungen der Säuren und Laugen führten dazu, dass der Schwede *Svante Arrhenius* die Bildung von Ionen als wesentlichen Vorgang bei der Entstehung von Säuren ansah.

Im Jahre 1884 formulierte er: „Säuren sind Stoffe, die beim Lösen in Wasser Wasserstoff-Ionen (H^+-Ionen) abspalten." Nach dieser Theorie bewirken die Wasserstoff-Ionen die saure Reaktion der Lösungen.

Wir haben noch kurz eine weitere Theorie kennen gelernt; sie entstammt einem Vorschlag des dänischen Chemikers *Johann Nicolaus Brönsted* (1879–1947). Dabei geht es nicht mehr um die Eigenschaften von Stoffen, sondern um das Verhalten von Teilchen: „*Säuren sind Teilchen*, die Protonen abgeben; sie sind Protonenspender. Protonenempfänger sind Teilchen, die Protonen aufnehmen; sie werden *Basen* genannt."

Reaktionen, bei denen Protonen von einer Teilchenart auf eine andere übergehen, werden *Reaktionen mit Protonenübertragung* genannt. Sie laufen nicht nur ab, wenn bestimmte Stoffe mit Wasser reagieren. Vielmehr kann man viele Beobachtungen mit dieser Theorie erklären.

2 Eigenschaften und Verwendung der Schwefelsäure

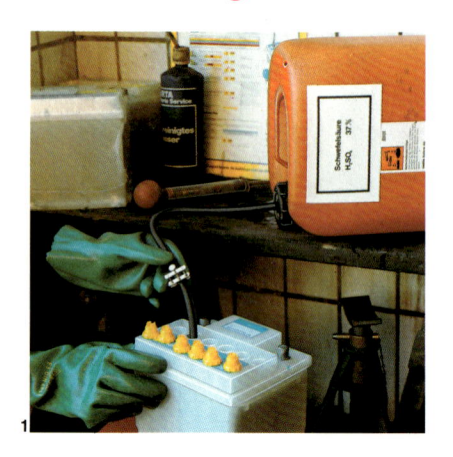

Hier siehst du die wohl einzige Möglichkeit, bei der du die Verwendung von Schwefelsäure direkt beobachten könntest (Bild 1): Verdünnte Schwefelsäure wird in eine neue Autobatterie gegossen.

Was du nicht beobachten kannst: Die Schwefelsäure wird zur Herstellung neuer Stoffe (z. B. andere Säuren, Düngemittel) und zur Reinigung von Stoffen (z. B. Altöl) verwendet. Sie gehört zu den wichtigsten Säuren für die chemische Industrie.

Sicherheitsmaßnahmen, die beim Umgang mit konzentrierter Schwefelsäure unbedingt beachtet werden müssen: Schutzscheibe, Schutzkleidung, Schutzbrille.

V 6 Wir prüfen, ob eine verdünnte Schwefelsäure [Xi] den elektrischen Strom leitet.

V 7 *(Lehrerversuch)* Bariumchloridlösung (über 25 % [Xn]) ist ein Nachweismittel für die Sulfat-Ionen (SO_4^{2-}-Ionen) der Schwefelsäure.

Man stellt zunächst eine verdünnte Lösung von Bariumchlorid [T] her. Dazu löst man 1 Spatel Bariumchlorid in ca. 20 ml destilliertem Wasser.

Dann füllt man ein Reagenzglas ca. 3 cm hoch mit dieser Bariumchloridlösung und tropft nach und nach ein wenig verdünnte Schwefelsäure [Xi] dazu (Bild 2). Wenn sich ein weißer Niederschlag von Bariumsulfat ($BaSO_4$) bildet, sind Sulfat-Ionen vorhanden.

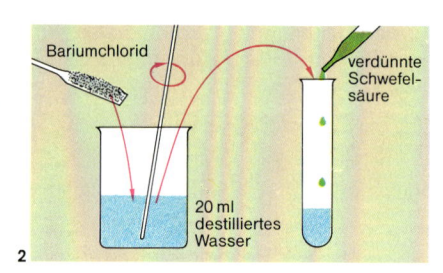

V 8 Wir füllen vier Reagenzgläser jeweils etwa 3 cm hoch mit verdünnter Schwefelsäure [Xi]. Wie reagieren darin Späne von Magnesium [F], Zink [F], Eisen und Kupfer? Beobachte eine Zeit lang und beschreibe.

Die Bilder 3–8 zeigen **Ergebnisse von Lehrerversuchen** mit Schwefelsäure.

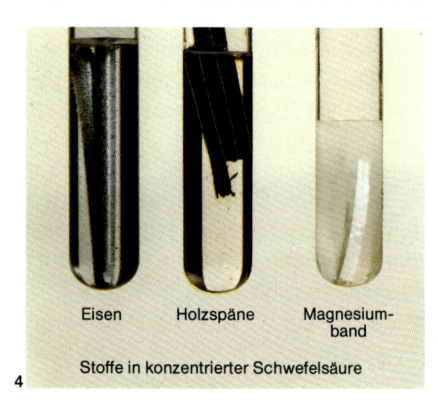

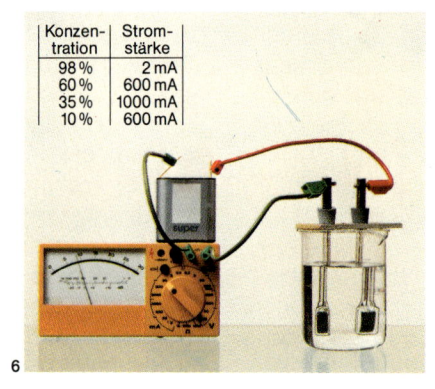

Eigenschaften der konzentrierten Schwefelsäure

Reine konzentrierte Schwefelsäure ist eine farblose, geruchlose und ölig fließende Flüssigkeit. Diese Säure hat mit 1,84 g/cm³ fast die doppelte Dichte von Wasser und siedet bei 338 °C.

Konzentrierte Schwefelsäure zeigt die typischen Eigenschaften von sauren Lösungen nur schwach (oder gar nicht). Wir können daraus schließen, dass konzentrierte Schwefelsäure **keine Ionen** enthält. Sie besteht vielmehr aus Molekülen mit der Formel H_2SO_4 (Bild 9).

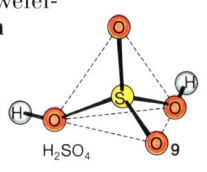

Konzentrierte Schwefelsäure ist stark **hygroskopisch**; d. h., sie nimmt „begierig" Wasser auf. Daher benutzt man sie z. B. zum Trocknen von Gasen.

Auch das Verkohlen von Holz, Zucker oder Fleisch hängt damit zusammen. Das sind Verbindungen aus Kohlenstoff, Wasserstoff und Sauerstoff. Die Schwefelsäure zersetzt diese Verbindungen: Aus Wasserstoff und Sauerstoff entsteht Wasser, das die Säure an sich reißt; der Kohlenstoff bleibt zurück (Bild 10). Bei dieser Reaktion wird Wärme frei.

Konzentrierte Schwefelsäure ruft auf unserer Haut schmerzhafte, schlecht heilende **Verätzungen** und **Verbrennungen** hervor. Deshalb sind beim Umgang mit dieser Säure größte Vorsicht und Schutzkleidung erforderlich. (Solche Vorsichtsmaßnahmen gelten auch für andere stark wirkende Säuren.)

Hohe **Unfallgefahr besteht beim Verdünnen der Schwefelsäure**: Wenn sie mit Wasser vermischt wird, erwärmt sie sich sehr stark. Dabei können Wasser und Säure aus dem Gefäß spritzen.

Daher: Beim Verdünnen der Schwefelsäure *die Säure langsam in Wasser gießen*, dabei stets umrühren und die Temperatur beobachten (Bild 11)! Niemals Wasser in die Säure gießen!

Merke: *Erst das Wasser, dann die Säure – sonst geschieht das Ungeheure!*

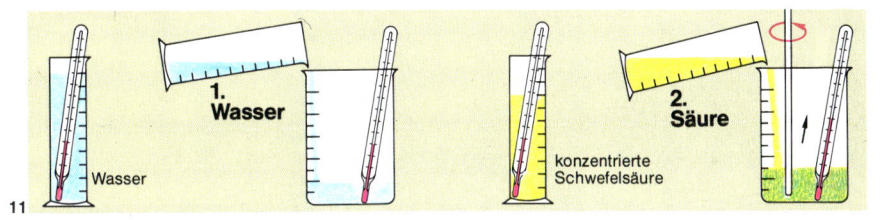

Eigenschaften der verdünnten Schwefelsäure

Im Gegensatz zu der konzentrierten Schwefelsäure zeigt eine Lösung von Schwefelsäure in Wasser (verdünnte Säure) alle Reaktionen einer sauren Lösung; sie muss also Ionen enthalten.

Beim Verdünnen entstehen aus den Schwefelsäuremolekülen in zwei Stufen Wasserstoff- und Säurerest-Ionen.

$H_2SO_4 \rightarrow H^+ + HSO_4^-$
(Hydrogensulfat-Ion)

$HSO_4^- \rightarrow H^+ + SO_4^{2-}$
(Sulfat-Ion)

Genauer betrachtet reagiert die Schwefelsäure tatsächlich mit Wasser. Dabei bilden sich in der Lösung *Oxonium-Ionen* H_3O^+. Gleichzeitig entstehen *Hydrogensulfat-Ionen* HSO_4^- (Bild 12).

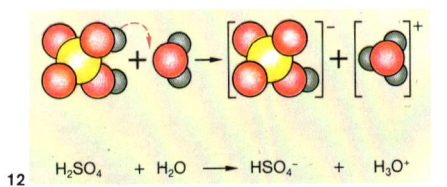

Diese Reaktion verläuft stark exotherm; sie führt zu einer plötzlichen Erwärmung der Säurelösung.

Je mehr die konzentrierte Schwefelsäure verdünnt wird, desto mehr Ionen entstehen. Ihre steigende Zahl bewirkt eine Verstärkung der Säureeigenschaften der Lösung.

Schwefelsäure leitet deshalb bei sinkender Konzentration (bis ca. 30 %) immer besser den elektrischen Strom. Danach nimmt die Leitfähigkeit wieder ab.

Wenn eine etwa 10%ige Schwefelsäure vorliegt, haben fast alle Schwefelsäuremoleküle *ein* Proton (Wasserstoff-Ion) abgegeben. Bei weiterer Verdünnung geben einige HSO_4^--Ionen jeweils noch ein Proton ab. Es entstehen SO_4^{2-}-Ionen, die *Sulfat-Ionen*.

Verdünnte Schwefelsäure enthält also immer Wasserstoff-Ionen (genauer: Oxonium-Ionen), Hydrogensulfat-Ionen sowie Sulfat-Ionen. **Hydrogensulfat-Ionen und Sulfat-Ionen sind die Säurerest-Ionen der Schwefelsäure.**

Die Sulfat-Ionen können durch eine Reaktion mit Barium-Ionen nachgewiesen werden: Bei Zugabe von Bariumchloridlösung zu verdünnter Schwefelsäure bildet sich ein schwer löslicher weißer Niederschlag von Bariumsulfat.

$Ba^{2+} + SO_4^{2-} \rightarrow BaSO_4$

Verdünnte Schwefelsäure reagiert mit unedlen Metallen (z. B. Magnesium). Vereinfachte Reaktionsgleichung:

$Mg + SO_4^{2-} + 2\,H^+ \rightarrow Mg^{2+} + SO_4^{2-} + H_2$

Der entstehende Wasserstoff wird frei. Die Magnesium-Ionen und Sulfat-Ionen bleiben in der Lösung. Beim Eindampfen bilden sich daraus Kristalle von Magnesiumsulfat.

Mit Kupfer und Edelmetallen reagiert verdünnte Schwefelsäure nicht.

Fragen und Aufgaben zum Text

1 Notiere zu den beiden Bildpaaren 3/4 und 7/8 jeweils eine Eigenschaft der Schwefelsäure.

2 Wenn unedle Metalle mit verdünnter Schwefelsäure reagieren, bildet sich ein Gas (Bild 3).
Plane einen Versuch, bei dem du das Gas nachweisen könntest.

3 Konzentrierte Schwefelsäure lagert und transportiert man häufig in eisernen Behältern. Warum geht das nur bei der konzentrierten Schwefelsäure?

4 Welche Stoffe werden von konzentrierter Schwefelsäure stärker angegriffen als von verdünnter?

5 Was entsteht, wenn Schwefelsäure auf organische Stoffe einwirkt?

6 Welche Ionen befinden sich in einer nur wenig verdünnten Schwefelsäure?

3 Einige Eigenschaften der Kohlensäure

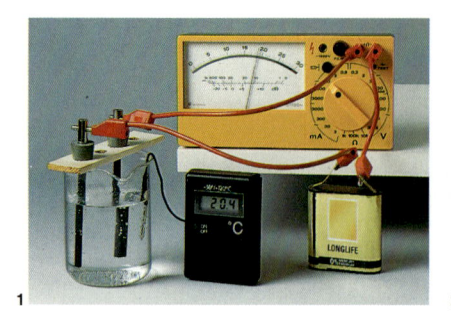

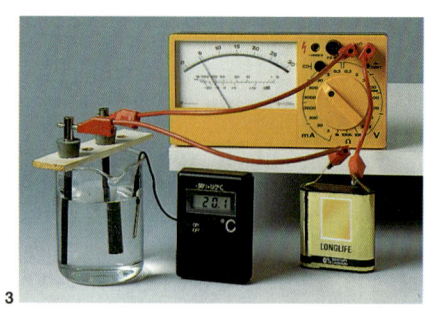

Mineralwasser mit viel Kohlensäure leitet den elektrischen Strom (Bild 1). Wenn es erhitzt (Bild 2) und wieder abgekühlt wird, verändert sich die Leitfähigkeit (Bild 3). Woran liegt das?

V 9 In einem Erlenmeyerkolben erwärmen wir etwas Mineralwasser (Siedesteinchen!). Das entstehende Gas leiten wir durch Kalkwasser [Xn].

Beobachte auch die Veränderungen im Mineralwasser.

V 10 Was geschieht beim Einleiten von Kohlenstoffdioxid in Wasser?

Zunächst wird destilliertes Wasser kurz bis zum Sieden erhitzt und abgekühlt. Dann werden einige Tropfen Universalindikator hinzugefügt.

Etwa 30 ml dieses Wassers geben wir in eine Waschflasche und lassen Kohlenstoffdioxid hindurchperlen.

Wir verteilen die Flüssigkeit auf zwei Bechergläser. Eine Probe wird erwärmt. Vergleiche das Ergebnis mit der unbehandelten Probe. Versuche den Unterschied zu erklären.

V 11 Welche Vorgänge laufen beim Entweichen von Kohlenstoffdioxid aus Mineralwasser ab?

Wir brauchen eine neue Flasche Mineralwasser, die gut gekühlt wurde. Daraus füllen wir ein Becherglas voll und prüfen den pH-Wert.

Dann lassen wir das Glas etwa 10 Minuten lang stehen und prüfen noch einmal den pH-Wert.

Anschließend wird die Flüssigkeit erhitzt. Wie ist der pH-Wert nun?

V 12 Diesmal prüfen wir, ob sich die Leitfähigkeit von destilliertem Wasser ändert, wenn wir Kohlenstoffdioxid hineinleiten.

V 13 Dies ist ein **Nachweis für Carbonat-Ionen**.

Zunächst stellen wir eine Lösung her, die Carbonat-Ionen enthält. Dazu lösen wir etwas Natriumcarbonat (Soda) [Xi] in Wasser auf. Dann fügen wir etwas Calciumhydroxidlösung (Kalkwasser) [Xn] hinzu. Beschreibe!

Bildung und Zerfall der Kohlensäure

Kohlenstoffdioxid CO_2 reagiert nur sehr langsam und in geringem Umfang mit Wasser zu **Kohlensäure**.

$$CO_2 + H_2O \rightleftarrows H_2CO_3$$

Ein Teil der Kohlensäuremoleküle zerfällt sofort in Ionen.

$$H_2CO_3 \rightleftarrows H^+ + HCO_3^-$$

Die Lösung enthält nun Wasserstoff-Ionen und *Hydrogencarbonat-Ionen*. Sie reagiert sauer und leitet elektrischen Strom.

Jedes Kohlensäuremolekül enthält jedoch *zwei* Wasserstoffatome. Deshalb kann das Hydrogencarbonat-Ion ein weiteres Wasserstoff-Ion abspalten.

$$HCO_3^- \rightleftarrows CO_3^{2-} + H^+$$

Wenn man also Kohlenstoffdioxid in Wasser einleitet, enthält die Lösung neben Wassermolekülen und einigen Kohlensäuremolekülen auch Wasserstoff-Ionen, Hydrogencarbonat-Ionen und *Carbonat-Ionen*.

Dabei *reagieren* jedoch nur etwa 0,2 % der Kohlenstoffdioxidmoleküle mit Wassermolekülen. 99,8 % der Kohlenstoffdioxidmoleküle sind einfach im Wasser gelöst. **Die Säurewirkung der Kohlensäure ist daher nur sehr schwach.**

Reine Kohlensäure H_2CO_3 lässt sich nicht aus ihrer wässrigen Lösung gewinnen. Beim Erwärmen zerfällt die Kohlensäure wieder in ihre Ausgangsstoffe. (Deshalb leitet erhitztes Mineralwasser den elektrischen Strom weniger gut als kaltes.)

Bildung und Zerfall der Kohlensäure sind *umkehrbare Reaktionen*. Das zeigt der Doppelpfeil in der Reaktionsgleichung.

Gibt man zu Lösungen, die Carbonat-Ionen enthalten, Calciumhydroxidlösung (Kalkwasser), so entsteht ein Niederschlag aus schwer löslichem Calciumcarbonat. **Das ist ein Nachweis für Carbonat-Ionen.**

$$Ca^{2+} + CO_3^{2-} \rightarrow CaCO_3$$

Der gleiche Niederschlag entsteht auch, wenn man Kohlenstoffdioxid durch Kalkwasser leitet. **Das ist der Nachweis für Kohlenstoffdioxid.**

$$Ca(OH)_2 + CO_2 \rightarrow CaCO_3 + H_2O$$

Fragen und Aufgaben zum Text

1 Mineralwasser enthält meist gelöstes Kohlenstoffdioxid. Ist dafür die Bezeichnung *Kohlensäure* gerechtfertigt?

2 Ist das Trinken von Kohlensäure gefährlich oder nicht?

3 Die Moleküle der Kohlensäure enthalten jeweils zwei Wasserstoffatome, die als Wasserstoff-Ionen abgespalten werden können. Deshalb kann die Kohlensäure zwei Arten von Salzen bilden.

Nenne die beiden Salzarten. Vergleiche auch die dazugehörigen Säurerest-Ionen.

4 Reaktionen von Säuren mit Metallen

Wenn man eine druckfeste wasserdichte Edelstahluhr in ein Glas mit heißer konzentrierter Salzsäure legt, ...

... stellt die Uhr nach ca. 16 Minuten die Zeitmessung ein. Die Edelstahloberfläche ist geschwärzt.

Nach weiteren 3 Stunden zerfällt die Uhr in Einzelteile.

Nach rund 8 Stunden hat sich die Uhr aufgelöst.

Nicht zur Nachahmung empfohlen! Aber wo ist das Metall geblieben?

V 14 Dieser Versuch zeigt weitere Eigenschaften der Salzsäure.

a) Wir geben 3 cm hoch verdünnte Salzsäure [Xi] in ein Reagenzglas (Schutzbrille!). Wie reagieren darin Späne von Aluminium, Eisen, Kupfer, Magnesium [F] und Zink [F]?
Wenn bei der Reaktion ein Gas frei wird, versuchen wir festzustellen, um welches Gas es sich handelt.

b) Am Ende der Reaktion geben wir so lange weitere Proben des jeweiligen Metalls in die Flüssigkeit, bis sich keine Gasbläschen mehr bilden. Anschließend filtrieren wir die Flüssigkeit ab.

c) Die Hälfte der jeweiligen Lösung dampfen wir in einer Porzellanschale ein. Zum Vergleich wird eine Probe der Salzsäure allein geprüft.

d) Den Rest der Lösung lassen wir in großen Uhrgläsern oder in Petrischalen *langsam* verdunsten. Vergleiche anschließend mit den Rückständen in den Porzellanschalen.

V 15 Wir überprüfen (so wie in Versuch 14), wie die Metalle mit anderen verdünnten Säuren reagieren, z. B. mit Schwefelsäure [Xi] oder Salpetersäure [C].

V 16 Wenn Chlorid-Ionen mit einer Lösung von Silbernitrat [C,O] reagieren, entsteht ein Niederschlag aus Silberchlorid.
Wir lassen noch einmal verdünnte Salzsäure [Xi] mit unedlen Metallen reagieren. Dann untersuchen wir die Lösungen auf Chlorid-Ionen.
In gleicher Weise prüfen wir Lösungen z. B. von Kupfer(II)-sulfat [Xn], Natriumchlorid und Kaliumnitrat [O].

Säuren bilden mit Metallen Salze

Wenn man verdünnte Salzsäure auf ein unedles Metall (z. B. Zink) einwirken lässt, entwickelt sich Wasserstoff. Er entweicht aus der Säure. Das Zinkstück wird allmählich kleiner und löst sich schließlich vollständig in der Säure auf.
Der bei der Reaktion entstehende Wasserstoff kann nur aus der verdünnten Säure stammen. Metalle sind nämlich Elemente und können deshalb keinen Wasserstoff enthalten.
Wenn die *Säure im Überschuss* vorhanden war, wird das Zink ganz gelöst.
War *Zink im Überschuss*, bleibt ein Teil davon übrig. Die Lösung reagiert dann nicht mehr mit weiterem Zink – sie ist in eine *Salz*lösung übergegangen. Wenn man diese eindampft, erhält man ein Salz, das Zinkchlorid.

Was geht bei dieser Reaktion im Bereich der kleinsten Teilchen vor sich?
In der verdünnten Salzsäure befinden sich Wassermoleküle, Oxonium-Ionen und Chlorid-Ionen (das sind die Säurerest-Ionen der Salzsäure).
Taucht man ein Stück Zink in die Säure, so werden jedem Zinkatom zwei Elektronen entzogen: Das Zinkatom wird zu einem Zink-Ion.
$$Zn \rightarrow Zn^{2+} + 2\ e^-$$
Die beiden Elektronen werden auf zwei Oxonium-Ionen übertragen. Es bilden sich zwei Wassermoleküle und ein Wasserstoffmolekül.
$$2\ H_3O^+ + 2\ e^- \rightarrow 2\ H_2O + H_2$$
Vereinfacht: $2\ H^+ + 2\ e^- \rightarrow H_2$
Bei dieser Elektronenübertragung von Zinkatomen auf Oxonium-Ionen werden die Oxonium-Ionen entladen. (Chlorid-Ionen sind an der Reaktion nicht beteiligt.) Schließlich enthält die Lösung nur noch Zink-Ionen und Chlorid-Ionen. Beim Eindampfen bilden sich daraus Ionenkristalle von Zinkchlorid.
$$Zn^{2+} + 2\ Cl^- \rightarrow ZnCl_2$$
Gesamtreaktion:
$$Zn + 2\ HCl \rightarrow ZnCl_2 + H_2$$

Entsprechend reagieren unedle Metalle auch mit anderen Säurelösungen.
Metall + Säure → Salz + Wasserstoff

Da viele unedle Metalle mit verschiedenen Säurelösungen reagieren können, gibt es zahlreiche unterschiedliche Salze. Ihre Namen werden aus den Namen der beteiligten Metall-Ionen und Säurerest-Ionen gebildet (→ nächste Seite).

Aufgaben

1 Salzsäure gilt für viele Menschen als *der* Vertreter der Säuren. Sie wurde seit 1650 als stark wirkende Säure eingesetzt. Welche Eigenschaften der Salzsäure spielen bei den folgenden Anwendungen jeweils eine Rolle?

a) Alte Blumentöpfe aus Kupfer oder Messing wurden mit einem Wattebausch abgerieben, der vorher in Salzsäure eingetaucht worden war.

b) Die Ablagerungen von Kesselstein in Heißwassergeräten wurden mit Salzsäure entfernt.

c) Bei der Herstellung von Namensschildern aus Eisen oder Aluminium wurde Salzsäure zum Herausätzen der Schrift verwendet.

2 Magnesium reagiert mit Salzsäure zu Magnesiumchlorid. Erkläre die folgende Reaktionsgleichung:
$Mg + 2\ H_3O^+ + 2\ Cl^- \rightarrow Mg^{2+} + 2\ Cl^- + 2\ H_2O + H_2$.
Werden bei dieser Reaktion Protonen oder Elektronen übertragen?

3 Zink reagiert mit verdünnter Schwefelsäure. Stelle dazu die Reaktionsgleichung auf.

4 Beschreibe, wie man Chlorid-Ionen in entsprechenden Salzlösungen nachweisen kann.

5 Bestimme die Namen der folgenden Salze aus ihren Formeln: $CaCl_2$, $MgSO_4$, $NaNO_3$ (→ Tabelle).

Beispiele für die Bildung und Benennung von Salzen

Säure	Säurerest-Ionen	Metall-Ionen	Salz
Salzsäure, HCl	Chlorid-Ion, Cl^-	Zink-Ion, Zn^{2+}	Zinkchlorid, $ZnCl_2$
Schwefelsäure, H_2SO_4	Sulfat-Ion, SO_4^{2-}	Eisen-Ion, Fe^{2+}	Eisen(II)-sulfat, $FeSO_4$
Kohlensäure, H_2CO_3	Carbonat-Ion, CO_3^{2-}	Calcium-Ion, Ca^{2+}	Calciumcarbonat, $CaCO_3$
Salpetersäure, HNO_3	Nitrat-Ion, NO_3^-	Kalium-Ion, K^+	Kaliumnitrat, KNO_3
Phosphorsäure, H_3PO_4	Phosphat-Ion, PO_4^{3-}	Natrium-Ion, Na^+	Natriumphosphat, Na_3PO_4

Aus Umwelt und Technik: **Das Tiefätzen von Metallen**

Um ein solches Türschild wie in Bild 1 herzustellen werden Teile aus der Oberfläche des Metalls herausgeätzt. Das geschieht durch ein chemisches Verfahren, das *Tiefätzen*.

Zunächst wird die gesamte Oberfläche des Metallstücks mit Asphaltlack bestrichen oder besprüht. Nach dem Trocknen wird die Schrift mit einem Stahlstift in den Lack eingekratzt, sodass wieder das blanke Metall erscheint. Beim anschließenden Ätzen trägt das Ätzmittel das Metall nur an den blanken Stellen ab. Die mit Asphaltlack bedeckten Flächen werden nicht angegriffen.

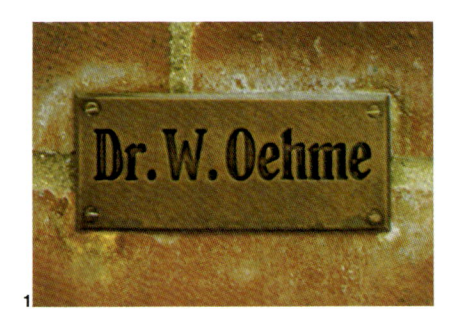

Nach diesem Verfahren werden in der Industrie nicht nur Schilder beschriftet, sondern auch besonders geformte Metallteile hergestellt.

Säuren und ihre Eigenschaften

Alles klar?

1 Beschreibe ein Verfahren zur Herstellung von Salzsäure. Gib dazu auch die Reaktionsgleichung an.

2 Welcher Bestandteil verdünnter Säuren verursacht ihre saure Reaktion?

3 Erläutere den Begriff *Säurerest*. Gib Aufbau, Namen und elektrische Ladung einiger Säurerest-Ionen an.

4 Chlorwasserstoff kann beim Einatmen Verätzungen der Atemwege verursachen. Wie kommt das?

5 Verdünnte Säurelösungen reagieren sauer. Welche gemeinsamen Eigenschaften werden unter dem Begriff „saure Reaktion" zusammengefasst?

6 Beschreibe die Oxonium-Ionen.

7 Nenne Eigenschaften der verdünnten Schwefelsäure.

8 Verdünnte Schwefelsäure reagiert mit Zink. Beschreibe die Reaktion und gib die Ionengleichung an.

9 Gib zu den Nachweisreaktionen für die Säurerest-Ionen von Schwefelsäure und Salzsäure die Ionengleichung an.

Säuren und ihre Eigenschaften

Auf einen Blick

Besonderheiten von Salzsäure und Schwefelsäure

Das Gas *Chlorwasserstoff* (HCl) löst sich sehr gut in Wasser. Die dabei entstehende Lösung bezeichnet man als **Salzsäure**. Die Salzsäure ist ein guter elektrischer Leiter, da sie *Ionen* enthält. Die Ionen entstehen (durch Protonenübertragung) bei der Reaktion von Chlorwasserstoff mit Wasser.

$HCl + H_2O \rightarrow Cl^- + H_3O^+$

Vereinfacht (ohne die Wassermoleküle):

$HCl \rightarrow H^+ + Cl^-$

Die Salzsäure enthält also positiv geladene *Oxonium-Ionen* und negativ geladene *Chlorid-Ionen*.

Konzentrierte **Schwefelsäure** besteht aus Molekülen mit der Formel H_2SO_4.

Die konzentrierte Säure leitet den elektrischen Strom nur in sehr geringem Maße. Beim Verdünnen der Säure wird die Leitfähigkeit erhöht. Es findet eine Reaktion zwischen Schwefelsäuremolekülen und Wassermolekülen statt: Durch Protonenübertragung entstehen Ionen.

$H_2SO_4 + H_2O \rightarrow HSO_4^- + H_3O^+$

Vereinfacht: $H_2SO_4 \rightarrow HSO_4^- + H^+$

Die HSO_4^--Ionen spalten bei weiterer Verdünnung ebenfalls Protonen ab.

$HSO_4^- + H_2O \rightarrow SO_4^{2-} + H_3O^+$

vereinfacht: $HSO_4^- \rightarrow SO_4^{2-} + H^+$

Die *verdünnte* Schwefelsäure reagiert aufgrund ihrer Oxonium-Ionen stark sauer.

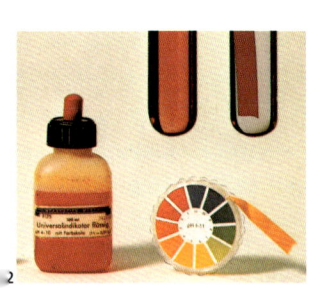

Eigenschaften von sauren Lösungen

Saure Lösungen haben **gemeinsame Eigenschaften**:

○ Sie färben Indikatoren in charakteristischer Weise (z. B. Lackmus oder Universalindikator rot);

○ ihr pH-Wert ist stets kleiner als 7;

○ sie leiten den elektrischen Strom;

○ sie reagieren mit unedlen Metallen; dabei wird Wasserstoff frei.

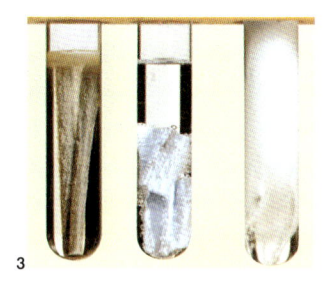

Oxonium-Ionen sind der gemeinsame Bestandteil aller sauren Lösungen.
Sie bewirken die saure Reaktion dieser Lösungen.
Die sauren Lösungen unterscheiden sich durch ihre **Säurerest-Ionen**.

Säuren bilden mit Metallen Salze

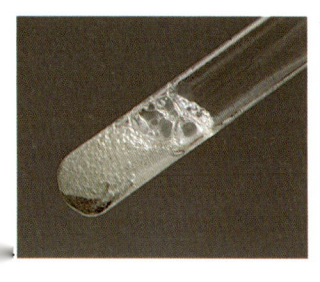

Metalle, die unedler sind als Kupfer, können Oxonium-Ionen entladen. Dabei wird Wasserstoff frei.

Den Metallatomen werden dabei Elektronen entzogen; die entstehenden Ionen gehen in Lösung.

Beim Eindampfen der Lösung bilden sie mit den Säurerest-Ionen Salze. Vereinfachte Reaktionsgleichung für ein Beispiel:

$Zn + 2 HCl \rightarrow ZnCl_2 + H_2$

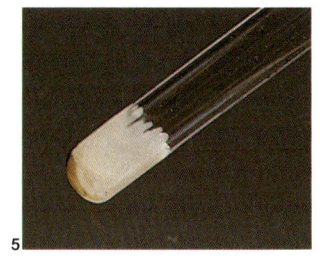

Der Säurebegriff

Wenn z. B. Chlorwasserstoffmoleküle mit Wassermolekülen reagieren, findet eine **Reaktion mit Protonenübertragung** statt: Von einem Chlorwasserstoffmolekül wird ein Proton auf ein Wassermolekül übertragen.

Bei dieser Reaktion entstehen sowohl Chlorid-Ionen Cl^- als auch Oxonium-Ionen H_3O^+.

Für das Oxonium-Ion kann man auch die vereinfachte Schreibweise H^+ verwenden. In diesem Fall wird das Oxonium-Ion auch als *Wasserstoff-Ion* bezeichnet.

Diese Bezeichnung geht auf *Svante Arrhenius* zurück, der die *Eigenschaften von Säuren* allgemein folgendermaßen beschrieb:

Säuren sind Stoffe, die beim Lösen in Wasser Wasserstoff-Ionen abspalten.

Laugen und ihre Eigenschaften

1 Einige Metalle und Metalloxide reagieren mit Wasser

Natriumhydroxidlösung beim Abbeizen von Ölfarbe

Wie entstehen Hydroxide und welche Eigenschaften haben diese Stoffe?

Versuche mit Natrium oder Lithium dürfen nur als *Lehrerversuche* durchgeführt werden.

V 1 Zunächst werden etwa 50 ml destilliertes Wasser in ein Becherglas gegeben und auf elektrische Leitfähigkeit geprüft.

Außerdem wird eine Probe des destillierten Wassers auf ihr Verhalten gegenüber *Indikatoren* (so z. B. Lackmusfarbstoff, Rotkohlsaft, Universalindikator und Phenolphthalein) untersucht.

Dann wird das destillierte Wasser in eine Glasschale gegossen.

a) Ein etwa erbsengroßes Stückchen frisch entrindetes *Natrium* C,F wird mit einer Pinzette möglichst mitten auf die Wasseroberfläche gegeben (Vorsicht! Schutzbrille!).

Beschreibe die Reaktion des Natriums mit Wasser.

b) Es werden noch drei bis vier kleine Natriumstücke auf die Wasseroberfläche gelegt. Dann wird die entstandene Lösung vorsichtig in ein Becherglas gefüllt und auf elektrische Leitfähigkeit geprüft.

c) Eine kleine Probe der Lösung wird auch auf ihr Verhalten gegenüber den verschiedenen Indikatoren untersucht. Ist ein Unterschied zu destilliertem Wasser festzustellen?

d) Einige Tropfen der Lösung werden mit einer Pipette auf eine Glasplatte (oder einen Objektträger) gegeben und über einer kleinen Flamme vorsichtig eingedampft. Betrachte anschließend die Glasplatte.

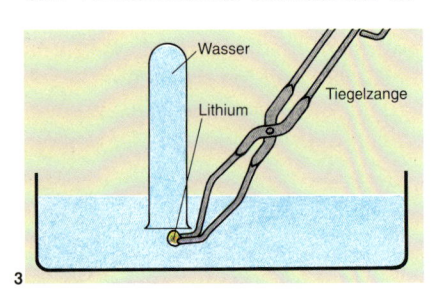

V 2 Ein etwa linsengroßes Stück frisch entrindetes *Lithium* C,F wird destilliertem Wasser zugefügt.

a) Beschreibe die Reaktion; vergleiche mit der von Natrium und Wasser.

b) Die entstandene Lösung wird wieder auf elektrische Leitfähigkeit und mit einem Indikator geprüft.

c) Ein kleines Stück Lithium wird mit der Tiegelzange unter die Öffnung eines mit Wasser gefüllten Reagenzglases gehalten (Bild 3). Anschließend wird der Inhalt des Reagenzglases durch Eintauchen eines brennenden Holzspans geprüft.

d) Wir wiederholen den Versuch mit einigen möglichst frischen Stückchen *Calcium* F.

V 3 Wir geben etwa 2 cm hoch destilliertes Wasser in ein Becherglas (50 ml) und fügen zwei Spatel *Calciumoxid* C hinzu (Schutzbrille!).

a) Nach leichtem Erwärmen (umrühren) wird die Flüssigkeit filtriert. Die Lösung wird auf elektrische Leitfähigkeit und mit Indikator geprüft.

b) Wir wiederholen den Versuch mit der gleichen Menge frisch hergestelltem *Magnesiumoxid*. Vergleiche!

V 4 Jeweils drei Plätzchen *Natriumhydroxid* C bzw. *Kaliumhydroxid* C aus der Chemikaliensammlung werden in einem kleinen Becherglas in destilliertem Wasser gelöst.

Die Lösungen werden auf elektrische Leitfähigkeit und mit Lackmuslösung geprüft.

V 5 *Calciumoxid* C bildet mit Wasser eine milchige Aufschlämmung. Diese filtrieren wir so lange, bis sie ganz klar ist.

a) Was geschieht, wenn vorsichtig Luft durch das Filtrat geblasen wird (Schutzbrille! Bild 4)?

b) Einige Eigenschaften des Filtrats vergleichen wir mit denen von Kalkwasser Xn aus der Schulsammlung.

Was kannst du aus den Beobachtungen schließen?

Wir weisen Laugen mit Indikatoren nach

Aus Erfahrung weißt du, dass Essig oder Zitronensaft sauer schmecken; sie enthalten Säuren.

Wenn du schon mal Seife in den Mund bekommen hast, kennst du auch den „seifigen" Geschmack von Laugen.

Geschmacksproben sind jedoch in der Chemie verboten. Deshalb brauchen wir sog. **Indikatoren** (lat. *indicator:* Anzeiger). Das sind Stoffe, die bei Zugabe von Säuren oder Laugen ihre Farbe verändern. Bild 5 zeigt Indikatoren, die in der Chemie häufig verwendet werden.

Ein einfacher Indikator ist **Rotkohlsaft** (Blaukrautsaft). Wenn wir z. B. Essig hineintropfen, färbt sich der Saft rot; mit Seifenwasser färbt es sich grün.

Auch *Lackmuslösung* ist ein Indikator. **Lackmusfarbstoff** wird aus einer Pflanze gewonnen. *Lackmuspapier* ist mit der Lösung des Farbstoffs getränkt. **Flüssigkeiten, die Lackmus blau färben, sind Laugen** (auch *Basen* genannt). *Sie reagieren alkalisch.*

5 Lackmuslösung — Indikatorpapier — Universalindikator

Phenolphthaleinlösung ist ein sehr empfindlicher Indikator für Laugen.

Der **Universalindikator** ist ein Gemisch aus verschiedenen Farbstoffen. Deshalb kann er mehr als nur eine Lauge anzeigen: Er gibt gleichzeitig einen Hinweis darauf, wie stark alkalisch die betreffende Lauge wirkt. Der Universalindikator zeigt z. B. bei einer verdünnten Lauge eine andere Färbung als bei einer konzentrierten Lauge.

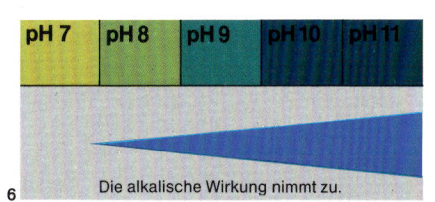

Auf der Verpackung des Universalindikators ist meist eine **Farbskala** aufgedruckt. Wenn man die Farbe der geprüften Flüssigkeit oder des Indikatorpapiers mit dieser Farbskala vergleicht, kann man erkennen, wie schwach oder wie stark alkalisch die betreffende Lauge wirkt.

Jeder Farbe auf der Skala ist eine Zahl zugeordnet, der **pH-Wert**. Bild 6 zeigt, wie die pH-Werte angelegt sind: Bei pH 7 liegt keine Lauge vor; vielmehr ist dies der pH-Wert von destilliertem Wasser, das *neutral* reagiert.

Wenn eine Flüssigkeit den pH-Wert 8 hat, reagiert sie schwach alkalisch. Je stärker alkalisch eine Lauge wirkt, desto höher ist ihr pH-Wert.

6 Die alkalische Wirkung nimmt zu.

Reaktionen einiger Metalle und Metalloxide mit Wasser

Die Stoffe, deren Elemente in der I. und II. Hauptgruppe des PSE stehen, sind Metalle (z. B. Natrium, Lithium, Calcium). Sie reagieren mit Wasser unter Bildung von Wasserstoff. Die entstehenden Lösungen leiten den elektrischen Strom und färben bestimmte Indikatoren.

In der Lösung sind die Atomverbände der Metalle nicht mehr vorhanden. Wie ist das zu erklären? Wenn man z. B. Wasser auf Natrium einwirken lässt, reagiert jeweils ein Natriumatom mit einem Wassermolekül: Das Wassermolekül entzieht dem Natriumatom ein Elektron und spaltet zugleich eines seiner beiden Wasserstoffatome ab. Je zwei Wasserstoffatome bilden ein Molekül; der Wasserstoff wird frei.

Du weißt schon, dass das Natriumatom durch den Verlust eines Elektrons zum **Natrium-Ion Na^+** wird. Die alkalische Reaktion der Flüssigkeit wird jedoch nicht durch die Natrium-Ionen bewirkt. (Sie liegen ja auch in der neutral reagierenden Natriumchloridlösung vor.) Vielmehr wird die alkalische Reaktion durch Teilchen verursacht, die sich aus dem Wassermolekül bilden, wenn es ein Wasserstoffatom verliert.

Das Wassermolekül ist dann ebenfalls nicht mehr vollständig. Es ist zu einem Sauerstoff-Wasserstoff-Teilchen – zu einem OH-Teilchen – geworden. Da es eine negative Ladung trägt, ist es ein *OH-Ion.* Dieses Ion wird **Hydroxid-Ion** genannt und kurz OH^- geschrieben (→ Bild 1, nächste Seite).

Wir können die Reaktionsgleichung zur Reaktion von Natrium mit Wasser also folgendermaßen schreiben:

$2\,Na + 2\,H_2O \rightarrow 2\,Na^+ + 2\,OH^- + H_2$

In der Lösung befinden sich außer Wassermolekülen noch Natrium-Ionen und Hydroxid-Ionen. Die Lösung heißt *Natriumhydroxidlösung.* Die Ionen bewirken, dass die Lösung elektrisch leitfähig ist: Wandernde Natrium- und Hydroxid-Ionen sind der elektrische Strom in der Lösung.

Die Hydroxid-Ionen färben Indikatoren, z. B. Lackmusfarbstoff blau, Rotkohlfarbstoff grün und Phenolphthalein rot.

Dampft man nach Beendigung der Reaktion von Natrium mit Wasser die Lösung vorsichtig ein, so lagern sich die Ionen zu einem festen Stoff zusammen, dem **Natriumhydroxid** NaOH.

Wenn man Natriumhydroxid in Wasser löst, erhält man wieder Natriumhydroxidlösung, auch *Natronlauge* genannt. Dabei „zerfällt" das Natriumhydroxid im Wasser wieder in Natrium- und Hydroxid-Ionen. Man sagt: Das Natriumhydroxid *dissoziiert* (lat. *dis-:* auseinander; *socius:* Gefährte).

$NaOH \rightarrow Na^+ + OH^-$

Auch andere Elemente der I. und II. Hauptgruppe des PSE reagieren mit Wasser zu Hydroxiden. Ihre Lösungen sind ebenfalls elektrisch leitfähig und reagieren alkalisch.

In der Umgangssprache werden die Hydroxidlösungen auch **Laugen** genannt (z. B. *Natronlauge, Kalilauge*), ihre alkalischen Eigenschaften oft auch *Laugen*eigenschaften.

Hydroxide entstehen auch bei der Reaktion der entsprechenden Metalloxide mit Wasser. Wenn z. B. Calciumoxid mit Wasser reagiert, entsteht eine Calciumhydroxidlösung.

$CaO + H_2O \rightarrow Ca(OH)_2$

Die Hydroxide der Elemente der II. Hauptgruppe lösen sich jedoch weniger gut in Wasser als die der I. Hauptgruppe.

Metallhydroxide sind Stoffe, die aus Metall-Ionen und Hydroxid-Ionen aufgebaut sind. Die Metall-Ionen sind elektrisch positiv geladen, die Hydroxid-Ionen einfach elektrisch negativ. Hydroxid-Ionen sind „zusammengesetzte" Ionen.

Einige Hydroxide und ihre Zusammensetzung

Name des Hydroxids	Formel	Ionen
Lithiumhydroxid	LiOH	$Li^+ + OH^-$
Natriumhydroxid	NaOH	$Na^+ + OH^-$
Kaliumhydroxid	KOH	$K^+ + OH^-$
Calciumhydroxid	$Ca(OH)_2$	$Ca^{2+} + 2\,OH^-$

Laugen sind gefährlich!

Viele Menschen sind beim Umgang mit Säuren vorsichtig, bei **Laugen** aber meistens recht sorglos.

Dabei greifen sogar verdünnte und vor allem erhitzte Laugen die Haut, die Haare und überhaupt sämtliche Körperzellen an: **Laugen wirken ätzend.**

Verätzungen verursachen schmerzhafte Wunden und oftmals Narben. Besonders Spritzer auf die Hornhaut des Auges sind sehr gefährlich. Die Hornhaut kann dabei so stark geschädigt werden, dass der Verletzte erblindet.

Eine besondere Eigenschaft der Laugen ruft immer wieder Unfälle hervor:
Wenn Laugen erwärmt werden, beginnen sie oft **schlagartig zu sieden**. Das ist besonders bei einem schmalen Gefäß (Reagenzglas) gefährlich. Sie können dabei aus dem Glas spritzen.

Auch kleinere Laugentröpfchen, die in der Öffnung von Spritzflaschen hängen bleiben, bilden eine Gefahr: Sie können beim Anheben der Flaschen unbemerkt verspritzen. Deshalb sollten folgende Hinweise beachtet werden:

○ Auch bei einfachen Versuchen mit Laugen eine Schutzbrille tragen!
○ Laugen möglichst nicht bis zum Sieden erhitzen!
○ Flaschen mit Laugen (oder Säuren) immer *unterhalb* der Augenhöhe aufbewahren! Das gilt auch für ätzende Reinigungsmittel im Haushalt.
○ **Rohrreiniger** zeigen die wesentlichen Laugeneigenschaften. Deshalb müssen beim Umgang damit die Hinweise auf den Dosen oder Packungen unbedingt beachtet werden.

Aufgaben

1 Destilliertes Wasser leitet den elektrischen Strom nicht. Wenn jedoch Lithium hinzugegeben wird, entsteht eine Lösung, die elektrisch leitfähig ist. Erkläre, wie es zur Leitfähigkeit der Lösung kommt.

2 Bild 1 zeigt verschiedene modellhafte Darstellungen eines Hydroxid-Ions. Vergleiche die Darstellungen.
Erkläre, warum man das Hydroxid-Ion als „zusammengesetztes Ion" bezeichnet.

3 Beschreibe zwei Möglichkeiten, wie man aus Calcium eine *Calciumhydroxidlösung* erhalten kann.

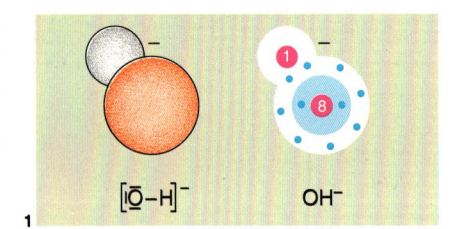

4 Welches ist der gemeinsame Bestandteil aller Metallhydroxide?

5 Hydroxidlösungen reagieren alkalisch. Was bedeutet das?

6 Welcher Vorgang wird durch die folgende Reaktionsgleichung beschrieben: $NaOH \rightarrow Na^+ + OH^-$?

7 Wenn Natrium mit Wasser reagiert, entsteht Wasserstoff. Erkläre, *warum* Wasserstoff entsteht.

8 *Natriumhydroxidlösung* mit einer Konzentration von mehr als 2 % ist nach der Gefahrstoffverordnung mit dem Buchstaben C gekennzeichnet.
Was ist beim Umgang mit dieser Flüssigkeit unbedingt zu beachten?

9 Natronlauge wird in vielen Bereichen verwendet. Nenne Beispiele.

10 Natronlauge wird auch *Ätznatron* genannt. Wie kam es wohl zu diesem Namen?

2 Laugen im täglichen Leben

Aus einer Gebrauchsanweisung für Rohrreiniger:

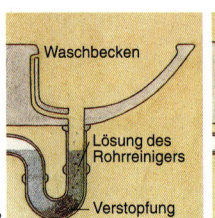

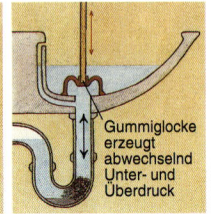

Bei Rohrverstopfung alles Wasser aus dem Becken entfernen. Einen Esslöffel Rohrreiniger langsam in den Abfluss schütten und eine Tasse kaltes Wasser nachgießen. Rohrreiniger eine halbe Stunde wirken lassen, dann Kaltwasserhahn vorsichtig aufdrehen. Sollte das Wasser nicht ungehindert abfließen, Vorgang wiederholen. Vorher alles stehende Wasser entfernen. Dabei keine Aluminiumgefäße benutzen.

Enthält: 56 % Natriumhydroxid sowie Aluminium u. Salze.
Verursacht schwere Verätzungen. Darf nicht in die Hände von Kindern gelangen. Von Nahrungsmitteln, Getränken und Futtermitteln fernhalten! Augen schützen und geeignete Schutzhandschuhe tragen! Flasche fest verschlossen halten! Keinesfalls Wasser hineingießen!

Beschmutzte Kleider sofort ausziehen und in viel Wasser ausspülen! Bei Spritzer in die Augen oder auf die Haut sofort mit Wasser auswaschen! Nach versehentlichem Einnehmen sofort große Mengen Wasser trinken, sofort Arzt aufsuchen und Packung mitnehmen! Verschüttetes Produkt sofort zusammenkehren und mit viel Wasser im Spülbecken wegspülen! Keinesfalls in den Papierkorb oder Abfalleimer werfen! Gegenstände, die mit dem Rohrreiniger in Berührung gekommen sind, gründlich spülen!

Achtung! Bei den folgenden Versuchen mit Reinigungsmitteln
besonders vorsichtig sein und eine Schutzbrille tragen!

V 6 Wir füllen drei Bechergläser (100 ml) mit jeweils etwa 50 ml destilliertem Wasser.

In das erste Becherglas geben wir einige Haare, in das zweite ein paar Wollfäden und Baumwollfäden und in das dritte einige Tropfen Speiseöl.

Anschließend geben wir in jedes Becherglas etwa einen halben Spatellöffel Rohrreiniger C und rühren vorsichtig um.

Welche Stoffe verändern sich innerhalb von 15 Minuten?

V 7 Jetzt untersuchen wir die Bestandteile eines Rohrreinigers.

Dazu schütten wir eine kleine Portion Rohrreiniger C in eine Glasschale und sortieren das Gemisch mit Hilfe einer Pinzette.

Jeden der gefundenen Bestandteile geben wir in ein Reagenzglas, das zuvor etwa 4 cm hoch mit destilliertem Wasser gefüllt wurde.

Dann geben wir in jedes Reagenzglas einige Haare und einen Wollfaden und schütteln vorsichtig.

In welchem Reagenzglas treten Veränderungen auf?

V 8 Wir füllen ein Reagenzglas ca. 2–3 cm hoch mit destilliertem Wasser. Dann fügen wir 4 Plätzchen Natriumhydroxid C und einige Aluminiumkörner hinzu (Schutzbrille!).

Das Reagenzglas schütteln wir ein wenig und fangen das entstehende Gas auf. Dann führen wir die Knallgasprobe durch.

Was kannst du beobachten?

V 9 Nun füllen wir ein Reagenzglas etwa 4 cm hoch mit destilliertem Wasser und messen zunächst die Temperatur. Dann geben wir 2 Spatel Rohrreiniger C hinzu und kontrollieren weiter die Temperatur.

V 10 Wir geben noch einmal etwa 2–3 cm hoch destilliertes Wasser in ein Reagenzglas und fügen hinzu: 4 Plätzchen Natriumhydroxid C, einen Spatel Natriumnitrat O, einige Körnchen Aluminium (Schutzbrille!).

Dann schütteln wir ein wenig und halten ein angefeuchtetes Stück Universalindikatorpapier in die Reagenzglasöffnung.

V 11 Wir prüfen Lösung von Rohrreiniger C mit Universalindikator.

Rohrreiniger im Haushalt

Rohrreiniger sind Gemische, die stark alkalisch wirkende Stoffe enthalten. Das lässt sich aus den Angaben über die Zusammensetzung eines typischen Rohrreinigers schließen:

Inhaltsstoffe	in %
Natriumhydroxid	70
Natriumcarbonat	13
Aluminiumgranulat	2
Natriumnitrat	15

Das Auflösen von Rohrreiniger in Wasser ist ein stark **exothermer Vorgang**. Durch die Hitze und die stark alkalische Wirkung der Flüssigkeit lösen sich z. B. Haare auf, die in verstopften Rohren oft vorhanden sind. Fette werden in wasserlösliche Stoffe umgewandelt.

Die Aluminiumkörner im Rohrreiniger reagieren mit der stark alkalischen Lösung unter Bildung von Wasserstoff. Damit sich jedoch kein explosionsfähiges Gasgemisch („Knallgas") bildet, werden dem Rohrreiniger noch Nitrate (z. B. Natriumnitrat) beigegeben. Sie reagieren mit dem Aluminium unter Bildung von Ammoniak.

Diese Gasentwicklung fördert die Auflockerung des Schmutzes im Rohr und vermindert zugleich die Gefahr einer Explosion. **Rohrreiniger gehören zu den gefährlichsten Chemikalien im Haushalt!**

Aufgaben

1 Gib die Zusammensetzung eines Rohrreinigers an und beschreibe die Wirkungen seiner Bestandteile.

2 Weshalb darf man bei der Arbeit mit Rohrreinigerlösung keine Aluminiumgefäße benutzen?

3 Wenn unterschiedliche Reinigungsmittel vermischt werden (z. B. Sanitärreiniger und WC-Reiniger), kann giftiges Chlorgas entstehen. Suche auf der Verpackung einiger Reiniger entsprechende Hinweise.

4 Beim Gebrauch von Rohrreinigern im Haushalt muss man unbedingt die Gebrauchsanweisung beachten. Nenne Gründe dafür.

5 Laugen dürfen niemals in Getränkeflaschen gefüllt werden – genauso wenig wie Säuren. Begründe!

6 Warum dürfen Gefäße mit Laugen nicht oberhalb der Augenhöhe aufbewahrt werden?

7 Kleidungsstücke aus Wolle sind gegenüber alkalischen Waschmitteln (z. B. Seife) empfindlich. Man pflegt sie mit Spezialwaschmitteln.

Vergleiche die alkalische Wirkung von Spülmitteln, Lösungen von Seifen, Spülmaschinenreinigern, Spezialwaschmitteln für Wolle und normalen Waschmitteln.

Prüfe die Flüssigkeiten dazu mit Phenolphthalein, Universalindikator oder Rotkohlsaft.

Welche dieser Wasch- und Reinigungsmittel könnten für Wollsachen geeignet sein? Begründe!

8 Begründe, warum man beim Erhitzen von Laugen besonders vorsichtig sein muss.

9 Wenn Spritzer von Seifenlösung ins Auge gelangen, rufen sie ein Brennen hervor. Woran liegt das?

Aus Umwelt und Technik: **Die Verwendung von Natronlauge**

In der Gebrauchsanweisung für einen Rohrreiniger steht: „Enthält: 56 % Natriumhydroxid …" Diesen Stoff findest du auch in der Chemikaliensammlung eurer Schule (Bild 1). Die kleinen Plätzchen wirken stark ätzend; deshalb wird Natriumhydroxid auch *Ätznatron* genannt.

Wenn man Ätznatron in Wasser auflöst, entsteht Natronlauge. Nun weißt du, was da z. B. im Rohrreiniger oder in einem Reiniger für Backöfen wirkt!

Natronlauge ist eine Flüssigkeit, der wir im Alltag recht häufig bei den unterschiedlichsten Gelegenheiten begegnen können:

In Süddeutschland ist das *Laugengebäck* (Bild 2) weit verbreitet. Laugengebäck erhält seine appetitliche Farbe und den besonderen Geschmack auf folgende Weise: Man taucht es vor dem Backen kurz noch in eine 3%ige Natronlauge.

Oft ist die Natronlauge ein wesentlicher *Bestandteil von Reinigungsmitteln.* Brauereien setzen Natronlauge zur Reinigung der Flaschen ein.

Auch eingetrocknete, alte Ölfarben können mit Natronlauge entfernt werden. So eignet sich Natronlauge als *Abbeizmittel* zum Beispiel für Fensterrahmen oder alte Möbel (Bild 3).

Auch in der Landwirtschaft wird Natronlauge verwendet: Wenn nämlich eine Maul- und Klauenseuche auftritt, werden die Viehställe mit Natronlauge *desinfiziert.*

Manche Großküchen behandeln sogar Kartoffeln mit verdünnter Natronlauge. Die Schalen weichen dabei auf und können mit einem Wasserstrahl von der Kartoffel weggespritzt werden – so einfach werden also manchmal *Kartoffeln geschält*!

Große Mengen Natronlauge werden in der Industrie verbraucht, meistens um andere Stoffe herzustellen.

Die Natronlauge kann z. B. *Öle und Fette zerlegen.* Bei einer solchen chemischen Reaktion entsteht Seife (→ unten). Auch an der Herstellung von Papier aus Holz ist die Natronlauge beteiligt.

Zu den größten Abnehmern von Natronlauge – allerdings außerhalb Deutschlands – gehört die Aluminiumindustrie. Das Aluminiumoxid, aus dem Aluminium gewonnen werden soll, kann in Natronlauge aufgelöst werden. Auf diese Weise wird es von anderen Verbindungen, mit denen es vermischt ist, getrennt.

Aus der Geschichte: **Seifenherstellung – früher und heute**

Es ist gar nicht schwer, aus Fett und Natronlauge Seife herzustellen. Das könnt ihr sogar im Unterricht machen (Schutzbrille, Schutzhandschuhe!):

10 g Pflanzenfett (Kokosfett) und 5 ml Wasser langsam erhitzen; nach und nach 10 ml Natronlauge (25%ig) hinzugeben; Mischung auf kleiner Flamme kochen lassen; verdampfendes Wasser durch warmes destilliertes Wasser ersetzen; nach ca. 30 min alles in ein Gefäß mit Kochsalzlösung schütten: Feste Seife setzt sich ab.

Diese Seife ist so ähnlich wie die *Kernseife*, die man kaufen kann. Die sogenannten *Feinseifen*, die wir für die Körperpflege verwenden, werden zum Teil aus anderen Stoffen hergestellt.

Die Herstellung von Seife ist schon seit Jahrtausenden bekannt. Das *Seifensieden* galt damals als geheimnisvolle, hohe Kunst. Seife war sehr kostbar und wurde anfangs nur als kosmetisches Mittel verwendet, z. B. zum Aufhellen der Haare. Für die Reinigung des Körpers wurde sie erst eingesetzt, als man sie in großen Mengen herstellen konnte.

Aus alten Schriften ist überliefert, wie die Germanen vor etwa 2000 Jahren Seife herstellten: aus Ziegenfett und Holzasche. Natronlauge war damals noch unbekannt.

Wenn man Pflanzenasche in Wasser schüttet, wird sie vom Wasser „ausgelaugt"; es entsteht eine Lauge. Das kannst du leicht überprüfen, wenn du Zigarren- oder Zigarettenasche in etwas Wasser gibst und die Flüssigkeit filtrierst. Das Filtrat fühlt sich zwischen den Fingern glitschig an und es reagiert alkalisch – genau wie die Laugen. Diese Flüssigkeit wurde damals dazu benutzt, um aus Öl oder Fett Seife herzustellen.

Übrigens erhielt die gesamte Stoffgruppe der Laugen ihren Namen von der Waschlauge, die damals durch das Auslaugen von Pflanzenasche gewonnen wurde.

Aus Umwelt und Technik: **Calciumhydroxid – ein weiteres Metallhydroxid**

Neben Natriumhydroxid ist *Calciumhydroxid* ein weiteres bedeutendes Metallhydroxid.

Calciumhydroxid („Löschkalk") ist in der Bautechnik Ausgangsstoff zur Herstellung von *Kalkmörtel*.

Die sehr häufig zum Hausbau eingesetzten *Kalksandsteine* werden praktisch aus Calciumhydroxid und Sand hergestellt: In vollautomatischen Pressen wird die Mischung unter hohem Druck zu Rohlingen gepresst. Diese werden dann in sog. Härtekesseln bei Temperaturen von 160–220 °C unter Dampfdruck etwa 4–8 Stunden lang getrocknet und damit gehärtet.

Calciumhydroxidlösung wird bei der Zuckergewinnung aus Zuckerrüben eingesetzt.

Im Chemieunterricht lernt man beizeiten mit Calciumhydroxid umzugehen: Calciumhydroxidlösung, auch als *Kalkwasser* bekannt, ist nämlich das **Nachweismittel** für Kohlenstoffdioxid.

Wenn man Kohlenstoffdioxid auf Calciumhydroxidlösung einwirken lässt, wird die anfangs klare Lösung milchig trüb. *Diese Trübung gilt als Nachweis für Kohlenstoffdioxid.* Das Kohlenstoffdioxid reagiert mit Calciumhydroxid in der Lösung zu *Calciumcarbonat*, einem in Wasser schwer löslichen Stoff. Er bildet winzige Kristalle, die zunächst in der Lösung schweben und sich dann am Boden des Gefäßes wieder absetzen. Deshalb wird die Lösung nach einiger Zeit wieder klar.

Laugen und ihre Eigenschaften

Alles klar?

1 Nenne einige gemeinsame Eigenschaften von Hydroxidlösungen. Worauf sind sie zurückzuführen?

2 Beim Umgang mit Hydroxidlösungen sind bestimmte Sicherheitsmaßnahmen zu beachten. Nenne sie und versuche sie zu begründen.

3 Welche Teilchen sind für die alkalischen Eigenschaften bestimmter Lösungen „verantwortlich"?

4 Beim Arbeiten mit Natrium muss der Arbeitsplatz völlig trocken sein, sonst droht Gefahr. Worin besteht diese Gefahr? Beschreibe sie ausführlich.

5 Begründe, warum man beim Erhitzen von Laugen das Gefäß ständig schütteln oder Siedesteinchen einsetzen soll.

6 Laugen dürfen niemals in Getränkeflaschen gefüllt werden – genauso wenig wie Säuren. Begründe!

7 Festes Kaliumhydroxid ist ein elektrischer Nichtleiter, seine wässrige Lösung (Kalilauge) leitet dagegen den elektrischen Strom.

Versuche diese Beobachtungen zu erklären.

8 Calciumoxid reagiert mit Wasser. Beschreibe die Reaktion und schreibe die Reaktionsgleichung dazu auf.

Wie heißt das Endprodukt, das bei dieser Reaktion entsteht?

Auf einen Blick

Hydroxidlösungen und ihre Eigenschaften

Die Metalle der I. und II. Hauptgruppe des PSE und ihre Oxide
reagieren mit Wasser zu **Hydroxidlösungen**.
Diese zeigen alkalische Eigenschaften.

Die Hydroxidlösungen bestehen aus *Metall-Ionen*, *Hydroxid-Ionen* (OH^-) und Wassermolekülen. Die Ionen bewirken die elektrische Leitfähigkeit der Hydroxidlösungen.

Hydoxid-Ionen sind elektrisch negativ geladene Teilchen. Sie entstehen bei der Reaktion der betreffenden Metalle bzw. Metalloxide mit Wasser.

Die Hydroxid-Ionen bewirken die alkalischen Eigenschaften der Hydroxidlösungen:

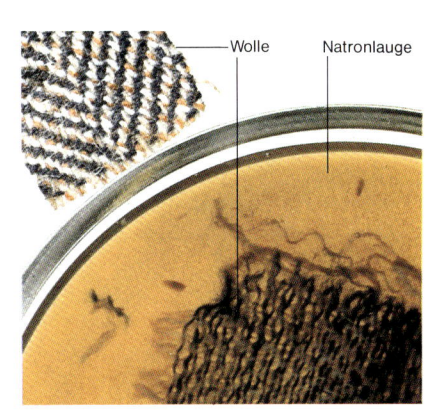

Wolle — Natronlauge

○ Sie fühlen sich seifig an.
○ Sie wirken ätzend (z. B. auf Haut, Haare und Wolle).
○ Sie färben Indikatoren in charakteristischer Weise (z. B. Lackmusfarbstoff *blau*).
○ Sie leiten den elektrischen Strom.

Wenn man Hydroxidlösungen eindampft, erhält man meist einen festen Rückstand, das **Hydroxid**.

Die Hydroxide bilden eine wichtige Stoffklasse der Chemie.

Die Neutralisation

Säurelösungen reagieren mit Hydroxidlösungen

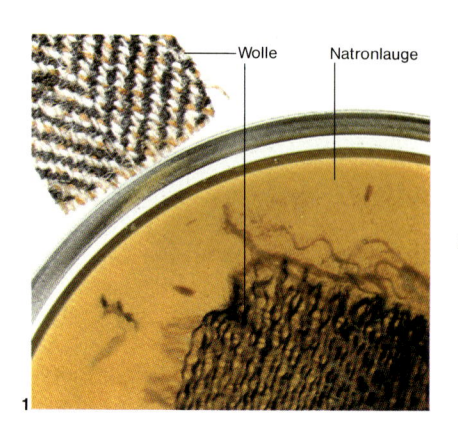

Bild 1: Wolle, Natronlauge

Bild 2: Kalkstein, Salzsäure

Viele Säuren und Laugen sind gefährliche Stoffe. Beim Umgang mit ihnen ist besondere Vorsicht geboten. Wie gefährlich wird erst die *Mischung von Säuren und Laugen* sein?!

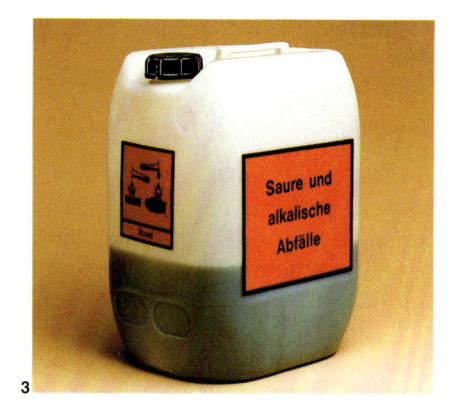

Bild 3: Saure und alkalische Abfälle

V 1 Was geschieht, wenn wir etwas verdünnte Natronlauge (bis 2 %) [Xi] mit verdünnter Salzsäure [Xi] mischen (Schutzbrille!)?

Um das zu untersuchen füllen wir etwa 20 ml der Lauge in ein Becherglas und geben etwas Universalindikator (oder Lackmusfarbstoff) hinzu.

a) Nun fügen wir mit einer Pipette tropfenweise verdünnte Salzsäure hinzu. Dabei beobachten wir die Temperatur der Flüssigkeit (Bild 4; gut umrühren!).

b) Das Hinzutropfen der Säure wird beendet, sobald der Indikator genau pH 7 anzeigt (Lackmus: violette Färbung). Wir prüfen die Flüssigkeit zwischen den Fingern.

c) Mit einer sauberen Pipette füllen wir ca. 3 ml der Flüssigkeit in ein Reagenzglas und geben Zink hinzu.

d) Nun geben wir einige Tropfen der Flüssigkeit aus dem Becherglas auf einen Objektträger. Wir lassen die Flüssigkeit verdunsten.

Betrachte den Rückstand unter dem Mikroskop (etwa 70fache Vergrößerung). Vergleiche mit dem Aussehen von Kochsalzkristallen.

e) Fasse alle Ergebnisse dieses Versuches zusammen.

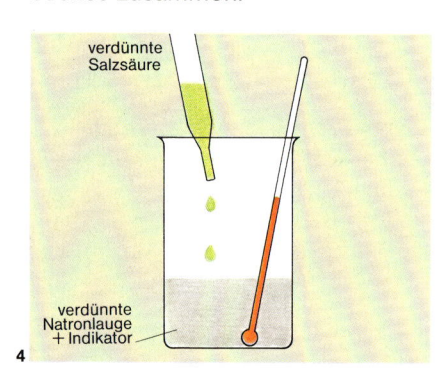

Bild 4: verdünnte Salzsäure / verdünnte Natronlauge + Indikator

V 2 Wir wiederholen nun Versuch 1, nehmen aber statt der Salzsäure verdünnte Schwefelsäure [Xi] (Schutzbrille!). Vergleiche mit V 1.

V 3 Auch für diesen Versuch brauchen wir ein Becherglas (250 ml), eine Tropfpipette und einen Streifen Universalindikatorpapier.

a) Können wir durch Zugabe von Calciumhydroxidlösung (Kalkwasser) [Xn] zu verdünnter Schwefelsäure [Xi] eine Lösung herstellen, die weder die Eigenschaften einer Säure noch die einer Lauge hat?

b) Wir geben einen Tropfen der Lösung mit dem Niederschlag auf einen Objektträger und betrachten ihn unter dem Mikroskop.

c) Dann vergleichen wir mit den Rückständen der Versuche 1 u. 2.

Aufgaben

1 Aus der gefährlichen Natronlauge und der gefährlichen Salzsäure entsteht bei der **Neutralisation** ein harmloser Stoff. Erkläre, wie es zur Neutralisation kommt und was der Begriff *neutral* bedeutet (→ Info auf der nächsten Seite oben).

2 Überprüfe mit Hilfe eines Indikators, ob man Zitronensaft mit Zucker neutralisieren kann.

3 Nenne die allgemeine Reaktionsgleichung für eine Neutralisation.

4 Welches ist der wesentliche chemische Vorgang, der bei *jeder* Neutralisation abläuft?

5 Kaliumhydroxidlösung wird einmal mit Salzsäure und einmal mit verdünnter Schwefelsäure neutralisiert. Welche Salze erhält man beim Eindampfen der beiden Flüssigkeiten?

6 Wenn man beim Baden im Meer mit einer Feuerqualle in Berührung kommt, überträgt diese ein Säure auf die Haut: Die Haut rötet sich, schwillt an und schmerzt. Dagegen hilft das Betupfen der betroffenen Stelle mit verdünntem Salmiakgeist (Ammoniumhydroxidlösung). Erkläre, wie dieses Gegenmittel wirkt.

7 Welchen Sinn siehst du darin, dass man saure und alkalische Abfälle gemeinsam in einem großen Gefäß sammelt (Bild 3)?

8 Wie verhältst du dich, wenn deine Kleidung Spritzer von verdünnter Lauge abbekommen hat?

Die Vorgänge bei der Neutralisation

Wenn man z. B. eine bestimmte Menge verdünnte Salzsäure und eine bestimmte Menge verdünnte Natriumhydroxidlösung miteinander reagieren lässt, erhält man schließlich eine *neutrale Lösung.*

Die Natriumhydroxidlösung verliert dabei ihre alkalischen Eigenschaften, die Salzsäure verliert ihre Säureeigenschaften. *Welche chemische Reaktion läuft dabei ab?*

Oxonium-Ionen H_3O^+ aus der Salzsäure und Hydroxid-Ionen OH^- aus der Natriumhydroxidlösung reagieren miteinander. Dabei entstehen Wassermoleküle (Bild 5).

Diese chemische Reaktion wird als *Neutralisation* bezeichnet (lat. *neuter:* keiner von beiden).

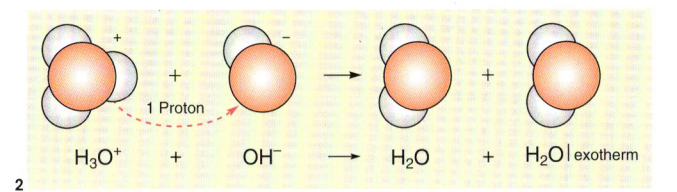

H_3O^+ + OH^- → H_2O + H_2O | exotherm

Die Reaktionsgleichung zur Neutralisation lautet vereinfacht:
H^+ + OH^- → H_2O
Wasserstoff-Ionen bilden mit Hydroxid-Ionen Wassermoleküle. Dies ist der wesentliche Vorgang, der auch abläuft, wenn andere Säurelösungen mit Hydroxidlösungen reagieren.

Die Neutralisation verläuft exotherm; es wird Energie in Form von Wärme *(Neutralisationswärme)* frei.

Da zwischen den beteiligten Ionen immer die gleiche Reaktion abläuft – nämlich die Bildung von Wassermolekülen –, ist die Neutralisationswärme stets gleich: Bei der Reaktion bestimmter Mengen Wasserstoff-Ionen und Hydroxid-Ionen wird eine bestimmte Menge Neutralisationswärme frei.

Die Metall-Ionen aus der Hydroxidlösung und die Säurerest-Ionen aus der Säurelösung bleiben zunächst in der Lösung. Erst wenn man das Wasser verdampft, bilden Metall-Ionen und Säurerest-Ionen ein *Kristallgitter.* Es entsteht ein **Salz**.

So entsteht z. B. bei der Neutralisation einer Natriumhydroxidlösung mit Salzsäure Natriumchlorid (Kochsalz).
Na^+ + OH^- + H^+ + Cl^- → H_2O + Na^+ + Cl^- | exotherm

Aus Umwelt und Technik: Der pH-Wert muss stimmen!

Im **menschlichen Körper** spielt der pH-Wert eine wichtige Rolle. So besitzen z. B. die *Verdauungsorgane* ganz unterschiedliche pH-Werte: Der Speichel ist meist neutral, er kann aber auch leicht sauer oder alkalisch sein (pH-Wert 5–8,5). Im Magen findet man pH-Werte von 0,9–1,5. Der Darmsaft ist leicht alkalisch (pH-Wert ca. 8).

Die Haut hat einen pH-Wert von etwa 5; sie zeigt also eine saure Reaktion. Seife, die alkalisch wirkt, kann den schützenden Fett- und Säuremantel der Haut zerstören. Für empfindliche Haut wurden daher seifenfreie Reinigungsmittel entwickelt. Sie reagieren nicht alkalisch.

Sogar beim **Baden im Schwimmbad** kann der pH-Wert des Wassers zum Vergnügen beitragen – oder störend wirken. Du kennst z. B. das lästige Brennen in der Nase und in den Augen, das manchmal beim Baden auftritt. Das wird häufig nicht durch Chlor verursacht, sondern durch einen falschen pH-Wert des Wassers.

Dieser sollte möglichst zwischen pH 7,2 und pH 7,5 betragen. Liegt er darunter, so besteht die Gefahr, dass sich Metallteile im Wasser verändern. Liegt er darüber, werden Augen und Schleimhäute gereizt. Außerdem lagert sich leicht Kalk ab.

Der pH-Wert spielt auch in der **Landwirtschaft** eine große Rolle. Er ist dann wichtig, wenn z. B. bestimmte Getreidesorten, Pflanzen oder Blumen auf einem dafür vorgesehenen Stück Ackerboden besonders gut gedeihen sollen. Pflanzen bevorzugen nämlich einen für sie typischen Säuregehalt des Bodens (→ Übersicht).

Günstig ist es, wenn eine *Bodenuntersuchung* vorgenommen wird. Der Untersuchungsbericht enthält nämlich nicht nur den gemessenen pH-Wert des Bodens. Er gibt auch Anweisungen für den Landwirt, wie viel Kalk er streuen muss, um den für die vorgesehen Pflanzen günstigsten pH-Wert zu erreichen.

Pflanzen können auch „anzeigen", welchen pH-Wert der Boden hat, auf dem sie wachsen. So wachsen Heidelbeeren nur in Wäldern mit saurem Boden.

Auch bei der **Reinigung von Abwasser** spielt der pH-Wert eine Rolle. Zu den biologischen Reinigungsstufen moderner Kläranlagen gehören riesige *Belebtbecken.* Darin „verdauen" unzählige *Bakterien* den anfallenden Schmutz aus den Abwässern – das weißt du ja bereits.

Die Bakterien können jedoch nur leben, wenn das Abwasser annähernd neutral ist. Besonders in der chemischen Industrie entstehen jedoch große Mengen an stark sauren oder alkalischen Abwässern. Sie müssen zum Schutz der Bakterien neutralisiert werden.

In den Kläranlagen vieler chemischer Betriebe befindet sich deshalb vor der biologischen Reinigungsstufe eine so genannte *Neutralisationsstufe.* Hier wird der pH-Wert des einströmenden Abwassers ständig überwacht.

Zur Neutralisation von *Säuren* sind Natronlauge oder Calciumhydroxidlösung gebräuchlich, zur Behandlung *alkalischer* Abwässer Salzsäure oder Schwefelsäure. Die erforderlichen Mengen werden jeweils genau berechnet.

Günstige pH-Bereiche für Pflanzen

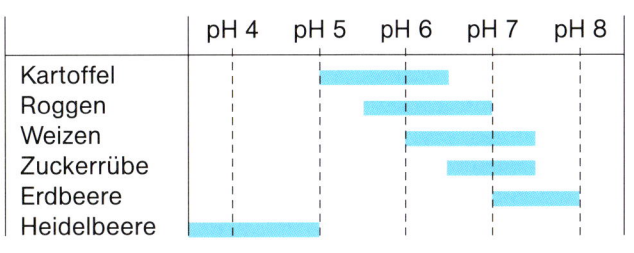

	pH 4	pH 5	pH 6	pH 7	pH 8
Kartoffel			▬▬▬		
Roggen			▬▬▬		
Weizen				▬▬▬▬	
Zuckerrübe				▬▬▬	
Erdbeere				▬▬▬▬	
Heidelbeere	▬▬▬				

Reaktionen zur Bildung von Salzen

Wie Salze entstehen

Offensichtlich gibt es hier verschiedene Meinungen …

V 1 Zunächst lassen wir in einem Reagenzglas Säure auf Zink einwirken. Dazu geben wir geraspeltes Zink (Zinkspäne) F in etwas verdünnte Salzsäure (bis 25 %) Xi.

a) Wenn bei der Reaktion ein Gas entsteht, prüfen wir dessen Brennbarkeit mit einer Streichholzflamme.

b) Wir geben so lange Zink in die Säure, bis keine Reaktion mehr zu erkennen ist. Dann wird die Flüssigkeit abfiltriert und eingedampft.

V 2 Welche Stoffe entstehen, wenn andere *Metalle* mit Säure reagieren?

a) Wir geben Magnesiumband, Aluminiumfolie und Eisenspäne jeweils in ein Reagenzglas mit verdünnter Salzsäure (bis 25 %) Xi.

Jedes Mal wird das entstandene Gas geprüft und nach Beendigung der Reaktion die Flüssigkeit eingedampft. Vergleiche!

b) Wir geben von den gleichen Metallen möglichst gleich große Proben in verdünnte Schwefelsäure Xi.

Vergleiche die entstandenen Stoffe (z. B. ihre Kristallformen).

V 3 Mit diesem Versuch können wir feststellen, wie ein *Metalloxid* mit einer Säure reagiert.

Dazu geben wir nach und nach kleine Mengen von schwarzem Kupferoxid Xn in ein Reagenzglas mit etwas verdünnter Schwefelsäure Xi.

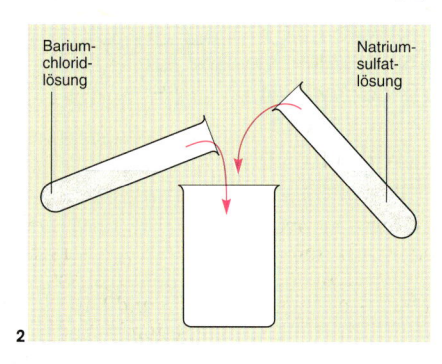

Gleichzeitig wird die Schwefelsäure vorsichtig erwärmt (das Reagenzglas dabei über der Flamme hin und her schwenken; Schutzbrille!).

Sobald kein Kupfer(II)-oxid mehr mit der Säure reagiert, wird die Flüssigkeit in ein anderes Reagenzglas abfiltriert.

Beobachte das Filtrat, während es abkühlt. Betrachte das getrocknete Filtrierpapier mit einer Lupe.

V 4 (Lehrerversuch) Nun sollen zwei Salze miteinander reagieren.

a) Dazu werden je eine Spatelspitze Bariumchlorid $BaCl_2$ T und Natriumsulfat Na_2SO_4 jeweils in 10 ml destilliertem Wasser aufgelöst.

b) Dann gießt man beide Lösungen nacheinander in ein kleines Becherglas (Bild 2) und beobachtet.

c) Nach etwa fünf Minuten wird die Flüssigkeit filtriert und eingedampft.

Aufgaben

1 Erhitztes Kupferblech reagiert mit Chlor. Beschreibe die Reaktion und stelle die Reaktionsgleichung auf.

2 Was sagen die folgenden Reaktionsgleichungen aus? Welche Reaktionsart liegt jeweils vor (→ Info)?
$Zn + H_2SO_4 \rightarrow ZnSO_4 + H_2$
$ZnO + H_2SO_4 \rightarrow ZnSO_4 + H_2O$

3 Es gibt mehrere Möglichkeiten, Zinkchlorid $ZnCl_2$ herzustellen. Beschreibe mindestens zwei davon.

4 Wenn ein Metall mit einer Säure reagiert, entsteht Wasserstoff.
Warum kann der Wasserstoff nur aus der Säure kommen?

5 Wie heißen die folgenden Salze: $ZnCl_2$, $NaNO_3$ und $MgSO_4$?

6 Kaliumchlorid ist durch Neutralisation herzustellen. Beschreibe!

7 Die Lösungen von Silbernitrat $AgNO_3$ und Natriumchlorid $NaCl$ werden vermischt. Silberchlorid ist ein sehr schwer lösliches Salz.
Beschreibe die Reaktion und gib die Reaktionsgleichung an.

8 Beschreibe die Reaktion von Kupfer(II)-oxid mit Schwefelsäure.

9 Wenn man Salzsäure auf Kalkstein $CaCO_3$ gibt, bildet sich ein Gas. Außerdem entsteht Calciumchlorid.
Erkläre die Reaktion. Schreibe die Reaktionsgleichung auf.

Reaktionen zur Bildung von Salzen

Salze weisen ähnliche Eigenschaften auf: Sie haben hohe Schmelz- und Siedetemperaturen und liegen deshalb bei Raumtemperatur im festen Aggregatzustand vor. In wässrigen Lösungen leiten sie den elektrischen Strom.

Die gemeinsamen Eigenschaften beruhen darauf, dass Salze im Prinzip den gleichen Aufbau haben: Sie sind aus elektrisch positiv und negativ geladenen Ionen aufgebaut. In wässrigen Lösungen sind die Ionen frei beweglich.

An der Bildung von Salzen können unterschiedliche Ausgangsstoffe beteiligt sein. Die Reaktionen zur Salzbildung unterscheiden sich nicht nur in ihrem Ablauf; sie gehören auch zu verschiedenen Typen chemischer Reaktionen.

1. Metall + Nichtmetall → Salz

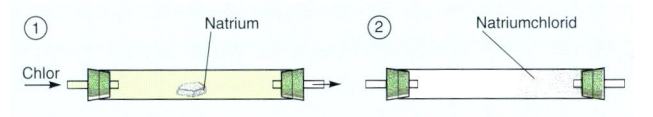

Natrium + Chlor → Natriumchlorid
$2\,Na + Cl_2 \rightarrow 2\,NaCl$ | exotherm

Die beiden Elemente reagieren direkt miteinander. Dabei werden Elektronen von Metallatomen auf Nichtmetallatome übertragen. Der wesentliche chemische Vorgang bei der Synthese eines Salzes aus den Elementen ist also eine Elektronenübertragung. Das Salz ist eine Ionenverbindung.

2. Metall + Säure → Salz + Wasserstoff

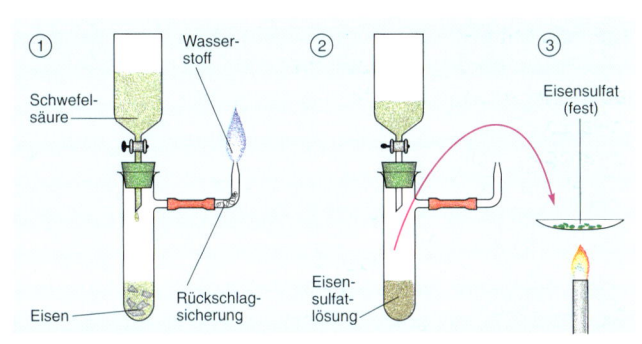

Eisen + Schwefelsäure → Eisensulfat + Wasserstoff
$Fe + H_2SO_4 \rightarrow FeSO_4 + H_2$ | exotherm

Von Metallatomen werden Elektronen auf Wasserstoff-Ionen übertragen. Aus den Metallatomen werden Metall-Ionen. Wasserstoff wird frei. Die Säurerest-Ionen bleiben in der Lösung. Beim Eindampfen bilden sie mit den Metall-Ionen ein Kristallgitter; es bildet sich das Salz.

3. Salz A + Salz B → Salz C + Salz D

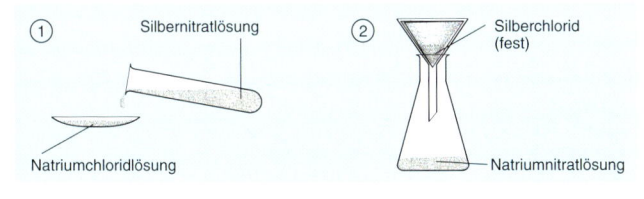

Natriumchlorid + Silbernitrat
→ Natriumnitrat + Silberchlorid
$NaCl + AgNO_3 \rightarrow NaNO_3 + AgCl$ | exotherm

Metall-Ionen aus der einen Lösung bilden mit Säurerest-Ionen aus der anderen Lösung ein schwer lösliches Salz. Seine Kristalle bilden sich innerhalb des Lösemittels und „fallen" zu Boden. Es bildet sich ein *Niederschlag*. Eine solche chemische Reaktion wird *Fällungsreaktion* genannt. Ob eine Fällung eintritt, richtet sich nach der Löslichkeit der betreffenden Salze.

4. Metalloxid + Säure → Salz + Wasser

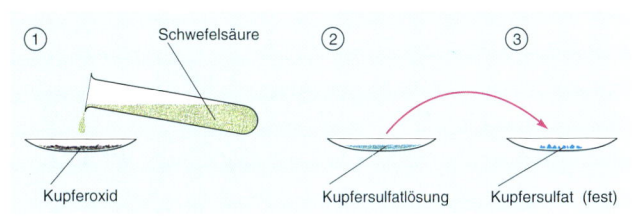

Kupfer(II)-oxid + Schwefelsäure → Kupfer(II)-sulfat + Wasser
$CuO + H_2SO_4 \rightarrow CuSO_4 + H_2O$ | exotherm

Dem Metalloxid werden Oxid-Ionen entzogen. Wasserstoff-Ionen aus der Säure und Oxid-Ionen (Sauerstoff-Ionen) aus dem Metalloxid reagieren unter Bildung von Wassermolekülen. Der wesentliche chemische Vorgang besteht in der Reaktion von Oxid-Ionen mit Wasserstoff-Ionen.

5. Säure + Lauge → Salz + Wasser

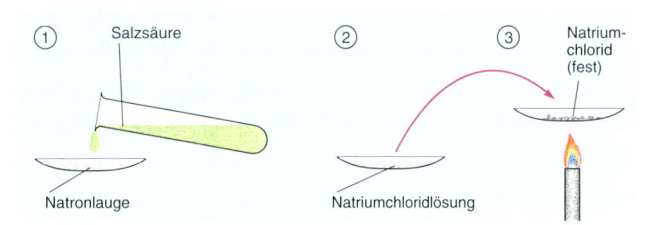

Salzsäure + Natronlauge → Natriumchlorid + Wasser
$HCl + NaOH \rightarrow NaCl + H_2O$ | exotherm

Wasserstoff-Ionen aus der Säure verbinden sich mit Hydroxid-Ionen (OH^--Ionen) aus der Lauge zu Wassermolekülen. Die Träger der „Säureeigenschaften" und die Träger der „Laugeneigenschaften" verbinden sich zu neutralem Wasser. Säure und Laugen neutralisieren einander. Diese chemische Reaktion heißt deshalb *Neutralisation*. Beim Eindampfen der Lösung erhält man ein Salz. Sein Kristallgitter besteht aus den Metall-Ionen der Lauge und den Säurerest-Ionen der Säure.

Fragen und Aufgaben zum Text

1 Ordne die folgenden Reaktionen den fünf Beispielen zu:
a) Es entsteht als Endprodukt nur Kupferchlorid $CuCl_2$.
b) Es bilden sich als Endprodukte Magnesiumsulfat und Wasserstoff. Gib für diese Reaktion die Ausgangsstoffe an.
c) Beim Beizen von Eisenoberflächen mit Salzsäure löst sich das Eisen.
d) In einer Lösung bildet sich ein Niederschlag von Silberchlorid $AgCl$. Das Filtrat enthält Salpetersäure. Welche Stoffe haben reagiert?
e) Schwefel reagiert mit einem Silberlöffel zu Silbersulfid.
f) Magnesium oxidiert.
g) Kohlenstoffdioxid reagiert mit Kalkwasser.

2 Nenne mindestens zwei Reaktionen, die zur Bildung von Natriumchlorid ($NaCl$) führen.

Kalk und seine Erscheinungsformen in der Natur

1 Carbonate und Hydrogencarbonate

Calciumcarbonat in unterschiedlicher Gestalt

V 1 Wir bereiten zwei Proben Kalkwasser [Xn] frisch zu (Schutzbrille!). Probe 1 wird mit einigen Tropfen Universalindikatorlösung versetzt, Probe 2 bleibt unbehandelt.

Nun wird durch beide Proben für längere Zeit Kohlenstoffdioxid geleitet. (Wenn sich die Niederschläge aufgelöst haben, kein weiteres Kohlenstoffdioxid einleiten.) Beobachte den pH-Wert bei Probe 1.

Probe 2 wird in einem Erlenmeyerkolben (Siedesteinchen!) mit einem in Kalkwasser eintauchenden Gasableitungsrohr erhitzt. Beobachte die Veränderungen im Erlenmeyerkolben. Wie verändert sich die klare Lösung?

V 2 Wir prüfen die Löslichkeit von Natriumcarbonat [Xi]. Dazu geben wir etwas Natriumcarbonat in Wasser.

V 3 Eine gesättigte Lösung von Natriumcarbonat [Xi] wird tropfenweise mit einer Calciumchloridlösung [Xi] versetzt. Den entstehenden Niederschlag filtrieren wir ab.

a) Wir prüfen den Niederschlag mit verdünnter Salzsäure [Xi] und identifizieren das entstehende Gas.

b) Welche Ionen befinden sich im Filtrat? Weise davon die Anionen nach.

Welcher Stoff scheidet sich beim Verdunsten der Flüssigkeit ab? Untersuche den Rückstand mit der Lupe.

V 4 Tropfe konzentrierte Salzsäure [C] auf Kalkstein, Marmor, Dolomit, Kesselstein und auf festes Natriumcarbonat. Vergleiche die Reaktionen miteinander.

Carbonate – die weitaus häufigsten Salze der Kohlensäure

Da Kohlensäuremoleküle bis zu zwei Protonen abgeben können, bilden sie auch zwei Reihen von Salzen: **Hydrogencarbonate** und **Carbonate**.

Das schwer lösliche **Calciumcarbonat** bildet sich als weißer Niederschlag, wenn man Kohlenstoffdioxid in die alkalische Lösung von Kalkwasser einleitet.

$$Ca^{2+} + 2\,OH^- + CO_2 \longrightarrow CaCO_3 + H_2O$$

Wenn man das Einleiten von Kohlenstoffdioxid fortsetzt, löst sich der Niederschlag wieder auf. Das geschieht in dem Maße, in dem die Flüssigkeit durch das zugeführte Kohlenstoffdioxid allmählich sauer reagiert. Es bildet sich jetzt das leicht lösliche **Calciumhydrogencarbonat**.

$$CaCO_3 + H_2O + CO_2 \rightleftharpoons Ca^{2+} + 2\,HCO_3^-$$

So bildet sich in der Natur aus schwer löslichem Kalkstein lösliches Calciumhydrogencarbonat. Die Calcium-Ionen und die Hydrogencarbonat-Ionen gelangen mit den Flüssen ins Meer.

Hier handelt es sich um eine *umkehrbare Reaktion*. Wenn man die Lösung erhitzt, kommt es zur Rückreaktion: Die Hydrogencarbonat-Ionen gehen wieder in Carbonat-Ionen über. Sie fallen aus der Lösung aus; es entweicht Kohlenstoffdioxid, Wasser wird frei. So entsteht auch Kesselstein.

Bei den Carbonaten des Natriums ist es umgekehrt: Das **Natriumcarbonat** (Soda) löst sich sehr gut in Wasser, das **Natriumhydrogencarbonat** (Natron) weniger gut. So fällt aus einer gesättigten Natriumcarbonatlösung Natriumhydrogencarbonat aus, wenn Kohlenstoffdioxid eingeleitet wird.

$$Na_2CO_3 + H_2O + CO_2 \rightleftharpoons 2\,NaHCO_3$$

Weitere Carbonate sind der *Dolomit* (ein Magnesium-Calcium-Carbonat), der *Eisenspat* (das Eisen(II)-carbonat), der *Manganspat* (Mangan(II)-carbonat) und der *Galmei* (das Zinkcarbonat). Es sind Erze, die bergmännisch gewonnen werden.

Durch Säuren, z. B. Salzsäure, werden Carbonate zersetzt. Diese Reaktion dient z. B. als *Nachweis* für Calciumcarbonat.

$$CaCO_3 + 2\,HCl \rightarrow Ca^{2+} + 2\,Cl^- + CO_2$$

Fragen und Aufgaben zum Text

1 Warum trübt sich Kalkwasser beim Einleiten von Kohlenstoffdioxid zuerst und klärt sich bei weiterem Einleiten?

2 Schreibe die Gleichung für die Reaktion einer Calciumchloridlösung mit einer Natriumcarbonatlösung in Ionenform auf. Welche Ionen nehmen an der Reaktion teil, welche nicht?

Aus Umwelt und Technik: **Marmor, Perlen und andere Carbonate**

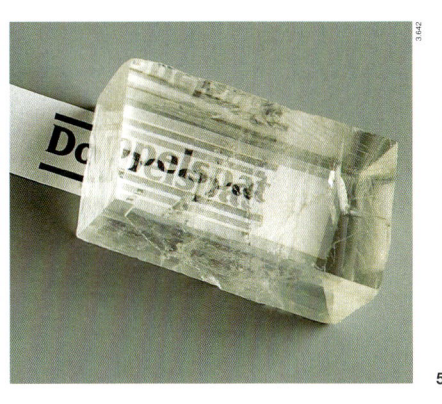

Der **Kalkstein** (Bild 1, linke Seite) besteht im Wesentlichen aus **Calciumcarbonat** $CaCO_3$. Er ist vor allem aus Schalen im Meer lebender Pflanzen und Tiere entstanden (Bild 2).

Zum Kalkstein gehören die Muschelkalke der Schwäbischen Alb, die Thüringens und die von Rüdersdorf bei Berlin, ferner die Kalke des Rheinischen Schiefergebirges.

Kalkspat (Calcit) ist das reinste Calciumcarbonat, das in der Natur vorkommt. Er bildet häufig durchsichtige, farblose, schön geformte Kristalle (Bild 3). Diese können mikroskopisch klein bis metergroß werden und befinden sich meist in Hohlräumen von Kalkgesteinen.

Große und regelmäßig gebaute Kalkspatkristalle zeigen die Eigenschaft der Doppelbrechung des Lichts: Ein senkrecht einfallender Lichtstrahl wird in zwei Strahlen gespalten. Der „ordentliche" Strahl behält seine Richtung bei. Der „außerordentliche" Strahl wird dagegen abgelenkt.

Legt man einen solchen Kristall auf eine weiße Unterlage mit Schriftzeichen, so sieht man die Buchstaben doppelt. Deswegen wird er auch *Doppelspat* genannt (Bild 4).

Marmor ist ein dichter, reiner Kalkstein, der aus miteinander verwachsenen Kalkspatkristallen besteht. Er ist aus gewöhnlichem Kalkstein unter hohem Druck und bei hohen Temperaturen in tieferen Schichten der Erde entstanden.

Oft zeigt Marmor Verfärbungen, die auf verschiedene Metalloxide zurückzuführen sind. Wenn er durch Eisenoxide verunreinigt ist, lässt er eine gelbrote bis bräunliche Bänderung erkennen. Bestandteile von Kohle färben ihn schwarz, solche von Serpentin (eine Magnesium-Silicium-Verbindung) färben ihn grün.

Wenn der Marmor keine Verunreinigungen enthält, ist er schneeweiß – wie der Statuen- oder Bildhauermarmor von Carrara, aus dem schon seit der Antike viele unvergängliche Kunstwerke geschaffen worden sind (Bild 5).

Marmor kann geschliffen und poliert werden. Neben der Verwendung als Bildhauerstein und Baumaterial wird Marmor in zermahlener Form genutzt – z. B. als Düngemittel, als Zuschlag zu Erzschmelzen und als Hilfsstoff für die Papierherstellung.

Kreide ist ein weißer, lockerer, feinkörniger Kalkstein, der aus den Kalkgehäusen von Kleinlebewesen des Meeres entstanden ist. Kreide enthält viel Siliciumdioxid. Im Gegensatz zu dichten Kalksteinen färbt sie ab und wurde deshalb früher als Tafelkreide verwendet. Heute dient sie z. B. zum Weißen von Wänden.

Kalksinter scheiden sich aus heißem Quellwasser ab (Bild 6). Darin gelöste Hydrogencarbonat-Ionen zerfallen im Freien. Die so entstehenden Carbonat-Ionen bilden gemeinsam mit Calcium-Ionen den unlöslichen Kalksinter, der sich in Schichten ablagert. (Aus Kalksinter besteht übrigens der *Karlsbader Sprudelstein*.)

Dolomit (benannt nach dem französischen Forscher *Dolomieu*) ist das „Doppelcarbonat" $CaMg(CO_3)_2$, ein gelblichbräunliches körniges Gestein. Es verhalf den Dolomiten zu ihrem Namen. Dieses Carbonat reagiert im Unterschied zu Kalkstein nur mit heißer Salzsäure.

Dolomit wird beim „Kalken" der Wälder gegen die Wirkungen des sauren Regens eingesetzt. Er erhöht nicht nur den pH-Wert des Bodens, sondern wirkt durch seinen Magnesiumgehalt auch als Düngemittel für Waldpflanzen.

Echte **Perlen**, als Schmuck hoch geschätzt, werden von der *Perlmuschel* abgeschieden (Bild 7).

Perlen bestehen aus konzentrisch gewachsenen Schichten von Calciumcarbonat. Sie bilden sich, wenn ein Fremdkörper (z. B. ein Sandkorn) von Schalensubstanz umschlossen wird. Auf diese Weise *züchtet* man auch Perlen, die den „echten" an Schönheit nicht nachstehen.

Die größte jemals gefundene Perle wog 7 kg; sie war 23 cm lang, 14 cm breit und 15 cm hoch. Allerdings stammte sie nicht von einer Perlmuschel, sondern aus einer 160 kg schweren Riesenmuschel.

2 Kalkstein und Wasser – ein chemisches Wechselspiel

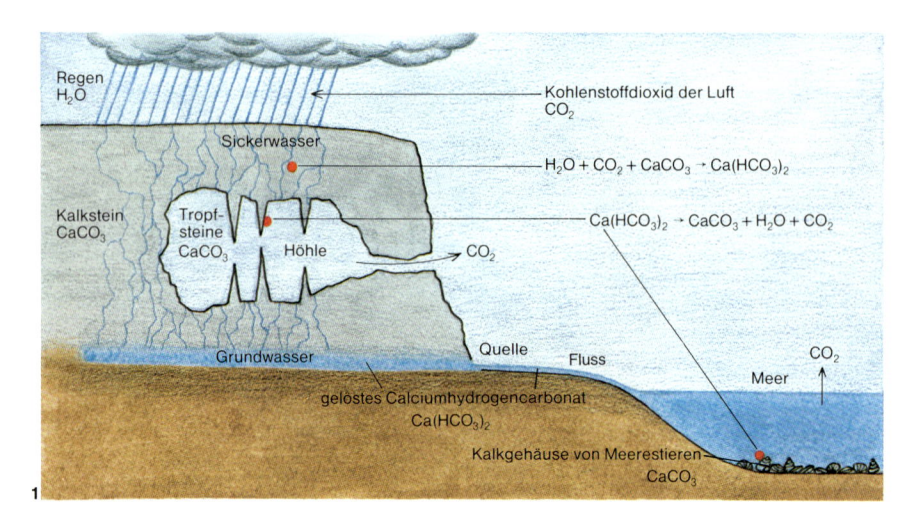

In der Natur werden Reaktionen von Kalkstein mit Wasser besonders deutlich.

V 5 Wir vergleichen zunächst das Aussehen der Proben von Bild 2. (Wenn Kohlenstoffdioxid durch Hineinblasen eingeleitet wird, unbedingt Schutzbrille tragen!) Dann filtrieren wir von jeder Probe gleich viele Tropfen auf je ein Uhrglas und lassen das Wasser verdunsten. (Damit es schneller geht, das Uhrglas zwischen den Fingern festhalten und mehrmals über einer Flamme hin und her schwenken!) Vergleiche die Rückstände.

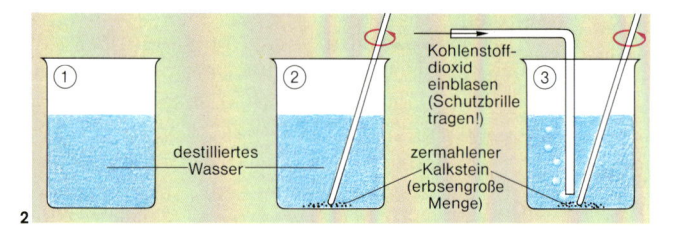

V 6 Diesmal lassen wir einige Tropfen Leitungswasser wie in Versuch 5 verdunsten. Kannst du den Rückstand einer der Proben von Versuch 5 zuordnen?

Wie sich Calciumcarbonat in Wasser löst

Calciumcarbonat $CaCO_3$ löst sich in reinem Wasser nur sehr schwer: 1 Liter Wasser kann bei 25 °C nur 0,014 g Calciumcarbonat lösen.

Anders ist es jedoch, wenn gleichzeitig Kohlenstoffdioxid vorhanden ist. Wie du bereits weißt, reagiert dann das Kohlenstoffdioxid mit Wasser zu *Kohlensäure*. Sie enthält Oxonium-Ionen und Carbonat-Ionen.

$$3 H_2O + CO_2 \rightarrow 2 H_3O^+ + CO_3^{2-}$$

Diese Ionen reagieren nun mit dem festen Calciumcarbonat. Es entsteht die gut wasserlösliche Verbindung **Calciumhydrogencarbonat**. Die Lösung enthält dann Calcium-Ionen und Hydrogencarbonat-Ionen.

$$CaCO_3 + 2 H_3O^+ + CO_3^{2-} \rightleftharpoons Ca^{2+} + 2 HCO_3^- + 2 H_2O$$

Beim Erwärmen oder beim Verdunsten des Wassers verläuft dieser Vorgang in umgekehrter Richtung: Es setzt sich also Calciumcarbonat (Kalkstein) ab.

Aufgaben

1 Vergleiche die Formeln für Calciumhydrogencarbonat und Calciumcarbonat. In beiden Verbindungen ist Kohlenstoff gebunden. Wie viel Prozent beträgt sein Anteil jeweils?

2 Wie viel Gramm Calciumcarbonat könnte sich in 1 m³ Wasser von 25 °C lösen?
Welche Rolle spielt dabei das Kohlenstoffdioxid? Beschreibe!

3 Muscheln und Schnecken besitzen Schalen aus Kalkstein.
Woher bekommen die Tiere ihr „Baumaterial"? Versuche die Kalkbildung zu erklären.

4 Wenn man eine Lösung von Calciumhydrogencarbonat erhitzt, setzt sich ein weißer Niederschlag ab.
Erkläre die Reaktion und schreibe die Reaktionsgleichung auf.

5 Beschreibe im Zusammenhang, wie die Bildung einer Höhle in einem Kalksteingebirge vor sich geht.

6 Auf der Schwäbischen Alb gibt es eine große Zahl Tropfsteinhöhlen, im Schwarzwald dagegen nicht. Woran liegt das?

7 Beschreibe mit Hilfe von Bild 1 den natürlichen Kalkkreislauf.

Aus Umwelt und Technik: **Von der Karstquelle zum Kalktuff**

Die chemische Verwitterung des Kalksteins hat in der Schwäbischen Alb zahlreiche Klüfte gebildet.

So wurde z. B. der Kalkstein unter dem Flussbett der Donau so „ausgelaugt", dass ein erheblicher Anteil ihres Wassers im Boden versickert (Bild 3) und unterirdisch zum Flusssystem des Rheins strömt.

Etwa 12 km von der Flussschwinde entfernt tritt das Donauwasser wieder in sog. **Karstquellen** wie z. B. dem *Achtopf* zutage. (Mit *Karst* bezeichnet man Gebirge aus durchlässigen, wasserlöslichen Gesteinen, die durch Oberflächen- und Grundwasser ausgelaugt werden.)

An anderen Orten scheidet sich Kalkstein aber auch wieder ab, z. B. am *Uracher Wasserfall*. Hier verläuft also die folgende Reaktion rückläufig – wie bei der Kalkbildung durch Meeresorganismen.

$$CaCO_3 + H_2O + CO_2 \rightleftarrows Ca^{2+} + 2\,HCO_3^-$$

Das im Wasserfall herabstürzende Wasser ist reich an Calcium-Ionen und Hydrogencarbonat-Ionen. Wenn es beim Sturz in die Tiefe zerstiebt, gibt es Kohlenstoffdioxid ab; Calciumcarbonat wird frei.

Auch die Moose und Farne in der nahen Umgebung des Wasserfalls entziehen dem Wasser tagsüber durch Fotosynthese Kohlenstoffdioxid. Sie beschleunigen dadurch die Kalkbildung so sehr, dass sie unter den Ablagerungen buchstäblich begraben werden. Ihre Spuren können Jahrtausende überdauern (Bild 4).

Diese an der Luft entstehenden lockeren, porösen Kalkablagerungen werden **Kalktuff** genannt.

Aus Umwelt und Technik: **Von Stalaktiten und Stalagmiten**

Bild 5 zeigt den Querschnitt einer Höhle. Links weist die Decke Ausbuchtungen auf, sog. *Kolke*. Rechts hingegen befinden sich Kalksinter, und zwar **Stalaktiten** (griech. *stalaktos*: tropfend), denen vom Boden aus **Stalagmiten** (griech. *stalagmos*: Tropfen, Getröpfel) entgegenwachsen. Diese bizarren Gebilde werden auch **Tropfsteine** genannt.

Warum wird auf der einen Seite die Höhlendecke „ausgewaschen", auf der anderen Seite aber mit Tropfsteinen geschmückt? Das liegt daran, dass der Fels über dem linken Teil der Höhle kahl ist, während er über dem rechten Teil reichlich bewachsen ist.

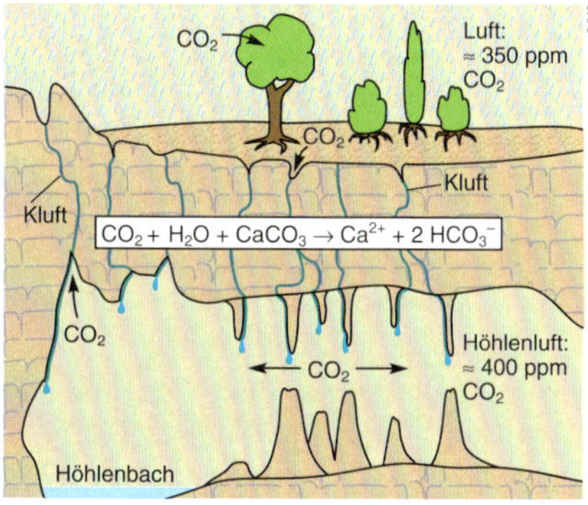

Durch die Klüfte im *kahlen Fels* dringt Regenwasser ein, das *arm an Kohlenstoffdioxid* ist. Dieses Wasser kann nur wenig Calciumcarbonat zersetzen.

$$H_2O + CO_2 + CaCO_3 \rightleftarrows Ca^{2+} + 2\,HCO_3^-$$

Wenn die entstandene verdünnte Lösung mit ihren Hydrogencarbonat-Ionen und Calcium-Ionen an der Höhlendecke austritt, nimmt sie aus der Höhlenluft Kohlenstoffdioxid auf. Bevor nun der Tropfen von der Decke herabfällt, zersetzt er schnell noch etwas Kalkstein. Steter Tropfen höhlt hier im wahrsten Sinne des Wortes den Stein: Allmählich entsteht auf diese Weise ein Kolk.

Das Regenwasser, das durch die *Bodenschicht* gesickert ist, enthält *reichlich Kohlenstoffdioxid*. Die Luft im Boden kann nämlich aufgrund von Atmungs- und Zersetzungsvorgängen hundertmal mehr Kohlenstoffdioxid enthalten als die Luft im Freien. Auf dem Weg durch die Klüfte wird das Kohlenstoffdioxid nicht verbraucht.

Tritt die Lösung an der Höhlendecke aus, so gibt sie Kohlenstoffdioxid frei; Calciumcarbonat scheidet sich ab. So wächst an der Tropfstelle der *Stalaktit* nach unten (Bild 6).

Die herabtropfende Lösung enthält noch immer viel Kohlenstoffdioxid. Es entweicht beim Aufprall des Tropfens auf den Boden, sodass ein *Stalagmit* emporwächst. In Jahrtausenden wird eine Säule entstehen.

3 Die Wasserhärte

Auszug aus dem Text
auf einer Waschmittelpackung:

Die genaue Einhaltung der Dosieranleitung garantiert Ihnen nicht nur ein optisch gutes Waschergebnis. Sie waschen auch wirtschaftlich und umweltfreundlich.
  Die Dosierung richtet sich nach der Härte des Wassers. Den **Härtebereich** bzw. die **Wasserhärte** können Sie bei Ihrem Wasserwerk erfragen.
  Maschinenwäsche, Fassungsvermögen 4–5 kg Trockenwäsche:

Härtebereich	1		2		3		4	
Wasserhärte	0–7 (weich)		7–14 (mittel)		14–21 (hart)		über 21 (sehr hart)	
Dosierung	ml	⊟	ml	⊟	ml	⊟	ml	⊟
Vorwäsche + Hauptwäsche	150 150	1 1	188 255	$1\frac{1}{4}$ $1\frac{1}{2}$	225 263	$1\frac{1}{2}$ $1\frac{3}{4}$	263 338	$1\frac{3}{4}$ $2\frac{1}{4}$
Nur Hauptwäsche	263	$1\frac{3}{4}$	338	$2\frac{1}{4}$	413	$2\frac{3}{4}$	450	3

Was versteht man unter der Härte des Wassers?

V 7 Wir füllen in ein Reagenzglas 10 ml destilliertes Wasser; in zwei weitere füllen wir je 5 ml Wasser, das Calcium- und Hydrogencarbonat-Ionen gelöst enthält.
  Gib in das erste und zweite Glas je 10 Tropfen Seifenlösung. Schüttle und vergleiche die Schaumbildung.
  Erhitze die dritte Lösung bis zum Sieden. (Wenn zu viel Flüssigkeit verdampft, einige Tropfen destilliertes Wasser zugeben!) Schüttle mit Seifenlösung.
  Wir führen den Versuch auch mit Proben kalter und erhitzter verdünnter Calciumchloridlösung [Xi] durch.

V 8 In einem Reagenzglas versetzen wir Leitungswasser mit etwas „Vollentsalzer". Dann geben wir ein paar Tropfen Seifenlösung zu und schütteln. Beobachte!
  Wir wiederholen den Versuch mit einer Wasserprobe, die vorher mit Spatelspitzen von Magnesiumchlorid und Calciumchlorid [Xi] versetzt wurde. Beobachte!

V 9 Wir prüfen die Härte von Leitungswasser mit Hilfe von *Teststäbchen*. Dann lassen wir das Wasser kurz sieden und prüfen nach dem Abkühlen erneut die Härte.

Hartes Wasser – weiches Wasser

Auch das beste Leitungswasser ist nicht rein. Es enthält verschiedene Kationen (z. B. Calcium- und Magnesium-Ionen) und Anionen (z. B. Hydrogencarbonat-, Sulfat-, Chlorid- und Phosphat-Ionen).
  Beim Waschen bilden die Calcium- und Magnesium-Ionen mit den Anionen der Seifenlösung einen unlöslichen „Grauschleier" von Kalkseife auf dem Gewebe. Vor allem Wolle wird dadurch hart. So erklärt sich der Begriff **Wasserhärte**.
  Wie können die Calcium- und Magnesium-Ionen aus dem Wasser entfernt werden? Oder anders: Wie lässt sich Wasser „enthärten"? Das hängt von der Art der gelösten Anionen ab.
  Wenn es z. B. nur Hydrogencarbonat-Ionen sind, hilft bereits ein *Erhitzen* des Wassers. Dann zerfallen nämlich diese Ionen in Carbonat-Ionen, Kohlenstoffdioxid und Wasser.

$$2\,HCO_3^- \rightleftharpoons CO_3^{2-} + CO_2 + H_2O$$

Die Calcium-Ionen bilden dann zusammen mit den Carbonat-Ionen einen unlöslichen Niederschlag von Calciumcarbonat.

$$Ca^{2+} + CO_3^{2-} \longrightarrow CaCO_3$$

Das Wasser ist nun frei von Calcium-Ionen; es ist „weich" und Seife schäumt darin.
  Diese Form der Wasserhärte nennt man **Carbonathärte**. Weil sie schon allein durch Erhitzen verschwindet, spricht man von der *temporären* (zeitweiligen) Härte des Wassers.
  Beim Enthärten von Wasser durch Erhitzen lagert sich jedoch das schwer lösliche Calciumcarbonat als **Kesselstein** auf den heißen Stellen der betreffenden Geräte ab (Bilder 1 u. 2). Deshalb müssen diese Geräte ab und zu entkalkt werden.
  Wenn das zu enthärtende Wasser auch Sulfat-, Chlorid- und Phosphat-Ionen enthält, verbleiben diese Ionen und auch die Calcium- und Magnesium-Ionen beim Erhitzen im Wasser. Man spricht dann von der **Sulfathärte** des Wassers; sie wird auch *permanente* (bleibende) Härte genannt.

Die permanente Härte lässt sich durch einen *Ionenaustauscher* beseitigen, z. B. durch Zeolith A. Er nimmt Calcium-Ionen auf und gibt stattdessen Natrium-Ionen ab. Modernen Waschmitteln ist er als Enthärter beigegeben.
  Temporäre und permanente Härte bilden gemeinsam die sog. **Gesamthärte** des Wassers. Sie wird in *Graden deutscher Härte* angegeben (abgekürzt: °d). Einem Gehalt von 10 mg Calciumoxid in 1 l Wasser ist die Härte 1 °d zugeordnet.
  Wasser mit einer Härte von bis zu 7 °d ist *weich*, von 7–14 °d *mittel*, von 14–21 °d *hart* und ab 21 °d *sehr hart*. Eine Einteilung in Härte*bereiche* (→ Übersicht) ist aber gebräuchlicher.
  Die Wasserhärte spielt im täglichen Leben eine große Rolle. So setzen sich z. B. die sich bildenden *Kalkseifen* als graue, schmierige Masse in Badewannen ab.
  Die Kalkseife im Waschwasser vermindert dessen Waschwirkung. Zwar enthalten moderne Waschmittel Enthärter; um aber die Gewässer nicht über Gebühr zu belasten, sind die Dosierungshinweise auf den Packungen zu beachten. Dazu muss man die Wasserhärte des Heimatortes kennen. Sie ist aufgrund der Bodenbeschaffenheit regional unterschiedlich.

Fragen und Aufgaben zum Text

1 Hauptsächlich Sulfat-Ionen und Chlorid-Ionen bewirken die permanente Härte des Wassers. Erkläre! Vergleiche bei deiner Antwort auch die Stabilität von Hydrogencarbonat- und Sulfat- bzw. Chlorid-Ionen beim Erhitzen.

2 Weshalb berücksichtigt man bei der Festlegung der Wasserhärte nicht auch z. B. Natrium- und Kalium-Ionen?

3 In der Industrie wird oftmals Wasser durch Zugabe von Calciumhydroxidlösung enthärtet. Wie funktioniert das?

4 Informiere dich über die Wasserhärte bei euch.

Kalk und seine Erscheinungsformen in der Natur

Alles klar?

1 Was haben Eierschalen und eine Korallenkette gemeinsam?

2 Zur Bestimmung von Gesteinsproben führen die Geologen häufig ein kleines Fläschchen mit Salzsäure mit sich. Was können sie damit feststellen?

3 Wenn man mit einem Glasröhrchen Luft durch Kalkwasser bläst, trübt es sich. Wie kommt das?

4 Leitet man Kohlenstoffdioxid in Kalkwasser, so reagiert die zunächst alkalische Lösung schließlich sauer. Erkläre!

5 Bei der chemischen Verwitterung von Kalkstein wird Kohlenstoffdioxid verbraucht. Bei der Bildung von Kalkstein wird Kohlenstoffdioxid freigesetzt. Erläutere diesen Sachverhalt.

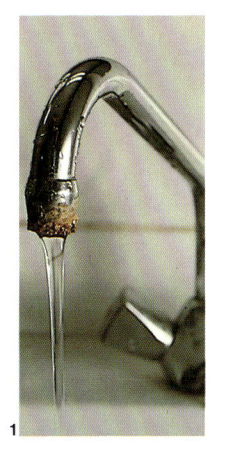

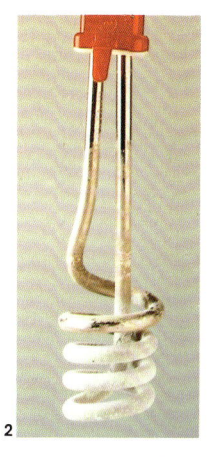

6 Erkennst du einen Zusammenhang zwischen der Beseitigung der temporären Härte durch Erhitzen und der Bildung von Kalkgerüsten durch Meeresorganismen?

7 Welche Ionen verursachen
a) die Gesamthärte,
b) die temporäre und
c) die permanente Härte des Wassers?

8 Versuche zu erklären, woher der Kesselstein kommt (Bilder 1 u. 2).

9 Warum lässt sich durch Erhitzen nur die temporäre Härte des Wassers beseitigen?

10 Kaffeemaschinen müssen von Zeit zu Zeit mit einem *Entkalker* behandelt werden. Warum ist das notwendig?
Beschreibe die Anwendung des Entkalkers. Durch welches einfache Hausmittel könntest du ihn ersetzen?

11 In Tropfsteinhöhlen ist es immer sehr feucht. Ist das alles Sickerwasser?

Auf einen Blick

Carbonate und Hydrogencarbonate

Kohlensäuremoleküle können bis zu zwei Protonen abgeben; deshalb bilden sie zwei Reihen von Salzen: **Carbonate** und **Hydrogencarbonate.**

Calciumcarbonat (Kalkstein) $CaCO_3$ kommt in der Natur in verschiedenen Formen vor, z. B. als Kalkstein, Marmor, Kreide und Korallenkalk, Kalkspat und Muschelkalk.

Calciumcarbonat ist in Wasser nur schwer löslich. Es lässt sich mit verdünnter Salzsäure nachweisen; dabei läuft die folgende Reaktion ab.

$$CaCO_3 + 2\,HCl \rightarrow CaCl_2 + H_2O + CO_2$$

Durch *Zufuhr* von Kohlenstoffdioxid verwittert das Calciumcarbonat in Gegenwart von Wasser zu löslichem **Calciumhydrogencarbonat** $Ca(HCO_3)_2$. Die Lösung enthält dann Calcium-Ionen und Hydrogencarbonat-Ionen.

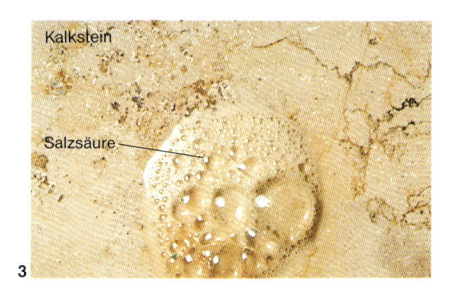

$$CaCO_3 + H_2O + CO_2 \rightleftharpoons Ca^{2+} + 2\,HCO_3^-$$

Der *Entzug* von Kohlenstoffdioxid führt zur Umkehrung des Vorgangs: Hydrogencarbonat-Ionen werden in Carbonat-Ionen umgewandelt, diese verbinden sich mit Calcium-Ionen zu Calciumcarbonat.

Das geschieht auch beim Erwärmen oder Verdunsten des Wassers. So entstanden z. B. die Tropfsteinhöhlen.

Die Wasserhärte

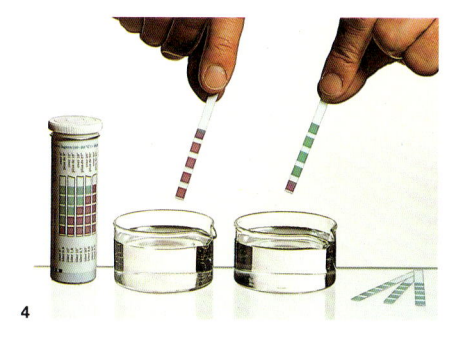

Wasser, das einen hohen Gehalt an Calcium-Ionen und Magnesium-Ionen enthält, nennt man **hartes Wasser**.
Dagegen enthält **weiches Wasser** nur einen geringen Anteil dieser Ionen.

Bei der *Wasserhärte* unterscheidet man zwischen der **temporären Härte** (*vorübergehende Härte* oder *Carbonathärte*) und der **permanenten Härte** (*bleibende Härte* oder *Sulfathärte*). Temporäre Härte und permanente Härte bilden zusammen die *Gesamthärte* des Wassers.

Die Baustoffe

1 Mörtel ist nicht gleich Mörtel

Was hat denn eine Baustelle mit Chemie zu tun? Auf einer *modernen* Baustelle (Bild 1) ist das kaum zu erkennen.

Früher war das leichter (Bild 2). Da wurde vieles noch mit der Hand gemacht, z. B. das Mischen von Mörtel.

V 1 Wir können uns selbst *Kalkmörtel* herstellen. (Schutzbrille tragen!) Dazu schütten wir 20 g pulverförmigen Branntkalk [Xi] (oder Weißkalk) in ein Becherglas und gießen nach und nach 70 ml Wasser hinzu.

a) Beobachte die Temperatur der Mischung, während du das Wasser langsam zugießt.

b) Dann verrühren wir Wasser und Branntkalk [Xi] vorsichtig zu einem glatten Kalkteig [Xn]. (Vorsicht vor Spritzern!) Bis zur Weiterverarbeitung sollte der Kalkteig mindestens zwölf Stunden lang ruhig stehen.

c) Der Kalkteig wird dann mit der dreifachen Menge (Volumen) Bausand gründlich vermischt. Damit ist der Kalkmörtel [Xn] fertig.

d) Fülle nun drei Streichholzschachteln mit dem Kalkmörtel (Bild 3). Den Rest hebst du für die folgenden Versuche 4 u. 5 auf.

V 2 Nun stellen wir *Zementmörtel* her. Dazu vermischen wir 30 g Portlandzement mit der dreifachen Menge Bausand. Das Gemisch wird mit ca. 20 ml Wasser gründlich verrührt.

Auch mit dem Zementmörtel werden drei Streichholzschachteln gefüllt. Den restlichen Zementmörtel heben wir für Versuch 4 auf.

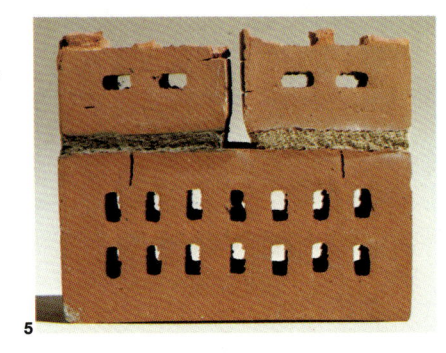

V 3 Die kleinen Mörtelblöcke der Versuche 1 u. 2 sollen nun miteinander verglichen werden.

a) Lass eine Streichholzschachtel mit Kalkmörtel und eine mit Zementmörtel offen an der Luft trocknen. Prüfe dabei täglich die Festigkeit (durch Drücken mit dem Finger), die Ritzbarkeit (durch Ritzen mit einem Nagel) und die Farbe.

b) Lege die zweite Probe jedes Mörtels in ein dicht schließendes Gefäß (Bild 4).

c) Stelle die dritte Streichholzschachtel beider Mörtelsorten je in ein Gefäß mit Wasser (Bild 4).

d) Fertige eine Tabelle an und trage alle Versuchsergebnisse ein.

V 4 Wir versuchen mit Hilfe beider Mörtelsorten jeweils zwei Stücke Ziegelstein aneinander zu „mauern". Die Mörtelschicht sollte etwa 1 cm dick sein (Bild 5).

Die Stücke bleiben ein paar Tage lang liegen. Dann wird geprüft, wie fest sie aneinander haften.

V 5 Frischer und alter Kalkmörtel unterscheiden sich voneinander. Das können wir beobachten, wenn wir etwas verdünnte Salzsäure [Xi] auf jeweils eine Probe tropfen.

Aufgaben

1 Stelle eine Tabelle nach folgendem Muster auf und fülle die Lücken aus. Die Versuche 1–3 helfen dir dabei.

Mörtelsorte	Zusammensetzung	Verhalten beim Erhärten
Mischmörtel	Kalkteig, Zement, Sand, Wasser	erhärtet nur an der Luft
Kalkmörtel	?	?
Zementmörtel	?	?

2 Kalkmörtel wird auch als *Luftmörtel* bezeichnet, Zementmörtel als *Wassermörtel*. Was will man mit diesen Bezeichnungen ausdrücken?

3 Immer, wenn bei der Arbeit Kalk mit Wasser in Berührung kommt, ist besondere Vorsicht geboten. Warum?

4 Beim Verlegen von Keramikplatten wurden diese mit Mörtel verschmutzt. Womit könnte der Maurer die Platten reinigen, ohne dass ein grauer „Schleier" zurückbleibt?

2 Vom Kalkstein zum Kalkmörtel

So viel Kalk und Zement werden gebraucht um bei einem Einfamilienhaus mit 100 m² Wohnfläche die Wände zu mauern und zu verputzen. **6**

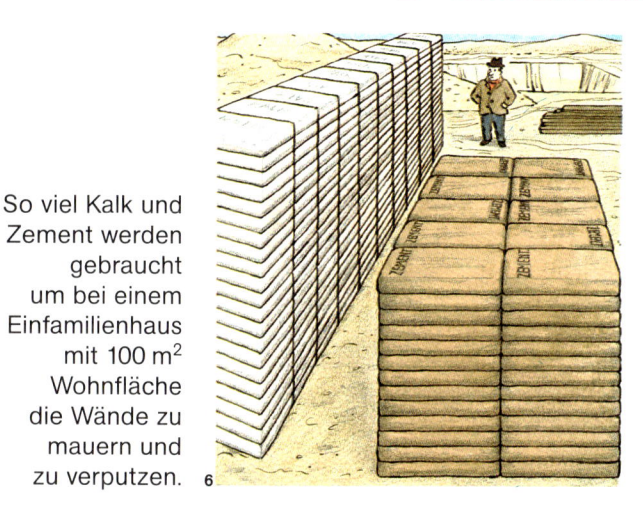

Der Ausgangsstoff für Kalk und Zement ist Kalkstein. Er wird in Steinbrüchen abgebaut und dann verarbeitet. **7**

V 6 Diesen Versuch kennst du vielleicht: Auf Kalkstein (z. B. Marmor) wird verdünnte Salzsäure [Xi] gegeben. Welches Gas entsteht dabei?

V 7 Wir halten nun ein kleines Stück *Kalkstein* (am besten Marmor) mit einer Tiegelzange etwa 5 Minuten lang in die nicht leuchtende Brennerflamme. Der Kalkstein soll möglichst kräftig glühen.
Wir haben *gebrannten Kalk* [C] hergestellt; er heißt auch *Branntkalk*.
Nun lassen wir diesen Branntkalk abkühlen und vergleichen ihn mit einem nicht durchgeglühten Stück (z. B. Aussehen, Verhalten gegenüber verdünnter Salzsäure [Xi]).

V 8 Jetzt legen wir ein frisch gebranntes, aber schon abgekühltes Stück Branntkalk [C] in eine Porzellanschale. Mit einer Pipette lassen wir 2–3 Tropfen Wasser darauf fallen (Schutzbrille tragen!).
Wir haben *gelöschten Kalk* [C] (auch *Löschkalk* genannt) hergestellt. Er wird durch Auftropfen von verdünnter Salzsäure [Xi] geprüft.

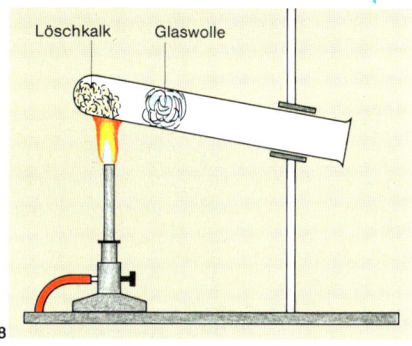

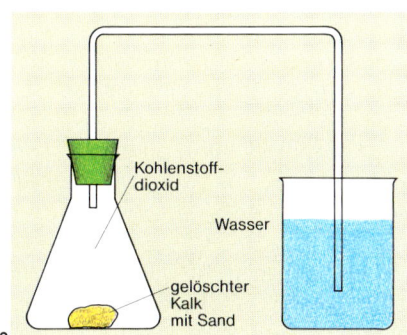

V 9 Diesmal wird ein Reagenzglas 2 cm hoch mit Löschkalk [C] (aus der Chemikaliensammlung) gefüllt und etwas Glaswolle nachgeschoben.
Was geschieht, wenn wir den Löschkalk erhitzen (Bild 8)?

V 10 In diesem Versuch wird eine kleine Portion frisch gebrannter und danach gelöschter Kalk [C] mit etwas Sand vermischt. Daraus formen wir einen Klumpen und trocknen ihn mit saugfähigem Papier gut ab.
Den Klumpen bewahren wir auf (wie Bild 9 es zeigt) und beobachten ihn mehrere Tage lang.

Die Baustoffe

Wie der Mörtel fest wird

Die hohen Gewölbe im Ulmer Münster (Bild 1) streben scheinbar schwerelos empor. Dabei ist die Last, die Steine und Fugen zu tragen haben, unvorstellbar groß. Und „nur" Mörtel hält die Steine zusammen!

Was geschieht, wenn Mörtel allmählich „hart wie Stein" wird?

Frischer Kalkmörtel ist ein geschmeidiges Gemisch von Calciumhydroxid, dem sog. *Löschkalk*, Sand und Wasser.

In den Fugen des Mauerwerks verdunstet aus dem Mörtel zunächst das überschüssige Wasser. Man sagt: **Der Mörtel bindet ab.**

Anschließend reagiert das Calciumhydroxid mit dem Kohlenstoffdioxid aus der Luft. Dabei entsteht Calciumcarbonat und Wasser wird frei.

Es entstehen winzige, sehr harte Kristalle. Sie verwachsen untereinander und mit den Sandkörnchen zu einer zusammenhängenden steinharten Masse. Man sagt: **Der Mörtel härtet aus.**

Das Aushärten des Kalkmörtels beruht also auf der **Neubildung** von Calciumcarbonatkristallen aus Calciumhydroxid und Kohlenstoffdioxid.

Diese Reaktion schreitet ganz allmählich im Mauerwerk von außen nach innen fort, weil sie von der Zufuhr von Kohlenstoffdioxid aus der Luft abhängig ist. Sie kann sogar über Jahrhunderte andauern. Deshalb ist der Mörtel in alten Bauwerken besonders fest.

In Bild 2 ist der chemische Vorgang des Aushärtens zusammenfassend dargestellt.

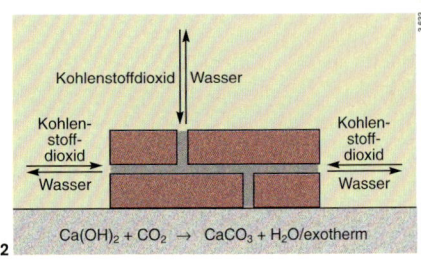

$Ca(OH)_2 + CO_2 \rightarrow CaCO_3 + H_2O$ / exotherm

Der technische Kalkkreislauf des Calciumcarbonats

Bis aus Calciumcarbonat Mörtel wird und der Mörtel wieder zu Calciumcarbonat erhärtet, laufen mehrere Reaktionen wie in einem **Kreislauf** ab:

Beim **Brennen** wird Calciumcarbonat in Schacht- oder Drehrohröfen stark erhitzt. Bei 900 °C zerfällt es in Calciumoxid CaO (den **Branntkalk**) sowie in Kohlenstoffdioxid (Bild 3).

$CaCO_3 \rightarrow CaO + CO_2$ | endotherm

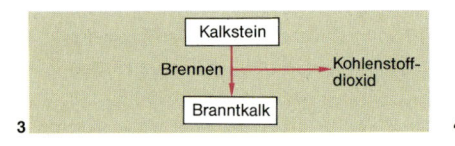

Beim **Löschen** wird dem Branntkalk Wasser zugefügt. Dabei reagiert er mit dem Wasser. Es entsteht Calciumhydroxid $Ca(OH)_2$, der **Löschkalk** (Bild 4).

$CaO + H_2O \rightarrow Ca(OH)_2$ | exotherm

Löschkalk ist ein trockenes Pulver, das mit Wasser einige Tage „sumpfen" muss, um Reste von Branntkalk zu löschen.

Die Lösung von Calciumhydroxid ist eine starke Lauge.

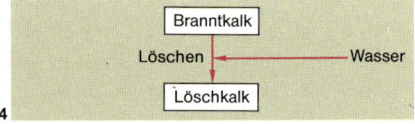

Beim **Abbinden und Aushärten** wird der Löschkalk mit Wasser und Sand zu **Kalkmörtel** verarbeitet. Erst verdunstet das überschüssige Wasser; der Mörtel *bindet* ab. Dann reagiert Calciumhydroxid mit Kohlenstoffdioxid zu Calciumcarbonat; der Mörtel *härtet* aus (Bild 5).

$CO_2 + Ca(OH)_2 \rightarrow CaCO_3 + H_2O$ | exotherm

Nun liegt im Mörtel wieder **Calciumcarbonat** vor – wie im Ausgangsstoff.

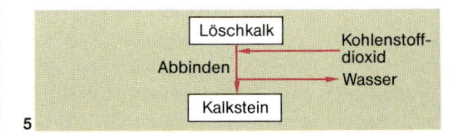

Aufgaben

1 Die Bilder 3–5 zeigen die Reaktionen beim technischen Kalkkreislauf. Stelle sie in einem Kreis dar.

2 Welche Verbindung des Calciums liegt im frischen, welche im ausgehärteten Mörtel vor?

3 Welche chemischen Reaktionen finden beim Kalkbrennen und beim Kalklöschen statt?

4 Beim technischen Kalkkreislauf spielt das *Kohlenstoffdioxid* eine große Rolle. Beschreibe sie.

5 Kalkmörtel wird auch als *Luftmörtel* bezeichnet. Was will man damit ausdrücken?

6 Früher stellte man in Neubauten sehr häufig Eisenkörbe mit glühendem Koks auf. Was wurde damit erreicht? Erläutere die dabei ablaufenden chemischen Reaktionen.

7 Warum dürfen Kalkspritzer nicht in die Augen gelangen? Welche Gegenmaßnahmen müssen sofort eingeleitet werden?

8 Aus 100 kg Kalkstein erhält man beim Brennen 56 kg Branntkalk. Was ist mit den restlichen 44 kg?

Aus Umwelt und Technik: Die Herstellung wichtiger Baustoffe

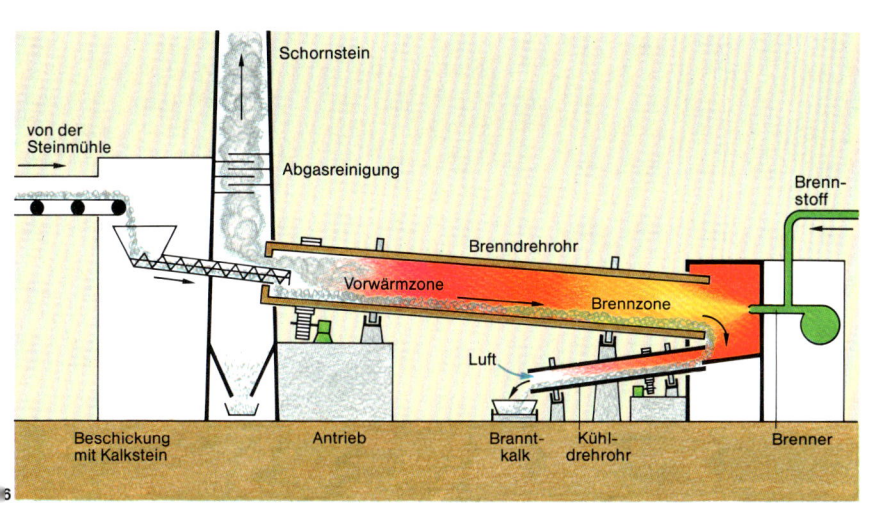

Der Kalkstein, der im Steinbruch abgebaut wird, ist ein Ausgangsstoff sowohl für Branntkalk als auch für Zement.

Um **Branntkalk** herzustellen, wird der Kalkstein im *Schachtofen* oder im *Drehrohrofen* (Bild 6) gebrannt.

Der Schachtofen wird zunächst mit einem Gemisch aus Kalksteinstücken und Koks gefüllt. Der Koks verbrennt; die dabei entstehende Wärme (etwa 1000 °C) zersetzt den Kalkstein: Aus 100 kg Kalkstein entstehen 56 kg Branntkalk und außerdem Kohlenstoffdioxid.

Beim Drehrohrofen erzeugen meist andere Brennstoffe die zum Brennen notwendige Hitze. Der Kalkstein kann ohne Zusätze in den Ofen eingefüllt werden.

Zur Herstellung von **Zement** wird der Kalkstein zunächst mit Ton vermischt. Ton ist ein Gemisch verschiedener Verbindungen, die unter anderem aus Aluminium und Silicium aufgebaut sind. Diese bewirken z. B., dass Mörtel aus Zement andere Eigenschaften hat als Mörtel aus Branntkalk (z. B. größere Härte).

Das Gemisch aus Kalkstein und Ton wird dann in einem Drehrohrofen bei etwa 1500 °C gebrannt; beide Stoffe reagieren miteinander zu Zementklinker. Außerdem entstehen Kohlenstoffdioxid und Wasser.

Der Zementklinker wird gemahlen und mit Gips vermischt. Das fertige Produkt ist Zement *(Portlandzement)*.

Branntkalk und Zement werden in Säcken zu je 50 kg abgefüllt. Aus beiden Stoffen wird z. B. **Mörtel** hergestellt. Je nach Verwendungszweck ist die Zusammensetzung des Mörtels unterschiedlich.

Reiner **Kalkmörtel** wird auf einer Baustelle, auf der normale Wohnhäuser entstehen, selten gebraucht. Hier verwendet man *Mischmörtel* (aus einem Teil Zement, zwei Teilen Kalk, acht Teilen Sand und ca. drei Teilen Wasser).

Reiner **Zementmörtel** wird nur für einzelne höher beanspruchte Stellen verwendet, z. B. in Pfeilern oder bei Auflageflächen für Stahlträger.

Bei 80–90 % aller Wohnhäuser werden die Wände noch aus Mauerwerk errichtet. Der Mörtel wird jedoch nur noch selten direkt auf der Baustelle gemischt: Er wird in Spezialfahrzeugen als *Fertigmörtel* angeliefert.

Dies trifft auch auf **Beton** zu – ein Gemisch aus Zement, Sand, Kies und Wasser. Daraus werden z. B. Fundamente oder Decken gegossen. Durch Einlagern von Stahlstangen oder Stahlnetzen entsteht **Stahlbeton** (Bild 7).

Beton ist jedoch nicht vollständig wasserdicht. So besteht bei Bauwerken aus Stahlbeton (z. B. Brückenpfeiler, Fabrikhallen) die Gefahr, dass der Stahl rostet. Deshalb werden heute die Oberflächen solcher Bauwerke häufig mit einem Überzug aus Kunststoff versiegelt.

Fragen und Aufgaben zum Text

1 Aus 100 kg Kalkstein erhält man 56 kg Branntkalk. Was ist aus den restlichen 44 kg geworden?

2 Wozu dient eigentlich der Koks, der dem Schachtofen zugeführt wird?

3 Der Schachtofen arbeitet im Dauerbetrieb. Das heißt, in den Ofen werden oben laufend Kalkstein und Koks nachgefüllt, während unten ständig Branntkalk herauskommt. Welche Vorteile hat das?

4 Beim Erhärten von Zement bilden die Calciumsiliciumverbindungen mit Wasser winzige Kristalle (Bild 8, elektronenmikroskopische Aufnahme). Beschreibe das Aussehen der Kristalle. Worauf ist wohl die Festigkeit des erhärteten Zements zurückzuführen?

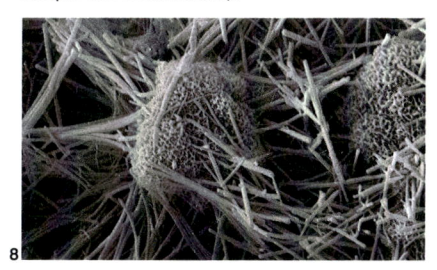

5 Worin besteht der Unterschied zwischen Branntkalk und Zement?

6 Stoffe dehnen sich beim Erwärmen unterschiedlich stark aus. Warum kann man aber Stahl und Beton zusammen verarbeiten?

7 Auch Zementwerke tragen zur Umweltbelastung bei. Woran liegt das?

Aus der Geschichte: **Erfahrung eilte dem Wissen weit voraus**

König Salomo (regierte von 965–926 v. Chr.) ließ für Jerusalem *Zisternen* zur Speicherung des Wassers bauen.

Die älteste Zisterne funktioniert heute noch. Sie ist aus Kalkstein gemauert und mit einem wasserdichten Verputz ausgekleidet. Dieser Verputz hat drei Jahrtausende überdauert! Er besteht aus drei Schichten, die durchweg aus Kalkmörtel – mit unterschiedlichen Zuschlägen – hergestellt wurden.

Für die *oberste* Schicht dienten Ziegelsplitt und Ziegelmehl als Zuschläge. Das erkennt man noch heute an der roten Farbe dieser Schicht. Das Ziegelmehl sicherte das Erhärten des Mörtels unter Wasser.

Dem Mörtel der *mittleren*, weißen Schicht wurden Kalksteinsplitt und Kalksteinmehl beigemischt. Beim Erhärten des Mörtels entstand Calciumcarbonat. Er verlieh dem Verputz die große mechanische Festigkeit.

Die *untere* Schicht enthält neben Kalksteinsplitt und Sand auch fein verteilte Holzkohle; sie erscheint daher grau. Durch die Kohlepartikel haftet der frische Mörtel fest auf dem Mauerwerk.

Selbst die Bauleute, die den *Pont du Gard* in Südfrankreich (Bild 1) bauten, wussten damals noch nichts von den chemischen Reaktionen, die sie sich zunutze machten.

Noch im Jahr 1767 wurde in einem Buch über die Vorgänge beim Brennen des Kalksteins gerätselt:

„Wenigstens schießet der Steinhaufen beym Brennen zusammen. Doch kann dis auch daher rühren, weil sich die Steine senken. Gewisser ist, daß die Kalksteine in der Glut merklich an Schwere verlieren. Man nimmt an, daß die Hälfte der Schwere verloren geht ... Ohnstreitig ist in diesem Verlust die Ursach zu suchen, weshalb ... der Stein locker und zerbrechlich wird."

Erst der Engländer *Joseph Black* (1728–1799) fand diese „Ursach". Er suchte nach einem „Kalkwasser" gegen Gallensteine. Dabei entdeckte er beim Brennen des Kalksteins ein Gas, das er „fixe Luft" nannte. „Fixe Luft" fand er auch in den Gasen einer brennenden Kerze, bei Gärungsversuchen und in ausgeatmeter Luft.

Diese „fixe Luft" hatte schon der Holländer *Johann Baptist van Helmont* (1577–1644) beschrieben. Er fand sie z. B. beim Einwirken von Säuren auf Carbonate und nannte sie *spiritus sylvestris* (lat. *spiritus*: Geist, Atem).

Doch erst nach der Entdeckung des Sauerstoffs und nach Klärung der Vorgänge bei der Oxidation und Reduktion durch *Lavoisier* wurde die „fixe Luft" als Oxid des Kohlenstoffs erkannt.

Aus der Geschichte: **Beton – ein Baustoff der Neuzeit?**

Beton gilt heute als Baustoff für „fortschrittliches Bauen". Aber er ist keineswegs eine Erfindung unserer Zeit. Beton war schon den Römern vor 2000 Jahren bekannt.

Der berühmte römische Techniker und Ingenieur *Vitruv* schrieb über die damalige Baukunst:

„Es gibt eine Erdart, die von Natur aus wunderbare Ergebnisse hervorbringt. Sie wird im Gebiet der Städte um den Vesuv gefunden. Mit Kalk und Bruchstein gemischt, gibt sie nicht nur den übrigen Bauwerken Festigkeit, sondern auch Dämme werden, wenn sie damit im Meer gebaut werden, im Wasser fest."

Die Erdart, die Vitruv beschrieb, war sandige Vulkanasche. Sie hatte sich in großen Mengen in *Puzzuoli* am *Golf von Neapel* abgelagert.

Diese sogenannte *Puzzolanerde* ergab, mit Kalk gemischt, den ersten Baustoff mit den Eigenschaften unseres heutigen Betons. Er war wasserdicht, felshart und unverwüstlich.

Damit wurde in den letzten Jahrhunderten v. Chr. viel gebaut.

Es entstanden z. B. in Rom große Abwässerkanäle. Und auch die Wasserrinnen in den Aquädukten waren mit diesem Beton ausgekleidet.

Bis ins Mittelalter hinein wurde Beton verwendet; dann geriet dieser Baustoff in Vergessenheit. Erst Anfang des 19. Jahrhunderts wurde wieder mit Beton gebaut.

Eine Besonderheit steht im Schifffahrtsmuseum in Bremerhaven: ein Motorschlepper aus Stahlbeton. Das Schiff wurde 1920 nach einem Verfahren aus Leichtbeton (innen mit einem Gerüst aus Stahl) gebaut. Es war über 30 Jahre lang im Einsatz, zuletzt als Fischereifahrzeug.

In China fahren heute noch Boote aus Beton (Bild 2). Sie sind schnell und einfach herzustellen; sie halten aber nur wenige Jahre.

3 Der Kalkkreislauf in der Natur

Auf den Spuren des natürlichen Kalkkreislaufs

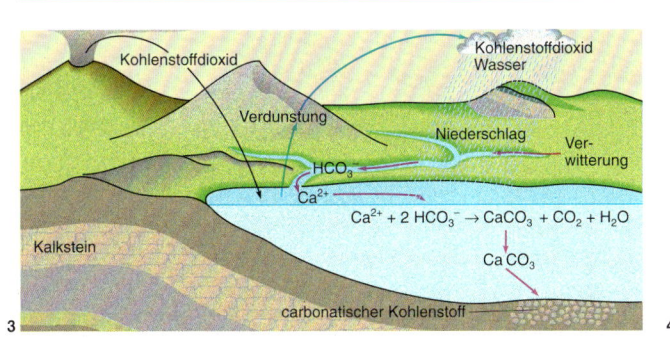

Der natürliche Kalkkreislauf wird durch das Werden und Vergehen des Kalksteins verursacht.
Auch bei diesen Vorgängen dreht sich alles um das Kohlenstoffdioxid, und zwar um die Hin- und Rückreaktion von Kohlenstoffdioxid und Wasser (Kohlensäure) mit Calciumcarbonat (Bild 3).

$$CaCO_3 + H_2O + CO_2 \rightleftarrows Ca^{2+} + 2\,HCO_3^-$$

Die Hinreaktion beschreibt die chemische Zersetzung (Verwitterung) des Kalksteins. Dabei wird *Kohlenstoffdioxid* aus dem Regenwasser *verbraucht*. So entstanden z. B. die Höhlen der Schwäbischen Alb und bei Rübeland (Harz).

Die Lösung mit ihren Calcium-Ionen und Hydrogencarbonat-Ionen gelangt durch die Flüsse vom Kalksteingebirge zu den Seen und Meeren.

Die Rückreaktion beschreibt die Bildung von Kalkstein. Dabei wird *Kohlenstoffdioxid abgegeben*. Der Vorgang läuft im warmen Meerwasser vor allem in den Organismen von Muscheln, Korallen und Schnecken ab.

Aus dem Calciumcarbonat bauen diese Organismen ihre Kalkschalen auf. Nach dem Absterben und Verwesen der Organismen sinken ihre Kalkschalen zu Boden und bilden dort in Jahrmillionen mächtige Schichten von Ablagerungen *(Sedimente)*. Die Kalkgerüste der Korallen bilden in der Zeit hohe Riffe. Kalksedimente und Korallenriffe verändern sich so lange nicht, bis sie wieder an die Oberfläche gelangen und dann verwittern.

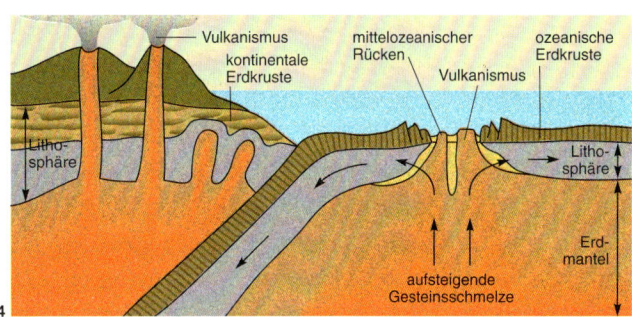

Das Calciumcarbonat der Sedimente kann aber auch *chemischen Umwandlungen* unterworfen werden. Das ist z. B. dann der Fall, wenn sich zwei Platten der Erdkruste gegeneinander verschieben, sodass der Kalkstein in tiefere Schichten gleitet.

Dabei gelangt er in Tiefen, in denen hohe Temperaturen herrschen. Hier wird er *chemisch zersetzt*. Das entstehende Kohlenstoffdioxid findet seinen Weg ins Freie durch die Schlote aktiver Vulkane (Bild 4), durch die Spalten und Risse an den Plattenrändern und durch Mineralquellen.

Doch ohne Lebewesen funktioniert dieser Kreislauf nicht. Die Schnecken, Muscheln und Korallen fördern die Ausscheidung des Kalks. Auch die Verwitterung wird durch Lebewesen beschleunigt: Sie scheiden im Boden über dem Kalkstein so viel Kohlenstoffdioxid ab, dass die Verwitterung wesentlich schneller verlaufen kann.

Die Baustoffe

Auf einen Blick

Die Kreisläufe des Calciumcarbonats

Bis aus Calciumcarbonat Mörtel wird und der Mörtel wieder zu Calciumcarbonat erhärtet, laufen mehrere Reaktionen wie in einem Kreislauf ab.

Beim **technischen Kalkkreislauf** zerfällt das Calciumcarbonat (Kalkstein) beim **Brennen** im Drehrohr- oder Schachtofen bei Temperaturen um 900 °C in Calciumoxid *(Branntkalk)* und Kohlenstoffdioxid.

$$CaCO_3 \rightarrow CaO + CO_2 \quad | \text{ endotherm}$$

Das Calciumoxid reagiert beim **Löschen** mit dem Wasser; es entsteht Calciumhydroxid *(Löschkalk)*.

$$CaO + H_2O \rightarrow Ca(OH)_2 \quad | \text{ exotherm}$$

Calciumhydroxid ist das Bindemittel im Kalkmörtel.

Das **Aushärten** des Kalkmörtels beruht auf der Reaktion von Calciumhydroxid mit dem Kohlenstoffdioxid der Luft. Dabei bildet sich wieder Calciumcarbonat – wie es im Ausgangsstoff vorlag.

$$Ca(OH)_2 + CO_2 \rightarrow CaCO_3 + H_2O \quad | \text{ exotherm}$$

Die entstehenden Calcitkristalle verwachsen untereinander und mit den Sandkörnchen zu einer harten Masse.

Außer dem techischen Kalkkreislauf gibt es auch einen **Kalkkreislauf in der Natur**. Dabei sind die Bildung und die Zersetzung (Verwitterung) des Kalksteins umkehrbare chemische Reaktionen.

$$CaCO_3 + H_2O + CO_2 \rightleftarrows Ca^{2+} + 2\,HCO_3^-$$

Gips – vielseitig verwendbar

Ein Sulfat als Baustoff?

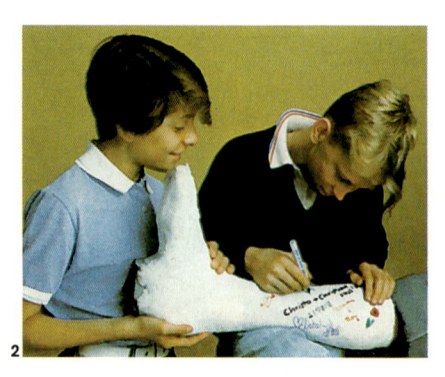

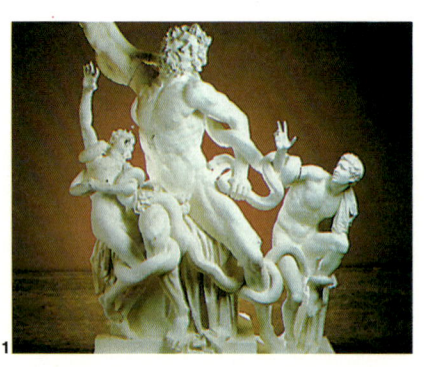

V 1 Du kannst dir selbst einen *Gipsabguss* herstellen. Als Gießform ist eine kleine Pralinenschachtel besonders geeignet (Bild 3); die brauchst du nicht erst zu basteln. (Wenn du eine feste Form, z. B. den Deckel eines Einweckglases, verwenden willst, musst du die Form vorher innen mit Öl einstreichen!)

Um den Gips anzurühren brauchst du ein Gefäß aus Gummi oder biegsamem Plastik. Gieße *zuerst das Wasser* in das Gefäß (z. B. 200 ml), streue dann über die gesamte Wasserfläche den Gips hinein (z. B. 20 Teelöffel gebrannten Gips). Rühre erst dann vorsichtig um, wenn du die gesamte Gipsmenge zugegeben hast. Der Gipsbrei sollte so flüssig sein wie ein durchgerührter Jogurt.

Mit diesem Gipsbrei gießt du die Form aus und lässt sie einen Tag lang stehen. Danach löst du deinen Gipsabguss vorsichtig aus der Form. (Bei einer festen Form rundherum leicht gegen Holz klopfen!).

V 2 Wir vergleichen gebrannten Gips mit *Marienglas* (so kommt Gips in der Natur vor; Bild 6). Die Eigenschaften der beiden Stoffe werden in eine Tabelle nach folgendem Muster eingetragen:

Eigenschaft	gebrannter Gips	Marienglas
Form (Kristallform)	?	?
Ritzbarkeit	?	?
Verhalten gegenüber Wasser	?	?
Verhalten gegenüber verdünnter Salzsäure	?	?

V 3 Ein Stück Marienglas wird zu Pulver zerrieben und auf zweierlei Weise erhitzt:

a) Wir füllen es etwa 2 cm hoch in ein schwer schmelzbares Reagenzglas und erhitzen es mit dem Gasbrenner (Bild 4).

b) Diesmal wird das Pulver in einen Porzellantiegel gegeben und zusammen mit dem Tiegel gewogen. Dann wird es etwa fünf Minuten lang kräftig erhitzt. Was zeigt die Waage anschließend an?

Wir untersuchen die Eigenschaften des gebrannten Gipses aus dem Porzellantiegel. Erhältst du die gleichen Ergebnisse wie in Versuch 2?

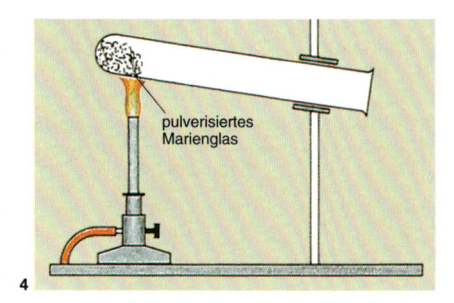

Gipskristalle enthalten Kristallwasser

Gips (Calciumsulfat) kann ganz unterschiedliche **Kristalle** bilden. Sie können farblos, weiß, aber auch leicht gefärbt sein. Die Formen reichen von kleinen, länglichen Kristallen (Bild 5) bis zu sehr großen, flächigen Stücken.

Die großen Kristalle können gespalten werden. Die so gewonnenen Tafeln werden – wie die Gipsart selbst – *Marienglas* genannt (Bild 6). Damit wurden früher Heiligenbilder abgedeckt und geschützt.

Bekannt ist auch der *Alabaster*, eine weiße, feinkörnige Gipsart.

In den Gipskristallen ist Wasser eingelagert, das **Kristallwasser**. Gips hat die Formel $CaSO_4 \cdot 2\,H_2O$. Diese Schreibweise drückt aus, dass die Moleküle des Kristallwassers zwar am Aufbau der Kristalle beteiligt sind, dass aber keine chemische Verbindung vorliegt.

Wenn man Gips auf 150–180 °C erhitzt, geben die Kristalle einen Teil ihres Kristallwassers ab: Sie zerfallen; es entsteht dabei **gebrannter Gips**.

Wird Gips bei noch höheren Temperaturen gebrannt, verliert er sein gesamtes Kristallwasser. Handwerker sagen: Der Gips ist *totgebrannt*. Er nimmt dann nur sehr schwer wieder Wasser auf.

Aus Umwelt und Technik: **Gips – Salz und Mineral zugleich**

Sieht die Figurengruppe von Bild 1 nicht aus, als wäre sie von einem Bildhauer kunstvoll aus Stein gemeißelt? Sie besteht jedoch – chemisch gesehen – aus einem Salz, dem *Calciumsulfat*; das ist *Gips*.

Gips kommt in vielfältiger Form vor: als **Gipsgestein** in mächtigen Gesteinslagerstätten oder auch als **Mineral** (lat. *mina:* Erzgrube) in Minerallagerstätten.

Gipsgesteine sind *Gemische* aus verschiedenen Mineralien. Lagerstätten findet man in Deutschland z. B. im südlichen und nördlichen Harzvorland. Hier wird der Gips bergmännisch abgebaut. Er wird zu Modell-, Stuck- oder Putzgips verarbeitet.

Gipsmineralien bestehen dagegen nur aus *reinem* Gips. Sie sind also chemisch einheitlich aufgebaut, nämlich aus Kristallen von $CaSO_4 \cdot 2 H_2O$.

Wenn große Gipskristalle gespalten werden, entstehen perlmuttglänzende, durchsichtige Tafeln, das sog. *Marienglas*. Die Tafeln wurden deshalb so bezeichnet, weil man sie wegen ihrer Reinheit als Symbol der Keuschheit betrachtete und früher die Marienbilder damit schmückte. In der *Marienglashöhle* (Bild 7) bei Friedrichroda in Thüringen kann man die funkelnden Gipskristalle bewundern.

Als Glas für Bilder und Fenster hat Marienglas heute keine Bedeutung mehr – wohl aber als Ausgangsstoff für *gebrannten Gips*. Dieser wird in der Bauindustrie verwendet.

Auch bei der Entschwefelung von Rauchgasen, die in Kohlekraftwerken entstehen, fällt Gips an. Dort bildet er sich sogar in riesigen Mengen. Aus Steinkohlekraftwerken erhält man einen so sauberen Gips, dass er weiter verwertet werden kann. (Bei Braunkohle geht das nicht.)

Nicht nur das *Salz* Gips ist ein Mineral. Viele von den heute ca. 3500 bekannten Mineralien sind Salze.

Fragen und Aufgaben zum Text

1 Beschreibe die Kristallformen, in denen Gips vorkommt.

2 Worin unterscheidet sich *gebrannter* Gips von ungebranntem? Und was ist *totgebrannter* Gips?

3 Welche Eigenschaften des Gipses eignen sich besonders gut für seine vielfältige Verwendung als Baustoff (→ Text unten)?

Aus Umwelt und Technik: **Gips als Baustoff**

Gebrannter Gips nimmt das Wasser, das ihm beim Brennen entzogen wurde, leicht wieder auf. Wenn er abbindet, z. B. beim Vergipsen von Löchern und Rissen (Bild 8), bildet er feinste Kristalle. Mit bloßem Auge sind die Kristalle nicht zu erkennen.

Obwohl Gips schon in seinen Kristallen Wasser gespeichert hat, kann er noch weitere Feuchtigkeit aufnehmen und auch wieder abgeben. Er kann dadurch hohe Feuchtigkeitsunterschiede in der Raumluft ausgleichen. Man nimmt daher in Wohn- und Schlafräumen häufig Wand- und Deckenplatten, die aus Gips mit einer Kartonummantelung bestehen. Solche Platten kann man sägen, nageln und schrauben wie Holz (Bild 9).

Zusammen mit Styropor® bilden diese Gipskartonplatten ein besonders gutes Isoliermaterial. Es kann sowohl zur Wärme- als auch zur Schalldämmung eingesetzt werden.

Sehr fein gemahlener Gips wird als *Modell-* oder *Stuckgips* verwendet.

Um die Wende zum 20sten Jahrhundert waren Deckenverzierungen aus Gips (*Stuck* genannt) große Mode (Bild 10). Nach dem letzten Krieg schlug man diese „Schnörkel" einfach ab oder überzog sie mit glattem Putz. Heute werden sie jedoch wieder sorgfältig restauriert. Dabei kann man aus Gips jede gewünschte Form herstellen, ähnlich wie im Versuch.

Das Glas

1 Was haben Sand und Glas gemeinsam?

Granit, Gneis und Glimmerschiefer sind Gesteinsarten, die **Quarz** enthalten. Der Kristall in Bild 1 ist reiner Quarz. Auch der Sand rundherum ist Quarz. Wenn nämlich quarzhaltiges Gestein verwittert, werden die winzigen, sehr harten und wasserunlöslichen Quarzkristalle frei. Das Wasser wäscht sie dann aus dem Gestein heraus und lagert sie als **Quarzsand** ab.

Glas bildet keine Kristalle, obwohl der Brocken in Bild 2 ähnlich aussieht. Man kann das Glas als erstarrte Flüssigkeit bezeichnen.

Wir vergleichen Kohlenstoffdioxid und Siliciumdioxid

Quarz ist, wenn man ihn chemisch betrachtet, **Siliciumdioxid**. Diese Verbindung hat die Formel SiO_2.

Silicium (Bild 5) ist ein grauer, metallisch glänzender Stoff, der in der Natur nur in Verbindungen vorkommt. Es wird aus Siliciumdioxid durch Reduktion gewonnen.

Die Atome von Silicium und Kohlenstoff sind ganz ähnlich gebaut. Wir können deshalb annehmen, dass die beiden Stoffe und ihre Verbindungen auch ähnliche Eigenschaften haben. Ob das zum Beispiel auf ihre Oxide zutrifft?

Kohlenstoffdioxid CO_2 kennst du bereits. Es ist bei Raumtemperatur gasförmig und besteht aus kleinen Molekülen. Darin sind jeweils zwei Sauerstoffatome durch Doppelbindungen mit dem Kohlenstoff verbunden (Bild 6).

Siliciumdioxid SiO_2 ist ein sehr harter fester Stoff mit hoher Schmelz- und Siedetemperatur. Aufgrund dieser Eigenschaften kann er nicht aus kleinen Molekülen bestehen.

Anders als Kohlenstoffatome binden Siliciumatome die Sauerstoffatome nur durch Einfachbindungen, weil die Siliciumatome keine Doppelbindungen bilden. Dabei ist jedes Siliciumatom so von vier Sauerstoffatomen umgeben, dass diese die Ecken eines Tetraeders bilden.

Jedes Sauerstoffatom ist an ein weiteres Siliciumatom gebunden. Auf diese Weise bildet Silicium ein regelmäßiges Kristallgitter (Bild 7; in der Zeichnung ist zur besseren Übersicht nur eine Schicht des Gitters dargestellt). Quarz bildet deshalb prächtige Kristalle (z. B. Bergkristall).

Die Bindung zwischen den Siliciumatomen und den Sauerstoffatomen ist sehr fest. Deshalb schmilzt Quarz erst bei 1705 °C. Auch die Härte des Kristalls ist darauf zurückzuführen.

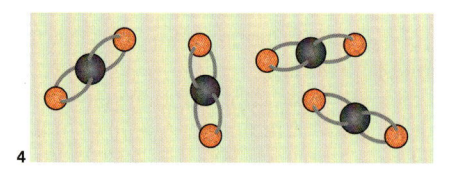

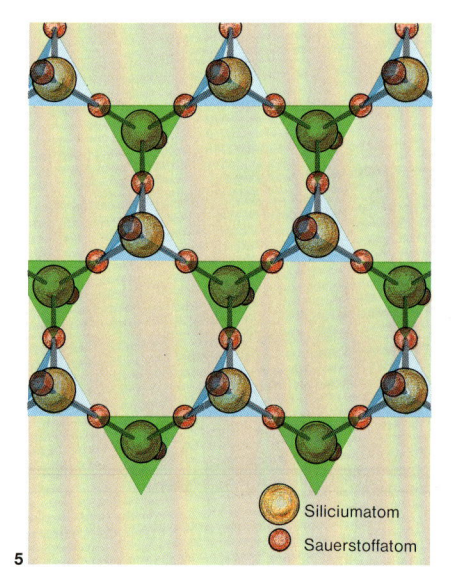

Siliciumatom
Sauerstoffatom

Aufgaben

1 Betrachte Sandkörner unterschiedlicher Größe und ein Stück Sandstein mit der Lupe (evtl. unter dem Mikroskop). Beschreibe deine Beobachtungen.

2 Bei Quarzkristallen ist meist deutlich eine sechseckige Form ausgebildet. Worauf ist das zurückzuführen?

3 Vergleiche die chemischen Eigenschaften von Kohlenstoff und Silicium und die ihrer Oxide.

4 Gibt es SiO_2-Moleküle? Begründe deine Antwort.

5 Wie könnte man aus Quarz Silicium herstellen?

Die Struktur von Glas

Was ist eigentlich Glas? Fachleute haben auf diese Frage z. B. folgende Antwort: *Glas ist ein anorganisches Schmelzprodukt, das beim Abkühlen einen erstarrten Zustand einnimmt, ohne dabei Kristalle zu bilden.*

Betrachten wir dazu als Beispiel das **Quarzglas**: Wenn Quarz (Siliciumdioxid) schmilzt, wird ein Teil der sehr festen Silicium-Sauerstoff-Bindungen aufgebrochen. Die regelmäßige Struktur des Quarzkristalls geht verloren.

Beim Abkühlen wird die Schmelze zunächst zähflüssig und erstarrt schließlich ohne Kristallbildung. Die innere Struktur des Quarzglases können wir uns so vorstellen wie in Bild 6.

Die Bezeichnung **Glas** gilt für alle Stoffe, die keine regelmäßige Struktur haben und nicht bei einer bestimmten Temperatur schmelzen. Sie werden auch **amorphe Substanzen** genannt (griech. *a:* nicht, *morphe:* Gestalt; also gestaltlos).

Quarzglas ist ein teures Glas, sehr rein und von hoher Qualität. Bei **Normalglas** ist die Qualität geringer. Man erhält es durch Zusammenschmelzen von Quarzsand, Soda (Natriumcarbonat Na_2CO_3) und Kalkstein (Calciumcarbonat $CaCO_3$).

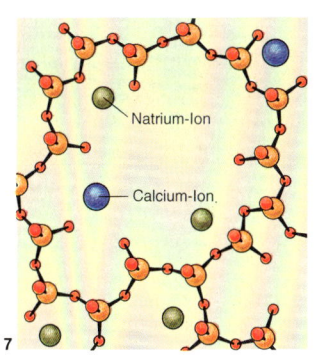

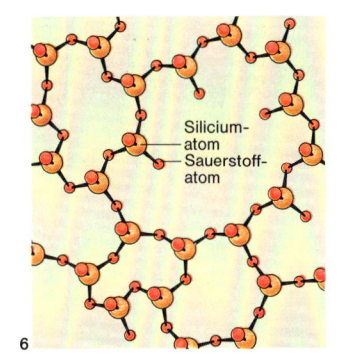

Die Struktur des Normalglases ist der des Quarzglases sehr ähnlich (Bild 7). Jedoch sind in dem unregelmäßigen „Netz" von Sauerstoffatomen und Siliciumatomen noch Calcium- und Natriumteilchen (Ionen) eingelagert.

Wie beantwortest du nun die Frage in der roten Überschrift?

2 Glas – ein Werkstoff mit ungewöhnlichen Eigenschaften

Zwei Kugeln – die eine aus Glas, die andere aus Stahl – beide innen hohl, gleich groß und von gleicher Wandstärke. Beide wurden im Meer versenkt und wieder an die Oberfläche geholt. Die Stahlkugel wurde durch den Wasserdruck in 3900 m Tiefe zerstört – die Glaskugel nicht einmal in 7000 m Tiefe! (Dort entsprach die Belastung ihrer Oberfläche dem Gewicht von 30 Intercity-Loks.) Andererseits weißt du aus eigener Erfahrung, wie leicht Glas zerbricht …

V 1 Versuche ein Stück Glas (z. B. einen Objektträger) mit einem Fingernagel und Stahlnagel zu ritzen.

V 2 Ritze eine Glasplatte mit einem Glasschneider. Versuche anschließend das Glas entlang der Ritzspur zu brechen. (Das Glas mit einem Tuch anfassen!)

V 3 Wie verhält sich Glas beim Erhitzen? Halte ein Glasrohr mit beiden Händen in die Flamme.

a) Welches ist der kleinste Abstand zwischen Finger und Flamme, den du gut aushalten kannst? (Zum Vergleich kannst du dasselbe mit einem Metallstab ausprobieren.)

b) Was geschieht, wenn du eine Zeit lang dieselbe Stelle erhitzt?

c) Wie verhält sich das Glas, wenn du es nach kräftigem Erhitzen an der heißen Stelle auseinander ziehst?

d) Versuche ein anderes Stück Glasrohr nach dem Erhitzen an der heißen Stelle zu biegen.

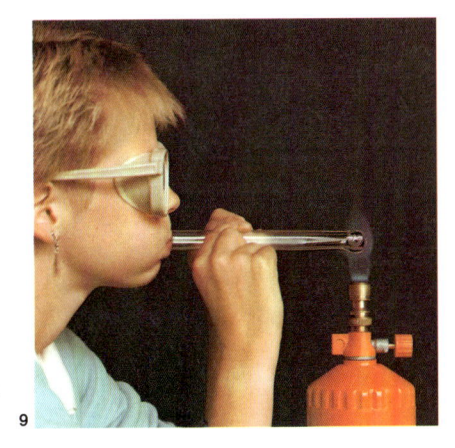

V 4 Diesmal wird ein Reagenzglas an der Rundung stark erhitzt. (Das Glas dabei ständig drehen!)

Was beobachtest du, wenn du kräftig in das Glas hineinbläst (Bild 9)?

V 5 *(Lehrerversuch)* So kann man Glas herstellen. Es werden 6 g feiner Sand, 6 g wasserfreie Soda ⟨Xi⟩ und 12 g Mennige (Bleioxid) ⟨T⟩ gemischt.

Dann hält man ein Magnesiastäbchen in die Brennerflamme, bis es hell glüht. Das glühende Stäbchen wird rasch in die Mischung getaucht und wieder in die Flamme gehalten. Das wiederholt man so lange, bis sich am Magnesiastäbchen ein Tropfen Glas gebildet hat.

Wenn man der Mischung etwas Cobalt(III)-oxid ⟨Xn⟩ hinzufügt, wird das Glas blau gefärbt.

Aus Umwelt und Technik: **Ausgangsstoffe für die Glasherstellung**

Der wichtigste Stoff für die Glasherstellung ist **Sand** (Bild 1). Sein Hauptbestandteil ist Siliciumdioxid SiO_2; es wird für fast alle Glassorten benötigt (→ die Übersicht *Drei wichtige Glassorten*).

Sand ist auf der Erde reichlich vorhanden. Er ist jedoch meist mit färbenden Oxiden verunreinigt, besonders mit *Eisenoxid*. Es verleiht dem Sand seine gelbbraune Farbe und würde auch das Glas färben. Deshalb darf z. B. Sand, der zur Herstellung von Normalglas verwendet wird, höchstens 0,01–0,03 % Eisenoxid enthalten.

Soda (Natriumcarbonat Na_2CO_3) dient bei der Glasherstellung als sog. *Flussmittel*. Soda setzt die hohe Schmelztemperatur des Sandes (über 1700 °C) herab.

Früher wurde die Soda aus den sodahaltigen Seen Ägyptens gewonnen oder durch Verbrennen sodahaltiger Pflanzen und Auslagen der Asche. Heute stellt man sie aus Ammoniak, Kohlenstoffdioxid und Kochsalzlösung großtechnisch her *(Solvay-Verfahren)*.

Kalkstein (Calciumcarbonat $CaCO_3$) ist ein weiterer Rohstoff für die Glasherstellung. Er wird benötigt, um die Härte des fertigen Glases zu erhöhen und seine chemische Beständigkeit zu verbessern.

In Versuch 5 haben wir statt Kalkstein Mennige, das ist **Bleioxid**, verwendet; auch dadurch wurde die Schmelztemperatur herabgesetzt. Außerdem bewirkt dieser Zusatz eine höhere Lichtbrechung des Glases; so erhält das Glas einen besonders schönen Glanz. Da dieser Glanz auch bei Edelsteinen (Kristallen) zu finden ist, hat dieses Glas den Namen *Bleikristallglas* erhalten.

Für Spezialgläser werden weitere Zusätze verwendet. Das gilt auch für die Herstellung farbiger Gläser. Wenn man der Glasschmelze z. B. Cobaltoxid zusetzt, wird das Glas blau gefärbt, bei Eisenoxid grün oder gelbbraun, bei Nickeloxid violett bis blau und bei Gold rubinrot.

Drei wichtige Glassorten

Kalknatronglas	Bleiglas	Borosilicatglas ("Jenaer Glas")
Zusammensetzung		
Sand 71–75 % Soda 12–16 % Kalk 10–15 %	Sand 54–65 % Bleioxid 18–38 % Soda 13–15 %	Sand 70–80 % Boroxid 7–13 % Soda 5–10 % Aluminiumoxid 2–7 %
Eigenschaften		
weitgehend beständig gegen chem. Einflüsse, nicht dauerhaft gegen alkalische Lösungen	starke Lichtbrechung, schleifbar, große Dichte	hohe Beständigkeit gegen Chemikalien und bei großen Temperaturunterschieden
Verwendung		
Getränkeflaschen, Konservengläser, Trinkgläser, Fensterglas	Vasen, Schalen, Trinkgläser mit Schliff	Laborglas, Backformen, feuerfestes Geschirr

Aus der Geschichte: **Die Glasherstellung wurde nicht erfunden!**

Bis heute hat sich die Vermutung gehalten, die *Phönizier* hätten das Glas erfunden: Phönizische Seefahrer, so heißt es, wollten eines Tages am sandigen Strand des Mittelmeeres eine warme Mahlzeit zubereiten. Da sie aber am Strand keine Steine fanden, um ihre Töpfe draufzustellen, holten sie Sodabrocken aus ihrer Schiffsladung und bauten damit eine Feuerstelle. In der Hitze des Feuers sei dabei zufällig aus Sand, Soda und Holzasche **Glas** entstanden.

Diese Überlieferung lässt jedoch Zweifel aufkommen. Zum Schmelzen des Gemisches wäre nämlich eine Temperatur von mehr als 1000 °C erforderlich gewesen. Eine solch hohe Temperatur kann man jedoch mit einem einfachen Holzkohlefeuer normalerweise nicht erreichen.

Höchstwahrscheinlich ist das Glas zufällig beim Herstellen von Glasuren für Töpferwaren oder beim Verhütten von Erzen zu Metall entdeckt worden. Bei diesen Vorgängen können nämlich die erforderlichen Ausgangsstoffe sowie die zum Schmelzen notwendigen hohen Temperaturen zusammengetroffen sein.

Fest steht, dass man in Ägypten bei Ausgrabungen Glasperlen und gläsernen Schmuck gefunden hat, der vor etwa 7000 Jahren hergestellt wurde! Die ägyptischen Glasgefäße von Bild 2 entstanden um 1500 v. Chr.

Aus Umwelt und Technik: **Eine Fensterscheibe entsteht**

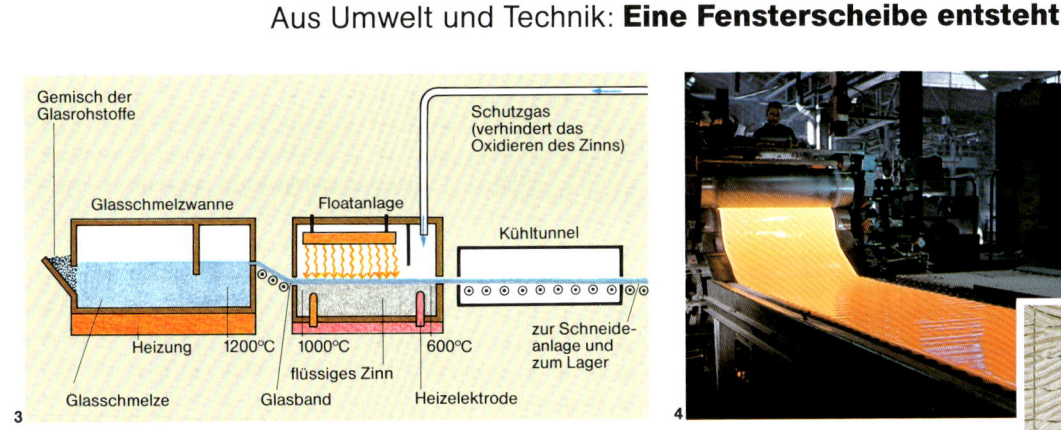

Bei der Glasherstellung ist der **Schmelzvorgang** besonders wichtig. Davon hängt größtenteils die Reinheit des fertigen Glases ab. Für die Herstellung von Flachglas und Behälterglas findet er in riesigen Wannen statt. Sie sind bis 40 m lang und 6 m breit sind. Darin können in 24 Stunden 100–400 t Glasschmelze gewonnen werden.

Das meiste **Fensterglas** wird heute nach dem **Floatverfahren** (engl. *float*: obenauf schwimmen, treiben) hergestellt. Das Besondere an diesem Verfahren ist, dass das flüssige Glas auf geschmolzenes Zinn geleitet wird. Auf dem flüssigen Zinn schwimmt die Glasschmelze in Form eines endlosen Bandes (Bild 3).

Wenn die Schmelze auf das Zinn trifft, hat sie eine Temperatur von ca. 1200 °C. Da das flüssige Metall an dieser Stelle 1000 °C heiß ist und am Ende des Floatbades nur noch 600 °C, kühlt sich auch die Schmelze ab. Das endgültige Abkühlen auf Raumtemperatur erfolgt in Kühlöfen und auf einem offenen Rollengang. Zum Schluss wird das Glas zugeschnitten und für den Versand verpackt.

Die gesamte Anlage ist Tag und Nacht in Betrieb. Durch dieses Verfahren gelingt es, Glas von genau gleich bleibender Dicke herzustellen. Es hat eine hohe Qualität und kann zu veredeltem Flachglas (z. B. *Sicherheitsglas*) weiterverarbeitet werden.

Badezimmer- und Toilettenfenster haben häufig eine Verglasung, die nicht durchsichtig ist. Solches Glas wird gegossen und heißt deshalb **Gussglas**.

Die Glasschmelze fließt bei diesem Verfahren auf eine Bank aus feuerfestem Stein (Bild 4). Von dort gelangt sie zwischen zwei Formwalzen. Je nach dem Abstand der beiden Walzen wird das Glas mehr oder weniger dick.

Soll die Oberfläche des Glases eine Musterung erhalten, verwendet man Formwalzen, die die entsprechende Oberflächenstruktur besitzen. Auf diese Weise entsteht das sogenannte *Ornamentglas* (Bild 5).

Wenn *Drahtglas* hergestellt wird, liegt vor der Formwalze eine Rolle mit Drahtnetz. Dieser Draht wird im Laufe der Verarbeitung leicht in die zähflüssige Glasmasse eingedrückt. Du hast solches Drahtglas sicherlich schon an Haustüren, Treppenhausfenstern, Aufzugschächten oder Bahnhofshallen gesehen.

Aus der Geschichte: **Fensterscheiben – seit wann im Gebrauch?**

Für uns ist es heute selbstverständlich, dass wir Fenster mit Glasscheiben haben. Sie lassen Licht herein und sorgen dafür, dass wir vor Witterungseinflüssen geschützt sind. Moderne Fenster haben sogar Doppel- oder Dreifachverglasungen.

Soweit man heute weiß, waren es die Römer, die erstmals *Fensterscheiben* herstellten. Das muss etwa zur Zeit um Christi Geburt gewesen sein, denn man fand alte Stücke Fensterglas bei Ausgrabungen des Ortes *Herculaneum*. Dieser Ort wurde im Jahr 79 n. Chr. zusammen mit Pompeji bei einem Ausbruch des Vesuvs verschüttet.

Die Römer gossen geschmolzenes Glas in eine nasse Holzform und breiteten die Schmelze darin aus (Bild 6). Nach dem Erstarren lösten sie das Glas vorsichtig aus der Form. So gelang es ihnen damals schon, Scheiben bis zu einer Größe von 70 cm mal 100 cm zu gießen. Nach dieser Methode wurden im ganzen Römischen Reich Fensterscheiben hergestellt.

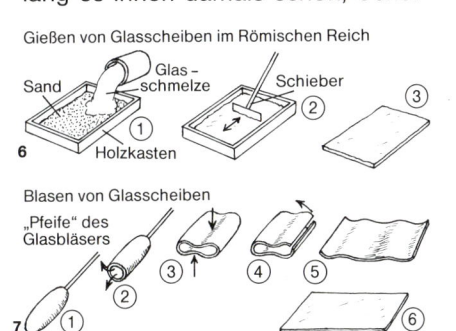

Fenster mit Glasscheiben bedeuteten noch bis weit ins Mittelalter hinein großen Luxus. Sie wurden jedoch nicht mehr gegossen, sondern mit dem Mund geblasen: Der Glasmacher blies zunächst große Zylinder, die dann der Länge nach aufgeschnitten und zu Glastafeln geglättet oder ausgewalzt wurden (Bild 7).

Noch bis zum Ende des 19. Jahrhunderts wurde das Fensterglas mit dem Mund geblasen. Dann erst entwickelte man andere Verfahren.

Aus Umwelt und Technik: **Glas ist nicht nur ein Baustoff**

Flachglas, das an Gebäuden verwendet wird, muss besondere Anforderungen erfüllen: Es soll gut aussehen, gegen Witterungseinflüsse beständig sein, die Wärme dämmen, vor Licht und Lärm schützen sowie besonders bruchsicher sein.

Um solche Anforderungen erfüllen zu können, wird das bereits fertige Flachglas **veredelt**.

Zu den veredelten Gläsern gehören die **Isoliergläser**. Sie bestehen aus zwei (oder drei) Scheiben, die einen Zwischenraum von 9–12 mm aufweisen (Bild 1). Darin befindet sich entweder trockene Luft oder ein anderes Gas. Das Gas trägt dazu bei, dass weniger Wärme aus dem Innenraum nach außen gelangt.

Häufig wird der Wärmeschutz dadurch erhöht, dass man die Innenseite einer Scheibe mit einer hauchdünnen Silberschicht überzieht.

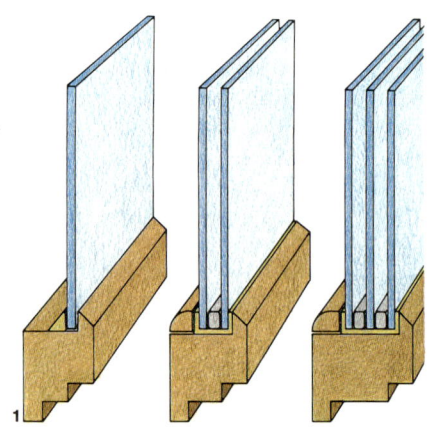

Neben den Isoliergläsern spielen die *Schutzgläser* eine große Rolle; sie werden vielseitig verwendet.

Für Windschutzscheiben an Kraftfahrzeugen ist **Sicherheitsglas** vorgeschrieben. Solche Glasscheiben werden nach der Herstellung einer thermischen Spezialbehandlung unterzogen. Dabei entstehen im Glas Spannungen. Das hat zur Folge, dass bei einem Stoß – z. B. im Verlauf eines Unfalls – die Scheibe sofort in kleine Bruchstücke zerfällt. Es bilden sich keine großflächigen oder spitzen Glassplitter, an denen man sich gefährlich verletzen kann.

Verbundglas besteht aus zwei oder mehr Scheiben mit einer Zwischenschicht aus Kunststoff.

Diese elastische Kunststofffolie kann das Durchschlagen der Scheibe oder das Zerfallen z. B. bei einer Explosion nicht nur erheblich erschweren, sondern sogar verhindern. Moderne Abzüge in Chemielabors sind daraus gebaut.

Eine Sonderform des Verbundglases ist das *Panzerglas*. Damit sind z. B. Bankschalter, Juweliergeschäfte und Geldtransporter gesichert. Das Panzerglas besteht aus wenigstens vier Scheiben und ist mindestens 25 mm dick. Ab 60 mm Stärke ist es sicher gegen Durchschuss (Bild 2).

Sehr dünne Verbundgläser werden in gute Laborschutzbrillen und Sichtschutzgläser von Schutzhelmen eingebaut. Sie haben gegenüber den Kunststoffen den Vorteil, dass sie nicht so leicht zerkratzen.

Für besondere Verwendungszwecke werden **Spezialgläser** hergestellt: Aufbewahrungs- und Reaktionsgefäße für Industrie und Labor, Glasbehälter für Medikamente, Beleuchtungskörper, Gläser für Elektronik und Elektrotechnik, optische Gläser und Brillen oder Glasfasern (Bild 3).

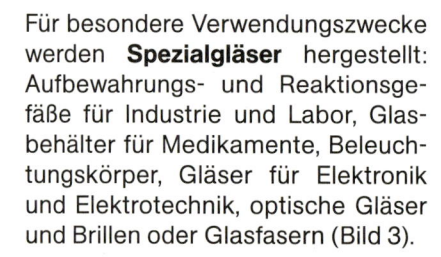

Die folgenden Bilder zeigen einige unterschiedliche Verwendungsmöglichkeiten für Glas.

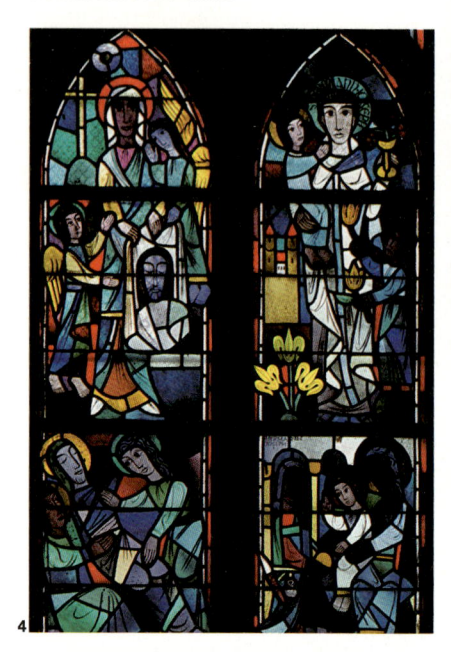

Boot aus glasfaserverstärktem Kunststoff

Aus Umwelt und Technik: **Glas-Recycling**

Für einfaches Flachglas und Behälterglas wird auch Glas mitverwendet, das man durch **Recyclingverfahren** gewonnen hat.

Das ist gut so, denn die Beseitigung des Hausmülls, bei dem sehr viel Glas anfällt, bereitet große Probleme. Deshalb sind inzwischen fast überall große und farbige Behälter aufgestellt worden, in denen wir Altglas sammeln können (Bild 7).

In **Wiederverwertungsanlagen**, zu denen das gesammelte Glas transportiert wird, kann es dann aufbereitet werden (Bild 8).

Das Altglas kommt zunächst in eine *Zerkleinerungsanlage* (1).

Zwischen den Glasstücken befinden sich z. B. noch Kork- und Metallreste sowie Etiketten. Die eisenhaltigen Teile werden mit einem *Magneten* (2) aus dem Gemisch herausgezogen.

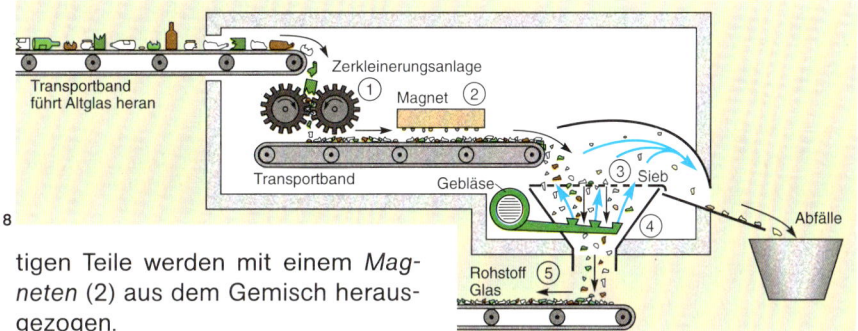

Glas, Kork und Papier gelangen auf ein *Sieb* (3). Dort bläst ein *Luftstrom* (4) von unten her die leichteren Abfallteile hoch. Sie werden so vom Glas getrennt.

Das Glas fällt gegen den Luftstrom nach unten auf ein Transportband (5). Das bringt den **Rohstoff Glas** in einen Sammelbehälter.

Dieses Glas wird dem Schmelzofen zur Herstellung von neuem Gebrauchsglas zugesetzt. Eine grüne Flasche enthält z. B. bereits 9 von 10 Teilen Altglas. Auf diese Weise werden Energie und Rohstoffe gespart, die besser für technisch hochwertige Erzeugnisse genutzt werden können.

Aufgaben

1 Worin unterscheidet sich die Struktur des Glases von der Struktur anderer fester Stoffe?

2 Glas hat keine genau festgelegte Schmelztemperatur. Versuche eine Erklärung dafür zu finden.

3 Nenne die Rohstoffe, aus denen Normalglas hergestellt wird.

4 Normalglas färbt eine Flamme. Worauf weist die Färbung hin?

5 Welche Wirkung haben Metalloxide bei der Glasherstellung?

6 Nenne einige Eigenschaften von Glas und ordne ihnen Verwendungsmöglichkeiten des Glases zu.

7 Zwischen 1000 °C und 1400 °C ist Glas flüssig und kann gegossen und gewalzt werden. Bei 750 °C bis 1000 °C kann man es ziehen, blasen und pressen. Unter 500 °C wird es spröde. Welche Temperatur hat das Glas also in den Versuchen 4 u. 5?

8 Eine einzige Milchflasche kann die in Bild 9 dargestellten Einwegverpackungen ersetzen. Wie viele wären das bei euch in einem Monat?

9 Was weißt du über Glas-Recycling – in eurem Wohngebiet und ganz allgemein?

Elektrochemische Vorgänge

1 Metalle reagieren mit verschiedenen Salzlösungen

Metalle zersetzen sich in Salzlösungen. Welche Vorgänge laufen dabei ab?

V 1 Wir bestimmen die Masse eines Eisennagels und stellen ihn in eine Lösung von Kupfer(II)-sulfat (15 %) [Xn]. Nach einigen Tagen entfernen wir den Belag und bestimmen die Masse des Nagels erneut. Beschreibe, was du feststellen kannst.

V 2 Jetzt lösen wir einen Spatel Kupfer(II)-sulfat [Xn] in 5 ml Wasser auf. Dann geben wir eine saubere Zinkgranalie in die blaue Lösung. Wir lassen das Reagenzglas eine Zeit lang stehen. Beschreibe!

V 3 Zum Vergleich mit der Reaktion von Versuch 2 geben wir ein Stück reines Kupferblech in eine Lösung von Zinksulfat [Xi].

V 4 Diesmal beobachten wir die Temperatur bei der Reaktion eines Metalls mit Metallsalzen. Dazu stellen wir uns eine etwa 10%ige Lösung von Kupfer(II)-sulfat [Xn] her. Dann messen wir ihre Temperatur.
Wir geben in etwa 50 ml dieser Lösung einen Spatellöffel Zinkpulver [F] und rühren mit einem Glasstab um.

Verändert sich dabei die Temperatur der Lösung? Wie verhält sich gleichzeitig die Farbe der Lösung?

V 5 Wir untersuchen die Reaktionen einiger Metalle (z. B. Magnesium, Eisen, Silber) mit Salzlösungen (z. B. Lösung von Magnesiumsulfat, Eisen-(II)-sulfat [Xn] und Silbernitrat [C]).
Kombiniere möglichst viele Metalle bzw. deren Salze (auch die aus den Versuchen 2 und 3) untereinander.
Stelle die Ergebnisse in einer Tabelle zusammen.

Die Reaktion zwischen Zinkatomen und Kupfer(II)-Ionen

Kupfer(II)-sulfat ist ein Salz. Wenn man es in Wasser löst, gelangen Kupfer(II)-Ionen in die Lösung. Gibt man eine Zinkgranalie (oder ein Stück Zinkblech) in diese Lösung, so wird das Zink mit metallischem Kupfer überzogen. Die bisher blaue Lösung wird dabei entfärbt.
Bei dieser exothermen Reaktion werden *Elektronen übertragen*.

$$Zn + Cu^{2+} \rightarrow Zn^{2+} + Cu \mid \text{exotherm}$$

Wenn man dagegen Zinksulfat in Wasser löst und einen Kupferstab in die Lösung taucht, findet keine Reaktion statt. Wie ist das zu erklären?
Bei den Reaktionen laufen Vorgänge ab, wie wir sie schon bei der Elektrolyse kennen gelernt haben:
Auf jedes *Kupfer(II)-Ion* in der Lösung werden 2 Elektronen übertragen; die Kupfer-Ionen werden dadurch zu *Kupferatomen*. Man sagt auch: Die Kupfer-(II)-Ionen werden *entladen*.

$$Cu^{2+} + 2\,e^- \rightarrow Cu$$

Die Kupferatome verlassen die Lösung und bilden den metallischen Überzug auf dem Zinkstück. Dadurch verarmt die Lösung allmählich an Kupfer(II)-Ionen und wird heller.
Das metallische Zink enthält freie Elektronen. Jedem *Zinkatom* werden 2 Elektronen entzogen; aus den Zinkatomen werden auf diese Weise *Zink-Ionen*. Man sagt: Die Zinkatome werden elektrisch *geladen*. Die farblosen Zink-Ionen gehen in die Lösung über.

$$Zn \rightarrow Zn^{2+} + 2\,e^-$$

Die Masse der Zinkgranalie (oder des Zinkblechs) wird dadurch geringer – so wie wir das beim Eisen bei seiner Reaktion mit Kupfer(II)-sulfatlösung (→ Versuch 1) beobachten konnten.
Die von den Zinkatomen abgegebenen Elektronen werden von den Kupfer(II)-Ionen aufgenommen. Es findet hier also eine **Reaktion mit Elektronenübertragung** statt.

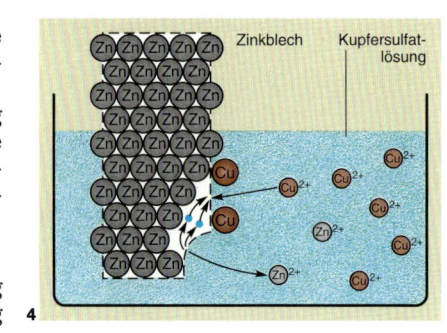

$$Zn \rightarrow Zn^{2+} + 2\,e^-$$
$$Cu^{2+} + 2\,e^- \rightarrow Cu$$
$$\overline{Zn + Cu^{2+} \rightarrow Zn^{2+} + Cu}$$

Die Elektronenübertragung erfolgt hier an der Grenze zwischen dem Metall und der Lösung.
Die *Richtung* der Elektronenübertragung hängt vom unterschiedlich edlen Charakter der Metalle ab:
Kupfer ist ein edleres Metall als Zink. Das Kupfer hat kein großes Bestreben Ionen zu bilden. Deshalb reagiert ein Kupferblech nicht mit einer Zinksalzlösung. Beim Zink ist dagegen die Tendenz zur Ionenbildung größer.
Entsprechende Überlegungen gelten auch für andere Metalle.

Die Elektronenübertragung zwischen Metallatomen und Metall-Ionen

Wie wir gesehen haben, können Kupfer-Ionen zwar Elektronen von Eisenatomen übernehmen, nicht aber von Silberatomen. Umgekehrt können Kupferatome Elektronen auf Silber-Ionen übertragen, nicht aber auf Eisen-Ionen.

Bei den Ionen verschiedener Metalle ist offenbar die Fähigkeit, Elektronen aufzunehmen, unterschiedlich. Man ordnet sie nach dieser Fähigkeit:

$$\text{gering} \xrightarrow{\underset{\text{Fähigkeit der Ionen zur Elektronenaufnahme}}{K^+ \ Na^+ \ Mg^{2+} \ Zn^{2+} \ Fe^{2+} \ Pb^{2+} \ Cu^{2+} \ Ag^+}} \text{groß}$$

Auch die entsprechenden Metalle lassen sich ordnen, und zwar nach ihrem Vermögen Elektronen abzugeben, d. h. in den Ionenzustand überzugehen:

$$\text{groß} \xrightarrow{\underset{\substack{\text{Fähigkeit der Atome zur Elektronenabgabe}\\\text{Tendenz zur Ionenbildung}}}{K \ Na \ Mg \ Zn \ Fe \ Pb \ Cu \ Ag}} \text{gering}$$

Kalium und Natrium haben eine so große Fähigkeit Elektronen abzugeben, dass sie in der Reihe ganz links stehen. Die Reaktionen sind so heftig, dass wir sie nicht untersucht haben.

Aus den beiden Reihen oben kannst du z. B. Folgendes ablesen: Eisenatome können zwar Elektronen auf die Ionen übertragen, die rechts vom Eisen stehen, nicht aber auf die Ionen der links stehenden Metalle.

Umgekehrt können die Atome der links vom Eisen stehenden Metalle Elektronen auf Eisen-Ionen übertragen, nicht jedoch die Atome der rechts vom Eisen stehenden Metalle.

Es wird deutlich, dass Metalle mit geringer Fähigkeit zur Elektronenabgabe Ionen bilden, die ihrerseits leicht Elektronen aufnehmen. Je größer die Fähigkeit eines Atoms zur Elektronenabgabe ist, desto größer ist auch seine Tendenz zur Ionenbildung. Diese entspricht der Stabilität eines Metalls gegenüber chemischen Einflüssen. Folglich stehen in der Reihe links die unedleren Metalle und rechts die edleren.

Diese Anordnung der Metalle wird in der Chemie auch die **Spannungsreihe der Metalle** genannt. (Dazu später mehr.)

Je weiter links ein Metall in der Spannungsreihe steht, desto *unedler* ist es.

Wie kann man vorhersagen, welche Metall-Ionen durch ein bestimmtes Metall „entladen" (d. h. in Atome überführt) werden können? Das ist folgendermaßen möglich. *Beispiel:* Welche Metall-Ionen können durch *Zink* entladen werden?

1. Wir schreiben die Metall-Ionen in der Reihe ihrer Fähigkeit, Elektronen aufzunehmen, auf.

$$K^+ \ Na^+ \ Mg^{2+} \ Zn^{2+} \ Fe^{2+} \ Pb^{2+} \ Cu^{2+} \ Ag^+$$

2. Dann schreiben wir das Symbol des Zinkatoms über das Zink-Ion und zeichnen vom Symbol aus einen Pfeil nach rechts bis zum letzten Ion der Reihe.

$$\overset{\phantom{K^+ \ Na^+ \ Mg^{2+} \ \ }Zn \longrightarrow}{K^+ \ Na^+ \ Mg^{2+} \ Zn^{2+} \ Fe^{2+} \ Pb^{2+} \ Cu^{2+} \ Ag^+}$$

3. Auf alle Metall-Ionen, die unter diesem Pfeil stehen, können von Zinkatomen Elektronen übertragen werden. Es sind: Fe^{2+}, Pb^{2+}, Cu^{2+} und Ag^+.

Je näher die Ionen eines Metalls rechts neben den Zink-Ionen stehen, desto geringer ist der Betrag der Energie, die bei der Reaktion frei wird. Die Reaktion von Zink mit Silber-Ionen liefert demnach den größten Energiebetrag, die Reaktion von Zink mit Eisen-Ionen den niedrigsten.

Aufgaben

1 Erläutere die folgenden chemischen Gleichungen.
$Fe \rightarrow Fe^{2+} + 2\ e^-$
$Cu^{2+} + 2\ e^- \rightarrow Cu$

2 Wenn man Eisenspäne in Kupfer(II)-sulfatlösung gibt, wird die Lösung allmählich heller. Gleichzeitig verliert sie ihre Blaufärbung und wird langsam grün.
Wie kommt das? Versuche eine Erklärung zu finden.

3 Prüfe mit Hilfe der Schrittfolge,
a) welche Metall-Ionen mit Magnesium entladen werden können;
b) welche Metall-Ionen nicht mit Kupfer entladen werden können.

4 Ein Stückchen Zink wird in eine Lösung getaucht, die Silber-Ionen enthält. Daraufhin setzt sich auf dem Zink eine dünne Schicht Silber ab. Beschreibe, wie die chemische Reaktion abläuft. Schreibe außerdem die Ionengleichungen dazu auf.

5 Auf welches Metall-Ion können am leichtesten Elektronen übertragen werden, auf welches Metall-Ion am schwersten?

6 Du kennst bereits die *Oxidationsreihe der Metalle*. Vergleiche sie mit der *Spannungsreihe der Metalle*.

7 Welche chemische Reaktion wird hier beschrieben?
$Mg \rightarrow Mg^{2+} + 2\ e^-$
$Cu^{2+} + 2\ e^- \rightarrow Cu$

8 Welche Metall-Ionen können durch Zinkatome entladen werden? Was wird dabei aus den Zinkatomen?

9 Eine Lösung enthält Ionen von Zink, Eisen, Blei und Silber. Welche dieser Ionen werden entladen, wenn ein Kupferstab in die Lösung getaucht wird?
Welche Ionen werden in dieser Lösung gebildet, die ursprünglich nicht darin enthalten waren?

10 Welche Metallatome können durch Kupfer(II)-Ionen einer Kupfersalzlösung zu Metall-Ionen „aufgeladen" werden?

11 Bei welchem Paar Metall/Metall-Ion würde theoretisch die meiste Energie frei? Verwende bei deiner Antwort den Begriff *Spannungsreihe der Metalle*.

12 Bei den Arbeiten in Fotolabors fällt viel Silbersalzlösung an. Um daraus das Silber wiederzugewinnen, wirft man einfach Eisenwolle hinein.
Welche Reaktionen laufen dabei ab? Beschreibe!

Elektrochemische Vorgänge

2 Die Umwandlung chemischer Energie in elektrische Energie

Vielerlei Batterien – Speicher für chemische Energie.
Und wie kommt es, dass wir daraus elektrische Energie erhalten?

V 6 So erhält man aus chemischen Reaktionen elektrischen Strom.

Zunächst stellen wir die Massen eines Zinkblechs und eines Kupferblechs genau fest. Dann tauchen wir das Zinkblech in eine Lösung von Zinksulfat Xi und das Kupferblech in eine Lösung von Kupfer(II)-sulfat Xn. Die Konzentration der Lösungen beträgt jeweils 10 %.

Wir verbinden beide Lösungen mit einem Filterpapier, das zuvor in eine gesättigte Kaliumnitratlösung O getaucht wurde (Bild 2).

a) Nun messen wir die elektrische Spannung und die Stromstärke. Welche Elektrode ist der Minuspol?

Versuche, ob mit Hilfe dieser Anordnung ein kleiner Elektromotor (z. B. ein Solarmotor) zum Laufen gebracht werden kann.

b) Jetzt verbinden wir die Metallbleche über ein Kabel *direkt* miteinander. Diese Anordnung lassen wir bis zum nächsten Tag stehen.

Beschreibe die Veränderungen, die du beobachtest. Spüle die Metallbleche vorsichtig ab, trockne sie und bestimme erneut ihre Masse.

c) Wir prüfen nun, ob man auch durch Reaktionen anderer Metalle in ihren Salzlösungen elektrische Energie erhält. Dabei wählen wir eine Versuchsanordnung wie die bisherige.

Das Kupfer-Zink-Element als elektrische Energiequelle

Im Versuch haben wir Bleche von Zink bzw. Kupfer in die Lösungen ihrer Salze getaucht und leitend miteinander verbunden. Der Strommesser zeigte an, dass ein elektrischer Strom floss.

Da ein Strom nur fließt, wenn elektrische Spannung vorhanden ist, kann man auch sagen: Eine solche Anordnung liefert elektrische Spannung.

Anhand dieses *Kupfer-Zink-Elements* lässt sich das Prinzip der Umwandlung von chemischer Energie in elektrische Energie gut verdeutlichen.

Taucht man ein Zinkblech in eine Kupfer(II)-sulfatlösung ein, laufen bekanntlich exotherme Vorgänge ab. Es werden Elektronen von Zinkatomen auf Kupfer(II)-Ionen übertragen.

Aus den Kupfer(II)-Ionen werden dadurch Kupferatome; die Zinkatome gehen in den Ionenzustand über.

Diese Elektronenübertragung bedeutet einen elektrischen Strom.

Leider können wir dabei keine *nutzbare* elektrische Energie gewinnen. Der Vorgang findet nämlich nur an der Grenzfläche zwischen dem Metall und der Lösung statt.

Damit wir jedoch nutzbare Energie erhalten, werden die Elektronen durch einen äußeren elektrischen Leiter „gezwungen". Dazu lassen wir die beiden Teilreaktionen räumlich getrennt voneinander ablaufen (Bild 2).

Die Zink- und die Kupferplatte tauchen in die Lösungen ihrer Salze ein. Wir erhalten auf diese Weise zwei *Halbzellen*.

Die beiden Metalle sind durch einen Leiter miteinander verbunden: Die „Filterpapierbrücke" zwischen den beiden Halbzellen ist für Ionen durchlässig und schließt den Stromkreis.

Wir stellen fest, dass zwischen den Metallen ein elektrischer Strom fließt. Dabei ist die Kupferplatte der Pluspol und die Zinkplatte der Minuspol.

$Zn \rightarrow Zn^{2+} + 2\,e^-$

An der Oberfläche der Zinkplatte gehen Zink-Ionen in die Lösung über.

Zink hat im Vergleich mit Kupfer ein größeres Bestreben Ionen zu bilden, sodass es auf der Kupferplatte etwas weniger Elektronen gibt. Daher fließen Elektronen bei geschlossenem Stromkreis zur Kupferplatte. Das führt dazu, dass an der Kupferplatte je zwei Elektronen auf Kupfer(II)-Ionen aus der umgebenden Lösung übertragen werden.

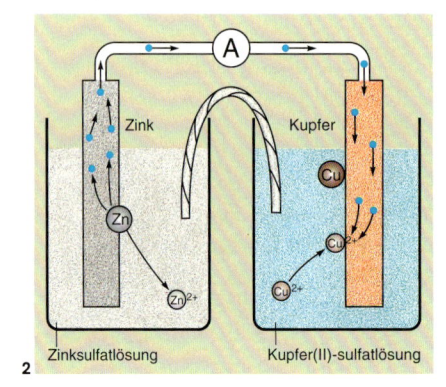

$Cu^{2+} + 2\,e^- \rightarrow Cu$

Der Ladungsausgleich zwischen den Halbzellen erfolgt durch Ionenströme, die durch das Filterpapier fließen. In diesem Fall wandern negativ geladene Sulfat-Ionen in die Zinkhalbzelle.

Unterbricht man die äußere Stromleitung, stellen wir aufgrund der geschilderten Vorgänge eine Spannung fest. Sie ist charakteristisch für die jeweilige Kombination der Halbzellen.

Die Gesamtreaktion dieses Vorgangs ist eine *Elektronenübertragung* zwischen Zinkatomen und Kupfer-Ionen.

$Zn + Cu^{2+} \rightarrow Zn^{2+} + Cu\ |\ \text{exotherm}$

Während der Reaktion wird das Zinkblech immer dünner, bis es sich schließlich ganz auflöst. Entsprechend nimmt die Masse des Kupferblechs zu.

Wir haben also chemische Energie in elektrische Energie umgewandelt.

Man bezeichnet eine solche elektrische Energiequelle als *galvanische Zelle* oder als **galvanisches Element**. Alle galvanischen Zellen arbeiten nach dem gleichen Prinzip.

Das *Kupfer-Zink-Element* wird nach seinem Erfinder **Daniell-Element** genannt. Die Spannung beträgt ca. 1,1 V.

Aufgaben

1 Bei welcher Elektrodenkombination wird die Spannung zwischen den Elektroden besonders groß?

2 Beschreibe die chemische Reaktion in einer Zink/Kupfer-Zelle.

Elektronen fließen vom Zink zum Kupfer. Warum nicht umgekehrt?

Warum nimmt beim Betrieb dieser Zelle die Masse der Zinkelektrode immer mehr ab?

Welche Rolle spielt das mit Salzlösung getränkte Filterpapier?

3 Welche Bedingungen müssen erfüllt sein, damit bei einem galvanischen Element eine Spannung festgestellt werden kann?

4 Überlege, wie man aus den Werten für die Spannung der Elemente Zink/Eisen und Eisen/Silber näherungsweise die Spannung zwischen Zink und Silber berechnen kann.

Aus Umwelt und Technik: **Von der Monozelle zur Batterie**

Oft reicht eine einzelne galvanische Zelle – eine *Monozelle* – nicht aus um ein elektrisches Gerät zu betreiben. So braucht z. B. ein Rekorder eine Spannung von 6 V oder 7,5 V, eine Monozelle liefert aber nur 1,5 V.

Wenn man mehrere Monozellen hintereinander schaltet, kann man entsprechend höhere Spannungen erzielen. Solche Energiequellen, die aus mehreren Zellen bestehen, heißen auch *elektrische Batterien*.

Mit vier Monozellen müsste man also auf 6 V kommen. Das gelingt jedoch nur, wenn man die Zellen richtig anordnet:

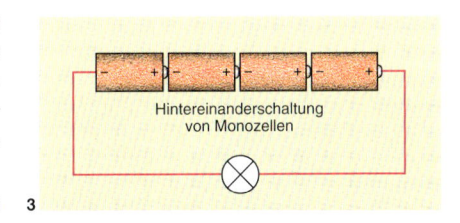

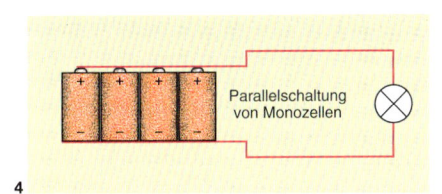

Bei der *Hintereinanderschaltung* in Bild 3 durchfließen die Elektronen *nacheinander* die vier Zellen. Sie werden also viermal so stark „angetrieben" wie von nur einer Zelle. Die Gesamtspannung beträgt daher 6 V.

Bei der *Parallelschaltung* in Bild 4 fließen die Elektronen immer nur durch eine der vier Zellen. So ergibt sich zwar keine höhere Spannung, eine solche Batterie aus parallel geschalteten Zellen „hält" aber länger.

Aus Umwelt und Technik: **Zellen und Batterien auf einen Blick**

Im Fachhandel wird eine Vielzahl von Zellen und Batterien angeboten. (So bietet ein einzelner Batterien-Hersteller allein schon 26 verschiedene Typen an, die ausschließlich für fotografische Geräte bestimmt sind!) Die Batterien bzw. Zellen unterscheiden sich nicht nur in ihrer Größe oder in der Betriebsspannung, die sie liefern, sondern auch in ihrem Aufbau.

Die folgende Übersicht enthält auszugsweise einige wichtige Merkmale und Verwendungsmöglichkeiten von verschiedenen Batterien oder Zellen, die es zu kaufen gibt.

Aufbau der Zelle Spannung	Vorzüge	Nachteile	Handelsformen	Verwendung
Zink – Kohle 1,5 V	preiswert; Lagerfähigkeit 2 Jahre (bei niedriger Temperatur)	umweltbelastend, da Quecksilbersalze im Elektrolyten (nach Verbrauch an Sammelstellen abgeben!)	Mono-, Baby-, Mignon-, Knopf- und Mikrozelle; Duplex (3 V), Normal (4,5-V-Flachbatterie), E-Block (9 V)	Taschenlampen, Radio, Spielzeug, Wanduhren, Taschenrechner, Fernbedienung
Zink – Mangan 1,5 V	Lagerfähigkeit bis zu 3 Jahren; hohe Auslaufsicherheit durch Spezialversiegelung; Betriebszeit bei geringem Entladestrom 3 Jahre; hohe Leistung auch bei großen Strömen	doppelt so teuer wie eine Zink-Kohle-Zelle; bedingt umweltbelastend (auch nicht in den Hausmüll werfen!)	Mono-, Baby-, Mignon-, Knopf- und Mikrozelle; Duplex (3 V), Normal (4,5-V-Flachbatterie), E-Block (9 V)	Motoren, Blitzgeräte, Walkman, Kassettenrekorder, Motorspielzeuge
Zink – Quecksilberoxid 1,35 V	lange Lebensdauer, lange Zeit konstante Spannung bei der Entladung; Lagerzeit 2 Jahre	umweltbelastend; nur geringe Ströme möglich	Knopfzelle, Rundzelle	Hörgeräte, Fotokameras, Belichtungsmesser
Zink – Silberoxid 1,5 V	sehr lange Lebensdauer; lange Zeit konstante Spannung; Lagerzeit 2 Jahre (bei Raumtemperatur), kaum umweltbelastend	teuer	Knopfzelle, Rundzelle	Armbanduhren, Taschenrechner, Belichtungsmesser
Lithium – Polycarbonmonofluorid 2,9 V	Betriebzeit über 10 Jahre; etwa gleiche Lagerzeit; geringe Selbstentladung; umweltfreundlich; niedriger Innenwiderstand	teuer; nur in Geräten einsetzbar, die auf die höhere Spannung dieser Zellen eingerichtet sind	Knopfzelle	Herzschrittmacher, Armbanduhren, Taschenrechner, Alarmanlagen

Aus der Geschichte: **Mit Froschschenkeln fing alles an**

Vor etwas mehr als 200 Jahren beobachtete man, dass bei bestimmten chemischen Reaktionen ein elektrischer Strom floss. Man kannte die Ursache zunächst noch nicht, nutzte aber die Erscheinung schon, um hohe Spannungen zu erzeugen. Die Erklärung der Vorgänge kam später.

Vielleicht hast du im Physikunterricht schon etwas über den sog. **Froschschenkelversuch** gehört. Der italienische Medizinprofessor *Luigi Galvani* (1737–1798) machte 1789 eine fast unglaubliche Beobachtung:

Um die Nerven und deren Funktion zu untersuchen, hatte Galvani einen Frosch getötet und dessen Beinnerven freigelegt. In der Hand hielt er einen Drahtbügel aus zwei unterschiedlichen Metallen. Berührte er nun mit dem einen Drahtende aus Kupfer den Beinnerv und mit dem anderen Drahtende aus Eisen den Beinmuskel (Bild 1), so zuckte das Froschbein heftig zusammen.

Der Bericht über diesen Versuch erregte damals großes Aufsehen. Galvani vermutete als Ursache für das Zusammenzucken eine neue Art von Elektrizität, die ihren Sitz im Frosch (und auch in anderen Tieren) habe, eine „tierische Elektrizität".

Der italienische Physiker *Alessandro Volta* (1745–1827) war ein Kenner vieler elektrischer Erscheinungen. Ihm ließ das Experiment Galvanis keine Ruhe. Er wandte sich selbst der „tierischen Elektrizität" zu und fand bald Folgendes heraus:

„*Es ist klar, dass die Ursache dieses elektrischen Stromes die Metalle selbst sind; sie sind im eigentlichen Sinne Erreger und Motoren der Elektrizität, während das tierische Organ, ja die Nerven selbst, passiv sind."*

Wir wissen heute, dass Volta einer Reaktion mit Elektronenübertragung auf die Spur gekommen war: Sie lieferte die elektrische Energie. Volta konnte aber diese Zusammenhänge noch nicht erklären.

Volta leitete aus seiner Erkenntnis die nächsten Versuche ab. Er entwickelte so die erste brauchbare elektrische Energiequelle: das nach ihm benannte **Volta-Element**.

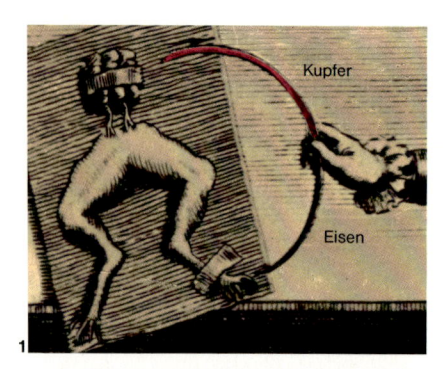

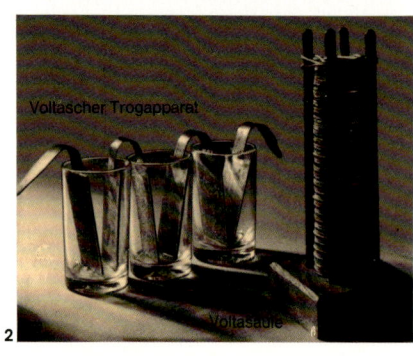

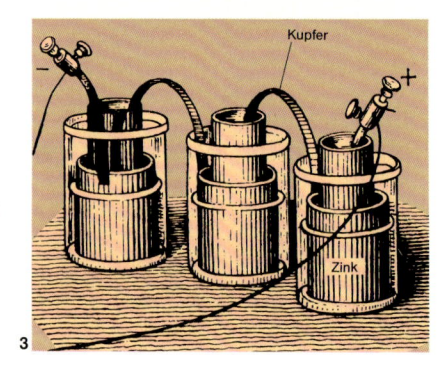

Es besteht aus einer Zinkplatte und einer Kupferplatte, die in verdünnte Schwefelsäure eintauchen. Das Volta-Element liefert eine Spannung von etwa 1 Volt (1 V).

Um höhere Spannungen zu erreichen, schaltete Volta mehrere Elemente hintereinander (linker Teil von Bild 2, *voltascher Trogapparat*).

Dann stapelte er gleich große Kupfer- und Zinkplatten abwechselnd übereinander. Zur Trennung benutzte er feuchte Pappscheiben, später Filzplättchen. So erhielt er die später nach ihm benannte *Voltasäule* (Bild 2, rechts). Damit erreichte er mehr als 100 V Spannung.

Vor allem durch diese Erfindung wurde Volta innerhalb weniger Jahre berühmt. Nach ihm wird noch heute die Einheit der elektrischen Spannung **1 Volt** genannt.

Einen Nachteil hatte die Voltasäule allerdings. Die Spannung sank innerhalb kurzer Zeit stark ab und die Zinkplatten lösten sich auf.

Hier forschte nun *John Daniell* weiter. Er wusste bereits: *Bei der Zersetzung einer bestimmten Stoffportion in einem galvanischen Element wird so viel Strom gewonnen wie zu ihrer Bildung notwendig ist.* Müsste sich nicht ein elektrisches „Pumpspeicherwerk" konstruieren lassen?

Daniell trennte die Zink- und Kupferplatten nicht mehr durch säuregetränkte Filzplatten. Er tauchte die Metallplatten vielmehr in Lösungen ihrer Salze. Durch eine Scheidewand verhinderte er, dass sich die Salzlösungen vermischen.

Zunächst benutzte er „Ochsengurgeln", also tierisches Material, als Scheidewand. Doch dieses wurde schnell brüchig. Tonzylinder bewährten sich dagegen ausgezeichnet.

Mit diesem Versuch konnte Daniell das Prinzip der Umwandlung chemischer Energie in elektrische Energie erklären.

Das nach ihm benannte **Daniell-Element** (Bild 3) lieferte eine konstante elektrische Gleichspannung. Waren die Kupfer-Ionen verbraucht und der größte Teil des Zinks umgesetzt, konnte das Gerät an eine Voltasäule angeschlossen und wieder aufgeladen werden.

Fragen und Aufgaben zum Text

1 Erkläre, wie im Volta-Element die chemische Energie in elektrische Energie umgewandelt wird.

2 Beschreibe, wie die „Becherbatterie" Voltas (voltascher Trogapparat) aufgebaut war.

3 Warum mussten die Filzplättchen bei der Voltasäule feucht sein?

4 Beschreibe den Bau eines Daniell-Elements. Vergleiche anschließend mit dem Volta-Element.

Aufgaben

1 In galvanischen Zellen wird aus chemischen Reaktionen elektrische Energie gewonnen. Dabei gilt:

Die jeweilige Spannung hängt von der Art der beteiligten Metalle sowie von der Konzentration der Salzlösungen ab. Die Stromstärke hängt vor allem von der Größe der Elektrodenoberfläche ab. Die gesamte nutzbare Energie richtet sich nach der Masse der am chemischen Vorgang beteiligten Stoffe.

Beschreibe Versuche, bei denen diese Sachverhalte deutlich werden.

2 So kannst du die *Voltasäule* auf einfache Weise nachbauen:

Du brauchst dazu einige Scheiben Zinkblech und Kupferblech, die du mit einer Blechschere zuschneidest. Tränke dann einige Lagen Filterpapier mit einer verdünnten Säure oder einer Salzlösung.

Nun legst du die Scheiben in dieser Reihenfolge aufeinander: Kupfer, Filterpapier, Zink, Kupfer, Filterpapier, Zink usw.

Zwischen der unteren und der oberen Scheibe kannst du die elektrische Spannung messen (Bild 4).

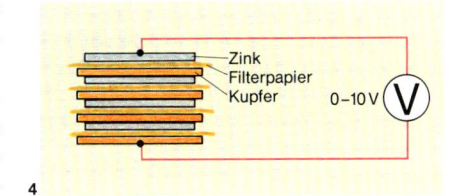

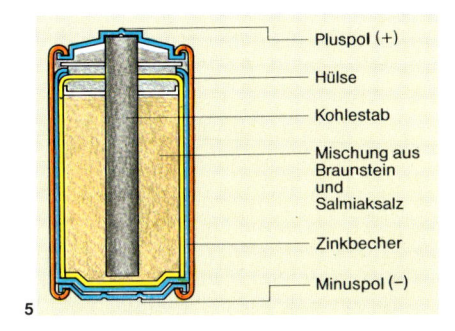

3 Baue das *Daniell-Element* mit Geräten aus der Schulsammlung nach. Wie groß ist die damit erzeugte Spannung?

4 Bild 5 zeigt, wie eine gebräuchliche *Monozelle* aufgebaut ist.

a) Nenne ihre wichtigsten Teile.

b) Vergleiche den Bau von Monozelle und Volta-Element.

c) In der Monozelle ist das Salmiaksalz in einem feuchten Brei gelöst. Was ist der Grund dafür?

d) Man nennt die Monozelle auch *Trockenelement*. Ist diese Bezeichnung zutreffend? Begründe!

5 Welche Elektrode ist der Pluspol beim Volta-Element und welche der Pluspol beim Daniell-Element? Begründe deine Antwort.

6 Bild 6 zeigt eine geöffnete 4,5-V-Flachbatterie. Warum werden hier *mehrere* Zellen verwendet?

Plane einen Versuch, mit dem du deine Antwort bestätigen kannst.

7 Mit je einem Streifen Eisen- und Kupferblech kann man elektrische Energie aus einer Zitrone gewinnen.

Vergleiche diese galvanische Zelle mit dem Volta- und Daniell-Element.

Aus Umwelt und Technik: Was geschieht mit verbrauchten Batterien?

Womöglich meinst du: „Ist doch klar, was mit verbrauchten Batterien passiert: Entweder landen sie im Müll oder sie werden wiederverwertet."

Doch so einfach lässt sich diese Frage nicht beantworten; es kommt nämlich darauf an, *welche* Zellen oder Batterien entsorgt werden sollen. Nur eines gilt immer: Zellen und Batterien dürfen niemals geöffnet oder ins Feuer geworfen werden! Außerdem ist es verboten, sie in den Hausmüll zu entsorgen. Der Fachhandel ist verpflichtet sie zurückzunehmen.

Da sind z. B. die *Zink-Kohle-Zellen* (Bild 5). Sie machen etwa zwei Drittel aller Trockenbatterien aus. Bei ihnen ist eine Wiederverwertung nicht lohnend, denn ihr Gehalt an hochwertigen Stoffen ist zu gering.

Auch wurde ihr Anteil an Schadstoffen (z. B. an Quecksilber) stark reduziert. Sie belasten aber immer noch die Umwelt.

Das gilt in gleicher Weise für die *Alkali-Mangan-Zellen*. Der Gehalt an schädlichem Quecksilber wurde bei diesen Zellen auf unter 0,025 % ihrer Masse gesenkt. Noch vor wenigen Jahren kamen diese Zellen in den Sondermüll.

Anders ist es bei den *Quecksilber-* und *Silberoxid-Knopfzellen*. Bei ihnen macht der Quecksilber- bzw. Silberanteil fast 25 % ihrer Masse aus. Damit wird ihre **Wiederverwertung** lohnend. Man führt deshalb die im Fachhandel als **Sondermüll** gesammelten Knopfzellen Recyclingfirmen zu – und die gewinnen die wertvollen Rohstoffe zurück.

Lithium-Zellen werden zum Beispiel in Herz-Schrittmachern verwendet; auch diese müssen ja mit elektrischer Energie versorgt werden. Die Lithium-Zellen sind ganz besonders langlebig und zuverlässig (→ dazu die Übersicht).

In Lithium-Zellen besteht die negative Elektrode aus Lithium und die positive aus Braunstein (das ist Mangandioxid, MnO_2). Je nach Bauweise der Zelle kann eine Lithium-Zelle eine Leerlaufspannung von 1,5 V oder 3,8 V erzeugen.

Das Besondere an den Lithium-Zellen ist: Sie sind ganz und gar *schadstofffrei* aufgebaut. Deshalb könnten sie in Zukunft zu einem guten Ersatz für die Zink-Kohle-Zellen sowie für die Alkali-Mangan-Zellen werden.

3 Das Zink-Brom-Element – ein wiederaufladbares galvanisches Element

In der Technik spielt das Zink-Brom-Element eine große Rolle. Da Brom jedoch ätzend und giftig ist, führen wir Versuche dazu mit dem mindergiftigen **Iod** durch. Die Ergebnisse sind auf das Zink-Brom-Element übertragbar.

V 7 Wir mischen in einer kleinen Porzellanschale 1 g Iod [Xn] mit 0,25 g Zinkpulver [F] und tropfen destilliertes Wasser darauf. Beobachte!

Dann erwärmen wir das feuchte Gemisch (es darf dabei nicht völlig eintrocknen). Beschreibe!

V 8 In ein Becherglas (250 ml) geben wir 100 ml Iodlösung (10 %), die mit etwas Kaliumiodid versetzt wird (sog. *Iod-Kaliumiodidlösung*). Dann messen wir die Temperatur der Lösung mit einem Laborthermometer.

Anschließend geben wir einige Spatel Zinkpulver [F] hinzu und lassen die Lösung stehen. Ab und zu rühren wir um. Beobachte! Miss dabei auch die Temperatur der Lösung.

V 9 Die farblose Lösung von V 8 wird filtriert. Ein paar Tropfen des Filtrats werden auf einem Objektträger vorsichtig eingedampft. Vergleiche mit dem Ergebnis von V 7.

V 10 Die filtrierte Lösung aus V 9 geben wir in ein Becherglas und tauchen zwei Kohleelektroden hinein (sie dürfen einander nicht berühren!). Wir schließen eine Spannungsquelle an (ca. 6 V Gleichspannung).

Beobachte die Vorgänge an den Elektroden. Beschreibe nach dem Versuch, wie der Minuspol aussieht.

Nun schalten wir die Spannungsquelle aus und messen die Spannung zwischen den Elektroden.
Kannst du damit noch einen kleinen Elektromotor betreiben?

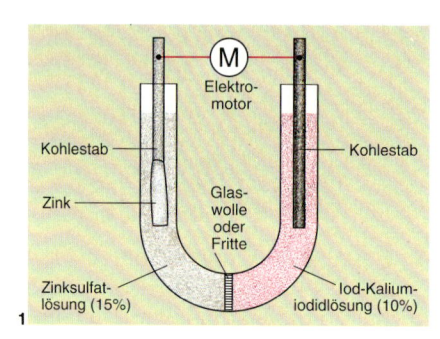

V 11 Der Versuch wird nach Bild 1 aufgebaut. Die Kohleelektrode in der Lösung von Zinksulfat (15 %) [Xi] wurde zuvor durch Elektrolysieren in einer anderen Zinksulfatlösung mit Zink überzogen.

a) Wir messen die Spannung. Wenn wir einen Strommesser anschließen, können wir die Fließrichtung des elektrischen Stromes feststellen.

b) Nun schalten wir einen Kleinmotor in den Stromkreis ein.

c) Wenn kein Strom mehr fließt, ersetzen wir den Motor durch eine Spannungsquelle. Der negative Pol wird dabei mit der „Zink-Elektrode" und der positive Pol mit der „Iod-Elektrode" verbunden. Der Strom (Spannung 0–20 V) soll einige Zeit in umgekehrter Richtung fließen.

d) Anschließend prüfen wir, ob unser „Zink-Iod-Element" wieder selbst elektrischen Strom liefert.

1 [Abbildung: U-Rohr mit Elektromotor M, Kohlestab-Elektroden, Zink, Glaswolle oder Fritte, Zinksulfatlösung (15 %), Iod-Kaliumiodidlösung (10 %)]

Reaktionen von Zink mit Iod (Brom)

Wie die Versuche zeigen, können Zink und Iod unter ganz verschiedenen Voraussetzungen miteinander reagieren.

1. Wenn man Zinkpulver auf Iod einwirken lässt, erhält man Zinkiodid.
$Zn + I_2 \rightarrow ZnI_2$ | exotherm
Bei dieser Reaktion geben Zinkatome Elektronen ab, Iodatome nehmen diese Elektronen auf. Es liegt eine **Reaktion mit Elektronenübertragung** vor.
$Zn \rightarrow Zn^{2+} + 2\,e^-$
$I_2 + 2\,e^- \rightarrow 2\,I^-$

2. Zink reagiert auch mit Iod in wässriger Lösung; man erhält eine Lösung von Zinkiodid. Energie wird in Form von Wärme frei. Dabei treten die gleichen Elektronenübertragungen auf.

3. Wenn man an eine Zinkiodidlösung eine elektrische Spannung anlegt, erhält man am Minuspol einen Überzug aus metallischem Zink. Am Pluspol färbt sich die Lösung nach und nach braun; dort scheidet sich Iod ab. Diese Reaktion ist eine **Elektrolyse**.

Auch hier erfolgt Elektronenübertragung. An den Elektroden laufen dabei folgende Vorgänge ab:
am Minuspol: $Zn^{2+} + 2\,e^- \rightarrow Zn$
Auf jedes Zink-Ion werden zwei Elektronen übertragen. Die Zink-Ionen werden zu Atomen (Zinküberzug).
am Pluspol: $2\,I^- \rightarrow I_2 + 2\,e^-$
Je einem Iodid-Ion wird ein Elektron entzogen. Die Iodid-Ionen werden so zu Iodatomen. Je zwei Iodatome reagieren sofort zu einem Iodmolekül.

Die Reaktion verläuft endotherm. Die Spannungsquelle liefert die Energie.
$ZnI_2 \rightarrow Zn + I_2$ | endotherm
Die Reaktion zur Bildung von Zinkiodid ist also umkehrbar.

4. Eine Zinkelektrode und eine Kohleelektrode in Iodlösung bilden ein **galvanisches Element** (Zink-Iod-Element). Es liefert eine Spannung von etwa 1,5 V.

Diese chemische Reaktion gleicht der Reaktion von Zink mit Iod in wässriger Lösung. Wieder werden Elektronen von Zinkatomen zu Iodatomen übertragen.

Diesmal erfolgt die Elektronenübertragung nicht auf direktem Weg, sondern über den Draht und den Elektromotor im äußeren Teil des Stromkreises.

Die Masse der Zinkelektrode nimmt dabei allmählich ab, denn Zinkatome werden zu Zink-Ionen; diese gehen in die Lösung. Die Iodmoleküle werden zu Iodid-Ionen. Die Reaktion hört auf, sobald Zink oder Iod verbraucht sind.

Wenn dieses Zink-Iod-Element „erschöpft" ist, kann man es wieder aufladen. Dazu wird die Kohleelektrode mit dem Pluspol, die Zinkelektrode mit dem Minuspol des Netzgerätes verbunden.

Die chemischen Reaktionen an den Elektroden verlaufen nun umgekehrt.

Nach einigen Minuten kann das Zink-Iod-Element wieder als galvanisches Element genutzt werden.

Die wieder aufladbaren galvanischen Elemente heißen **Akkumulatoren** oder kurz **Akkus** (lat. *accumulare*: anhäufen). Mit ihnen lässt sich elektrische Energie speichern und transportieren.

4 Der Blei-Akkumulator

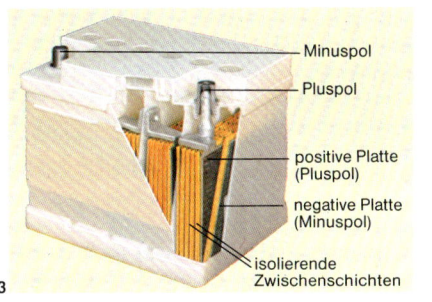

Jedes Auto oder Motorrad ist mit einem Akkumulator ausgestattet.

Wie funktioniert so ein Akku eigentlich?

V 12 Die Funktion eines Bleiakkumulators soll verdeutlicht werden.

a) Zuerst tauchen wir zwei blanke Bleiplatten in verdünnte Schwefelsäure [Xi] ein. Besteht zwischen den Elektroden eine Spannung?

b) Wir bauen einen Stromkreis nach Bild 4 auf und legen eine Gleichspannung (2–4 V) an. (Das Messgerät soll die Richtung des Stromes anzeigen.) Beobachte die Bleiplatten und das Lämpchen ca. 2 min lang.

Wir ersetzen das Netzgerät nun durch einen Spannungsmesser. Was stellst du dabei fest? Welches ist der Pluspol?

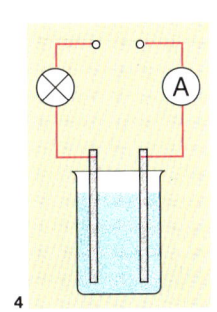

c) Nun entfernen wir den Spannungsmesser und verbinden beide Leitungen direkt miteinander.

Leuchtet das Lämpchen und läuft auch ein kleiner Elektromotor?

d) Wenn das Element erschöpft ist, laden wir es erneut auf.

Die Vorgänge beim Aufladen und Entladen des Blei-Akkumulators

Der **Bleiakkumulator** ist aus mehreren Zellen aufgebaut, die durch Hintereinanderschaltung miteinander verbunden sind. Wenn sie „leer" sind, können sie – im Gegensatz zu den Zellen anderer Batterien – wieder aufgeladen werden. Das hat Versuch 12 gezeigt.

Vorgang beim Laden:

Wenn die blanken Bleiplatten in die ca. 20%ige Schwefelsäure gestellt werden, überziehen sie sich sofort mit einer dünnen Schicht aus Blei(II)-sulfat. Es stehen sich also zu Beginn des Ladevorgangs zwei *gleiche* Platten gegenüber; deshalb ist zwischen ihnen auch keine elektrische Spannung zu messen.

Jetzt werden die beiden Platten an eine Stromquelle angeschlossen. (Der *Ladestrom* wird in unserem Versuch durch Lampe und Strommesser angezeigt.) Die verdünnte Säure enthält Ionen, stellt also einen Elektrolyten dar. Die zwischen den Bleiplatten bestehende Spannung treibt die positiven Ionen zum Minus-, die negativen zum Pluspol.

An den Elektroden laufen die folgenden Vorgänge ab:
Am Minuspol wird das Blei(II)-sulfat in Blei umgewandelt. Da die dünne Blei(II)-sulfatschicht farblos war, können wir keine Veränderung erkennen.
Am Pluspol ist jedoch eine Farbveränderung von Grau nach Braun zu beobachten; aus dem Blei(II)-sulfat wird hier nämlich Blei(IV)-oxid (PbO_2).

Durch den Ladungsfluss erhalten die vorher gleichen Elektroden ganz unterschiedliche Oberflächen. Es entsteht somit ein **galvanisches Element**.

Zwischen den Elektroden dieses galvanischen Elements kann eine Spannung von 2 V gemessen werden.

Bild 5 zeigt (schematisch) die beiden Platten des Akkus, einmal in geladenem und einmal in ungeladenem Zustand.

Vorgang beim Entladen:

Während des Entladevorgangs laufen die chemischen Vorgänge, die zum Entstehen der unterschiedlichen Oberflächen geführt haben, umgekehrt ab.

Dabei findet – genauer betrachtet – eine **Reaktion mit Elektronenübertragung** zwischen den Bleiatomen und Blei(IV)-Ionen statt: Beide Teilchensorten werden in Blei(II)-Ionen umgewandelt. Dabei laufen an den Elektroden folgende Vorgänge ab:
am Minuspol: $Pb \rightarrow Pb^{2+} + 2\,e^-$
am Pluspol: $Pb^{4+} + 2\,e^- \rightarrow Pb^{2+}$

Die Blei(II)-Ionen (Pb^{2+}) bilden mit Sulfat-Ionen (SO_4^{2-}) Bleisulfat ($PbSO_4$).

Das galvanische Element ist *entladen*, wenn sich wieder zwei *gleiche* Elektroden im Elektrolyten gegenüberstehen. Dann ist die **gespeicherte chemische Energie** wieder **in elektrische Energie umgewandelt** worden.

Diese Umkehrung des Ladevorgangs beim Entladen erklärt auch, weshalb der Entladestrom dem Ladestrom entgegengesetzt gerichtet ist.

Die Vorgänge des Ladens und Entladens können bei einem Akkumulator immer wieder stattfinden.

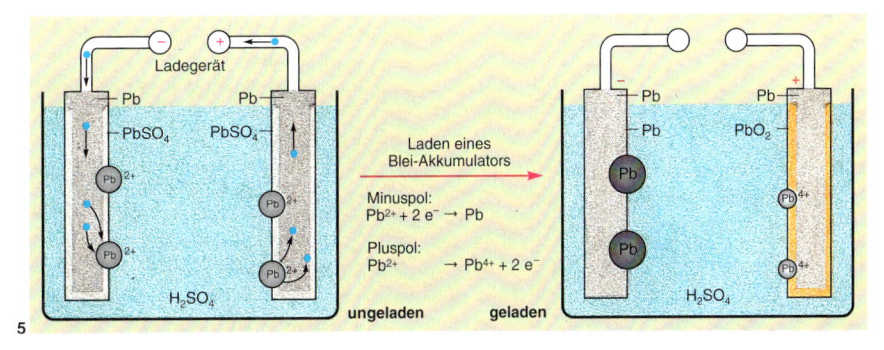

Aufgaben

1 Ein Akku gilt schon als entladen, wenn seine Spannung 10 V (statt 12 V) beträgt. Er muss dann wieder aufgeladen werden.

Welcher Pol des Akkus wird dabei mit dem Minuspol des Ladegerätes verbunden? (Denke daran, dass der Ladestrom entgegengesetzt zum Entladestrom fließt.)

2 Christina meint, dass beim Aufladen des Akkus zusätzliche Elektronen im Akku gespeichert werden. Was hältst du von dieser Annahme? Begründe deine Antwort.

3 Welche Veränderungen bewirkt das Auf- und Entladen an den Elektroden eines Blei-Akkus?

4 Beim *Laden* eines Akkus läuft eine Reaktion mit Elektronenübertragung ab. Beschreibe anhand der Ionengleichungen von Bild 5 der Vorseite, welche Vorgänge sich dabei an Pluspol und Minuspol abspielen.

Versuche in gleicher Weise das *Entladen* des Akkus zu beschreiben.

5 Wieso kann man einen Akku laden, entladen und wieder laden, eine Batterie jedoch nicht?

6 Akkus sollen nicht in den Hausmüll geworfen werden. Warum ist diese Forderung berechtigt?

Aus Umwelt und Technik: **Ein Glück, dass es die Akkus gibt ...**

Wer kennt das nicht: Du hast einige Stunden lang Walkman gehört – und schon fängt das Band an zu leiern. Schließlich kannst du dem Walkman keinen Ton mehr entlocken. Die Batterien sind leer und neue müssen her. Auf die Dauer wird das ganz schön teuer!

Deshalb sollte man sich für Akku-Rundzellen entscheiden. Sie sind zwar teurer in der Anschaffung, halten dafür aber bedeutend länger. (Die Anschaffungskosten für das Ladegerät muss man allerdings noch dazurechnen.)

Außerdem können Akkus ja immer wieder aufgeladen werden – etwa bis zu 1000-mal. Das ist nicht nur für den Geldbeutel gut, sondern auch für die Umwelt. Im günstigsten Fall könnte solch eine Akku-Rundzelle etwa 300 Alkali-Mangan-Zellen ersetzen.

Die gebräuchlichsten Akku-Rundzellen sind heute die *Nickel-Cadmium-Akkus*. Sie sind stabil bei mechanischer Belastung, sehr oft aufladbar und zeigen im Betrieb eine überraschend konstante Spannung von 1,3 V. Sogar *Edison* experimentierte schon mit ihnen.

Wenn man die äußere Umhüllung sorgfältig entfernt, kann man den Aufbau und auch die Arbeitsweise eines Akkus gut demonstrieren. (Nur Lehrerversuch; der Inhalt des Akkus ist ätzend und giftig!)

Bild 1 zeigt den **Aufbau** einer Nickel-Cadmium-Rundzelle. Die Elektroden liegen abwechselnd in mehreren Schichten ineinander.

Die Schichten, die die *negative Elektrode* bilden, bestehen aus einem Eisennetz, das mit Cadmium überzogen ist, und einem hellgrauen Belag von Cadmiumhydroxid.

Die Schichten der *positiven Elektroden* bestehen aus einem Netz aus Nickel mit einem schwarzen Belag von Nickel(IV)-oxid.

Zwischen den Schichten der positiven und negativen Elektroden liegt jeweils ein feuchtes, filzartiges Gewebe, das den *Elektrolyten* enthält: konzentrierte Kalilauge.

Alle positiven Schichten sind mit dem Deckel der Zelle verbunden; alle negativ geladenen haben eine leitende Verbindung mit dem Boden der Zelle. Dadurch ist der *Deckel der positive Pol* und der *Boden der negative Pol* jeder Zelle.

Durch diesen Aufbau der Zelle wird erreicht, dass jede Elektrode eine sehr große Oberfläche aufweist. Je größer die Oberfläche ist, desto mehr elektrische Energie kann in der Zelle gespeichert werden.

Beim *Entladen* des Nickel-Cadmium-Akkus laufen folgende Teilreaktionen mit Elektronenübertragung ab:
  am Minuspol: $Cd \rightarrow Cd^{2+} + 2\,e^-$
  am Pluspol: $Ni^{4+} + 2\,e^- \rightarrow Ni^{2+}$

Beim *Laden* kehren sich die Vorgänge um. Die Gesamtreaktion ist:

$$Ni^{2+} + Cd^{2+} \underset{\text{Entladen}}{\overset{\text{Laden}}{\rightleftarrows}} Ni^{4+} + Cd$$

Die **Arbeitsweise** kann man folgendermaßen demonstrieren. Die beiden Wickelelektroden werden vorsichtig herausgetrennt und in Kalilauge (5 %) C gehängt. Das helle Netz wird an den Minuspol, das schwarze an den Pluspol einer Spannungsquelle angeschlossen. Dann legt man eine Spannung von 1,8–2 V an.

Der Akku sollte nur kurz aufgeladen werden, da sonst der Entladevorgang zu lange dauert. Nach kurzem Aufladen wird die Spannung gemessen. Sie liegt bei 1,3 V.

Nun wird ein Motor in den Stromkreis geschaltet. Die Spannung sinkt nur geringfügig: von 1,3 V auf 1,25 V.

Die Akku-Reste gehören in die Sammelgefäße für Schwermetallabfälle!

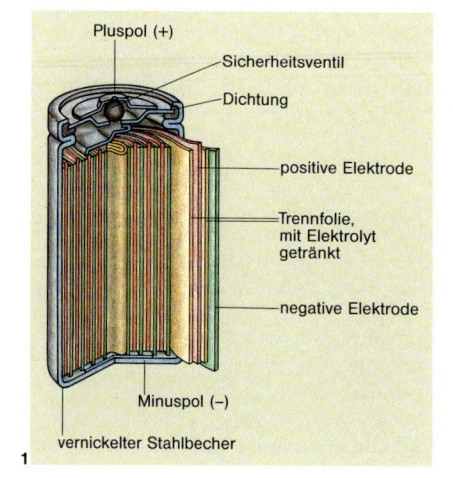

Elektrochemische Vorgänge

Alles klar?

1 Man kann „elektrischen Strom aus einer Zitrone" gewinnen. Mit welchen Stoffen gelingt das?

2 Manchmal passiert es, dass beim Schokoladeessen etwas Metallfolie zwischen die Zähne gerät. Viele Menschen, die eine Zahnfüllung aus Amalgam (Legierung aus Quecksilber und Silber) haben, spüren dabei ein unangenehmes Kribbeln oder einen säuerlichen Geschmack im Mund. Erkläre!

3 Der menschliche Körper ist ein elektrischer Leiter. Erkläre, woran das liegt.

4 Woraus besteht eine Monozelle? Welche Aufgaben haben ihre Teile?
Und wovon hängt die elektrische Spannung einer solchen Zelle ab?

5 Welche Aufgabe hat der Blei-Akku, mit dem Autos und Motorräder ausgestattet sind?
Wodurch wird erreicht, dass der Auto-Akku eine Spannung von 2 V aufweist?

6 Wenn der Automotor im Winter nicht anspringt, kann manchmal eine andere Autobatterie beim Starten helfen. Wie muss sie angeschlossen werden?

Auf einen Blick

Reaktionen mit Elektronenübertragung

Wenn Metalle mit Sauerstoff, mit Chlor oder anderen Halogenen reagieren, gibt das Metall Elektronen ab, die der Reaktionspartner aufnimmt. Das gilt auch, wenn man Metalle in Lösungen von Säuren bzw. Salzen gibt.

Stets werden also Elektronen von Atomen oder Ionen des einen Reaktionspartners auf Ionen oder Atome des anderen Reaktionspartners übertragen. Man spricht daher von **Reaktionen mit Elektronenübertragung**.

Die Umwandlung chemischer Energie in elektrische Energie

Wenn man ein Metall in eine Lösung eintaucht, die Ionen eines edleren Metalls enthält, so gehen Elektronen von den Metallatomen zu den Ionen über. Gleichzeitig werden Atome des eingetauchten Metalls zu Ionen.

Es findet also auch hier eine *Reaktion mit Elektronenübertragung* statt. Dabei wird Energie frei, z. B.:

$Zn \rightarrow Zn^{2+} + 2\,e^-$
$Cu^{2+} + 2\,e^- \rightarrow Cu$

Wenn diese beiden Teilreaktionen räumlich getrennt voneinander ablaufen, lässt sich die frei werdende Energie als elektrische Energie nutzen. Man bezeichnet diese Anordnung als ein **galvanisches Element**.

Im galvanischen Element wird aus chemischer Energie durch Reaktionen mit Elektronenübertragung elektrische Energie gewonnen.

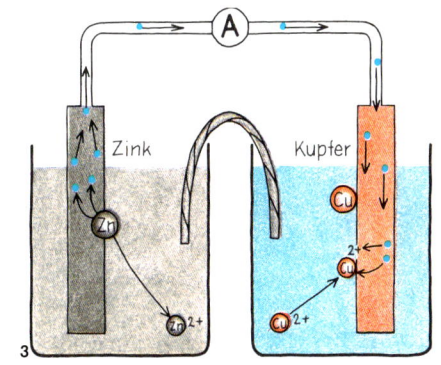

Je weiter die beiden Metalle des galvanischen Elements in der **Spannungsreihe der Metalle** voneinander entfernt stehen, desto größer ist die Spannung, die zwischen ihnen gemessen werden kann.

groß $\xrightarrow{\begin{array}{c} \text{K \quad Na \quad Mg \quad Zn \quad Fe \quad Pb \quad Cu \quad Ag} \\ \text{Fähigkeit der Atome zur Elektronenabgabe} \\ \text{Tendenz zur Ionenbildung} \end{array}}$ gering

gering $\xrightarrow{\text{K}^+ \quad \text{Na}^+ \quad \text{Mg}^{2+} \text{Zn}^{2+} \quad \text{Fe}^{2+} \quad \text{Pb}^{2+} \quad \text{Cu}^{2+} \quad \text{Ag}^+}$ groß

Monozellen, *Batterien* und *Akkumulatoren* sind Beispiele für Energiequellen, die Energie aufgrund von Reaktionen mit Elektronenübertragung liefern.
Die *Akkumulatoren* unterscheiden sich von den anderen Energiequellen: Sie sind Energiespeicher, die wiederholt entladen und wieder aufgeladen werden können.

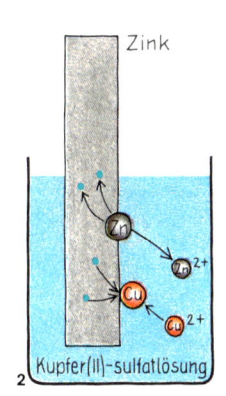

Sicherheit im Chemieunterricht

1 Vom richtigen Umgang mit Gasflaschen

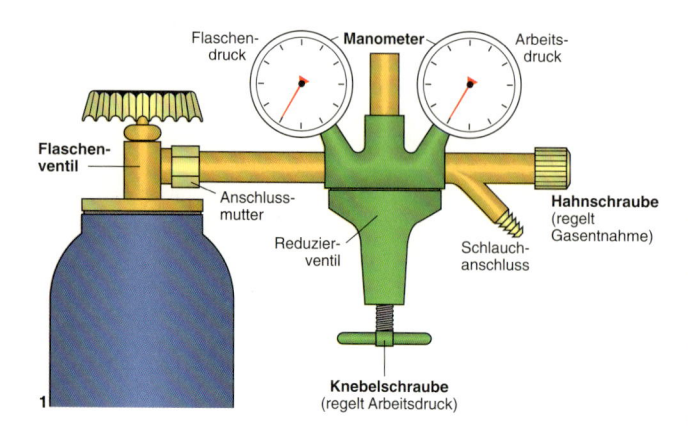

Sauerstoff, Wasserstoff und Kohlenstoffdioxid sind an den meisten Schulen in Stahlflaschen vorhanden. Diese sind verschiedenfarbig gekennzeichnet (Wasserstoff: rot, Sauerstoff: blau, Kohlenstoffdioxid: grau).

Da die Gasflaschen unter hohem Druck stehen (bis 200 bar), wird das Gas über ein Reduzierventil entnommen.

Hierbei geht man in folgender Reihenfolge vor:

a) *Öffnen der Gasflasche:*
1. Flasche gegen Umfallen sichern.
2. Zuerst das Reduzierventil kontrollieren. Die Knebelschraube muss sich leicht drehen lassen. Beide Manometer müssen auf null stehen.
3. Flaschenventil öffnen. Das linke Manometer zeigt den Flaschendruck an.
4. Knebelschraube langsam hineindrehen. Das rechte Manometer zeigt jetzt den Arbeitsdruck. Er lässt sich durch Drehen der Knebelschraube einstellen.
5. Hahnschraube öffnen. Gasentnahme mit der Hahnschraube regulieren.

b) *Schließen der Gasflasche:*
1. Flaschenventil schließen.
2. Restgas ablassen. Hahnschraube schließen.
3. Reduzierventil schließen. Dazu die Knebelschraube herausdrehen, bis sie sich locker bewegen lässt.

Achtung: Sauerstoffarmaturen dürfen nicht gefettet oder geölt werden. Explosionsgefahr!

2 Vom richtigen Umgang mit dem Brenner

Die Brennerflamme
Bei den meisten Brennern zum Experimentieren kann man zwei Flammen einstellen:

a) *Die leuchtende Flamme:*
Das Luftloch am Brennerrohr bleibt zunächst geschlossen. Der Gashahn wird geöffnet und das ausströmende Gas am oberen Brennerrand entzündet.

Das Gas verbrennt mit gelber, leuchtender Flamme. Daher nennt man diese Flamme auch *Leuchtflamme*. Sie hat eine Temperatur von etwa 1000 °C und ist eine rußende Flamme.

b) *Die nicht leuchtende Flamme:*
Während die Leuchtflamme des Brenners brennt, wird das Luftloch unten am Brenner langsam geöffnet. Durch die kleine Öffnung strömt Luft von außen in das Brennerrohr ein. Dadurch entsteht das deutlich hörbare Rauschen.

Die Luft vermischt sich in der Randzone mit dem Gas, das aus der Leitung austritt. Je weiter das Luftloch geöffnet wird, desto mehr Luft vermischt sich mit dem Gas. Das Gas verbrennt immer heftiger und die Flamme wird immer heißer. Aus der Leuchtflamme wird eine schwach blaue *Heizflamme*; das ist eine nicht rußende Flamme.

Die Flammenzonen
An der Heizflamme kann man zwei Zonen unterscheiden: einen inneren *Kern* und einen äußeren *Mantel*.

Im Mantel kann eine Temperatur von über 1500 °C erzeugt werden; dabei ist der obere Teil der Flamme am heißesten. Im Kern befindet sich das Brenngas.

Sicherer Umgang
a) Beim Gasbrenner kommt das Gas aus dem städtischen Gasnetz oder aus einer großen Stahlflasche. Du musst bei der Entnahme Folgendes beachten:
O Der Schlauch darf nicht porös oder brüchig sein.
O Er muss fest auf dem Brenner-Anschlussstutzen sitzen.
O Der Gasstrom muss so eingestellt werden, dass die Flamme nicht ausgeht.
O Zum Löschen musst du das Ventil der Gasleitung zudrehen.
O Bei Gasgeruch im Zimmer sofort die Fenster öffnen!

b) Beim *Kartuschenbrenner* kommt das Gas aus einer kleinen, auswechselbaren Kartusche. Folgendes ist zu beachten:
O Kartuschen sollten nur vom Lehrer ausgetauscht werden.
O Kartuschen nie in der Nähe offener Flammen wechseln!
O Zwischen dem Oberteil des Brenners und der Kartusche muss unbedingt eine Dichtung liegen.
O Die Klammern an der Kartusche dürfen nicht geöffnet werden, solange noch Gas in der Kartusche ist.
O Der Brenner muss stets aufrecht und fest stehen, er darf nicht gekippt werden. Beim Experimentieren darf er nicht schräg gehalten werden.
O Zum Löschen der Flamme den Gashahn zudrehen!

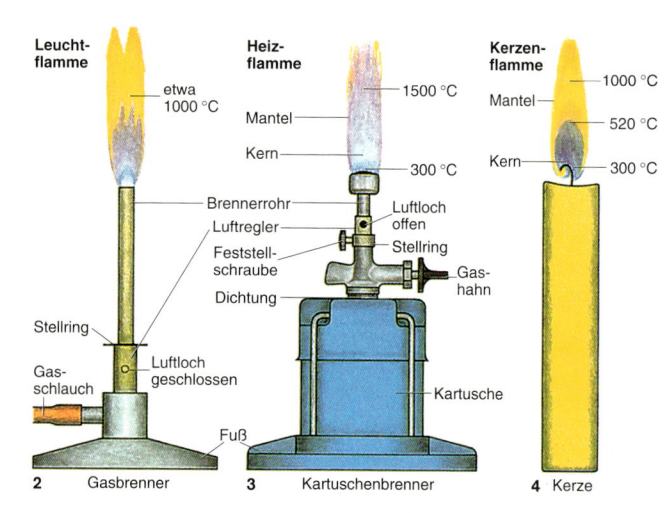

3 Verhaltensregeln und Hinweise zur Entsorgung

Verhaltensregeln und Gefahrensymbole

1. Die Fachräume dürfen nicht ohne Aufsicht durch die Lehrer betreten werden.
2. Bei der Verwendung von Stoffen sind Gefahrstoffbezeichnung, Gefahrenhinweise (R-Sätze) und Sicherheitsratschläge (S-Sätze) mit den Arbeitsbedingungen zu vergleichen*.
3. Für die einzelnen Gefahrstoffe findet man die R- und S-Sätze z. B. auf den Etiketten der Chemikaliengefäße.
4. In Fachräumen ist grundsätzlich ein umsichtiges und vorsichtiges Verhalten erforderlich:
○ Offene Gashähne, Gasgeruch, beschädigte Steckdosen und Geräte sowie andere Gefahrenstellen sind sofort zu melden.
○ Geräte, Chemikalien und Schaltungen dürfen nicht ohne Genehmigung des Lehrers berührt werden. Desgleichen dürfen Anlagen für elektrische Energie, Gas und Wasser nicht ohne Genehmigung eingeschaltet werden.
○ Im Experimentierraum ist das Essen und Trinken verboten.
○ Den Anweisungen des Lehrers ist unbedingt Folge zu leisten, besonders bei der Durchführung von Schülerversuchen.
○ Beim Experimentieren müssen die Versuchsvorschriften und die Hinweise des Lehrers beachtet werden. Versuche dürfen erst durchgeführt werden, wenn der Lehrer dazu auffordert.
○ Die vom Lehrer ausgehändigte Schutzausrüstung (z. B. Schutzbrille, Schutzhandschuhe) muss getragen werden.
○ Geschmacks- und Geruchsproben dürfen nur vorgenommen werden, wenn der Lehrer dazu auffordert.
○ Beim Umgang mit offenen Flammen (z. B. dem Brenner) sind lange Haare so zu tragen, dass sie nicht in die Flamme geraten können.
○ Pipettieren mit dem Mund ist verboten.
5. Chemikalien dürfen normalerweise nicht in den Ausguss gegossen werden. Sie gehören (nach Anweisung des Lehrers) in dafür vorgesehene Gefäße. Wenn Gefahrstoffe verschüttet oder verspritzt wurden, ist das sofort dem Lehrer zu melden.
6. Im Gefahrfall unbedingt Ruhe bewahren und die Anweisungen des Lehrers befolgen!

Je nach Art des Gefahrstoffes können folgende Maßnahmen notwendig werden:
○ den Klassenraum verlassen,
○ erste Hilfe leisten,
○ Schulleiter und Ersthelfer informieren.

Bei Entstehungsbränden können folgende Maßnahmen notwendig werden:
○ Not-Aus betätigen,
○ Klassenraum verlassen,
○ erste Hilfe leisten,
○ Brand mit geeigneten Löschmitteln bekämpfen (z. B. Löschsand, Löschdecke, Feuerlöscher),
○ Alarmplan beachten.

T+: sehr giftig / T: giftig	Totenkopf (*extremely toxic* / *highly toxic*)
Xn: gesundheitsschädlich / Xi: reizend	Andreaskreuz (n: *noxius* / i: *irritating*)
E: explosionsgefährlich	detonierende Bombe (*explosive*)
F+: hochentzündlich / F: leicht entzündlich	Flamme (*flammable*)
C: ätzend	Hand, Material (*corrosive*)
O: brandfördernd	Flamme über Ring (*oxidizing*)
N: umweltgefährlich	toter Baum, toter Fisch (*nature*)

(Symbole nach DIN 58 126 Teil 2 und Gefahrstoffverordnung)

* Eine Garantie für die Richtigkeit der im Buch verwendeten Gefahrstoffdaten wird nicht übernommen. Rechtlich verbindlich sind ausschließlich die entsprechenden Gesetze mit ihren jeweiligen Anhängen. Eine Haftung für Schäden, gleich welcher Art, die sich aus der Anwendung dieser Informationen ergeben, wird nicht übernommen.

Hinweise zur Entsorgung

Viele Stoffe sind gesundheits-, luft- oder wassergefährdend, explosionsgefährlich oder brennbar. Die Luft, der Boden und das Wasser werden belastet, wenn sie in die Umwelt gelangen.

Auf dem Weg über die pflanzlichen Nahrungsmittel und über das Trinkwasser (häufig auch über die Atemluft) gelangen sie in unseren Körper und können unsere Gesundheit gefährden.

Aus Gründen des Umwelt- und Gesundheitsschutzes dürfen wir umweltbelastende Stoffe, die beim Experimentieren zurückbleiben, und solche, die wir nicht mehr verwenden können, nicht ins Abwasser oder in den Hausmüll geben. Vielmehr müssen wir diese Stoffe so beseitigen, dass sie zu keinerlei Gefährdungen führen. Diese Vorgehensweise bezeichnet man als *Entsorgung*.

Entsorgung ist in der Schule in begrenztem Umfang möglich: Manche der gefährlichen Stoffe lassen sich z. B. auf chemischem Weg ganz einfach in ungefährliche Stoffe *umwandeln*. Die ungefährlichen Reaktionsprodukte dürfen dann ins Abwasser oder in den Hausmüll gegeben werden.

Wenn eine solche Stoffumwandlung in der Schule nicht möglich oder angebracht ist, müssen die betreffenden Stoffe *gesammelt* und für die Entsorgung bereitgestellt werden. Die gesammelten Abfälle werden dann von Zeit zu Zeit durch ein Entsorgungsunternehmen von der Schule abgeholt. Danach werden sie in geeigneten Anlagen aufgearbeitet.

Beim Sammeln von Stoffen muss man darauf achten, dass keine Stoffe zusammenkommen, die miteinander reagieren. Dadurch könnten nämlich womöglich gesundheitsgefährdende Stoffe freigesetzt werden; auch könnte es bei explosionsartigen Reaktionen zu Personen- und Sachschäden kommen.

Im Unterricht wird dir der Lehrer sagen, was du mit den Reststoffen, die beim Experimentieren anfallen, tun musst.

Das Sammeln von Stoffen und ihre Bereitstellung für die Entsorgung wird nach *Abfallarten* vorgenommen. Diese sind in den gesetzlichen Grundlagen über die Entsorgung festgelegt. Dazu zählen die Bezeichnungen der Abfallart und die Kennzeichnung mit einer Abfallschlüsselnummer (AS).

Zum Nachschlagen

Schmelztemperatur, Siedetemperatur und Dichte

Feste Stoffe, Flüssigkeiten	Schmelz-temperatur in °C	Siede-temperatur in °C	Dichte (20 °C) in $\frac{g}{cm^3}$
Alkohol	−115	78,3	0,789
Aluminium	660	2467	2,70
Benzin		60…95	ca. 0,7
Benzol	5,5	80	0,879
Blei	327	1744	11,34
Eisen	1535	2750	7,87
Gold	1064	2807	19,32
Holz	590		0,4 …1,2
Iod	114	184	4,93
Kochsalz	801	1413	2,16
Kohlenstoff			
Diamant	3550	4827	3,52
Graphit	3650	4827	2,24
Kupfer	1083	2567	8,92
Magnesium	649	1107	1,74
Meerwasser	1,6	104	ca. 1,03
Messing, MS 72	920	1160	8,56
Paraffin	54…60		0,8 …0,9
Phosphor (rot)	590		2,4
Platin	1769	4300	21,45
Quecksilber	−39	357	13,55
Schwefel	119	445	1,96
Silber	961	2200	10,5
dest. Wasser	0	100	0,998
Wolfram	3380	5500	19,3
Zink	420	907	7,14
Zinn	232	2260	7,29

Gase	Schmelz-temperatur in °C	Siede-temperatur in °C	Litergewicht (0 °C) in $\frac{g}{l}$
Helium	−272,1	−269	0,1785
Kohlenstoff-dioxid		−79 (sublimiert)	1,9768
Krypton	−157	−153	3,744
Luft			1,293
Sauerstoff	−219	−183	1,429
Stickstoff	−210	−196	1,2505
Wasserstoff	−259	−253	0,0899

Die chemischen Elemente

Element	Symbol	Element	Symbol	Element	Symbol
Actinium	Ac	Hafnium	Hf	Radium	Ra
Aluminium	Al	Hassium	Hs	Radon	Rn
Americium	Am	Helium	He	Rhenium	Re
Antimon	Sb	Holmium	Ho	Rhodium	Rh
Argon	Ar	Indium	In	Rubidium	Rb
Arsen	As	Iod	I	Ruthenium	Ru
Astat	At	Iridium	Ir	Rutherfordium	Rf
Barium	Ba	Kalium	K	Samarium	Sm
Berkelium	Bk	Kohlenstoff	C	Sauerstoff	O
Beryllium	Be	Krypton	Kr	Scandium	Sc
Bismut	Bi	Kupfer	Cu	Schwefel	S
Blei	Pb	Lanthan	La	Seaborgium	Sg
Bohrium	Bh	Lawrencium	Lr	Selen	Se
Bor	B	Lithium	Li	Silber	Ag
Brom	Br	Lutetium	Lu	Silicium	Si
Cadmium	Cd	Magnesium	Mg	Stickstoff	N
Caesium	Cs	Mangan	Mn	Strontium	Sr
Calcium	Ca	Meitnerium	Mt	Tantal	Ta
Californium	Cf	Mendelevium	Md	Technetium	Tc
Cer	Ce	Molybdaen	Mo	Tellur	Te
Chlor	Cl	Natrium	Na	Terbium	Tb
Chrom	Cr	Neodym	Nd	Thallium	Tl
Cobalt	Co	Neon	Ne	Thorium	Th
Curium	Cm	Neptunium	Np	Thulium	Tm
Dubnium	Db	Nickel	Ni	Titan	Ti
Dysprosium	Dy	Niob	Nb	Uran	U
Einsteinium	Es	Nobelium	No	Vanadium	V
Eisen	Fe	Osmium	Os	Wasserstoff	H
Erbium	Er	Palladium	Pd	Wolfram	W
Europium	Eu	Phosphor	P	Xenon	Xe
Fermium	Fm	Platin	Pt	Ytterbium	Yb
Fluor	F	Plutonium	Pu	Yttrium	Y
Francium	Fr	Polonium	Po	Zink	Zn
Gadolinium	Gd	Praseodym	Pr	Zinn	Sn
Gallium	Ga	Promethium	Pm	Zirconium	Zr
Germanium	Ge	Protactinium	Pa		
Gold	Au	Quecksilber	Hg		

Einige Entzündungstemperaturen

Streichholzkopf	ca. 60 °C
Papier	ca. 250 °C
Holzkohle	150–220 °C
Benzin	220–300 °C
Heizöl	250 °C
Paraffin (Kerzenwachs)	250 °C
trockenes Holz	ca. 300 °C
Butangas (Flüssiggas)	400 °C
Propangas	460 °C
Erdgas	ca. 600 °C
Steinkohle	350–600 °C
Koks	700 °C

Die Zusammensetzung der Luft

Name des Gases	100 cm³ Luft enthalten
Stickstoff	78,09 cm³
Sauerstoff	20,95 cm³
Argon	0,93 cm³
Kohlenstoffdioxid	ca. 0,03 cm
Neon	0,0018 cm³
Helium	0,0005 cm³
Krypton	0,0001 cm³
Wasserstoff	0,00005 cm³
Xenon	0,000008 cm³
Wasserdampf	0–7 cm³

Auflösung des Alchemistentextes von S. 121

Allgemeines Verfahren.
Nimm im Namen Gottes Christi Jesu Marien Sohn Quecksilbererz und mache daraus einen blutroten „Geist" durch Alkohol (?), Salpeter- und Salzsäure (Königswasser!). Aus demselben blutroten „Geist" mache einen „Essig" durch Ammoniak und Kaliumkarbonatlösung mit starkem Feuer. Denselben „Essig" tue wieder auf den Rückstand und treibe es so lange, bis sich Rückstand und „Essig" in ein hochrotes Öl (oder Schwefel?) aus der Materie der Weisen verkehret hat. Dasselbige hochrote Öl nimm
und tue es in einen Kolben und verschließe es mit
Lehm und laß den Lehm ganz trocken werden, und wenn es trocken worden ist, so setze es in
einen Schmelzofen und gib gelindes Feuer vom ersten Hitzegrad, und laß es vierzig Tage stehen, daß es nicht schmelze. Wenn
vierzig Tage vorbei, so laß es im Schmelzen stehen
wieder vierzig Tage, so wird es durch das „Gären"
ganz schwarz werden und aussehen, und laß es
in dem Schmelzen stehen, bis es weiß wird wie Kristalle, die da milchfarbig aussehen, und wenn
es so lange gestanden als zuvor, so wirst du sehen,
daß es wie ein Glas aussehen wird, und wird ganz
dunkel durchsichtig rot erscheinen, und halt's so
lange im Fließen wie ein Wasser, bis sich's nicht mehr verändert,
so hast du der Weisen Tinktur fertig.
(Übersetzung nach V. Cordier)

Eigenschaften einiger Metalle

Name	Aussehen	Härte	leitet den elektr. Strom	Dichte (20 °C) in g/cm³	Schmelz-temperatur	Siede-temperatur
Aluminium	weiß glänzend	weich	ja	2,70	660 °C	2467 °C
Blei	bläulich weiß glänzend	sehr weich	ja	11,34	327 °C	1751 °C
Eisen	grauweiß glänzend	hart	ja	7,87	1535 °C	2750 °C
Gold	hellgelb glänzend	weich	ja	19,32	1063 °C	2807 °C
Kupfer	braunrot glänzend	weich, aber etwas härter als Gold	ja	8,92	1083 °C	2567 °C
Magnesium	weiß glänzend	mittelhart	ja	1,74	649 °C	1107 °C
Quecksilber	weiß glänzend	flüssig	ja	13,55	−39 °C	357 °C
Zink	grauweiß glänzend	hart und spröde	ja	7,14	420 °C	907 °C
Zinn	weiß glänzend	sehr weich, aber härter als Blei	ja	7,29	232 °C	2260 °C

Eigenschaften einiger Nichtmetalle

Name	Aussehen	Geruch	löslich in Wasser	löslich in Alkohol (96 %)	leitet den el. Strom	Dichte (20 °C) in g/cm³	Schmelz-temperatur	Siede-temperatur
Kohlenstoff								
– Diamant	farblos, durchsichtige Kristalle	geruchlos	nein	nein	nein	3,52	3550 °C	4827 °C
– Graphit	grauschwarz; glänzende Schuppen	geruchlos	nein	nein	ja	2,24	ca. 4000 °C	4827 °C
Schwefel	gelb, glänzende Kristalle	geruchlos	nein	etwas	nein	1,96	119 °C	445 °C
Iod	blauschwarze Kristalle	stechend	etwas	gut	nein	4,93	114 °C	184 °C
Phosphor (rot)	weinrotes Pulver	geruchlos	nein	nein	nein	2,20	590 °C	−

Eigenschaften einiger anderer Stoffe

Name	Aussehen	Zustand bei 20 °C	Geruch	löslich in Wasser	löslich in Alkohol (96 %)	leitet den el. Strom	Schmelz-temperatur	Siede-temperatur
Kerzenwachs (z. B. Stearin)	weiß, oft gefärbt; matt	fest	geruchlos	nein	nein	nein	ca. 50 °C	ca. 230 °C
Kochsalz	weiße Kristalle	fest	geruchlos	ja	etwas	nein	801 °C	1413 °C
Porzellan	meist weiß, glasiert	fest	geruchlos	nein	nein	nein	1670 °C	
Zucker	weiße Kristalle	fest	geruchlos	ja	sehr wenig	nein	ca. 180 °C	
Alkohol (Weingeist)	farblos, klar	flüssig	herb, scharf	ja		nein	−115 °C	78 °C
Benzin	farblos, klar	flüssig	mild	nein	nein (in reinem Alkohol ja)	nein		60–95 °C
Glycerin	farblos, klar	dickflüssig	geruchlos	ja	ja	nein	18 °C	290 °C
Spiritus	farblos, klar	flüssig	leicht stechend	ja	ja	nein	ca. −98 °C	65–78 °C
dest. Wasser	farblos, klar	flüssig	geruchlos	ja		nein	0 °C	100 °C

Gebräuchliche Legierungen

Name	Bestandteile	Verwendung
Duralu-minium	bis 90 % Aluminium, Rest Magnesium und Kupfer	Flugzeug- u. Bootsbau, Gehäuse, Leitern, Haushaltsgegenstände
Hartblei	ca. 90 % Blei, Rest Antimon	Akkuplatten, Kabelmäntel
Edelstahl	71 % Eisen, 20 % Chrom, Rest Nickel und andere	harter Spezialstahl
Weißgold	ca. 70 % Gold, bis 20 % Silber, Rest Nickel	Schmuck, Münzen
Bronze	86 %–94 % Kupfer, Rest Zinn	Glocken, Münzen, Maschinenlager
Messing	63 %–72 % Kupfer, Rest Zink	Schrauben, Beschläge, Türgriffe, Maschinenteile, Uhrwerke, Armaturen
Konstantan	60 % Kupfer, 40 % Nickel	elektrische Widerstände
Münzmetall	ca. 55 % Kupfer, Rest Zinn	Münzen
Neusilber	73 %–80 % Kupfer, 15 %–20 % Nickel, bis 7 % Zink	Bestecke, feinmechanische Geräte
Lötzinn	ca. 60 % Zinn, ca. 37 % Blei, Rest Antimon	Löten

Nachweis einiger Stoffe

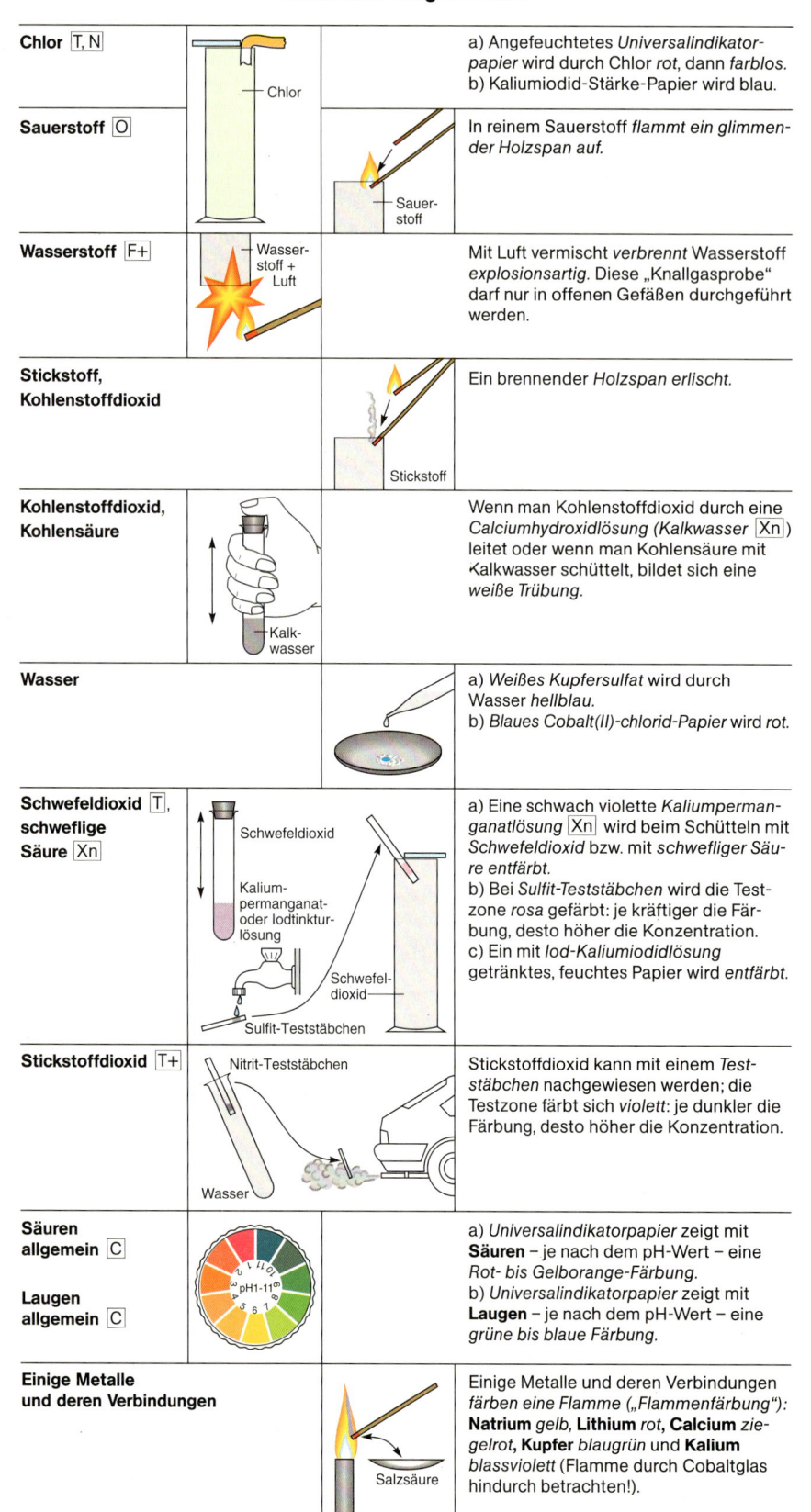

Chlor T, N
a) Angefeuchtetes *Universalindikatorpapier* wird durch Chlor *rot*, dann *farblos*.
b) Kaliumiodid-Stärke-Papier wird blau.

Sauerstoff O
In reinem Sauerstoff *flammt ein glimmender Holzspan auf*.

Wasserstoff F+
Mit Luft vermischt *verbrennt* Wasserstoff *explosionsartig*. Diese „Knallgasprobe" darf nur in offenen Gefäßen durchgeführt werden.

Stickstoff, Kohlenstoffdioxid
Ein brennender *Holzspan erlischt*.

Kohlenstoffdioxid, Kohlensäure
Wenn man Kohlenstoffdioxid durch eine *Calciumhydroxidlösung (Kalkwasser* Xn *)* leitet oder wenn man Kohlensäure mit Kalkwasser schüttelt, bildet sich eine *weiße Trübung*.

Wasser
a) *Weißes Kupfersulfat* wird durch Wasser *hellblau*.
b) *Blaues Cobalt(II)-chlorid-Papier* wird *rot*.

Schwefeldioxid T, **schweflige Säure** Xn
a) Eine schwach violette *Kaliumpermanganatlösung* Xn wird beim Schütteln mit *Schwefeldioxid* bzw. mit *schwefliger Säure entfärbt*.
b) Bei *Sulfit-Teststäbchen* wird die Testzone *rosa* gefärbt: je kräftiger die Färbung, desto höher die Konzentration.
c) Ein mit *Iod-Kaliumiodidlösung* getränktes, feuchtes Papier wird *entfärbt*.

Stickstoffdioxid T+
Stickstoffdioxid kann mit einem *Teststäbchen* nachgewiesen werden; die Testzone färbt sich *violett*: je dunkler die Färbung, desto höher die Konzentration.

Säuren allgemein C
a) *Universalindikatorpapier* zeigt mit **Säuren** – je nach dem pH-Wert – eine *Rot- bis Gelborange-Färbung*.

Laugen allgemein C
b) *Universalindikatorpapier* zeigt mit **Laugen** – je nach dem pH-Wert – eine *grüne bis blaue Färbung*.

Einige Metalle und deren Verbindungen
Einige Metalle und deren Verbindungen färben eine Flamme („Flammenfärbung"): **Natrium** *gelb*, **Lithium** *rot*, **Calcium** *ziegelrot*, **Kupfer** *blaugrün* und **Kalium** *blassviolett* (Flamme durch Cobaltglas hindurch betrachten!).

Verzeichnis der Bild- und Textquellen

Aga, Hamburg: 46.3; Anthony, Starnberg: 16.2, 42.6; Anthony, Starnberg: 83.4; Archiv für Kunst und Geschichte, Berlin: 85.4, 138.2; Attendorner Tropfsteinhöhle: 4.1, 193.6; Barbara Rohstoffbetriebe, Porta Westfalica: 139.4; Bavaria, Gauting: 4.6, 4.15 u. 16, 25.4 u. 5, 42.2 u. 5, 63.4, 64.1, 79.7 u. 9, 80.1, 81.7 u. 8, 83.3, 165.6, 191.7, 200.1; Bayer, Leverkusen: 4.8, 6.3; Beratungsstelle für Stahlverwendung, Düsseldorf: 96.3, 140.1, 144.1; Berger, Neumarkt: 208.6; Berliner Wasserbetriebe: 69.3; BHS, München: 24.3; BMW, München: 73.3; Brzoska, Ehingen: 193.3; Bundesverband der deutschen Gas- und Wasserwirtschaft, Bonn: 62.3, 69.2; Camping Gaz International, Frankfurt/Main: 32.4; Desaga, Heidelberg: 51.10, 51.11-14; Deutsche Lindsay Pfäffle, Donnbronn: 11.10; Deutsche Luftbild, Hamburg: 102.1; Deutsche Solvay, Solingen: 23.5-7; Deutsches Kupferinstitut, Berlin: 78.2 u. 4, 79.5 u. 6, 99.8; Deutsches Museum, München: 214.1 u. 2; Diamant Informations-Dienst, Frankfurt/Main: 82.2, 83.5; dpa, Frankfurt/Main: 45.7, 79.10 u. 11, 104.3, 131.4, 168.2; Dräger, Lübeck: 46.1 u. 2; Eickhoff, Speyer: 109.4; European Space Agency, Darmstadt: 4.2; Faber, Kaiserslautern: 200.2; Forschungsinstitut der Zementindustrie, Düsseldorf: 199.8; FP-Werbung, München: 32.5; Göbel, Spielberg: 118.1; Göttler, Freiburg: 18.2; Graphitwerk Kropfmühl, Hauzenbach: 82.1; Haupt, Oldenburg: 10.4, 132.4, 136.1-5; Heye, Obernkirchen: 206.1; Historia-Photo, Hamburg: 18.1; Hoechst (Werk Gendorf), Burgkirchen: 4.9 u. 11; Hoppecke, Brilon: 217.3; Informationsdienst Deutsche Salzindustrie, Bonn: 16.1; Irmer, München: 4.10, 190.2; Jung, Hilchenbach: 57.4; Kali und Salz, Kassel: 154.1; Kettler, Ense-Parsit: 81.9; Knabe, Mülheim/Ruhr: 168.1; Kosmos, Stuttgart: 59.7-10; Kurbetriebsgesellschaft Bad Kösen: 21.4, 53.3, 62.2; Linde, Höllriegelskreuth: 56.2; Mannesmann Werbegesellschaft, Düsseldorf: 143.6 u. 7, 143.9, 144.2; Mauritius, Mittenwald: 60.2, 80.5, 84.2, 92.1 u. 2, 196.1; Medenbach, Witten: 190.3; Mehlig, Lauf/Baden: 198.1; Messer Griesheim, Düsseldorf: 46.4, 96.6; Müller, Neulussheim: 75.3, 76.2, 78.1; Niedersächsische Landesfeuerwehrschule, Celle: 92.3; Offermann, Arlesheim/Schweiz: 29.7 u. 8, 41.3, 80.2, 84.1, 124.2, 134.1 u. 2, 142.1-4; Ojeda-Vera, Heilbronn: 169.5-11; Pelizaeus-Museum, Hildesheim: 6.1; Preußischer Kulturbesitz, Berlin: 75.4, 79.8, 191.5, 202.1; Prokot, Köln: 207.5; Reichelt, Donaueschingen: 168.3; Rheinisch-Westfälische Kalkwerke, Wuppertal: 197.7; Rigips, Bodenwerder: 203.9; Ruhrkohle AG, Essen: 4.7; Ruhrverband und Ruhrtalsperrenverein, Essen: 66.3, 67.7; Schilling, Freiberg: 11.7 u. 8; Schmidt, Weikersheim: 206.2; Schott, Mainz: 177.4-7, 205.8, 207.4, 208.2 u. 3; Siemens, München: 78.3; Silvestris, Kastl: 4.4 u. 17, 42.8, 54.2 u. 4, 54.6 u. 7, 62.1, 166.2, 190.1, 209.7; Spelda, Tabarz: 203.7; Süddeutscher Verlag, München: 7.4; Südwestsalz-Vertriebs GmbH, Bad Friedrichshall: 15.7; Ullrich, Berlin: 74.1; Ullstein Bilderdienst, Berlin: 6.1 (Hintergrund), 70.1, 73.5; USIS, München: 4.5, 42.7; V-Dia, Heidelberg: 60.1; Vegla, Aachen: 204.2; Voigtländers Quellenbücher, Leipzig: S. 107 Text: Wie giftige Dünste …; Wachs, Düsseldorf: 77.7; Wacker, Burghausen: 204.3; Wacker-Chemie, München: 4.12; WMF, Geislingen: 80.3; Zarges, Weilheim: 81.10; Zefa, Düsseldorf: 4.18, 53.2, 54.1 u. 3, 54.5 u. 8, 117.5, 140.2, 191.6, 208.4 u. 5.

Titelbild: Quarzkristalle,
Focus, Hamburg.

Alle anderen Fotos: Cornelsen Verlag, Berlin.

Periodensystem der Elemente (Hauptgruppen)

Die Nummer der Hauptgruppe entspricht der Zahl der Außenelektronen.

Elemente, deren Atome *gleich viele Außenelektronen* haben, stehen untereinander in derselben *Hauptgruppe*.

Die Nummer der Periode entspricht der Zahl der besetzten Elektronenschalen.

Elemente, deren Atome *gleich viele besetzte Elektronenschalen* haben, stehen nebeneinander in derselben *Periode*.

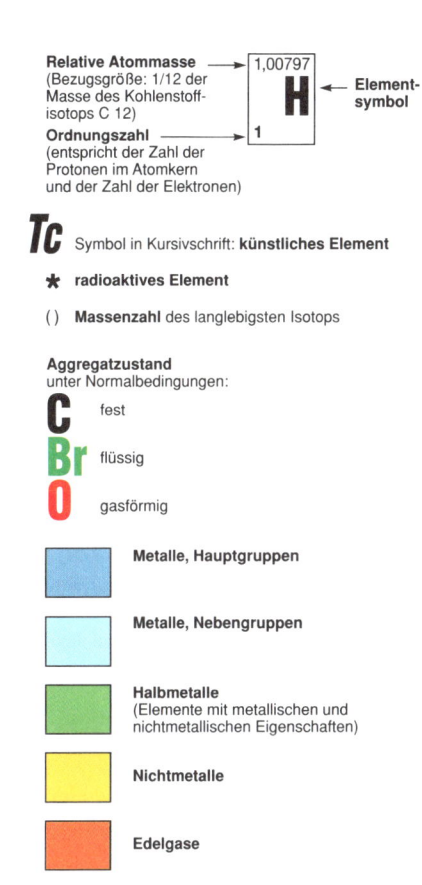

Perioden \ Hauptgruppen	Ia	IIa	IIIa	IVa	Va	VIa	VIIa	VIIIa
1	1,00797 **H** 1							4,0026 **He** 2
2	6,939 **Li** 3	9,0122 **Be** 4	10,811 **B** 5	12,011 **C** 6	14,007 **N** 7	15,999 **O** 8	18,998 **F** 9	20,183 **Ne** 10
3	22,990 **Na** 11	24,312 **Mg** 12	26,982 **Al** 13	28,086 **Si** 14	30,974 **P** 15	32,064 **S** 16	35,453 **Cl** 17	39,948 **Ar** 18
4	39,102 **K** 19	40,08 **Ca** 20	69,72 **Ga** 31	72,59 **Ge** 32	74,922 **As** 33	78,96 **Se** 34	79,909 **Br** 35	83,80 **Kr** 36
5	85,47 **Rb** 37	87,62 **Sr** 38	114,82 **In** 49	118,69 **Sn** 50	121,75 **Sb** 51	127,60 **Te** 52	126,90 **I** 53	131,30 **Xe** 54
6	132,90 **Cs** 55	137,34 **Ba** 56	204,37 **Tl** 81	207,19 **Pb** 82	208,98 **Bi** 83	(209) ***Po** 84	(210) ***At** 85	(222) ***Rn** 86
7	(223) ***Fr** 87	(226) ***Ra** 88						

Legende:

Relative Atommasse (Bezugsgröße: 1/12 der Masse des Kohlenstoffisotops C 12) → 1,00797
Ordnungszahl (entspricht der Zahl der Protonen im Atomkern und der Zahl der Elektronen) → 1
H ← Elementsymbol

Tc Symbol in Kursivschrift: **künstliches Element**
* **radioaktives Element**
( ) **Massenzahl** des langlebigsten Isotops

Aggregatzustand unter Normalbedingungen:
C fest
Br flüssig
O gasförmig

- Metalle, Hauptgruppen
- Metalle, Nebengruppen
- Halbmetalle (Elemente mit metallischen und nichtmetallischen Eigenschaften)
- Nichtmetalle
- Edelgase

Periodensystem der Elemente (Haupt- und Nebengruppen)

Perioden	Ia	IIa	IIIb	IVb	Vb	VIb	VIIb	VIIIb			Ib	IIb	IIIa	IVa	Va	VIa	VIIa	VIIIa
1	1,00797 **H** 1																	4,0026 **He** 2
2	6,939 **Li** 3	9,0122 **Be** 4											10,811 **B** 5	12,011 **C** 6	14,007 **N** 7	15,999 **O** 8	18,998 **F** 9	20,183 **Ne** 10
3	22,990 **Na** 11	24,312 **Mg** 12											26,982 **Al** 13	28,086 **Si** 14	30,974 **P** 15	32,064 **S** 16	35,453 **Cl** 17	39,948 **Ar** 18
4	39,102 **K** 19	40,08 **Ca** 20	44,956 **Sc** 21	47,90 **Ti** 22	50,942 **V** 23	51,996 **Cr** 24	54,938 **Mn** 25	55,847 **Fe** 26	58,933 **Co** 27	58,71 **Ni** 28	63,54 **Cu** 29	65,37 **Zn** 30	69,72 **Ga** 31	72,59 **Ge** 32	74,922 **As** 33	78,96 **Se** 34	79,909 **Br** 35	83,80 **Kr** 36
5	85,47 **Rb** 37	87,62 **Sr** 38	88,905 **Y** 39	91,22 **Zr** 40	92,906 **Nb** 41	95,94 **Mo** 42	(97) ***Tc** 43	101,07 **Ru** 44	102,90 **Rh** 45	106,4 **Pd** 46	107,87 **Ag** 47	112,40 **Cd** 48	114,82 **In** 49	118,69 **Sn** 50	121,75 **Sb** 51	127,60 **Te** 52	126,90 **I** 53	131,30 **Xe** 54
6	132,90 **Cs** 55	137,34 **Ba** 56	138,91 **La** 57	178,49 **Hf** 72	180,95 **Ta** 73	183,85 **W** 74	186,2 **Re** 75	190,2 **Os** 76	192,2 **Ir** 77	195,09 **Pt** 78	196,97 **Au** 79	200,59 **Hg** 80	204,37 **Tl** 81	207,19 **Pb** 82	208,98 **Bi** 83	(209) ***Po** 84	(210) ***At** 85	(222) ***Rn** 86
7	(223) ***Fr** 87	(226) ***Ra** 88	(227) ***Ac** 89	(261) ***Rf** 104	(262) ***Db** 105	(263) ***Sg** 106	(264) ***Bh** 107	(265) ***Hs** 108	(268) ***Mt** 109									

Sach- und Namenverzeichnis

Abwasserreinigung 66
Abwasserverbrennung 67
Acetylen 45
Aggregatzustand 33 f., 38 f., 87, 224
Akkumulator 216, 218
Aktivierungsenergie 95, 127, 131
Aktivkohle 10
Alchemist 6 f., 85, 121
Aluminium 74, 81, 100
Analyse 71
Anion 155, 159
Anode 159
Anomalie des Wassers 165
Aräometer 30
Arrhenius, Svante 171, 173, 179
Atemschutzgerät 46
Atom 38 f., 122, 153, 155
Atombindung 160, 163
Atomhülle 146 ff., 153
Atomkern 146 ff., 153
Atommodell 146, 149
Atomrumpf 147, 155
Ätznatron 184
Aufschlämmung 40, 53
Auslesen 53
Außenelektron 162
Autobatterie 217

Batterie 212 ff.
Baustoffe 196 ff.
Berzelius, Jöns Jakob 120
Beton 199 f.
Bindungsenergie 162
Biogas 225
Biokatalysator 128
Biomasse 225
Black, Joseph 200
Blei 80
Bleiakkumulator 217
Bohr, Niels 148 f.
Bohrlochsolung 24
Böttger, Johann Friedrich 7
Boyle, Robert 173
Brand, Hennig 85
Brandbekämpfung 92, 105
Brandklassenschema 105
Branntkalk 198 f.
Brenner 9, 220
Brennerflamme 220
Brennschneiden 45, 96

Brennstoff 91, 102 f.
Brönsted, Johannes Nicolaus 173
Bronze 79
brownsche Bewegung 36
Butan 32

Calciumcarbonat 178, 190 ff., 201
Calciumhydrogencarbonat 190, 192, 195
Calciumhydroxid 18, 185
Calciumsulfat 203
Carbonat 190 f., 195
Carbonat-Ionen-Nachweis 176
Carbonathärte 194
Chlor 155, 161
Chlorid-Ion 155, 159
Chlorkohlenwasserstoff 58
Chlorwasserstoff 171, 173
Chlorwasserstoffmolekül 163
Chromatographie 50 ff.

Dalton, John 148
Daniell, John 214
Daniell-Element 212, 214
Dekantieren 9, 49, 53
Destillieren 48, 53
Diamant 82 f.
Dichte 30, 32, 35, 222
Diffusion 37
Dipol 163
Dipolmolekül 164
Disko-Nebel 104
Dolomit 191
Doppelbindung 161
Drehrohrofen 199
Dreifachbindung 161
Dreiwegekatalysator 118
Dünnschichtchromatographie 51

Edelgas 43, 47
Edelgaskonfiguration 155
Edelgasschale 151
Edelmetall 99, 101
Edelstahl 80, 140
Eindampfen 53
Einstein, Albert 36
Eisen 80, 94, 96, 100, 138, 140 ff.
Eisen(II)-sulfat 178

Eisenerz 138 f.
Eisennachweis 140
Eisenoxid 96, 100
Eisenschrott 145
Elektrode 159
Elektrolyse 155 f., 159, 210, 216
Elektron 146 ff., 155
Elektronengas 147, 158
Elektronenhülle 151
Elektronenpaar 155
Elektronenpaarbindung 160 f., 163, 171
Elektronenschale 151
Elektronenübertragung 156, 159, 210 f., 216, 219
Element, chemisches 120, 122, 125, 131, 153, 222
–, galvanisches 212, 216 ff.
Emission 114 f.
Emser Pastillen(r) 65
Emulsion 40 f., 61
Energie 126 f 131
Energieminimum 162
Energiequelle, elektrische 212 f.
–, erneuerbare 225
Entsorgungshinweise 221
Entzündungstemperatur 91, 222
Enzym 128
Erstarren 30
Explosion 91
Extrahieren 48, 52
Extrakt 52
Extraktion 67

Faktor 122
Fällung 67
FCKW 123
Fensterglas 207
Feuerlöscher 105
Filtrieren 10, 17, 53
Flammenzone 220
Flammpunkt 91
Fleckentfernung 52
Floatverfahren 207
Flockung 67
Fluor-Chlor-Kohlenwasserstoff 123
Flüssiggas 32
Formel, chemische 120
Formeleinheit 132
Froschschenkelversuch 214

Galvani, Luigi 214
Gas 32, 122

Gasbrenner 9
Gasflasche 220
Gefahrensymbole 221
Gemenge 41
Gemisch 40 f., 53
Geruchsprobe 29
Gesamthärte (des Wassers) 194 f.
Gesetz von der Erhaltung der Masse 129, 131 f.
Gewässer-Güteklassen 59
Gewerbesalz 15
Gift 109
Gips 202 f.
Glas 204 ff.
Glasherstellung 207
Glas-Recycling 209
Glucose 40
Gold 76 f.
Gradierwerk 21
Graphit 82
Gussglas 207

Heilwasser 63 f.
Hellweg 19 f.
Helmont, Johann Baptist van 200
Hochofenprozess 142
Höhenatmer 46
Holzkohle 83, 102
Hydrogencarbonat 190, 195
Hydroxid 185 ff.

Immission 114
Index 122
Indikator 167, 181
Industriesalz 15
Ion 132, 154 f., 159, 194
Ionenbindung 157
Ionenkristall 157
Isolierglas 208
Isotop 150, 153

Kaliumhydroxid 181
Kaliumnitrat 178
Kalk 190, 192
Kalkkreislauf 201, 192
Kalkmörtel 196 ff.
Kalkseife 194
Kalksinter 191
Kalkspat 191
Kalkstein 5, 191 f., 195, 197, 200 f.
Kalktuff 193
Kältemischung 30
Karstquelle 193

Kartuschenbrenner 9
Katalysator 87, 118, 128, 131
Kation 155, 159
Kern-Hülle-Modell 148, 153
Kernladungszahl 150
Kerzenflamme 91
Kerzenwachs 90 f.
Kesselstein 194
Kimberlit 83
Kläranlage 66 f.
Knallgasprobe 71
Kochsalz 8, 14 ff., 25, 63
Kohlenmeiler 83
Kohlensäure 173, 176, 178, 190
Kohlenstoff 80, 82, 102 f., 130, 135, 140, 193
Kohlenstoffdioxid 43, 47, 103 ff., 111, 116, 119, 122, 141, 204
Kohlenstoffdioxidlöscher 105
Kohlenstoffdioxid-Nachweis 176
Kohlenstoffmonooxid 106 f., 111 ff., 119, 141
Kondensieren 33
Kreide 191
Kristallisieren 48, 53
Kristallzucht 13
Kugelmodell 36, 148
Kunkel, Johann 85
Kupfer 78, 99 f.
Kupfer-Zink-Element 212

Lackmus 181
Ladung, elektrische 163
Ladungsträger 155
Landolt, Hans Heinrich 129
Lauge 180 ff.
Lavoisier, Antoine Laurent 173, 200
Legierung 40, 74, 77, 79, 140, 223
Leichtmetall 35, 81
Leiter 146
Lewis-Schreibweise 162
Liebig, Justus von 173
Linde-Verfahren 45
Lithium 180
Lithiumhydroxid 181
Lithium-Polycarbonmonofluorid-Zelle 213